建筑工人技术系列手册

砌筑工手册

（第三版）

侯君伟　编

中国建筑工业出版社

图书在版编目（CIP）数据

砌筑工手册/侯君伟编. —3版. —北京：中国建筑工业出版社，2006
（建筑工人技术系列手册）
ISBN 7-112-07996-9

Ⅰ. 砌... Ⅱ. 侯... Ⅲ. 砌筑—技术手册
Ⅳ. TU754.1-62

中国版本图书馆CIP数据核字(2006)第001350号

建筑工人技术系列手册
砌筑工手册
（第三版）
侯君伟　编
*
中国建筑工业出版社出版、发行（北京西郊百万庄）
新　华　书　店　经　销
北京华艺制版公司制版
北京云浩印刷有限责任公司印刷
*
开本：787×1092毫米　1/32　印张：22¼　字数：499千字
2006年3月第三版　2006年3月第九次印刷
印数：24701—28700册　定价：**38.00**元
ISBN 7-112-07996-9
(13949)

本社网址：http：//www.cabp.com.cn
网上书店：http：//www.china-building.com.cn

本书根据近年来新颁布的建筑结构设计、建筑工程施工质量验收系列规范和新材料、新技术发展及《建设行业职业技能标准》等进行编写。

全书共分 10 章内容，其中包括：常用数据和符号；建筑制图和识图；建筑力学、房屋构造、砖石结构和抗震知识；施工测量放线的基础知识；常用砌筑材料和机具；砌体砌筑工艺；坡屋面挂瓦、上下水工程和砖地面铺设；季节施工常识、班组管理、估工估料和本工种施工方案编制知识；砌筑工程质量、安全要求和检验方法；古建筑砌筑知识。

本书特点是按照最新技术规范、标准编写，包括了砌筑工初、中、高级工必备的理论知识和实际操作技能，该书通俗易懂、文图并茂、简明实用。

本书可供砌筑工、工长使用，也可供培训使用和参考。

* * *

责任编辑　余永祯
责任设计　赵明霞
责任校对　张树梅　王金珠

第三版出版说明

建筑工人技术系列手册1999年修订了第二版。近年来我国先后对建筑材料、建筑结构设计、建筑工程施工质量验收系列规范等进行了全面地修订，现在大量的新标准、新规范已颁布实施，这套工人技术系列手册密切结合新的标准和规范，以1996年建设部《建筑行业职业技能标准》为主线进行修订。这次修订补充了许多新技术内容，但仍突出了文字通俗易懂，深入浅出，文图并茂，实用性强的特点。

这次修订的第三版反映了目前我国最新的施工技术水平，更适应21世纪建筑企业广大建筑工人的新的需求，继续成为建筑工人的良师益友。

中国建筑工业出版社

2005年1月

第二版出版说明

建筑工人技术系列手册共列题9种，自1990年出版以来深受广大建筑工人的欢迎，累计印数达到40余万册，对提高建筑工人的技术素质起到了较好的作用。

1996年建设部颁发了《建设行业职业技能标准》，1989年建设部颁发的《土木建筑工人技术等级标准》停止使用；这几年新技术、新工艺、新材料、新设备有了新的发展，为此我们组织了这套系列手册的修订。这次修订增加了许多新的技术内容，但仍保持了第一版的风格，文字通俗易懂，深入浅出，文图并茂，便于使用。

这次修订的第二版更适应新形势下的需要和需求，希望这套建筑工人技术系列手册继续成为建筑工人的良师益友。

中国建筑工业出版社

1999年3月

第一版出版说明

随着四化建设的深入进行，工程建设的蓬勃发展，建筑施工新技术、新工艺和新材料不断涌现，为了适应这种形势，提高建筑工人技术素质与水平，满足建筑工人的使用要求，我们组织出版了这套“建筑工人技术手册”。希望这套书能成为建筑工人的良师益友，帮助他们提高技术水平，建造出更多的优质工程。

这套书是按工种来编写的，它包括了本工种初、中、高级工人必备的理论和实践知识，尽量以图表形式为主，文字通俗易懂，深入浅出，使于使用。全套书共列题八种。

这套工人技术手册能否满足读者的要求，还希望广大读者提出批评意见，以便不断提高和改进。

中国建筑工业出版社

1990 年

前　言

砌筑工是建筑行业土建施工中重要工种之一，建筑物从基础、墙（柱）到屋面盖瓦，各个砌筑环节都离不开砌筑工操作。因此，砌筑工应掌握本工种有关的基本理论知识（称应知）和应具有较熟练的操作技术（称应会），因为它将直接关系到砌筑工程的质量和建筑物的寿命。

砌筑工操作的内容很多，主要包括：基础放线；各种砖、石砌体的砌筑；瓦屋面的铺挂；室内、外地面的铺设等。因此，为了能掌握建筑工程中各砌筑部位的做法并能估算工程量，必须看懂建筑施工图；为了保证砌筑的质量，必须懂得一些材料知识、抗震知识、建筑力学知识、砖石结构知识以及与本工种有关的季节施工知识；为了能及时检查砌筑的质量，必须掌握有关施工质量验收规范和质量评定标准的内容以及常用的检测方法；为了做到安全施工，必须掌握本工种的有关安全技术操作要求等，以实现“质量第一、安全第一”的要求。

本手册（即瓦工手册第三版）除了按初、中、高级砌筑工应知的技术理论为前提，系统介绍本工种应掌握的理论知识及实际操作技能外，还根据建设部人事教育司编写的《土木建筑职业技能岗位培训计划大纲》补充了本工种应知、应会的内容，可供职业技能培训之用，亦可供职业学院实践教学使用和技工学习和查阅。

由于编者水平有限，书中如有疏漏、错误之处，敬请读者给予批评指正。

参加本手册编写工作的人员尚有陆岑、丁景珠、郭振如、王明、龚庆仪等

编者　2005年12月

目　录

5 常用砌筑材料和机具

6 砌体砌筑工艺

1 常用数据和符号

1.1 常用符号、代号

1.1.1 常用字母（表1-1）

常 用 字 母 **表1-1**

汉语拼音字母			拉丁（英文）字母			希腊字母		
大写	小写	读音	大写	小写	读音	大写	小写	读音
A	a	阿	A	a	欸	A	α	阿尔法
B	b	玻	B	b	比	B	β	贝塔
C	c	雌	C	c	西	Γ	γ	伽马
D	d	得	D	d	地	Δ	δ	德耳塔
E	e	鹅	E	e	衣	E	ε	艾普西隆
F	f	佛	F	f	欸夫	Z	ξ	截塔
G	g	哥	G	g	基	H	η	艾塔
H	h	喝	H	h	欸曲	Θ	θ	西塔
I	i	衣	I	i	阿哀	I	ι	约塔
J	j	基	J	j	街	K	κ	卡帕
K	k	科	K	k	凯	Λ	λ	兰姆达
L	l	勒	L	l	欸耳	M	μ	米尤
M	m	摸	M	m	欸姆	N	ν	纽

续表

汉语拼音字母			拉丁（英文）字母			希腊字母		
大写	小写	读音	大写	小写	读音	大写	小写	读音
N	n	讷	N	n	欸恩	Ξ	ξ	克西
O	o	喔	O	o	欧	O	o	奥密克戎
P	p	坡	P	p	批	Π	π	派
Q	q	欺	Q	q	克由	P	ρ	洛
R	r	日	R	r	阿尔	Σ	σ	西格马
S	s	思	S	s	欸斯	T	τ	陶
T	t	特	T	t	梯	γ	υ	宇普西隆
U	u	乌	U	u	由	Φ	φ	斐
V	v	万	V	v	维衣	X	χ	喜
W	w	乌	W	w	达不留	Ψ	ψ	普西
X	x	希	X	x	欸克斯	Ω	ω	欧美伽
Y	y	衣	Y	y	外			
Z	z	资	Z	z	齐			

1.1.2 常用符号

1.1.2.1 数学符号（表1-2）

数 学 符 号 **表1-2**

中文意义	符号	中文意义	符号	中文意义	符号
加、正	+	除	÷或$\frac{a}{b}$	小括弧	(　)
减、负	−	比	:	中括弧	[　]
乘	×或·	小数点	.	大括弧	{　}

续表

中文意义	符号	中文意义	符号	中文意义	符号
加或减 正或负	$\pm$	角［平面］	$\angle$	余弦	cos
减或加 负或正	$\mp$	直角	∟	正切	tg 或 tan
百分号	%	三角形	$\triangle$	余切	ctg 或 cot
等于	=	圆	$\odot$	反正弦	arcsin
不等于	$\neq$或≠	正方形	□	反余弦	arccos
约等于	$\approx$	矩形	▭	反正切	arctg
小于	$<$	平行四边形	▱	反余切	arcctg
大于	$>$	相似	∽	x 的增量	$\triangle x$
小于或等于	$\leqslant$	全等	$\cong$	y 的增量	$\triangle y$
大于或等于	$\geqslant$	最小	min	$a_1+a_2\cdots$ 的和	Σ_a
x 的平方	x^2	最大	max	a 的绝对值	$\lvert a \rvert$
x 的立方	x^3	无限大	∞	因为	$\because$
x 的 n 次方	x^n	常用对数 （以 10 为底）	lg	所以	$\therefore$
平方根	$\sqrt{\ }$	自然对数 （以 e 为底）	ln	AB 线段	$\overline{AB}$或 AB
立方根	$\sqrt[3]{\ }$	度	（°）	AB 弧	$\overset{\frown}{AB}$
n 次方根	$\sqrt[n]{\ }$	［角］分	（′）	中－中间距	@
垂直于	$\perp$	［角］秒	（″）	数字范围	~
平行于	‖或//	正弦	sin	（自…至…）	

1.1.2.2 常用计量单位符号（表1-3）

常用单位符号含义 **表1-3**

中文意义	符　号	中文意义	符　号
1. 长度		千赫	kHz
米	m	兆赫	MHz
分米	dm	6. 平面角	
厘米	cm	度	(°)
毫米	mm	分	(′)
微米	μm	秒	(″)
2. 质量		7. 力、压力、压强	
吨	t	牛顿	N
千克（公斤）	kg	千牛顿	kN
克	g	牛顿/厘米^2	N/cm^2
毫克	mg	牛顿/毫米^2	N/mm^2
3. 面积		帕斯卡	Pa
平方米	m^2	兆帕斯卡	MPa
平方厘米	cm^2	8. 温度、热量	
平方毫米	mm^2	摄氏度	℃
4. 体积、容积		焦耳	J
立方米	m^3	千焦耳	kJ
立方厘米	cm^3	9. 电、功率	
升	L	伏特	V
5. 时间、频率		千伏	kV
天	d	安培	A
小时	h	欧姆	Ω
分	min	瓦特	W
秒	s	千瓦	kW
赫兹	Hz	千伏安	kVA

1.1.2.3 物理量符号（表1-4）

物理量符号 **表1-4**

中文意义	符　号	中文意义	符　号
1. 几何量值		压力、压强	p
长	l，(L)	正应力	σ
宽	b	剪应力	τ
高	h	弹性模量	E
厚	δ，(d，t)	剪变模量	G
半径	r	压缩系数	k
直径	d，(D)	截面系数	W、Z
距离	s	摩擦系数	μ，(f)
平面角	α、β、γ、θ、φ 等	截面惯性矩	I
面积	A，(S)	3. 热学的量	
体积，容积	V	线膨胀系数	a_1
2. 力学的量		导热系数	λ，k
质量	m	热阻	R
重力密度	γ	4. 电学的量	
质量密度	ρ	电位差	U
相对密度	d	电阻	R
力	F	电流	I
重力、恒荷载	W，(P，G)	功率	P
力矩、弯矩	M		

1.1.2.4 常用化学元素符号（表1-5）

常用化学元素符号 **表1-5**

名称	符号	名称	符号	名称	符号	名称	符号
氢	H	锂	Li	硼	B	氮	N
氦	He	铍	Be	碳	C	氧	O

续表

名称	符号	名称	符号	名称	符号	名称	符号
氟	F	钾	K	硒	Se	铱	Ir
氖	Ne	钙	Ca	溴	Br	铂	Pt
钠	Na	钛	Ti	氪	Kr	金	Au
镁	Mg	铬	Cr	钼	Mo	汞	Hg
铝	Al	锰	Mn	银	Ag	铅	Pb
硅	Si	铁	Fe	锡	Sn	镭	Ra
磷	P	钴	Co	锑	Sb	铀	U
硫	S	镍	Ni	碘	I		
氯	Cl	铜	Cu	钡	Ba		
氩	Ar	锌	Zn	钨	W		

1.1.3 常用代号

1.1.3.1 砖、石、砌块、混凝土强度等级（表1-6）

砖、石、砌块、混凝土材料强度等级　　表1-6

符号	中文含义	材料强度等级
MU	砖、石、砌块强度等级	1. 烧结普通砖、非烧结硅酸盐砖和承重粘土砖等的强度等级： MU7.5（75号）①、MU10（100号）、MU15（150号）、MU20（200号）、MU25（250号）、MU30（300号） 2. 石材强度等级： MU10（100号）、MU15（150号）、MU20（200号）、MU30（300号）、MU40（400号）、MU50（500号）、MU60（600号）、MU80（800号）、MU100（1000号） 3. 砌块强度等级： MU3.5（35号）、MU5（50号）、MU7.5（75号）、MU10（100号）、MU15（150号）

续表

符号	中文含义	材料强度等级
M	砂浆 强度等级	M0.4（4 号）[2]、M1（10 号）、M2.5（25 号）、M5（50 号）、M7.5（75 号）、M10（100 号）、M15（150 号）
C	混凝土 强度等级	C7.5（75 号）、C10（100 号）[3]、C15（150 号）、C20（200 号）、C25（250 号）、C30（300 号）、C35（350 号）、C40（400 号）、C45（450 号）、C50（500 号）、C55（550 号）、C60（600 号）

注：1. 砖的强度等级 MU7.5 相当于原来的 75 号砖。

2. 砂浆强度等级 M0.4 相当于原来的 4 号砂浆。

3. 混凝土强度等级 C10 相当于原来的 100 号混凝土。

1.1.3.2 钢筋代号（表 1-7）

钢筋代号 表 1-7

种类	强度等级代号	表面形状	种类	强度等级代号	表面形状
热轧钢筋	HPB235	光圆	冷轧带肋钢筋	LL550 LL650 LL800	三面肋或二面肋
	HRB335 HRB400	月牙肋			
余热处理钢筋	RRB400	月牙肋	冷轧扭钢筋	可代替 HPB235 级钢筋	Ⅰ型（矩形截面） Ⅱ型（菱形截面）

1.1.3.3 建筑构件代号（表1-8）

建筑构件代号表 **表1-8**

序号	名称	代号	序号	名称	代号
1	板	B	22	屋架	WJ
2	屋面板	WB	23	托架	TJ
3	空心板	KB	24	天窗架	CJ
4	槽形板	CB	25	刚架	GJ
5	折板	ZB	26	框架	KJ
6	密肋板	MB	27	支架	ZJ
7	楼梯板	TB	28	柱	Z
8	盖板、沟盖板	GB	29	基础	J
9	檐口板	YB	30	设备基础	SJ
10	吊车安全走道板	DB	31	桩	ZH
11	墙板	QB	32	柱间支撑	ZC
12	天沟板	TGB	33	垂直支撑	CC
13	梁	L	34	水平支撑	SC
14	屋面梁	WL	35	梯	T
15	吊车梁	DL	36	雨篷	YP
16	圈梁	QL	37	阳台	YT
17	过梁	GL	38	梁垫	LD
18	连系梁	LL	39	预埋件	M
19	基础梁	JL	40	天窗端壁	TD
20	楼梯梁	TL	41	钢筋网	W
21	檩条	LT	42	钢筋骨架	G

注：1. 预制钢筋混凝土构件，现浇钢筋混凝土构件、钢构件和木构件，一般可直接采用本表中构件代号。在设计中，当需要区别上述构件种类时，应在图中加以说明。

2. 预应力钢筋混凝土构件代号，应在构件代号前加注“Y—”，如Y—DL表示预应力钢筋混凝土吊车梁。

1.2 常用计量单位

1.2.1 常用计量单位换算

1.2.1.1 长度单位换算（表1-9、表1-10、表1-11）

米（m）的倍数单位换算 **表1-9**

名称	符号	km	hm	dam	m	dm	cm	mm
千米（公里）	km	1	10	10^2	10^3	10^4	10^5	10^6
百米	hm	10^{-1}	1	10	10^2	10^3	10^4	10^5
十米	dam	10^{-2}	10^{-1}	1	10	10^2	10^3	10^4
米	m	10^{-3}	10^{-2}	10^{-1}	1	10	10^2	10^3
分米	dm	10^{-4}	10^{-3}	10^{-2}	10^{-1}	1	10	10^2
厘米	cm	10^{-5}	10^{-4}	10^{-3}	10^{-2}	10^{-1}	1	10
毫米	mm	10^{-6}	10^{-5}	10^{-4}	10^{-3}	10^{-2}	10^{-1}	1

各种长度单位换算 **表1-10**

厘米（cm）	米（m）	公里（km）	市尺	市里	英寸（in）	英尺（ft）	码（yd）	英里（mile）	海里
1	0.01		0.03		0.3937	0.0328			
100	1	0.001	3	0.002	39.37	3.2808	1.0936		
	1000	1	3000	2	39370	3280.8	1093.6	0.6214	0.5396
33.33	0.3333		1		13.123	1.0936	0.3645		
	500	0.5	1500	1		1640.4	546.8	0.3107	0.2698
2.54	0.0254		0.0763		1	0.0833	0.0278		
30.48	0.3048		0.9144		12	1	0.3333		
	0.9144		2.7432		36	3	1		
	1609.3	1.6093	4828	3.2187		5280	1760	1	0.8684
	1853	1.853	5559.6	3.7064		6080	2026.6	1.1515	1

注：1日尺=0.3030米（m）=0.9091市尺=0.9939英尺（ft）。

英寸的分数、小数习惯称呼与毫米对照　　表 1-11

英寸（分数）	英寸（小数）	我国习惯称呼	毫米（mm）	英寸（分数）	英寸（小数）	我国习惯称呼	毫米（mm）
1/16	0.0625	半分	1.5875	9/16	0.5625	四分半	14.2875
1/8	0.1250	一分	3.1750	5/8	0.6250	五分	15.8750
3/16	0.1875	一分半	4.7625	11/16	0.6875	五分半	17.4625
1/4	0.2500	二分	6.3500	3/4	0.7500	六分	19.0500
5/16	0.3125	二分半	7.9375	13/16	0.8125	六分半	20.6375
3/8	0.3750	三分	9.5250	7/8	0.8750	七分	22.2250
7/16	0.4375	三分半	11.1125	15/16	0.9375	七分半	23.8123
1/2	0.5000	四分	12.7000	1	1.0000	一英寸	25.4000

1.2.1.2　面积单位换算（表 1-12 至表 1-14）

平方米（m^2）倍数单位换算　　表 1-12

名称	符号	km^2	hm^2 (ha)	dam^2 (a)	m^2	dm^2	cm^2	mm^2
平方千米	km^2	1	10^2	10^4	10^6	10^8	10^{10}	10^{12}
平方百米（公顷）	ha	10^{-2}	1	10^2	10^4	10^6	10^8	10^{10}
平方十米（公亩）	a	10^{-4}	10^{-2}	1	10^2	10^4	10^6	10^8
平方米	m^2	10^{-6}	10^{-4}	10^{-2}	1	10^2	10^4	10^6
平方分米	dm^2	10^{-8}	10^{-6}	10^{-4}	10^{-2}	1	10^2	10^4
平方厘米	cm^2	10^{-10}	10^{-8}	10^{-6}	10^{-4}	10^{-2}	1	10^2
平方毫米	mm^2	10^{-12}	10^{-10}	10^{-8}	10^{-6}	10^{-4}	10^{-2}	1

各种面积单位换算 **表 1-13**

平方厘米 (cm^2)	平方米 (m^2)	公亩 (a)	平方公里 (km^2)	平方市尺	市亩	平方市里	平方英寸 (in^2)	平方英尺 (ft^2)	英亩 (acre)	平方英里 ($mile^2$)
1	0. 0001			0. 0009			0. 155			
10000	1	0. 01		9	0. 0015		1550	10. 764		
	100	1	0. 0001	900	0. 15	0. 0004		1076. 4	0. 0247	
		10000	1		1500	4			247. 11	0. 3861
1111. 1	0. 1111			1			172. 22	1. 196		
	666. 67	6. 6667		6000	1			7176	0. 1647	
		2500	0. 25		375	1			61. 763	0. 0965
6. 4516				0. 0058			1	0. 0069		
929. 03	0. 0929			0. 8361	0. 0014		144	1		
	4045. 9	40. 469		36422	6. 0703			43560	1	0. 0016
		2590	2. 59		3. 885	10. 36			640	1

立方米（m^3）倍数单位换算　　　　表 1-14

名称	符号	km^3	hm^3	dam^3	m^3	hL	daL	dm^3（L①）	dL	cL	cm^3（mL）
立方千米	km^3	1	10^3	10^6	10^9	10^{10}	10^{11}	10^{12}	10^{13}	10^{14}	10^{16}
立方百米	hm^3	10^{-3}	1	10^3	10^6	10^7	10^8	10^9	10^{10}	10^{11}	10^{12}
立方十米	dam^3	10^{-6}	10^{-3}	1	10^3	10^4	10^5	10^6	10^7	10^8	10^9
立方米	m^3	10^{-9}	10^{-6}	10^{-2}	1	10	10^2	10^3	10^4	10^5	10^6
百升	hL	10^{-10}	10^{-7}	10^{-4}	10^{-1}	1	10	10^2	10^3	10^4	10^5
十升	daL	10^{-11}	10^{-8}	10^{-5}	10^{-2}	10^{-1}	1	10	10^2	10^3	10^4
立方分米（升）	L	10^{-12}	10^{-9}	10^{-6}	10^{-3}	10^{-2}	10^{-1}	1	10	10^2	10^3
分升	dL	10^{-13}	10^{-10}	10^{-7}	10^{-4}	10^{-3}	10^{-2}	10^{-1}	1	10	10^2
厘升	cL	10^{-14}	10^{-11}	10^{-8}	10^{-5}	10^{-4}	10^{-3}	10^{-2}	10^{-1}	1	10
立方厘米（毫升）	mL	10^{-15}	10^{-12}	10^{-9}	10^{-6}	10^{-5}	10^{-4}	10^{-3}	10^{-2}	10^{-1}	1

① 升的符号“L”亦可用小写正体“l”。

1.2.1.3　体积、容积单位换算（表 1-15）

各种体积、容积单位换算　　　　表 1-15

立方厘米（cm^3）	立方米（m^3）	升（L）	立方市尺	立方英寸（in^3）	立方英尺（ft^3）	美加仑（美 gal）	英加仑（英 gal）
1				0.061			
	1	1000	27	61027	35.315	264.18	219.98
1000	0.001	1	0.027	61.027	0.035	0.264	0.220
	0.037	37.046	1	2260	1.308	9.784	8.1515
16.387		0.0164	0.0004	1	0.0006	0.0043	0.0036
	0.0283	28.317	0.7646	1728	1	7.4805	6.229
	0.0038	3.7853	0.1022	231	0.1337	1	0.8327
	0.0045	4.546	0.1227	277.42	0.1605	1.201	1

1.2.1.4 重量（质量）单位换算（表1-16、表1-17）

千克（公斤）倍数单位换算　　　　表1-16

名称	符号	kt	t(Mg)	dt	kg	hg	dag	g	dg	mg
千吨	kt	1	10^3	10^4	10^6	10^7	10^8	10^9	10^{10}	10^{12}
吨(兆克)	t (Mg)	10^{-3}	1	10	10^3	10^4	10^5	10^6	10^7	10^9
分吨	dt	10^{-4}	10^{-1}	1	10^2	10^3	10^4	10^5	10^6	10^8
千克	kg	10^{-6}	10^{-3}	10^{-2}	1	10	10^2	10^3	10^4	10^6
百克	hg	10^{-7}	10^{-4}	10^{-3}	10^{-1}	1	10	10^2	10^3	10^5
十克	dag	10^{-8}	10^{-5}	10^{-4}	10^{-2}	10^{-1}	1	10	10^2	10^4
克	g	10^{-9}	10^{-6}	10^{-5}	10^{-3}	10^{-2}	10^{-1}	1	10	10^3
分克	dg	10^{-10}	10^{-7}	10^{-6}	10^{-4}	10^{-3}	10^{-2}	10^{-1}	1	10^2
毫克	mg	10^{-12}	10^{-9}	10^{-8}	10^{-6}	10^{-5}	10^{-4}	10^{-3}	10^{-2}	1

各种重量（质量）单位换算　　　　表1-17

克 (g)	公斤 (kg)	吨 (t)	市两	市斤	市担	盎司 (oz)	磅 (lb)	美(短)吨 (sh ton)	英(长)吨 (ton)
1	0.001		0.02	0.002		0.0353	0.0022		
1000	1	0.001	20	2	0.02	35.274	2.2046		
	1000	1		2000	20	35274	2204.6	1.1023	0.9842
50	0.05		1	0.1		1.7637	0.1112		
500	0.5	0.05	10	1	0.01	17.637	1.1023		
	50		1000	100	1	1763.7	110.23	0.0551	0.0492
28.35	0.0284		0.567	0.0567		1	0.0625		
453.59	0.4536		9.072	0.9072		16	1		
	907.19	0.9072		1814.4	18.144		2000	1	0.8929
	1016	1.016		2032.1	20.321		2240	1.12	1

1.2.2 常用非法定计量单位与法定计量单位换算（表1-18）

常用非法定计量单位与法定计量单位换算关系表　　表 1-18

量的名称	习用非法定计量单位		法定计量单位		单位换算关系
	名称	符号	名称	符号	
力	千克力	kgf	牛顿	N	1kgf = 9.80665N
	吨力	tf	千牛顿	kN	1tf = 9.80665kN
线分布力	千克力每米	kgf/m	牛顿每米	N/m	1kgf/m = 9.80665N/m
	吨力每米	tf/m	千牛顿每米	kN/m	1tf/m = 9.80665kN/m
面分布力、玉强	千克力每平方米	kgf/m^2	牛顿每平方米（帕斯卡）	N/m^2（Pa）	$1kgf/m^2 = 9.80665N/m^2$（Pa）
	吨力每平方米	tf/m^2	千牛顿每平方米（千帕斯卡）	kN/m^2（kPa）	$1tf/m^2 = 9.80665kN/m^2$（kPa）
	标准大气压	atm	兆帕斯卡	MPa	1atm = 0.101325MPa
	工程大气压	at	兆帕斯卡	MPa	1at = 0.0980665MPa
	毫米水柱	mmH_2O	帕斯卡	Pa	$1mmH_2O = 9.80665Pa$（按水的密度为 $1g/cm^2$ 计）
	毫米汞柱	mmHg	帕斯卡	Pa	1mmHg = 133.322Pa
	巴	bar	帕斯卡	Pa	$1bar = 10^5Pa$

续表

量的名称	习用非法定计量单位		法定计量单位		单位换算关系
	名称	符号	名称	符号	
体分布力	千克力每立方米	kgf/m^3	牛顿每立方米	N/m^3	$1kgf/m^3 = 9.80665N/m^3$
	吨力每立方米	tf/m^3	千牛顿每立方米	kN/m^3	$1tf/m^3 = 9.80665kN/m^3$
力矩、弯矩、扭矩、力偶矩、转矩	千克力米	kgf·m	牛顿米	N·m	1kgf·m = 9.80665N·m
	吨力米	tf·m	千牛顿米	kN·m	1tf·m = 9.80665kN·m
应力、材料强度	千克力每平方毫米	kgf/mm^2	兆帕斯卡	MPa	$1kgf/mm^2 = 9.80665MPa$
	千克力每平方厘米	kgf/cm^2	兆帕斯卡	MPa	$1kgf/cm^2 = 0.0980665MPa$
	吨力每平方米	tf/m^2	千帕斯卡	kPa	$1tf/m^2 = 9.80665MPa$
弹性模量、剪变模量、压缩模量	千克力每平方厘米	kgf/cm^2	兆帕斯卡	MPa	$1kgf/cm^2 = 0.0980665MPa$
压缩系数	平方厘米每千克力	cm^2/kgf	每兆帕斯卡	MPa^{-1}	$1cm^2/kgf = (1/0.0980665)\ MPa^{-1}$
比热容	千卡每千克摄氏度	kcal/(kg·℃)	千焦耳每千克开尔文	kJ/(kg·K)	1kcal/(kg·℃) = 4.1868kJ/(kg·K)
	热化学千卡每千克摄氏度	$kcal_{th}$/(kg·℃)	千焦耳每千克开尔文	kJ/(kg·K)	1$kcal_{th}$/(kg·℃) = 4.14kJ/(kg·K)

续表

量的名称	习用非法定计量单位		法定计量单位		单位换算关系
	名称	符号	名称	符号	
体积热容	千卡每立方米摄氏度	kcal/(m³·℃)	千焦耳每立方米开尔文	kJ/(m³·K)	1kcal/(m³·℃)=4.1868kJ/(m³·K)
	热化学千卡每立方米摄氏度	$kcal_{th}$/(m³·℃)	千焦耳每立方米开尔文	kJ/(m³·K)	1$kcal_{th}$/(m³·℃)=4.184kJ/(m³·K)
传热系数	卡每平方厘米秒摄氏度	cal/(cm²·s·℃)	瓦特每平方米开尔文	W/(m²·K)	1cal/(cm²·s·℃)=41868W/(m²·K)
	千卡每平方米小时摄氏度	kcal/(m²·h·℃)	瓦特每平方米开尔文	W/(m²·K)	1kcal/(m²·℃)=1.163W/(m²·K)
导热系数	卡每厘米秒摄氏度	cal/(cm·s·℃)	瓦特每米开尔文	W/(m·K)	1cal/(cm·s·℃)=418.68W/(m·K)
	千卡每米小时摄氏度	kcal/(m·h·℃)	瓦特每米开尔文	W/(m·K)	1kcal/(m·h·℃)=1.163W/(m·K)
热负荷	千卡每小时	kcal/h	瓦特	W	1kcal/h=1.163W

续表

量的名称	习用非法定计量单位		法定计量单位		单位换算关系
	名称	符号	名称	符号	
热强度、容积热负荷	千卡每立方米小时	kcal/(m^3·h)	瓦特每立方米	W/m^3	1kcal/(m^3·h) =1.163W/m^3
热流密度	卡每平方厘米秒	cal/(cm^2·s)	瓦特每平方米	W/m^2	1cal/(cm^2·s) =41868W/m^2
	千卡每平方米小时	kcal/(m^2·h)	瓦特每平方米	W/m^2	1kcal/(m^2·h) =1.163W/m^2
功、能、热量	千克力米	kgf·m	焦耳	J	1kgf·m=9.80665J
	吨力米	tf·m	千焦耳	kJ	1kf·m=9.80665kJ
	立方厘米标准大气压	cm^3·atm	焦耳	J	1cm^3·atm=0.101325J
	升标准大气压	L·atm	焦耳	J	1L·atm=101.325J
	升工程大气压	L·at	焦耳	J	1L·at=98.0665J
	国际蒸汽表卡	cal	焦耳	J	1cal=4.1868J
	热化学卡	cal_{th}	焦耳	J	1cal_{th} =4.184J
	15℃卡	cal_{15}	焦耳	J	1cal_{15} =4.1855J

续表

量的名称	习用非法定计量单位		法定计量单位		单位换算关系
	名称	符号	名称	符号	
功率	千克力米每秒	kgf · m/s	瓦特	W	1kgf · m/s = 9.80665W
	国际蒸汽表卡每秒	cal/s	瓦特	W	1cal/s = 4.1868W
	千卡每小时	kcal/h	瓦特	W	1kcal/h = 1.163W
	热化学卡每秒	cal_{th}/s	瓦特	W	$1caK_{th/s}$ = 4.184W
	升标准大气压每秒	L · atm/s	瓦特	W	1L · atm/s = 101.325W
	升工程大气压每秒	L · at/s	瓦特	W	1L · at/s = 98.0665W
	米制马力		瓦特	W	1 米制马力 = 735.499W
	电工马力		瓦特	W	1 电工马力 = 746W
	锅炉马力		瓦特	W	1 锅炉马力 = 9809.5W
发热量	千卡每立方米	$kcal/m^3$	千焦耳每立方米	kJ/m^3	$1kcal/m^3 = 4.1868kJ/m^3$
	热化学千卡每立方米	$kcal_{th}/m^3$	千焦耳每立方米	kJ/m^3	$1kcal_{th}/m^3 = 4.184kJ/m^3$
汽化热	千卡每千克	kcal/kg	千焦耳每千克	kJ/kg	1kcal/kg = 4.1868kJ/kg

1.3 常用求面积、体积公式

1.3.1 平面图形面积（表 1-19）

1.3.2 多面体的体积和表面积（表 1-20）

表 1-19

	图形	尺寸符号	面积（A） 表面积（S）	重心（G）
正方形		a——边长 d——对角线	$A=a^2$ $a=\sqrt{A}=0.707d$ $d=1.414a=1.414\sqrt{A}$	在对角线交点上
长方形		a——矩边 b——长边 d——对角线	$A=a\cdot b$ $d=\sqrt{a^2+b^2}$	在对角线交点上
三角形		h——高 l——$\frac{1}{2}$周长 a、b、c——对应角 A、B、C 的边长	$A=\frac{bh}{2}=\frac{1}{2}cb\sin a$ $l=\frac{a+b+c}{2}$	$GD=\frac{1}{3}BD$ $CD=DA$

续表

图形		尺寸符号	面积（A） 表面积（S）	重心（G）
平行四边形	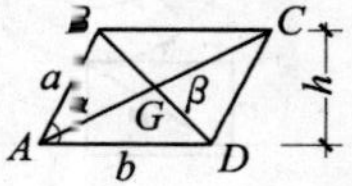	a、b——邻边 h——对边间的距离	$A=b\cdot h=a\cdot b\sin\alpha$ $=\dfrac{AC\cdot BD}{3}\cdot\sin\beta$	对角线交点上
梯形	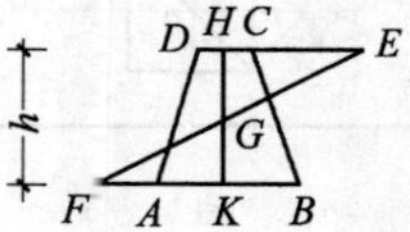	$CE=AB$ $AF=CD$ $a=CD$（上底边） $b=AB$（下底边） h——高	$A=\dfrac{a+b}{2}\cdot h$	$HG=\dfrac{h}{3}\cdot\dfrac{a+2b}{a+b}$ $KG=\dfrac{h}{3}\cdot\dfrac{2a+b}{a+b}$
圆形	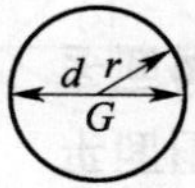	r——半径 d——直径 p——圆周长	$A=\pi r^2=\dfrac{1}{4}\pi d^2$ $=0.785d^2=0.07958p^2$ $p=\pi d$	在圆心上
椭圆形	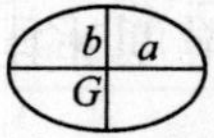	a、b——主轴	$A=\dfrac{\pi}{4}a\cdot b$	在主轴交点 G 上

续表

图形		尺寸符号	面积（A） 表面积（S）	重心（G）
扇形		r——半径 s——弧长 α——弧 s 的对应中心角	$A=\frac{1}{2}r\cdot s=\frac{\alpha}{360}\pi r^2$ $s=\frac{\alpha\pi}{180}r$	$GO=\frac{2}{3}\cdot\frac{rb}{s}$ 当 $\alpha=90°$ 时 $GO=\frac{4}{3}\cdot\frac{\sqrt{2}}{\pi}r$ $\approx 0.6r$
弓形		r——半径 s——弧长 α——中心角 b——弦长 h——高	$A=\frac{1}{2}r^2\left(\frac{\alpha\pi}{180}-\sin\alpha\right)$ $=\frac{1}{2}[r(s-b)+bh]$ $s=r\cdot a\cdot\frac{\pi}{180}=0.0175r\cdot\alpha$ $h=r-\sqrt{r^2-\frac{1}{4}\alpha^2}$	$GO=\frac{1}{12}\cdot\frac{b^2}{A}$ 当 $\alpha=180°$ 时 $GO=\frac{4r}{3\pi}=0.4244r$
圆环		R——外半径 r——内半径 D——外直径 d——内直径 t——环宽 D_{pj}——平均直径	$A=\pi(R^2-r^2)$ $=\frac{\pi}{4}(D^2-d^2)$ $=\pi D_{pj}t$	在圆心 O

续表

	图形	尺寸符号	面积 (A) 表面积 (S)	重心 (G)
部分圆环	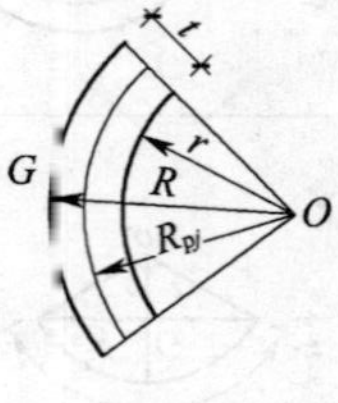	R——外半径 r——内半径 D——外直径 d——内直径 P_{pj}——圆环平均直径 t——环宽	$A=\frac{\alpha\pi}{360}(R^2-r^2)$ $=\frac{\alpha\pi}{180}R_{pj}\cdot t$	$GO=38.2\frac{R^3-r^3}{R^2-r^2}\times\frac{\sin\frac{\alpha}{2}}{\frac{\alpha}{2}}$
新月形	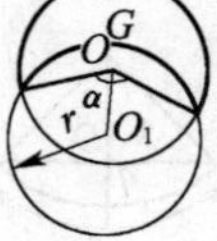	$OO_1=l$——圆心间的距离 d——直径	$A=r^2\left(\pi-\frac{\pi}{180}\alpha+\sin\alpha\right)$ $=r^2\cdot P$ $P=\pi-\frac{\pi}{180}\alpha+\sin\alpha$ P 值见续表	$O_1G=\frac{(\pi-P)L}{2P}$

L	$\frac{d}{10}$	$\frac{2d}{10}$	$\frac{3d}{10}$	$\frac{4d}{10}$	$\frac{5d}{10}$	$\frac{6d}{10}$	$\frac{7d}{10}$	$\frac{8d}{10}$	$\frac{9d}{10}$
P	0.40	0.79	1.18	1.56	1.91	2.25	2.55	2.81	3.02

续表

	图　形	尺寸符号	面积（A） 表面积（S）	重心（G）
抛物线形	C h A B b	b——底边 h——高 l——曲线长 S——$\triangle ABC$ 的面积	$l=\sqrt{b^2+1.3333h^2}$ $A=\frac{2}{3}b\cdot h$ $=\frac{4}{3}\cdot S$	
等边多边形	a G	a——边长 K_i——系数，i 指多边形的边数	$A=K\cdot a^2$ 三边形 $K_3=0.433$ 四边形 $K_4=1.000$ 五边形 $K_5=1.720$ 六边形 $K_6=2.598$ 七边形 $K_7=3.614$ 八边形 $K_8=4.828$ 九边形 $K_9=6.182$ 十边形 $K_{10}=7.694$	在内、外接圆心处

表 1-20

	图　形	尺寸符号	体积（V）底面积（A） 表面积（S）侧表面积（S_1）	重心（G）
立方体		a——棱 d——对角线 S——表面积 S_1——侧表面积	$V=a^2$ $S=6a^2$ $S_1=4a^2$	在对角线交点上
长方体（棱柱）		a、b、h——边长 o——底面对角线交点	$V=a\cdot b\cdot h$ $S=2\ (a\cdot b+a\cdot h+b\cdot h)$ $S_1=2h\ (a+b)$ $d=\sqrt{a^2+b^2+h^2}$	$Go=\frac{h}{2}$
三棱柱		a、b、c——边长 h——高 A——底面积 o——底面中线的交点	$V=A\cdot h$ $S=\ (a+b+c)\ \cdot h+2A$ $S_1=\ (a+b+c)\ \cdot h$	$Go=\frac{h}{2}$

续表

图形		尺寸符号	体积 (V) 底面积 (A) 表面积 (S) 侧表面积 (S_1)	重心 (G)
棱锥		f——一个组合三角形的面积 n——组合三角形的个数 o——锥底各对角线交点	$V=\frac{1}{3}A\cdot h$ $S=n\cdot f+A$ $S_1=n\cdot f$	$Go=\frac{h}{4}$
棱台		A_1、A_2——两平行底面的面积 h——底面间的距离 a——一个组合梯形的面积 n——组合梯形数	$V=\frac{1}{3}h\ (A_1+A_2+\sqrt{A_1A_2})$ $S=an+A_1+A_2$ $S_1=an$	$Go=\frac{h}{4}\times\frac{A_1+2\sqrt{A_1A_2}+3A_2}{A_1+\sqrt{A_1A_2}+A_2}$

续表

图形		尺寸符号	体积（V）底面积（A） 表面积（S）侧表面积（S_1）	重心（G）
圆柱和空心圆柱（管）	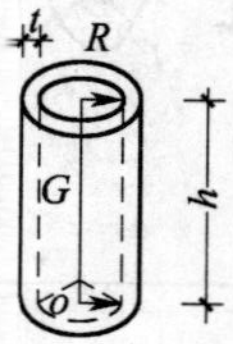	P——外半径 r——内半径 t——柱壁厚度 p——平均半径 S_1——内外侧面积	圆柱： $V=\pi R^2\cdot h$ $S=2\pi Rh+2\pi R^2$ $S_1=2\pi Rh$ 空心直圆柱： $V=\pi h（R^2-r^2）=2\pi Rpth$ $S=2\pi（R+r）h+2\pi\cdot（R^2-r^2）$ $S_1=2\pi（R+r）h$	$Go=\frac{h}{2}$
斜截直圆柱	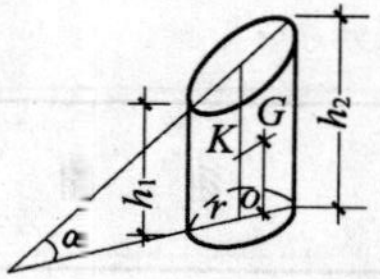	h_1——最小高度 h_2——最大高度 r——底面半径	$V=\pi r^2\cdot\frac{h_1+h_2}{2}$ $S=\pi r（h_1+h_2）+\pi r^2\cdot（1+\frac{1}{\cos\alpha}）$ $S_1=\pi r（h_1+h_2）$	$Go=\frac{h_1+h_2}{4}+\frac{r^2\mathrm{tg}^2\alpha}{4（h_1+h_2）}$ $GK=\frac{1}{2}\cdot\frac{r^2}{h_1-h_2}\times\mathrm{tg}\alpha$

续表

图形		尺寸符号	体积（V）底面积（A） 表面积（S）侧表面积（S_1）	重心（G）
直圆锥		r——底面半径 h——高 l——母线长	$V=\frac{1}{3}\pi r^2 h$ $S_1=\pi r\sqrt{r^2+h^2}=\pi rl$ $l=\sqrt{r^2+h^2}$ $S=S_1+\pi r^2$	$Go=\frac{h}{4}$
圆台		R、r——底面半径 h——高 l——母线长	$V=\frac{\pi h}{3}\cdot(R^2+r^2+Rr)$ $S_1=\pi l(R+r)$ $l=\sqrt{(R-r)^2+h^2}$ $S=S_1+\pi(R^2+r^2)$	$Go=\frac{h}{4}\times\frac{R^2+2Rr+3r^2}{R^2+Rr+r^2}$
球		r——半径 d——直径	$V=\frac{4}{3}\pi r^3$ $=\frac{\pi d^3}{6}=0.523d^3$ $S=4\pi r^2=\pi d^2$	在球心上

续表

图形		尺寸符号	体积（V）底面积（A） 表面积（S）侧表面积（S_1）	重心（G）
球扇形（球楔）	d, h, r, o	r——球半径 d——弓形底圆直径 h——弓形高	$V=\frac{2}{3}\pi r^2 h=2.0944r^2 h$ $S=\frac{\pi r}{2}(4h+d)$ $=1.57r(4h+d)$	$Go=\frac{3}{4}\left(r-\frac{h}{2}\right)$
球缺	d, G, h, r, o	h——球缺的高 r——球缺半径 d——平切圆直径 $S_{曲}$——曲面面积 S——球缺表面积	$V=\pi h^2\left(r-\frac{h}{3}\right)$ $S_{曲}=2\pi rh=\pi\left(\frac{d^2}{4}+h^2\right)$ $S=\pi h(4r-h)$ $d^2=4h(2r-h)$	$Go=\frac{3}{4}\cdot\frac{(2r-h)^2}{3r-h}$
圆环体	D, R, r, d	R——圆环体平均半径 D——圆环体平均直径 d——圆环体截面直径 r——圆环体截面半径	$V=2\pi^2 R\cdot r^2=\frac{1}{4}\pi^2 Dd^2$ $S=4\pi^2 Rr=\pi^2 Dd=39.478Rr$	在环中心上

续表

	图　形	尺寸符号	体积（V）底面积（A） 表面积（S）侧表面积（S_1）	重心（G）
球带体		R——球半径 r_1、r_2——底面半径 h——腰高 h_1——球心 O 至带底圆心 O_1 的距离	$V=\frac{\pi h}{b}(3r_1^2+3r_2^2+h^2)$ $S_1=2\pi Rh$ $S=2\pi Rh+\pi(r_1^2+r_2^2)$	$Go=h_1+\frac{h}{2}$
桶形		D——中间断面直径 d——底直径 l——桶高	对于抛物线形桶板： $V=\frac{\pi l}{15}\left(2D^2+Dd+\frac{3}{4}d^2\right)$ 对于圆形桶板： $V=\frac{1}{12}\pi l(2D^2+d^2)$	在轴交点上
椭球体		a、b、c——半轴	$V=\frac{4}{3}abc\pi$ $S=2\sqrt{2}\cdot b\cdot\sqrt{a^2+b^2}$	在轴交点上

续表

	图形	尺寸符号	体积（V）底面积（A） 表面积（S）侧表面积（S_1）	重心（G）
交叉圆柱体	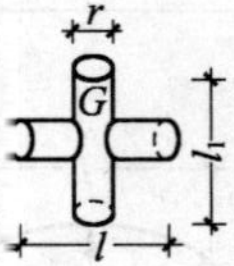	r——圆柱半径 l_1、l——圆柱长	$V=\pi r^2\left(l+l_1-\frac{2r}{3}\right)$	在二轴线交点上
梯形体	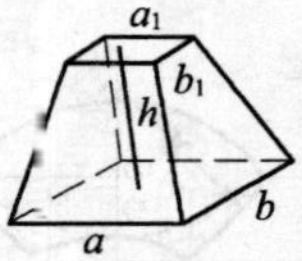	a、b——下底边长 a_1、b_1——上底边长 h——上、下底边距离（高）	$V=\frac{h}{6}[(2a+a_1)b+(2a_1+a)b_1]$ $=\frac{h}{6}[ab+(a+a_1)\times(b+b_1)+a_1b_1]$	

1.3.3 物料堆体和计算（表1-21）

表 1-21

图 形	计 算 方 法
	$V=\left[ab-\dfrac{H}{\text{tg}\alpha}\left(a+b-\dfrac{4H}{3\text{tg}\alpha}\right)\right]\times H$ α——物料自然堆积角
	$a=\dfrac{2H}{\text{tg}\alpha}$ $V=\dfrac{aH}{6}\ (3b-a)$
	V_0（延米体积）$=\dfrac{H^2}{\text{tg}\alpha}+bH-\dfrac{b^2}{4}\text{tg}\alpha$

1.4 作图法

1.4.1 等边多角形做法

1. 等边三角形做法

（1）见图 1-1，已知线段 AB，分别以 A、B 为圆心，以 AB 长为半径，做弧交于 C。

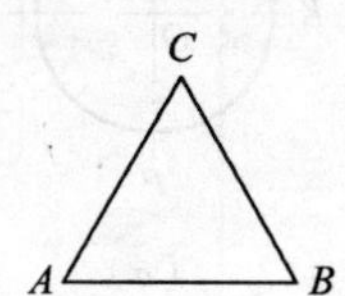

图 1-1 等边三角形做法

（2）连接 AC、BC 即为等边三角形。

2. 正方形做法

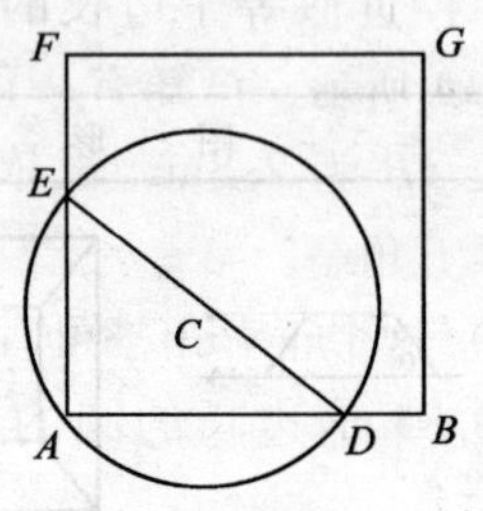

图 1-2　正方形做法

（1）见图 1-2，已知线段 AB（边长），以线段外的任意点 C 为圆心，以 AC 为半径，做圆交 AB 线于 D。

（2）连接 DC，并延长交圆于 E，作 AE 延长线，截 $AF = AB$。

（3）分别以 B、F 为圆心，以 AB 长为半径，做弧交于 G，连接 FG、BG 即为正方形（注意量两对角线应相等）。

3. 正五边形做法

（1）见图 1-3（a），已知圆心 O，两直径 AP 和 KF 垂直相交于 O。

（2）做半径 OF 的等分点 G，并以 G 为圆心，以 GA 为半径做弧，交直径 KF 于 H 点（图 1-3b）。

（3）以 AH 为半径，分圆周为五等分，得 A、B、C、D、E 各点，顺序连接各点，即可得到所求做的内接正五边形（图 1-3c）。

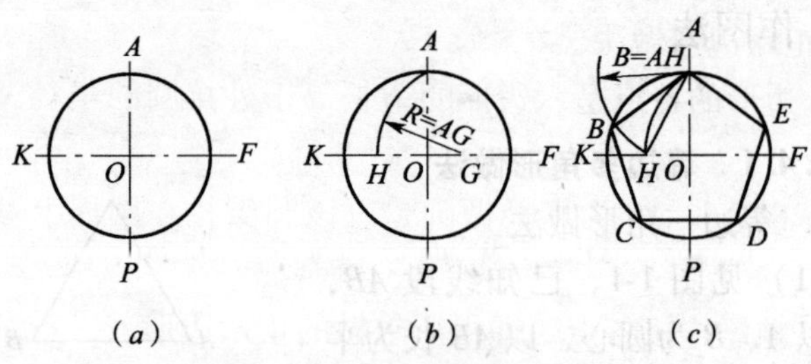

图 1-3　正五边形做图步骤

经过计算得知正五边形的外接圆的半径近似等于边长的 0.85 倍。如图 1-4 所示，已知有一正五角亭，其边长 AB 为 2.8m，试依 AB 边为基线做五角亭。

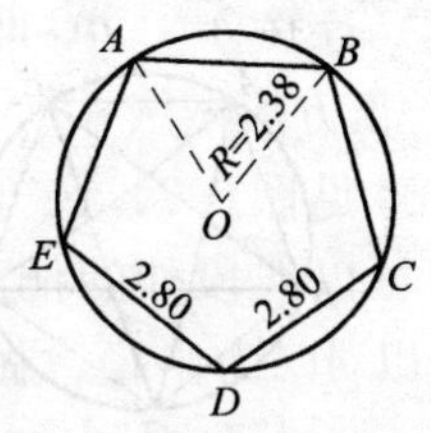

图 1-4　依已知边做正五边形

1）这个正五角亭可看作是半径等于 0.85 倍边长的圆的内接正五边形。

故圆的半径

$$R = 0.85 \times 2.8 = 2.38\text{m}$$

2）分别以 A、B 为圆心，以 2.38m 为半径做弧相交，得正五边形的外接圆的圆心 O，然后以 O 为圆心，以 OA（或 OB）为半径做圆。

3）以 A 点为起点，以 AB（2.8m）为定长，在圆周上截取 C、D、E 各点，连接 A、B、C、D、E 各点，即得所要求做的正五角亭。

五角星形是正五边形的变化图形，在做出正五边图形后，即可做出五角星形。如图 1-5 所示，在做出正五边形各顶点的基础上，分别连接 AC、AD、BE、BD、CD，即可得到所求做的五角星形。

4. 正六边形做法

正六边形的特点是六边形的边长等于外接圆的半径，如图 1-6。

(1) 以边长 AB 为半径做圆，以该圆半径在圆周上截取六段；

(2) 顺序连接各点，即得所求做的正六边形。

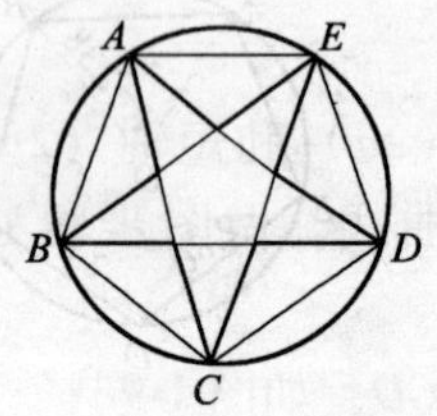

图 1-5　五角星形做法

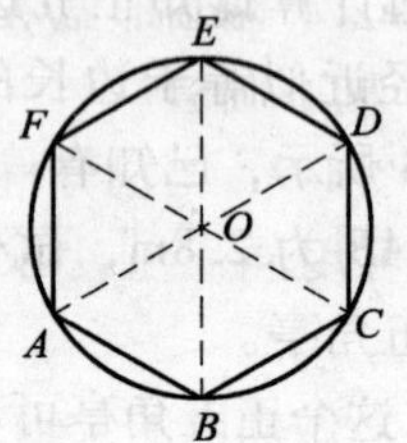

图 1-6　正六边形做法

5. 正七边形做法

(1) 见图 1-7，取圆上任意点 A 为圆心，以圆半径做弧，交圆于 B、C；

(2) 连 B、C，交过 A 点的直径于 D；

(3) 以 CD 为半径，在圆上截取七段，顺序连接各点，即为正七边形。

6. 正八边形做法

(1) 见图 1-8，作相互垂直的直径 AB、CD，交于 E；

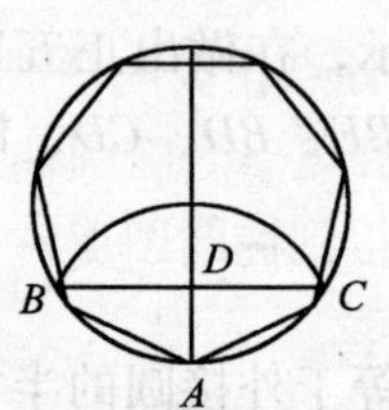

图 1-7　正七边形做法

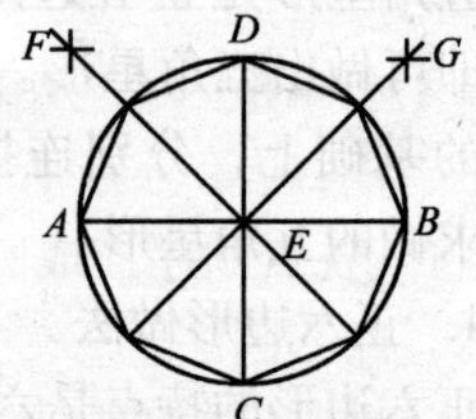

图 1-8　正八边形做法

(2) 以 A、B、D 为圆心，任意长为半径，做弧交于 F、G，连接 FE、GE，并延长与圆相交；

(3) 顺序连接圆上各点，即为正八边形。

1.4.2 椭圆形做法

1．同心圆法

如图 1-9，当已知椭圆的长轴（$2a$）和短轴（$2b$）的尺寸后，可用同心圆法求做其椭圆曲线。做图步骤如图 1-9 所示。

（1）做椭圆的长轴 AB 和短轴 CD，如图 1-9a；

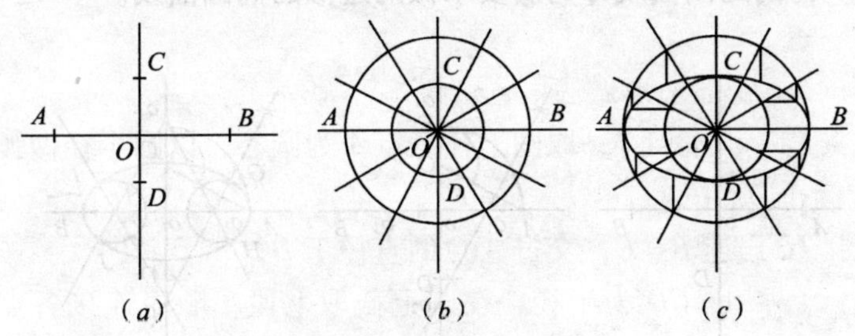

图 1-9　同心圆法做椭圆

（2）分别以 AB 和 CD 为直径作大小两同心圆，把两同心圆等分为若干等分，如十二等分，见图 1-9b；

（3）如图 1-9c，从大圆弧上各等分点作竖向垂线，与过小圆弧各对应等分点所作的水平线相交，得椭圆曲线的各点，将其各点顺序连成圆滑曲线，即得到椭圆图形。

2．四心圆法

当已知椭圆的长轴（$2a$）和短轴（$2b$）的尺寸后，可用四心圆法求做其近似的椭圆曲线。作图步骤如图 1-10 所示。

（1）作椭圆的长轴 AB 和短轴 CD，如图 1-10a；

（2）如图 1-10b，连接 AC，以 O 为圆心，OA 为半径做圆弧，交 CD 延长线于 E 点，以 C 为圆心，CD 为半径做圆弧，交 AC 于 F 点。做 AF 的垂直平分线，交长轴于 O_1，交短轴（或其延长线）于 O_2。在 OB 轴上截取 $OO_3 = OO_1$ 在 DC 轴上截取 $OO_4 = OO_2$；

（3）如图 1-10c，分别以 O_1、O_2、O_3、O_4 为圆心，以 O_1A、O_2C、O_3B、O_4D 为半径做圆弧，使各弧段在 O_2O_1、O_2O_3 和 O_4O_1、O_4O_3 的延长线上的 G、I、H、J 四点处相交，则所得的封闭曲线即为所要求做的近似的椭圆曲线。

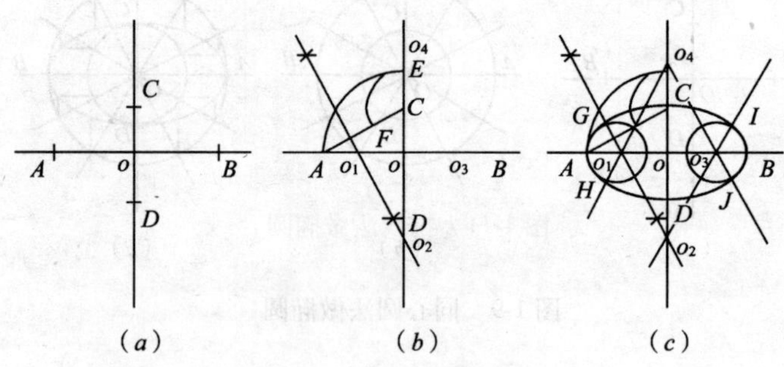

图 1-10　四心圆法做椭圆

3．拉线法

当已知椭圆的长轴（$2a$）和短轴（$2b$）尺寸后，可用拉线（亦称连续运动）法画出椭圆曲线。

（1）如图 1-11a，做出椭圆的长轴 AB 和短轴 CD，计算出焦距尺寸，确定焦点 F_1、F_2，焦点至长轴顶点距离（焦距）：

$$c = \sqrt{a^2 - b^2}$$

（2）如图 1-11b，找一根伸缩性极小的线（如细铁丝），使其长度等于 $F_1C + F_2C$，两端固定在 F_1、F_2 点上，然后用铅笔套住铁丝作缓慢移动，即可得出上半部分的椭圆曲线，反过来用同法又可作出下半部分曲线，整个闭合曲线即为所求作的椭圆曲线。采用此法作曲线，在描画曲线过程中，应始终把线拉紧，不能有时松有时紧，要保持曲线平滑。

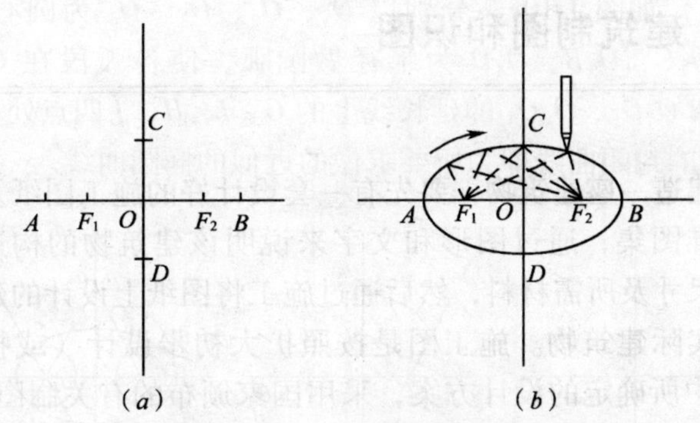

图 1-11　拉线法做椭圆

2 建筑制图和识图

建造一座建筑物，要先有一套设计好的施工图纸及有关的标准图集，通过图形和文字来说明该建筑物的构造、规模、尺寸及所需材料，然后通过施工将图纸上设计的建筑物变成实际建筑物。施工图是按照扩大初步设计（或技术设计）中所确定的设计方案，采用国家颁布的有关制图标准，以统一规定的绘图方法绘制而成。

2.1 建筑制图

2.1.1 常用的制图工具和使用方法

2.1.1.1 图板和丁字尺

1. 图板

图板是用来固定图纸的。一般分三种，大号（0 号）1200mm × 900mm，中号（1 号）900mm × 600mm，小号（2 号）600mm × 450mm。要求必须平整，两条边必须垂直。

2. 丁字尺

丁字尺是用来画水平线的。在使用时要注意以下几点：

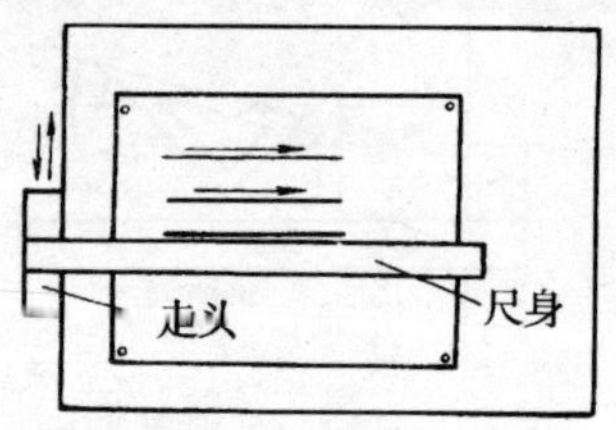

图 2-1 丁字尺用法

（1）丁字尺必须沿图板的

左边滑动（图 2-1），不得在图板的其他边轮换滑动；

（2）只能沿尺身上侧画线，因此要注意保护好尺身上侧的平直。

2.1.1.2　三角板和曲线板

1．三角板

三角板主要是用来画垂直线的（图 2-2），有 45°和 60°两种。三角板和丁字尺配合使用可画出 15°、30°、45°、60°、70°的斜线（图 2-3）。如果用两个三角板配合使用时，可以画出各种角度的互相平行或垂直的线（图 2-4）。

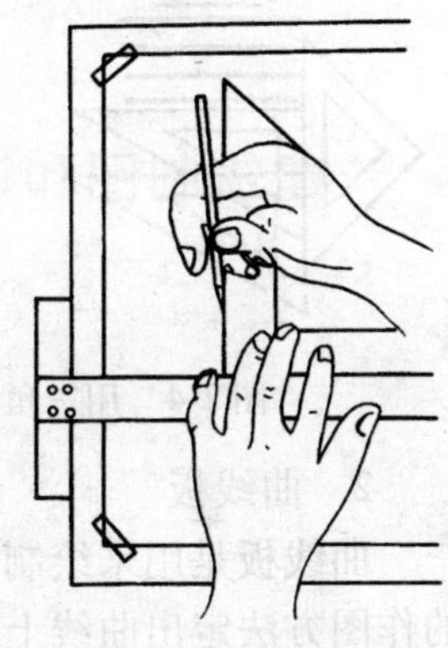

图 2-2　三角板用法

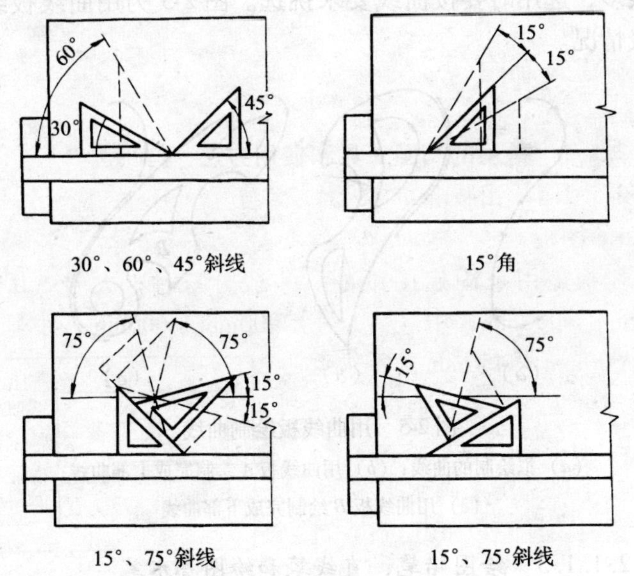

30°、60°、45°斜线

15°角

15°、75°斜线

15°、75°斜线

图 2-3　丁字尺和三角板配合使用

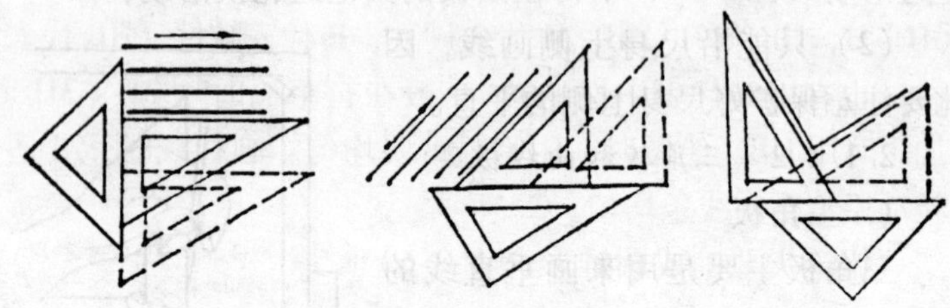

图 2-4　用三角板画各种角度的平行线和垂直线

2. 曲线板

曲线板是用来绘制非圆曲线的工具。绘制时，先按相应的作图方法定出曲线上足够数量的点，然后用曲线板上适当的部位，凑合曲线上有关的点，将其连接成曲线。曲线板种类很多，选用时要按曲线要求挑选。图 2-5 为用曲线板绘制曲线情况。

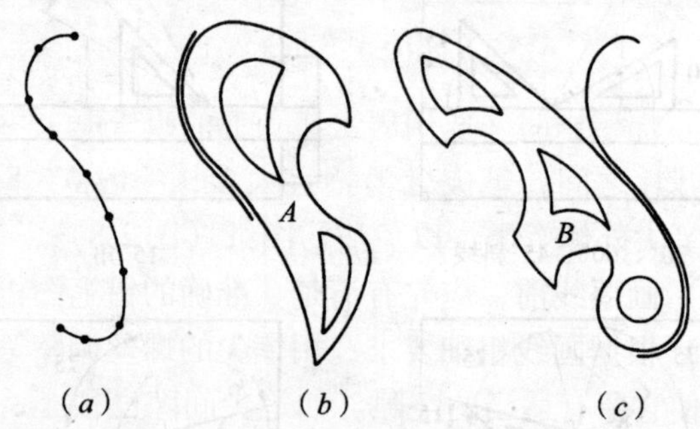

图 2-5　用曲线板绘制曲线

(*a*) 拟绘制的曲线；(*b*) 用曲线板 *A* 绘制完成上部曲线；(*c*) 用曲线板 *B* 绘制完成下部曲线

2.1.1.3　绘图铅笔、直线笔和绘图墨水笔

1. 绘图铅笔

绘图铅笔根据粗细、软硬和颜色深浅共分 13 种，即 6H ~ H，HB 和 B ~ 6B。H 代表硬性，B 代表软性，HB 代表中性（也有用 F 代表中性的）。一般在打草稿时用 2H、3H 等，加深时用 HB。绘图时，用笔轻重要均匀。画长线时，要适当转动铅笔，使线条均匀。

铅笔尖要削成圆锥形（图 2-6）。

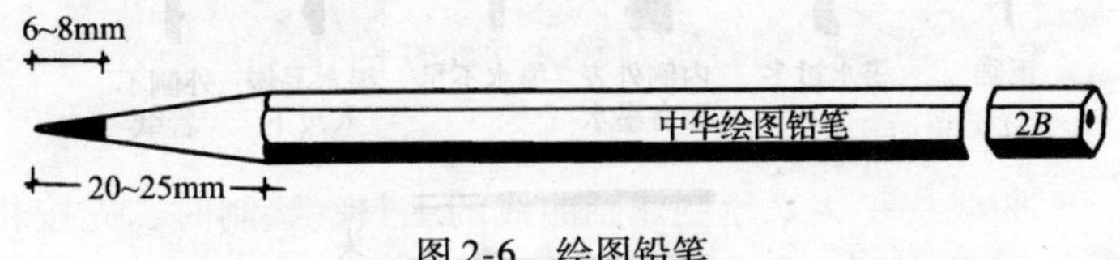

图 2-6　绘图铅笔

2. 直线笔

直线笔又称鸭嘴笔（图 2-7）。使用时应注意下列几点：

图 2-7　直线笔

（1）加墨水时，要用墨水瓶盖上的吸管蘸上墨水，送入笔尖两叶片之间，笔尖含墨不宜太多，一般 6 ~ 8mm 为宜，不要让笔尖外侧有墨，以免沾污图纸（图 2-8）；

（2）画墨线前，应先有清楚、准确的铅笔图稿；

（3）根据画线粗细要求，用笔尖的螺丝调整笔尖两片的距离，使它留有适当的空隙。如笔尖间隙已很小，画出的线条仍太粗时，可用油石将钝的笔尖磨后再用；

（4）画墨线时，调节螺母应朝外，要使笔杆与画面垂直，切忌笔杆外倾或内倾，要使两片笔尖同时触及纸面；

（5）笔的移动速度要均匀，太快线条细，太慢则线条会变粗；

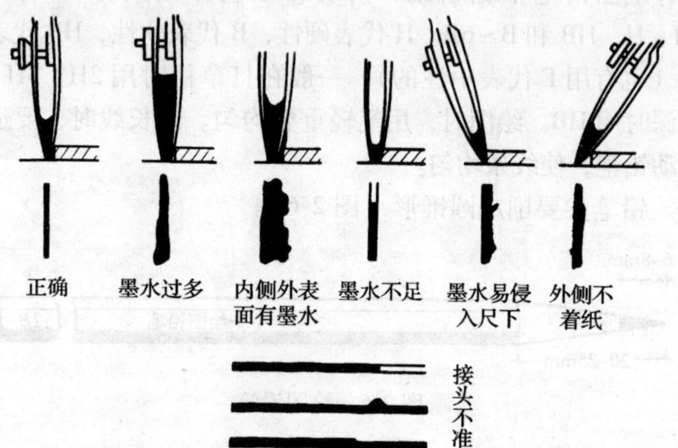

图 2-8　直线笔用法

（6）一条线最好一次画完，如必须分几次画完（如直线太长或画曲线），应注意使接头准确，圆滑；

（7）如有画错地方，应等墨线干透后用硬橡皮擦去或用刀片轻轻刮去。

3. 绘图墨水笔

绘图墨水笔是近年来发展的一种新产品（图 2-9），它与自来水钢笔一样，具有一次灌足墨水，可以使用较长时间的特点。目前生产的笔头按粗细分为 0.3、0.45、0.6、0.8、0.9、1.0 及 1.2mm 几种规格。使用这种笔时，必须使用碳素墨水，绘图时笔尖应倾斜 80°~85°为宜（图 2-10）。

2.1.1.4　圆规和分规

1. 圆规

圆规是用来画圆和圆弧的工具。画圆时，应使笔尖与纸面接近垂直，针尖固定在圆心上，并不使圆心扩大。如圆半径较大，可将圆规两插杆弯曲，使它们保持与纸面垂直（图2-11）。

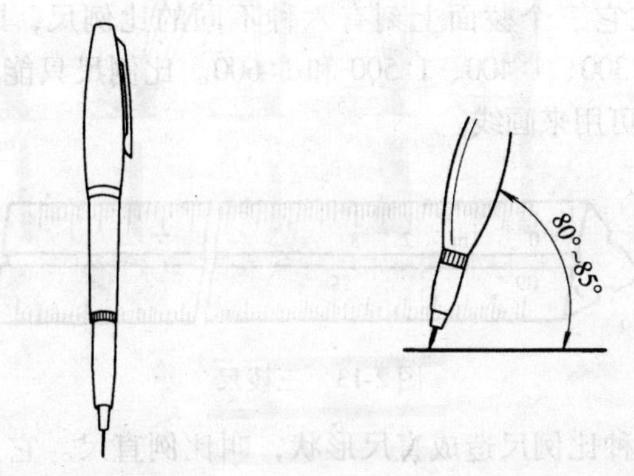

图 2-9　绘图墨水笔　　图 2-10　绘图墨水笔用法

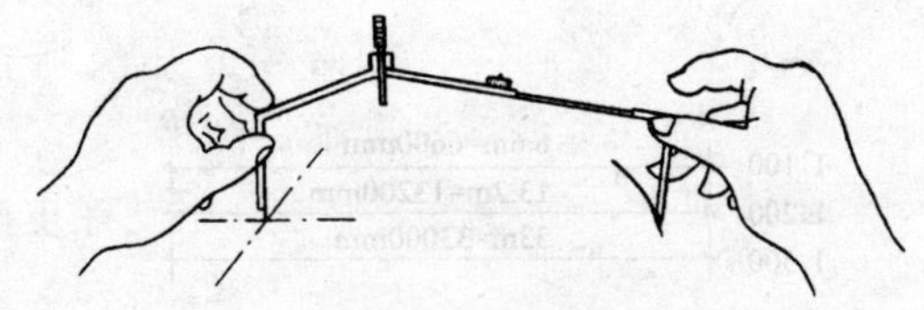

图 2-11　圆规用法

2．分规

分规是截量长度和等分线的工具（图 2-12）。

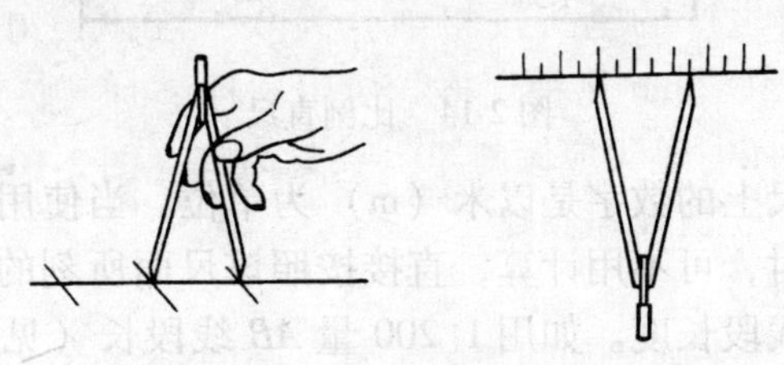

图 2-12　分规用法

2.1.1.5 比例尺

比例尺（又称三棱尺）是用来缩小线段长度的尺子（图2-13）。在它三个棱面上刻有六种不同的比例尺，即1∶100、1∶200、1∶300、1∶400、1∶500和1∶600。比例尺只能用来量取尺寸，不可用来画线。

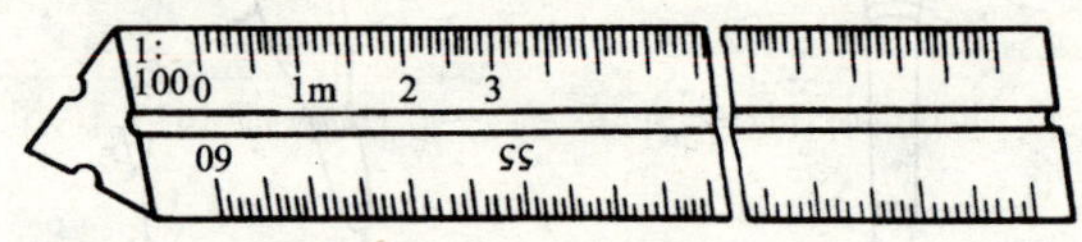

图2-13　三棱尺

另一种比例尺造成直尺形状，叫比例直尺。它只有一行刻度三个数字，表示三种比例，即1∶100、1∶200、1∶500（图2-14）。

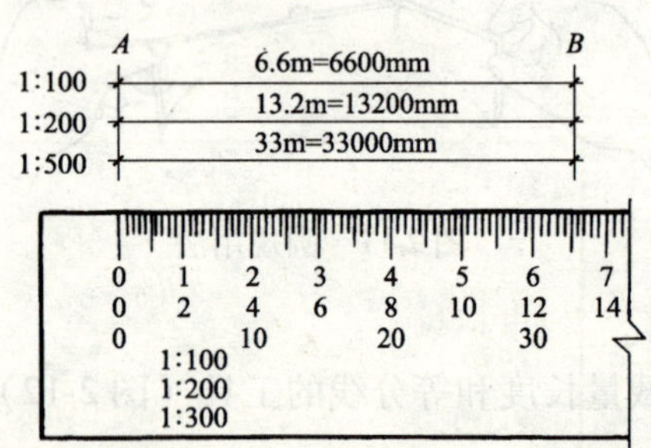

图2-14　比例直尺

比例尺上的数字是以米（m）为单位。当使用比例尺上某一比例时，可不用计算，直接按照该尺面所刻的数值截取或读出该线段长度。如用1∶200量*AB*线段长（见图2-14），可用1∶200比例尺将刻度对准*A*点，*B*点恰好在13.2m处，则该线段长度为 13. 2m，即 13200mm。1∶200 的刻度还可用于 1∶2、1∶20 或 1∶2000 的比例。上例如改为 1∶2 则读数为 $13.2\text{m} \times \frac{2}{200} = 0.132\text{m}$；上例如改为 1∶2000 时，则为$13.2\text{m} \times \frac{2000}{200} = 132\text{m}$。

2.1.2 施工图画法

为了使建筑制图达到基本统一，国家颁布了标准，现行的国家标准为《房屋建筑制图统一标准》（GBJ 1—86）。现将一些主要规定介绍如下：

2.1.2.1 图幅、图标和签字区

1. 图幅

图幅是指图纸的大小尺寸。图幅的长、宽尺寸和边框尺寸，见图 2-15 和表 2-1。

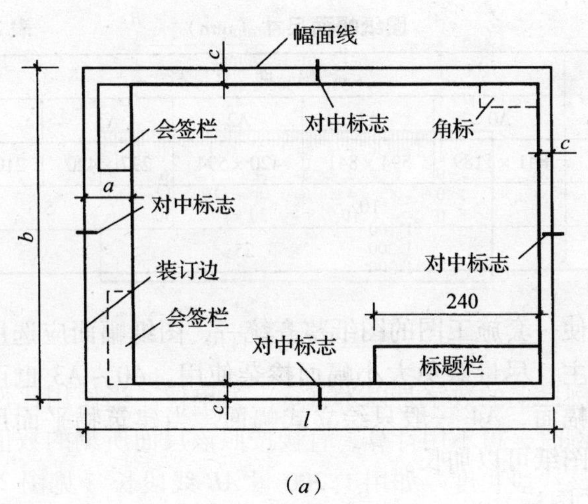

（a）

图 2-15 图幅（一）

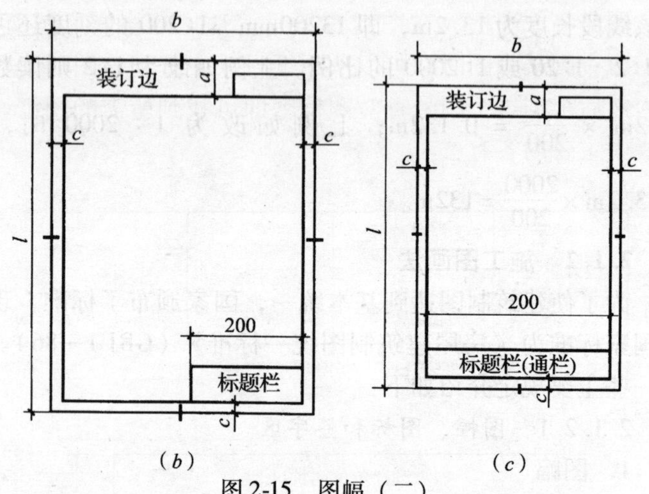

图 2-15　图幅（二）

（a）A0 ~ A3 横式幅面；（b）A0 ~ A3 立式幅面；（c）A4 立式幅面

注：标虚线的会签栏和角标用于道路工程制图图框。

图纸幅面尺寸（mm）　　表 2-1

幅面代号	幅面代号				
	A0	A1	A2	A3	A4
$b \times l$	841 × 1189	594 × 841	420 × 594	297 × 420	210 × 297
c	10			5	
a	25				

为使一套施工图的图纸整齐统一，图纸幅面应选用一种规格为主，尽量避免大小幅面掺杂使用。A0 ~ A3 也可以绘成立式幅面，A4 一般只绘立式幅面。当建筑物平面尺寸特殊时，图纸可以加长。

2. 图标

图标是图纸的标题栏，说明设计单位、工程名称、图名、图号等。图标放在图纸右下角，常见的格式见图 2-16。当需要查阅某张图时，可以从图纸目录中查到该图的工程图号，然后根据这个图号查对图标，即可找到所需的图纸。图标栏中主要内容有：

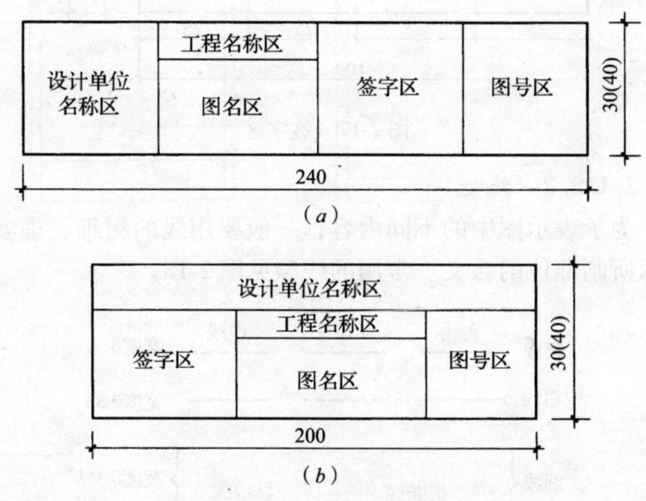

图 2-16　图标格式

（1）工程名称：是指某个工程的名称。如“翠湖新村 12 号住宅”，“向阳化工厂制硫车间”等；

（2）图名：是指本张图纸的主要内容。如“首层平面图”；设计编号：是指设计部门对该工程的编号。如“79 住—1”；

（3）图号：表明本工种图纸的编号顺序。如“结 1”。

3．签字区

又称图签，是由各工种（如水暖、电气等）负责人签字用的表格，见图 2-17。

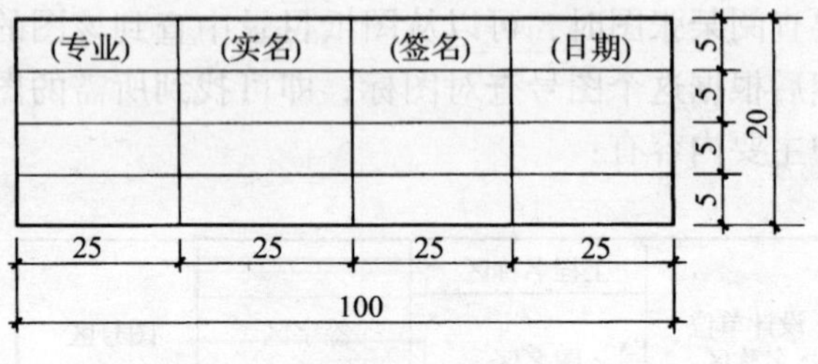

图 2-17　签字区

2. 1. 2. 2　线 型

为了表示图中的不同内容，一般要用线的粗细、虚实来表示所画部位的含义。常用的线型见图 2-18。

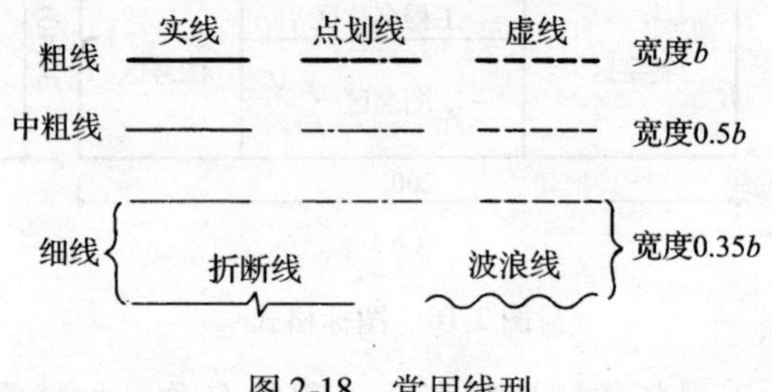

图 2-18　常用线型

1．粗实线

（1）表示建筑施工图中的主要可见的轮廓线。如平面图中的墙体、柱子的断面轮廓；立面图中的外形轮廓等。

（2）表示剖切线。

2．中实线和细实线

中实线表示可见的轮廓线；细实线表示次要的可见轮廓线以及尺寸线，引出线和图例线等（图 2-19）。

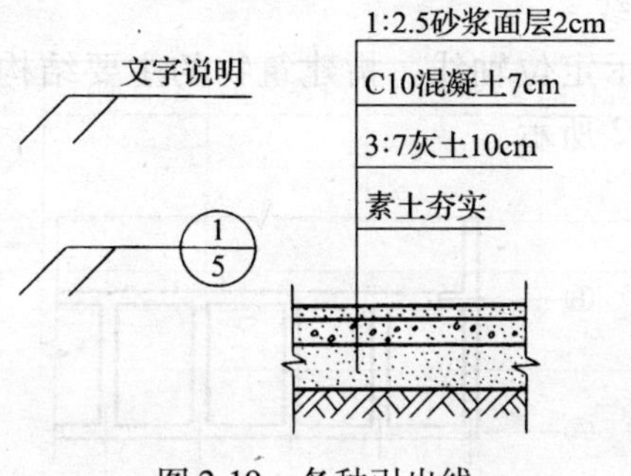

图 2-19　各种引出线

3．虚线和折断线

（1）虚线，表示建筑物的不可见轮廓线、图例线等，如图 2-20 所示。

（2）折断线，用细实线绘制，用于省略不必要的部分，如图 2-21 所示。

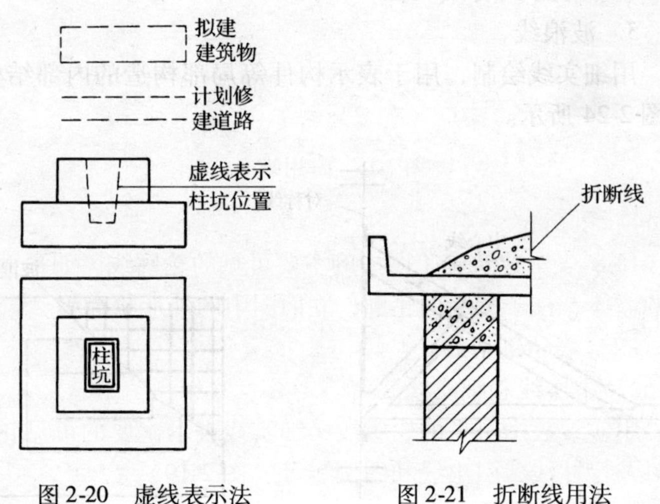

图 2-20　虚线表示法　　　　图 2-21　折断线用法

4．点划线

（1）表示定位轴线。指建筑物的主要结构或墙体的位置，如图 2-22 所示。

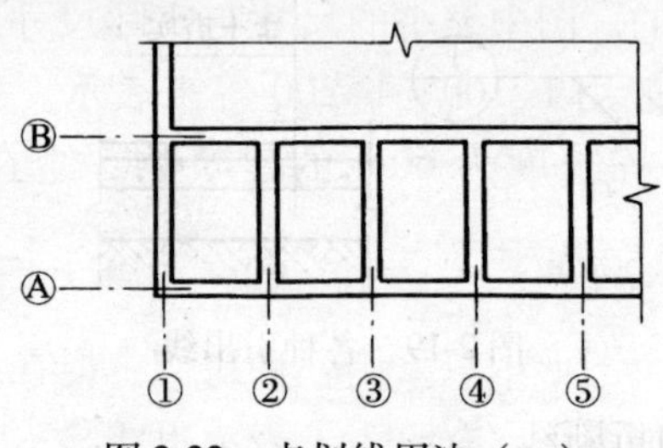

图 2-22　点划线用法（一）

（2）利用轴线可作为尺寸的界线。

（3）表示中心线。指建筑物、构件或墙身等的中心位置（图 2-23）。

（4）表示对称线（图 2-23）。

5．波浪线

用细实线绘制，用于表示构件等局部构造的内部结构，如图 2-24 所示。

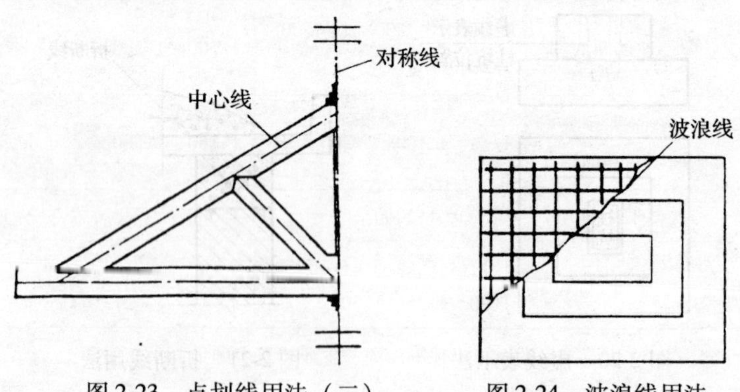

图 2-23　点划线用法（二）　　图 2-24　波浪线用法

2.1.2.3 比例、尺寸标注、标高、轴线、符号和字体

1. 比例

施工图一般是按建筑物或结构构件的实际尺寸缩小到一定的比例绘制的。图中缩小的尺寸与实际尺寸之比，称为该图的比例。一般用1:100、1:200等来表示。如用1:100比例绘制出的一栋长度为60m的建筑物，绘在图上就只有

$6000\text{cm}\times\frac{1}{100}=60\text{cm}$ 长。

一般在一个图形中只采用一种比例，但在结构图以及给排水、暖气管道图中，有时为了表示更明显，也有在一个图形中使用两种比例的。

比例可写在图名区内。

各种常用的比例，见表2-2。

常用比例表 **表2-2**

图名	常用比例	必要时可增加的比例
总平面图	1:500，1:1000，1:2000	1:5000，1:10000，1:20000
总图专业的断面图	1:100，1:200，1:1000，1:2000	1:500，1:5000
平面图、剖面图、立面图	1:50，1:100，1:200	1:150，1:300
次要平面图	1:300，1:400	1:500
详图	1:1，1:2，1:5，1:10，1:20，1:25，1:50	1:3，1:4，1:30，1:40

注：1. 次要平面图系指屋顶平面图、工业建筑中的地面平面图等；

2. 1:25仅适用于结构详图。

2. 尺寸标注

施工图上的图形按比例缩小了，但是，在施工图上所注的尺寸，必须是建筑物或结构构件的实际尺寸。按照国家标准，图纸上除标高和总平面图的尺寸以米（m）为单位外，其余尺寸一律以毫米（mm）为单位。除有附加说明以外，图纸上一般不再注明单位名称。

（1）水平垂直方向的尺寸线：水平尺寸线上的尺寸数字应写在尺寸线上方中间；垂直尺寸线上的尺寸数字应从下到上写在尺寸线左方。字体大小要一致。当尺寸线较窄时，尺寸数字可写在尺寸线外侧（指外边的尺寸数字），或上下错开写（指中部相邻的尺寸数字），或用引出线引出标注（图 2-25）。

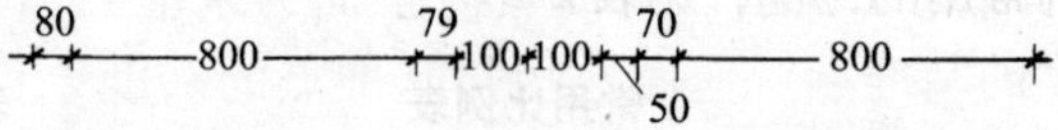

80　800　79　100　100　70　800　50

图 2-25　尺寸数字标注方法

（2）圆和圆弧的尺寸线：圆和圆弧的半径或直径，一般标在圆和圆弧内，采用箭头表示，尺寸前加注半径“R”或直径符号“ϕ”。较小的半径或直径可标注在圆弧的外部（图 2-26）。

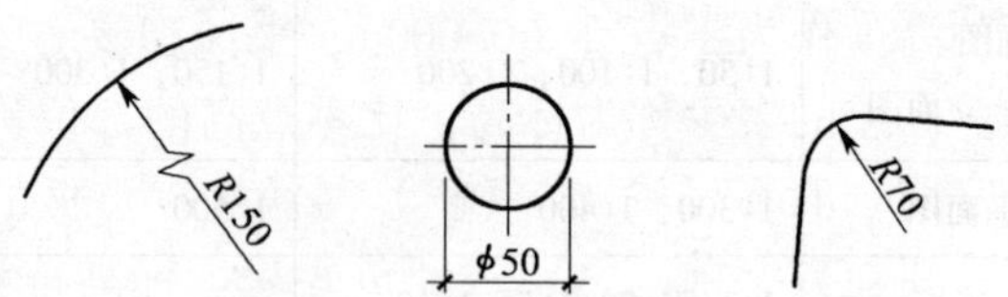

图 2-26　圆与圆弧的尺寸线

（3）角度及坡度：角度的尺寸用箭头表示。当角度较小时，箭头可标注在角度轮廓线的外侧（图 2-27）。

图 2-27　角度尺寸注法

标注坡度时，在坡度数字下，应加注坡度符号箭头，一般应指向下坡方向。如：20% ⟵，1∶5 ⟵，0.2 ⟵。

3．标高

标高是表示建筑物某一部位或地面、楼层的高度。标高以米（m）为单位，精确到小数点后三位数。在总平面图上，标高只标注到小数点后二位数。标高又分为两种：

（1）绝对标高：以平均海水面作为大地水准面，将其高程作为零点（我国以青岛黄海平面为基准），计算地面地物高度的基准点。地面地物与基准点的高度差称为绝对标高。如某一房屋建筑首层的室内地面的绝对标高是 15.500，则该建筑物首层室内地面要比青岛黄海海平面高出 15.500m。绝对标高一般只用于建筑总平面图上，根据国家标准，建筑总平面图上的室外绝对标高用黑色三角形表示，如▼35.30。

（2）相对标高：亦称为建筑标高，是以所建房屋的首层室内地面的高度作为零点（±0.000），来计算该房屋与它的相对高差。高差的多少称为标高。比零点高的部位称为正标高，但数字前一般不写“+”（正）号。比零点低的部位称为负标高，要在数字前写“-”（负）号。标高符号用▽45°表示，并在平线上写上数字，表明该符号三角形下尖处所指位置的标高值。标高的标法如图 2-28*a* 所示。

当一个建筑详图使用几个不同的标高时，则三角形横线上注写的是最接近于零点的标高值，其余标高依次顺序写出，但数字要加括号（图 2-28*b*）。

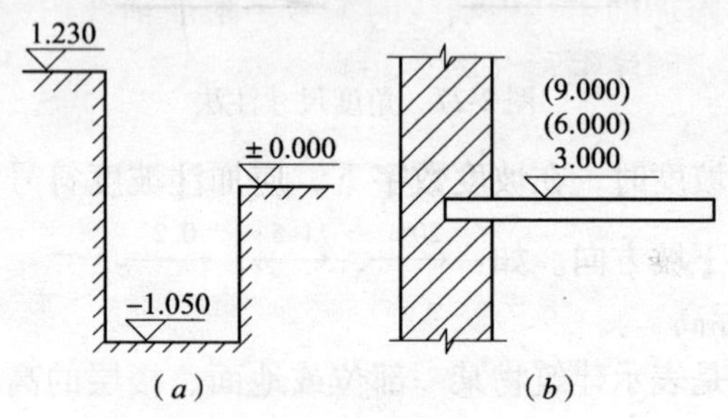

图 2-28　标高的标示方法

4．轴线

轴线亦称定位轴线，它是表示建筑物的主要结构或墙体位置的线，也是建筑物定位的基准线。每条轴线要编号，编号写在轴线端部的圆圈内。平面图上定位轴线的编号，一般注在图形的下方和左方。水平方向的编号用阿拉伯数字，从左至右顺序编写；竖直方向的编号用大写拉丁字母，从下至上顺序编写。但拉丁字母中的 I、O、Z 三个字母不能用作轴线编号（图 2-29）。

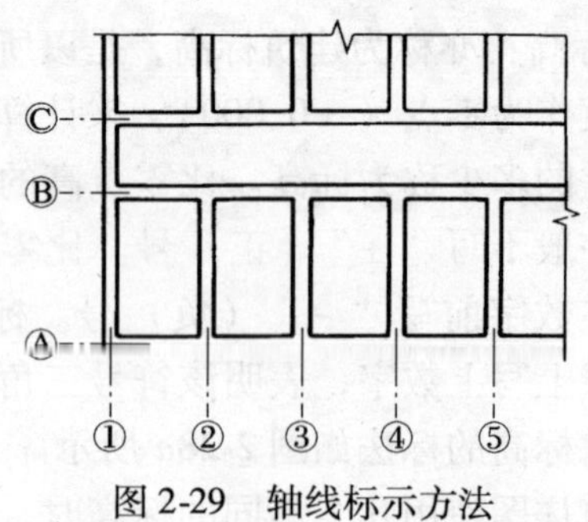

图 2-29　轴线标示方法

当有附加轴线时，即在两根轴线之间需要临时增加一个轴线，则编号以分数形式表示。分母表示前一轴线的编号，分子表示附加的第几根轴线的编号。附加轴线的编号，宜用阿拉伯数字顺序编写（图 2-30）。

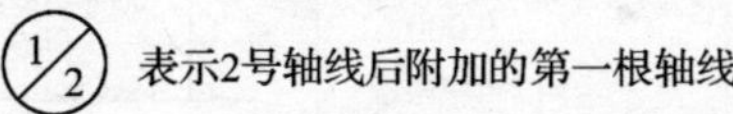

1/2
表示2号轴线后附加的第一根轴线
3/C
表示C号轴线后附加的第三根轴线

图 2-30　附加轴线编号

5. 字体符号

（1）字体

图纸上的文字、数字、字母等，一般用黑墨水书写。书写要端正，排列要整齐，笔划要清晰。汉字一般采用仿宋体，数字和字母一般用等线体（图 2-31）。

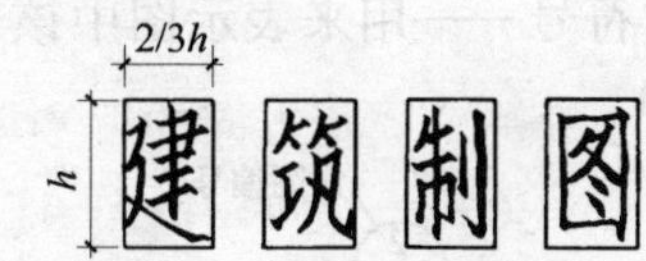

2/3h
h
建
筑
制
图
1234567890
ABC abc αβγ

图 2-31　字体

（2）符号

图纸上的符号是表示图纸内容和含义的标志。符号一般用图例和文字来表示。

图例——图纸上用图形来表示一定含义的符号（图2-32）。其中新建建筑物需要时可用▲表示出入口，可在图形内右上角用点数或数字表示层数。

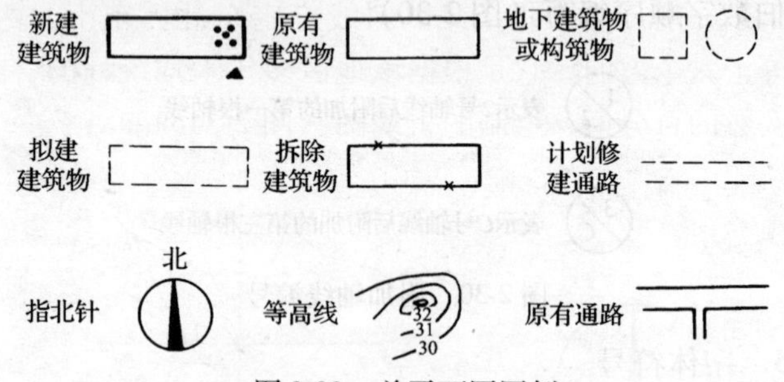

图 2-32　总平面图图例

构件代号——为了书写简便，用拉丁字母代替构件名称。如用 LC 表示铝合金门窗、GM 表示钢门等。常用的建筑构件代号，见表 1-8。

索引符号——用来表示图中该部分另有详图或标准图，见图 2-33。

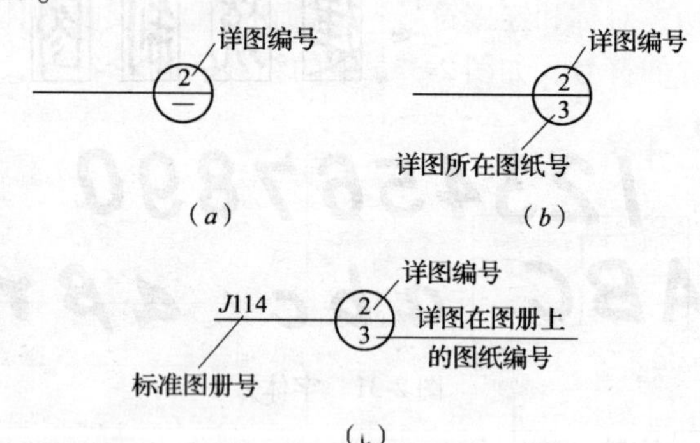

图 2-33　详图索引符号

（*a*）索引的详图在本张图纸上；（*b*）索引的详图不在本张图纸上；

（*c*）索引的详图在标准图上

指北针和风玫瑰——指北针主要表示朝向，一般绘制在总平面图和建筑物首层平面图上，其尖头为所指北面（图2-34*a*）。风玫瑰用来表示该地区每年风向频率，它以十字坐标定出东、南、西、北，并以斜线标定东北、东南、西北、西南等十六个方向。它是根据该地区多年平均统计的各方向刮风次数的百分值，绘制的折线图（图2-34*b*）。

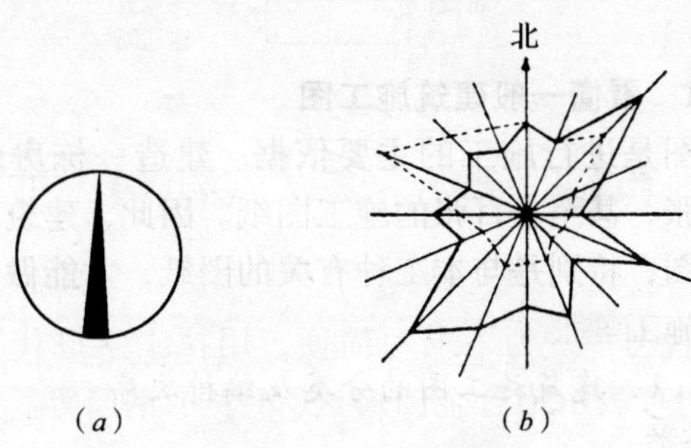

图2-34 指北针和风玫瑰
（*a*）指北针；（*b*）风玫瑰

剖切、对称和连接符号——剖切符号是反映物体被剖切面的位置的符号，如图2-35*a*中的粗线；对称符号，是用于

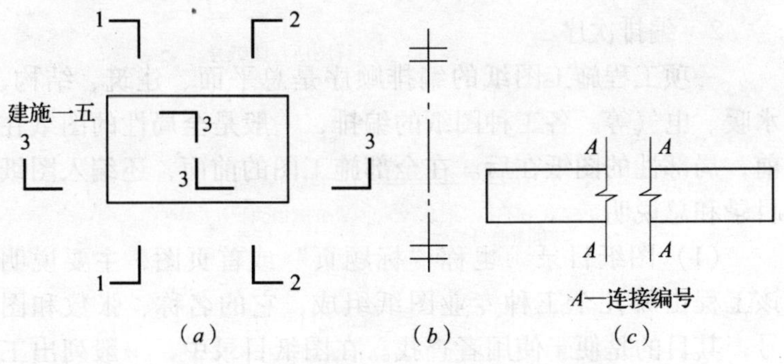

图2-35 剖切、对称和连接符号

绘制完全对称的物体，以绘制其一半来节省图幅的一种符号，见图 2-35*b*；连接符号，是用于因绘制的物体太大，受图幅所限，并可以分开绘制的一种符号。连接符号用折断线表示（图 2-35*c*）。

2.2 建筑识图

2.2.1 看懂一般建筑施工图

施工图是进行施工的主要依据。建造一栋房屋要有几张、几十张、甚至上百张的施工图纸。因此，建筑工人必须看懂施工图，特别是与本工种有关的图纸，才能做到心中有数，按图施工。

2.2.1.1 建筑施工图的分类及编排次序

1. 分类

施工图按工种分类：由总平面图及建筑、结构、给排水、采暖通风和电气几个专业的图纸组成。各专业图纸又分基本图和详图两部分。基本图纸表明全局性的内容；详图表明某一构件或某一局部的详细尺寸和材料作法等。

2. 编排次序

一项工程施工图纸的编排顺序是总平面、建筑、结构、水暖、电气等。各工种图纸的编排，一般是全局性的图纸在前，局部性的图纸在后。在全部施工图的前面，还编入图纸目录和总说明。

（1）图纸目录　也称“标题页”或首页图，主要说明该工程由哪几个工种专业图纸组成，它的名称、张数和图号，其目的是便于使用者查找。在图纸目录中，一般列出工程名称、工程编号、建筑面积等。

(2) 总说明 主要说明工程的概貌和总的要求。内容包括设计依据（如水文、地质、气象资料)、设计标准（建筑标准、结构荷载等级、抗震设防要求、采暖通风要求、照明动力标准)、施工要求（为材料要求和施工要求等)。一般中小型工程，总说明不单独列出，只分别在有关图纸中注明。

(3) 总平面图 标出建筑物所在地理位置和周围环境。一般标有建筑物外形、建筑物周围的地物、原有建筑和道路，并标示出拟建道路、水电暖通等地下管网和地上管线，还要标示出测绘用的坐标方格网、坐标点位置和拟建建筑物的坐标、水准点和等高线、指北针、风玫瑰等。该类图纸简称“总施”。

(4) 建筑施工图 简称“建施”。主要表示建筑物的外部形状、内部布置以及构造、装修和施工要求等。其基本图纸包括建筑物的平面图、立面图、剖面图等，详图包括门、窗、厕所（卫生间)、楼梯及各部位装修、构造等详细做法。

(5) 结构施工图 简称“结施”。主要表示承重结构的布置情况、构件类型和构造作法等（砖混结构除首层地下的砖墙由基础结构图表示外，首层室内地面以上的砖墙、砖柱均由建筑施工图表示)。基本图纸包括基础图、柱网布置图、楼层结构布置图、屋顶结构布置图等。构件图包括柱、梁、楼、板、楼梯以及阳台、雨罩等。

(6) 给排水施工图 简称“水施”。主要表示管道布置和走向，构件做法和加工安装要求。图纸包括平面图、系统图、详图等。

(7) 采暖通风施工图 简称“暖施”、“通施”。主要表示管道布置、走向和构造安装要求。图纸包括平面图、系统图、安装详图等。

（8）电气施工图　简称“电施”。主要表示照明及动力电气布置、走向和安装要求。图纸包括平面图、系统图、接线原理图及详图等。

（9）设备安装施工图　简称“设施”。主要表示机器设备的安装位置、生产工艺流程、组装方法、调试程序等。图纸包括位置图、总装图、各部件安装图等。

2.2.1.2　投影和视图的基本知识

常见的建筑物图片或照片，都是立体图（也称透视图），它不能把建筑物的尺寸大小具体表示出来，因此不能具体地表达设计意图，所以也无法“照图”施工。而施工图，是按照投影原理绘制的，是用几个投影图（称视图）来表示建筑物的真实形状、内部构造和具体尺寸。因此，识图必须掌握看懂施工图的基本功——投影原理。

1. 投影

光线照射物体，在墙上或地上就产生影子，图2-36是表明两种不同角度的光线照射后产生大小不同的影子。图2-36（a）是灯光离桌面较近时，地上产生的影子比桌面大；图2-36（b）是设想把灯光移到无限远的高度，即使光线相

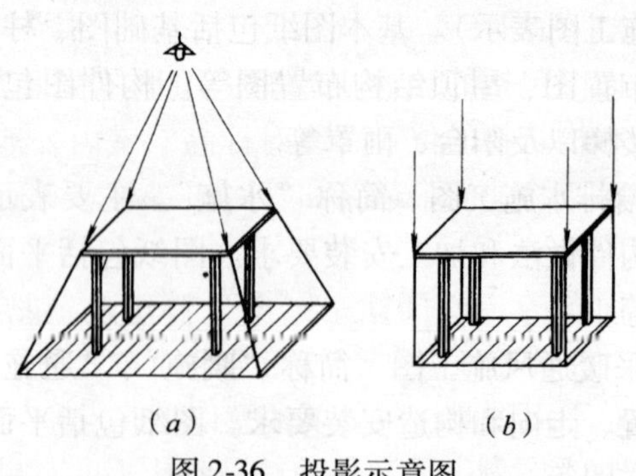

图2-36　投影示意图

互平行，并与地面垂直，这时影子的大小就和桌面一样。投影原理就是从这些概念中总结出来的一些规律，作为制图的理论根据。建筑物的图形就是按照正投影——即假设投影线互相平行，并垂直于投影面来表达的。

2. 视图

物体在投影面上的正投影图叫视图。凡是一个物体一般都有上、下、前、后、左、右六个面，从物体前面看过去所得到的投影图叫前视图；从顶上看下去所得到的投影图叫顶（俯）视图；从左面看过去所得到的投影图叫左侧视图；从右面看过去所得到的投影图叫右侧视图；从后面看过去所得到的投影图叫后视图；从底下往上看到的投影图叫仰视图。

为了反映出物体的全部形状和尺寸，一般需要二、三个正投影面。图2-37中 V、H、W 平面上的投影图，分别称为正立投影图（或主视图）、水平投影图（或俯视图）和侧视投影图（或左视图）。土建施工图中常见的平面图、立面图和剖面图就是具体运用这三种正投影图（三视图）的原理绘制的。

2.2.1.3 建筑施工图的识图

1. 总平面图

总平面图包括的内容主要有：用地范围和红线、地形、各建筑物和构筑物的位置、绝对标高、室内外地坪标高、当地风向和建筑物朝向、道路和管网布置等。常用的图例见图2-32。

总平面图的主要用途是：作为新建建筑物和构筑物定位、放线、土方施工及进行施工总平面布置的依据。

识看总平面图时，主要要注意以下几点：

（1）熟悉图例，弄清各种符号所代表的意思；

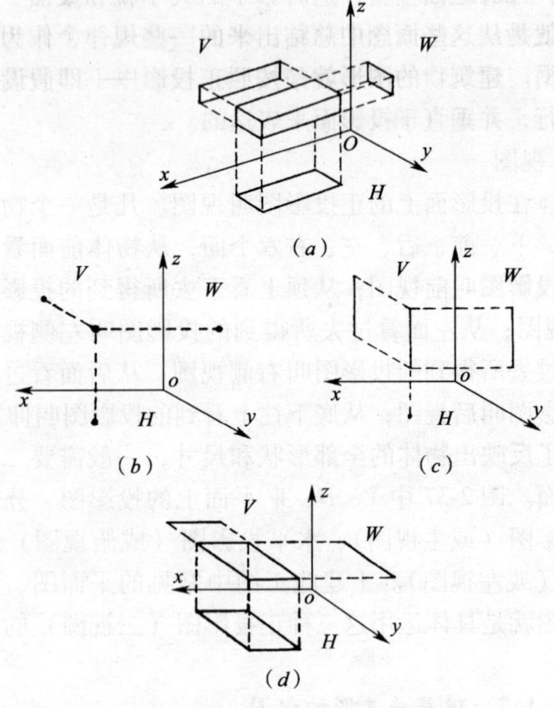

图 2-37　三视图

(a) 平行六面体的三视图；(b) 点的投影；
(c) 线段的投影；(d) 平面的投影

(2) 查看拨地范围、建筑物的布置，了解建筑地段的地形、周围环境、道路布置及地面排水情况；

(3) 了解新建建筑物的座落位置，图纸比例，总宽度，地坪标高及室内外高差；

(4) 查找定位依据；

(5) 实地勘察了解用地范围内的地上、地下设施，地形和有关障碍物等。并根据水电源情况考虑施工准备工作。

2. 平面图

一般为建筑平面图的简称。平面图是用一个假想水平面把房屋沿门窗洞口的水平方向切开，切面以下部分的水平投影图就是平面图（图 2-38）。

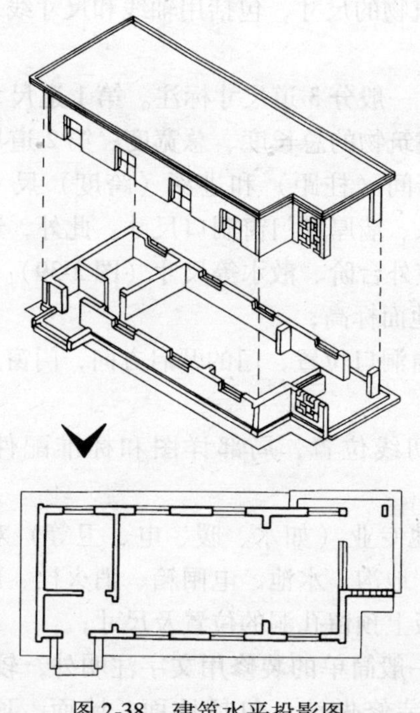

图 2-38　建筑水平投影图

平面图主要表明建筑物内部平面的布置情况。沿 2 层切开所得的投影图就叫 2 层平面图，同理可得 3 层、4 层平面图。如果其中有几个楼层平面布置相同，可以用一个标准层平面图表示。

平面图的用途主要是：作为在施工过程中放线、砌筑、安装门窗、作室内装修等的依据；也是编制工程预算和备料的依据。

识看平面图时，主要要注意以下几点：

(1) 建筑物的形状、朝向以及各种房间、走廊、出入口、楼（电）梯、阳台等平面布置情况和相互关系；

(2) 建筑物的尺寸，包括用轴线和尺寸线表示的各部分长、宽尺寸；

外墙尺寸一般分3道尺寸标注。第1道尺寸线是外墙总尺寸，表明建筑物的总长度、总宽度；第2道尺寸线是轴线尺寸，表明开间（柱距）和进深（跨度）尺寸；第3道尺寸线表明墙垛、墙厚和门窗洞口尺寸。此外，还要在首层平面图上表明室外台阶、散水等尺寸（图2-39）。

(3) 楼地面标高；

(4) 门窗洞口位置，门的开启方向，门窗及门窗过梁的编号；

(5) 剖切线位置，局部详图和标准配件的索引号和位置；

(6) 其他专业（如水、暖、电、卫等）对土建要求设置的坑、台、地沟、水池、电闸箱、消火栓、雨水管等以及在墙上或楼板上预留孔洞的位置及尺寸；

(7) 除一般简单的装修用文字注明外，较复杂的工程，还表明室内装修做法，包括地面、墙面、顶棚等用料和做法；

(8) 文字说明在图中不易表明的内容，如施工要求、砖及砂浆强度等。

3. 立面图

立面图是表示建筑物的外观，主要有正立面图、侧立面图和背立面图（也有按朝向分东、西、南、北立面图）。

立面图的用途主要是：供室外装修施工用（图 2-40）。

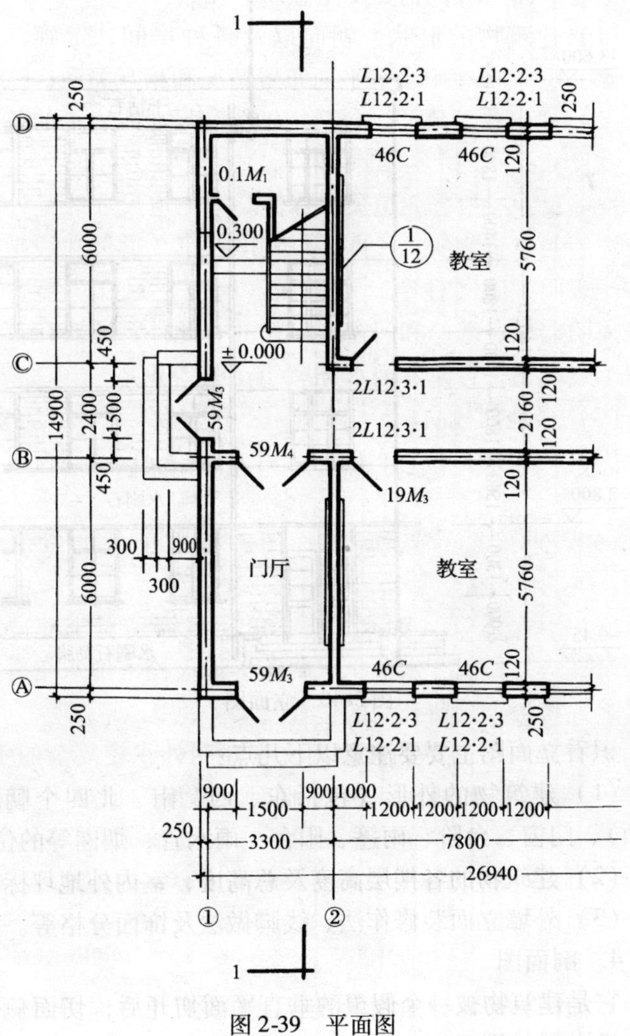

图 2-39　平面图

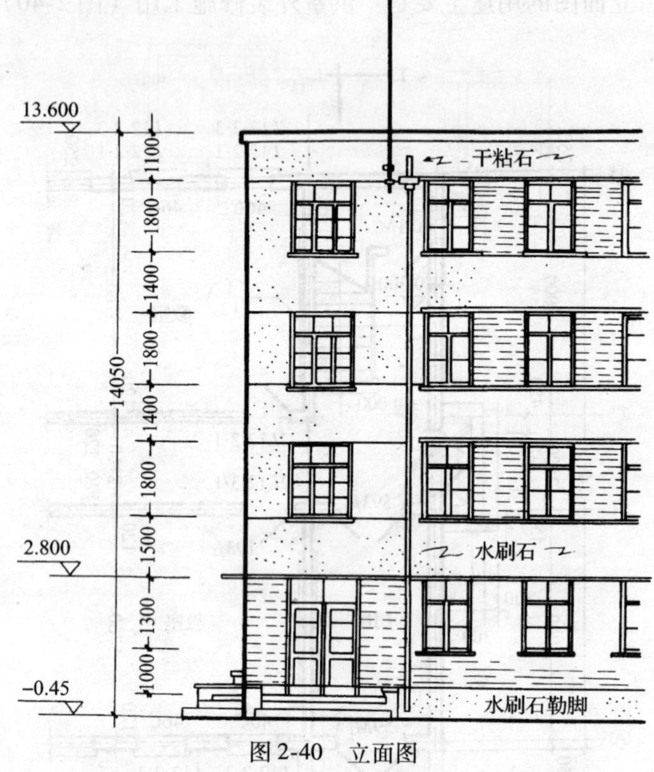

图 2-40　立面图

识看立面图主要要注意以下几点：

（1）建筑物的外形（包括东、西、南、北四个朝向的立面）、门窗、台阶、雨篷、阳台、雨水管、烟囱等的位置；

（2）建筑物的各楼层高度及总高度，室内外地坪标高；

（3）外墙立面装修作法、线脚做法及饰面分格等。

4. 剖面图

它是建筑物被一个假想的垂直平面切开后，切面一侧部分的投影图（图 2-41）。

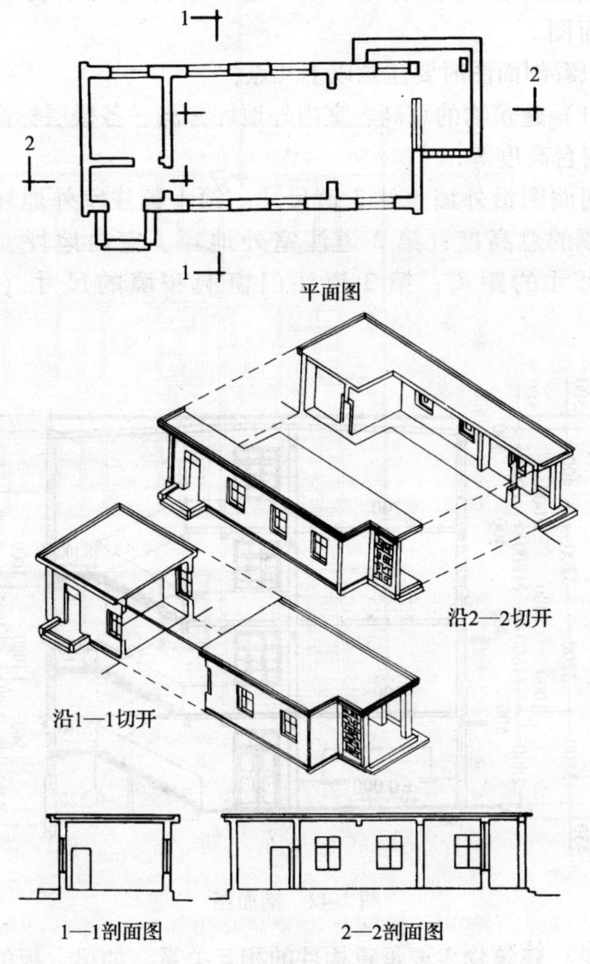

图 2-41　建筑剖面投影图

剖面图的内容主要是：简要地表明建筑物的结构形式、高度及内部的布置情况。根据剖切线位置的不同，剖面图分为横剖和纵剖，有时还可按转折的剖切线来绘制剖面图。

识看剖面图时要注意以下几点：

（1）建筑物的总高、室内外地坪标高、各楼层标高、门窗及窗台高度等；

剖面图沿外墙也注 3 道尺寸。第 1 道注室外地坪到女儿墙顶的总高度；第 2 道注室外地坪、室内地坪、楼面到总尺寸的距离；第 3 道注门窗洞和墙的尺寸（图 2-42）；

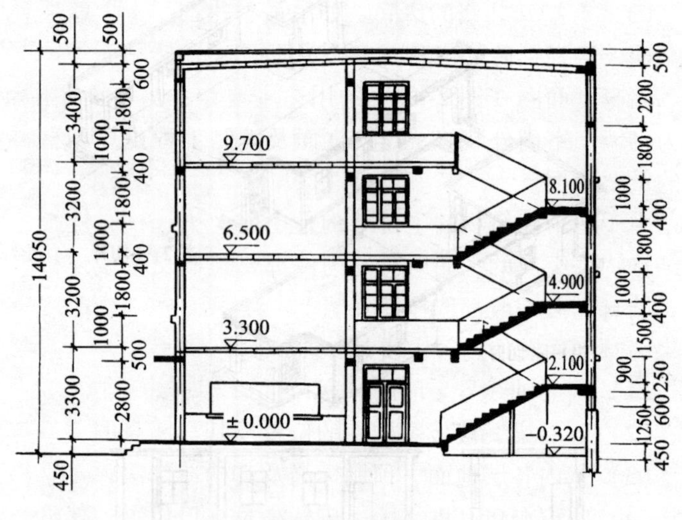

图 2-42　剖面图

（2）建筑物主要承重构件的相互关系。如梁、板的位置与墙、柱的关系；屋顶的结构形式等；

（3）剖面图中不能详细表达的详图索引号及位置，配件和节点详图。

5．建筑施工详图

为了表明某些局部的详细构造、做法及施工要求，采用较大比例绘制成施工详图（又称大样图）。

建筑施工详图主要包括以下内容：

（1）局部构造详图。如墙身剖面图、楼梯、门窗、台阶、消防梯等详图；

（2）有特殊设备的房间。如厕所、浴室、实验室等，用详图表明设备固定的位置、形状、埋件位置以及沟槽的大小和位置等；

（3）有特殊装修的房间。如吊顶、花饰、木护墙、大理石贴面、陶瓷锦砖（又称马赛克）贴面、瓷砖贴面等。

墙身剖面图（图 2-43）的用途主要是：与平面图配合，作为砌墙、室内外装修、门窗立面及编制工程预算和材料估算的重要依据。

由于一个建筑物的主要结构是由墙、梁、柱、楼板等主要结构构件组成的，而所有的构件都要与墙交接或连接，因此，墙身剖面一般都选择在外墙上。

墙身剖面图的内容主要是：

（1）墙的轴线号、墙的厚度；

（2）各层梁、楼板等构件的位置及其与墙身的关系；

（3）室内各层地面、顶棚标高及其构造作法；

（4）门窗洞口高度、上下皮标高及立口位置；

（5）立面装修做法，包括砖墙各部位的凹凸线脚、窗口、门头、雨篷、挑檐、檐口、勒脚、散水等尺寸，材料作法或索引号引出的做法详图，如图 2-43 中$\frac{3}{6}$窗台板、$\frac{2}{6}$窗帘杆等；

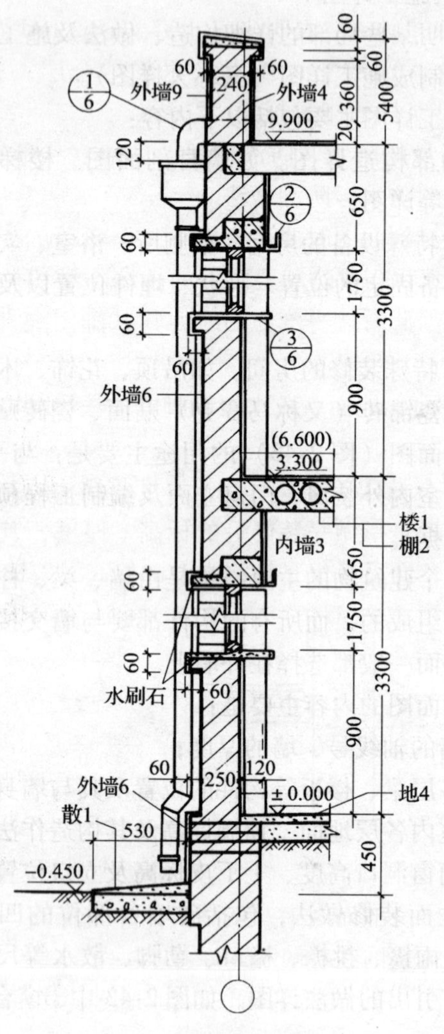

图 2-43　墙身剖面图

60
60
60
240
外墙9
外墙4
1
6
360
5400
20
9.900
120
650
2
6
60
1750
3300
60
3
6
60
外墙6
900
(6.600)
3.300
楼1
棚2
内墙3
650
60
1750
3300
60
水刷石
60
900
60
120
250
外墙6
±0.000
地4
散1
530
450
-0.450

地面、散水、外墙做法有时根据通用图集只标注代号，如图 2-43 中“地 4”表明①素土夯实；②100 厚 3∶7 灰土；③50 厚 C10 素混凝土；④素水泥浆结合层一道；⑤20 厚 1∶2.5水泥砂浆抹面压实赶光；

（6）墙身的防水、防潮做法，如墙身、地下室、檐口、勒脚、散水的防水、防潮做法。

识看墙身剖面图时要注意以下几个问题：

（1）±0.000 或防潮层以下的砖墙在结构施工图的基础图中表示。因此看墙身剖面图时要与基础图配合，注意相互的搭接关系；

（2）屋面、地面、散水、勒脚等作法尺寸应和有关通用图集对照阅看；

（3）要分清建筑标高、建筑厚度与结构标高、结构厚度的关系。前者是指做完装修后的标高、厚度，其中包括结构标高、厚度；而后者仅是结构本身的标高、厚度（图2-44）。

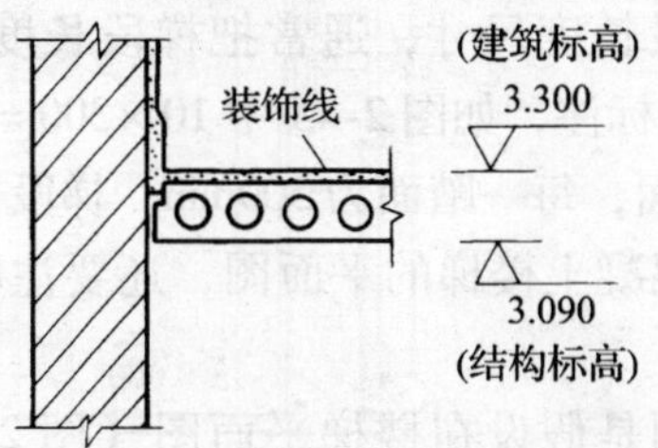

图 2-44　建筑标高与结构标高

在建筑墙身剖面图中，标高只注建筑标高，厚度只注结构厚度，建筑装饰线一般不注厚度。

楼梯详图一般包括平面图、剖面图、楼梯栏杆及踏步大样。

楼梯平面图是假设在每层距地面 1m 以上沿水平方向剖切

的水平剖面图（图 2-45），一般均分层绘制。但是在 3 层以上的房屋，若中间各层的楼梯位置、梯段数、踏步数和大小尺寸都相同时，则只绘出底层、中间层（或 2 层）和顶层 3 个平面图。

楼梯平面图用轴线编号表明楼梯间的位置，注明楼梯间的长、宽尺寸，楼梯跑的宽度和踏步数，踏步宽度，休息板的尺寸和标高等。楼梯跑被剖切处应为水平线，但为了避免与踏步线混淆，通常用倾斜的折断线表示。

识看楼梯平面图时要掌握各层平面的特点。如首层平面只有被剖切的往上走的梯段（注“上”字箭头）；2 层平面既有被剖切的往上走的梯段，还有往下走的完整的梯段（标注“下”字箭头），另外还表示出楼梯平台以及平台往下的部分梯段；顶层平面只表示向下的完整梯段及安全栏板位置。各层平面中所画的踏步分格，是踏步的踏面，其总数要比总的踏步数少一个。如图 2-45 中下 22 步，实际上踏步总数为 20 级，即一个梯段为 10 级。在楼梯平面图中标注的各部分细部尺寸，如楼梯段长度尺寸，通常把梯段长度尺寸与踏面数、踏面宽尺寸合并标注，如图 2-45 中 $10 \times 300 = 3000$，表示这个梯段有 10 个踏面，每一踏面为 300mm，梯段长度为 3000mm。

预制钢筋混凝土楼梯的平面图，还要注明采用预制构件的型号。

楼梯剖面图是假设在楼梯平面图（图 2-45）1—1 位置从上到下剖切得到的投影图。主要表明各层和休息板的标高、踏步数、局部节点作法、楼梯栏杆的形式及高度、楼梯间门窗洞口的标高及尺寸。

楼梯剖面图要与楼梯平面图结合起来识读，要与建筑平面图、剖面图对照阅读。当楼梯间地面标高较首层地面标高低时，应注意楼梯间防潮层的位置。

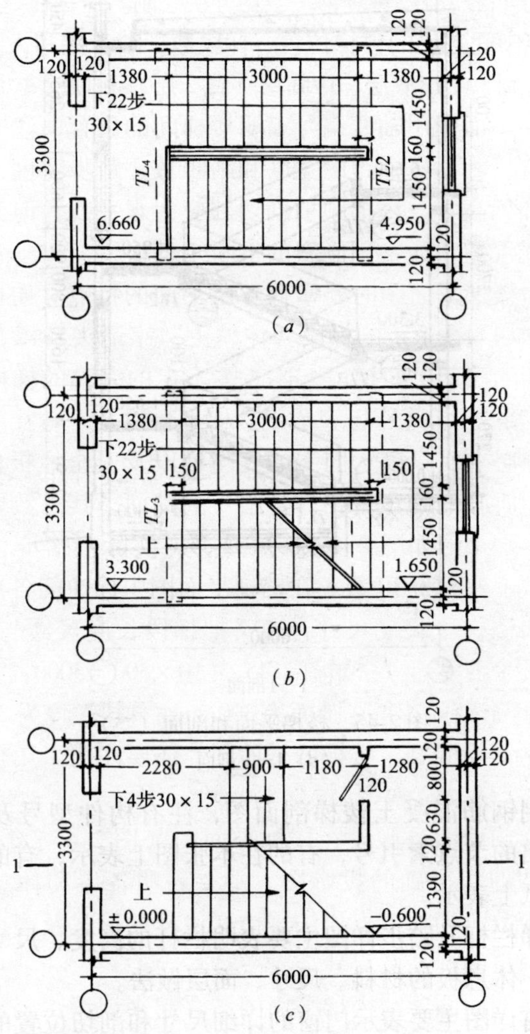

图 2-45　楼梯平面和剖面（一）

（*a*）首层平面；（*b*）二层平面；（*c*）顶层平面

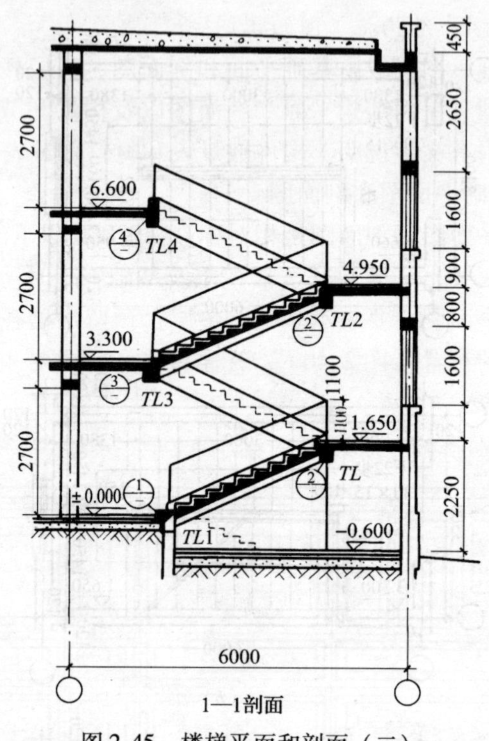

图 2-45　楼梯平面和剖面（二）

(*d*) 1—1 剖面

预制钢筋混凝土楼梯剖面图，注有构件型号及节点做法。引出的节点索引号，有的在本张图上表示，有的则在另一张图纸上表示。

楼梯栏杆及踏步详图主要表明栏杆的高度、尺寸、材料与踏步、休息板的材料、尺寸、面层做法。

门窗详图主要表示门窗的详细尺寸和剖切位置的断面尺寸。其内容包括立面图、节点大样、五金材料表和文字说明。如果选用通用图集中的门窗，则一般不再另画详图。

2.2.1.4 结构施工图的识图

结构施工图一般由基础平面和剖面图、各层楼盖结构平面和剖面图、屋面结构平面和剖面图以及构件和节点详图等组成，并附有文字说明、构件数量表和材料用量表。

1. 基础平面图和剖面图

基础平面图和剖面图是相对标高 ±0.000 以下的结构图，主要供放灰线、基槽（基坑）挖土及基础施工时用。

基础平面图主要表示基础、垫层、预留沟槽孔洞及其他地下设施的布置（图 2-46）。识看基础平面图要注意弄清以下基本内容：

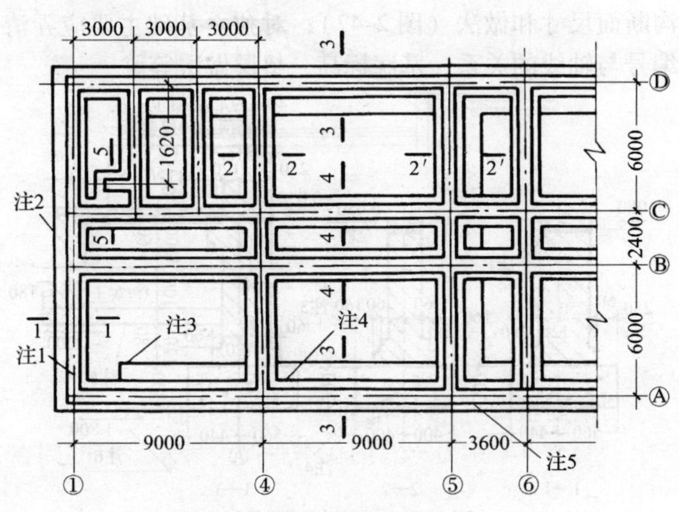

图 2-46 基础平面图

注 1——基础退完的实墙；

注 2——基础垫层边线，也是挡土槽边线；

注 3——暖沟土边线；

注 4——由于基槽与暖沟深度不同，所以平面上见到两条线；

注 5——沟过墙洞，洞口上均用 L12.4 过梁

（1）轴线编号、轴线尺寸，它必须与建筑平面图完全一致；

（2）基础轮廓线尺寸与轴线的关系。当为独立基础时，应注意基础和基础梁的编号；

（3）剖切线位置。当基础宽度、基底标高、墙厚、大放脚、管沟做法有变化时，要与基础剖面图结合阅看；

（4）预留沟槽、孔洞的位置及尺寸，以及设备基础的位置及尺寸。

基础剖面图主要表明基础的具体尺寸、构造作法和所用材料等。对条形基础主要应弄清以轴线为准的基础各部分尺寸、基底标高、基础和垫层材料、防潮层位置和做法、以及管沟断面尺寸和做法（图 2-47）；对独立基础主要应弄清基础编号与轴线的关系、基底标高、垫层做法等。

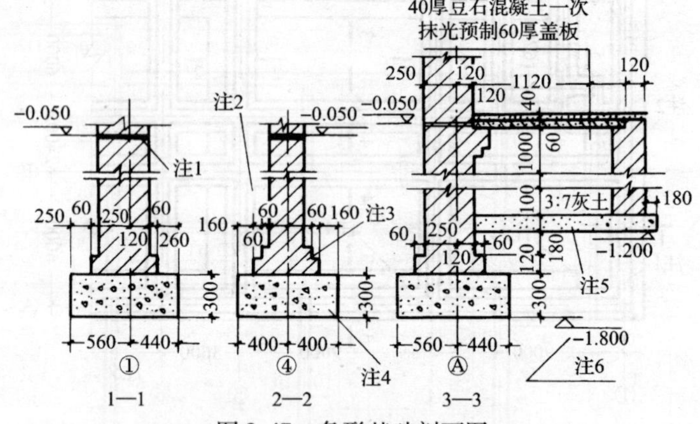

图 2-47　条形基础剖面图

注 1——防潮层 20 厚 1∶3 水泥砂浆加 5% 防水粉；

注 2——大放脚是砌二皮收 60，再砌一皮收 60 的收退方法；

注 3——大放脚；

注 4——混凝土垫层；

注 5——灰土；

注 6——基础埋深标高。

文字说明主要说明 ±0.000 相对的绝对标高、地基承载力、材料、刨槽、验槽或对施工的要求等。

2. 楼层结构平面图及剖面图

楼层结构的类型很多，一般常用的分为预制楼层和现浇楼层两种。

(1) 预制楼层结构平面图及剖面图　预制楼层结构平面及剖面图主要是为安装预制梁、板等各种楼层构件用的，有时也为制作圈梁和局部现浇梁、板用。其内容一般包括结构平面布置图、剖面图、构件统计表及文字说明四部分。阅图时应与建筑平面图和墙身剖面图配合阅读（图 2-48）。

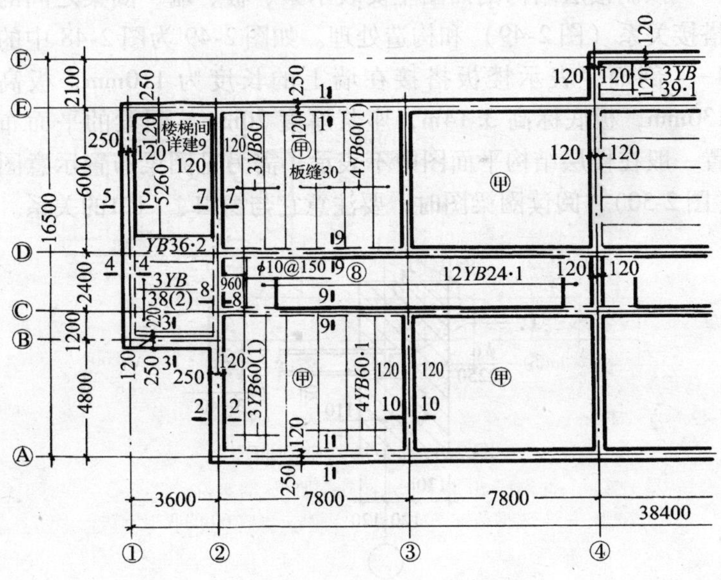

图 2-48　楼层结构平面图

预制楼层结构平面图主要表示楼层各种构件的平面关系（包括各种预制构件的名称、编号、数量、位置及定位尺寸等）。各种预制构件与墙的关系位置，均以轴线为准进行标注。如图2-48中3YB36·（2）表示预应力圆孔板，其中（2）表示荷载级别，有（　　）的表示板宽为880mm，无（　）的表示板宽为1180mm。板与板之间的缝隙一般为20mm，一般不予标注（如大于20mm应予标注）。如各个开间的布置相同，一般只画一个开间布置详图，用甲、乙等序号表示相同布置。为了表示梁、板、墙、圈梁之间的搭接关系，在平面图中有关位置标注剖切符号（如1—1，2—2），与剖面图结合阅看。

预制楼层结构剖面图主要表示梁、板、墙、圈梁之间的搭接关系（图2-49）和构造处理。如图2-49为图2-48中的4—4剖面，表示楼板搭接在墙上的长度为110mm，板高130mm，板底标高3.14m，座浆厚度20mm。圈梁的平面布置一般在楼层结构平面图中不表示，需另见圈梁布置示意图（图2-50），阅读圈梁图时，要注意它与窗口、门口的关系。

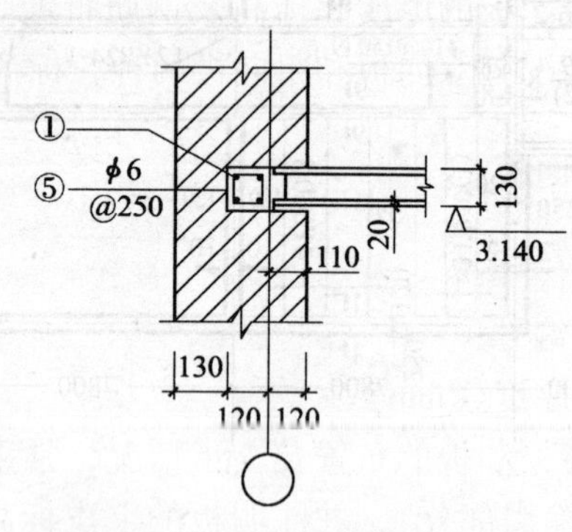

图2-49　楼层结构剖面图

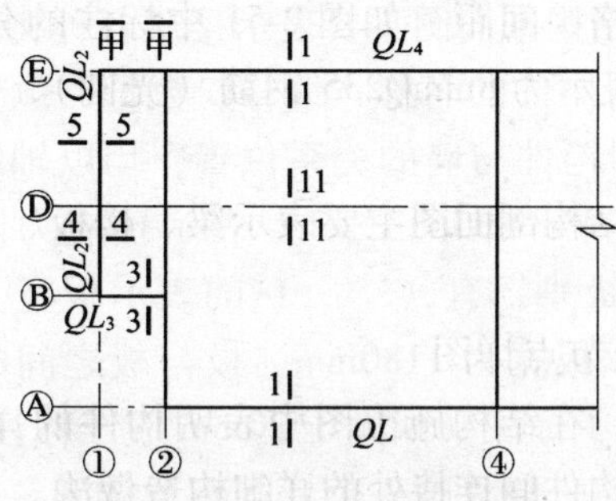

图 2-50　圈梁布置示意图

文字说明，主要说明材料、施工要求和所选用的标准图等。

(2) 现浇楼层结构平面图及剖面图　现浇楼层结构平面图及剖面图，主要是为在现场支模板，浇筑混凝土，制作梁板等用。其内容包括平面、剖面、钢筋表和文字说明四部分。阅读这些图纸时要与相应的建筑平面图及墙身剖面图配合阅读。

现浇楼层结构平面图主要标注轴线号、轴线尺寸、梁的布置位置和编号、板的厚度和标高及钢筋布置。每个开间的板一般按受力情况分双向板和单向板两种，标注方法是：

$$\text{双向板}\ \frac{B_1}{\quad}\Big|\frac{\quad}{100}\qquad \text{单向板}\ \frac{B_2}{100}$$

B——板的代号；

1、2——板的编号；

100——板的厚度（mm）。

为了看清楚梁和板的布置及支承情况，常采用折倒断面（图 2-51，a 中涂黑部分），并注明板的上皮标高与板厚。钢筋的布置，一般也在结构平面图上直接画出板内不同类型的钢筋布置、规格、间距。如图 2-51 中标注的分布钢筋 $\phi6@250$ 的代号即表示为 6mmQ235 钢筋（光圆），每根钢筋间距为 250mm 排列。

现浇楼层结构剖面图主要表示梁、楼板、墙体的相互关系（图 2-51*b*）。

3．构件及节点详图

构件详图，在结构施工图中表明构件的详细构造做法；节点详图表明构件间连接处的详细构造做法。

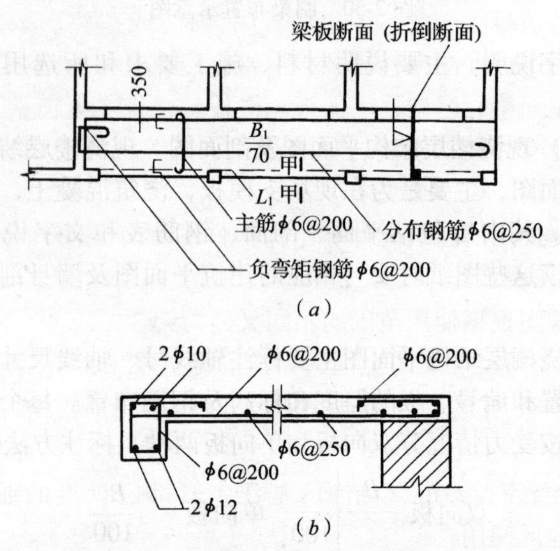

图 2-51　现浇楼层结构平面、剖面示意

构、配件和节点详图可分两类。一类是非标准构、配件和节点，例如基础、大多数柱子、现浇钢筋混凝土梁、板及某些门窗等，由于使用条件不同，一般必须根据每个工程的具体情况，单独进行设计，绘成详图；另一类是将量大面广的构、配件和节点，按照统一标准的原则，设计成标准构、

配件和节点，绘成标准详图，以利于大批量生产，提高劳动生产率、降低成本和适应建筑工业化的需要。从而有效地加快设计进度，提高设计质量，便于施工和安装。

2.2.1.5 标准图识图

如前所述，在建筑施工图和结构施工图中有一部分构、配件及节点详图采用标准图。目前按其技术上的成熟程度分为通用标准图和重复使用标准图两类。

建筑配件通用标准图主要有钢、木门窗、屋面、顶棚、楼地面、墙身等图集，图集代号用“J”或“建”表示；结构构件通用标准图内容较多，主要有门窗过梁、基础梁、吊车梁、屋面梁、屋架、屋面板、楼板、楼梯、天窗架、沟盖板等。还有一些构筑物，如水池、水塔等也有通用标准图，图集代号用“G”或“结”表示。

重复使用的建筑配件和结构构件图集分别用代号“CJ”和“CG”表示。

标准图根据使用范围的不同又分为：

1. 经国家批准的全国通用构、配件图和经国家有关部门组织审查通过的重复使用图。这些均可在全国范围内使用；

2. 经各省、市、自治区基建主管部门批准的通用图，可在本地区使用；

3. 各设计单位编制的通用图集，可供本单位内部采用。

2.2.1.6 看图的方法、要点和注意事项

1. 看图的方法

土建施工图的看图方法归纳起来是：“由外向里看，由大到小看，由粗到细看，图样与说明互相看，建施与结施对着看，设备图纸最后看。”这样能收到较好的效果。

一套图纸拿到后，应先将图纸分类，哪些是建筑施工图、哪些是结构施工图要搞清楚。

看图的具体步骤如下：

(1) 先看图纸目录：了解建筑物的名称、建筑物的性质、图纸的种类、建筑物的面积、图纸的张数、建设单位、设计单位等。

(2) 看设计总说明：了解建筑物的概况、设计原则和对施工总的技术要求等。

(3) 看总平面图：了解建筑物的地理位置、高程、朝向、周围环境等。

(4) 看建筑施工图：先看各层平面图，了解建筑物的长度、宽度、轴线尺寸、室内布局等。再看立面图和剖面图，了解建筑的层高、总高、各部位的大致做法。平、立、剖面图看懂后，在头脑中要能大致想象出建筑物的规模、轮廓，形成一个立体的图像。

(5) 看建筑详图：了解各部位的详细尺寸、所用材料、具体做法，进一步加深对建筑物的印象，同时还可以考虑怎样进行施工操作。

(6) 看结构施工图：头脑中形成了房屋的形象后，可以从基础平面图开始，按看建筑施工图的步骤，逐项看结构平面图和详图。了解基础的形式、埋置深度、柱和梁的位置和构造、墙和板的位置、标高、构造等。

(7) 看水暖电通和设备图：这些图纸由专业工种细看。作为砖瓦工，也要了解各种管线的走向、设备安装的大致情况，以便于配合留设各种孔洞和预埋件。

(8) 看完全部图纸后，头脑中形成了建筑物的总体形象，然后再有针对性地细看本工种的图纸内容。对于砖瓦工来说，要重点了解基础的深度，大放脚是几皮几收的，墙有多厚、用什么砖、什么砂浆，是清水墙还是混水墙，每一层要砌多高，圈梁、过梁的位置，门窗洞口的位置和尺寸，楼梯与砖墙的关系，烟囱、垃圾井的位置和做法，厨房、卫生间有什么特殊要求，有没有梁垫、梁洞，以及管道设备的留孔预埋等等。

2. 看图要点

每一张图纸只表达建筑物的一部分内容，而一套图才能形成一个建筑物。所以，各种图纸之间是相互联系的，看图不能孤立地看，需要综合地看。在看各类图纸时应注意的要点是：

(1) 平面图

1) 房屋的平面图要从最底层开始看起，逐层向上直到顶层。特别要详细看首层平面图，这是平面图中最主要的一层。

2) 看平面图中的尺寸，应先看控制轴线间的尺寸。把轴线关系搞清楚，记住开间、进深的尺寸和墙体的厚度尺寸，再看建筑物的外形总尺寸，并逐间、逐段校核有无差错。

3) 核对门窗的尺寸、编号、数量和各门窗的过梁型号。

4) 看清楚各部位的标高，同时应复核各层的标高与立面、剖面是否吻合。

5) 记住各房间的使用功能。

6) 对比各楼层的功能布置，看有无增减墙体、门窗等情形。

7) 对照详图看墙体、柱的轴线关系，如有不居中或偏心的轴线，一定要记住。

(2) 立面图

1) 对照平面图的轴线编号，看各个立面的表示是否正确。特别要注意有些立面图图名用朝向书写，即东立面、南立面、西立面、北立面等，有的甩轴线标写，因此必须对照平面图来看立面图。

2) 在看清每个立面后，再将四个立面对照起来看，看有无不交圈的地方。

3) 记住外墙装修所用的各种材料和使用范围。

(3) 剖面图

1) 对照平面图校核相应剖面图的标高是否正确，垂直方向的尺寸与标高尺寸是否吻合，门窗洞口尺寸与门窗表的尺寸是否吻合。

2) 对照平面图校核轴线的编号是否正确，剖切面的位置与平面图剖切符号是否符合。

3) 校对各层楼、地、屋面的做法与设计说明是否吻合。

4) 与立面图对照校核看有无矛盾。

(4) 详图

1) 首先查对索引标志，明确相应使用的详图，防止“张冠李戴”。

2) 查明平、立、剖面图上的详图部位，对照轴线仔细核对尺寸、标高，防止差错。

3) 认真研究细部的构造和做法，选用的材料与做法有无矛盾等。

3. 看图注意事项

(1) 要掌握投影的基本原理和熟悉房屋建筑的基本构造。

(2) 要熟悉和了解图纸采用的图例和符号。

（3）要特别注意在图纸图例上无法表示的内容，如砖和砂浆的强度等级等，要从附注和说明中查找对号。

（4）要注意尺寸的单位。特别是没有标注单位的数字。一般总平面图和标高以“m”为单位；其他均以“mm”为单位。

（5）看图应仔细耐心，要把图看懂，要对图上的有关内容和数字核对清楚，有疑问处要作记录，并向设计人员核定。

2.2.2 看懂复杂的施工图

2.2.2.1 什么是复杂的施工图

目前对复杂的施工图还没有一个确切的定义。根据目前的情况来看，有以下几种情况的，可以认为是较复杂的施工图。

1. 规模较大的单位工程

如一些等级较高的综合性公共建筑，使用功能比较多，有主体建筑及裙房，底层有大厅、商店、餐厅、厨房、舞厅、咖啡厅等，楼层设有各种娱乐厅、会议室、办公室、客房等等。还有一些生产上要求高的工业厂房，如多层车间、仓库、办公室和工具间相结合的层高不同、室内平面不在同一个标高上的厂房建筑。这类房屋建筑的图纸（包括装饰图纸）一般比较复杂。

2. 造型比较复杂的房屋建筑

如平面布置不规则，有圆弧形、三角形或凸凹形状，立面参差不齐、屋顶标高不在同一标高上，内外装饰比较复杂，甚至有工艺雕塑等的建筑。

3. 比较复杂的构筑物

构筑物具有自身的独立性，可以单独成为一个结构体系，用来为工业生产或民用生活服务。常见的构筑物有烟囱、水塔、料仓、水池、油罐、挡土墙、管架及电厂的冷却塔等。

4. 古典及园林建筑

如古建筑的楼、台、亭、阁、馆、廊、榭等，这些施工图纸更复杂。

某些建筑物局部处理成仿古的廊心墙、角、脊、吻头等，或者整幢建筑物就是栋古建筑。由于古建筑的各部构造形态各异，而且有专门的名称、规格，有些节点只用图纸也无法表达清楚，必须有一定的实践知识才能看懂。

以上这些图纸，一般都不能从一张施工图中就可以直观地看懂和了解设计图意，而要将几张图纸联系起来看才能看懂。

所以，要看懂复杂的施工图，一是要多看图、看懂图，不能似懂非懂；二是要学习房屋构造知识和结构知识；再是多实践，在实践中多参加复杂建筑的施工操作，总结经验，了解房屋的内在关系。

砖瓦工要看懂与本工种有关的施工图，如墙体、砖石基础、挡土墙、砖石构筑物和砖砌体的细部构造，以及看懂与之相关的其他构造的图，如混合结构中的阳台、圈梁、过梁等，工业厂房中与砖墙相连的柱子、地梁等图纸。

2.2.2.2 如何看懂复杂施工图

由于复杂施工图所表达的建筑物不够规则，所以仅通过一两个面的投影图是不易交待清楚的，有时还要通过三视图另加详图来补充说明。

1. 看图方法

与看一般施工图一样，看复杂的施工图也应“由外向里看，由粗到细看，图样与说明结合看，相关联的图纸交叉看，建施与结施图对着看”。同时要有足够的耐心、细心。此外，还要采取眼看、脑想、手算相结合的方法。眼看就是从几个方向看清施工图所反映建筑物的形状、尺寸；脑想就是通过眼看，想像该物体的立体形状；手算就是通过已知尺寸、互相关系进行计算，进一步确定建筑物的细部尺寸。

2. 看图的步骤

（1）先看目录及说明，了解建筑概况、技术要求等等，然后阅图。要了解是工业还是民用建筑，建筑面积有多大，建设单位是哪个，设计单位是哪个，图纸总共有多少张等。这样对这份图纸的建筑类型有了初步的了解。

（2）按照图纸目录检查各类图纸是否齐全，图纸编号与图名是否符合。标准图要查找全并准备在手边，以便看图时随时对照查看。图纸齐全了就可以顺序看图。

（3）一般按目录往下看，先看总平面图，了解建筑物的地理位置、高程、朝向，以及有关建筑总的情况。

（4）看完总平面图之后，再看建筑平面图，了解房屋的长度、宽度、轴线尺寸、开间大小和一般布局等。如为复杂的平面，往往轴线尺寸不是垂直于方格坐标，所以必须弄清。然后再看立面图和剖面图，了解层高、门窗位置，从而达到对这栋建筑物有一个总体的了解。通过看这三种图之后，能在脑子中形成房屋的立体形象，能想象出它的规模和轮廓。

（5）在对建筑施工图有了总体了解之后，就可以从基础施工图开始一步步地深入看图。从基础的类型、挖土的深度、基础尺寸、构造、轴线位置等，开始仔细地阅读，按基础、结构、建筑（包括详图）的顺序看图，遇到问题还要记下来，以便在继续看图时得到解决，或在设计交底时提出来解决。

（6）在图纸全部看完之后，可以按不同工种有关施工的部分，将图纸再仔细阅读。如砌砖工序要了解墙多厚、多高，门、窗口多大，清水墙还是混水墙，窗口有没有出檐，用什么过梁等等。细读时，对异形平、立面要看清各部分与轴线及相互间的尺寸，凹凸或曲面的起止点，以便于施工。有时还要进行计算，把通过计算得出的一些数据用铅笔标在蓝图上，或者通过对照其他图纸而查得的数据，标在一张图上。对于异形节点，要看清它所在点与轴线、标高的关系，本身的各个面的细部尺寸。必要时，应作记录。

（7）随着生产实践经验的增长和看图的知识积累，在看图中还应该对照建筑施工图与结构施工图看看有无矛盾，构造上能否施工，支模时标高与砌砖高度能不能对口（俗称能不能交圈）等等。

在看图中如能把一张平面上的图形看成为一栋带有立体感的建筑形象，就具有了一定的看图水平。这中间需要经验，也需要具有一定的空间概念和想象力。当然这不是一朝一夕所能具备的，而是要通过积累、实践、总结才能取得。

3. 多看实物，积累感性知识

为了提高自己的识图能力，多看实物是一个行之有效的方法，特别是古建筑，各个部位都有专用名称，可对照图纸一一观察。观察实物应掌握以下几个要领：

（1）实物与图纸对照看：看实物时，尽量把该实物的图纸找出来看，或者看了图纸再看已建好的实物。在对照看的时候，要注意实物各个面反映在图纸上的节点图，看不懂的地方可请教有经验的工程技术人员和老师傅，直到全部弄明白为止。这样往往能起到事半功倍的效果。

（2）边看边记、积累资料：在看实物的时候，切忌走马观花，必须细心观察实物所在位置与周围的结构关系、各部位的比例、构造等等，并动笔描一下草图。描草图要多画几个面，并绘出平、立、剖面图，有条件的话可用照相机拍下来，再仔细研究。通过看图、绘图及分析研究，既积累了资料，又得到了锻炼。

2.2.2.3　*看砖砌烟囱施工图*

砖烟囱的施工图，根据烟囱的高度及所用材料的不同，图纸的张数也不同，一般由以下几方面的图纸组成：

烟囱外形图及剖面图——主要表示烟囱高度，断面尺寸变化，外壁坡度大小，各部位标高以及外形构造；

烟囱基础图——主要表示基础大小、直径、底标高、底板厚度等内容；

烟囱顶部构造图——表示顶部的一些附加件的构造与连接；

细部构造详图——主要标明一些细部的构造做法。

现以一座高 36m 的砖砌烟囱为例，分别从上述图纸的组成部分看其构造及各种尺寸关系。

1. 外形图及剖面图（图 2-52）

从图 2-52 中可以看出以下几点：

（1）烟囱顶部标高为 36.00m，顶上设有爬梯、护身栏、扶手及避雷针；

（2）囱身外侧的三角形标志，表示囱身坡度为 2.5%；

（3）囱身中部标高 10.000m 及 24.000m “甲”、“乙”变截面处，标示了外壁和内衬的厚度及空隙间隔尺寸，也标示了变截面处圈梁的构造做法；

（4）囱身底部标示了烟道入口及灰口的位置及标高；烟囱四周有散水；

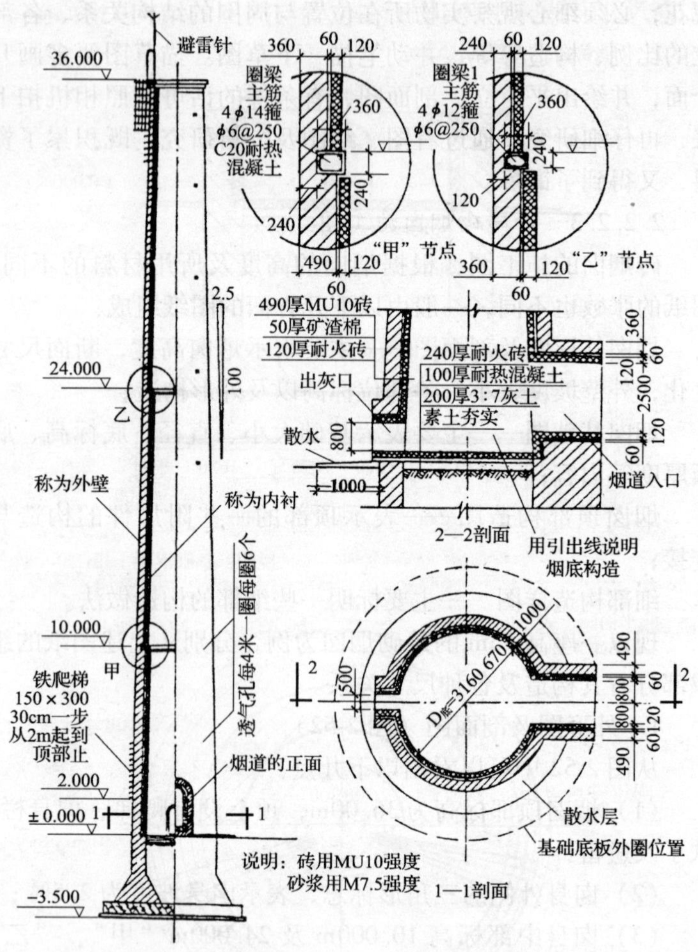

图 2-52　烟囱立、剖面图

（5）囱身铁爬梯蹬的起始标高（2.000m）和间距尺寸（30cm）；还标示了囱身透气孔位置、尺寸和说明；

（6）平剖面图上标示了烟囱底部直径，入口和出灰口的宽、高尺寸，外壁和内衬的材料做法，以及烟囱底部的构造做法。

2. 基础图（图 2-53）

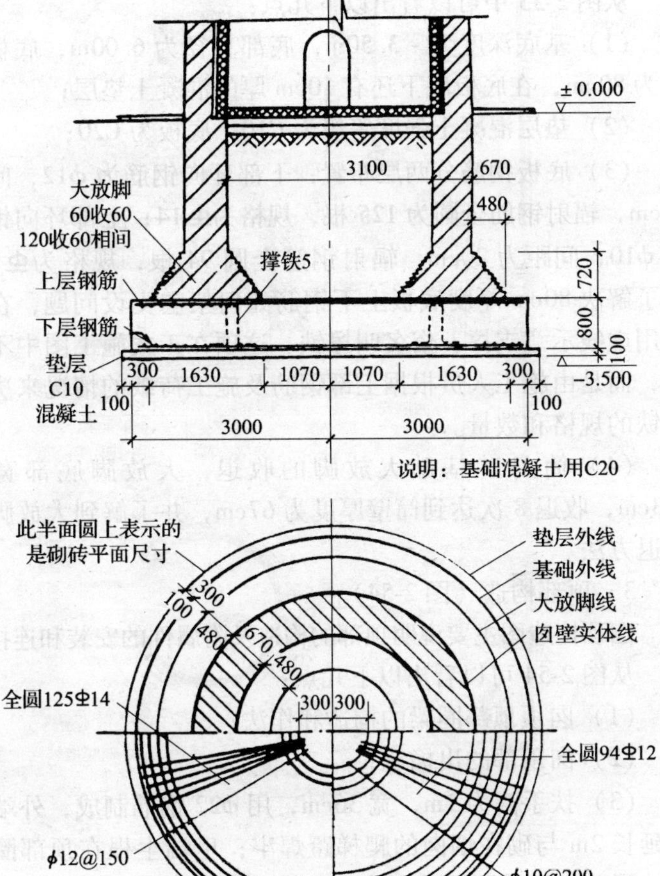

图 2-53　烟囱基础图

基础图是指地坪以下的那部分构造，包括底板、筒身、内部构造等。

从图 2-53 中可以看出以下几点：

（1）基底深度为 -3.50m，底部直径为 6.00m，底板厚度为 80cm，在底板底下还有 10cm 厚的混凝土垫层；

（2）垫层混凝土强度等级为 C10，底板为 C20；

（3）底板钢筋分两层布置：下部环向钢筋为 ϕ12，间距 15cm，辐射钢筋全圆为 125 根，规格为Φ 14；上部环向钢筋为 ϕ10，间距为 20cm，辐射钢筋全圆 94 根，规格为Φ 12；为了解决 80cm 厚度底板上下钢筋如何架空支设问题，在图上用虚线示意支撑，俗名叫撑铁，这项在正式施工图中不表示，而是由施工人员根据上部钢筋及施工荷载的情况来决定撑铁的规格和数量。

（4）筒身砖基础大放脚的收退，大放脚底部宽为 163cm，收退 8 次达到筒壁厚度为 67cm，并了解到大放脚的收退方法。

3. 顶部构造（图 2-54）

囱顶构造图主要说明顶部的构造及附属件的安装和连接。

从图 2-54 可以看出以下几点：

（1）囱顶顶部圈梁的构造和作法；

（2）囱顶部的出檐线；

（3）扶手高为 1m，宽 36cm，用 ϕ22 钢筋制成，外端向下延长 2m 与砌在烟囱的爬梯蹬焊牢；里端生根在顶部圈梁内，因此在浇筑圈梁前要先安置好；避雷针可焊在扶手上；

（4）顶部护身栏为直径 80cm 圆形长筒式铁栅栏，环向钢筋用 ϕ12，竖向用 3mm × 30mm 的扁铁焊牢，并与砌入烟囱的爬梯蹬焊牢生根；

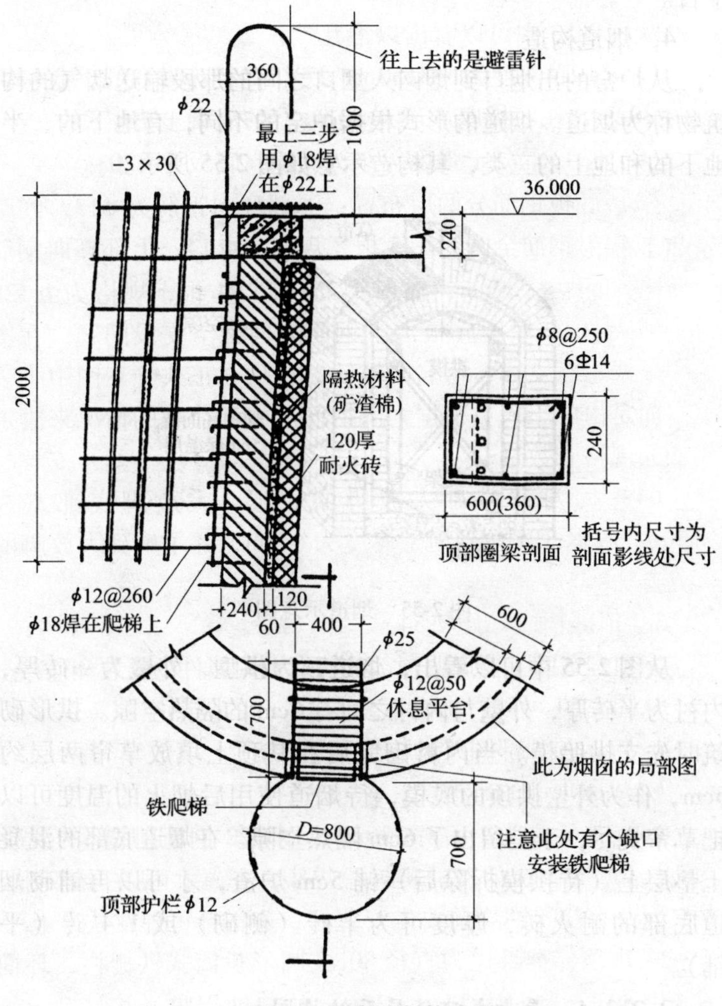

图 2-54　烟囱顶部构造图

（5）顶上还有一个长 70cm、宽 40cm 的钢筋栅式小平台。

4. 烟道构造

从炉窑的出烟口到烟囱入烟口之间的那段输送烟气的构筑物称为烟道。烟道的形式根据炉窑的不同，有地下的、半地下的和地上的三类，其构造示意如图 2-55 所示。

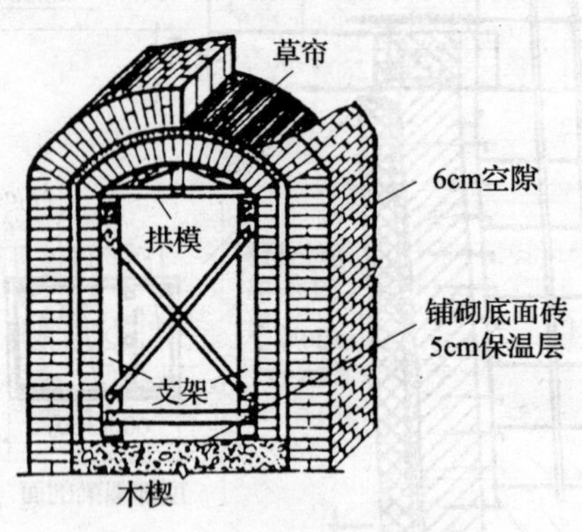

图 2-55 烟道示意图

从图 2-55 中可以看出，烟道顶为拱型，外壁为一砖厚，内衬为半砖厚，外壁与内衬之间有 6cm 的隔热空隙。拱形砌筑时先支拱胎模。当内衬砌完后在其顶上填放草帘两层约 6cm，作为外壁拱顶的底模，待烟道使用后烟火的温度可以把草帘烧尽，于是留出了 6cm 隔热空隙。在烟道底部的混凝土垫层上（待拱模拆除后）铺 5cm 炉渣，才可以再铺砌烟道底部的耐火砖，厚度可为半砖（侧砌）或 1/4 砖（平铺）。

2.2.2.4 看古式建筑屋面结构图

某古建住宅的平、立、剖面图及屋面详图分别见图 2-

56、图 2-57、图 2-58 和图 2-59。屋面为四落水仿古式桁条木基层。

看图步骤如下：

1. 了解结构总体情况

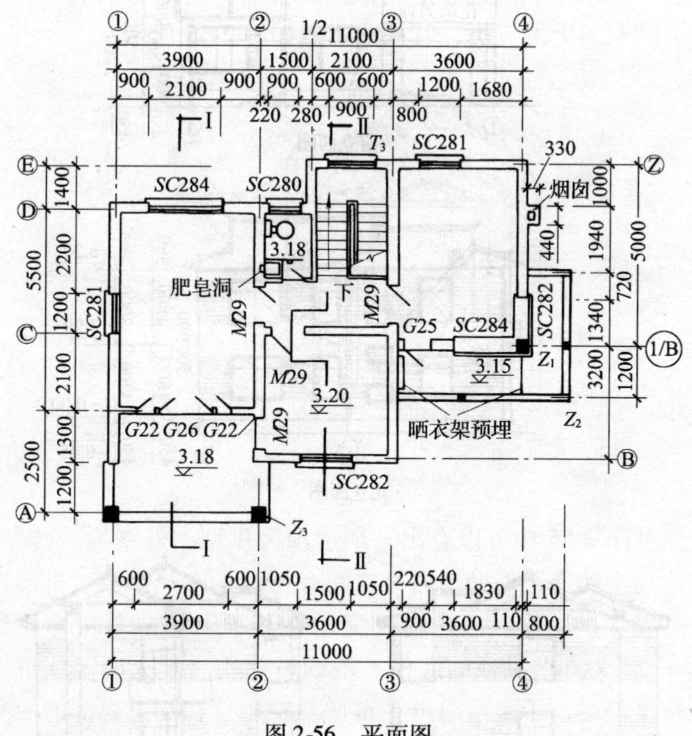

图 2-56　平面图

从图 2-56 可知，平面结构为横墙承重体系，大部分屋面荷载由①～④轴线的横墙承担。将图 2-57、图 2-58 和图 2-59 结合起来看，可以看出，屋面流水主坡向是南北向。

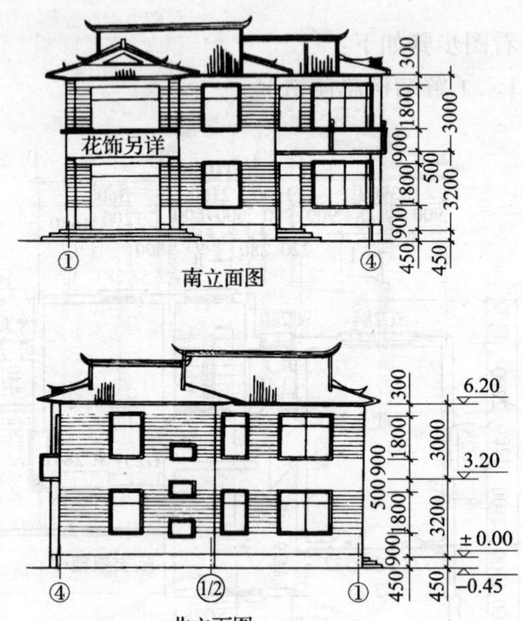

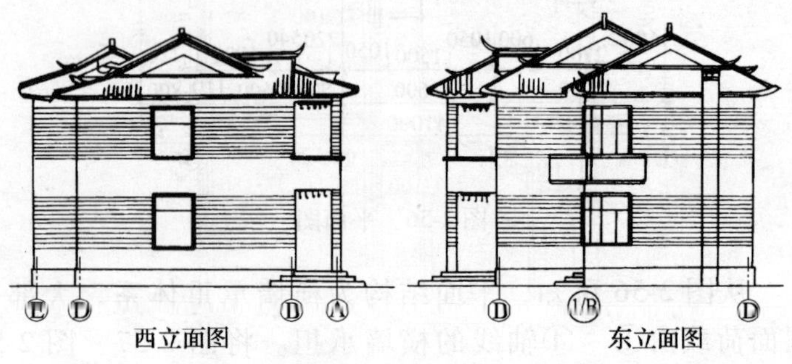

图 2-57　立面图

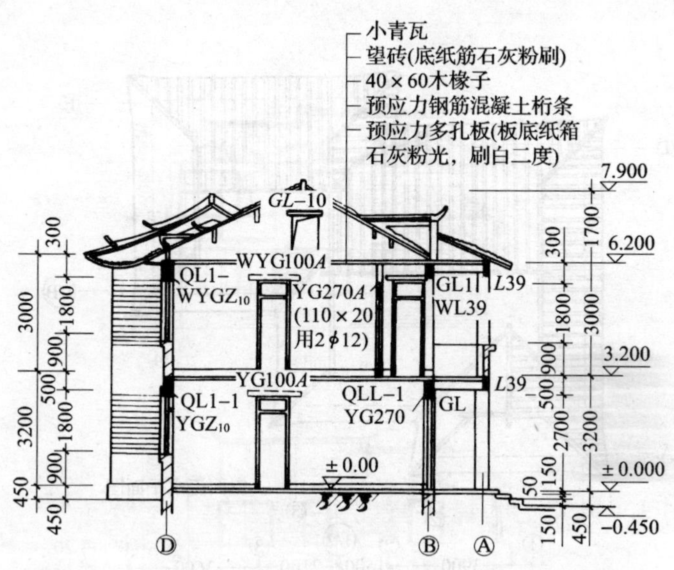

I — I

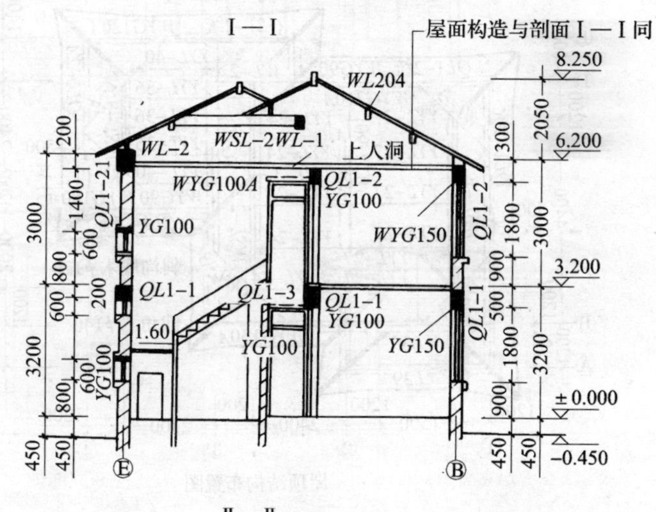

II — II

图 2-58　剖面图

屋面流水平面图
屋顶结构布置图
QL1-2统
WYG90
WYG210A
WL-3
YYL-27
YYL-24
WYG90
WL-1
WSL-1
WSL-2
YG90
WL39
L39
WYG150A
WYG120A
WL-2
YYL-40
YYL-36
WSL-3
QL1-2A
WYG180
YG134
斜沟底木ϕ120
戗角木ϕ140
3900
1500
2100
3600
2400
1200
1400
4400
500
2000
30

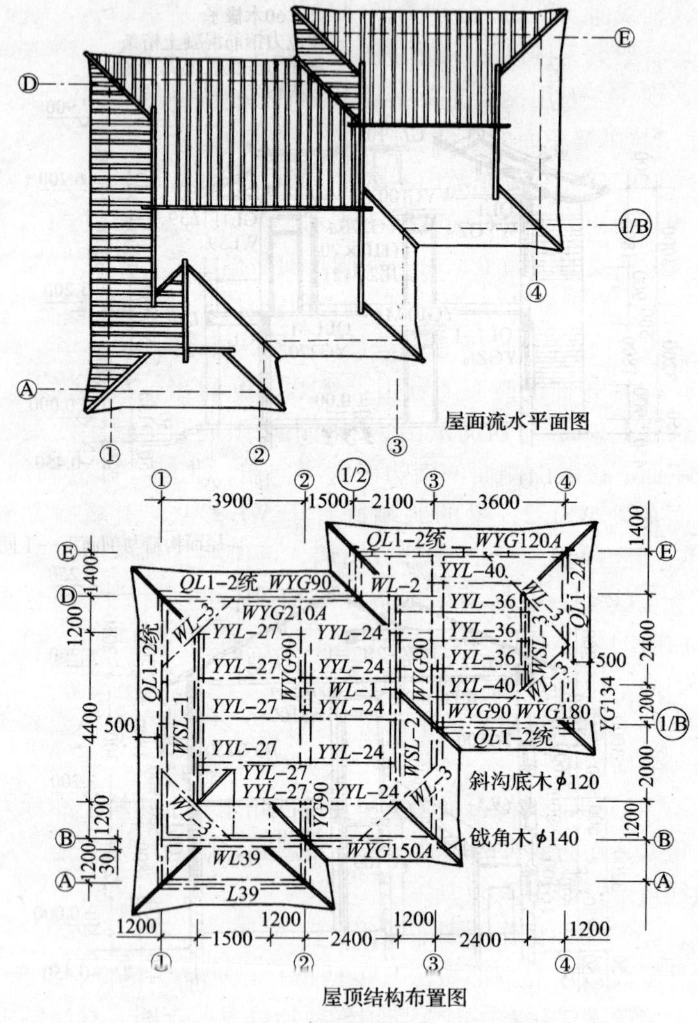

图 2-59　屋面结构图

①轴线向东1.2m、④轴线向西1.2m、③轴线向西1.2m及Ⓐ轴线向北1.2m分别为四个歇山。按古建筑结构，歇山处均有架梁，按进深不同可分为三架~七架梁不等。仿古结构，现在一般用钢筋混凝土梁代替。

2. 了解屋面的细部构造

（1）①轴线处东歇山：歇山位置距①轴线1.2m，从图2-59可以看出，下面有梁WSL-1支承于WL-3上。WL-3的一端搁在①轴线的山墙上，另一端搁在前后檐墙上，角度为45°。WSL-1上面再砌部分山墙，以搁置预应力混凝土桁条YYL-27。④轴线的西歇山则与东歇山处结构相同，仅方向相反。

（2）③轴线西面的歇山：从图2-59看出，其位置也距③轴线1.2m，与西面歇山、中间山墙组成一个较大的南北坡屋面。该歇山侧面的南边一大半向东，北端小部分朝西，下面有梁WSL-2，梁的北端搁置于WL-2上，南端搁置于WL-3上。WSL-2上再砌部分山墙，可以搁置预应力混凝土桁条YYL-24。在屋面结构布置图上，还可以看到中间有条东西向的梁WL-1，从梁的详图上可以看出WSL-2在WL-1的上面，作为WSL-2的中间支承点。

（3）Ⓑ轴线歇山的下部梁为WL-39，支承在①轴线和②轴线的横墙上。

（4）屋面结构布置图上所注的戗角木，古建筑上亦称为老角梁，作为戗脊的底梁，若戗角翘起，则老角梁上还要加做仔角梁，如图2-60所示。

（5）屋面瓦作的细部做法

屋面瓦作的细部做法，包括正脊、垂脊、博脊、戗脊、歇山墙等做法。看图时，均须逐项加以对照查阅，看懂其细部做法。

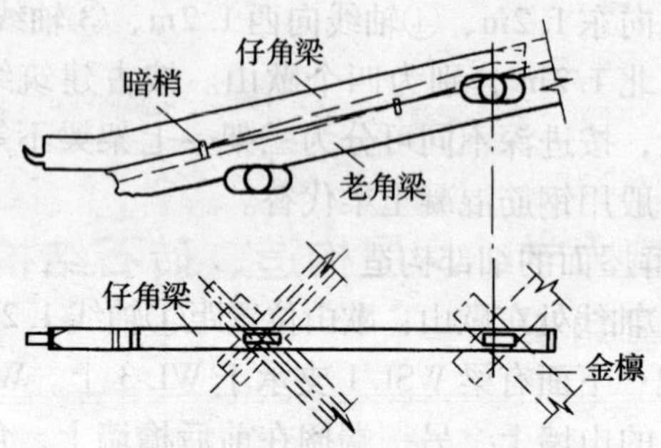

图 2-60　老角梁和仔角梁

3 建筑力学、房屋构造、砖石结构和抗震知识

3.1 建筑力学基本知识

建筑力学是研究和解决房屋建筑物或构筑物在受力之后产生的内力和变形，以及解决如何抵抗这些力的作用，保证建筑物安全使用的学科。

3.1.1 力学基本知识

力学是研究物体运动和受力后发生变化的学科。

1. 什么是力

在建筑工地上，人们推车、挑担、砌砖、挖土等都要用力，凡此种种，都说明力不是抽象的，只要当物体的运动出现快慢，运动的方向改变和物体出现变形时，我们都能觉察到力的存在和作用，所以力是一个物体对另一个物体的相互作用。这种作用使物体的运动状态发生变化（称外效应），或者使物体的形状产生变形（称内效应）。在力学中，静力学是研究力的外效应，而材料力学是研究力的内效应。

2. 力的三要素

人们在生产实践中逐渐认识到，力对物体的作用效果取决于力的大小、方向和作用点，这三个方面称为力的三要素，三者缺一不可。

力的方向，也就是力对物体作用时的指向；力的作用点，表示力作用在物体某个地方；力的大小是表示力的量，它可用数量和单位来表示。在国际单位制中，力的单位是牛顿（N）或千牛顿（kN）。

3．力的作用与反作用

一个物体给另一个物体作用的力，得到总是大小相等，方向相反在同一直线上的力，在力学上称为作用力与反作用力。

如船工用篙撑河岸边，篙给河岸一个推力，反过来河岸也给篙一个反方向的力把船推离河岸。当我们提水时，手给水桶提环一个向上的力，反过来也会感到提环给手一个向下的力（图 3-1）。这说明，当第一个物体对第二个物体作用力时，第二个物体同时也对第一个物体反作用力。作用力和反作用力总是大小相等、方向相反，并且沿着同一直线分别作用于这两个物体上。这就是作用力和反作用力的定律。

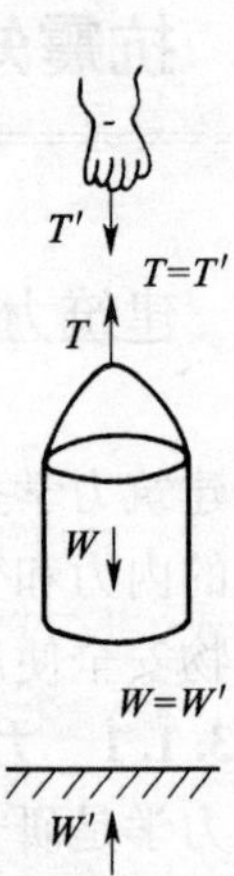

图 3-1　作用力与反作用力示意

4．力的平衡

房屋建造在地面上保持静止不动的状态，通常把这种状态称为平衡状态。房屋压在地球上，地球托住房屋，这在力学中称为力的平衡。

二个力平衡的条件是，物体要处于平衡状态，它的受力情况必须满足这样的条件：作用给一个物体的力要在相反方向上得到与该物体相同的反作用力，这时两个力就平衡了（即合力等于零）。这个条件称为物体的平衡条件。房屋建筑就是在力的平衡状态下建造起来的。

5. 力的合成与分解

（1）力的合成：两个以上的力用一个力来代替，则称为力的合成，如图 3-2 所示。两个方向相同，作用在同一直线上的力 F_1 和 F_2，使物体发生向前运动。这时也可以用另一个力 R 来代替，R 就称为 F_1 和 F_2 的合力，而 F_1 与 F_2 则称为分力。但有的力的合成，不一定在同一直线上，这种合力就比较复杂，这里不作介绍。

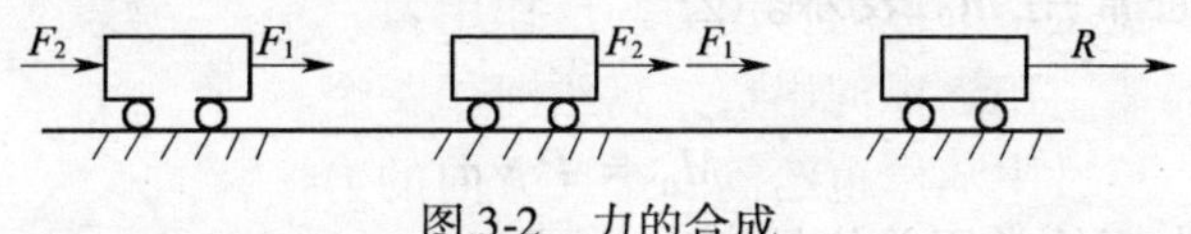

图 3-2　力的合成

（2）力的分解：力既然可以合成，反过来力也可以分解。比如，有一个物体沿如图 3-3 所示的斜面下滑，其中物体的重力 P 的方向是垂直地面的，斜面与地面有一个角度 a，这时重力 P 可以分解成为两个分力：一个与斜面平行的分力 F，这个力使物体沿斜面下滑；另一个与斜面垂直的分力 N，这个力使物体下滑时紧贴斜面，是压在斜面上的力。这个力的分解比刚才讲的力的合成要复杂些，它们的作用不是在同一直线上的。

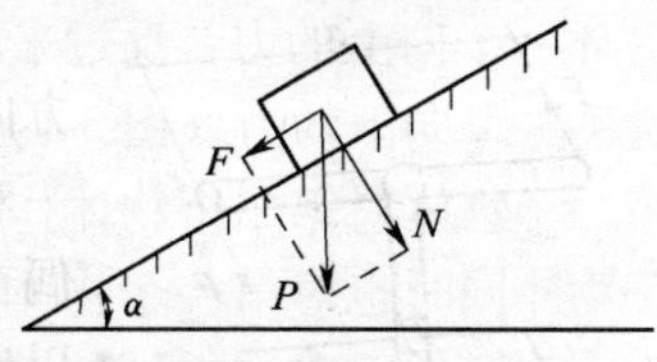

图 3-3　力的分解

6. 力矩和力偶

（1）力矩：在工地上我们经常采用各式各样的杠杆，如扳子、撬棍等，这些工具都是利用力绕某一点转动来工作的，这种转动的效果就是力矩的概念。例如扳手拧螺栓帽（图 3-4），作用于扳手一端的力越大，或力的作用点离转动中心越远，转动的效果就越大。这就是说，力使物体绕某点转动的效果不仅与力 P 的大小有关，还与转动中心到力的作用线的垂直距离 a 有关。这个垂直距离 a 称为力臂，转动中心也称为力矩中心或矩心。力 P 与力臂 a 的乘积称为力 P 对 O 点的力矩，通常用 M_0 表示。公式为：

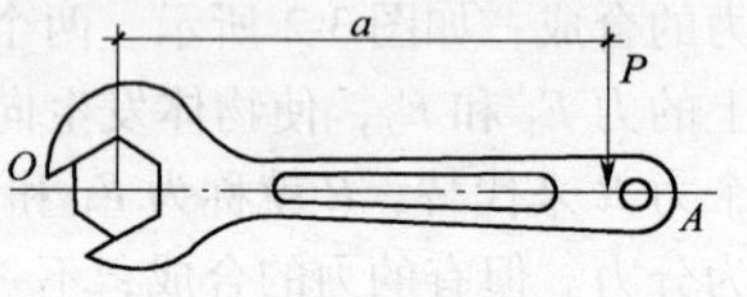

图 3-4　扳手拧螺丝的力矩作用

$$M_0 = P \cdot a$$

力矩的常用单位是 kN · m 或 N · m。

（2）力偶：由两个大小相等、方向相反、作用线平行而不重合的一对力所组成的力系叫做力偶。力偶在日常生活和工程施工中经常可以遇到，例如司机操纵驾驶盘、机修工用板牙架套丝、木工用麻花钻钻孔（图 3-5）都属于力偶作用。

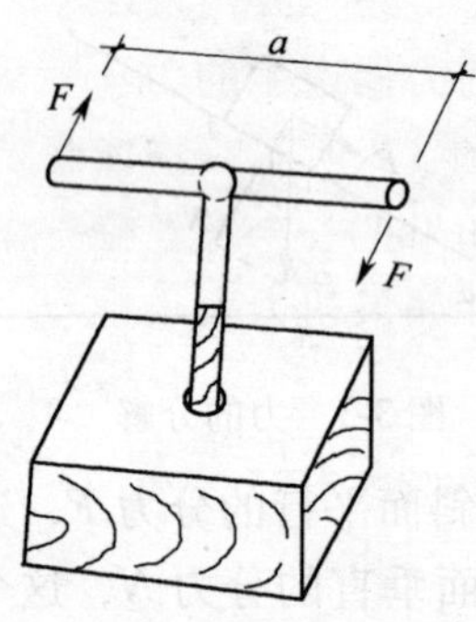

图 3-5　力偶作用的图示

力偶矩的大小等于力偶中的一个力与两力线间的垂直距离（力偶臂）的乘积，即为

$$M = \pm F \cdot a$$

式中的正负号根据物体转动的方向确定，通常规定逆时针方向转动为正，顺时针方向转动为负。

力偶矩的计量单位与力矩一样，是 N · m 或 kN · m。

7. 拉力与压力

拉力和压力是两个力同时作用于一点，其大小相等，方向相反的力。如图 3-6 所示，当力向着作用点时称为压力；力离开作用点时为拉力。

F F P P

压力 拉力

图 3-6　压力和拉力示意

8. 剪力

剪力是作用于物体上两个方向相反的将物体剪开的力。其力矩几乎等于零。生活中用剪刀剪切物件，是最好的例子，如图 3-7 所示。如螺栓将两块钢板连接，但钢板受外力时，螺栓受到剪切力。

9. 扭力

扭力是一对有距离的且方向相反的力偶产生的力。生活中如拧毛巾、衣服将水挤出的力，如图 3-8 所示。物体受了扭力则发生扭转或断裂。在工程中，如果把一个螺丝帽拧紧后，再继续拧，那么螺丝杆就受扭力，如果扭力大于螺丝杆的抵抗能力，螺丝杆就被扭断。

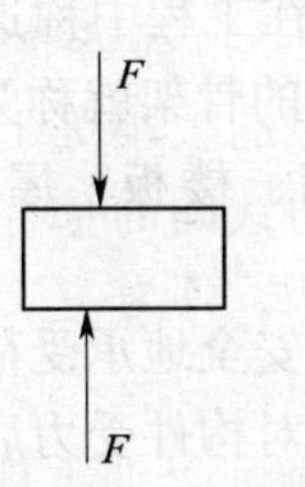

图 3-7　剪力示意

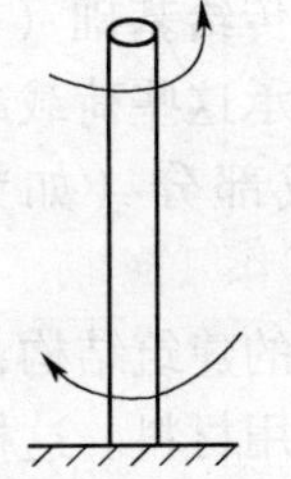

图 3-8　扭力示意

10. 弯曲受力

弯曲受力在日常生活中很常见，如一条板凳上坐了几个人，板凳的面板就会发生弯曲。当面板弯曲时，面板的上面缩短，下面拉长。缩短时受到压力，拉长时受到拉力。因此，弯曲受力是上部受压、下部受拉的组合，如图 3-9 所示。

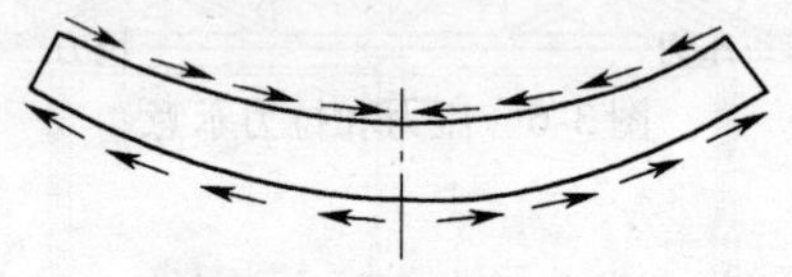

图 3-9 弯曲受力示意

3.1.2 建筑力学的基本知识

1. 结构、构件和荷载

（1）什么是结构、构件和荷载

人们为了生活和生产的需要，建造了各种各样的建筑物。房屋建筑的主要承重部分是基础、墙、柱、梁、楼板和屋架等，由这些基本构件组成的结构在起着骨架作用。如屋架承受风的压力、积雪的压力以及屋面材料（如檩条、屋面板、防水材料等）的重量，它将受的外力连同自身的重量一起传给柱子或墙，柱子或墙又把这些重量（外力）和它本身的重量全部传给基础（图 3-10）。在工程中称这些重量的力为荷载。支承这些荷载起承重作用的骨架就称为结构。结构的各个组成部分（如梁、柱、墙、楼板、屋架等）称为构件。

一个好的建筑结构，必须能够安全地承受荷载，并且是最经济地使用材料。这样，就必须对构件受力后的情况进行认真的分析和精确的计算，这就是“建筑力学”所要研究的基本问题。

房屋建筑在施工过程中，构件的搬运、堆放、吊装等常处在与构件正常使用时不同的受力状态。如果受力不当，就

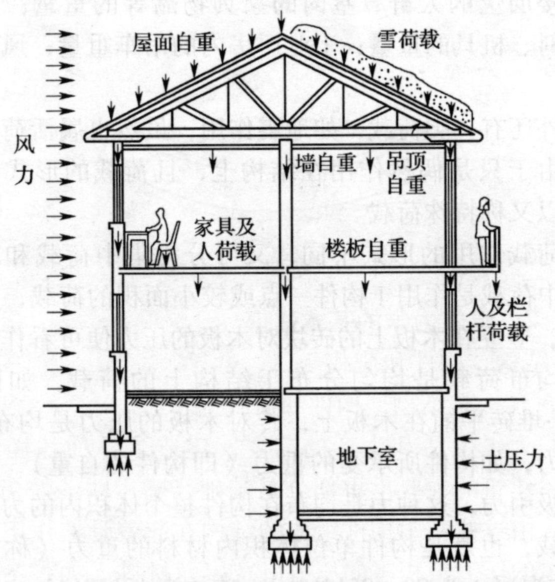

图 3-10 房屋建筑荷载传递示意

会造成构件的损坏，甚至造成工伤事故和国家财产的巨大损失。因此，作为一名建筑工人，必须具备一定的建筑力学基本知识。

（2）荷载有哪几种

建筑物在使用和施工过程中所受到的各种力称荷载。按荷载的性质一般分为恒荷载和活荷载两大类。

1）恒荷载（又称静荷载）：它是作用在结构上不变的荷载，如柱、梁、墙、楼板、屋架、屋面板、防水材料等自身的重量（简称自重），可根据其形状尺寸和材料重力密度来计算确定。

2）活荷载：它是作用在结构上可变化或经常变化的荷

载，如楼层上的人群、室内的家具物品等的重量；施工时人、材料、机具的重量；工业厂房内的吊车重量；风和雪的荷载。

另外还有一类荷载，如地震作用，虽然也属活荷载的范畴，但由于只是偶然作用在结构上，且荷载的形式比较特殊，所以又称特殊荷载。

按荷载作用的形式不同，又可分为集中荷载和均布荷载。集中荷载是作用于构件一点或较小面积的荷载，如图3-11（*b*），竖立在木板上的砖块对木板的压力便可看作是集中的力；均布荷载是均匀分布于结构上的荷载，如图3-11（*a*），一堆砖平铺在木板上，砖对木板的压力是均布的力。还有些力，如构件所承受的重力（即构件的自重），是地球对它的吸引力，这种力是均布在构件整个体积内的力，也属均布荷载，也就是构件单位体积内材料的重力（称重力密度），如混凝土为22～25kN/m³，砖的为19kN/m³。

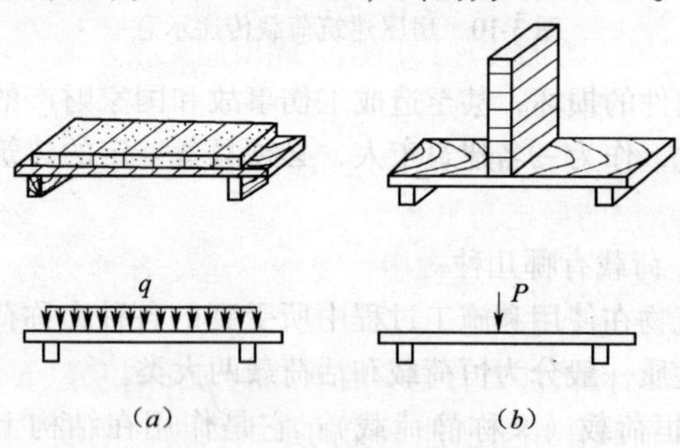

图3-11 集中和均布荷载示意

2. 荷载的传递

（1）屋架承受的荷载：如图3-10所示，屋架承受的荷载有：屋面自重、屋架自重、风、雪荷载、施工上人荷载等。屋架两端支承在墙上，由支座产生支座反力来支承屋架，与屋面荷载相抵消，保持屋架平衡。屋架受力如图 3-12 所示，把屋面上的分散的力集中到屋架的节点上，力由节点传到各个杆件内，使屋架自身平衡。

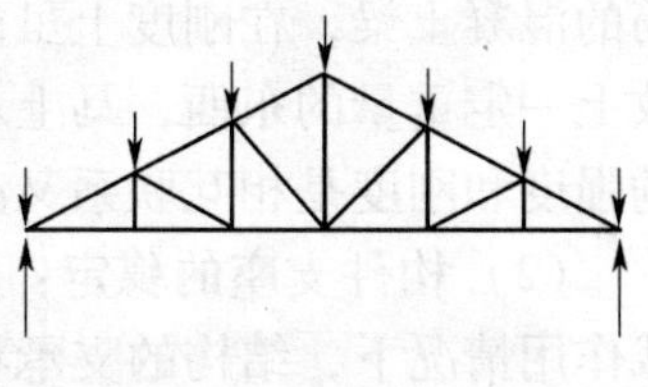

图 3-12　屋架受力示意

（2） 墙身承受的荷载：以图 3-10 左侧外墙 ±0.000 标高以上墙截面来分析该截面上所承担的荷载有：屋架传下来的荷载、墙体自重、楼面荷载（包括楼面自重和活荷载），这就是该截面所承受的荷载。

（3） 有地下室的一侧基础承担的荷载：如图 3-10 所示，该基础承受的荷载除与左侧一样外，还要增加一层楼面的荷载以及由土的侧压力传来的荷载，所以这边基础墙要厚大一些。

（4） 风压力的传递：风压力除由屋架及左侧墙面承担一部分外，还由楼面传递给中间纵向墙和右侧外墙，共同来承担，还可以通过纵向墙面传递给横隔墙承担。

3. 结构的稳定与平衡

房屋建筑在使用过程中，要能够承受各种力的作用，必须具备以下几个条件：

（1） 结构构件要有足够的承载能力和刚度：承载能力是指构件在荷载作用下所能承受的最大内力。刚度是构件在外力作用下抵抗变形的能力。仅有足够强度而刚度不够，在受力后变形很大会使人感到没有安全感。如人坐在架空的钢索上，钢索下弯虽然不断，但人坐在上面也感到不安全；反之，刚度够而强度不足，也要造成构件破坏。如一根没有钢筋的混凝土梁，在刚度上虽能满足要求，但强度不够，上面放上一定重量的东西，马上就会断裂破坏。所以，结构构件的强度和刚度是相互联系又必不可少的要素。

（2）构件支座的稳定：所谓支座的稳定，就是在任意荷载作用情况下，结构的支承状况能使结构保持平衡。如图 3-13 所示，梁的支座用滚动支座，虽然支座有四个，但它们不是稳定的，只要加一个水平力的作用，梁就要滚动失去平衡，所以是不稳定的。如果把其中的一个滚动支座改为铰支座，就可以使梁稳定了，如图 3-14 所示。因为滚动支座只能承受垂直力；固定铰支座既能承受垂直力，又能承受水平推力。所以工程中的桥梁就是一端采用固定铰支座，一端采用滚动支座。

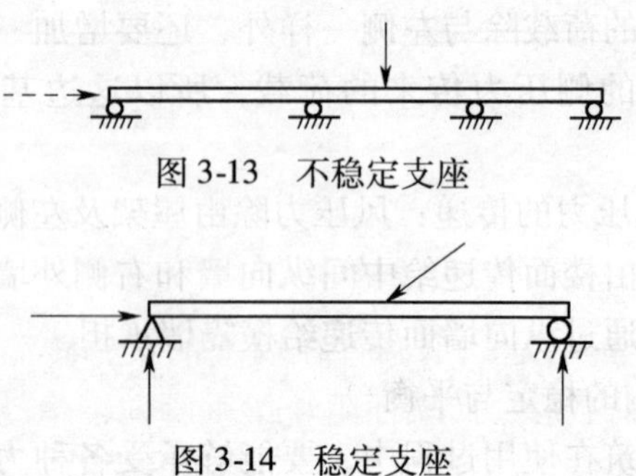

图 3-13　不稳定支座

图 3-14　稳定支座

4．支座与支座反力

任何建筑结构（构件）都必须安置在一定的支承物上，才能承受荷载的作用，达到稳固使用的目的。结构的支承，称做支座。由于构件的支座对构件都起着某种约束作用，因此又把支座叫约束。如柱子的顶端是梁（或屋架）的支座。

空心楼板搁置在墙上，板的荷载通过两端的支承点把力传给墙，给墙一个压力；反过来，墙在支承点对空心板有一个向上的反作用力支持着空心板，这就是支座对构件的反作用力，称支座反力。

在工程中，构件的支座常见的有三种基本类型，即滚动铰支座、固定铰支座和固定端支座。

（1）滚动铰支座（活动支座）：滚动铰支座又称为光滑接触面约束。滚动铰支座允许构件绕铰链转动，又允许构件沿支承面在水平方向移动。因此，构件受荷载作用时，这种支座只有垂直于支承面方向的反力，如图 3-15 所示。滚动支座简图和反力如图 3-16 所示。

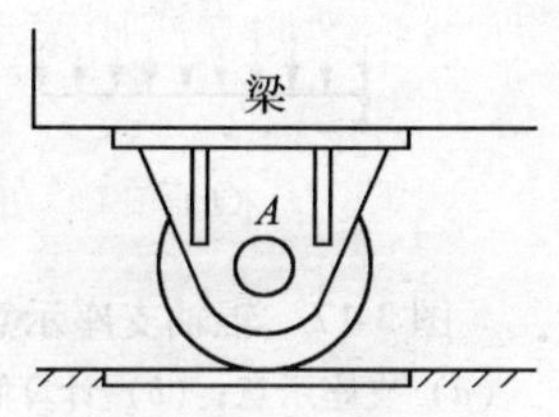

图 3-15　滚动支座

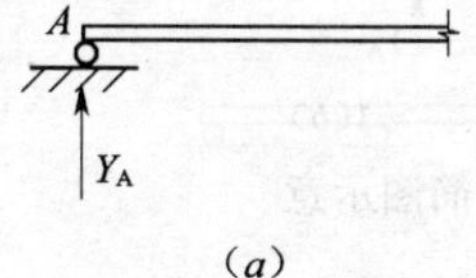

（a）

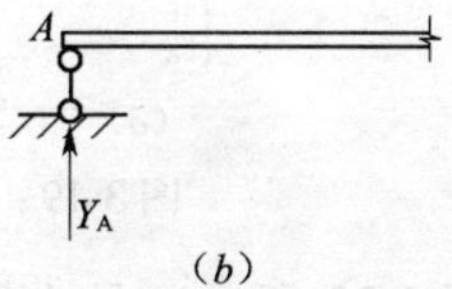

（b）

图 3-16　滚动支座简图示意

图 3-17 所示是一个搁置在墙上的梁，砖墙就是梁的支座。当梁受荷载后，砖墙便阻止梁垂直向下运动，但由于梁仅仅是搁置在墙上，所以支座不能阻止梁沿水平方向移动，也不能阻止梁绕支承点转动，这种支座像物体放在可以左右移动的辊轴上一样，所以又称为辊轴支座。

（2）固定铰支座：固定铰支座与滚动铰支座不同的地方，是支座下半部直接固定在支座垫板上，它只允许构件绕铰转动，而不允许它沿水平或垂直方向的移动，见图 3-18 所示。计算简图如图 3-19 所示。

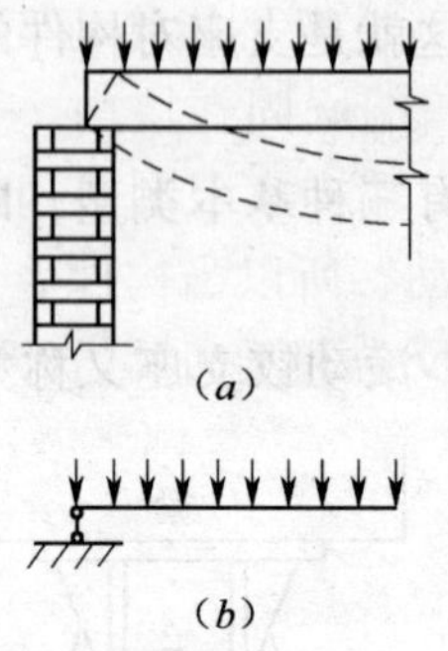

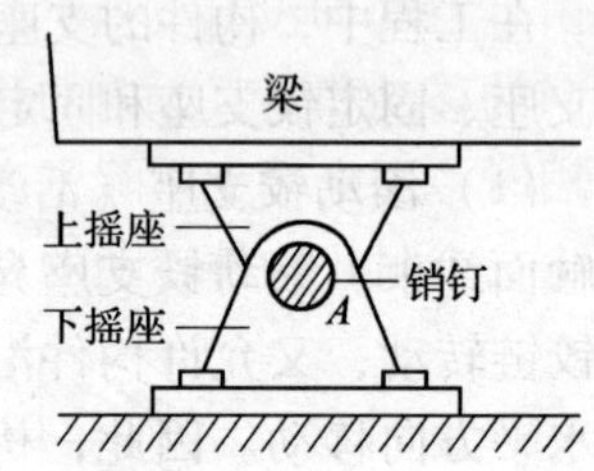

图 3-17　辊轴支座示意

（a）支座示意；（b）计算简图

图 3-18　固定铰支座

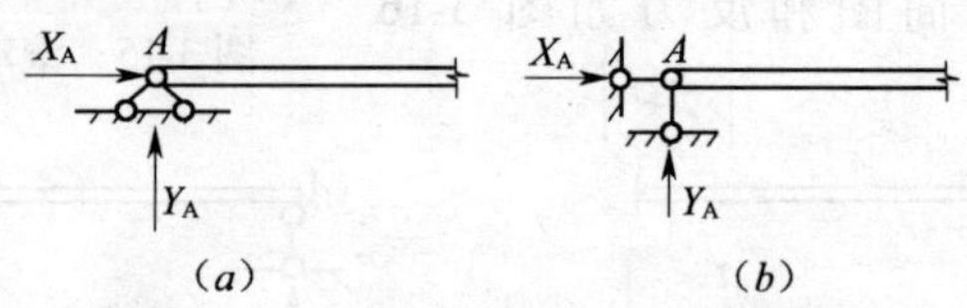

图 3-19　固定铰支座简图示意

图 3-20 所示，是木屋架通过预埋在柱（墙）头内的螺栓与柱（墙）相连接。这种支座不允许构件沿水平和垂直方向移动，但稍允许构件绕支点转动。

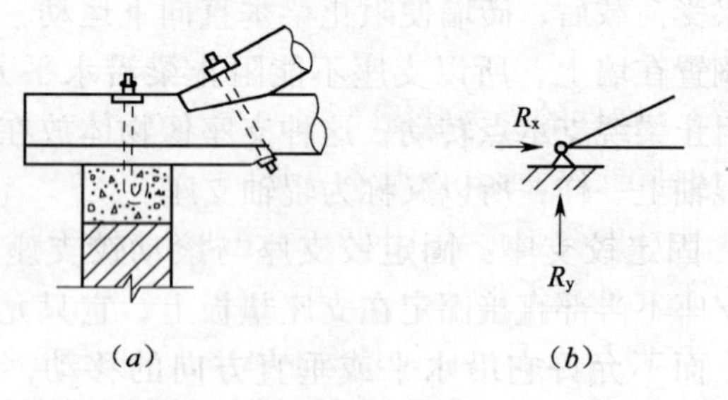

图 3-20

（a）支座示意；（b）计算简图

（3）固定端支座：固定端支座，它既不能移动又不能转动。如图 3-21 所示的雨篷，它的一端嵌固在墙内，另一端自由悬空（即没有支座）。由于固定端支座限制了构件水平方向的移动和竖直方向的移动和转动，所以当构件受到荷载作用时，固定端支座除了产生水平反力和竖向反力外，还将产生一个阻止构件转动的反力矩。

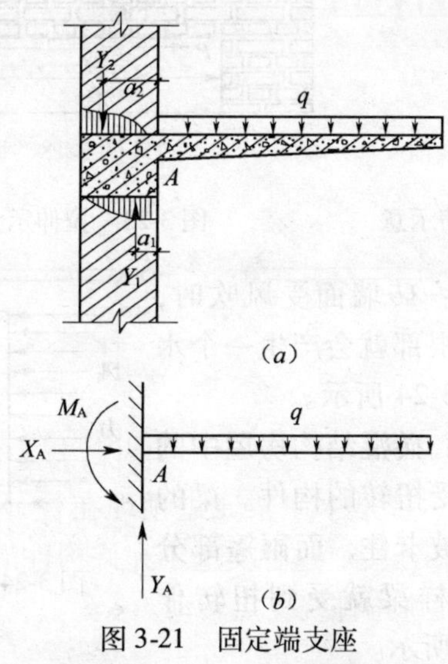

图 3-21　固定端支座

（a）支座示意；（b）计算简图

3.1.3　构件的受力状况

1. 构件的受力形式及基本变形

由于构件的受力形式不同，构件在外力作用下产生的变形，有以下几种基本形式：

（1）拉伸与压缩：在砌体结构中，砖柱往往是受压力产生压缩的，如图 3-22 所示。而钢筋砖过梁中的钢筋是受拉而产生拉伸的，如图 3-23 所示。

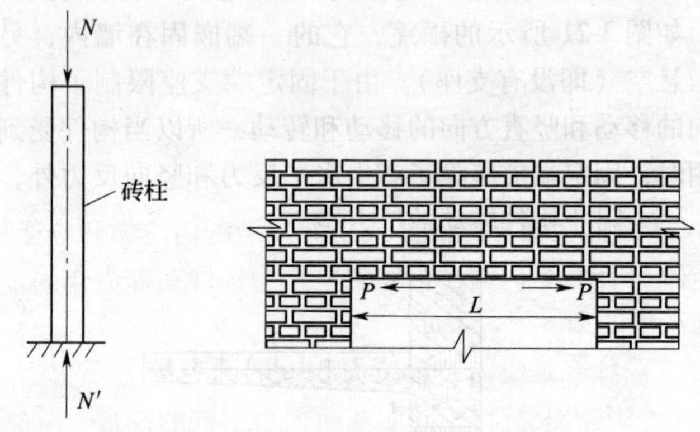

图 3-22　压缩示意　　　　　　　图 3-23　拉伸示意

（2）剪切：砖墙面受风吹时，在砖墙的下端根部就会产生一个水平剪力，如图 3-24 所示。

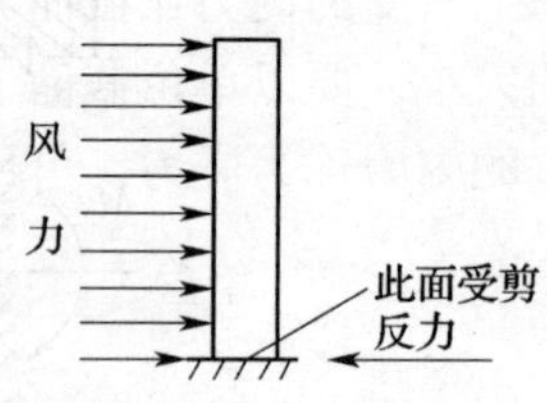

图 3-24　剪切示意

（3）扭转：砖混结构房屋中的雨篷梁是一个受扭转的构件。梁的两端伸入墙中被卡住，而雨篷部分要向下倒，这样梁就受到扭转作用，如图 3-25 所示。

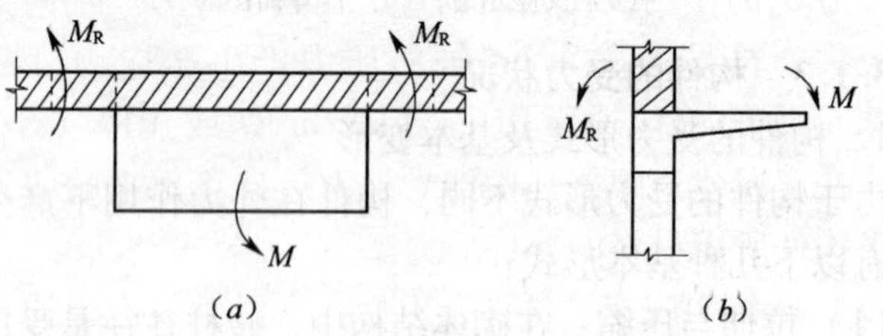

图 3-25　雨篷梁受扭示意

（a）平面；（b）侧剖面

（4）弯曲：这是结构中最常见的构件受力形式，如板和梁上部承受荷载后，就要产生弯曲，如图 3-26 所示。

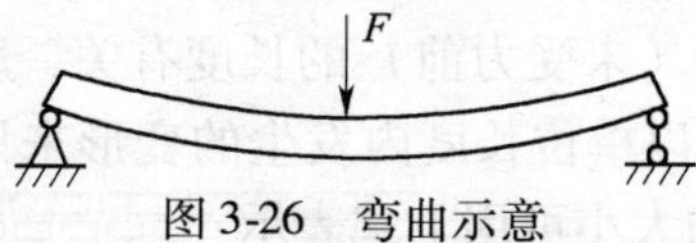

图 3-26　弯曲示意

2．构件在轴心拉伸（或压缩）下的内应力和应变

（1）什么是内力：内力就是结构构件在外力作用下材料内部产生的力。

（2）什么是应力：单位面积上的内力的大小称为应力。如果我们用两根材料相同而截面大小不同的杆件去承受同样的拉力，发现截面小的先破坏。这说明截面小的杆件单位面积上所受的内力比截面大的杆件要多。因此，衡量杆件受力的大小，要以单位截面上的内力大小为标准。单位截面面积上的内力称为应力，可用以下公式表示：

$$\sigma = \frac{N}{A}$$

式中　σ——应力（N/mm^2）；

N——内力（N）；

A——截面积（mm^2）。

应力 σ 的作用线与截面垂直，称为正应力。轴向拉力产生拉应力，符号为（+）；轴向压力产生压应力，符号为（-）。应力的单位通常用 Pa（kN/m^2）或 MPa（N/mm^2）表示。在房屋建筑中，凡构件受外力后计算出来的应力，都应小于构件所用材料的允许应力。

（3）什么叫应变：杆件受力后，会沿轴线产生伸长和缩短，这些伸长或缩短的值称为变形，用 Δl 表示。如图 3-27 所示，在拉伸时 l_1 大于 l（用 $l_1 > l$ 表示），所以 $\Delta l = l_1 - l >$

0 为正；当压缩时 l_1 小于 l（即 $l_1 < l$），所以 $\Delta l = l_1 - l < 0$ 为负。但是，仅知道 Δl 的数值还是不够的，因为杆件的伸长或缩短和它原来（未受力前）的长度有关，所以要衡量杆件变形的大小，应以单位长度内发生的变形来计算，称它为应变（ε），应变的大小可用下式表示：

$$\varepsilon = \frac{\Delta l}{l}$$

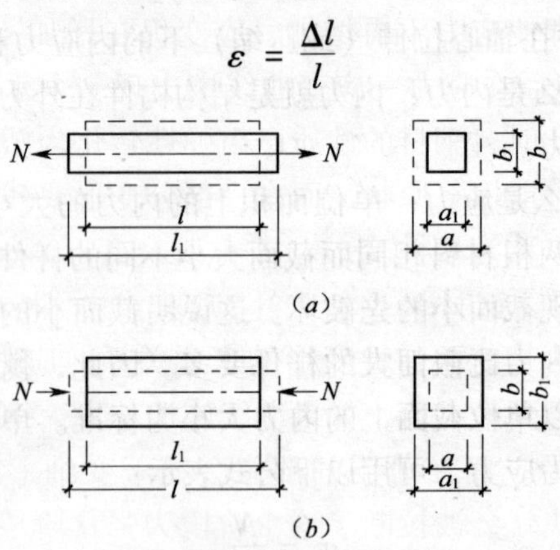

图 3-27　拉伸与压缩变形示意

（*a*）拉伸变形；（*b*）压缩变形

当杆件受拉时，ε 为正值（+）；受压时，ε 为负值（−）。

（4）应力与应变的关系：各种材料的应变性能根据材料的性质不同而有所区别。一方面，在相同应力情况下不同的材料会有不同的应变；另一方面，在相同材料中，不同的应力阶段，也会有不同的应变值。如图 3-28 表示 Q235（3 号钢）拉伸试验的过程，称应力－应变曲线。

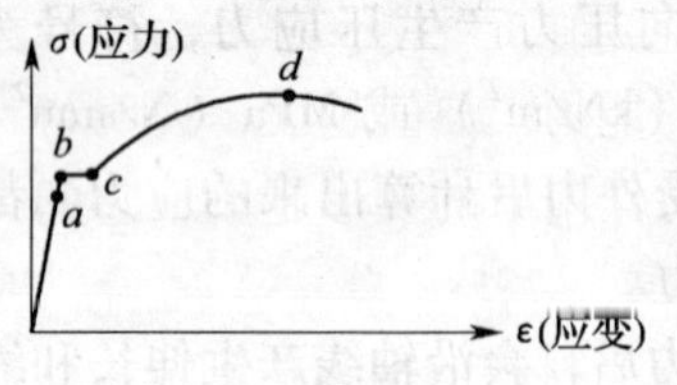

图 3-28　Q235（3 号钢）拉伸试验过程示意

从图 3-28 可以看出，在

应力到达 a 点以前，应力（σ）和应变（ε）成正比（即呈直线），a 点称为比例极限。在比例极限稍稍往上的地方是弹性极限。在弹性极限以前，钢的变形可以认为是弹性的，即弹性变形，这就是说，当卸去外力时，变形能完全消失，恢复原状；超过弹性极限，变形则比应力增加的快，当应力到达 b 点，即使应力不再增加，应变仍在增加，b 点称为屈服点。b 点以后在应力－应变曲线中出现一个水平段，称为屈服阶段。此时，钢材的性质已由弹性转化为塑性，即卸去外力，变形不能恢复原状，而有一部分变形要残留下来，所以把这种变形称为塑性变形（或称残余变形）。超过屈服阶段（c 点）后，钢材又重新产生应变与应力相应增加的关系，但它不再是前面弹性变形的正比关系，应力到 d 点时，这时的应力已到最大值，如果继续施加外力，钢材的变形则不再是均匀的，而在薄弱的部位会显著变细，出现颈缩现象，钢材很快就会被拉断。这个阶段为强化阶段，对应于 d 点的应力称为极限强度。

为了确切地说明材料的弹性性能，利用在比例极限内应力和应变成正比的比值来表示：

$$E = \frac{\sigma}{\varepsilon}$$

上式称弹性定律（又称虎克定律）。式中的 E 为弹性模量，它表示材料抵抗弹性变形的能力。E 值越大，说明材料的强度越高，也就是在相同应力作用下的变形越小，它的计量单位与应力相同。

（5）允许应力和安全系数：当材料的应力达到危险状态时，其极限值称为极限应力（σ 极限）。如塑性材料（一般热轧钢筋），当应力达到屈服点后，应力不增加而变形仍迅速增加，这样将会影响结构的正常工作，所以取屈服点为这类材料的强度指标（极限应力）；各种脆性材料（如混凝土），当应力达到强度极限时，才会发生突然断裂，在此以前不产生明显的塑性变形，故常把强度极限作为脆性材料的强度指标。

为了保证结构安全和正常使用，显然构件的计算应力（实际荷载产生的最大应力）不允许达到材料的极限应力，必须留有余地（即留有一定的安全储备），这个安全储备就用安全系数（K）来表示，K 是一个大于 1 的数。这样，材料的允许应力［σ］可用下式表示：

$$[\sigma] = \frac{\sigma_{极限}}{K}$$

由于塑性材料和脆性材料确定极限应力的依据不同，所以安全系数（K）的取值也不一样。各种材料的允许应力一般在各种设计规范中均有规定。

3. 柱的受力

（1）中心受压：柱子是房屋结构中常见的一种构件，分析它的内力是结构计算的重要工作之一。在大多情况下，柱子的竖向荷载 P 作用点在截面中心（图 3-29）。轴心受压柱的截面应力也是均匀分布的，其应力计算为：

$$\sigma = \frac{P(压力)}{A(面积)}$$

（2）偏心受压：当柱子所受到的压力不通过柱子的轴心线，称为偏心受压。图 3-30 是一种最简单的偏心受压情况，它是一个带有牛腿的厂房边柱，当吊车梁传下来的力 P 作用在牛腿上时，P 对轴心线有个距离 e（e 称为偏心距），这时柱子受压时外侧受拉、内侧受压，造成如图 3-31 所示的应力分布。

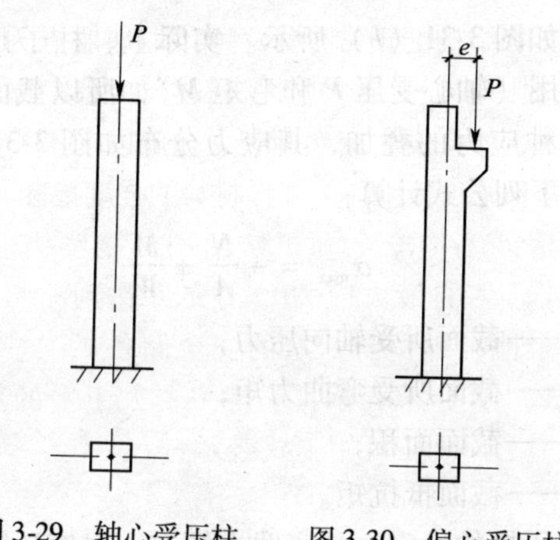

图 3-29　轴心受压柱　　图 3-30　偏心受压柱

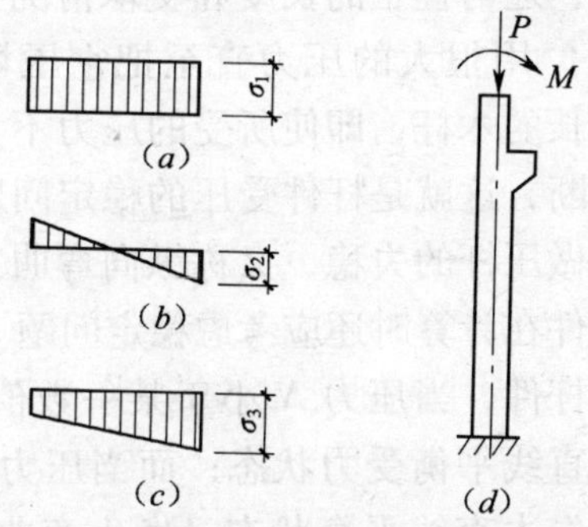

图 3-31　应力图

（a）轴心受压；（b）大偏心应力；（c）小偏心应力；（d）受力图

如果柱上只有轴心压力 P，此时截面应力是平均分布的，分布情况如图 3-31（a）所示；如柱上只有一个力矩荷载作用，此时截面的应力则按三角形规律分布，左边受拉，右边受压，最大应力值可按如下公式计算：

$$\sigma_2 = \pm \frac{M}{W}$$

应力分布如图 3-31（*b*）所示。实际上，柱子是受两种荷载的联合作用（轴心受压 P 和弯矩 M），所以截面总应力应该是上述两种应力的叠加，其应力分布如图 3-31（*c*）所示，其数值按下列公式计算：

$$\sigma_{\max} = -\frac{N}{A} \pm \frac{M}{W}$$

式中 N——截面所受轴向压力；

M——截面所受弯曲力矩；

A——截面面积；

W——截面抵抗矩。

（3）压杆的稳定：从实践中知道，强度计算不但与柱子的截面积有关，还与柱子的长度和支承情况有关。比如一根短而粗的木杆，用很大的压力直至把它压坏，它也不会弯曲。而一根细长的木杆，即使所受的压力不大，也可能发生弯曲，甚至折断，这就是杆件受压的稳定问题。这种细长杆折断的现象叫做压杆的失稳，又称纵向弯曲。由此可知，对于细而长的杆件在计算时还应考虑稳定问题。

轴心受压杆件，当压力 N 小于某一数值 N_{ij} 时，杆件总能保持原来的直线平衡受力状态；而当压力 N 稍稍超过 N_{ij} 时，压杆就会失去直线平衡状态，发生弯曲破坏，即失稳。杆件由稳定平衡变为失稳状态的这个压力值 N_{ij}，称为临界力或临界荷载。受压杆件的临界力（N_{ij}）不仅与杆件的长度有关，而且与杆件的两端构造有关。从表 3-1 中可以看出：两端固定的杆件，在失稳时的挠度曲线仅为两端铰接的一半；一端固定、一端铰接的杆件，在失稳时的挠度曲线，介于上述两者之间；一端固定、一端自由的杆件，在失稳时的挠度曲线，相当于两端铰接的一倍。在力学理论中，临界力的计算公式（或称欧拉公式）为：

$$N_{ij} = \frac{\pi^2 EI}{l_0^2}$$

式中　N_{ij}——临界力；

E——材料的弹性模量；

I——压杆截面对形心轴的惯性矩，按失稳弯曲方向确定；

l_0——压杆计算长度（见表 3-1）。

轴向受压杆件计算长度和临界压力　　**表 3-1**

两端支承情况	两端铰支	一般自由一端固定	两端固定	一端铰支一端固定
计算简图	N_{ej}　l	N_{ej}　l	N_{ej}　l	N_{ej}　l
计算长度 l_0	$l_0 = l$	$l_0 = 2l$	$l_0 = 0.5l$	$l_0 = 0.7l$
临界力 N_{ij}	$N_{ij} = \frac{\pi^2 EI}{l^2}$	$N_{ij} = \frac{\pi^2 EI}{(2l)^2}$	$N_{ij} = \frac{\pi^2 EI}{(0.5l)^2}$	$N_{ij} = \frac{\pi^2 EI}{(0.7l)^2}$

关于面积与形状对抵抗变形能力的相互关系，在力学中用惯性矩（I）来表示。常用的（图 3-32）有：

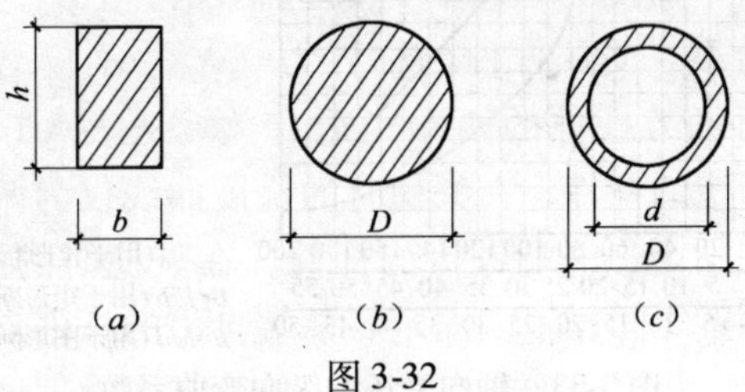

图 3-32

矩形截面 $I = \frac{6h^2}{12}$

实心圆截面 $I = \frac{\pi D^4}{64}$

环形截面 $I = \frac{\pi}{64}(D^4 - d^4)$

从上述公式中可知：材料越强（即弹性模量 E 越大），临界力越大；截面惯性矩（I）越大，临界力越大，即稳定性越好；杆件越细长，杆两端约束情况越差，临界力将大幅度降低。

根据以上的理论，受压构件截面上的应力就可以写成：

$$\sigma = \frac{N}{\varphi A} \leqslant [\sigma]$$

式中 σ——构件截面上的应力；

N——构件截面上轴向压力；

A——截面面积；

$[\sigma]$——材料允许的应力值；

φ——考虑临界状态的纵向弯曲系数（图 3-33）。

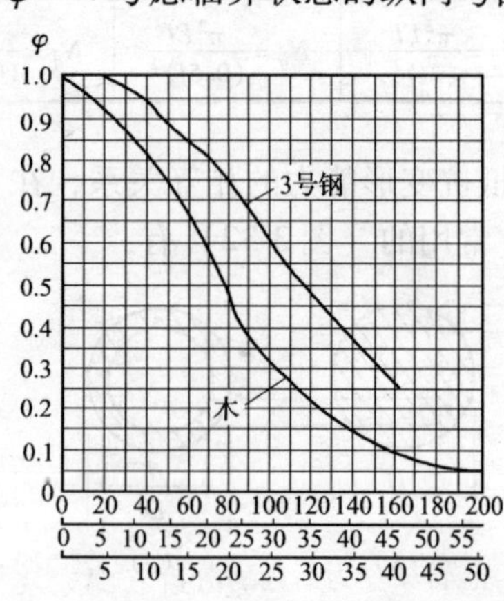

图 3-33 轴向受压的纵向弯曲系数

4. 梁的受力

梁的变形是工程结构中最常见的一种弯曲变形。梁在未受荷载之前，水平轴线是一条直线，受了荷载后，产生支座反力，形成力矩使梁受力，轴线就变成一条曲线。在工程中这种变形要控制在允许范围之内，所以要对梁进行计算。

（1）梁的内力、剪力和弯矩：梁在外力作用下，梁的内部将产生内力。为了对梁的强度和刚度进行计算，必须了解在外力作用下梁各截面上的内力。以图 3-34 的悬臂梁为例，由于外力 P 有使梁左段向下转动的趋势，为了维持左段的平衡，在 mn 截面上必然有一个向上的内力 V，它与 P 大小相等，方向相反，形成一对剪力，所以该内力又称为剪力。同样在外力 P 作用下，使梁的左段绕截面 mn 的形心 O 点转动，为了保持平衡，在 mn 截面上必然产生一个内力矩 M，力矩为力乘力臂，所以得到：$M = Px$。力矩 M 的转动方向与力 P 使左段绕 O 点转动的方向相反。通过以上分析可以知

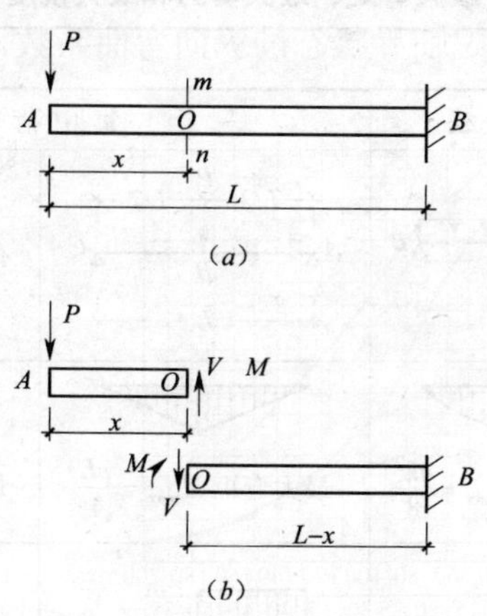

图 3-34　悬臂梁受力后内力分析

（a）梁的受力；（b）内力分析

道，梁的内力由剪力 V 和弯矩 M 组成。其规律是：梁构件的一个截面上的剪力 V，在数值上等于这个截面以左（或以右）部分各外力（包括支座反力）的代数和。一个截面上的弯矩 M，在数值上等于这个截面以左（或以右）部分各外力对截面形心力矩的代数和。

（2）梁的内力图：为了使梁的受力状况比较明确，一般要绘制梁的内力图，即弯矩图和剪力图。梁受力弯曲以后，不同的截面上就产生不同的内力，在设计梁的截面尺寸时，必须找出内力最大的截面作为设计的依据。为了找出最大内力的截面位置，一般用横坐标表示沿梁轴线和截面位置，用纵坐标表示相应截面上内力的大小，画出一条曲线，这样的图像，就叫内力图。表示剪力的叫剪力图，表示弯矩的叫弯矩图。

现将常用的简支梁和悬臂梁的最大弯矩、剪力和挠度列于表 3-2。

最大弯矩、最大剪力和最大挠度　　　表 3-2

1. 简支梁

	均布荷载	集中荷载	
荷载形式	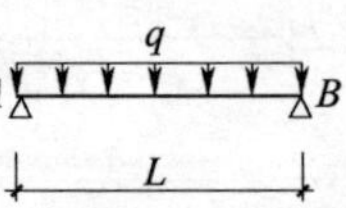 q; A, B; L	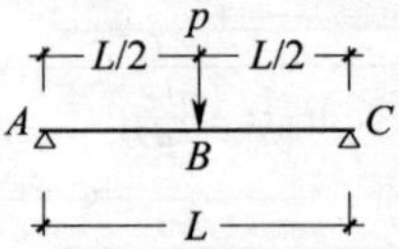 p; $L/2$, $L/2$; A, B, C; L	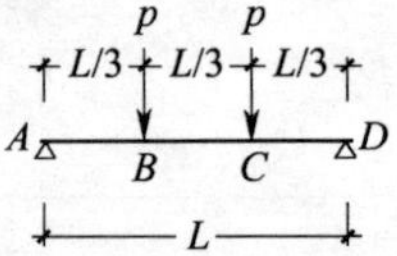 p, p; $L/3$, $L/3$, $L/3$; A, B, C, D; L
弯矩（M）图	 最大弯矩 $M_{\max}=\frac{qL^2}{8}$	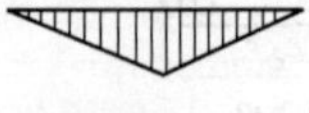 最大弯矩 $M_{\max}=\frac{pL}{4}$	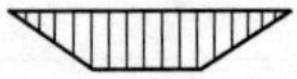 最大弯矩 $M_{\max}=\frac{pL}{3}$
剪力（V）图	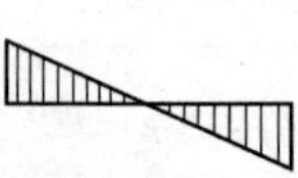	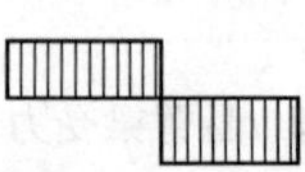	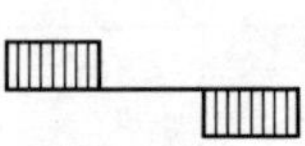

1. 简支梁

支座反力（R）	$R_A=\frac{qL}{2}$，$R_B=\frac{qL}{2}$	$R_A=\frac{p}{2}$，$R_C=\frac{p}{2}$	$R_A=p$，$R_D=p$
剪力	$V_A=R_A$，$V_B=-R_B$	$V_A=R_A$，$V_C=-R_C$	$V_A=R_A$，$V_D=R_D$
挠度	$f_{max}=\frac{5qL^4}{384EI}$	$f_{max}=\frac{pL^3}{48EI}$	$f_{max}=\frac{23pL^3}{648EI}$

2. 悬臂梁

	均布荷载	集中荷载
荷载形式	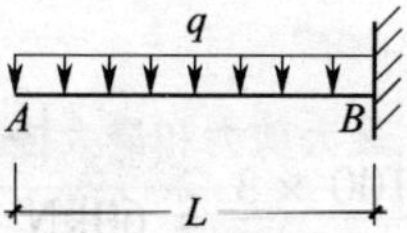 q A B L	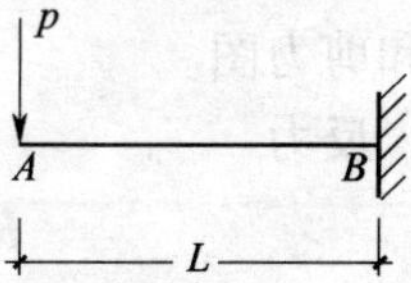 p A B L
弯矩（M）图	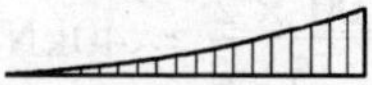 $M_B=-\frac{qL^2}{2}$	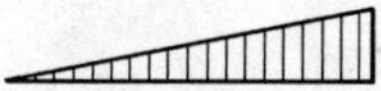 $M_B=-pL$
剪力（V）图		
支座反力（R）	$R_B=qL$	$R_B=p$
剪　力	$V_B=-qL$	$V_B=-p$
挠　度	$f_A=\frac{qL^4}{8EI}$	$f_A=\frac{pL^3}{3EI}$

例如：绘制图 3-35 简支梁的剪力图和弯矩图。

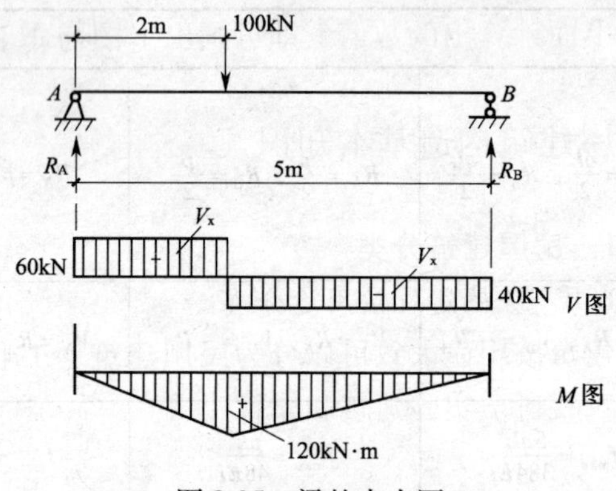

图 3-35　梁的内力图

该梁在离 A 支座 2m 处受一个 100kN 的集中荷载，此梁产生了弯矩和剪力，根据计算可以得到图 3-35 所示的弯矩图和剪力图。

反力

$$R_A = \frac{100 \times 3}{5} = 60\text{kN}$$

$$R_B = \frac{100 \times 2}{5} = 40\text{kN}$$

1）作剪力图——V 图

从 A 点到集中荷载作用处这一段内剪力 V_x 为一常数。

$$V_x = R_A = 60\text{kN}$$

从集中荷载作用处到 B 点这一段内剪力 V_x 同样为一常数。

$V_{\text{II}} = R_A - P = 60 - 100 = -40\text{kN}$（与前段剪力方向相反）

2）作弯矩图——M 图

当 $x = 0$ 时　　$M = R_A \times x = 60 \times 0 = 0$

当 $x = 2$ 时　　$M = 60 \times 2 = 120\text{kN} \cdot \text{m}$（最大值）

当 $x=5$ 时　　$M=60\times5-100\times3=300-300=0$

按照上面计算出的数值，即可画出 V 图与 M 图。

3.2 房屋建筑构造基本知识

3.2.1 房屋建筑分类

3.2.1.1 *房屋建筑按用途分类*

房屋建筑按用途大致可以分为民用建筑、工业建筑、农业生产建筑、科学实验建筑和体育建筑。

1. 民用建筑

包括居住建筑和公共建筑。

（1）居住建筑　如住宅、宿舍、公寓、旅（宾）馆、招待所等。

（2）公共建筑　如学校、医院、办公楼、商店、展览馆、体育馆、影剧院等。

2. 工业建筑

（1）生产类　如各种主要生产车间。

（2）仓储类　如材料、成品仓库等。

（3）动力类　如配电站、煤气站、压缩空气站、锅炉房等。

（4）辅助类　如修理、工具等车间。

3. 农业生产建筑

供人们从事农业生产的建筑，如畜舍、鸡场和粮仓等。

4. 科学实验建筑

供人们从事科学研究和科学实验的建筑，如科学实验室、科学研究大楼等。

5. 体育建筑

供人们从事体育培训、比赛和开展体育活动的场所，如体育场（馆）游泳馆等。

3.2.1.2　*房屋建筑按结构承重形式分类*

房屋建筑按结构承重形式大致可分为：墙体承重结构、框架承重结构和筒体结构等几种形式。

1. 墙体承重结构

墙体承重结构，是指房屋建筑的全部荷载（包括建筑物构件自重、家具及人的重量、屋面积雪、风力等）由墙体传给地基，见图 3-36。

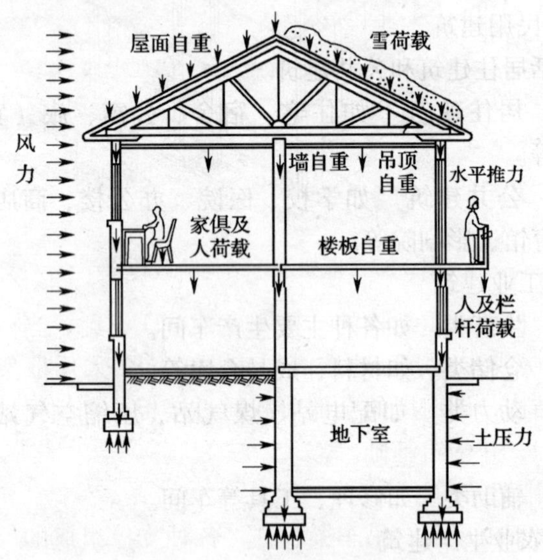

图 3-36　墙体承重结构

2. 框架承重结构

又称骨架承重结构。房屋建筑的全部荷载通过楼板由梁、柱传给基础，见图 3-37。墙只起围护和分隔作用，不起承重作用。

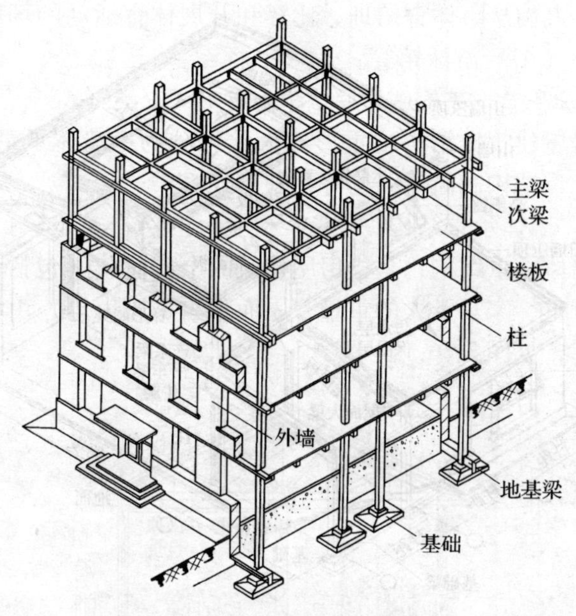

图 3-37　框架承重结构荷载传递

由于框架承重结构的结构刚度较差，因此，当建筑层数大于 15 层或在地震区建造高层房屋时，多采用框架－剪力墙承重结构，即房屋的全部荷载通过楼板分别由梁、柱和剪力墙承担，并传给基础。

3. 排架结构

它属于由屋架、吊车梁、柱，各种支撑组成的一种骨架承重结构，主要用于单层工业厂房建筑（图 3-38）。墙体只起围护作用。

4. 筒体结构

筒体结构是由框架结构和剪力墙结构发展而成的。它是由若干片纵横交接的框架或剪力墙围成的筒状封闭体（图 3-39），

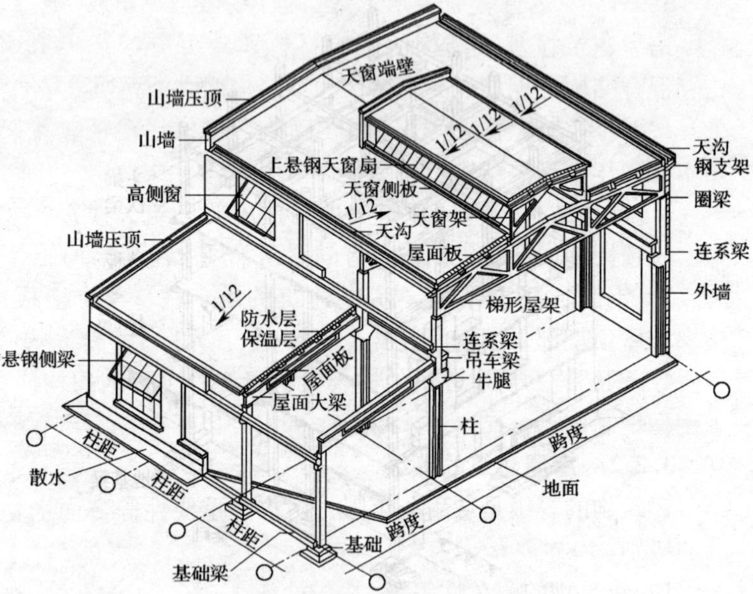

图 3-38 排架结构单层工业厂房

每层楼面加强了框架或剪力墙之间的相互连接，形成一个空间构架，其空间刚度比框架或剪力墙结构要好得多。所以，筒体结构多用来建造100m以上的高层建筑。根据筒体的布置、组成，又可分为框架－筒体、筒中筒和成束筒三种。

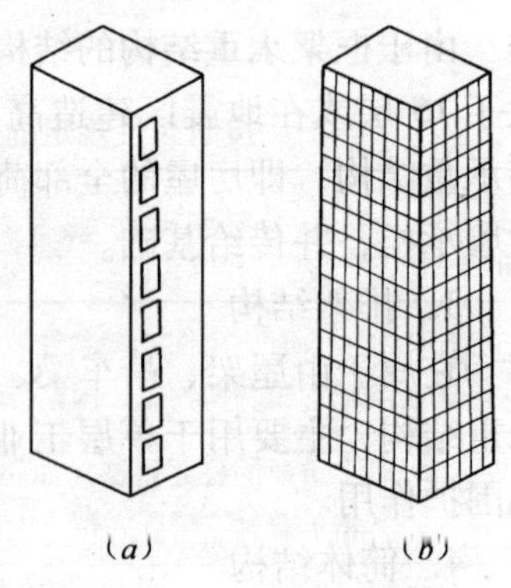

图 3-39 筒体结构
(a) 实腹筒体；(b) 开口筒体

房屋建筑的全部荷载，由筒体传给基础。

3.2.1.3 房屋建筑按承重结构材料分类

房屋建筑按承重结构所用的材料大致可分为：砖木结构、混合结构、钢筋混凝土结构和钢结构四大类型。

1. 砖木结构　墙、柱等用砖砌筑，楼梯、楼板、屋架用木料制作。这类结构目前已很少采用。

2. 混合结构　房屋建筑的墙、柱用砖砌筑，楼板、楼梯、屋顶用钢筋混凝土制作。有的屋顶采用木屋架结构。

3. 钢筋混凝土结构　房屋建筑的墙、柱、梁、楼板、楼梯和屋顶全部采用钢筋混凝土制作。

4. 钢结构　房屋建筑的柱、梁、屋架等主要结构构件，采用型钢制作。

3.2.2 房屋建筑的等级

建筑物的等级是从耐久年限、防火、重要性等方面来划分的级别。

1. 建筑物的耐久性等级

建筑物的耐久性等级，即根据建筑物的使用要求确定的耐久年限，见表3-3。

按耐久性规定的建筑物的等级参考　　表3-3

建筑物的等级	建筑物的性质	耐久年限
1	具有历史性、纪念性、代表性的重要建筑物（如纪念馆、博物馆、国家会堂等）	100年以上
2	重要的公共建筑（如一级行政机关办公楼、大城市火车站、国际宾馆、大体育馆、大剧院等）	50年以上
3	比较重要的公共建筑和居住建筑（如医院、高等院校以及主要工业厂房等）	40~50年

续表

建筑物的等级	建筑物的性质	耐久年限
4	普通的建筑物（如文教、交通、居住建筑以及工业厂房等）	15~40年
5	简易建筑和使用年限在5年以下的临时建筑	15年以下

2. 建筑物的耐火等级

（1）建筑物的耐火等级分为四级，见表3-4。

建筑物的耐火等级　　表3-4

构件名称 \ 燃烧性能和耐火极限(h) \ 耐火等级		一级	二级	三级	四级
墙	防火墙	非燃烧体 4.00	非燃烧体 4.00	非燃烧体 4.00	非燃烧体 4.00
	承重墙和楼梯间墙	非燃烧体 3.00	非燃烧体 2.50	非燃烧体 2.50	难燃烧体 0.50
	框架填充墙	非燃烧体 1.00	非燃烧体 0.50	难燃烧体 0.50	难燃烧体 0.25
柱	支承多层的柱	非燃烧体 3.00	非燃烧体 2.50	非燃烧体 2.50	难燃烧体 0.50
	支承单层的柱	非燃烧体 2.50	非燃烧体 2.00	非燃烧体 2.00	燃烧体
梁		非燃烧体 2.00	非燃烧体 1.50	非燃烧体 1.00	难燃烧体 0.50

续表

燃烧性能和耐火极限(h) 耐火等级 / 构件名称	一级	二级	三级	四级
楼　板	非燃烧体 1.50	非燃烧体 1.00	非燃烧体 0.50	难燃烧体 0.25
屋顶承重构件	非燃烧体 1.50	非燃烧体 0.50	燃烧体	燃烧体
疏散楼梯	非燃烧体 1.50	非燃烧体 1.00	非燃烧体 1.00	燃烧体
吊顶（包括吊顶搁栅）	非燃烧体 0.25	难燃烧体 0.25	难燃烧体 0.15	燃烧体

注：1. 以木柱承重且以非燃烧材料作为墙体的建筑物，其耐火等级应按四级确定。

2. 高层工业建筑的预制钢筋混凝土装配式结构，其节点缝隙或金属承重构件节点的外露部位，应做防火保护层，其耐火极限不应低于本表相应构件的规定。

3. 二级耐火等级的建筑物吊顶，如采用非燃烧体时，其耐火极限不限。

4. 在二级耐火等级的建筑中，面积不超过100m² 的房间隔墙，如执行本表的规定有困难时，可采用耐火极限不低于0.3h 的非燃烧体。

5. 一、二级耐火等级民用建筑疏散走道两侧的隔墙，按本表规定执行有困难时，可采用0.75h 非燃烧体。

6. 建筑构件的燃烧性能和耐火极限，可按附录二确定。

（2）燃烧性能：指建筑构件在明火或高温的作用下，燃烧的难易程度。可分成非燃烧体、难燃烧体、燃烧体。

非燃烧体：在空气中受到火烧或高温作用时不起火、不微燃、不炭化的材料，如砖瓦工使用的砖、石材等。

难燃烧体：在空气中受到火烧或高温作用时难以起火、难以微燃、难以炭化，当火源脱离后即停止燃烧的材料，如沥青混凝土。

燃烧体：指在空气中受到火烧或高温作用时，容易起火或微燃，且火源脱离后仍继续燃烧或微燃的材料，如木材、布料等。

（3）耐火极限：指建筑构件遇火后能支承荷重的时间。即从起火燃烧到房屋失掉支承能力，或发生穿透性裂缝，或背面温度升高到220℃以上时所需的时间。材料的耐火极限一般通过试验来确定。

3．建筑物重要性等级

建筑物按其重要性和使用要求分成五等，如表3-5所示。

建筑重要性等级参考　　表3-5

等级	适用范围	建筑类别举例
特等	具有重大纪念性、历史性、国际性和国家级的各类建筑	国家级建筑：如国宾馆、国家大剧院、大会堂、纪念堂；国家美术、博物、图书馆；国家级科研中心、体育、医疗建筑等 国际性建筑：如重点国际教科文建筑、重点国际性旅游贸易建筑、重点国际福利卫生建筑、大型国际航空港等
甲等	高级居住建筑和公共建筑	高等住宅：高级科研人员单身宿舍；高级旅馆；部、委、省、军级办公楼；国家重点科教建筑；省、市、自治区级重点文娱集会建筑、博览建筑、体育建筑、外事托幼建筑、医疗建筑、交通邮电类建筑、商业类建筑等

续表

等级	适用范围	建筑类别举例
乙等	中级居住建筑和公共建筑	中级住宅：中级单身宿舍；高等院校与科研单位的科教建筑；省、市、自治区级旅馆；地、师级办公楼；省、市、自治区级一般文娱集会建筑、博览建筑、体育建筑、福利卫生类建筑、交通邮电类建筑、商业类建筑及其他公共类建筑等
丙等	一般居住建筑和公共建筑	一般职工住宅：一般职工单身宿舍；学生宿舍；一般旅馆；行政企事业单位办公楼；中学及小学科教建筑；文娱集会建筑、博览建筑、体育建筑、县级福利卫生类建筑、交通邮电类建筑、商业类建筑及其他公共类建筑等
丁等	低标准的居住建筑和公共建筑	防火等级为四级的各类建筑，包括住宅建筑、宿舍建筑、旅馆建筑、办公楼建筑、教科文类建筑、福利卫生类建筑、商业类建筑及其他公共类建筑等

3.2.3 房屋建筑的组成

3.2.3.1 民用建筑的基本组成

各种民用建筑由于用途不同，它们的形式、使用的材料和构造也各有差异，但大都由基础、墙身（或柱、梁）、楼板及屋顶等部分组成。

图 3-40 所示是一栋墙体承重结构的住宅示意图。从图中可以看到基础、墙、楼板、楼梯及屋顶等主要组成部分，还可以看到门、窗、台阶、雨罩、阳台等次要组成部分。这些组成部分由于所处的部位不同，所起的作用也各不相同。

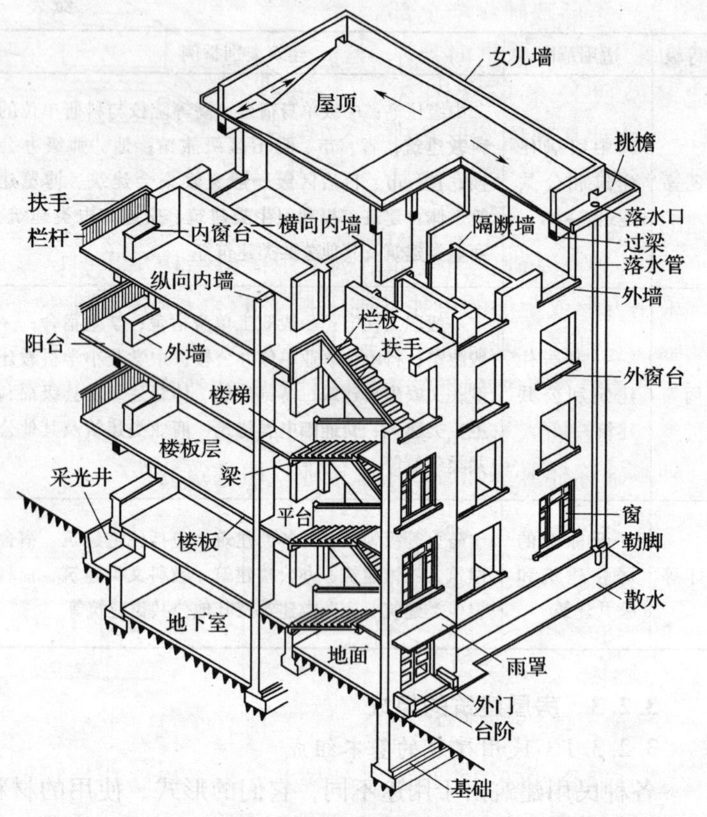

图 3-40 住宅示意图

1. 基础和地下室

（1）基础

建筑物与土层直接接触的部分称为基础。它是建筑物的组成部分，承受着建筑物的全部荷载，并将它们传给地基。

基础的类型是随建筑物上部结构形式、荷载大小和土质情况决定的。常见的基础有以下几种：

1）条形基础：当上部结构采用砖墙承重时，基础多做成长条形（图 3-41），这种基础称条形基础或带形基础，它是砖墙基础的主要形式。

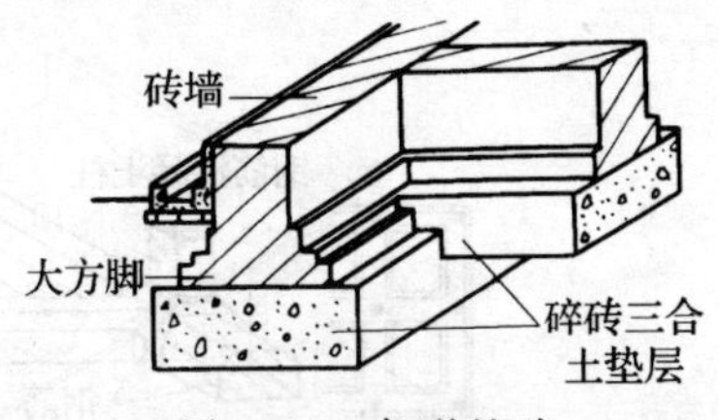

图 3-41　条形基础

2）独立基础：当上部结构采用框架结构承重时，基础常采用方形或矩形的单独基础（图 3-42）。这种基础称独立基础，它是柱子基础的主要形式。

如果柱子为预制钢筋混凝土柱时，往往把基础作成杯口形，将柱子插入杯口，缝子用细石混凝土灌实（图 3-43）。这种基础称杯形基础，多用于工业厂房建筑。

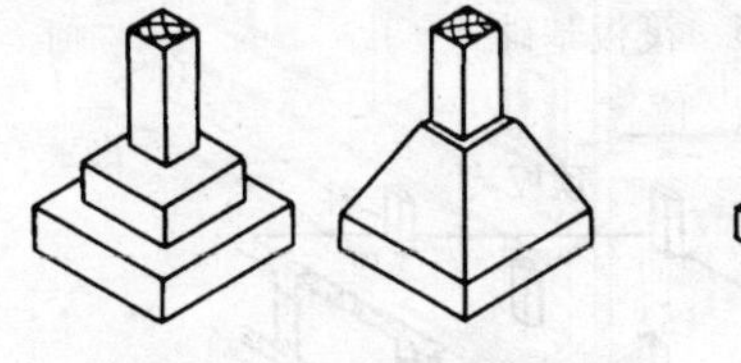
图 3-42　独立基础

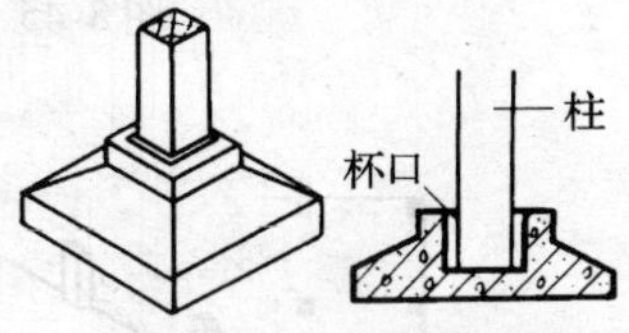

图 3-43　杯形基础

3）联合基础：当地基条件较差，为了提高建筑物的整体性，避免各个柱子之间产生不均匀沉降，可将相邻柱下的独立基础在一个方向上连接起来做成条形的基础，称为联合基础。或在纵横两个方向上都连接起来，称为井格基础（图 3-44）。当有些建筑物上部荷载特别大，而地基比较软弱，这时采用简单的联合基础或井格基础已不能适应地基变形时，常采用满堂板式的筏板基础（图 3-45）。为了加强筏板基础的刚度，有的采用箱形基础（图 3-46）。

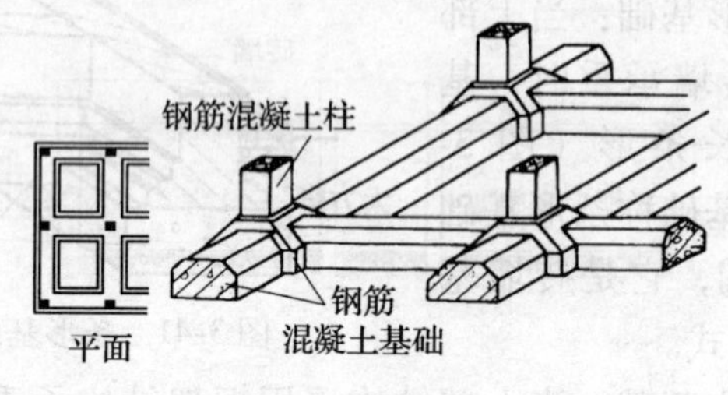

图 3-44　井格基础

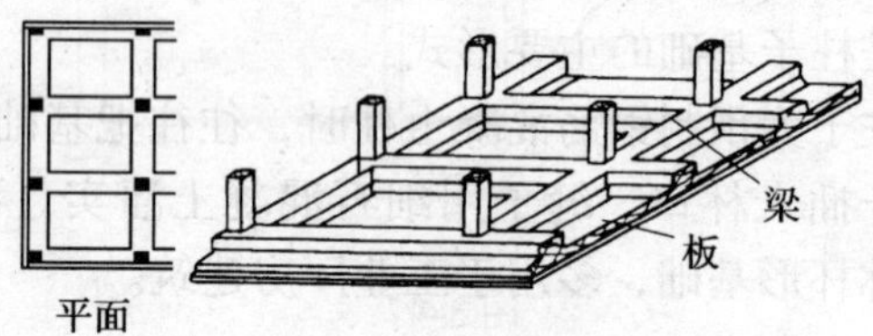

图 3-45　筏板基础

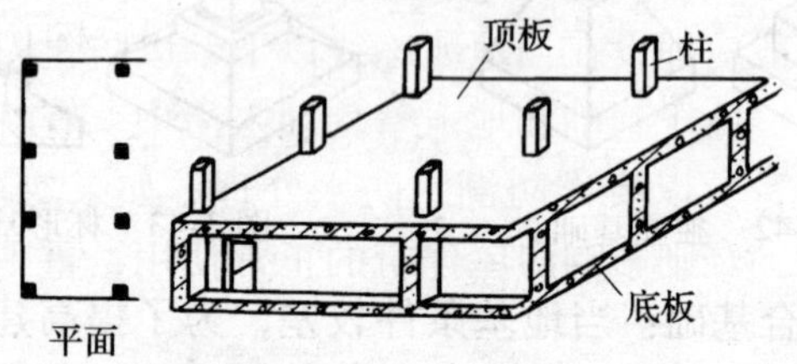

图 3-46　箱形基础

基础使用的材料有砖、石、混凝土和钢筋混凝土。

（2）地下室

地下室也属于基础范畴，尤其是高层建筑，基础埋深较深，故多设有地下室。

地下室又分为全地下室和半地下室两种，见图 3-47。

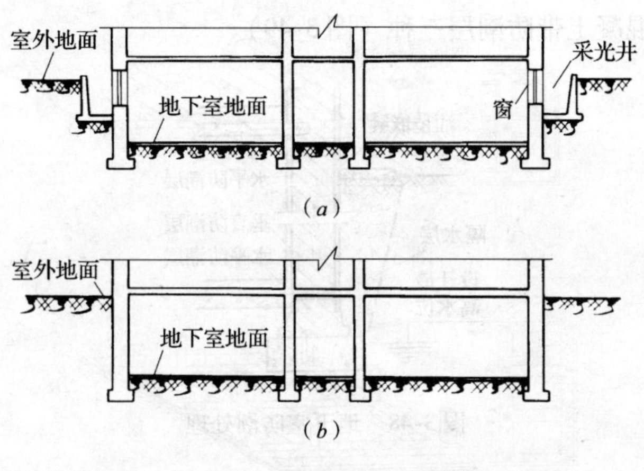

图 3-47

(*a*) 半地下室；(*b*) 全地下室

(3) 地下防潮及防水处理

基础一般应埋设在当地冰冻线以下，以防止因土壤冻胀使基础破坏。由于基础和地下室均埋入土中，有时接近或低于地下水位，所以要作防潮、防水处理。如果忽视了防潮、防水的处理，轻则影响房屋建筑的正常使用，重则影响建筑物的耐久性。

1) 当地下水位低于地下室地坪标高时，一般只做防潮处理。地下室墙体如为砖砌墙体时，墙体应用水泥砂浆砌筑，并在墙外表面抹好水泥砂浆后，涂冷底子油（沥青和稀释剂配合而成）一道和热沥青两道，然后在防潮层外侧回填低渗透性土（如粘土、灰土等），并夯打密实。回填土宽度不少于500mm。同时应做好房屋四周的散水和勒脚，以避免受潮，并利于排水（图3-48）。对外墙与地下室地坪交接处和外墙与首层地面交接处，也应分别做好墙身水平防潮处理。防潮处理的方法一般有油毡防潮层、防水砂浆防潮层和细石混凝土带防潮层三种（图 3-49）。

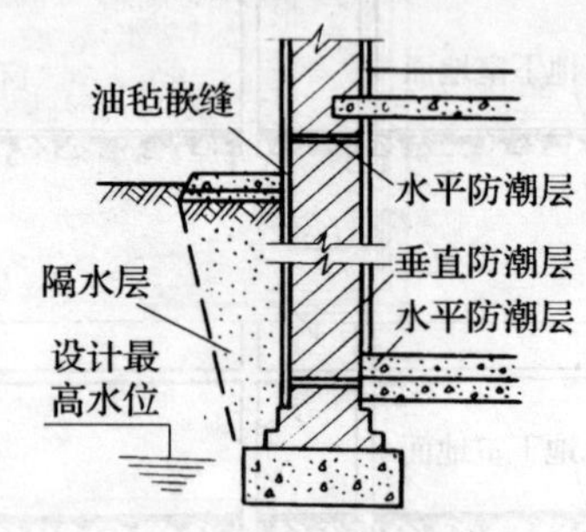

图 3-48　地下室防潮处理

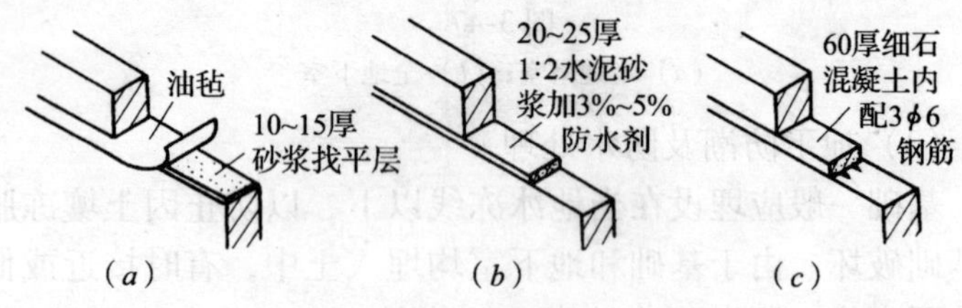

图 3-49　地下室墙身防潮处理

（*a*）油毡；（*b*）防水砂浆；（*c*）配筋细石混凝土

2）当最高地下水位高于地下室地面，即地下室的外墙和地坪浸泡在水中时，则对地下室外墙和地坪要做防水处理。当地下室墙体为砖砌体时，宜采用卷材防水。即用防水卷材铺贴在地下室外墙的外表面（图 3-50）或将防水卷材铺贴在地下室外墙内表面（图 3-51）。地下室地坪的防水处理，是在地基上浇筑一层混凝土地板，并在其上满铺防水层，再在防水层上抹一层水泥砂浆找平层。

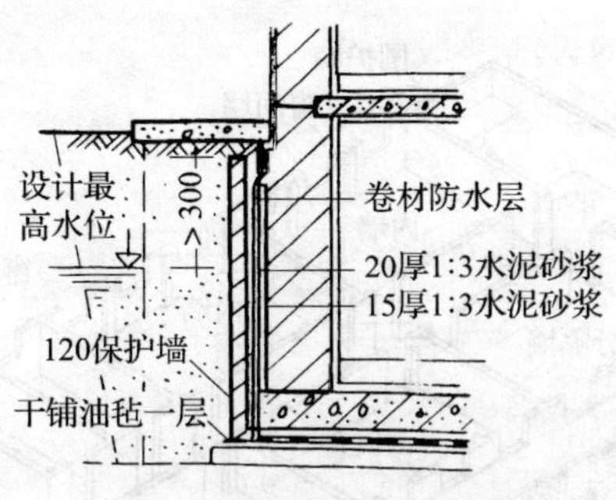

图 3-50　地下室外防水

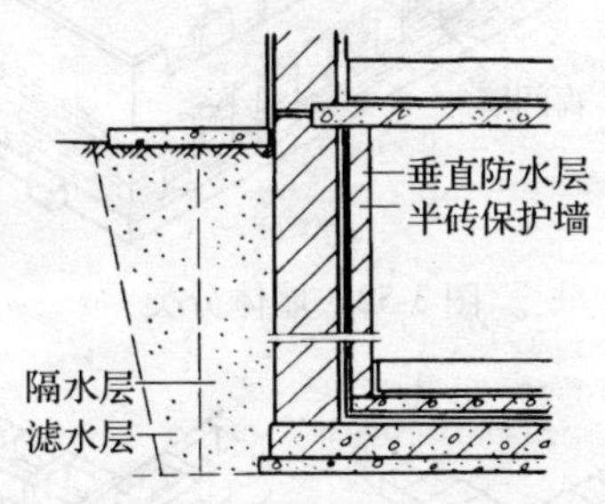

图 3-51　地下室内防水

2. 墙体

墙体是房屋建筑的重要组成部分，它起着围护、分隔的作用。墙体承重结构的房屋，墙体是主要承重构件。

墙体按所处的位置可分为：外墙、横（纵）向内墙、隔断墙（图 3-52）；按受力情况可分为：承重墙和非承重墙；按所用材料又分为：砖墙、砌块墙、钢筋混凝土墙等。随着我国新型建筑材料的发展，用于非承重隔断墙的材料逐渐增多，如加气混凝土条板、石膏板等。

(1) 砖墙

砖墙有实体墙（包括砖柱，常用作承重墙）和空斗墙两种（图 3-53）。

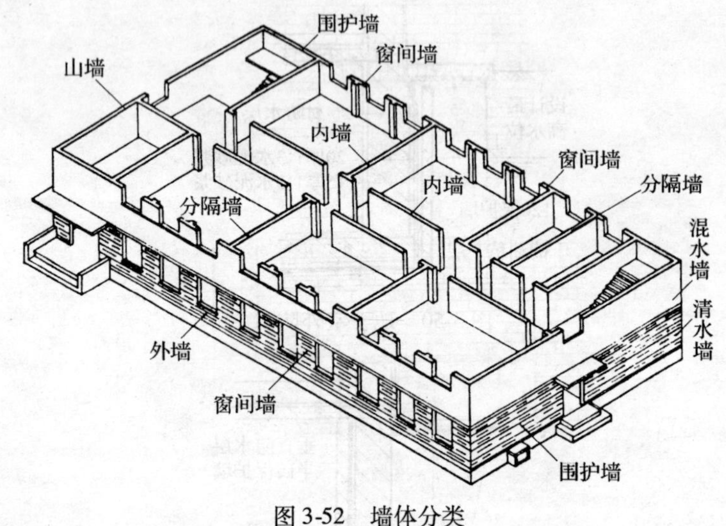

图 3-52　墙体分类

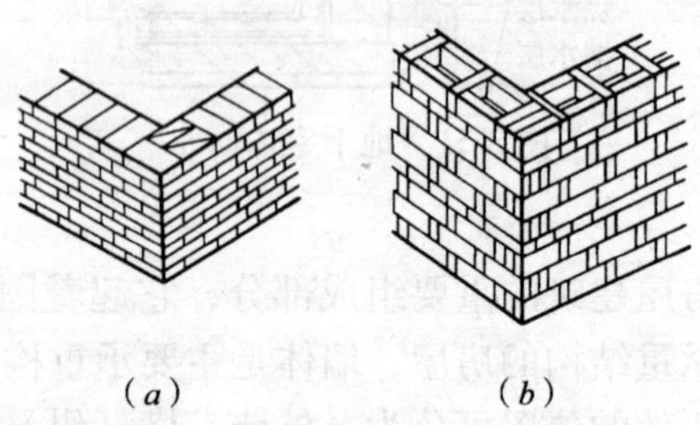

图 3-53　砖墙
(a) 实体墙；(b) 空斗墙

砖墙的细部构造主要有门窗过梁、窗台、墙脚、变形缝、圈梁和构造柱等。

1) 门窗过梁：门窗过梁的作用主要是将门窗洞口上部的荷载传给窗间墙。它的形式较多，目前常用的有砖砌平拱、钢筋砖过梁和钢筋混凝土过梁等三种（图 3-54）。

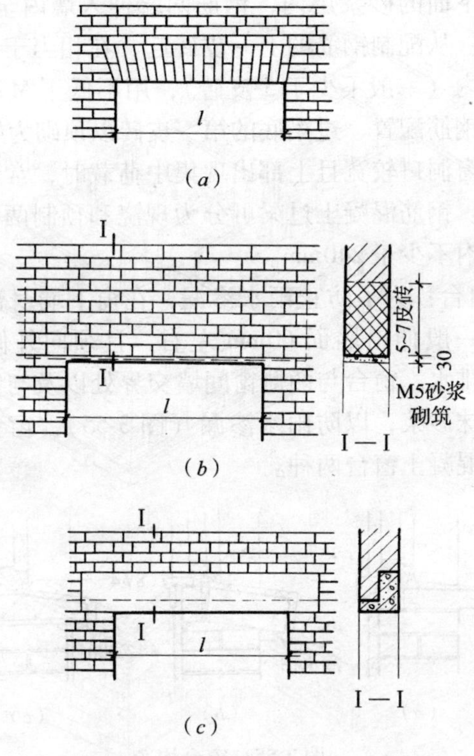

图 3-54 门窗过梁

(a) 砖砌平拱；(b) 钢筋砖过梁；(c) 钢筋混凝土过梁

砖砌平拱适用于门窗洞口宽度 (l) 为 1m 左右且上部无集中荷载的部位。砌筑时中部砖块约起拱 l/50，灰缝上宽 (不大于 20mm)、下窄 (不小于 5mm)，两端下部要伸入墙内 20 ~ 30mm。

钢筋砖过梁适用于门窗洞口宽度 (l) 为 1.5m 左右的部位，钢筋一般放在洞口上第一皮和第二皮砖之间，也有放在第一皮砖下面的砂浆层内，钢筋两端伸入墙内至少240mm，并加弯钩。从配制钢筋的上一皮砖起，在相当于1/4跨度的高度范围内（一般不少于5皮砖），用不低于M5砂浆砌筑。为了便于钢筋配置，过梁底的第一皮砖以顶砌为好。

当门窗洞口较宽且上部出现集中荷载时，常采用钢筋混凝土过梁。钢筋混凝土过梁可分为现浇和预制两种。梁的两端伸入墙内不少于240mm。

2）窗台：为了防止雨水渗漏，在窗下墙身部位设置窗台。窗台一般伸出墙面60mm左右，且须向外倾斜一定坡度，以利排水。窗台与两侧窗间墙交界处以及与窗框下槛交接处，应抹砂浆，以防雨水渗漏（图3-55）。窗台分砖砌窗台和预制混凝土窗台两种。

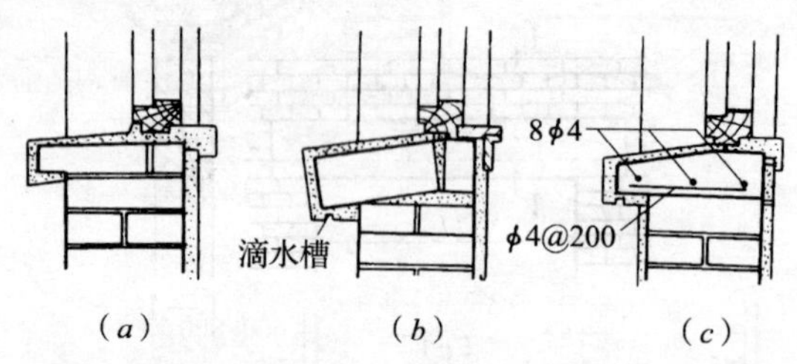

图3-55　窗台构造

（a）平砌砖窗台；（b）侧砌砖窗台；（c）预制混凝土窗台

3）墙脚：墙脚包括勒脚、散水等部分。

勒脚是外墙接近室外地面处的表面部分。它的作用是保护接近地面的墙身受潮、防止外界力量破坏墙身和建筑物的立面处理效果。常见的作法是用坚实的材料砌成（如乱石、条石、混凝土块等）；或在勒脚部位用水泥砂浆（或水刷石等）抹灰，也可用天然石料镶砌。勒脚的高度主要视地面水上溅和室内地潮的影响而定，一般多与室内地坪相平。

墙脚的防潮处理，一般有油毡防潮层、防水砂浆防潮层和细石混凝土带防潮层三种。防潮层的位置要求设在距室外地坪150 ~450mm部位，并且要设在室内底层地面的混凝土间的砖缝处。

散水是在外墙四周地面做出向外倾斜的坡道，其作用是将屋面雨水排至远处，防止墙基受雨水侵蚀。散水材料一般用素混凝土浇筑，宽度一般为600 ~1000mm，当屋顶有出檐时，较出檐多200mm。坡度为5%（图3-56）。

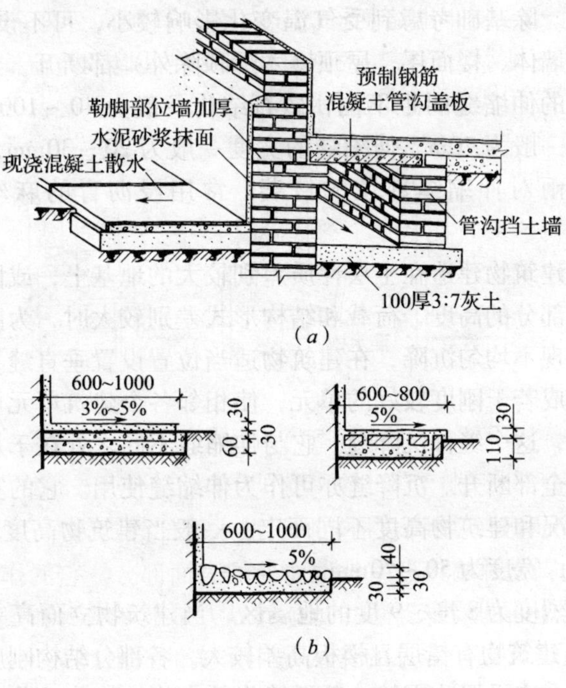

图3-56 散水、勒角

（a）散水、勒角；（b）散水坡度

4）变形缝　为了避免由于建筑物长度过长，而受到气温变化的影响、因各部分荷载不同和地基承载力不均的影响、或在地震区地震对建筑物的影响等因素，致使建筑物发生开裂或破坏，因此，要将建筑物分为几个独立部分，使其能够自由变形，这种将建筑物分开的缝称变形缝。变形缝有伸缩缝、沉降缝和防震缝等。

为预防建筑物因气温变化致使热胀冷缩而出现不规则破坏，沿房屋长度的适当位置设置一条竖缝，此缝称伸缩缝或温度缝。除基础考虑到受气温变化影响较小，可不设缝外，其他如墙体、楼面层、屋顶（木屋顶除外）都断开。各种结构留置的伸缩缝间距不同，砖石结构一般为 40～100m，砌块结构一般为 70m。伸缩缝的宽度一般为 20～30mm，为了防止风雨对伸缩缝部位的侵袭，常用浸沥青的麻丝填嵌缝隙。

当建筑物建造在土层性质差别较大的地基上，或因建筑物相邻部分的高度、荷载和结构形式差别较大时，为防止建筑物出现不均匀沉降，在建筑物适当位置设置垂直缝，把建筑物分成若干刚度较好的单元，使相邻各个建筑单元可以自由沉降，这个缝称沉降缝。它与伸缩缝不同之处在于从基础到屋顶全部断开。沉降缝亦可作为伸缩缝使用。它的宽度随地基情况和建筑物高度不同而定，一般当建筑物高度为 5～15m 时，宽度为 50～70mm。

在烈度为 8 度、9 度的地震区，当建筑物立面高差大于 6m，或建筑物有错层且楼板高差较大，各部分结构刚度截然不同时，应设置防震缝。防震缝将整个建筑物分成若干结构刚度均匀的独立单元。一般基础可不设防震缝，但在地震区凡需设置伸缩缝、沉降缝的，均按防震缝处理。防震缝的宽度，在多层砖混结构中，一般取 50 ~ 70mm；在多层钢筋混凝土结构中，高度在 15m 及 15m 以下时为 70mm；高度超过 15m 增加 20mm。

5）圈梁和构造柱：为了提高建筑物的空间刚度和整体性，减少由于地基不均匀沉降而引起的墙身开裂，可以利用圈梁加固墙身的稳定性。圈梁有钢筋砖圈梁和钢筋混凝土圈梁两种。钢筋砖圈梁就是将门窗钢筋砖过梁沿外墙一周兜通；钢筋混凝土圈梁是在每层或 2 ~3 层（也有的只在基础上部和顶层，视地基土质和结构情况而定）设置一道，其宽度与墙同厚，高不小于 120mm。在 7 度以上的地震区，为了提高房屋的整体刚度和稳定性，除设置圈梁外，还要在房屋四大角、内外墙交接处、楼梯间、电梯间及较长的墙体中部，设置钢筋混凝土构造柱，并与圈梁和墙体紧密连接，把墙体箍住，形成一个空间骨架。构造柱的尺寸、配筋见图 3-57。施工时必须先砌砖墙，随着墙体上升而逐段现浇钢筋混凝土构造柱。

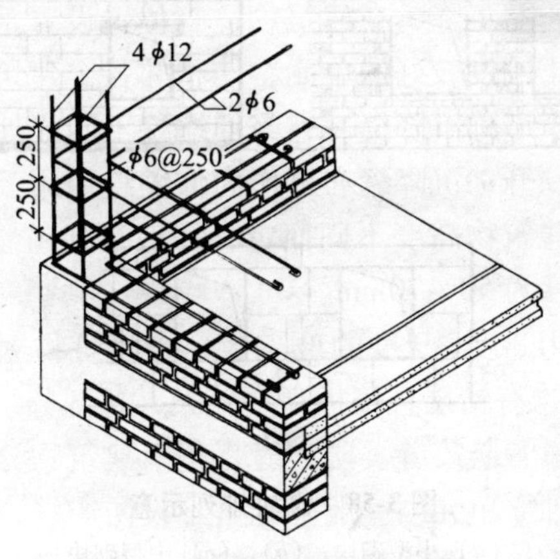

图 3-57　砖砌体中的构造柱

（2）砌块墙

砌块墙的类型较多，按材料分有混凝土、轻骨料混凝土、加气混凝土砌块及利用各种工业废料（如粉煤灰、煤矸石）等制成的无熟料水泥煤渣混凝土和蒸养粉煤灰硅酸盐砌块等，按品种分有实体砌块、空心砌块和微孔砌块（如加气混凝土）等；按质量和尺寸规格分有大（350kg/块以上）、中（350kg/块以内）、小（20kg/块以内）型砌块。为了适应施工要求，砌块一般都有一、二种尺寸较大的主要砌块和为了错缝、搭接填充而需要的辅助块和补充块。它们的厚度和高度尺寸基本一致，只有长度不同。通常辅助块是主要块的1/2，补充块往往是辅助块的1/2。

砌块墙和砖墙一样，在构造上也要求具有足够的稳定性，以保证墙体起承重作用。所以在组合时也须做到上下砌块相互错缝，内外墙交接及外墙转角的处理必须搭接牢固（图3-58、图3-59和图3-60）。

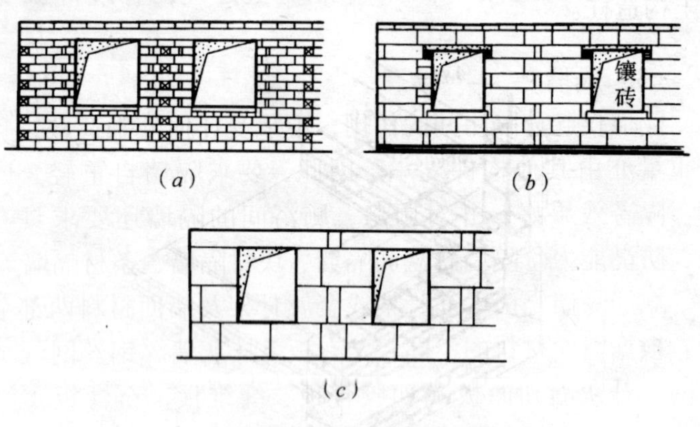

图3-58　砌块排列示意

（a）小型砌块；（b）、（c）中型砌块

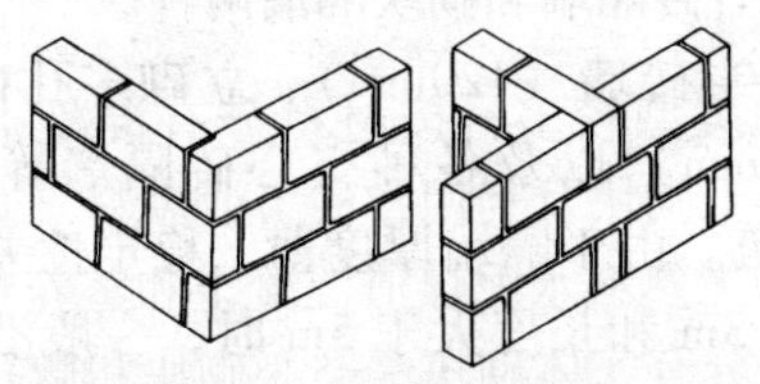

图 3-59 砌块拼接示意

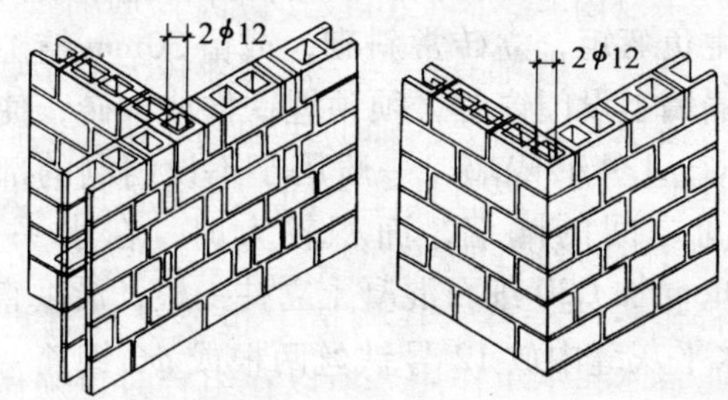

图 3-60 空心砌块构造柱

砌块墙的过梁与圈梁常常统一处理，有现浇和预制两种。

（3）隔墙

隔墙仅起分隔房间的作用，不承受任何外来荷载，且本身重量亦由其他构件支承。因此，要求隔墙自重轻、厚度薄、隔音效果好，并对厨房、厕浴间的隔墙还要求具有防火、防潮能力。隔墙有立筋隔墙、块材隔墙、条材隔墙等。

立筋隔墙是由木筋骨架或金属骨架及墙面材料两部分构成。根据墙面材料的不同，又有板条抹灰墙、钢丝网（或钢板网）抹灰墙和面板（如胶合板、纤维板、石膏板）墙之分。为了提高板条隔墙的防潮、防火性能，常在木筋外钉钢丝网或钢板网，然后在表面抹灰。

块材隔墙有砖隔墙和砌块隔墙两种。

砖隔墙有半砖墙（120mm）、立砌多孔砖墙（90mm）、1/4砖墙（60mm）以及各种空心砖隔墙等，采用不低于M2.5砂浆砌筑。由于隔墙厚度薄、稳定性差，因此，半砖墙当高度大于3m和长度大于5m时，一般沿高度方向每隔10～15皮砖放$\phi6$钢筋或5mm×20mm扁铁两根，并与承重墙连牢。在隔墙顶部与楼板相接处，为防止楼板由于隔墙顶实过紧产生负弯矩，立砖常斜砌，或留30mm缝隙，用砂浆封口。当隔墙上设门窗时，须预埋铁件或木砖，使门窗框与墙拉结牢固。1/4砖隔墙，一般用于不设门洞的部位，如厨房、卫生间之间的隔墙，面积较大时，在水平方向每隔900～1200mm加C20细石混凝土立柱一根，沿垂直方向每隔7皮砖在水平灰缝中放12号铁丝两根或$\phi6$钢筋一根，并与端墙连牢。

砌块隔墙常用体大质轻的粉煤灰硅酸盐块、加气混凝土块、空心砖等砌成，加固措施与砖隔墙同。

目前采用的条板隔墙有钢筋混凝土薄板、加气混凝土板、多孔石膏板等。板材的厚度一般为60～100mm左右，宽度约600～1200mm，高度较房间净高小约30mm。安装时除钢筋混凝土薄板可用预埋铁件电焊外，一般是在楼地面上用一对对口木楔在板底将条板楔紧，并用胶结砂浆（用建筑胶、水玻璃等胶粘剂与水泥、砂或细矿渣按一定比例配制成）将纵向板缝粘结牢固（图3-61）。

（4）墙面装修

墙面装修分外墙装修和内墙装修。外墙装修又分清水外墙（不抹灰）和混水外墙。

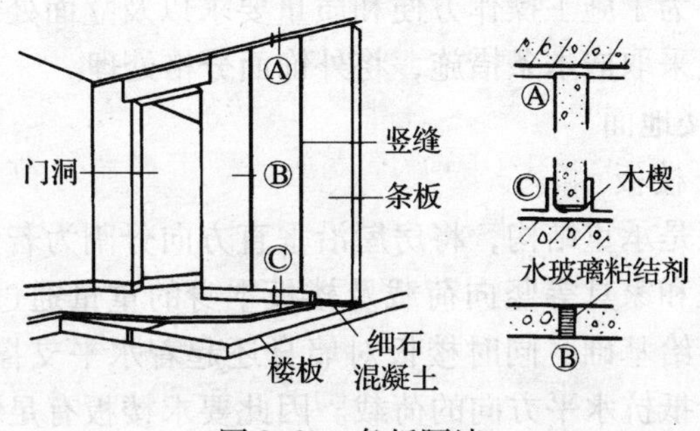

图 3-61　条板隔墙

外墙面的装修主要是保护外墙不受外界侵袭，提高墙体的防潮、防风化和隔热、保温性能，同时也可增加建筑立面的美观。当采用清水外墙时，要用 1:1 水泥砂浆勾缝。

内墙面的装修主要在于改善室内卫生条件，提高墙体隔音效果，加强光线反射，增加美观。在浴室、厕所、厨房等潮湿的房间，则保护墙身防潮湿，在一些有特殊要求的房间，还要满足防尘、防腐蚀、防辐射等作用。

墙面装修根据所用材料及施工工艺不同，大致可归纳为：一般抹灰（如石灰砂浆、水泥砂浆、混合砂浆、麻刀灰、纸筋灰、石膏灰等）；装饰抹灰（如水刷石、水磨石、斩假石、干粘石、拉毛灰和喷、滚、刷涂抹灰）；饰面镶贴（如釉面瓷砖、陶瓷锦砖、面砖、大理石板、花岗石板、水磨石板、木胶合板、纤维板等）；裱糊饰面（如墙纸、织锦、花纹玻璃布等）；油漆涂料装饰（如各种有机、无机涂料、调和漆等）。

在内墙抹灰中，对于人群活动较易碰撞的墙面或有防水要求的墙面，如门厅、走廊、厨房、厕所、浴室等处，常做成护墙墙裙，一般采用水泥砂浆抹灰。另外，对于经常碰撞的内墙凸角处均以水泥砂浆作护角处理。对于抹灰面积较大的外墙，为了施工操作方便和质量要求以及立面处理，常将抹灰面层采取嵌木条措施，将外饰面分格处理。

3. 楼地面

(1) 楼板

楼板是承重结构，将房屋沿垂直方向分割为若干层，并把上部人和家具等竖向荷载及楼板本身的重量通过承重墙、梁或柱传给基础。同时楼板对墙身还起着水平支撑的作用，帮助墙身抵抗水平方向的荷载。因此要求楼板有足够的强度和刚度，并应符合隔声、防火等要求。

楼板按其使用的材料，可以分为钢筋混凝土楼板（包括现浇和装配式两种），木楼板和砖拱楼板等。钢筋混凝土楼板具有较高的强度和刚度，较强的耐久性和耐火性，因此在民用建筑中应用比较广泛。它又分为以下两种：

1) 现浇钢筋混凝土楼板：按构造形式可分为梁板式肋形楼板（图 3-62）、井字密肋楼板（图 3-63）和无梁楼板（图 3-64）。

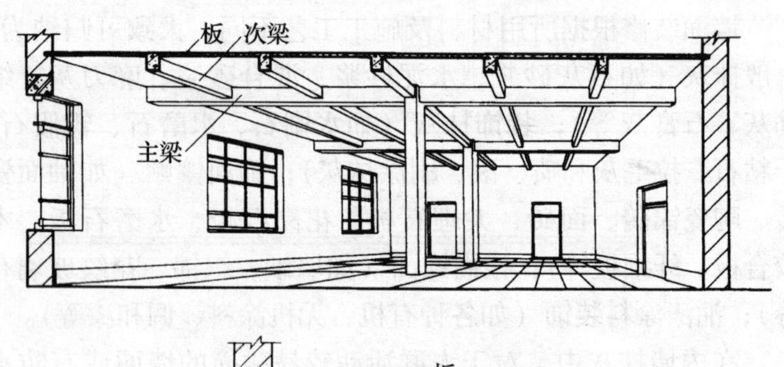

图 3-62 梁板式肋形楼板

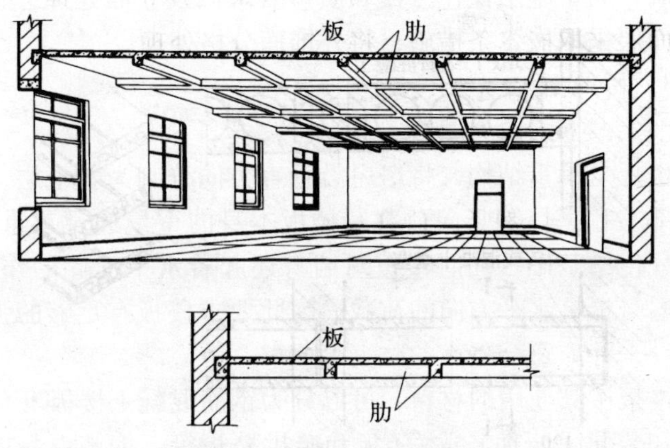

图 3-63　井字密肋楼板

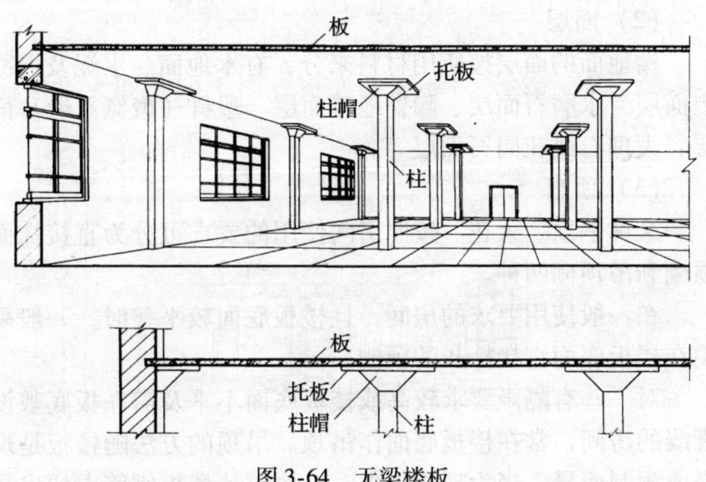

图 3-64　无梁楼板

2）预制钢筋混凝土楼板：它分为预制钢筋混凝土实心楼板和空心楼板（图 3-65）两种。

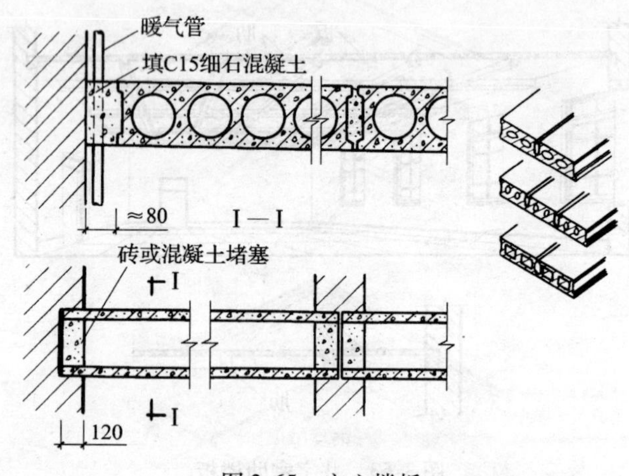

图 3-65　空心楼板

（2）面层

楼地面的面层按所用材料来分，有木地面、水泥及混凝土面层、水磨石面层、陶瓷地砖面层、塑料（聚氯乙烯）面层、大理石或花岗石面层等。

（3）顶棚

又称平顶、天花。按照房间使用的要求可分为直接抹面顶棚和吊顶棚两种。

在一般使用要求的房间，且楼板底面较平整时，一般采用在楼板底面直接抹灰的顶棚。

对一些有隔声要求较高或楼板底面不平及需在板底敷设管线的房间，常在楼板底面作吊顶。吊顶的方法随楼板是现浇或预制而异。当为现浇楼板时，要求从楼板钢筋中伸出吊筋，以便扎牢吊顶龙骨（图 3-66*a*）；当为预制楼板时，要求沿板缝吊下钢丝绑牢吊顶龙骨（图 3-66*b*）。

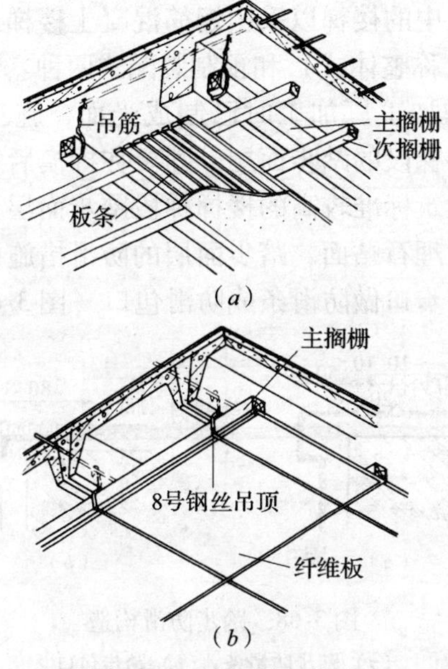

图 3-66　楼板吊顶构造

(a) 现浇楼板吊顶；(b) 预制楼板吊顶

吊顶采用的龙骨，有木龙骨、轻钢龙骨、铝合金龙骨；吊顶采用的罩面板材，有纤维板、石膏装饰板、矿棉（或玻璃棉）装饰吸声板、钙塑泡沫装饰吸声板等。

4. 楼梯、台阶、坡道

(1) 楼梯

一般由楼梯段和平台组成，最常见的形式为双梯段并列式阶梯，又称双跑楼梯或双折式楼梯（图 3-67）。

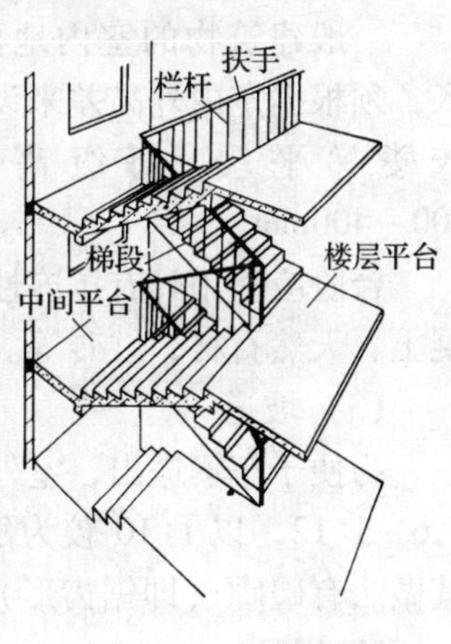

图 3-67　双跑楼梯

一般建筑中的楼梯以采用钢筋混凝土楼梯最为广泛，它分现浇式（又称整体式）和预制装配式两种。预制楼梯梯段的踏步面层在加工厂加工时已制成光面，施工时不需再抹面；现浇楼梯梯段的踏步面层，则要在拆模后进行水泥砂浆抹面。有些建筑标准较高的楼梯梯段踏步面层，要做水磨石或缸砖甚至大理石贴面。踏步面层的防滑措施，在一般建筑中，常在近踏步口做防滑条或防滑包口（图3-68）。

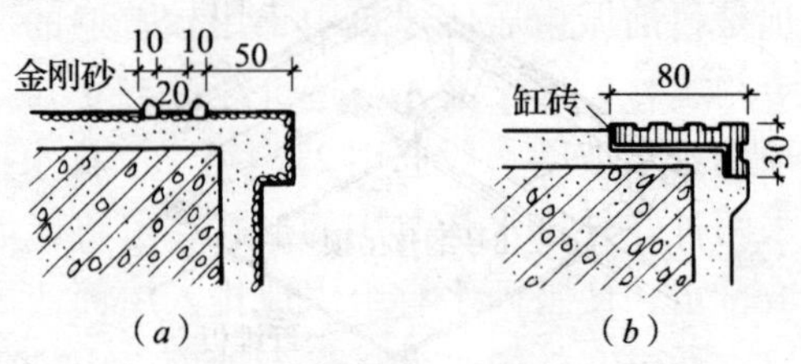

图3-68　踏步防滑构造

（*a*）踏步防滑条；（*b*）踏步包口

（2）台阶

一般建筑物的室内地面都高于室外地面，为了便于出入，须根据室内外高差来设置台阶。台阶的踏步高、宽比应较楼梯平缓，每级高为100～150mm，踏面宽为300～400mm。

台阶应采用具有抗冻性好和表面结实耐磨的材料，如混凝土、天然石材、缸砖等。

（3）坡道

为便于车辆进出，室外门口有的需做坡道。一般坡度为1:6～1:12，以1:10较为舒适，大于1:8时须做防滑措施，其做法有礓礤（即锯齿形）和防滑条。

5. 屋顶

屋顶是房屋最上层起覆盖作用的外围护构件，借以抵抗雨雪，避免日晒等自然界的影响。它首要的功能就是防水和排水，其他则须根据具体要求而有所不同，如寒冷地区要求防寒保温，炎热地区要求隔热降温，有些屋顶还有上人使用的要求或美观上的要求。

屋顶按排水坡度的不同可分为平屋顶和坡屋顶两类。

（1）平屋顶

平屋顶是目前城市居住建筑中采用较普遍的一种，其特点是可以节约木材，便于上人，造价经济。

平屋顶的排水坡度一般选用2% ~5%。排水形式有外排水和内排水两种。外排水是常用的形式，可将屋面做成四坡排水或两坡排水，使雪雨水有组织地排入屋面四周设置的天沟或雨水口，通过室外雨水管排泄到地面。内排水多用于大面积多跨屋面（如工业厂房）或高层建筑以及有特殊情况时，雨水由雨水口流入室内雨水管，再由地下管道把雨水排到室外。

平屋顶的支承结构主要采用现浇或预制的钢筋混凝土屋面板。

平屋顶的防水层，目前采用的主要是刚性防水层——用防水砂浆抹面或密实混凝土浇筑而成的面层；柔性防水层——用卷材、防水涂料等柔性材料胶结的屋面防水层。

在北方采暖地区，为了使室内的热量不致散失太快，一般要铺设保温层。保温层的材料有散状材料（如炉渣、矿渣等，它是用白灰、水泥等胶结材料与炉渣或矿渣拌合后进行铺设，在其上抹找平层后再做防水层）、轻质块材（常用的有用水泥、沥青或水玻璃胶结的膨胀珍珠岩、膨胀蛭石以及加气混凝土块等）。

配筋的加气混凝土条板，是一种结构层与保温层合为一体，承重和保温用同一材料制成的屋面板，一般只需在条板上先做找平层后，再做防水层。

在南方炎热地区，为了降低太阳辐射热对室内的影响，屋顶构造要采取降温隔热措施，一般采用通风层降温屋顶(图3-69)。

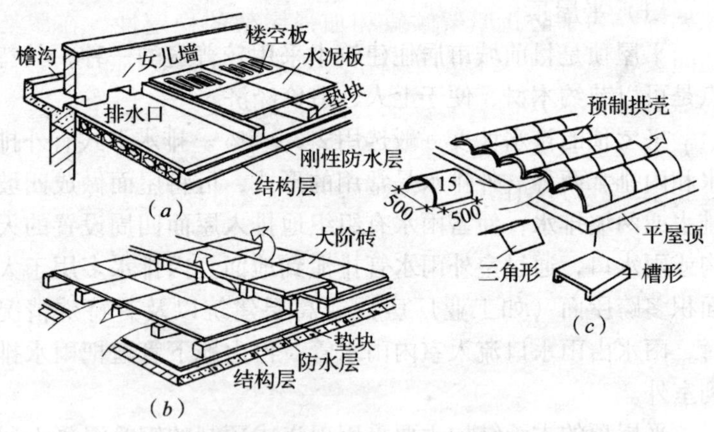

图3-69 通风层在结构层上面的构造

(a) 预制水泥板架空隔热层；(b) 大阶砖架空隔热层；(c) 预制拱壳等架空隔热屋

(2) 坡屋顶

坡屋顶系排水坡度较大的屋顶，由各类屋面防水材料覆盖，其形式有双坡顶、四坡顶等形式。

坡屋顶一般由承重结构和屋面两部分组成，有的还设有保温层、隔热层及顶棚。

坡屋顶的承重结构主要是承受屋面荷载，并把它传递到墙或柱。其支承结构系统大体可分为两类：一类为檩式；一类为椽式。我国自古以来，以檩式为主。檩式屋顶结构系统常用的有三种，即山墙支承（又叫硬山搁檩），它是利用横向山墙砌成尖顶形状直接搁置檩条以承载屋顶重量（图3-70*a*）；屋架支承，它是利用三角形屋架，来架设檩条以支承屋面荷载，通常屋架搁置在房屋的纵向外墙或柱墩上（图3-70*b*）。常用的三角形屋架有钢木组合屋架、钢筋混凝土屋架等。为了防止屋架倾斜和加强屋架的稳定性，在屋架之间设置支撑（又称剪刀撑）；梁架支承是我国传统屋顶的形式（图3-70*c*），它以柱、梁形成梁架支承檩条，并利用檩条及连系梁（枋）把整个房屋形成一个整体骨架，墙只起围护和分隔作用，不承重，所以这种结构有“墙倒屋不塌”之称。

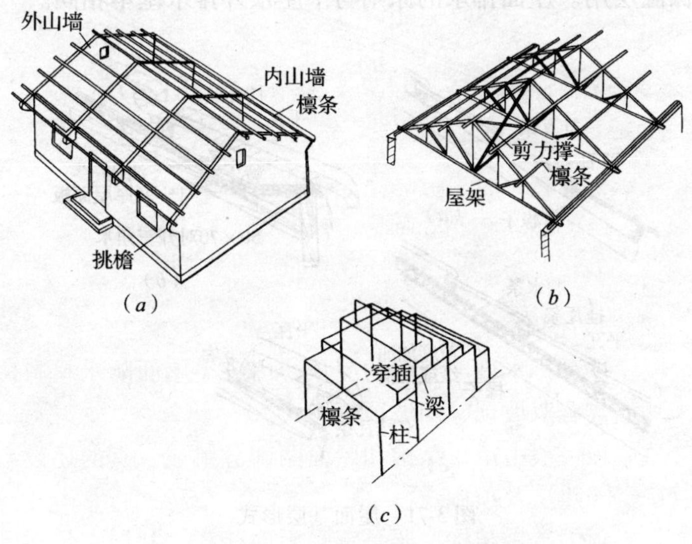

图3-70　屋顶支承形式

（*a*）山墙支承；（*b*）屋架支承；（*c*）梁架支承

坡屋顶的屋面是屋顶的覆盖层，它直接承受风雨、冰冻和太阳辐射等大自然气候的作用。它包括屋面盖料和基层（如挂瓦条、屋面板等）。

常用的屋面盖料为平瓦，又称机平瓦，粘土瓦、水泥瓦、硅酸盐瓦均属此类。常见的平瓦屋面有：冷滩瓦屋面（图 3-71*a*），是最简单的做法，即在椽子上钉排瓦条后直接挂瓦，这种做法简单经济，但雨雪易飘入；屋面板作基层的平瓦屋面（图 3-71*b*），这种做法是在檩条或椽子上钉屋面板，上铺一层油毡，钉顺水条后再钉排瓦条，然后挂瓦；芦席作基层的平瓦屋面，即用苇席、苇箔、荆笆或编织的高粱秆等代替屋面板，上铺油纸或油毡，或用麦秸泥直接挂瓦（图 3-71*c*），这种做法不仅可以节省屋面板、挂瓦条，还可作保温层用。屋面排水的原则与平屋顶外排水基本相同。

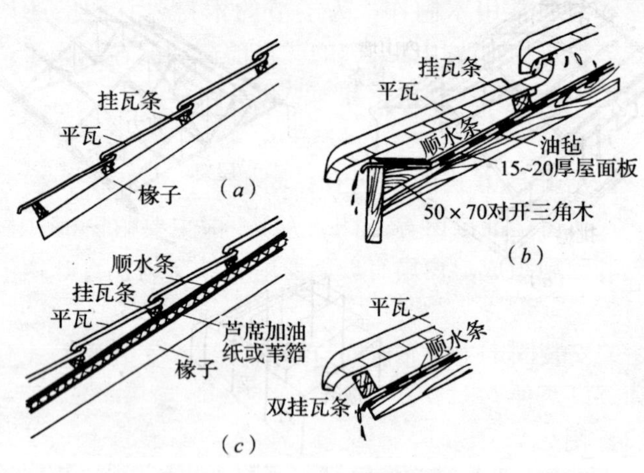

图 3-71　屋面基层形式

（*a*）冷滩瓦屋面；（*b*）屋面板基层屋面两种做法；（*c*）苇箔夹油纸基层屋面

坡屋顶的顶棚是屋顶下面的遮挡部分，又称天花、天棚。它使室内上部平整，增进室内的整洁美观，并有一定的保温隔热作用。平整的顶棚对室内光线的反射也有一定作用。

坡屋顶的保温层或隔热层是屋顶对气温变化的围护部分，一般设在屋面基层和顶棚层之间。保温方法主要采取铺设无机散状材料为膨胀蛭石、膨胀珍珠岩等；或地方材料如砻糠、海带草、麦秸、木屑等。隔热方法主要利用顶棚的空间通风，通风的进出口通常设在檐口、屋脊、山墙，也可在屋面开设通风气窗，俗称老虎窗。

6. 门窗

窗和门是房屋建筑围护构件的两个部件，起分隔、保温、隔声、防水及防火的不同作用。窗的主要功能是采光、通风等；门的主要功能是作交通，并兼作通风、采光之用。

窗和门通常用木制作，为了节约木材，有的已改用钢材，高级建筑物则改用铝合金的。目前窗和门在制作生产上已逐步走向标准化、规格化和商品化道路。

(1) 窗

窗根据开启方式的不同有：固定窗、平开窗、横式旋窗、立式转窗、推拉窗等（图3-72）。窗主要由窗框（又称窗樘）和窗扇组成。窗扇有玻璃窗扇、纱窗扇、百叶窗扇和板窗扇等。

窗的安装固定主要靠窗框与墙的联结。安装的方式分为立口和塞口两种。

(2) 门

门的开启形式主要由使用要求决定，通常有平开门、弹簧门、推拉门、折叠门、转门（图3-73）。较大空间活动的车间、车库和公共建筑的外门，还有上翻门、升降门、卷帘门等。

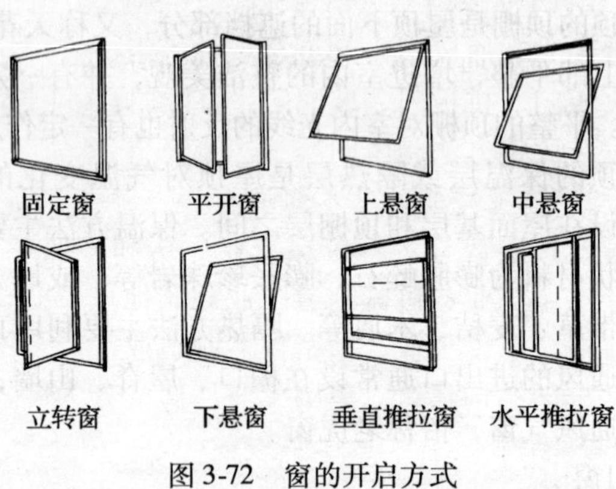

图 3-72　窗的开启方式

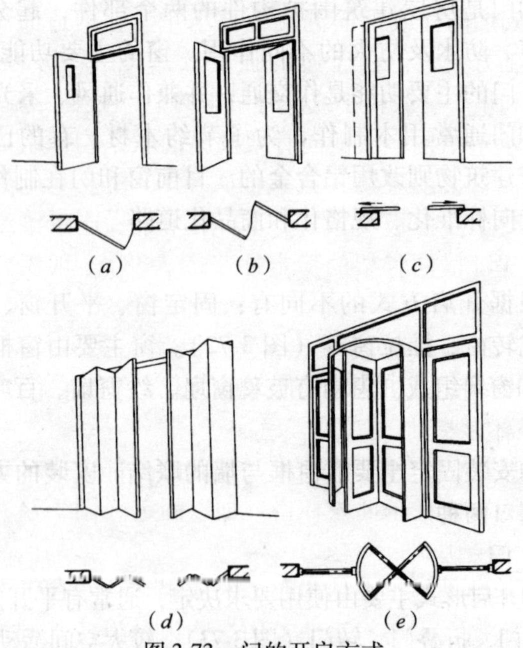

图 3-73　门的开启方式

(a) 平开门；(b) 弹簧门；(c) 推拉门；(d) 折叠门；(e) 转门

门主要由门框、门扇、亮子窗（又称腰头窗，在门上方，为辅助采光和通风用）和五金零件等组成。门扇通常有镶板门、夹板门、拼板门、玻璃门、百叶门和纱门等。

门的安装固定方法与窗同。

3.2.3.2 工业建筑的基本组成

工业建筑按层数分，有单层工业厂房和多层工业厂房。前者多用于冶金工业、机械制造工业和其他重工业；多层多用于食品工业、电子工业、精密仪器制造业等。多层工业建筑类似民用框架结构建筑。单层工业厂房又分为墙体承重和骨架承重两种结构。

墙承重结构：外墙采用有砖墩的砖墙承重，如果是多跨厂房，中间加砖柱或钢筋混凝土柱承重。它构造简单、造价经济、施工方便。但由于砖的强度低，只在厂房跨度不大、高度较低和吊车荷载较小或没有吊车的中、小型厂房中应用。

骨架承重结构：由横向骨架及纵向联系构件组成的承重体系。横向骨架由屋架（或屋面大梁）、柱及基础组成；纵向联系构件由屋面板（或檩条）、吊车梁、连系梁组成，它与柱连接保证横向骨架的稳定性（图3-38）。现仅介绍单层工业厂房的组成。

1. 基础

基础是承受柱和基础梁传来的荷载，并把它传给地基。

（1）杯形基础

它是常用的一种基础形式。基础的顶部做成杯口，以便预制钢筋混凝土柱子插入杯口，加以固定（图3-74）。

（2）薄壳基础

薄壳基础是近年来结构改革的成果之一。在工业厂房的柱下，在烟囱、水塔、水池等构筑物以及设备基础，都已不同程度地选用薄壳基础（图3-75）。

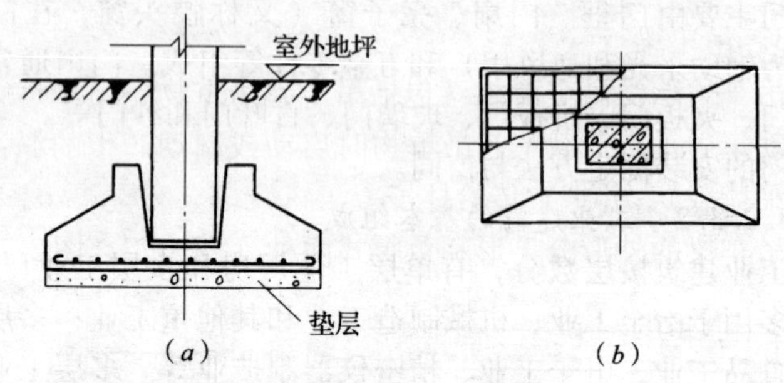

图 3-74　杯形基础

(*a*) 剖面；(*b*) 平面

2. 柱

它是骨架结构中最主要的构件，承受屋架、吊车梁、外墙等竖向荷载和风力等水平荷载，并将这些荷载传给基础。柱子按材料分，有钢柱、钢筋混凝土和砖柱，以钢筋混凝土柱采用最广泛。其截面一般有矩形和工字形两种（图 3-76）。

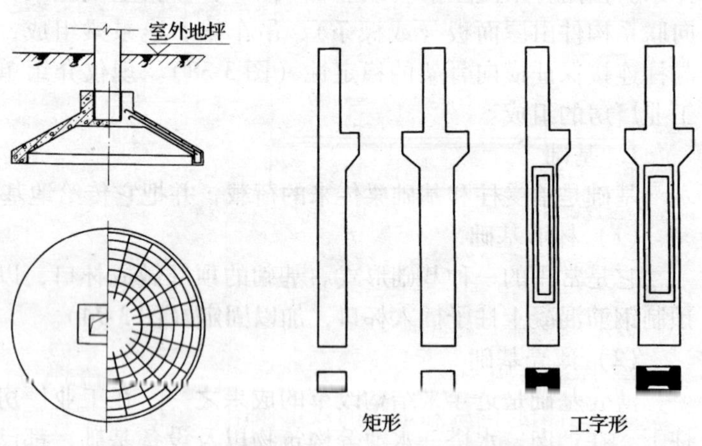

图 3-75　薄壳（正圆锥）基础　　图 3-76　柱子的形式

3. 吊车梁

吊车梁承受吊车荷载（包括吊车起吊重物、吊车运行时的移动集中垂直荷载、起吊重物时启动或制动产生的纵、横向水平荷载），并把它传给柱子。

吊车梁的外形分T形和鱼腹式两种（图3-77、图3-78）。

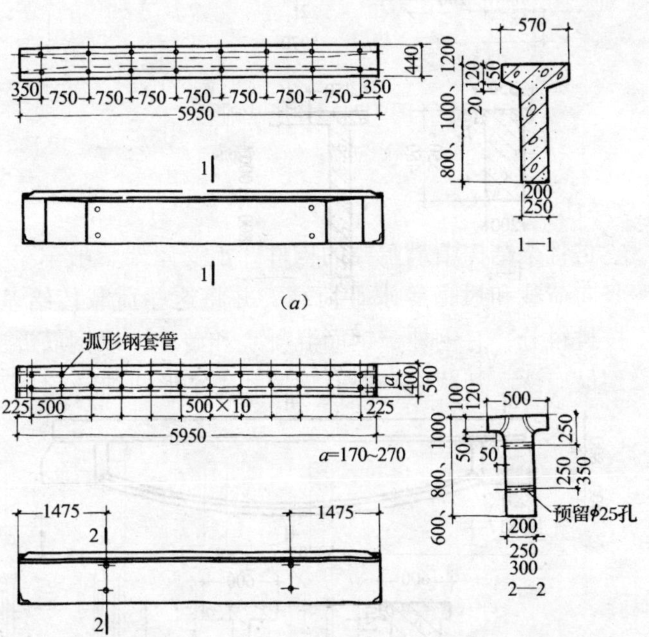

图3-77 T形吊车梁

（*a*）钢筋混凝土T形吊车梁；（*b*）预应力钢筋混凝土T形吊车梁

4. 屋盖结构

屋盖结构起围护和承重的双重作用，包括：

（1）屋架及屋面梁

承受屋盖上的全部荷载（包括屋面板、风荷载），有些厂房还有屋架悬挂荷载（如悬挂吊车、悬挂管道或设备），并把这些荷载传给柱子。

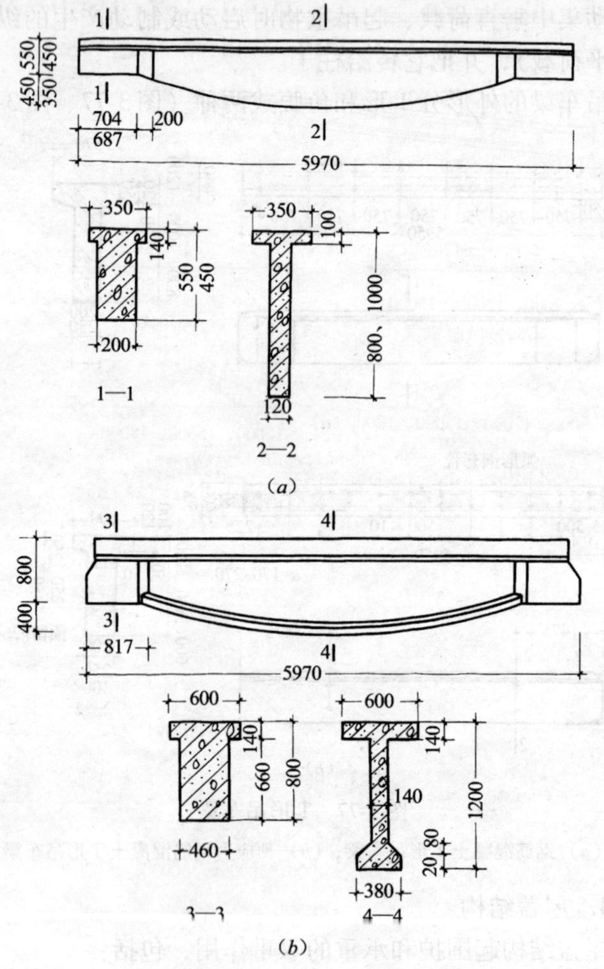

图 3-78 鱼腹式吊车梁

（*a*）非预应力钢筋混凝土鱼腹式吊车梁；（*b*）预应力钢筋混凝土鱼腹式吊车梁

屋面梁和屋架可按厂房的不同跨度选用（图 3-79）。

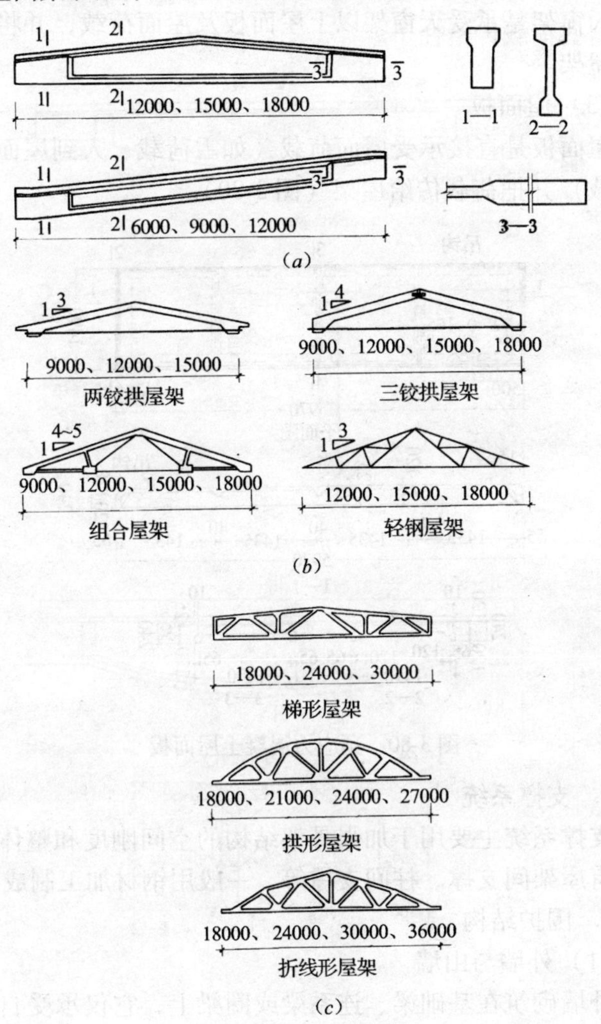

图 3-79　屋面梁及屋架

(a) 工字形薄腹屋面梁；(b) 三角形屋架；(c) 预应力混凝土屋架

(2) 天窗架

天窗架是承受天窗架以上屋面板及屋面荷载，并将荷载传给屋架。

(3) 屋面板

屋面板是直接承受屋面荷载（如雪荷载、人到屋面修理等荷载）并把荷载传给屋架（图3-80)。

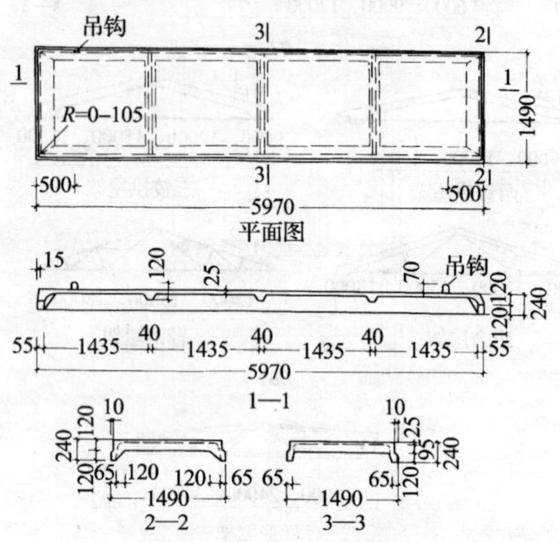

图3-80 预应力混凝土屋面板

5. 支撑系统

支撑系统主要用于加强骨架结构的空间刚度和整体稳定性。有屋架间支撑、柱间支撑等，一般用钢材加工制成。

6. 围护结构

(1) 外墙与山墙

外墙砌筑在基础梁、连系梁或圈梁上，它仅承受自重和风力影响，主要起围护作用。目前最常用的是砖墙。

山墙一般也采用自承重墙，因为厂房跨度和高度较大，为了保证山墙的稳定性，应相应设置抗风柱来承受水平风荷载。

（2）抗风柱

抗风柱主要承受山墙传来的风荷载，并把它传给屋盖和基础。图 3-81、图 3-82 为抗风柱的布置图和山墙抗风柱与屋架连接图。

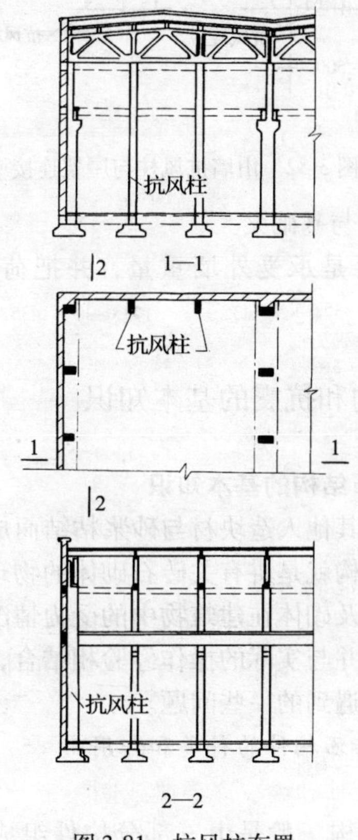

图 3-81　抗风柱布置

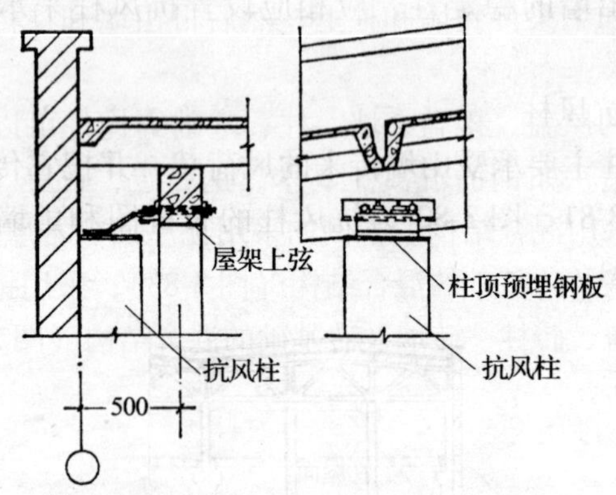

图 3-82　山墙抗风柱与屋架连接

（3）连系梁与基础梁

其作用主要是承受外墙重量，并把荷载传给柱子和基础。

3.3　砖石结构和抗震的基本知识

3.3.1　砖石结构的基本知识

由砖、石或其他人造块材与砂浆粘结而成的砌体称为砖石构件。砖石结构就是讲有关砖石砌体的物理力学性能，外力对砌体的影响及砌体在建筑物中的受力情况等的理论。知道一些理论知识并与实际的操作经验相结合，会有助于理解和处理在实践中遇到的一些问题。

3.3.1.1　*砖石构件的种类和作用*

1．种类

房屋建筑结构一般是由三部分构件组成，即屋盖和楼盖、墙和柱、基础。而屋盖和楼盖上的荷载，一般是通过楼板、次梁和主梁传到墙和柱上，然后再由墙和柱传到基础和地基上。

房屋的屋盖、楼盖、墙、柱、基础等构件可以采用各种材料来建造，如钢筋混凝土、木、钢、砖、石等。但是，许多房屋是采用混合结构的，例如采用瓦屋面、木屋架和屋盖、砖柱、砖墙及砖基础的混合结构（图 3-83）；采用钢筋混凝土屋盖和楼盖、砖柱、砖墙及砖基础的混合结构（图 3-84）。

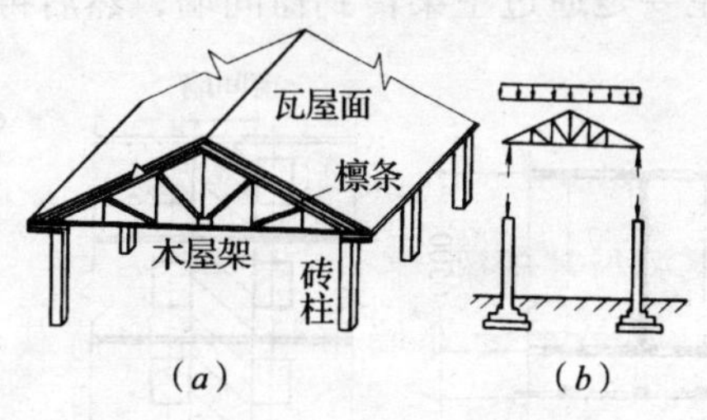

图 3-83

(*a*) 仓库部分示意；(*b*) 荷载示意

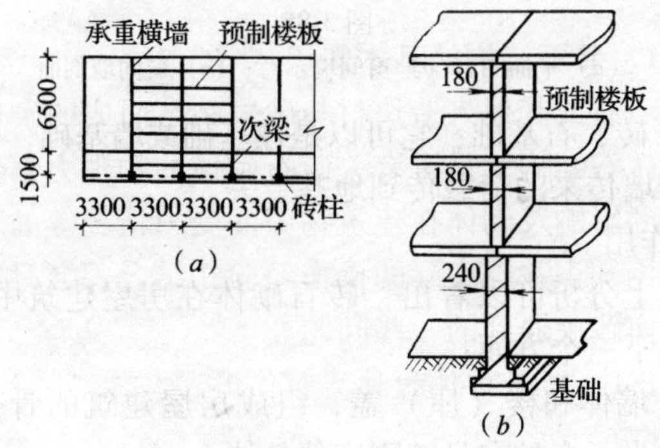

图 3-84

(*a*) 宿舍部分示意；(*b*) 承重横墙示意

从以上所述可以看出，在大多数混合结构房屋建筑中，除屋盖、楼盖外，房屋的砖石构件主要有：

（1）砖柱和砖墙：例如独立的砖柱、承重的内墙和外墙、窗间墙（图 3-85）等。它们的作用，主要是承受由屋盖和楼盖传来的荷载，并把荷载传递到基础上去。

一般来说，它们都是受压构件。

窗间墙，就是两个相邻窗洞之间的墙壁（图 3-85）。楼板的荷载，主要是通过主梁传到窗间墙，然后再传到基础。

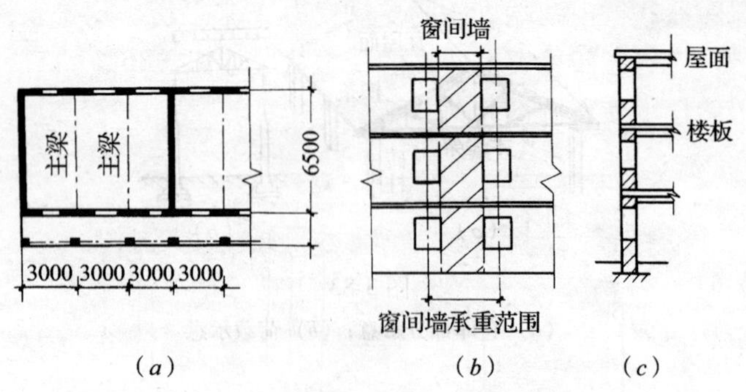

图 3-85

（*a*）平面图；（*b*）窗间墙示意；（*c*）窗间墙剖面

（2）砖、石基础：它可以是柱基础或墙基础，作用是把砖柱和砖墙传来的荷载传到地基上去。

2. 作用

从以上分析可以看出，砖石砌体在房屋建筑中的作用，主要有以下三个方面：

（1）墙体和楼（屋）盖，组成房屋建筑的骨架，使房屋建筑成为一个具有足够刚度的整体；

（2）墙体承受房屋建筑各层的重量，并把这些重量传到基础上；

（3）根据墙体所处的部位不同，可分为外墙、内墙、隔断墙等。它们除了起到承受和传递荷载的作用外，还分别起到保温、隔热、隔声等围护作用和分室、分户作用。

3.3.1.2　各种砖石构件的受力情况

房屋建筑的主要砖石构件的受力情况，一般有以下三种：

1. 受压构件

如图3-83，屋面荷载通过檩条传给木屋架，木屋架承受着屋面荷载，由两端支座的支座反力N来平衡。这个反力N反过来作用在砖柱上，砖柱的受力情况如图3-86（a）所示。这根砖柱承受着两部分荷载：

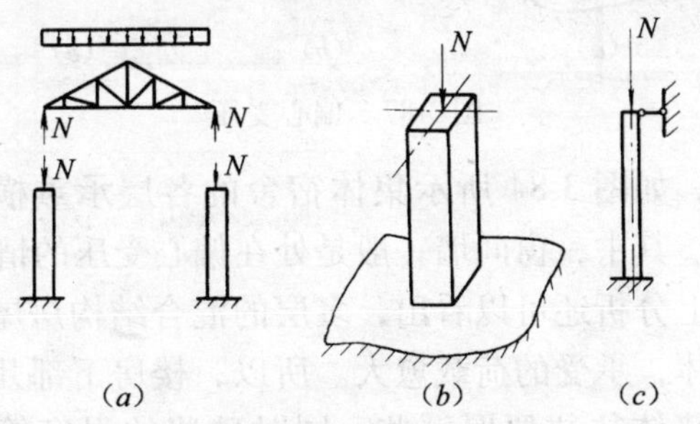

图3-86　砖柱的受力情况

（1）屋架的支承压力（支座反力）N；

（2）砖柱的自重。

这两个力都使砖柱受到压缩作用，称为压力。因此，砖柱是受压构件。

如果屋架支座的位置恰好在砖柱横截面的重心处，说明屋架的支座反力N，反过来也作用在砖柱横截面的重心，如图3-86（b）、（c）。这时，砖柱的荷载N和自重都通过砖柱横截面的重心，所以，称为轴心受压或中心受压。

如果屋架支座的位置不放在砖柱横截面的重心，而是有一个偏心距 e_0（图 3-87*a*、*b*）。由于有这个偏心距 e_0，N 的作用，对柱截面重心来说，除了纵向力 N 外，还相当于引起一个弯矩 M（$=Ne_0$），如图 3-87（*c*）所示。这称为偏心受压。

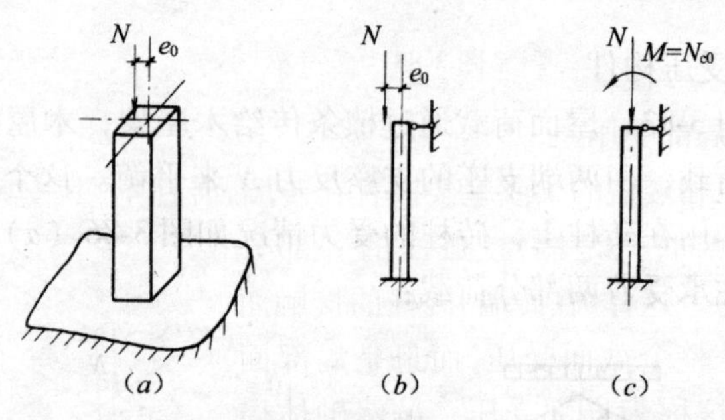

图 3-87　偏心受压

同理，如图 3-84 所示集体宿舍的各层承重横墙，也是受压构件。其中，窗间墙一般是处在偏心受压的情况。

从以上分析还可以看出，多层的混合结构房屋，愈靠近底层的墙体，承受的荷载愈大。所以，楼房下部几层的墙体比上部的墙体往往要厚一些，同时砂浆的强度等级也要高一些。

2. 受弯构件的门窗砖过梁

在砖石房屋建筑中，墙上往往开有一些门，窗洞口，在门窗洞口上面，常常砌有一定高度的墙砌体，如图 3-88（*a*）所示。这部分砖墙砌体称为砖过梁，它的作用如一根梁一样（图 3-88*b*），它承受着楼板传来的荷载和砖过梁砌体本身自重。在这样荷载作用下，砖过梁将产生弯矩 M 及剪力 V，所以，要按受弯构件考虑。

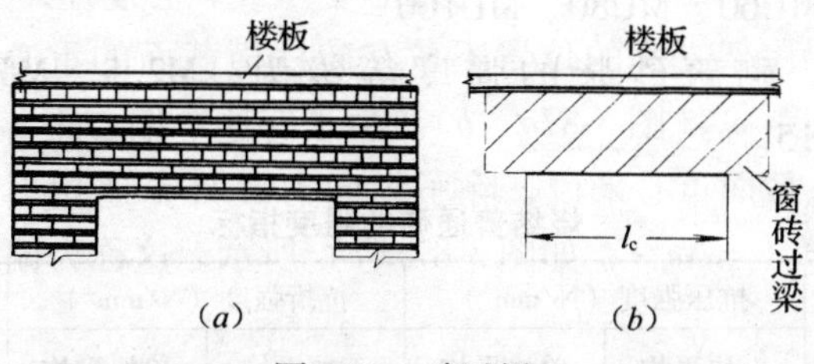

图 3-88　砖过梁

3．局部受压

屋盖和楼盖的梁或屋架搁置在砖墙,砖柱上,其支座与墙、柱的接触面,只是墙、柱截面的一部分(图 3-89)。这样,在砖墙、砖柱的接触面处就不是整个截面受压,而只是局部面积受压,这称为局部受压。虽然砌体局部抗压强度比一般抗压强度提高了不少,但是,由于受压面积(即局部面积)小了许多,因此,有可能使砖砌体开裂破坏,必须采取措施加以防止。

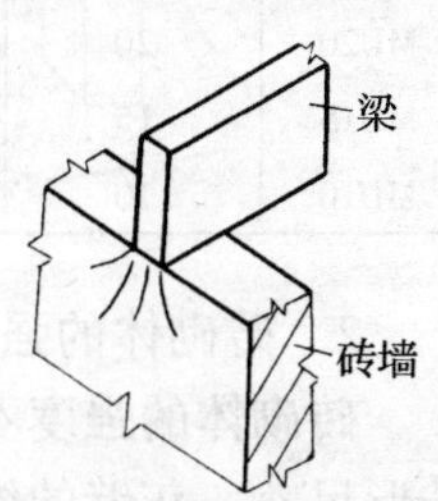

图 3-89　局部受压

3.3.1.3　*砌筑材料和砌体强度*

1．砌筑材料的种类，强度等级

（1）烧结普通砖、烧结多孔砖等的强度等级为：MU10、MU15、MU20、MU25、MU30 几种，烧结普通砖的强度应符合表 3-6 的规定。

（2）蒸压灰砂砖、蒸压粉煤灰砖的强度等级为：MU10、MU15、MU20、和 MU25。

（3）砌块的强度等级为：MU5、MU7.5、MU10、MU15、MU20 几种。

（4）砌筑用石材的强度等级为：MU20、MU30、MU40、

MU50、MU60、MU80、MU100。

（5）砌筑砂浆的强度等级为：M2.5、M5、M7.5、M10、M15。

烧结普通砖的强度指标 表3-6

砖的强度等级	抗压强度（N/mm²）		抗折强度（N/mm²）		备 注
	五块平均值不小于	单块平均值不小于	五块平均值不小于	单块平均值不小于	
MU30	30	21	6.0	3.9	在四项指标中有一项达不到者，应降级使用
MU25	25	18	5.0	3.3	
MU20	20	14	4	2.6	
MU15	15	10	3.1	2	
MU10	10	6	2.3	1.3	

2. 砖砌体的强度

砖砌体的强度不仅决定了砂浆的强度等级，而且与砖的外形尺寸、灰缝的饱满程度以及灰缝的厚度等有关。砖的强度越高，其砌体强度也越高，但二者不是成比例的增加。这是因为在砌体中，砂浆层不能铺设得非常均匀、饱满，密实的砖与砂浆材料的变形模量不同而造成。所以，灰缝的砂浆如不饱满，不仅影响砌体的抗压强度，而且也影响砌体的抗拉和抗剪强度。砖砌体的抗压强度设计值，见表3-7。

烧结普通砖和烧绪多孔砖砌体的抗压强度设计值（MPa）

表3-7

砖强度等级	砂浆强度等级					砂浆强度
	M15	M10	M7.5	M5	M2.5	0
MU30	3.94	3.27	2.93	2.59	2.26	1.15
MU25	3.60	2.98	2.68	2.37	2.06	1.05

续表

砖强度等级	砂浆强度等级					砂浆强度
	M15	M10	M7.5	M5	M2.5	0
MU20	3.22	2.67	2.39	2.12	1.84	0.94
MU15	2.79	2.31	2.07	1.83	1.60	0.82
MU10	—	1.89	1.69	1.50	1.30	0.67

注：引自《砌体结构设计规范》GB 50003—2001。

3.3.1.4 砌体的抗压、抗拉、抗剪

1. 砖砌体的抗压强度

砖砌体的抗压能力以“抗压强度”表示。抗压强度是指砌体水平截面单位面积上所能承受的最大压力，用 N/mm^2 表示。

砖砌体抗压强度的试验方法是：用一定强度等级的砖和一定强度等级的砂浆砌成砖柱体试件（图 3-90）。普通砖砌体试件的尺寸应采用 240mm × 370mm × 720mm（厚度 × 宽度 × 高度），非普通砖砌体抗压试件的截面尺寸可稍作调整，高度应按高厚比 β 等于 3 确定。试件厚度和宽度的制作允许误差为 ± 5mm。砖在砌筑前要适当浇水湿润，在铁垫板上铺 1cm 厚砂浆砌筑，砖层应上下错缝，满铺满挤，灰缝厚 1cm，砌完后将试件顶面用水泥砂浆抹平。然后将试件放在温度为 20 ± 3℃ 的室内条件下养护 28d，到期后及时在压力机上进行轴心抗压试验。在砌筑试件的同时，每组试件应至少做一组砂浆试块，并与砌体试件在相同条件下养护，以测定砂浆的实际强度。

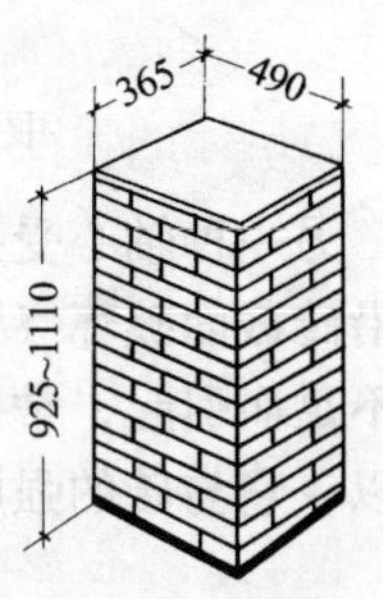

图 3-90 砖柱体试件

2．轴心抗拉强度

当一段砖砌墙体两端受到拉力，在墙体受拉断裂时，墙体受拉截面内单位面积上所承受的拉力，称为砌体的轴心抗拉强度。

凡砌体轴心受拉沿竖向和水平灰缝成锯齿形（或阶梯形）破坏时，称为砌体沿齿缝截面破坏（图3-91）。这种形式的破坏，是由于砖与砂浆之间粘结强度不足和砂浆层本身强度不足造成的。所以，沿齿缝截面破坏的轴心抗拉强度，并非由于砖的强度不足所引起，而是与砂浆的强度有着直接关系。

图3-91　砌体沿齿缝截面破坏

另一种轴心受拉破坏是沿竖向灰缝和砖体本身断裂，称为沿砖截面破坏（图3-92）。其原因是由于砖本身的抗拉强度不足而引起，常发生于砖的强度低于砂浆强度的情况下，所以，它与砖的强度有直接关系。

图3-92　砌体沿砖截面破坏

3．弯曲抗拉强度

墙体受弯，则在一侧墙体内产生水平方向的拉应力（单位面积上所受到的拉力），另一侧墙体内产生水平方向的压应力（图 3-93*a*）。产生水平拉应力的这部分墙体所能承受的最大拉应力，叫砌体的弯曲抗拉强度。砌体弯曲受拉破坏时，一种是沿齿缝截面破坏，称沿齿缝截面破坏的弯曲抗拉强度，其破坏原因与砌体轴心受拉沿齿缝截面破坏的原因相同，所以抗拉强度与砂浆强度有直接关系；另一种是沿竖向灰缝和砖体本身破坏，称为沿砖体截面破坏的弯曲抗拉强度，其破坏原因是由于砖的抗拉强度不足所引起的，因此这种破坏与砖的强度有直接关系。

一个砖柱纵向受到弯曲力（图 3-93*b*），则在柱横截面内的一部分产生拉应力，另一部分产生压应力。当拉应力超过砖与砂浆之间的粘结强度时，砖柱就会沿水平灰缝断裂。这种砖砌体的受拉破坏形式，叫作弯曲受拉沿通缝截面破坏，它的破坏强度称作沿通缝破坏的弯曲抗拉强度。如果砖柱的砂浆强度高于砖的强度时，也可能由砖本身破坏，而灰缝完好，这种破坏形式称为弯曲受拉沿砖体截面破坏，它的抗拉强度叫做沿砖体截面破坏的弯曲抗拉强度。

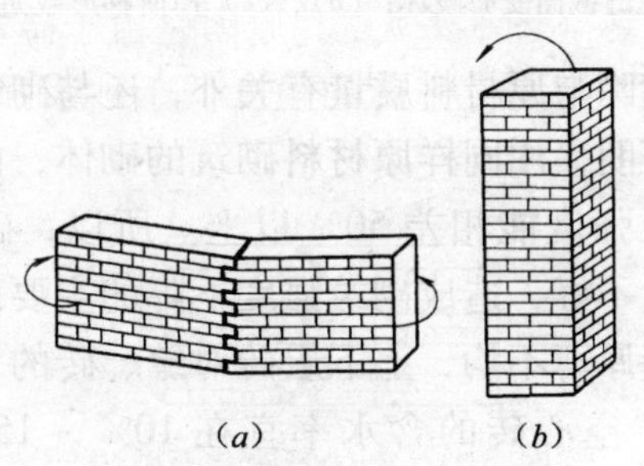

图 3-93　砌体的弯曲抗拉强度

（*a*）沿齿缝拉裂破坏；（*b*）沿通缝拉裂破坏

4. 抗剪强度

砖砌体受剪的破坏特征，根据试验结果，按砌体的受剪情况可分为沿灰缝成阶梯破坏和沿通缝截面破坏（图3-94）。沿通缝截面的剪切破坏，是由于砖与砂浆之间的切向粘结力不足所引起的，所以沿通缝破坏的抗剪强度与砂浆的强度有直接关系，而不是因砖的强度不足所引起的。另外，沿砌体阶梯形截面的剪切破坏，可以看作是水平灰缝抗剪强度与竖向灰缝抗剪强度之和不足而引起的，但砌体竖向灰缝的砂浆一般不够饱满，所以竖向灰缝的抗剪强度很低，可以忽略不予考虑。这样，沿阶梯形截面破坏的抗剪强度也与砂浆的强度有直接关系，而不是由于砖的强度不足所造成的。

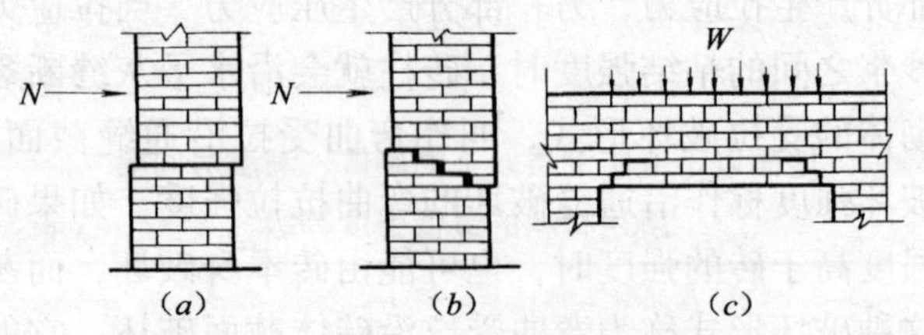

图3-94　砌体的受剪情况

（*a*）沿通缝截面受剪破坏；（*b*）、（*c*）沿阶梯形截面受剪破坏

砌体强度除与原材料质量有关外，还与砌筑质量有很大关系。实践证明，用同样原材料砌筑的砌体，由于砌筑质量的好坏，抗压强度能相差50%以上。所以，砌筑质量很重要。砌筑质量不好，造成砌筑强度下降的主要原因有：灰浆不饱满、灰缝厚薄不均、上下层砖对缝、砖的含水量不合要求（普通砖、空心砖的含水率宜在10%～15%，灰砂砖、粉煤灰砖的含水率宜为5%～8%）、墙面不垂直和墙面不平整、砸墙等。

3.3.1.5　砖混结构设计及构造的规定和要求

1．一般荷载作用下砌体构造要求

（1）6 层及 6 层以上房屋的外墙、潮湿房间的墙，以及受振动或高度大于 6m 的墙、柱所用材料的最低强度等级，应符合下列要求：

砖：MU10；

砌块：MU5；

石材：MU20；

砂浆：M2. 5。

（2）在室内地面以下，室外散水坡顶面以上的砌体内，应设防潮层，勒脚应抹水泥砂浆。

地面以下或防潮层以下的砌体，所用材料的最低强度等级应符合表 3-8 的要求。

地面以下或防潮层以下的砌体、潮湿房间墙所用材料的最低强度等级　　表 3-8

基土的潮湿程度	烧结普通砖、蒸压灰砂砖		混凝土砌块	石材	水泥砂浆
	严寒地区	一般地区			
稍潮湿的	MU10	MU10	MU7. 5	MU30	M5
很潮湿的	MU15	MU10	MU7. 5	MU30	MU7. 5
含水饱和的	MU20	MU15	MU10	MU40	MU10

注：1. 在冻胀地区，地面以下或防潮层以下的砌体，不宜采用多孔砖，如采用时，其孔洞应用水泥砂浆灌实。当采用混凝土砌块砌体时，其孔洞应采用强度等级不低于 Cb20 的混凝土灌实；

2. 对安全等级为一级或设计使用年限大于 50 年的房屋，表中材料强度等级应至少提高一级。

3. 引自《砌体结构设计规范》GB 50003—2001。

（3）承重的独立砖柱，截面积尺寸不应小于 240mm × 370mm。

毛石墙的厚度，不宜小于 350mm，毛石柱截面较小边长不宜小于400mm。

当有振动荷载时，墙、柱不宜采用毛石砌体。

（4）空斗墙的下列部位，宜采用斗砖式眠砖实砌：

1）纵横墙交接处，其实砌宽度距墙中心线每边不小于370mm；

2）室内地面以下及地面以上高度为180mm的砌体；

3）搁栅、檩条和钢筋混凝土楼板等构件的支承面下，高度为120～180mm的通长砌体，所用砂浆不应低于M2.5；

4）屋架、大梁等构件的垫块底面以下，高度为240～360mm，长度不小于740mm的砌体，所用砂浆不应低于M2.5，见图3-95。

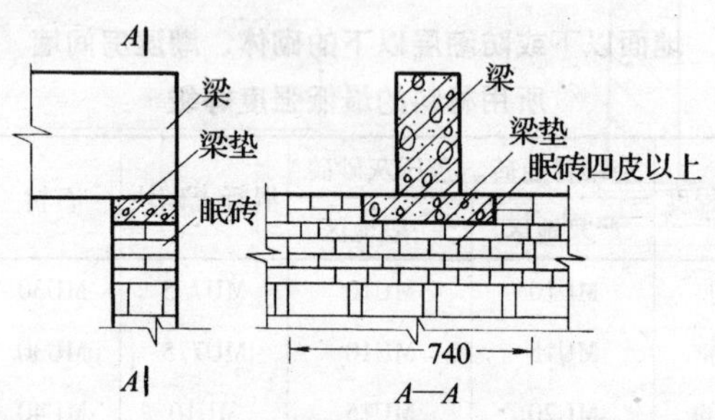

图3-95　梁垫

（5）跨度大于6m的屋架和跨度大于下列数值的梁，其支承面下的砌体应设置混凝土或钢筋混凝土垫块（图3-95），当墙中设有圈梁时，垫块与圈梁宜浇成整体。

1）对砖砌体为4.8m；

2）对砌块和料石砌体为4.2m；

3）对毛石砌体为3.9m。

（6）对厚度小于或等于240mm的墙，当大梁跨度大于或等于下列数值时，其支承处宜加设壁柱，或采取其他加强措施：

1）对砖墙为6m；

2）对砌块和料石墙为4.8m。

（7）预制钢筋混凝土板的支承长度，在墙上不宜小于100mm；在钢筋混凝土圈梁上不宜小于80mm。

支承在墙、柱上的吊车梁、屋架及跨度大于或等于下列数值的预制梁的端部，应采用锚固件与墙、柱上的垫块锚固（图3-96、图3-97）。

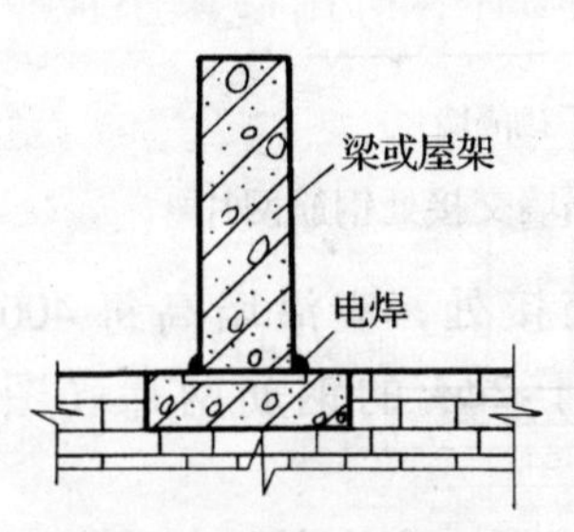

图3-96　墙顶垫块锚固

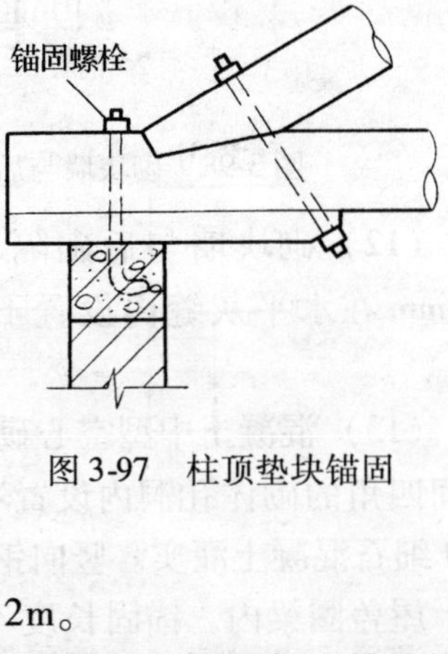

图3-97　柱顶垫块锚固

1）对砖砌体为9m；

2）对砌块和料石砌体为7.2m。

（8）骨架房屋的填充墙，应分别采用拉结条或其他措施与骨架的柱和横梁连接。

（9）山墙外的壁柱宜砌至山墙顶部。风压较大的地区，檩条应与山墙锚固，屋盖不宜挑出山墙。

（10）砌块的两侧宜设置灌缝槽，当无灌缝槽时，墙体应采用两面粉刷。

（11）砌块砌体应分皮错缝搭砌。中型砌块上下皮搭砌长度不得小于砌块高度的1/3，且不应小于150mm，小型空心砌块上下皮搭砌长度，不得小于90mm。

当搭砌长度不满足上述要求时，应在水平缝内设置不小于2ϕ4 的钢筋网片，网片每端均应超过该垂直缝，其长度不得小于300mm（图 3-98）。

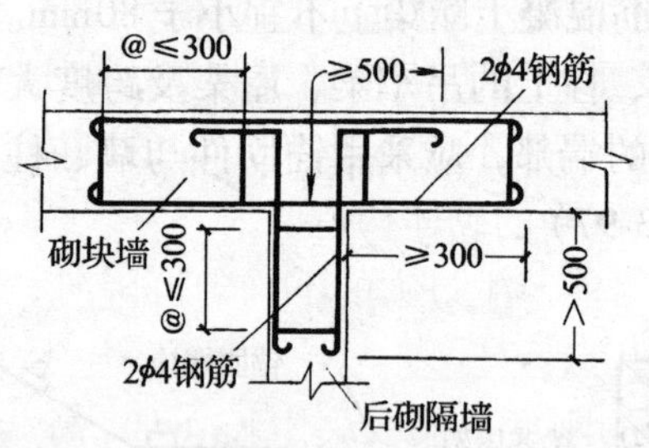

图 3-98　砌块墙与后砌隔墙交接处钢筋网片

（12）砌块墙与后砌隔墙交接处，应沿墙高每 400 ~ 800mm 在水平灰缝内设置不小于 2ϕ4 的钢筋网片（图 3-98）。

（13）混凝土中型空心砌块房屋，宜在外墙转角处、楼梯间四角的砌体孔洞内设置不少于 1ϕ12 的竖向钢筋，并用 C20 细石混凝土灌实。竖向钢筋应贯通墙高并锚固于基础和楼、屋盖圈梁内，锚固长度不得小于 30 倍的钢筋直径。钢筋接头应绑扎或焊接，绑扎接头搭接长度不得小于 35 倍的钢筋直径。

混凝土小型空心砌块房屋，宜将上述部位纵横墙交接处，距墙中心线每边不小于 300mm 范围的孔洞，采用不低于砌块材料强度等级的混凝土灌实，灌实高度应为全部墙身高度。

（14）混凝土小型空心砌块墙体的下列部位，如未设圈梁或混凝土垫块，应采用不低于砌块材料强度等级的混凝土将孔洞灌实：

1）搁栅、檩条和钢筋混凝土楼板的支承面下，高度不应小于200mm的砌体；

2）屋架、大梁等构件的支承面下，高度不应小于400mm、长度不应小于600mm的砌体；

3）挑梁支承面下，纵横墙交接处，距墙中心线每边不应小于300mm，高度不应小于400mm的砌体。

2. 不均匀沉降的砌体构造要求

当房屋有可能产生过大的不均匀沉降时，对于墙体的构造要求有以下几点：

（1）墙体的刚度一般取决于长（L）高（H）比，因此房屋的长高比不宜过大。当房屋砌筑在软弱地基上，且预估沉降量较大（如大于12cm左右）时，长高比宜小于或等于2.5。当为一般地基时，长高比可适当放大。

（2）在软弱地基上，房屋的平面形状应力求简单。对无高度差异（或无荷载差异）的一、二层房屋，其平面形状一般不受限制；三层或三层以上房屋的体型较复杂时，宜用沉降缝将其划分为若干平面形状规则且刚度较好的单元。

（3）在软弱地基上，房屋高差不宜过大。对空间刚度较好的房屋，其紧接部分的高差不宜超过一层，超过一层时，宜用沉降缝将其分开。在体型较小的高层房屋旁边附有较小的单独结构（如门厅）时，在它们之间应设置沉降缝。

（4）相邻两个房屋的高差（或荷载相差）较大时，其间隔距离（基础外皮到基础外皮，如图3-99所示）宜按表3-9的数值使用。

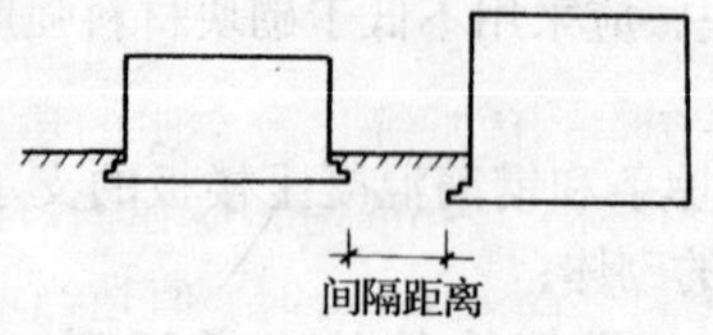

图 3-99　房屋基础相邻间距确定示意

相邻房屋的间隔距离参考（m）　　表 3-9

影响房屋的预估平均沉降量（cm）	被影响房屋的长高比	
	$2 \leqslant \frac{L}{H} < 3$	$3 \leqslant \frac{L}{H} < 5$
7～15	2～3	3～6
16～25	3～6	6～9
26～40	6～9	9～12
>40	9～12	≥12

注：1. 相邻房屋之一采用长桩时，不受此限制；影响房屋预估平均沉降量 <7cm 时，不受此限制；被影响房屋长高比 $\frac{L}{H} \leqslant 1.5$ 时，不受限制。

2. 当被影响房屋的长高比 $1.5 < \frac{L}{H} < 2.0$ 时，间距可适当缩小。

（5）墙体内应设置圈梁或钢筋砖圈梁。

圈梁俗称腰箍，是沿外墙四周及部分内横墙设置的连续封闭的梁。其作用是可以提高建筑物的整体性和空间刚度，增强墙体的稳定性，防止由于地基不均匀而引起的墙身开裂。在抗震设防地区，利用圈梁加固墙身更为必要。圈梁以设置在基础顶面和檐口部位对抵抗不均匀沉降作用最为显著。当房屋中部沉降较大时，则位于基础顶面的圈梁作用大；当房屋两头沉降较大时，则位于檐口部位的圈梁作用大。

在一般情况下，工业与民用房屋可按下列要求设置圈梁：

1）车间、仓库、食堂等比较空旷的单层房屋，当墙厚$h \leqslant 240mm$，檐口标高5～8m时，应在檐口或窗口顶部设置圈梁一道；当檐口标高大于8m时，宜适当增设圈梁。

2）砌块或石砌体房屋，檐口标高为4～5m时，应设圈梁一道，当檐口标高大于5m时，宜适当增设。

3）对有电动桥式吊车或较大振动设备的单层工业房屋，除在檐口或窗顶设置钢筋混凝土圈梁外，尚宜在吊车梁标高处或墙中适当位置增设一道圈梁。

4）对宿舍、办公楼等多层砖砌体民用房屋，当墙厚$h \leqslant 24cm$且层数为3～4层时，宜在檐口标高处设圈梁一道；当超过4层时，可适当增设。

5）对多层工业房屋，圈梁可隔层设置；对有较大振动设备的多层房屋，宜每层设置钢筋混凝土圈梁。

6）多层砌块和料石砌体房屋，宜按下列规定设置钢筋混凝土圈梁。

a. 对外墙及内纵墙、屋盖处应设置圈梁，楼盖处宜隔层设置。

b. 对横墙、屋盖处应设置圈梁，楼盖处宜隔层设置，水平间距不宜大于15m。

c. 对有较大振动设备，或承重墙厚度$h \leqslant 180mm$的多层房屋，宜每层设置圈梁。

d. 屋盖处圈梁宜现浇，预制圈梁安装时应坐浆，并应保证接头可靠。

7）建筑在软弱地基或不均匀地基上的砌体房屋，除按上述规定设置圈梁外，尚应符合国家现行《建筑地基基础设计规范》的有关规定。

8）设置圈梁尚应符合下列构造要求：

a. 圈梁宜连续地设在同一水平面上，并形成封闭状；当圈梁被门窗洞口截断时，应在洞口上部增设相同截面的附加圈梁。附加圈梁与圈梁的搭接长度不应小于 $2h$，且不得小于1m（图3-100）。

b. 钢筋混凝土圈梁的宽度宜与墙厚相同，当墙厚 $h \geqslant$ 240mm时，其宽度不宜小于 $2h/3$。圈梁高度不应小于120mm。纵向钢筋不宜少于 $4\phi8$，绑扎接头的搭接长度按受拉钢筋考虑，箍筋间距不宜大于300mm。

c. 钢筋砖圈梁应采用不低于M5的砂浆砌筑，圈梁高度为4～6皮砖。纵向钢筋不宜少于 $6\phi6$，水平间距不宜大于120mm，分上下两层设在圈梁顶部和底部的水平灰缝内，如图3-101所示。钢筋砖圈梁不需支模和浇混凝土，施工方便，但钢筋不易平直，因此质量较差，砌砖时需特别注意。

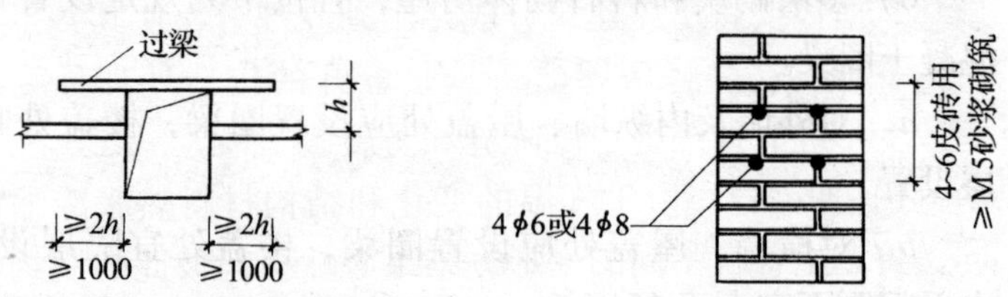

图3-100　附加圈梁和圈梁搭接长度　　图3-101　钢筋砖圈梁示意图

d. 圈梁兼作过梁时，过梁部分的钢筋应按计算用量增加配置。

e. 抗震设防地区，圈梁的设置及圈梁内钢筋的连接尚应符合抗震构造要求。

（6）当墙体的门、窗、设备洞口面积过大影响墙体承载能力时，应在墙体内适当配筋（按网状配筋砌体计算），或在洞口周边采用钢筋混凝土边框加强。多层房屋底层如窗口过大,窗台墙容易产生反向弯曲,其局部因砌体弯曲抗拉强度不足而出现裂缝(一般上宽下窄),这时可在窗口附近的墙体中配置适量钢筋,以防止这种裂缝的产生和扩展,如图 3-102 所示。

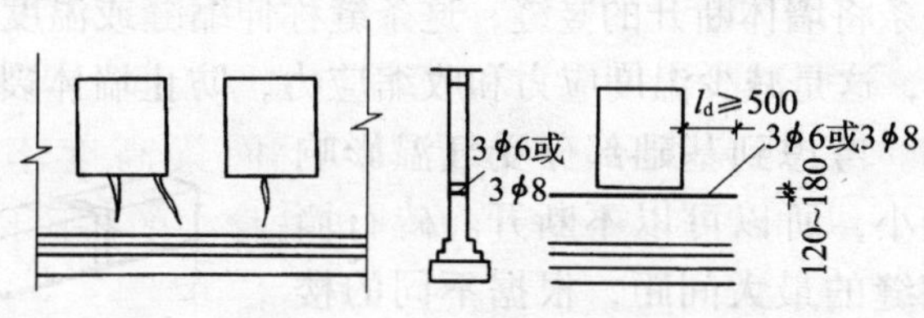

图 3-102　洞口的加强处理

(7) 变形缝的设置方法和构造要求。为了避免由于房屋建筑的长度过长而受到气温变化造成砌体热胀冷缩的影响;因各部分荷载不同及地基承载能力不均的影响;在地震区地震对房屋建筑的影响等因素,致使建筑构件内部发生裂缝和破坏,所以要将房屋建筑分成几个独立部分,使其各部分能自由变形。这种将房屋建筑垂直分开的构造处理称为变形缝。变形缝有伸缩缝、沉降缝和防震缝三种。

1) 伸缩缝:由于气温的变化和结构材料热胀冷缩的不同,将产生各自不同的变形,结果必然引起彼此的制约作用而产生应力,导致墙体出现裂缝。当一栋很长的建筑物,由于未设置伸缩缝,温度变形往往造成砖墙开裂(图 3-103a)。

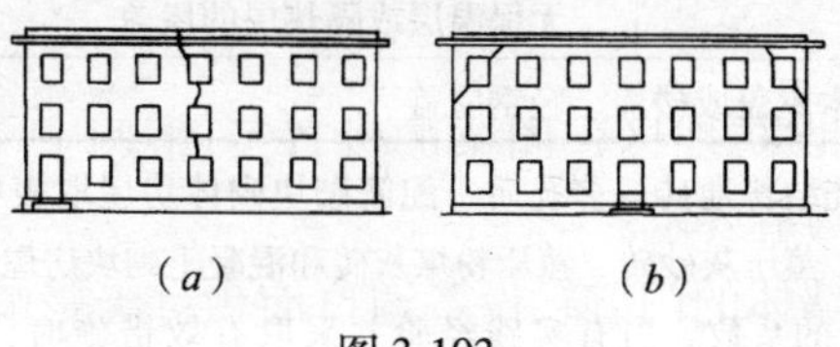

(a)　　(b)

图 3-103

由于屋顶板未设隔热层，夏季因日晒温度剧增，屋顶板产生较大的膨胀变形，顶板的两端因变形所产生的位移最大，造成端部墙身向外推移，侧面外墙受拉开裂（图3-103*b*）。为了预防出现这种情况，需沿房屋长度的适当位置，设置一条将墙体断开的竖缝，这条缝称伸缩缝或温度缝（图3-104），这是减少温度应力和收缩应力，防止墙体裂缝的有效措施。考虑到基础部分受气温影响变化较小，所以可以不断开。砖石墙体伸缩缝的最大间距，根据不同的楼（屋）盖情况，伸缩缝的间距，参见表3-10。为保证外墙上伸缩缝两侧自由伸缩，并防止风雨对室内的侵袭，缝隙要用沥青麻丝嵌塞，内外墙立面应做必要的处理（图3-105）。

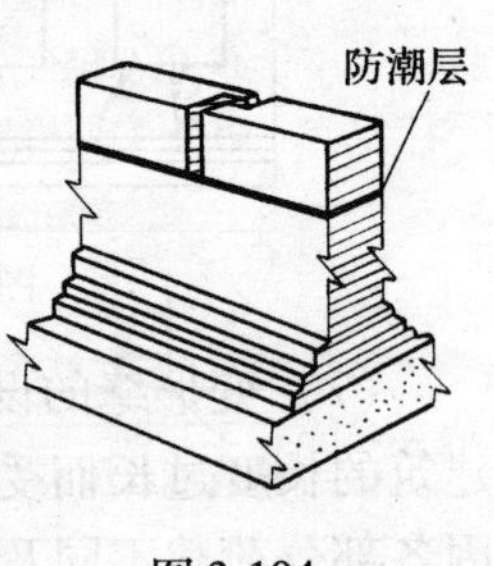

图3-104

砌体房屋伸缩缝的最大间距 **表3-10**

屋盖或楼盖类别		间距（m）
整体式或装配整体式钢筋混凝土结构	有保温层或隔热层的屋盖、楼盖	50
	无保温层或隔热层的屋盖	40
装配式无檩体系钢筋混凝土结构	有保温层或隔热层的屋盖、楼盖	60
	无保温层或隔热层的屋盖	50
装配式有檩体系钢筋混凝土结构	有保温层或隔热层的屋盖	75
	无保温层或隔热层的屋盖	60
瓦材屋盖、木屋盖或楼盖、轻钢屋盖		100

注：1. 对烧结普通砖、多孔砖、配筋砌块砌体房屋取表中数值；对石砌体、蒸压灰砂砖、蒸压粉煤灰砖和混凝土砌块房屋取表中数值乘以0.8的系数。当有实践经验并采取有效措施时，可不遵守本表规定；

2. 在钢筋混凝土屋面上挂瓦的屋盖应按钢筋混凝土屋盖采用；

3. 按本表设置的墙体伸缩缝，一般不能同时防止由于钢筋混凝土屋盖的温度变形和砌体干缩变形引起的墙体局部裂缝；

4. 层高大于5m的烧结普通砖、多孔砖、配筋砌块砌体结构单层房屋，其伸缩缝间距可按表中数值乘以1.3；

5. 温差较大且变化频繁地区和严寒地区不采暖的房屋及构筑物墙体的伸缩缝的最大间距，应按表中数值予以适当减小；

6. 墙体的伸缩缝应与结构的其他变形缝相重合，在进行立面处理时，必须保证缝隙的伸缩作用。

7. 引自《砌体结构设计规范》GB 50003—2001。

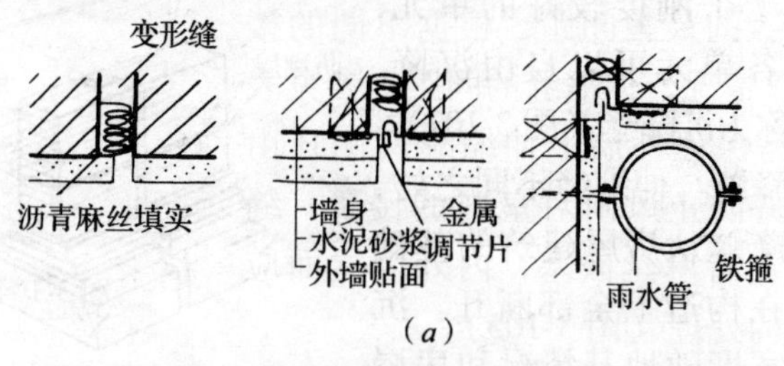

（*a*）

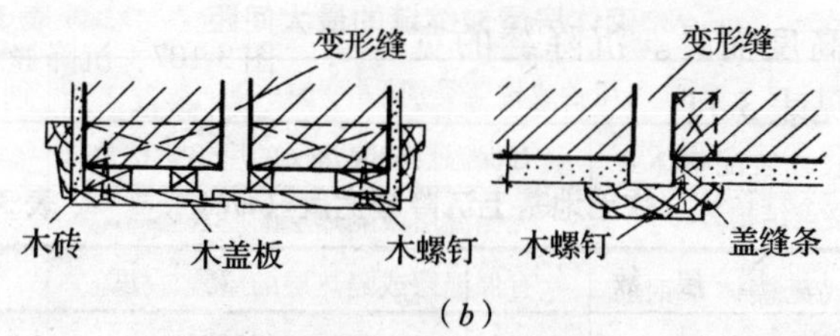

（*b*）

图3-105　变形缝处理

（*a*）外墙变形缝处理；（*b*）内墙变形缝处理

2）沉降缝：当房屋建筑建造在土层性质不同的地基上，或因房屋建筑相邻部分的高度、荷载和结构形式差别较大时，建筑平面的转折部位，分期建造房屋的交界处，房屋建筑会出现不均匀的沉降，易使某些薄弱部位发生错动开裂（图3-106）。为此在房屋建筑适当位置设置垂直缝隙，把房屋建筑划

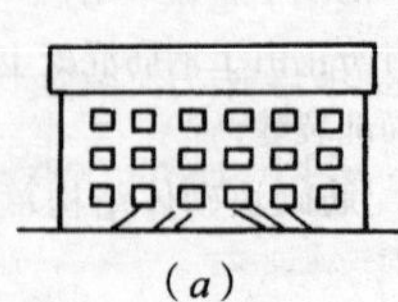

(*a*)

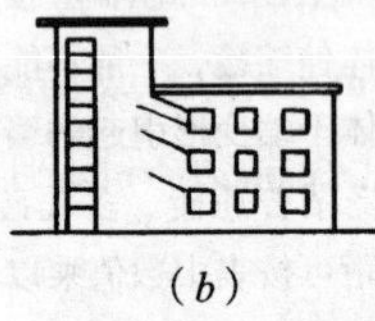

(*b*)

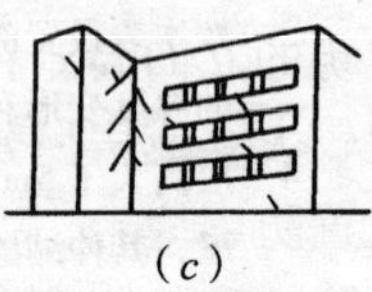

(*c*)

图 3-106

(*a*) 建筑物中部地基下沉；

(*b*) 建筑物高低层连接部分，地基因荷载分布不匀，产生不均匀下沉；

(*c*) 建筑平面转折部位，基底应力重叠，沉降较大

分为若干个刚度较好的单元，使相邻各单元可以自由沉降，这种缝称为沉降缝（图 3-107）。

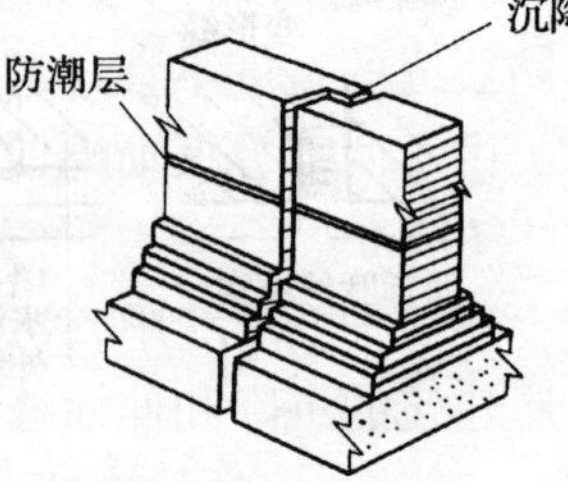

图 3-107　沉降缝

沉降缝与伸缩缝不同之处，在于沉降缝从房屋建筑的基础到屋顶在构造上全部断开。沉降缝的宽度随地基情况和房屋建筑的高度而异。沉降缝的宽度，参见表 3-11。

软土地基上沉降缝宽度（cm）　　表 3-11

房屋层数	宽度
2～3	5～8
4～5	8～12
5 以上	≥12

注：当沉降缝两侧单元层数不同时，缝宽按高层者取用。

沉降缝缝内一般不填塞材料，当必须填塞材料时，应保证其缝两侧房屋内倾时不互相挤压。缝的做法很多，可参考有关《建筑构造图集》。

3）防震缝：在设防烈度为8度和9度的地震区，当房屋建筑的立面高差在6m以上，或房屋建筑有错层，且楼板高差较大，或房屋建筑各部分结构刚度、质量截然不同时，应设置防震缝。

防震缝和伸缩缝一样，应沿房屋建筑全高设置，将整个建筑物分成若干结构刚度均匀的独立封闭单元（图3-108）。两侧布置墙。

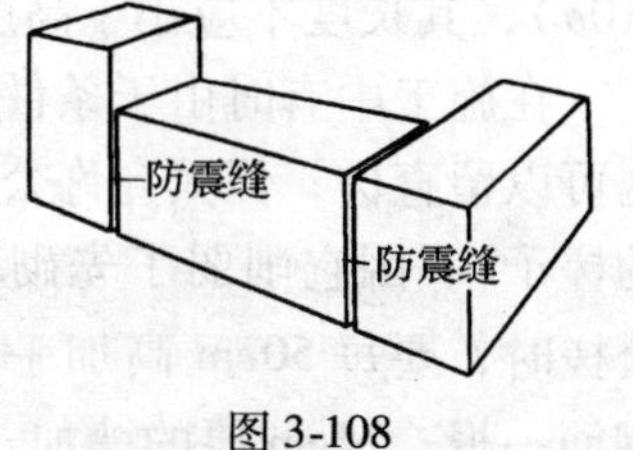

图3-108

防震缝的宽度不宜过窄，以免当发生垂直于缝方向的振动时，由于两部分振动周期不同互相碰撞而加剧破坏，一般取50~70mm。

上述三种变形缝中，沉降缝可以作为伸缩缝用。而地震区房屋建筑的沉降和伸缩缝，均必须满足防震缝的要求。

3．基础和墙柱的构造要求

（1）基底标高相差很多时，如条形基础因地下室或地基问题基础局部需加深处理，这样，基础底面不在同一标高上，因此，在深、浅基础相接处，往往由于基础墙高度不同，产生不同的压缩变形；基础下部土层受压后的沉陷不同，墙体容易产生裂缝。所以，在深、浅基础交接处，必须做踏步基础（图3-109）。要求每一踏步的高度不应大于0.5m，长度不应小于1m，垫层的搭接不应小于0.5m。砌筑时需从最低处砌起。

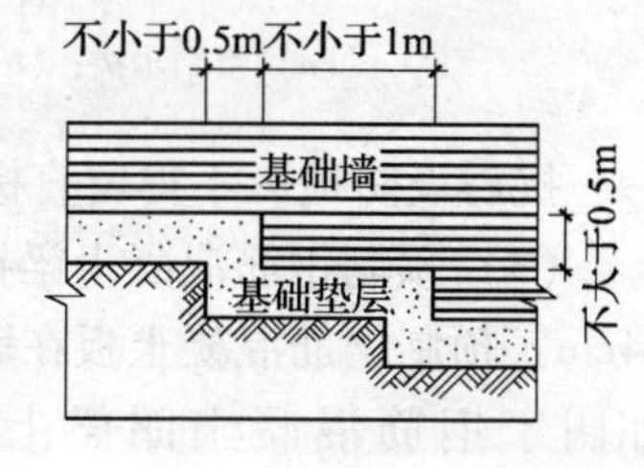

图3-109

（2）砌体转角处和交接处应同时砌筑，如不能同时砌筑时，可在内外墙接头处预留内墙槎子。由于留槎的方法直接影响到砖墙的砌筑质量和两道墙的连接整体性；在地震区也影响房屋建筑的抗震性能，因此，一般应留踏步槎（图3-110*a*），其长度不应小于高度的2/3。

在施工中有时由于条件限制不能留踏步槎时，在非地震区可以留直槎，但只允许公槎，不允许留母槎（即凹进墙面的槎子），因它削弱了先砌墙体的受力面积，禁止使用。留公槎时，要每50cm高加一道拉结钢筋，12cm厚的墙加$\phi 6$钢筋一根；24cm厚的墙加$\phi 6$钢筋两根，以此类推。埋入长度从留槎处起，每边均不小于50cm，钢筋末端均应有90°弯钩（图3-110*b*）。

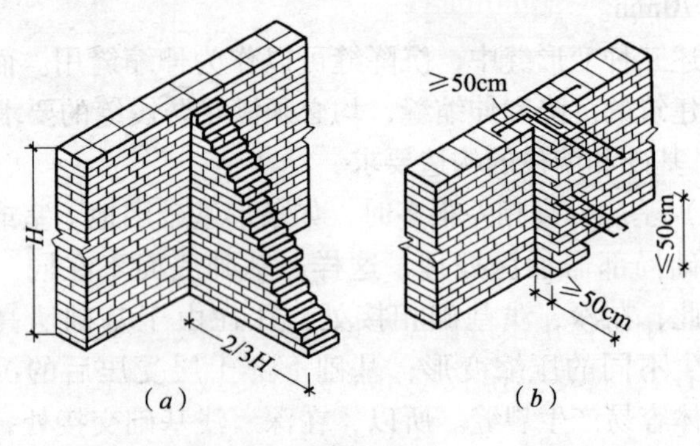

图3-110

（*a*）留踏步槎；（*b*）留直槎时需设拉结筋

抗震设防地区不得留直槎。

（3）预制钢筋混凝土梁在墙上的支承长度不宜小于18～24cm。预制钢筋混凝土板在墙上的搁置长度不宜小于10cm，如搁于钢筋混凝土圈梁上或板与墙有拉结时，可减少到8cm。

在跨度大于6m的屋架和跨度大于4.8m的梁的支承面下，应设置混凝土垫块，以防承压面上的局部压力超过砌体抗压强度而受压破坏（图3-111）。当墙中设有圈梁时，垫块与圈梁宜浇筑成整体。

（4）框架结构的围护墙及填充墙，宜用钢筋与骨架拉结。一般是在钢筋混凝土骨架中预埋拉结筋，在砌墙时将钢筋嵌入墙的水平灰缝中（图3-112）。

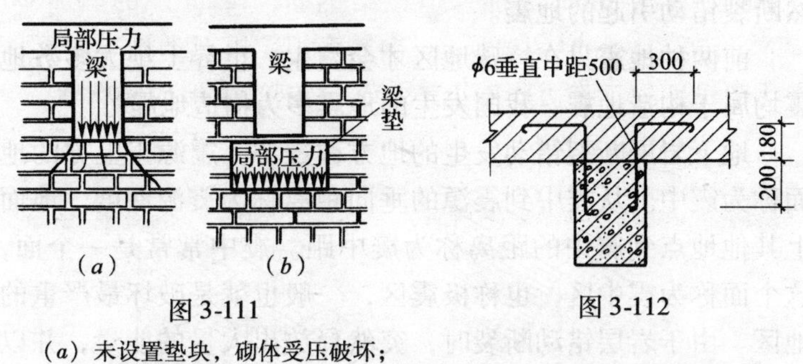

图3-111

（a）未设置垫块，砌体受压破坏；

（b）设置垫块后压力减小

图3-112

（5）用砌体挑出层做屋檐时，其全部挑出长度不应超过墙厚的1/2，每皮挑出长度不应超过砖或块材长度的1/4～1/3。

3.3.2 抗震的基本知识

地震是一种自然现象，它对房屋建筑的破坏作用，主要是由于地震波在土中传播引起强烈的地运动所造成的。微弱的地震对房屋建筑损害不大，但强烈的地震却会造成房屋建筑的严重破坏，甚至倒塌，往往在几分钟甚至几秒钟内，能给人民生命财产和国家经济建设带来巨大的损失。因此，在地震区建造房屋建筑，必须考虑抗震设防措施。

3.3.2.1 地震的一般知识

1. 地震与地震波

地震根据它的成因可分为三种：

（1）陷落地震：由于地表或地下岩层突然塌陷引起的地震；

（2）火山地震：由于火山爆发而引起的地震；

（3）构造地震：由于地壳运动，使地下岩层薄弱部位突然断裂错动引起的地震。

前两种地震只在特殊地区才会发生。世界上绝大多数地震均属于构造地震。我国发生的地震多为构造地震。

地下岩层断裂错动发生的地方称震源。震源正上方的地面称为震中。从震中到震源的垂向距离称为震源深度。地面上其他地点到震中的距离称为震中距。震中常常是一个面，这个面称为震中区，也称极震区，一般也就是破坏最严重的地区。由于岩层错动断裂时，突然释放出大量的能量，并以波的形式四方传播。这种因地震而产生的波动，就是地震波。地震波分纵波及横波。纵波能引起地面的水平跳动，传播较快，但衰减也较快；横波能引起地面的水平晃动，传播较慢较远，衰减也较慢。所以，离震中较近处，首先感到地面上下跳动，而后才是地面水平晃动；离震中较远处，由于纵波消失比横波快，所以地面上下跳动不如水平晃动明显。

2. 地震震级和地震烈度

地震的强烈程度称为震级，它是由地震释放出的能量多少来确定。每次地震只有一个震级。震级一般分九级，震级愈大，释放出的能量愈多，影响也愈重。一般来说，3 级以下称微震，人们无感觉；5 级以上称破坏性地震，会造成不同程度的破坏；7 级以上称为强烈地震。

地震烈度是指某一个地区在地震时地面和各类建筑物遭受破坏的程度。一次地震由于各个地区距离震中的远近不同，所以地震烈度也不相同。在一般情况下，离震中愈近，烈度愈大。所以，地震烈度与震源深度、震中距等因素有关。一次地震却有好多个烈度区。震级与烈度的关系，大致如表 3-12 所示。

浅源地震震级与烈度的关系 **表 3-12**

震级	2	3	4	5	6	7	8	8 以上
震中烈度	1 ~ 2	3	4 ~ 5	6 ~ 7	7 ~ 8	9 ~ 10	11	12

目前我国使用的烈度表为 12 度。简单的表示是：1 ~ 3 度，人无感觉；4 ~ 5 度，人有感觉，挂灯摇晃；6 度时建筑物可能发生损坏；7 度时，一般房屋大多数有轻微损坏；8 ~ 9 度时，大多数损坏至破坏，少数倾倒；10 度时倾倒较多；11 ~ 12 度时普遍毁坏。

地震烈度在应用时又分基本烈度和设防烈度。基本烈度是指某一地区可能普遍遇到的最大烈度；设防烈度是在设计时根据建筑物的重要性、永久性和修复的难易程度等因素，参照基本烈度，确定采用的地震烈度。如一些特别重要的建筑物，设防烈度可比基本烈度提高一度采用；而一般建筑物，设防烈度可按基本烈度采用。对于临时性建筑物，可不设防。

3.3.2.2 *地震对房屋建筑的破坏作用*

为什么地震能使房屋建筑遭受破坏？这是一个复杂的问题。简单形象地说，例如当我们坐车时，车子突然开动和刹车，我们都会感到有一种向后或向前的冲力，这种冲力在物理学上叫惯性力。惯性力与物体的质量和改变运动状态时的加速（或减速）程度有关。质量愈大，惯性力愈大；加速

（或减速）程度愈大，惯性力愈大。实践也证明，汽车起动的愈猛或刹车愈急，人的体重愈大或身材愈高，愈不易保持平衡。

地震时，地震波通过土层的震动，将引起建筑物的震动。纵波能引起建筑上下颠簸，横波能引起建筑物水平晃动。这种惯性力对建筑物反复的颠晃，就叫地震力。也就是说，建筑物在地震时，受到了正常荷载作用以外的上下颠簸的竖向力和左右晃动的水平力作用，当房屋建筑各部不能承受这种地震力的时候，轻者局部破坏，重者倒塌。

地震力对砖结构的房屋建筑的破坏特征：

1．墙体常出现交叉或斜向裂缝。当墙体本身受到与墙体平行的水平剪切力超过砌体的抗剪强度时，墙体就会产生阶梯形的剪切破坏（图3-113）。

图3-113

2．四个墙角容易外闪或倒塌。由于墙角处刚度大，特别是开窗过大，墙体应力集中，受水平地震力作用，易产生破坏。

3．屋顶或楼盖与墙体接触面上易产生错裂。在水平地震作用下，墙体与楼（层）盖彼此发生错动而产生错裂现象。

4．纵横墙交接处易开裂。与水平地震力方向垂直的外墙，由于地震力的反复作用，使外墙晃动，严重时外墙与内墙接槎处被拉开，使外墙向外倾倒。

5．墙的薄弱部位受垂直地震力作用被压酥倒塌，钢筋混凝土预制楼板被颠裂。

6. 局部突出屋面的女儿墙、高门脸和烟囱，在地震时晃动较大，比房屋主体部分破坏要重。

当前我国村镇建筑普遍采用的木架承重房屋主要有以下三种形式（图 3-114）：即穿斗木架、三角形木架和平顶木架。这种房屋的震害主要表现是木架容易变形，围护墙体容易倒塌，如果接头不牢会造成房屋整个倒塌。

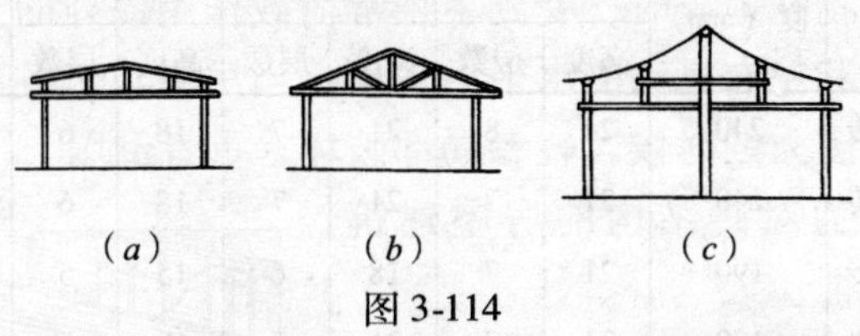

图 3-114

（*a*）平顶木架；（*b*）三角形木架；（*c*）穿斗木架

3.3.2.3 *房屋建筑抗震的原则和措施*

地震虽然是一种自然灾害，但只要做好房屋建筑抗震结构的合理布置和构造处理，灾害是可以减轻的。它主要是：

1. 要选择对抗震有利的场地和地基建造房屋。

房屋最好选择平缓地段，在稳定岩基或密实均匀的土层上建造。不要在陡坡、峡谷、深沟地段以及淤泥、杂填土、旧池塘、河滩等土层上建造房屋，在地震时会发生滑坡、沉陷等次生灾害，加剧房屋的破坏。

良好的场地土层是指稳定岩石、密实的碎石土、黏土、砂砾土等地质原土层。

有较深的基础和地下室的房屋，地震时由于房屋四周有土体的约束，建筑物重心相对较低，对抗震有利。

2. 房屋建筑的体型立面要力求简单，避免头重脚轻。

要尽量避免建造突出屋面的塔楼、烟囱、水箱等，尽可能不做女儿墙、大挑檐等，以防地震时甩落伤人。

多层砌体房的总高度应有所限制，不宜超过表3-13的规定，房屋的最大高宽比参见表3-14。

房屋的层数和总高度限值（m）　　表3-13

房屋类别		最小墙厚度（mm）	烈度							
			6		7		8		9	
			高度	层数	高度	层数	高度	层数	高度	层数
多层砌体	普通砖	240	24	8	21	7	18	6	12	4
	多孔砖	240	21	7	21	7	18	6	12	4
	多孔砖	190	21	7	18	6	15	5	—	—
	小砌块	190	21	7	21	7	18	6	—	—

注：1. 房屋的总高度指室外地面到主要屋面板板顶或檐口的高度，半地下室从地下室室内地面算起，全地下室和嵌固条件好的半地下室应允许从室外地面算起；对带阁楼的坡屋面应算到山尖墙的1/2高度处；

2. 室内外高差大于0.6m时，房屋总高度应允许比表中数据适当增加，但不应多于1m；

3. 本表小砌块砌体房屋不包括配筋混凝土小型空心砌块砌体房屋。

房屋最大高宽比　　表3-14

烈　度	6	7	8	9
最大高宽比	2.5	2.5	2.0	1.5

注：单面走廊房屋的总宽度不包括走廊宽度。

3. 房屋建筑的平面布置，应力求形状整齐，刚度均匀，不要凸凹不齐。立面处理亦应避免高低起伏或局部凸出。如因使用上和立面处理上的要求，必须将平面设计得较为复杂时，应采用防震缝将房屋建筑分成若干个体型简单、刚度均匀的独立封闭单元（图3-115）。平面布置中另一个重要问题是墙体的布置，内外纵、横墙的布置应尽可能在同一轴线上，并各自对齐贯通，避免转折。横墙间距宜密不宜疏，因为横墙对抗震起重要作用。

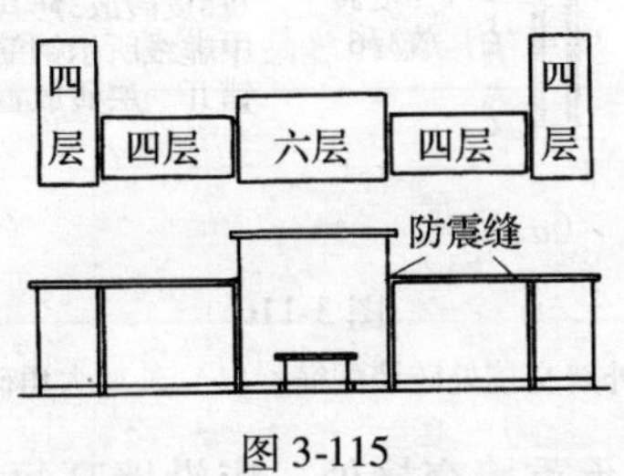

图 3-115

平面中承重窗间墙的宽度，是反映墙体抵抗水平地震力的能力的，因此它的宽度不宜过窄，并且要等宽均匀布置。宽度应大于1m。外墙尽端到门窗洞边的墙体，是最易遭到地震破坏的部位，其宽度最少应大于1m。无锚固的女儿墙的最大高度不大于50cm，不应采用无筋砖砌栏板。楼梯间因为有错层，顶层常有相当于一层半的墙体，所以刚度较差，易遭地震破坏，不宜布置在房屋建筑的尽端或转角处，也不宜将它凸出于房屋建筑平面。

较小的墙垛上，不宜安装暗消火栓、配电盘、水电管道及留施工脚手眼。

4. 要确保墙体的设计强度、连接构造和施工质量。

内外承重墙要有一定的厚度，一般不小于24cm。

砖墙抗震最重要的是抗剪强度，多层砖混结构砖的强度等级不应低于 MU7.5，砂浆强度等级应在 M5 以上。

加强墙体在交接处连接。当房屋有抗震要求时，不论房间大小，在外墙转角和内外墙交接处，每 8 皮砖，在灰缝内需配置 3ϕ6 钢筋，每边伸入墙内 1m（图 3-116）。

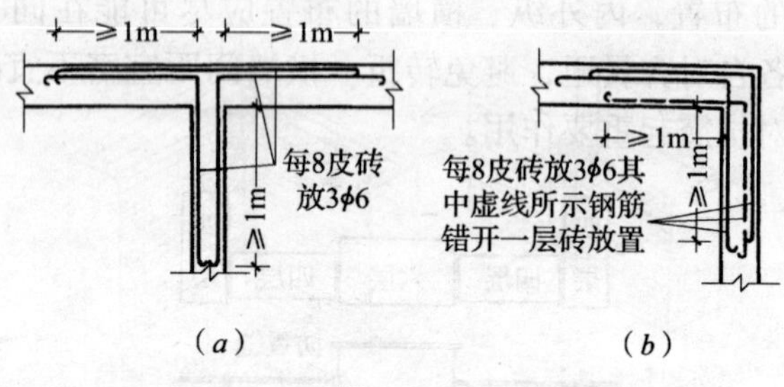

图 3-116

(a) 内外墙交接处砖墙配筋；(b) 外墙大角砖墙配筋

非承重墙与承重墙交接处，应沿墙高每 8 皮砖配置 2φ6 拉结钢筋，每边墙内伸入的长度不应小于1m。

施工应做到砂浆饱满，尽量少留施工洞。纵横墙交接处，尽可能同时砌筑，否则应留踏步槎，不得留直槎或马牙槎。

5. 设置圈梁和构造柱，确保结构的整体性。

设置钢筋混凝土圈梁，能将纵横墙和楼盖连成一体，提高砖墙的抗剪能力，限制墙面的开裂，并能减轻由于地震引起的基础不均匀沉陷所造成的震害。

圈梁应做成封闭式，尽量不要被窗口切断。圈梁截面的高度，不应小于12cm。

在墙角、楼梯间、纵横墙交接处，设置钢筋混凝土构造柱，其截面不应小于 180mm ×240mm，主筋一般采用 4φ12 以上钢筋，箍筋间距小于250mm。墙与柱应沿墙高每 500mm 设 2φ6 钢筋连接，每边伸入墙内不应少于 1m。构造柱要和各层圈梁和地梁连接起来（图 3-117）。这样可以增强房屋建筑的竖向整体连接，提高墙体的抗剪、抗弯能力，约束墙面裂缝的开裂，可以增加墙体在破坏过程中的延性（即延缓砖墙因脆性破坏所引起的突然倒塌）。

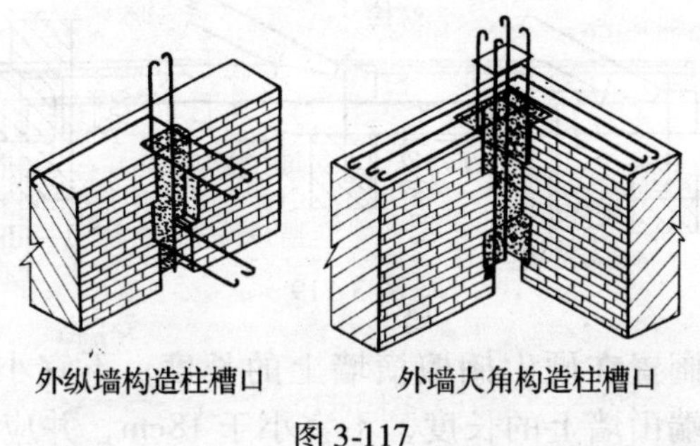

图 3-117

在施工中要注意使构造柱与墙体有很好的连接，因此在浇筑构造注之前，要清除砌砖时遗留的落地砂浆和杂物，并用水浇透墙体。还要注意在浇筑混凝土时，防止钢筋位移和墙身外凸等。

6. 要加强楼盖、楼梯整体性连接。要尽可能采用现浇楼板。无论是采用现浇或预制楼板，板在墙、梁上的支承长度应分别不少于 10cm、8cm。为了加强预制楼板的整体性，可在板缝间设 C20 细石现浇钢筋混凝土板带（图 3-118*a*）；或在预制板上铺设一层现浇钢筋网混凝土面层（图 3-118*b*）。预制楼梯段应与平台梁有可靠的连接。

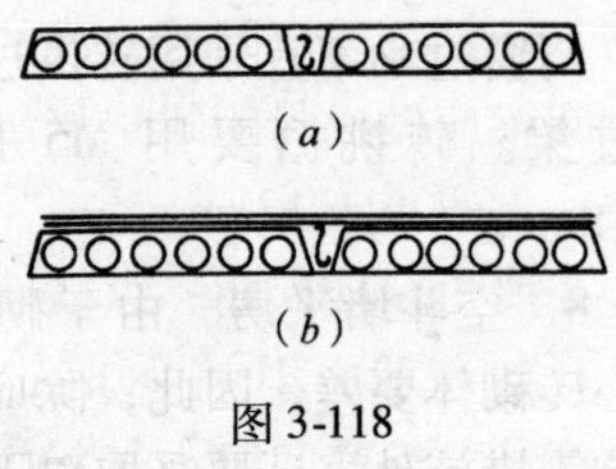

图 3-118

7. 单层砖墙承重的平房，宜采用小开间横墙承重，尽量避免采用纵墙承重方案。木屋盖的屋架，在墙上的搁置长度不宜小于 24cm，并应用铁件与墙体锚固（图 3-119）。檩条搁置在屋架上的搭接长度应尽量长些，并用扒钉与屋架钉牢。

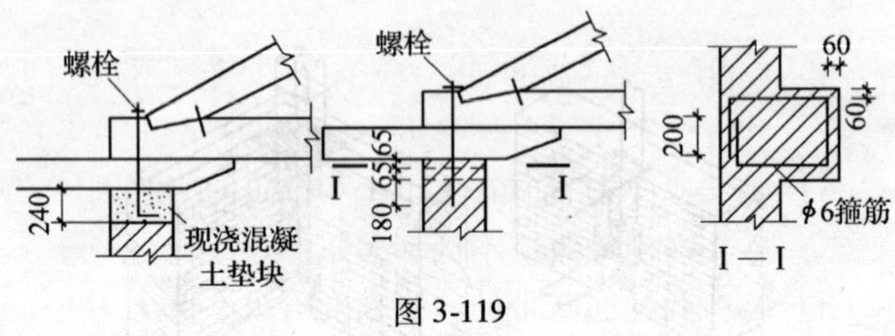

图 3-119

檩条搁置在硬山搁檩横墙上的长度，不宜小于 12cm；搁置在两端山墙上的长度，不宜小于 18cm，并应用铁件或镀锌铁丝将檩条与砖墙锚固（图 3-120）。

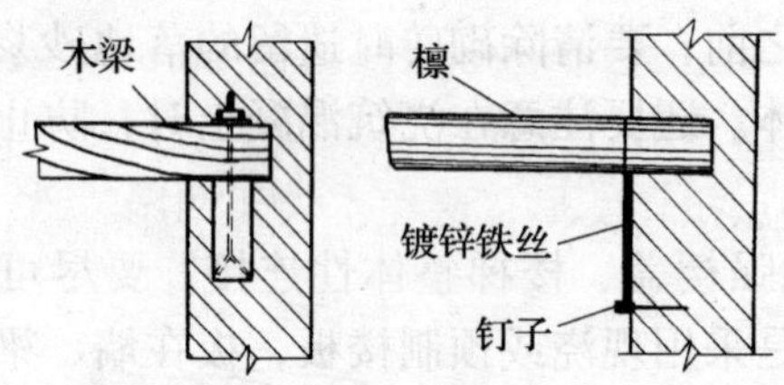

图 3-120

门窗过梁不宜采用砖拱过梁，应采用钢筋混凝土过梁或木过梁。砖挑檐要用 M5 砂浆砌筑，挑出长度不宜大于 18cm。

8. 空斗墙平房，由于砌体的抗压、抗拉和抗剪强度比实心砖砌体要差，因此，除应采取与实心砖墙承重平房有关的抗震措施外，还要采取以下几项措施：

（1）不宜采用灰砂砖砌空斗墙；

（2）外墙转角处均应有一砖和一砖半二进二出的卧砖实心垛；

（3）内外墙连接处应有 24cm × 37cm 的实心砖垛；

（4）门窗口应有不少于半砖和一砖二进二出的卧砖实心

周边；

（5）层中 1.3m 高度处，应有不少于二行砖的实心砖带；

（6）梁端或层架下应有不小于 4 行砖的实心砌体；

（7）砂浆强度等级应不低于 M1；

（8）砖柱和配筋砖带的砂浆强度等级不低于 M5。

9. 木骨架承重平房，除应采取与砖墙承重平房有关的抗震措施外，还要采取以下几项措施：

（1）柱与柱脚垫石要相互锚固（图 3-121），这样可以防止地震时从柱脚垫石上滑下造成破坏。

（2）在梁（屋架）与立柱之间加斜撑（图 3-122），屋架间加剪刀撑，可以增强木骨架的横向稳定，防止在地震力作用下，节点扭转变形，避免木骨架倒塌。

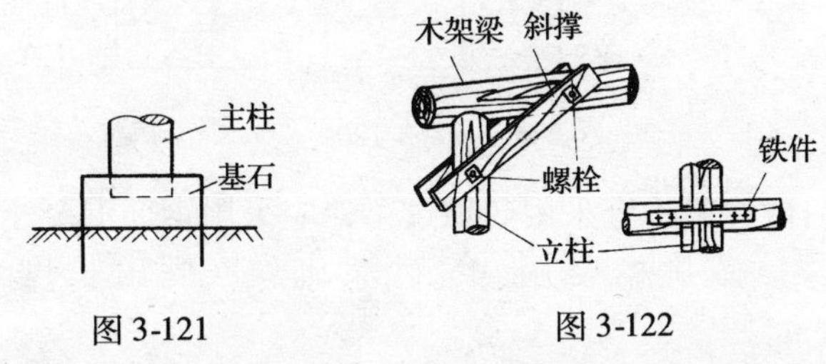

图 3-121　　图 3-122

（3）不宜将檩条直接搁置在山墙上，这样容易造成山墙倒塌，最好在山墙处做排山木骨架。

（4）增砌横墙隔断，并与木柱拉结（图 3-123），上端与梁（屋架）底顶紧，这样可以限制因横向水平地震力所引起木骨架倾斜变形。

（5）围护墙与木柱之间，也应设二、三道铁件或用镀锌钢丝拉结，以限制木骨架的侧向倾斜变形。

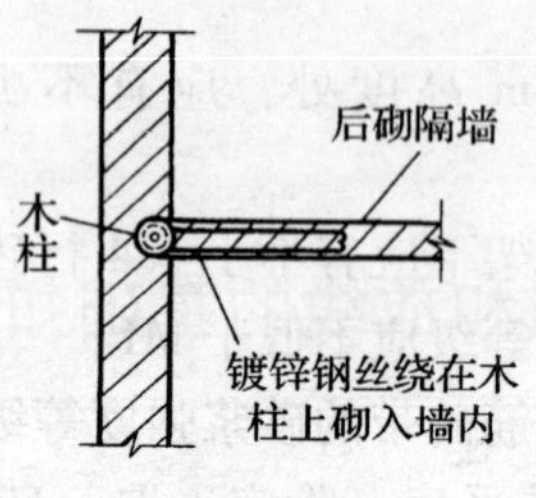

图 3-123

10. 砖砌烟囱，易于损坏。因此，砌筑高度一般不大于50m，并要加纵向钢筋和水平环向钢筋。囱顶必须设置圈梁，并使下面纵向钢筋伸入梁内，连成整体。砌筑砂浆不应低于 M10。

4 施工测量和放线的基础知识

施工测量放线是利用各种仪器和工具，对建筑场地上地面点的位置进行度量和测定的工作，将施工图上设计好的建筑物测设到地面上。

砌筑工在施工操作中要了解定位放线的一些初浅知识和学会抄平，检查放线，认识龙门板桩、轴线等。

4.1 测量放线的仪器、工具

4.1.1 水准仪

水准仪是进行水准测量的仪器。它是用一条水平视线来测定各点的高差。图 4-1 为微倾式水准仪，它的构造主要由望远镜、水准管和基座三个主要部分组成。

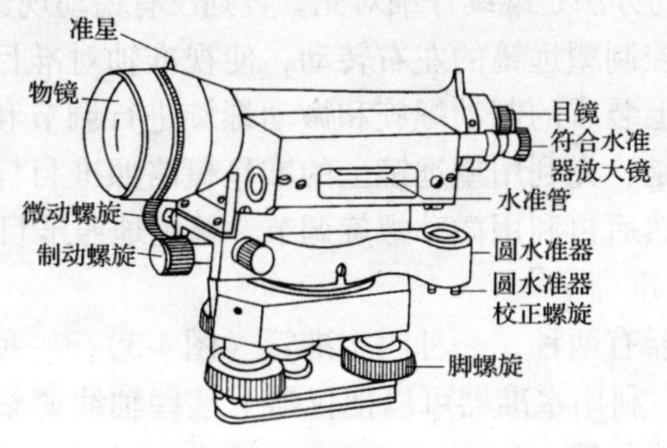

图 4-1 微倾式水准仪

1．望远镜

望远镜由物镜、目镜和十字线三个主要部分组成。它的主要作用是提供一条能照准读数的视线，使能清晰地看清远处的目标。望远镜上还装有目镜对光螺旋，可以调节目镜的位置，使能看清十字线。

十字线是装在十字线环上，通过三个校正螺丝固定在望远镜筒上的（图 4-2）。十字线中央交点和物镜光心的连线叫视准轴（也叫视线）。当视准轴对准目标时，即照准了。所以视准轴是照准的主要依据。

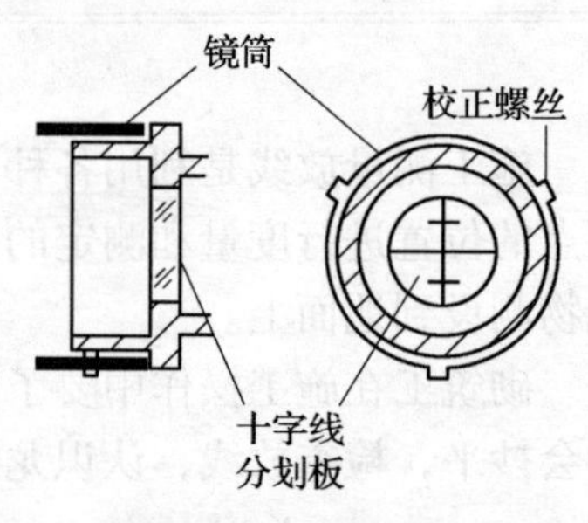

图 4-2　十字线

通过望远镜照准目标的读数，是指望远镜十字线中的横线所指示的数值。

当目标的像恰好落在十字线平面上时，眼睛要在目镜端上下晃动，如十字线交点总是指在物像的一个固定位置，表示没有视差。如果有错动现象，说明有视差，就要影响读数。消灭视差的办法是继续仔细对光，直到没有错动现象为止。

为了控制望远镜的左右转动，使视准轴对准目标，需要用水准仪上装有的制动螺旋和微动螺旋进行调节和控制，其操作程序是：先利用望远镜上的准星概略照准目标，拧紧制动螺旋，然后再利用微动螺旋调节，精确地照准目标。

2．水准器

水准器有两种，一种叫水准管（图 4-3），一种叫水准盒（图 4-4）。利用水准器可以把仪器上某些轴线调整到水平位置或铅垂线位置。

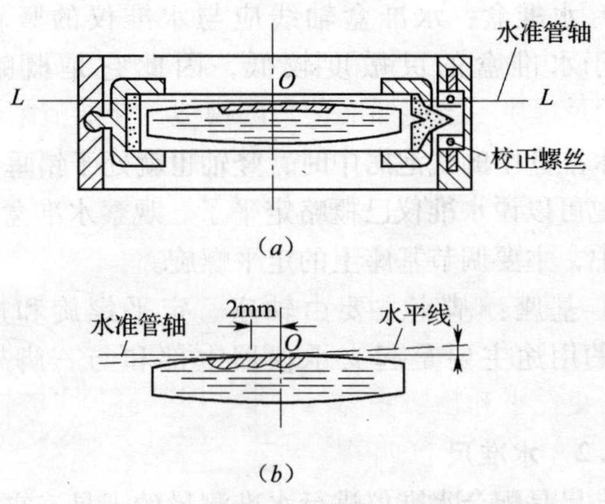

图 4-3　水准管

（1）水准管：水准仪上的水准管轴与视准轴相互平行是构造上应具备的最重要条件，水准管上两端刻划的中点叫水准管零点。通过零点与水准管圆弧相切的直线叫水准管轴线。如图 4-3 中 *LL* 线。当水准管气泡居中时，水准管轴即水平，视准轴也就处于水平位置了。

采用调节微倾螺旋，使气泡两端点的像吻合（图 4-5*a*），这时气泡就居中了，水准管轴即达水平，视准轴也处于水平位置。当气泡偏离中点，气泡的两端点相互错开时（图 4-5*b*），表示气泡没有居中，说明水准管轴和视准轴均未水平。

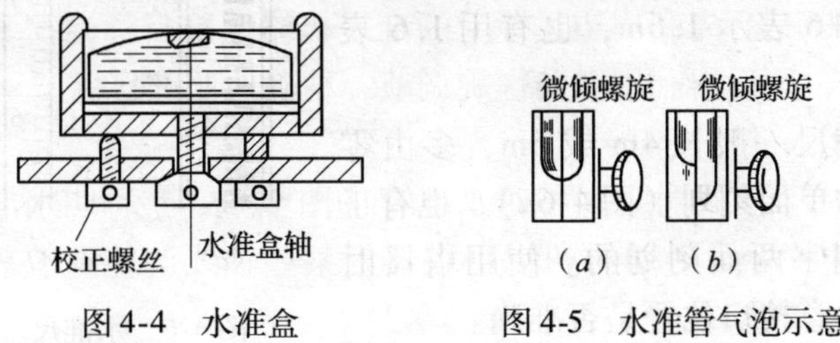

图 4-4　水准盒　　图 4-5　水准管气泡示意

（2）水准盒：水准盒轴线应与水准仪的竖轴相互平行。由于水准盒的灵敏度较低，因此它是概略定平的工具。

当水准盒中的气泡居中时，竖轴也就处于铅垂位置（图4-4），也可以说水准仪已概略定平了。观察水准盒中的气泡是否居中，主要调节基座上的定平螺旋。

（3）基座：基座主要由轴座、定平螺旋和连接板组成，它的用途主要是起支承仪器上部和与三脚架连接的作用。

4.1.2 水准尺

水准尺是配合水准仪进行水准测量的工具。它的式样很多，常用的有塔尺和板尺两种，前者用于一般水准测量中，后者多用于较精密的水准测量中（图4-6）。

水准尺的零点一般都是尺的底部，尺的刻划是黑白格相间，每一个黑格或白格都是1cm或0.5cm，尺上每10cm处注有数字，每10cm的准确位置有的以字顶或字底为准，也有其他形式的，使用前要仔细认清注字和刻划的特点。注字有正字和倒字两种。超过1m的注记加红点，如6表示1.6m，也有用1.6表示的。

塔尺一般长4m或5m，多由零点起的单面刻划（图4-6*a*），也有正字与倒字两面刻划的。使用塔尺时必须注意接口位置是否准确。

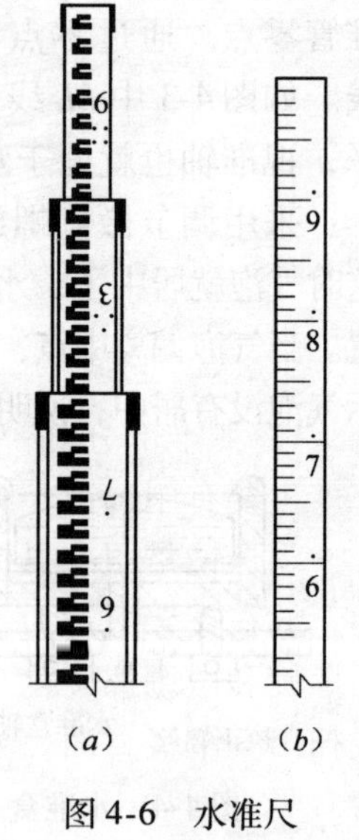

图4-6 水准尺

板尺一般长 3m，多为两面刻划，一面是由零点起的黑色刻划，另一面是由 4.687 或 4.787 起的红色刻划（图 4-6*b*）。

通过水准仪望远镜在水准尺上的读数，是读十字线中横线指示的数值。读数时要注意尺上注字的顺序，并依次读出米、分米、厘米并估读毫米。

4.1.3 经纬仪

经纬仪是用来测量角度、平面定位和竖向垂直度观测的仪器，是施工测量中重要的仪器。目前常用的是光学经纬仪，它是由望远镜、底盘部分和基座部分组成，如图 4-7 所示。

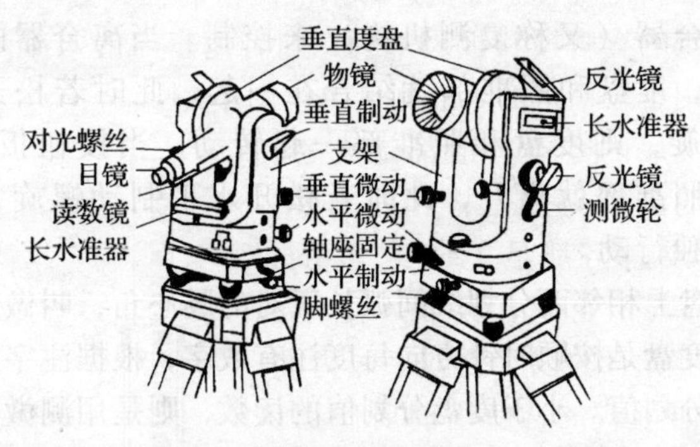

图 4-7 经纬仪

1. 照准部分

主要有望远镜、测微器和竖轴组成。

望远镜是照准目标的部件，它与横轴垂直固定连接在一起，放在支架上。为了控制望远镜上下转动，设有望远镜制动螺旋和微调螺旋。当望远镜绕横轴上下旋转时，则视准轴线扫出一个竖直面。为了测量竖直角，在望远镜横轴的一端装有竖直度盘。

测微器的分划尺是在水平度盘上精确地读取读数的设备。通过棱镜折光，可以在望远镜旁的读数显微镜内看到读数。

照准部上装有水准器，以指示度盘是否水平；照准部下面的竖轴插在筒状的轴座内，可使整个照准部绕竖轴做水平转动。为了控制水平转动，还设有水平制动螺旋和微调螺旋。

2. 度盘部分

主要是一个玻璃的精密刻度盘。度盘下面的套轴套在筒状的轴座外面。

度盘与照准部分的离合关系是由装置在照准部上的度盘离合器（又称复测机构）来控制。当离合器的按钮扳下时，度盘和照准部就结合在一起，此时若松开水平制动螺旋，则度盘和照准部一起转动；当按钮扳上时，度盘和照准部就离开，此时若松开水平制动螺旋，照准部则单独行动。

度盘上相邻两分划线间弧长所对的圆心角，叫做度盘分划值。度盘是按顺时针方向每度注有数字，根据注字即可判定度盘分划值。小于度盘分划值的读数，则是用测微器来测定的。

3. 基座部分

基座是支撑仪器的底座，主要有轴座、定平螺旋和连接板。转动定平螺旋可使照准部上的水准管气泡居中，从而使水平度盘水平，即竖轴铅垂。

将三脚架头上的连接螺旋旋进基座连接板，仪器就与三脚架连接在一起。连接螺旋上悬挂的垂球在水平度盘的中心位置，这样，借助垂球可将水平度盘中心安置在所测角顶的铅垂线上。

光学经纬仪多装有直角棱镜的光学对中器，它比垂球具有精度高和不受风吹的优点。

4.1.4 其他工具

1. 钢卷尺

钢卷尺一般有 30m 和 50m 长两种，尺上刻划到毫米（mm）。钢尺主要用来丈量距离。在放线中，量轴线尺寸、房屋开间、竖直高度等。

2. 线锤（又称锤线球）

在放线中，线锤是必不可少的工具。在吊垂直、经纬仪对中，以及地不平时丈量距离，就必须一头悬挂线锤使尺水平而量得距离，如图 4-8 所示。

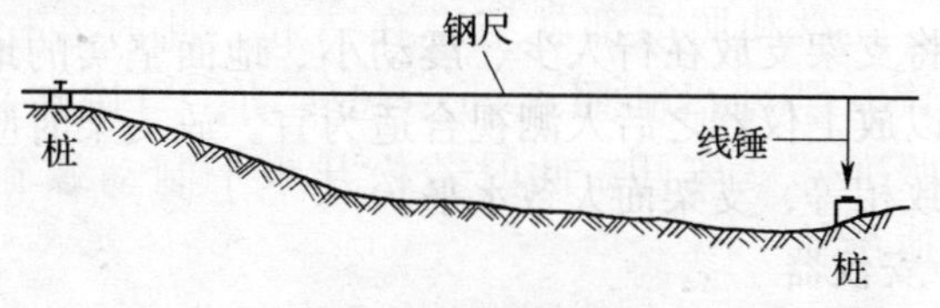

图 4-8 钢尺量距离

3. 小线板

在放线过程中，长距离的拉中线，或放基础拉边线时都要用小线板，如图 4-9 所示。

4. 墨斗和竹笔

墨斗和竹笔主要是弹墨线时用，也是目前放线中常用的工具。使用墨斗时墨水不宜过多。墨水过多弹线时线弹得很粗，或线边有花点，造成线不准确，如图 4-10 所示。

5. 其他工具

放线时还要用其他工具，如斧子、大锤、小钉、红蓝铅笔、木桩等。

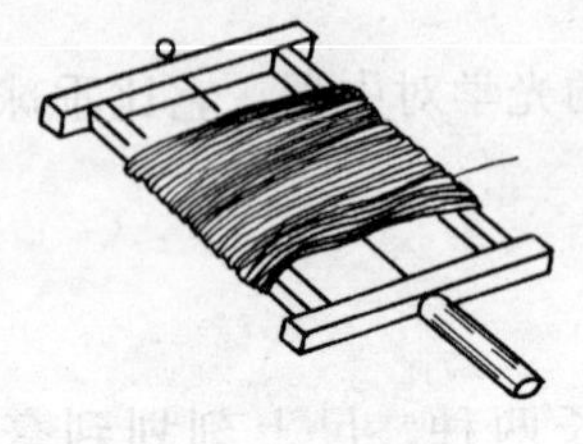

图 4-9　小线板

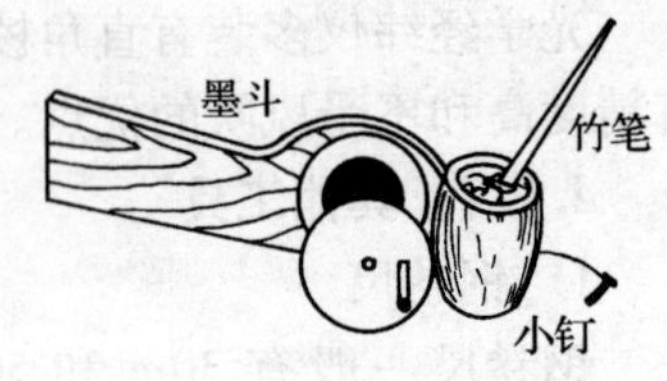

图 4-10　墨斗和竹笔

4.2　水准仪的应用

4.2.1　仪器的安置

1. 支架

先将支架支放在行人少、震动小、地面坚实的地方。支架高度以放上仪器之后人测视合适为宜。放支架时应注意三个角大致相等，支架面大致水平。

2. 安仪器

从仪器箱中取出水准仪时，要用手托住，不要随意地拎出。取出仪器后放在三脚架上，并用固定螺旋与仪器连结拧牢，最后将支架尖踩入土中，使三脚架稳固于地面。

3. 调平

将水准仪的制动螺旋放松，使镜筒先平行于二个脚螺旋的连线，然后旋动脚螺旋使水准器的气泡居中，如图 4-11 所示，再将镜筒转动 90°角，与原来两个脚螺旋的连线垂直，这时仅需转动第三个脚螺旋使水准器气泡居中，最后转动几个角度看看气泡是否都居中，如果还有偏差则应多次调整，达到各方向气泡居中为止。观测时再利用符合棱镜观测镜观察及调节微动螺旋，使气泡两端的像重合，而使镜筒达到较精确的水平位置。

4. 目镜对光

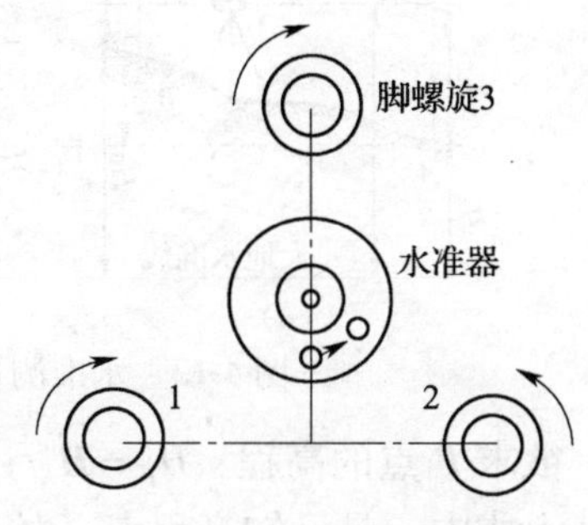

图 4-11 调平示意

把镜筒转向明亮的背景（如白墙面或天空），旋动目镜外圈，使在镜筒观察到的十字丝达到十分清晰为止。

将制动螺旋松开，利用镜筒上的准星和缺口大致瞄准目标，然后再用目镜去观察目标，并固定制动螺旋。

5. 物镜对光

转动对光螺旋，使目标在镜中十分清楚，再转动微动螺旋，使十字丝中心对准目标中心，并要求物像和十字丝都十分清楚，在没有视差的情况下物像恰好落在十字丝的平面内，此时可以开始进行抄平。

4.2.2 水准测量

4.2.2.1 *原理*

水准测量主要是利用水准仪提供的水平线直接测定地面上各点之间的高差（俗称抄平），然后根据其中一点的已知高程推算其他各点的高程。如图 4-12，已知 A 点高程为 H_A，如能求得 B 点对 A 点的高差 h_{AB}，则 B 点的高程 H_B 就可以求出。

为了求出高差 h_{AB}，先在 AB 两点间安置水准仪，在 AB 两点分别立水准尺，然后利用水平视线，读出 A 点水准尺上的读数 a 和 B 点水准尺上的读数 b。则：

B 点对 A 点的高差 $h_{AB}=a-b$

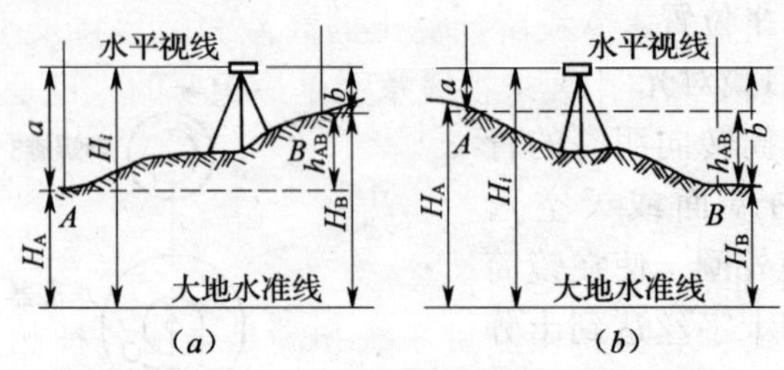

图 4-12　水准测量原理示意

欲求 B 点的高程　$H_B = H_A + h_{AB}$

上式中 a 是已知高程点（始点）上的水准读数，称为后视读数；

b 是欲求高程点（终点）上的水准读数，称为前视读数；

"+"号表示代数和。

视线水平时在水准尺上的读数称为水准读数。

用后视读数减前视读数所得到高差的正或负值，是表示以后视点为准，前视点对后视点的高低关系。当后视读数大于前视读数时，如图 4-12（a），则高差为正，说明前视点 B 高于后视点 A；反之，当后视读数小于前视读数，如图 4-12（b），则高差为负，说明前视点 B 低于后视点 A。

在工程测量中，常需要安置一次仪器就要测出很多点的高程，为了计算上的方便，可以先求出水准仪的视线高程，即视线高，然后再分别计算各点高程。从图 4-12 中可以看出：

视线高　$H_i = H_A + a$

欲求点 B 的高程　$H_B = H_i - b$

用水准仪测量地面点的高程时，水准仪安置的位置和高低可以任意选择，但是，水准仪的视线必须水平。如果视线不水平，利用上述公式所计算出的高差和高程将发生错误。所以，在水准测量中要求视线水平是最重要的，也是最基本的要求。

4.2.2.2 方法

1. 水准点

为了统一全国高程测量系统和满足全国各种测量的需要，国家在各地埋设了很多固定的高程标志，称为水准点(简记为 *BM*)，作为各地进行水准测量时引测的依据。水准点的高程是由专业测量单位测定的。

2. 水准测量的基本工作

测算两点间高差的工作是水准测量的基本工作，当水准仪安置水平后，它的主要工作步骤如下：

（1）读后视读数：将望远镜照准后视点的水准尺，经过对光并消除视差后，用微倾螺旋定平水准管，使视准轴水平，读后视读数。读数后还应检查水准管气泡是否仍居中，如有偏离应重新定平，重新读数。

（2）读前视读数：转动望远镜照准前视点的水准尺，重复前述（1）的操作，读前视读数。

（3）记录和计算：按顺序将读数记入记录本，经检查无误后，用后视读数减前视读数计算出高差，用后视点高程推算前视点高程（或通过推算视线高求出前视点高程）。水准记录要保持原始记录，不得涂改或誊写。

如表 4-1 是图 4-13 用视线高计算的记录格式。由于 *BMO* 和 *B* 两点的距离较远，安置一次仪器不能完成任务，因此把两点间分成若干段，每段安置一次水准仪，测定高差。在 *BMO* 和 *B* 点间设置的连接点称转点（*ZD*）。对转点既要读前视读数，又要读后视读数。然后用以下公式计算校核：

表 4-1

水准测量手簿　　　　第 1 页

工程名称：*BMO* ~ *B*　　日期：1995. 7. 11　　观测：王××

仪器型号：S_3 – 722295　　天气：晴，微风　　记录：张××

测点（桩号）	后视读数	视线高	前视读数		高程	备注
			特点	中间点		
BM_0	1. 625	50. 678			49. 053	×楼前
ZD_1	1. 784	51. 465	0. 997		49. 681	
ZD_2	0. 660	50. 914	1. 211		50. 254	
ZD_3	1. 444	51. 387	0. 971		49. 943	
B			1. 002		50. 385	×路北口界碑
Σ	5. 513 –4. 181		4. 181	$H_{终}$ $H_{始}$	50. 385 –49. 053	
$\sum a-\sum b$	+1. 332			$\sum h$	+1. 332	

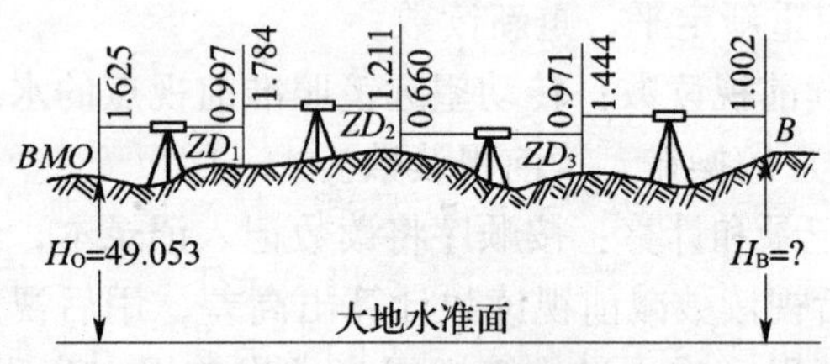

图 4-13　水准测量例图

$\sum a$（后视总和）– $\sum b$（前视总和）= $\sum h$（各段高差总和）= $H_{终}$（终点高程）– $H_{始}$（始点高程）

3. 房屋高差（抄平）测量

在房屋抄平中，往往第一点的标高为已知，如选的点为室内 ±0. 000 标高点，因此要确定另一点时，只需加上应提高或降低的数值，即可确定第二点的标高位置。如将水准尺放在 ±0.000 标高位置上，读得水准尺上读数为 1.67m，而要抄室内 50cm 高的水平线时，就要将 1.67 - 0.50 = 1.17m。这时持尺者只要将尺放到抄平的地方，由观测者在望远镜中读得 1.17m 的值时，则尺的下端点即为高 50cm 水平线的标高的位置。持尺者只要在尺底用红蓝铅笔划一道短线作为记号，当各点都测完后用墨斗弹出黑色水平线，如图 4-14 所示。

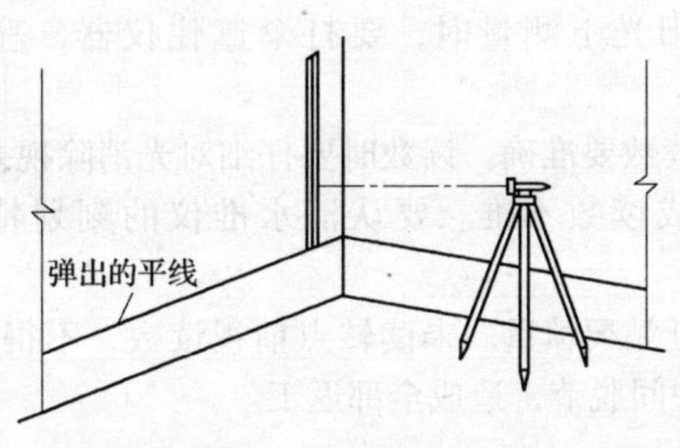

图 4-14　抄平弹线

在操作中应注意两点：其一是持尺者用铅笔划线要紧贴尺底，避免由于划线不准造成误差；其二是在观测时，为了使读数吻合十字丝的横丝，故要将尺上下移动，但是，由于望远镜看到的物像在镜中是倒置的，因此，当要使某数字去吻合横丝时，手指挥尺子向上或下的方向，恰好与镜筒中反映的尺上数字方向相反。

4.2.2.3　注意事项

由于水准测量的连续性很强，只要一个环节出现问题，就容易出现错误或误差。为了防止错误和减少误差，以保证测量的正确性，必须注意以下事项。

1. 观测

(1) 仪器应安置在所测两点的等距离处(即前、后视线要等长),以消除因水准管轴不平行视准轴所产生的误差。

(2) 仪器要安稳。要选择在土质比较坚实的地方安置仪器。三脚架要踩牢,尽量减少在仪器附近走动,以免因风吹和震动使仪器下沉。

(3) 气泡要居中。读数前要定平水准管,读数后要检查水准管汽泡是否仍保持居中,以保证视线在读数过程中的水平。在强阳光下测量时,要打伞遮住仪器,避免气泡不稳定。

(4) 读数要准确。读数时要仔细对光消除视差,避免视线晃动造成读数不准。要认清水准仪的刻划特点,防止读错。

(5) 迁站要慎重。未读转点前视读数,不得移动仪器,以防测量中间脱节,造成全部返工。

2. 扶尺

(1) 使用前要检查水准尺刻划是否准确,塔尺衔接是否严密,如果发现误差过大应更换。在使用过程中要经常清除尺底泥土和防止塔尺二、三节下滑。

(2) 转点要牢靠。转点要选在坚实有突起的地方,尺垫(图4-15)要踩牢。观测未读后视读数前不得碰动。中间停测时,选稳固易找的固定点作为转点,并应做好标志。

(3) 扶尺要铅直,扶尺人员要站正,双手扶尺,保证把尺铅垂立正。特别要防止水准尺前后倾斜(观测人员不易发现)。扶尺的手

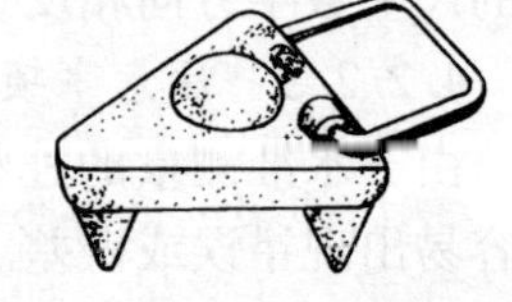

图4-15　尺垫

不要遮掩尺面，以免妨碍读数。

（4）起、终点要用同一根尺。

3. 记录

（1）记录要原始。记录要当场及时填写清楚，不要先草记后再誊写，以免抄错。记错或算错的数字，不得擦去重写或涂改描写。应在错字上画一斜线，将正确数字写在错数上方。

（2）记录要复诵。观测数据填入记录表格后，要及时向观测人员回读所记数字作为校核，防止听错或记错。

（3）记录要清楚。不能遗漏，不能颠倒。

（4）计算要及时。记录过程中的简单计算（如加、减、取平均值等），应在现场及时做好，并做好校核。

4.2.3 水准仪的检验和校正

仪器检验，校正应尽量选择无风天气进行，并应尽量安置在荫凉处，要避免震动或其他干扰。

每架仪器的各项检验、校正工作，必须按规定的次序进行，不得任意颠倒，以避免未校正部分的误差对检校工作的影响。每项校正一般均需反复几次完成。

4.2.3.1 水准盒的检验和校正

1. 校正的目的

检验水准盒轴是否平行于仪器的竖轴。如果是平行的，当水准盒气泡居中时，仪器的竖轴就处于铅垂位置。

2. 检验方法

安置仪器后，转动定平螺旋使水准盒气泡居中（图 4-16*a*），然后使望远镜绕竖轴转 180°，如果气泡仍居中，说明水准盒轴平行于竖轴；如果气泡中点偏离零点，则说明两轴不平行（图 4-16*b*）。

3．校正方法

校正的目的是为了找出竖轴应处的正确位置。

从图 4-16*a* 可以看出，由于两轴不平行，实际上竖轴对铅垂线倾斜了 δ 角，这就是两轴不平行的误差。当望远镜竖轴转 180°后，由于竖轴仍处于倾斜 δ 角位置，但水准盒轴却从竖轴左侧转到竖轴右侧，这样，水准盒轴就倾斜了两倍 δ 角，造成气泡中点偏离零点。也就是说两轴不平行误差 δ 角的两倍，由气泡偏离的大小反映出来了。这时，如果转动定平螺旋，使气泡中点退回偏离零点的一半，那么竖轴就正处于铅垂位置。这样就给校正水准盒轴找到了标准（图 4-16*c*），余下的偏离部分就是水准盒轴的误差。因此，具体的校正方法是：

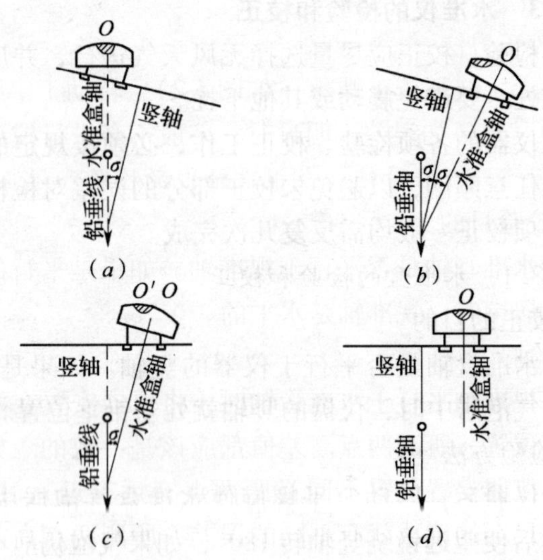

图 4-16　水准盒的检校步骤

第一步：在检验的基础上，用定平螺旋使气泡中点退回偏离零点的一半，达到 O'的位置，如图 4-16c；

第二步：拨动水准盒校正螺丝，使气泡居中（图 4-16d）。

4.2.3.2 十字线横线的检验和校正

1. 检校的目的

检验横线是否垂直于竖轴。如果是垂直的，当竖轴处于铅垂位置时，横线是水平的，这样才可根据横线的任何部位读出一致的读数。

2. 检验方法

将横线一端对准远处一个明显的标志，制动后转动微动螺旋，如果标志始终在横线上移动，说明横线垂直于竖轴，否则应校正。

3. 校正方法

松开十字线环校正螺丝（如图 4-2），转动十字线环，调整发现的误差（如误差不明显时，一般不必进行校正）。

4.2.3.3 水准管轴（或视准轴）的检验和校正

1. 校验目的

检验水准管轴是否平行于视准轴。如果是平行的，当水准管气泡居中时，视准轴是水平的。

2. 检验方法

如果视准轴平行于水准管轴时，将仪器安置在两固定点之间任何位置，所测两点高差值都应该是一致的。如果两轴不平行，仪器安置位置不同（距两点有远有近），这时，在远、近两尺上的读数就有不同的误差，所测两点高差也有误差。因此，检验的方法主要是在不同的位置安置两次仪器，比较两次测得的高差，就可以发现两轴是否平行。具体作法如下：

第一步：将仪器安置在 A 和 B 两点相距 75 ~ 100m 中间（用步测取两点之中如图 4-17a）；

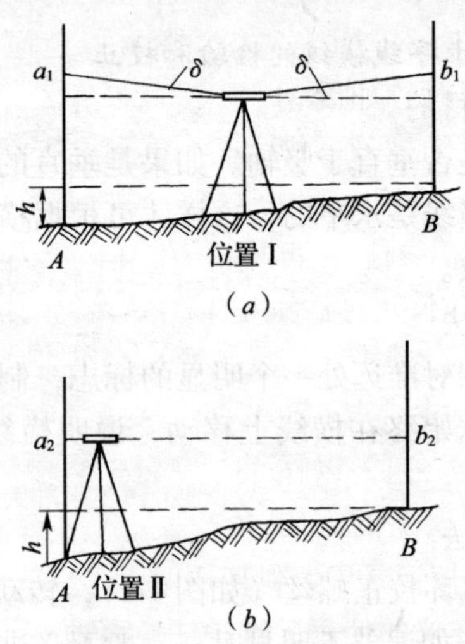

图 4-17　水准管轴检验示意

第二步：测出两点的高差。为了防止错误和提高精度，一般应采用不同的仪器观测两次，如两次高差值之差小于 2mm 时，取平均数作为正确高差 h；

第三步：移动仪器接近于 A 点（或 B 点），如图 4-17b，使目镜距尺 1 ~ 2cm，用物镜端观测近尺读数 a_2，然后计算当视准轴水平时远尺的正确读数应为 $b_2 = (a_2 - h)$，这样将视准轴对准 b_2 读数，这时，视准轴就处于水平位置，此时如果水准管气泡居中，说明两轴线互相平行，否则应进行校正。

3. 校正方法

当视准轴对准 B 尺上正确读数 b_2 时，视准轴已处于水平位置，但水准管气泡偏离中央，说明水准管轴不水平。拨动水准管的校正螺丝（图 4-18），使气泡居中，这样水准管轴也处于水平位置，从而达到两轴相互平行的条件，拨动水准管轴校正螺丝时，应注意先松后紧，以免损坏螺丝。

在检校仪器时，如因锈蚀、污腻造成拨动螺丝、螺旋有困难时，可先注以少量煤油或汽油，待片刻后，再慢慢拨动。切不可强力扳扭。

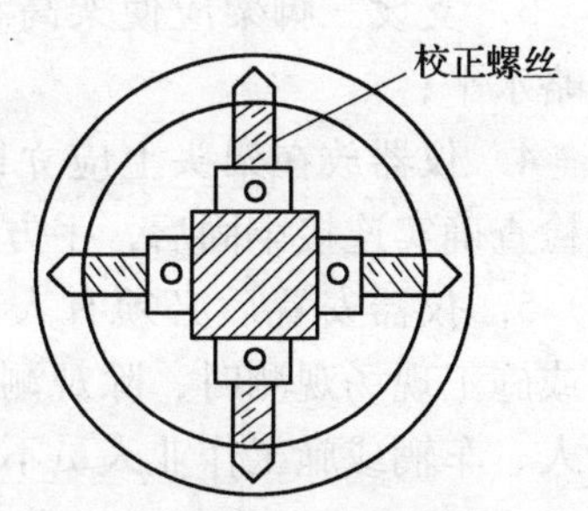

图 4-18　水准管轴校正螺丝

仪器各项校正完毕后，应依次重新检验一遍，以作校核，并将残留误差的方向和大小，记入检校记录中，供使用时参考。

4.2.4　水准仪的使用、维护注意事项

4.2.4.1　领用仪器时应注意事项

领用仪器时应对仪器及其附件进行全面检查，确认仪器性能完好后，才能使用。检查的主要内容是：

1. 仪器各部位安装是否正确，附件是否齐全、适用。仪器有无碰撞或损坏痕迹；

2. 各轴系是否严密，转动是否灵活，有无杂音。各操作螺旋是否有效，校正螺丝有无松动或丢失；

3. 物镜、目镜有无磨痕，物像和十字线是否清晰；

4. 三脚架、仪器和连接螺旋是否配套。

4.2.4.2　安置仪器应注意事项

1. 仪器自箱中取出前，应松开各制动螺旋。提取仪器

时，不要提望远镜或横轴，而应以一手握基座，另一手扶支架，将仪器轻轻取出；

2. 仪器应安置在所测点的等距离（可用步测）处，并选在易于踩牢三脚架、行人车辆少、能保证仪器安全的地方；

3. 支设三脚架应使架高与观测者身高相适应，架首要概略水平；

4. 仪器放在架头上应立即旋紧连接螺旋，仪器和脚架经检查确实连接牢固后，手方可离开仪器；

5. 仪器安置后必须有人看护，不得离开。在街市、道路或施工现场观测时，除观测者外，宜另设专人看护，以防行人、车辆或施工作业人员不慎而损坏仪器。

4.2.4.3 操作和观测前应注意事项

操作和观测前应熟悉仪器构造、性能及各操作螺旋的部位和作用，并应注意以下几个问题：

1. 观测读数前要定平水准管，使气泡居中，读数后要检查水准管气泡是否仍居中，以保证视线在读数过程中水平；

2. 使用定平螺旋时，应尽量保持等高，旋转要均匀，松紧要适当，切不可过紧；

3. 制动螺旋应松紧适当，不可过松，尤其不可过紧。微动时，应尽量保持微动螺旋在微动卡中间一段移动。不可旋转过度，使弹簧完全压缩，或完全伸展弹出，以保持微动效用和弹簧的弹性；

4. 转动仪器前，必须先松开相应的制动螺旋，并用手轻扶支架（不得扶望远镜），使仪器平稳旋转。当仪器旋转失灵或出现杂音时，应查明原因，妥善处置，严禁强力扳扭或拆卸、锤击，以免损伤仪器；

5. 操作中应避免用手触及物镜、目镜。镜上有灰尘时，应用软毛刷轻轻掸去，切不可用手指、手帕等物擦拭。观测结束时，应及时戴上物镜帽；

6. 仪器应避免日晒、雨淋，烈日下或雨雪天应撑伞遮挡。

4.2.4.4 用毕仪器后应注意事项

在观测结束仪器入箱前，应先将仪器的定平螺旋和微动螺旋退回至正常位置，并用软毛刷除去仪器表面灰尘，再按出箱时原样入箱就位。

如观测中遇零星雨点，应以软布擦净。箱盖关闭前应将各制动螺旋拧紧。

野外施测过程中，短距离迁站时，可将仪器连同三脚架一起搬动。迁站前，应将各部制动螺旋微微拧紧。迁站时，脚架合拢后，一手持脚架于肋下，一手紧握基座置仪器于胸前，切不可单手提携或肩扛，以免碰坏仪器。

长途运输仪器时，要切实作好防震、防潮工作。仪器应存放在干燥、通风、温度稳定的房间里，切忌靠近火炉和暖气片。

仪器除日常的维护、保养外，应根据使用情况定期（一般每隔 1 ~ 2 年），由专门人员或送维修部门进行检修和全面拆擦清洗。

4.3 经纬仪的应用

4.3.1 仪器的安置

1. 支三脚架

支三脚架的方法与支水准仪的操作相同，但需注意三脚架中心必须对准下面测点桩位的中心，以便对中时容易找正。

2. 安仪器

将经纬仪从仪器箱中取出，托起安放到三脚架上，然后用三脚架的固定螺旋拧牢，并在螺旋下端小钩上挂好线锤，使锤尖与桩中心大致对中，并将三脚架尖踩入土中固定，不再移动。

3. 调平

定平的目的是使水平度盘处于水平位置。它的定平方法和水准仪一样，只不过没有水准仪要求那么精确，只要在各个方向水准管的气泡均基本居中，就认为定平完毕。

4. 对中

对中的目的是要将经纬仪水平度盘的中心安置在桩点的铅垂线上。对中时根据线锤偏离桩点中心的程度来移动仪器，偏得少的如10～20mm，可以松开固定螺钉移动上部仪器来对中；如果偏离太大必须重新移动三脚架达到对中的目的。利用线锤对中时，观测者必须从仪器两个互相垂直的方向去看锤尖是否对准测点的中心标志（一般是在木桩中心钉一个小钉）。如果其偏离中心左右前后不大于2mm，就可拧紧固定螺钉，即对中完毕。

4.3.2 经纬仪测角

1. 水平角测设

(1) 测量已知角的数值

测量已知角，即地面上给出三个点，测出三点所夹的水平角值是多少。常用以下几种方法。

1) 测回法：如图4-19，*AOB* 为已知三点，欲测出 $\angle AOB$ 的数值。

① 将仪器安在 O 点上，先将度盘对到 0°00′00″（测微轮式先将测微尺对准 0°00′00″，扳上复测器，利用水平微动将指标线对准 0°）。

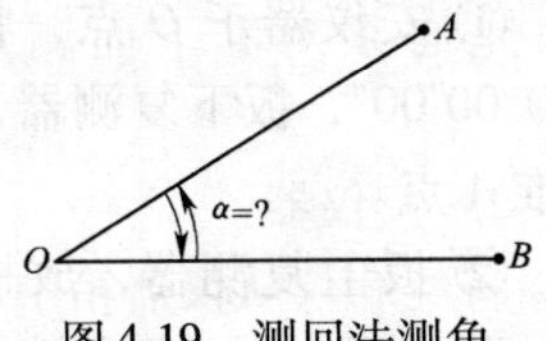

图 4-19 测回法测角

② 先扳下复测器，后放松水平制动，以正镜（即竖盘在望远镜左侧）照准 A 点，检查度盘读数仍为 0°00′00″。

③ 扳上复测器，放松水平制动，平转镜，照准 B 点，读取度盘读数，如 30°15′30″（若为测微轮式，先转动测微轮使度盘刻划线平分指标双线，然后读数），以上称半测回。

④ 为消除仪器误差再测半测回。纵转望远镜成倒镜，复测器仍扳上，平转镜（度盘变位 180°）照准 B 点，读取读数如 210°15′20″。

⑤ 放松水平制动，逆时针平转镜，照准 A 点，读数如 180°00′00″。用正、倒镜各测一次称一测回。

记录格式及计算方法见表 4-2。

测回法观测手簿 **表 4-2**

测站	竖盘位置	目标	度盘读数	半测回角值	一测回角值	各测回平均角值	备注
0	正镜	A	0°00′00″	30°15′30″	30°15′25″		
		B	30°15′30″				
	倒镜	B	210°15′20″	30°15′20″			
		A	180°00′00″				

2）复测法：如图 4-20，AOB 为已知点，测 $\angle AOB$ 的角值。

① 安仪器于 O 点，将读数对准 0°00′00″，扳下复测器，用正镜照准 A 点。

② 扳上复测器，放松水平制动，照准 B 点，读出读数如 47°30′10″。此读数称为检验角。

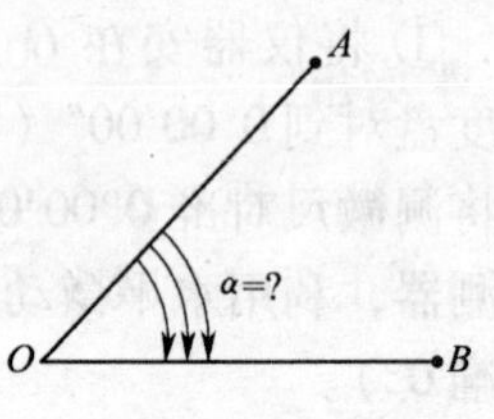

图 4-20　复测法测角

③ 扳下复测器，放松水平制动，逆时针平转镜，再次照准 A 点（此时读数仍为 47°30′10″）。

④ 扳上复测器，放松水平制动，再照准 B 点，不用读数。

⑤ 扳下复测器，逆转镜再照准 A 点，不用读数。

⑥ 扳上复测器，平转镜，照准 B 点，读取读数如 142°30′45″。

因为起始读数为 0°00′00″，所以最后读数减去起始读数所得的累计角值仍为 142°30′45″，共复测 3 次，累计角值除以复测次数即为前半测回的平均角值。

$$\alpha = \frac{142°30'45''}{3} = 47°30'15''$$

⑦ 为提高精度，改倒镜再测半测回，最后取平均值作为观测成果。

如果所测角值很大或复测次数较多，累计角值会超过 360°，为此，观测过程中要记住复测的次数，用检验角乘以复测次数得出概略累计角值，然后除以 360°，商值整数部分得几，就在最后读数上加几个 360°，作为累计读数。

如测某角，初始读数为 10°40′，检验角为 144°20′，复测 4 次，最后读数为 228°00′40″，求平均角值。

$$超过 360° 次数 = \frac{144°20' \times 4}{360°} > 1$$

$$\text{平均角值} = \frac{228°00'40'' + 360° - 10°40'}{4} = 144°20'10''$$

由于复测过程多次变换度盘位置，计算角值时只用了初始读数和终止读数，减少了仪器误差和读数误差，可以提高测角的精度。

（2）测设已知数值的角

测设已知数值的角，就是在地面上给出两点和一个设计角，要求测设出另一点。

如图 4-21，*OA* 是地面上给出的两点，要求以 *O* 点为角顶，顺时针测设一个 $\beta = 50°50'$的角，定出 *B* 点，测角步骤如下。

1）正倒镜法

① 将仪器安于 *O* 点，将度盘对到 0°00′00′。

② 先扳下复测器，后放松水平制动，用正镜照准 *A* 点。

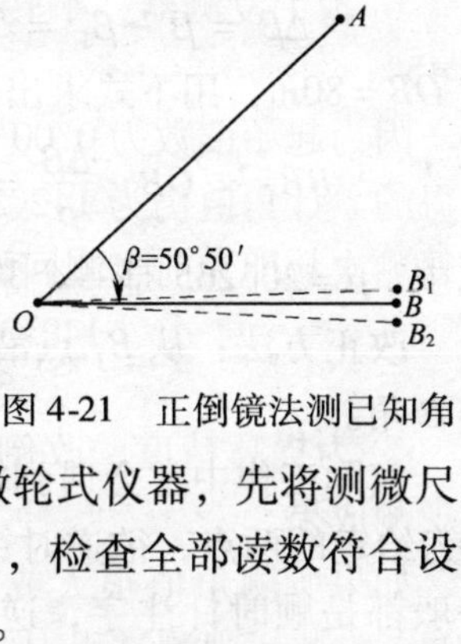

③ 先扳上复测器，后放松水平制动，平转镜，将度盘读数对到要测角 50°50′（若使用测微轮式仪器，先将测微尺对到小数部分，后对度盘整数部分），检查全部读数符合设计角后，在视线方向线上定出 B_1 点。

图 4-21　正倒镜法测已知角

以上用正镜观测的叫半测回，为了校核，并消除视准轴不垂直横轴及横轴不垂直竖轴误差的影响，用倒镜再测半测回。

④ 将度盘读数对到 90°00′00″，用倒镜照准 *A* 点。扳上复测器，平转镜，将读数对到要测角 140°50′在视线方向线上，定出 B_2 点。

⑤ 正常情况下 B_1、B_2 近于重合，取 B_1、B_2 的中点 *B*

作为观测成果。∠AOB 就是要求的设计角。

上述测法中，初始读数为 0°00′00′，这样计算简便，不易出错，是常用的方法。

2）角值改正法

仍以测 $\beta = 50°50'$ 为例，在 O 点安仪器，先用正镜测出 B_1 点，如图 4-22 所示。然后用测回法反复（二次以上）测量 β_1 角，求出平均角值，如 $\beta_1 = 50°49'30''$，计算 B_1 与 β 角之差值 $\Delta\beta$。

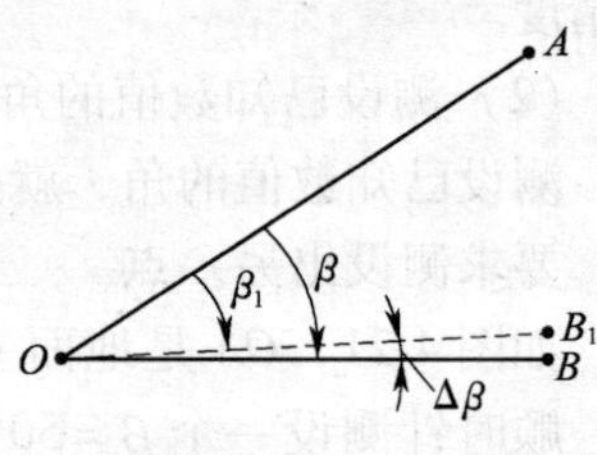

图 4-22　改正法测已知角

$$\Delta\beta = \beta - \beta_1 = 50°50' - 50°49'30'' = 30''$$

设 $OB = 80\text{m}$，用下式求出修改数：

$$BB_1 = OB \cdot \frac{\Delta\beta}{\rho} = 80000 \times \frac{30}{206265} = 12\text{mm}$$

式中　$\rho = 206265$ 是一个常数。

改正方法：从 B_1 点沿垂线方向向外量 12mm 定出 B 点，得 β 角。

实际工作中常会遇到需逆时针方向测角，图 4-23 中 O、A 为给定的两点，欲逆时针测设 α 角，定出 B 点。水平度盘一般都是顺时针注字，逆时针测角时，把测右角变成测左角，换算方法是：

$$\beta = 360° - \alpha$$

然后按顺时针测出 β 角，定出 B 点。

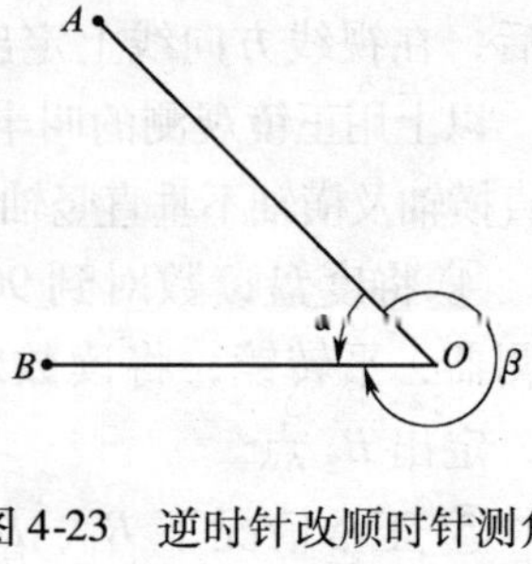

图 4-23　逆时针改顺时针测角

测角在前视方向右侧称右

角，在前视方向左侧称左角。

对所用仪器来说，允许误差为仪器的两倍中误差。例如 J_6 级经纬仪允许误差为 12″，即测已知角的数值时，两个半测回角值之差不大于 12″。在测设已知数值的角时，两半测回角值之差（图 4-22 中 $\angle B_1OB_2$）不大于 24″。

（3）测量两点的距离

图 4-24 中，欲测隔河相对的 A、B 两点间距离。设辅助点 p，利用三角正弦定律公式推算出 A、B 两点间的距离。

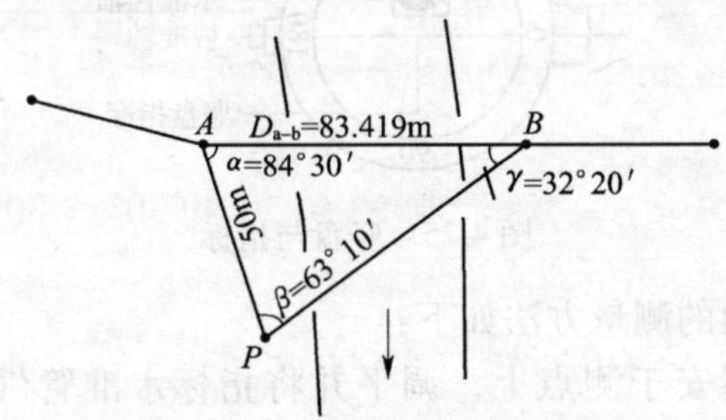

图 4-24 利用正弦定律计算两点距离

测量方法如下：

1）在 A 点同岸设辅助点 p，精密丈量 Ap 两点距离，如 50m。

2）置仪器于 A 点，后视 B 点，测出角 $\alpha=84°30'$。

3）置仪器于 p 点，后视 A 点，测出角 $\beta=63°10'$。

4）计算 B 点夹角 $\gamma=180°-84°30'-63°10'=32°20'$。

5）计算 D_{a-b} 距离：

根据正弦定律在任意三角形中：

$$欲求边长=已知边长\times\frac{欲求边对应角正弦}{已知边对应角正弦}$$

$$D_{a-b}=50\times\frac{\sin63°10'}{\sin32°20'}=50\times\frac{0.892323}{0.534844}=83.419\text{m}$$

2. 竖直角测量

(1) 竖直角测量

竖直度盘是用来测量竖直角的。其构造及读数方法与水平度盘基本相同，注字大多为逆时针。当望远镜视准轴水平时，度盘读数为0°或90°的倍数，见图4-25。视线在水平线以上称仰角，视线在水平线以下称俯角。

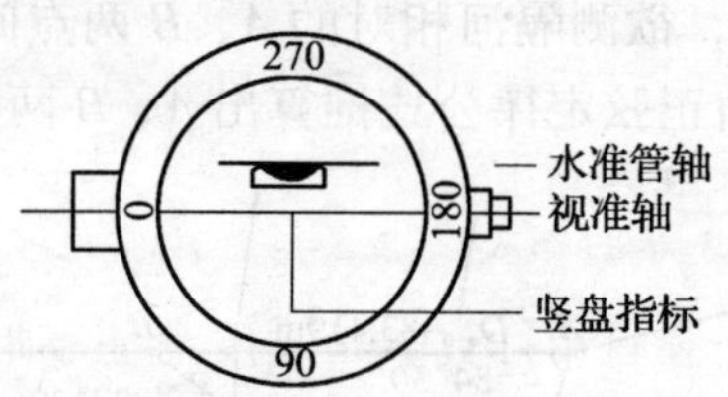

图4-25 竖盘与指标

竖直角的测量方法如下：

将仪器安于测点上，调平并将指标水准管气泡调整居中，然后纵转望远镜照准目标（不需先照准后视），其竖盘度数就是所观测角的角值。

【例1】 如图4-26，欲测量旗杆的高度，先仰镜照准杆顶，如竖盘读数 $\alpha = 122°10'$（视线水平时竖盘读数为90°），再俯视照准杆底，如竖盘读数 $\beta = 86°20'$，仪器中心至旗杆的水平距离 $s = 23$m，求旗杆高 $H = ?$

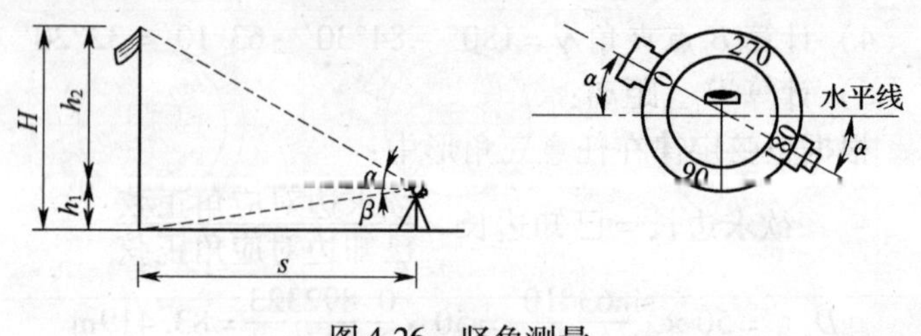

图4-26 竖角测量

解：已知　$\alpha = 122°10' - 90° = 32°10'$

$\beta = 90° - 86°20' = 3°40'$

查表　$\mathrm{tg}\alpha = \mathrm{tg}32°10' = 0.62892$

$\mathrm{tg}\beta = \mathrm{tg}3°40' = 0.06410$

计算　$h_1 = \mathrm{tg}\beta \cdot s = 0.06410 \times 23 = 1.474\mathrm{m}$

$h_2 = \mathrm{tg}\alpha \cdot s = 0.62892 \times 23 = 14.465\mathrm{m}$

旗杆高　$H = h_1 + h_2 = 1.474 + 14.465 = 15.939\mathrm{m}$

计算旗杆高时，只能用两角分别计算高度后再增加，不能用两角之和来计算高度。

（2）竖盘读数法

竖盘读数，竖直角计算，是随度盘注字形式而异。以逆时针注字的度盘为例，如图 4-27 所示，当正镜视线水平时，指标读数为 90°，倒镜时，指标读数为 270°。

由图可知：　$\alpha_{正} = L - 90°$

$\alpha_{倒} = 270° - R$

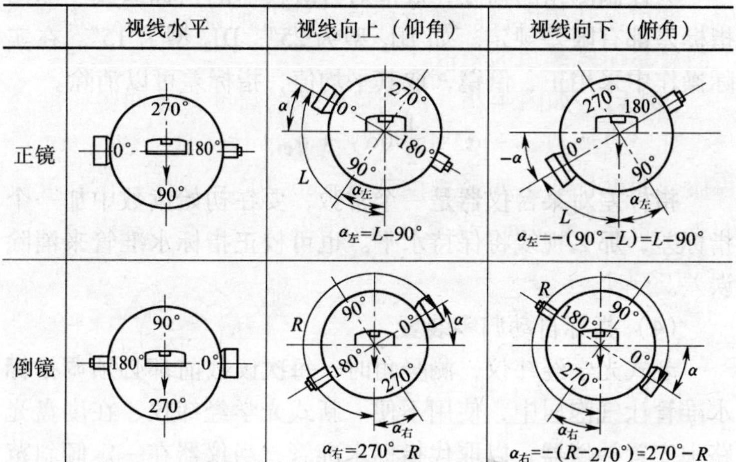

	视线水平	视线向上（仰角）	视线向下（俯角）
正镜	270° 0° 180° 90°	$\alpha_{左} = L - 90°$	$\alpha_{左} = -(90° - L) = L - 90°$
倒镜	90° 180° 0° 270°	$\alpha_{右} = 270° - R$	$\alpha_{右} = -(R - 270°) = 270° - R$

图 4-27　度盘读数与竖直角计算

（3）度盘指标差

由于度盘偏心或水准管轴不垂直于指标线的影响，度盘读数存在指标差。检验方法是：先以正镜、指标读数为 90°时，照准远处一目标。然后再倒镜照准远处目标，这时若指标读数为 270°，说明指标差为 0，若偏离 270°，其偏移量为指标差的 2 倍（图 4-28）。

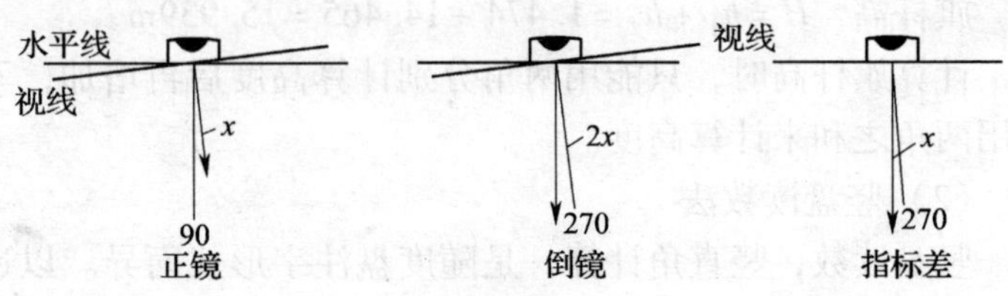

图 4-28　竖盘指标差

$$指标差\quad x=\frac{1}{2}\left(\alpha_{正}-\alpha_{倒}\right)$$

为控制测角的精度，规范对各级仪器的指标差或一测回指标差都有限差规定。如 DJ_6 型为 25″，DJ_2 型为 15″。在实际操作中采用正、倒镜，取其平均值，指标差可以消除。

$$\alpha=\frac{1}{2}\left(\alpha_{正}+\alpha_{倒}\right)$$

指标差对某台仪器是一个常数，要在初始读数中加一个指标差，那么视线将保持水平。也可校正指标水准管来消除误差。

（4）指标自动归零装置

老式光学经纬仪，测竖角时，每次读数前都必须调指标水准管让气泡居中，使用不便。新式光学经纬仪、在度盘光路中安置补偿器，以取代指标水准管。当仪器在一定倾斜范围内，竖盘指标能自动归零。能读出相应于指标水准管气泡居中时的读数。这种补偿装置的原理和水准仪自动安平原理基本相同。为达到稳定效果，多采用液体阻尼。

如图 4-29 所示，它在指标 A 和竖盘间悬吊一透镜，当视线水平时，指标 A 处于铅垂位置，通过透镜 O 读出正确读数，如 90°。当仪器稍有倾斜时因无水准管指示，指标处于不正确 A'位置，但悬吊的透镜在重力作用下，由 O 移到 O' 处，此时，指标 A'通过透镜 O'的边缘部分折射，仍能读出 90°的读数。从而达到竖盘指标自动归零的目的。自动归零补偿范围一般为 2′。

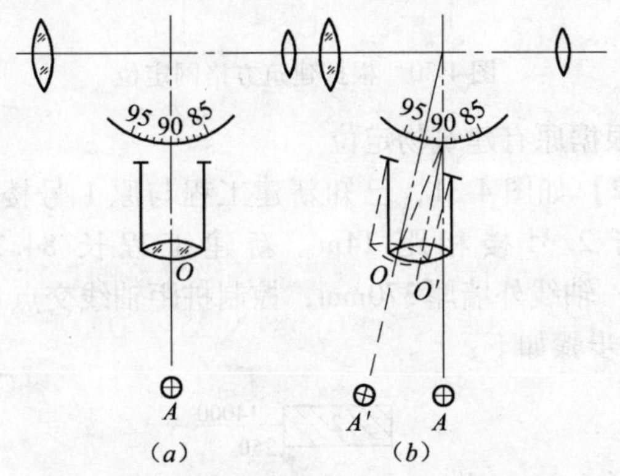

图 4-29　竖盘指标自动归零示意图

4.3.3 建筑物的定位放线

1. 根据建筑方格网定位

建筑场地上的施工控制测量，常用的控制方法为建筑方格网法。方格网由设计院在总平面图设计时一并作出，每个方格边长 100 ~ 200m，有正方形或长方形两种。方格网的坐标编号，一般以 x 表示纵坐标，以 y 表示横坐标。在总平面图上查得新建筑物 $ABCD$ 轴线各交点的坐标 x 及 y（图 4-

30）。A 点纵坐标 x 为 $3A+20.000$，横坐标 y 为 $3B+35.000$，A 点确定后其他三点亦可用坐标确定位置或根据建筑的尺寸确定 B、C、D 点。

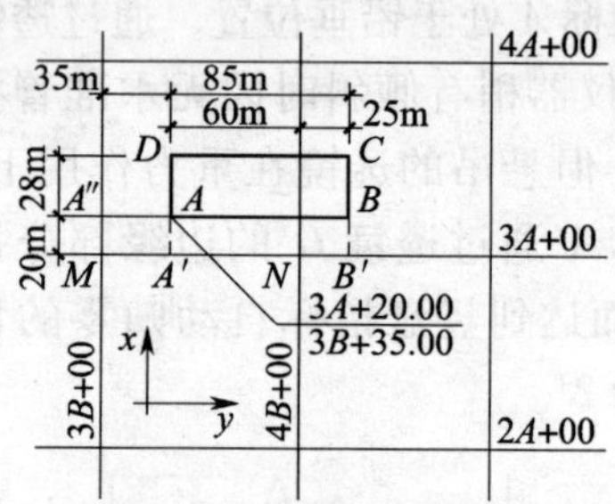

图 4-30　根据建筑方格网定位

2. 根据原有建筑物定位

【例 2】如图 4-31，已知新建工程与原 1 号楼在一条直线上，与 2 号楼相距 14m。新建工程长 84.740m，宽 12.740m，轴线外墙厚 370mm，控制桩距轴线交点 6m，测设控制网。步骤如下：

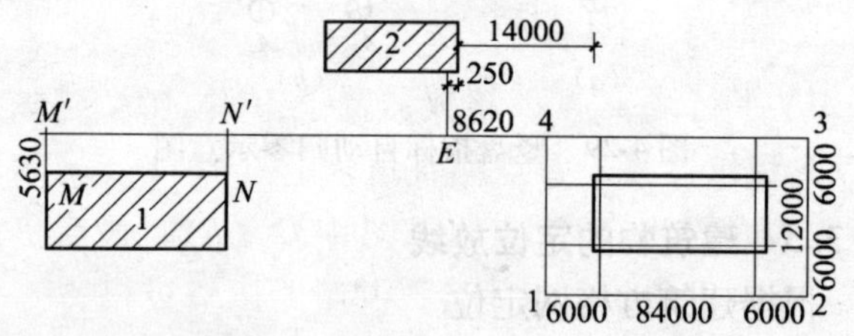

图 4-31　根据原建筑定位（平行）

（1）作 MN 的平行线定 $M'N'$ 点，作 $M'N'$ 延长线定出 E 点。

（2）将仪器移于 E 点后视 M' 测直角，观看 2 号楼，量视线至墙角距离，为 250mm。再顺针测直角，自 E 点量

14000 -（6000 - 370） + 250 = 8620mm，定出 4 点，接着量 96000mm 定出 3 点。

（3）将仪器置于 4 点测直角，量 24000mm 定出 1 点。

（4）将仪器置于 3 点测直角，量 24000mm 定出 2 点。

（5）将仪器移于 1 点后视 4 点测直角与 2 点闭合，并丈量 1、2 两点距离进行校核。

【例 3】新建工程与原有建筑互相垂直。如图 4-32（*a*），新建工程与原建筑横向距离为 *y*，纵向距离为 *x*。测设方法：

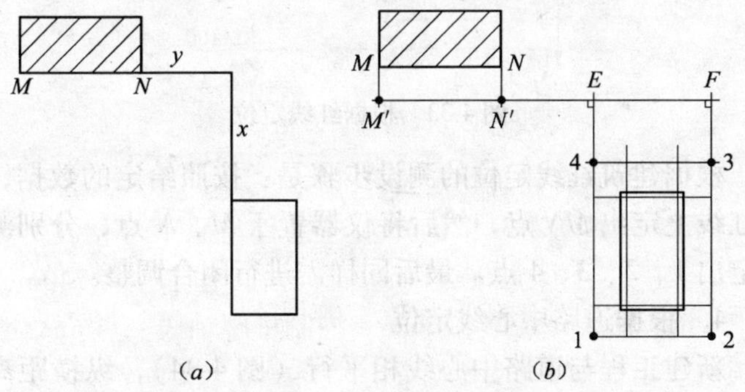

图 4-32　根据原建筑物定位（垂直）

作 *MN* 平行线 *M′N′*，将仪器置于 *M′* 作 *M′N′* 延长线定出 *E*、*F* 点，将仪器移于 *E* 点测直角，定出 4、1 点。将仪器置于 *F* 点测直角定出 3、2 点，见图 4-32（*b*），最后仍需将仪器置于 1 点测直角与 2 点闭合，并量距以资校核。

3．根据建筑红线定位

城镇建设要按统一规划施工。建筑用地的边界应经设计部门和规划部门商定，并由规划部门拨地单位在现场直接测设。如图 4-33 中 Ⅰ、Ⅱ、Ⅲ 点是拨地单位测设的边界点，其各点连线称“建筑红线”。总图上所给建筑物至建筑红线的距离，是指建筑物外边线至红线的距离。若建筑物有突出部分（如附墙柱、外廊、楼梯间），以突出部分外边线计算至红线的距离。

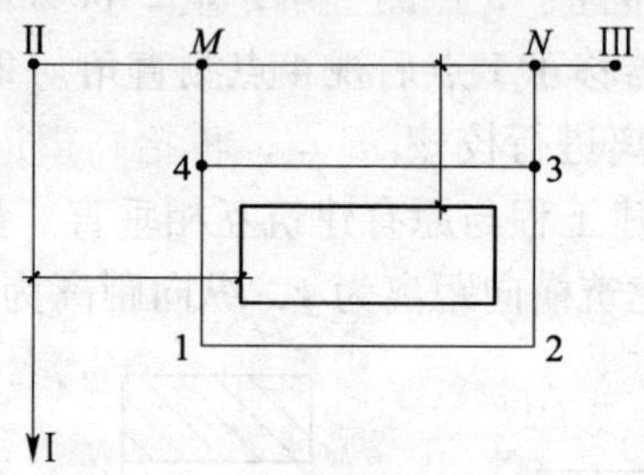

图 4-33　根据红线定位

根据建筑红线定位的测设步骤是：按照给定的数据，先在红线上定出 MN 点，然后将仪器置于 M、N 点，分别测直角定出 1、2、3、4 点。最后同样需进行闭合调整。

4．根据道路中心线定位

新建工程与道路中心线相平行（图 4-34），纵横距离均已知，先换算出控制桩至道路中心线的距离。测设步骤如下：

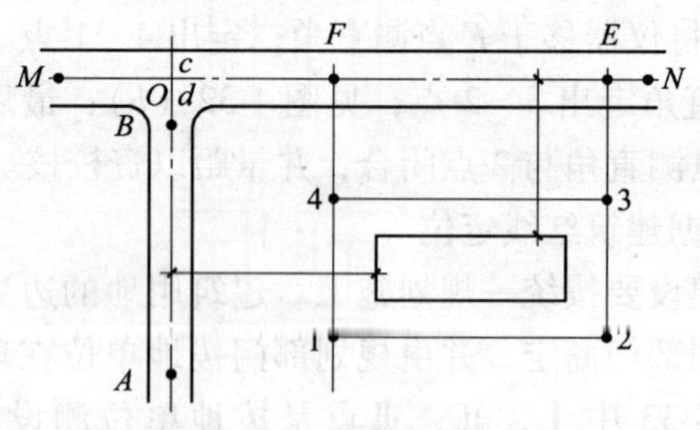

图 4-34　根据道路中心线定位

（1）量取道宽中心定出 A、B 点，将仪器置于 A 点作 AB 延长线标出 cd 线段。（最好找到规划道路中心桩）。

（2）量取道宽中心定出 M、N 点，为精确测取道路中心，MN 的距离要适当加长。将仪器置于 M 点，前视 N 点，低转望远镜照准 cd 线段，标出两线交点 O。抬高望远镜，自 O 点量距，在视线方向定出 F 点，再抬高望远镜，从 F 点量距定出 E 点。

（3）将仪器置于 F 点，后视 N 点测直角，定出 4、1 点。

（4）将仪器置于 E 点，后视 M 点测直角，定出 3、2 点。

（5）将仪器置于 1 点，后视 F 点测直角与 2 点闭合，并丈量 1、2 点距离进行校核。

4.3.4 经纬仪的检验与校正

经纬仪是结构复杂、制造精密的仪器。要测出精确成果，各轴线关系必须正确，经纬仪各轴线间的几何关系如图 4-35 所示。即：

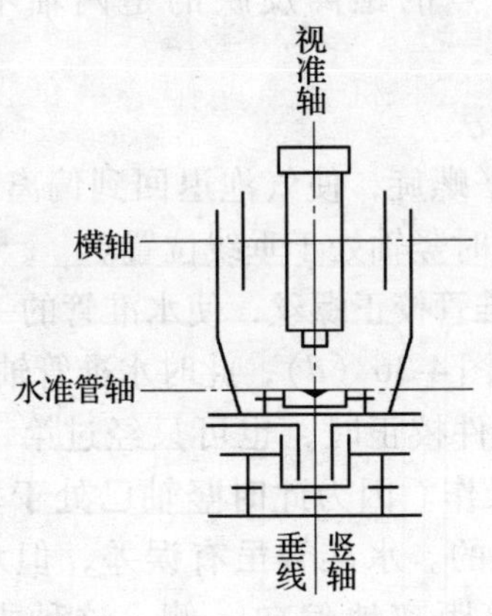

图 4-35　经纬仪各轴线示意

① 水准管轴垂直于竖轴；

② 视准轴垂直于横轴；

③ 横轴垂直于竖轴；

④ 十字线竖丝垂直于横轴；

⑤ 竖轴平行于垂线（仪器定平条件）。

1. 水准管轴的检验和校正

水准管轴垂直于竖轴时，当水准管气泡居中，度盘处于水平位置，满足仪器置平条件。

（1）检验方法

1）仪器支稳，让水准管平行于任意两个调平螺旋，旋转调平螺旋使气泡居中，如图 4-36（a），此时水准管轴水平。

2）将水准管绕竖轴旋转 180°，此时水准管调头，若气泡仍居中，说明水准管轴垂直竖轴，满足要求。如果气泡偏离一侧，如图 4-36（b），说明水准管轴不垂直竖轴，需校正。气泡偏离中点的距离反映的是两轴不垂直之误差的 2 倍。

（2）校正方法

1）转动调平螺旋，使气泡退回到偏离中点的一半，如图 4-36（c），此时竖轴处于垂线位置。

2）拨动水准管校正螺丝，使水准管的一端抬高或降低，让气泡居中，如图 4-36（d），此时水准管轴垂直竖轴。

在外业无条件校正时，也可只经过第一步校正（图 4-36（c））进行操作。因为此时竖轴已处于垂线位置，满足了调平仪器的目的。水准管虽有误差，但水准管转到任何位置气泡总是等距离地偏向一侧，这种方法称为等偏调平法。

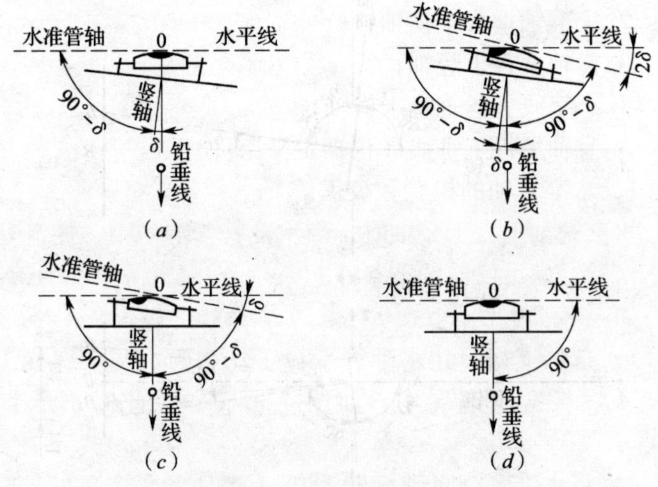

图 4-36 水准管轴校正方法

2. 视准轴的检验和校正

视准轴垂直于横轴，正镜转倒镜所观测的点在一条直线上。

（1）检验方法

1）选择一平坦场地（长约 80～100m），仪器安置在中间，场地一端设一目标 A 作为后视，场地另一端垂直视线放一木方（或贴一张白纸），用望远镜正镜照准后视 A 点，拧紧水平制动，然后纵转望远镜成倒镜，在木方上投测一点 B_1，如图 4-37（a）。

2）平转镜 180°，保持倒镜再照准 A 点，拧紧水平制动，然后纵转望远镜成正镜观测 B_1 点，若视线与 B_1 点重合，说明视准轴垂直横轴，满足条件。如果视线偏离 B_1 点，而得 B_2 点，如图 4-37（b），需校正。

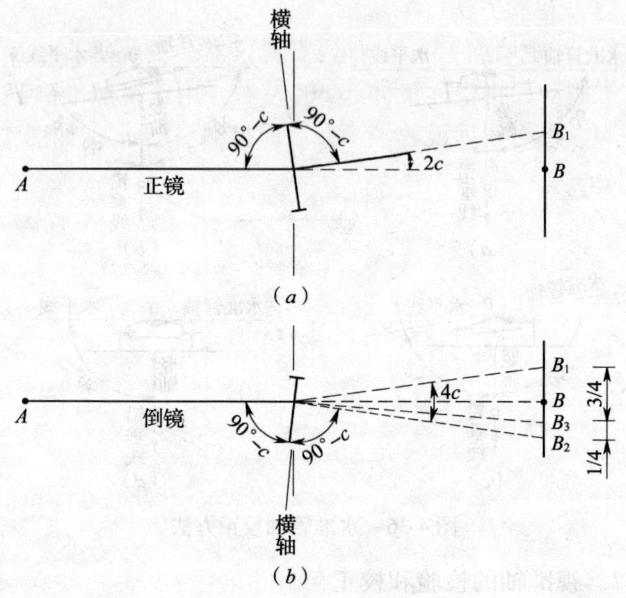

图 4-37　视准轴校正程序

（2）校正方法

1）从 B_2 点开始量取四分之一 B_1B_2 长，作 B_3 点（注意不要取 B_1B_2 的中点），如图 4-37（b）。由于视准轴与横轴误差为一个 c 角，所以 B_3 点就是视准轴应照准的改正位置。

2）望远镜不动，将十字线环左右两个校正螺丝一松一紧，将十字线的交点对准 B_3 点，视准轴就垂直横轴了。校正过程中十字线环的位移很小，要小心仔细，拨动螺丝时要先松后紧，边松边紧。

3．横轴的检验和校正

横轴垂直于竖轴，那么任意竖角所观测的点都在一条垂线上。

（1）检验方法

1）在距墙面 15m 左右处安置仪器，视线垂直墙面，拧紧水平制动，将望远镜仰起 30°左右，用正镜照准高处一目标点 M，再将望远镜放平，在墙面投测一点 m_1，如图 4-38。

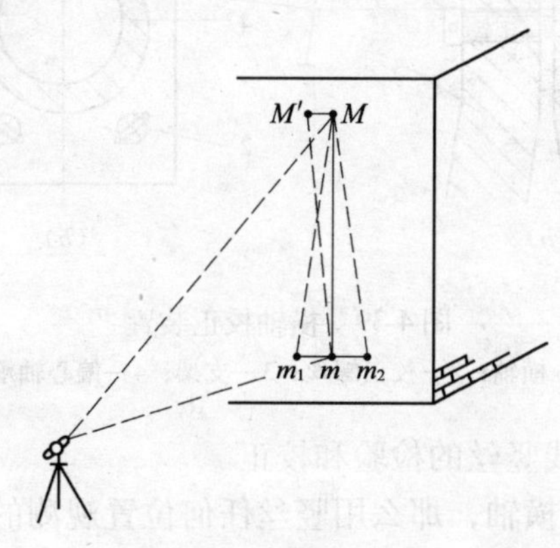

图 4-38　横轴校正程序

2）改用倒镜照准高处 M 点，拧紧水平制动，将望远镜放平，观看 m_1 点，如果视线与 m_1 点重合，说明横轴垂直竖轴，满足条件；若不重合则标出 m_2 点，说明需校正。

（2）校正方法

1）在 m_1m_2 两点间定出中点 m，仪器原位不动，利用水平微动平转视线照准 m 点，然后抬高望远镜看高处 M 点，这时视线偏向 M'。

2）用拨针拨动支架上横轴校正螺丝，调整支架高度，使十字线交点对准 M 点，这时 Mm 两点在一条垂线上，横轴垂直于竖轴。

图 4-39 是两种形式的横轴校正装置，图 4-39（b）是通过转动偏心轴承来校正横轴的。

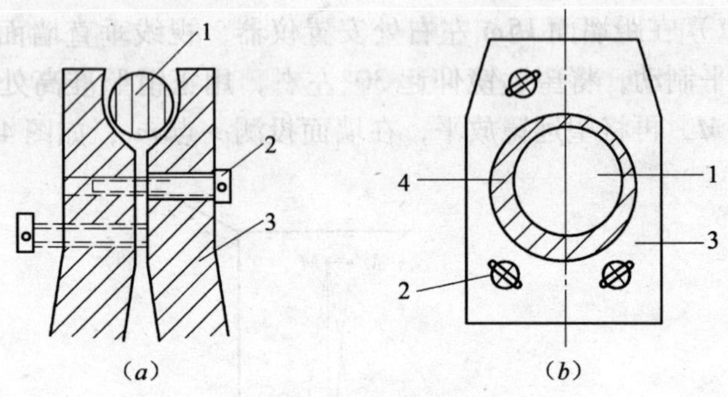

图 4-39　横轴校正装置

1—横轴；2—校正螺丝；3—支架；4—偏心轴承

4．十字线竖丝的检验和校正

竖丝垂直横轴，那么用竖丝任何位置观测的点都在一条垂线上。

（1）检验方法

将仪器调平，用十字线交点照准一目标，拧紧水平制动，纵转望远镜，若该点在竖丝上移动，如图 4-40（*a*），说明竖丝垂直横轴；若偏离竖丝，如图 4-40（*b*），则需校正。

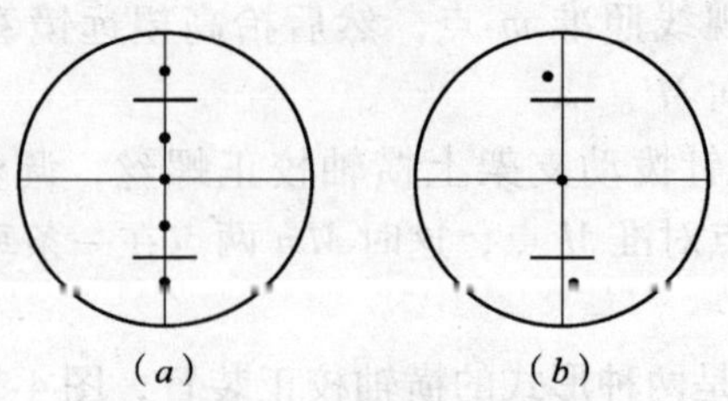

图 4-40　竖丝检验方法

（2）校正方法

松开十字线环两相邻螺丝，转动十字线环，使之满足条件要求。此项误差一般不用校正，观测时可用十字线交点照准目标。

5 常用砌筑材料和机具

5.1 常用砌筑材料

5.1.1 砌筑用砖

5.1.1.1 烧结普通砖

是以黏土、页岩、煤矸石、粉煤灰为主要原料经焙烧而成的普通砖（以下简称砖）。

1. 品种

按主要原料砖分为黏土砖（N）、页岩砖（Y）、煤矸石砖（M）和粉煤灰砖（F）。其中黏土砖是以往建筑工程中最常用的砖，广泛用于承重墙体，也用于非承重的填充墙。标准砖的尺寸为 240mm × 115mm × 53mm。当砌体灰缝厚度为 10mm 时，组砌成的墙体即符合 4 块砖长等于 8 块砖宽，也等于 16 块砖厚，等于 1m 长的模数规律。标准砖各个面的叫法如图 5-1 所示。

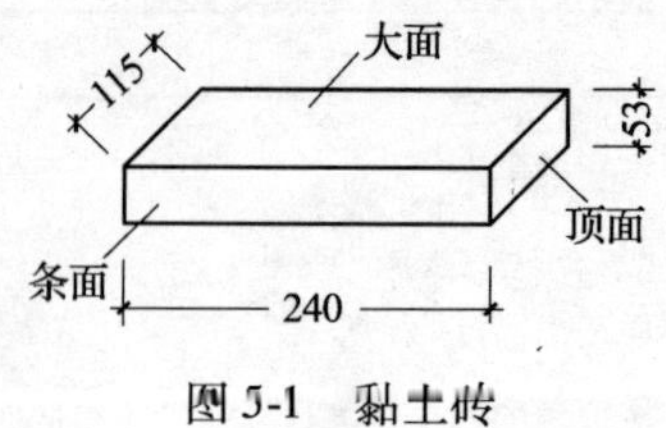

图 5-1　黏土砖

每块砖重，干燥时约为 2.5kg，吸水后约为 3kg。$1m^3$ 体积的砖约重 1600 ~ 1800kg。

根据我国墙体技术改革政策，实心黏土砖将被逐步禁止使用，代之以其他类型的普通砖和小型空心砌块。

2. 质量等级

(1) 根据抗压强度分为 MU30、MU25、MU20、MU15、MU10、五个强度等级。

(2) 抗风化性能合格的砖，根据尺寸偏差、外观质量、泛霜和石灰爆裂分为优等品（A）、一等品（B）、合格品（C）三个产品等级，强度等级 MU7.5 的砖不能作为优等品。优等品可用于清水墙和墙体装饰，一等品、合格品可用于混水墙。中等泛霜的砖不得用于潮湿部位。

3. 技术要求

(1) 尺寸及外观允许偏差，见表 5-1、表 5-2。

尺寸允许偏差（mm）　　表 5-1

公称尺寸	优等品		一等品		合格品	
	样本平均偏差	样本极差≤	样本平均偏差	样本极差≤	样本平均偏差	样本极差≤
240	±2.0	8	±2.5	7	±3.0	8
115	±1.5	6	±2.0	6	±2.5	7
53	±1.5	4	±1.6	5	±2.0	6

外观质量允许偏差（mm）　　表 5-2

项　　目		优等品	一等品	合格品
两条面高度差	不大于	2	3	4
弯曲	不大于	2	3	4
杂质凸出高度	不大于	2	3	4
缺棱掉角的三个破坏尺寸	不得同时大于	5	20	30
裂纹长度	不大于			
a. 大面上宽度方向及其延伸至条面的长度		30	60	80

续表

项　目	优等品	一等品	合格品
b. 大面上长度方向及其延伸至顶面的长度或条顶面上水平裂纹的长度	50	80	100
完整面不得少于	二条面和二顶面	一条面和一顶面	—
颜色	基本一致	—	—

注：1. 为装饰而施加的色差、凹凸纹、拉毛、压花等不算作缺陷。

2. 凡有下列缺陷之一者，不得称为完整面：

① 缺损在条面或顶面上造成的破坏面尺寸同时大于 10mm×10mm。

② 条面或顶面上裂纹宽度大于 1mm，其长度超过 30mm。

③ 压陷、粘底、焦花在条面或顶面上的凹陷或凸出超过 2mm，区域尺寸同时大于 10mm×10mm。

烧结普通砖的外形应该平整、方正。外观应无明显的弯曲、缺棱、掉角、裂缝等缺陷，敲击时发出清脆的金属声，色泽均匀一致。

（2）泛霜

优等品：无泛霜。

一等品：不允许出现中等泛霜。

合格品：不得严重泛霜。

（3）石灰爆裂

优等品：不允许出现最大破坏尺寸大于 2mm 的爆裂区域。

一等品：1）最大破坏尺寸大于 2mm，且小于等于 10mm 的爆裂区域，每组砖样不得多于 15 处。

2）不允许出现最大破坏尺寸大于 10mm 的爆裂区域。

合格品：

1）最大破坏尺寸大于 2mm 且小于等于 15mm 的爆裂区域，每组砖样不得多于 15 处。其中大于 10mm 的不得多于 7 处。

2）不允许出现最大破坏尺寸大于 15mm 的爆裂区域。

（4）强度等级，见表 5-3。

砖的强度等级（MPa）　　表 5-3

强度等级	抗压强度 平均值 $\bar{f} \geq$	变异系数 $\delta \leq 0.21$ 强度标准值 $f_k \geq$	变异系数 $\delta > 0.21$ 单块最小抗压强度值 $f_{min} \geq$
MU30	30.0	22.0	25.0
MU25	25.0	18.0	22.0
MU20	20.0	14.0	16.0
MU15	15.0	10.0	12.0
MU10	10.0	6.5	7.5

5.1.1.2　烧结多孔砖

是以黏土、页岩、煤矸石为主要原料，经焙烧而成的，主要用于承重部位的多孔砖（以下简称砖），见图 5-2。

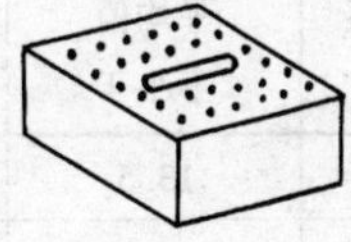
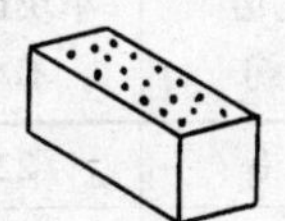
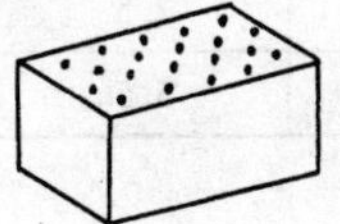
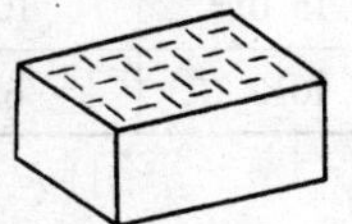

图 5-2　烧结多孔砖

1. 规格

（1）砖的外形为直角六面体，其规格尺寸见表5-4。

规 格 尺 寸（mm） **表5-4**

代号	长	宽	高
M	190	190	90
P	240	115	90

（2）砖的孔洞尺寸应符合表5-5的规定。

孔 洞 尺 寸（mm） **表5-5**

圆孔直径	非圆孔内切圆直径	手抓孔
≤22	≤15	（30～40）×（75～85）

2. 技术要求

（1）强度等级见表5-6。

强 度 等 级 **表5-6**

强度等级	抗压强度（MPa）		抗折荷重（kN）	
	平均值 不小于	单块最小值 不小于	平均值 不小于	单块最小值 不小于
30	30.0	22.0	13.5	9.0
25	25.0	18.0	11.5	7.5
20	20.0	14.0	9.5	6.0
15	15.0	10.0	7.5	4.5
10	10.0	6.0	5.5	3.0

（2）尺寸及外观质量

1）尺寸允许偏差，见表5-7。

尺寸允许偏差　　　　表5-7

尺寸	优等品		一等品		合格品	
	样本平均偏差	样本极差≤	样本平均偏差	样本极差≤	样本平均偏差	样本极差≤
290、240	±2.0	6	±2.5	7	±3.0	8
190、180、175、140、115	±1.5	5	±2.0	6	±2.5	7
90	±1.5	4	±1.7	5	±2.0	6

2）外观质量，见表5-8。

外观质量　　　　表5-8

项　目	优等品	一等品	合格品
1. 颜色（一条面和一顶面）	一致	基本一致	—
2. 完整面　不得同时大于	一条面和一顶面	一条面和一顶面	—
3. 缺棱掉角的三个破坏尺寸（mm）　不得同时大于	15	20	30
4. 裂纹长度（mm）　不大于			
a. 大面上深入孔壁15mm以上宽度方向及其延伸到条面的长度	60	80	100
b. 大面上深入孔壁15mm以上长度方向及其延伸到顶面的长度	60	100	120
c. 条、顶面上的水平裂纹	80	100	120

续表

项　目	优等品	一等品	合格品
5. 杂质在砖面上造成的凸出高度（mm）　不大于	3	4	5
6. 欠火砖和酥砖	不允许	不允许	不允许

注：凡有下列缺陷之一者，不能称为完整面：

（1）缺损在条面或顶面上造成的破坏面尺寸同时大于20mm×30mm。

（2）条面或顶面上裂纹宽度大于1mm，其长度超过70mm。

（3）压陷、焦花、粘底在条面或顶面上的凹陷或凸出超过2mm，区域尺寸同时大于20mm×30mm。

（3）物理性能见表5-9。

物 理 性 能　　　　表5-9

项目	鉴　别　指　标
冻融	1. 干质量损失不大于2% 2. 冻裂长度不大于表5-8中4的合格品规定
泛霜	1. 优等品：无泛霜 2. 一等品：不允许出现中等泛霜 3. 合格品：不允许出现严重泛霜
石灰爆裂	优等品：不允许出现最大破坏尺寸大于2mm的爆裂区域。 一等品： 1）最大破坏尺寸大于2mm且小于等于10mm的爆裂区域，每组砖样不得多于15处。 2）不允许出现最大破坏尺寸大于10mm的爆裂区域。 合格品： 1）最大破坏尺寸大于2mm且小于等于15mm的爆裂区域，每组砖样不得多于15处。其中大于10mm的不得多于7处。 2）不允许出现最大破坏尺寸大于15mm的爆裂区域

续表

项目	鉴别指标
吸水率	1. 优等品：不大于22% 2. 一等品：不大于25% 3. 合格品：不要求

5.1.1.3 *蒸压灰砂砖*

是以石灰和砂为主要原料，经坯料制备、压制成型、蒸压养护而成的实心灰砂砖。灰砂砖不得用于长期受热200℃以上、受急冷急热和有酸性介质侵蚀的建筑部位。

1. 规格

砖的公称尺寸为：长度240mm，宽度115mm，高度53mm。

2. 技术要求

（1）外观质量，见表5-10。

灰砂砖外观质量　　表5-10

项　目		指标（mm）		
		优等品	一等品	合格品
（1）尺寸偏差	不超过			
长度 宽度 高度		±2 ±2 ±1	±2	±3
（2）对应高度差	不大于	1	2	3
（3）缺棱掉角的最小尺寸 最大尺寸	不大于 不大于	5 10	10 15	10 20

续表

项　　目	指标（mm）		
	优等品	一等品	合格品
（4）完整面　不少于	2个条面和1个顶面或2个顶面和1个条面	1个条面和1个顶面	1个条面和1个顶面
（5）裂纹：			
① 裂纹条数　不大于	1	1	2
② 大面上宽度方向及其延伸到条面的长度　不大于	20	50	70
③ 大面上长度方向及其延伸到顶面上的长度或条、顶面水平裂纹的长度　不大于	30	70	100

注：凡有以下缺陷者，均为非完整面：

（1）缺棱尺寸或掉角的最小尺寸大于8mm；

（2）灰球粘土团、草根等杂物造成破坏面的两个尺寸同时大于10mm×20mm；

（3）有气泡、麻面、龟裂等缺陷。

（2）力学性能见表5-11。

灰砂砖力学性能　　表5-11

强度级别	抗压强度（MPa）		抗折强度（MPa）	
	平均值不小于	单块值不小于	平均值不小于	单块值不小于
25	25.0	20.0	5.0	4.0
20	20.0	16.0	4.0	3.2
15	15.0	12.0	3.3	2.6
10	10.0	8.0	2.5	2.0

注：优等品的强度级别不得小于MU15。

（3）抗冻性见表5-12。

灰砂砖的抗冻性指标 **表5-12**

强度级别	抗压强度（N/mm²）平均值不小于	单块砖的干质量损失（%）不大于
25	20.0	2.0
20	16.0	2.0
15	12.0	2.0
10	8.0	2.0

注：优等品的强度级别不得小于15级。

5.1.1.4 粉煤灰砖

是以粉煤灰、石灰为主要原料，掺加适量石膏和骨料经坯料制备、压制成型、高压或常压蒸汽养护而成的实心粉煤灰砖。可用于工业与民用建筑的墙体和基础，但用于基础或用于易受冻融和干湿交替作用的建筑部位必须使用一等砖与优等砖。但不得用于长期受热（200℃以上）、受急冷急热和有酸性介质侵蚀的建筑部位。

1. 规格

砖的公称尺寸为：长240mm，宽115mm，高53mm。

2. 技术要求

（1）外观质量见表5-13。

外 观 质 量 **表5-13**

项　　目	指标（mm）		
	优等品	一等品	合格品
尺寸允许偏差：			
长	±2	±3	±4
宽	±2	±3	±4
高	±2	±3	±3

续表

项　　目		指标（mm）		
		优等品	一等品	合格品
对应高度差	不大于	1	2	3
每一缺棱掉角的最小破坏尺寸	不大于	10	15	25
完整面	不少于	二条面和一顶面或二顶面和一条面	一条面和一顶面	一条面和一顶面
裂纹长度	不大于			
a. 大面上宽度方向的裂纹（包括延伸到条面上的长度）		30	50	70
b. 其他裂纹		50	70	100
层裂		不　允　许		

注：在条面或顶面上破坏面的两个尺寸同时大于10mm和20mm者为非完整面。

（2）强度指标见表5-14。

粉煤灰砖强度指标　　　　**表5-14**

强度级别	抗压强度（MPa）		抗折器度（MPa）	
	10块平均值不小于	单块值不小于	10块平均值不小于	单块值不小于
30	30.0	24.0	6.2	5.0
25	25.0	25.0	5.0	4.0
20	20.0	15.0	4.0	3.0
15	15.0	11.0	3.2	2.4
10	10.0	7.5	2.5	1.9

注：强度级别以蒸汽养护后一天的强度为准。

（3）抗冻性见表 5-15。

粉煤灰砖抗冻性指标 **表 5-15**

强度级别	抗压强度（MPa）平均值不小于	砖的干质量损失（%）单块值不大于
30	24.0	2.0
25	20.0	2.0
20	16.0	2.0
15	12.0	2.0
10	8.0	2.0

5.1.1.5 耐火砖

凡是经受 1580℃以上高温的砖称为耐火砖。它是用耐火粘土掺入熟料（煅烧并经粉碎后的粘土）后进行搅拌，压制成型，干燥后经煅烧而成。另外还有硅质和高铝质耐火砖。耐火砖主要用于炉灶、烟道、烟囱等的内衬，按其形状和规格可以分为标准型和异形两大类。标准耐火砖的规格为 250mm×123mm×60mm 和 230mm×113mm×65mm 两种，异形砖按需要进行现场加工或由厂家加工供应。

耐火砖按其耐火程度可分为普通型（耐火程度为1580～1770℃）和高级耐火砖（耐火程度为 1770～2000℃）两种。按其化学性能又可分为酸性、碱性和中性三种。

5.1.2 砌筑用砌块

5.1.2.1 烧结空心砖和空心砌块

是以黏土、页岩、煤矸石为主要原料，经焙烧而成的，主要用于非承重部位的空心砖和空心砌块（以下简称砖和砌块），见图 5-3。

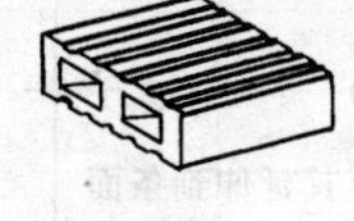
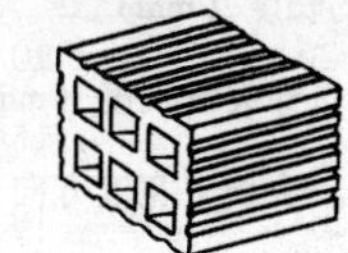

图 5-3 空心砖和空心砌块

1. 规格

长度有240、290mm；宽度有140、180、190mm；高度有90、115mm。

2. 技术要求

(1) 尺寸及外观质量

1) 尺寸允许偏差见表5-16。

尺寸允许偏差 (mm)　　　　表5-16

尺寸	尺寸允许偏差		
	优等品	一等品	合格品
>200	±4	±5	±7
200~100	±3	±4	±5
<100	±3	±4	±4

2) 外观质量见表5-17。

外 观 质 量　　　　表5-17

项　　目	优等品	一等品	合格品
1. 弯曲 (mm)　　不大于	3	4	5
2. 缺棱掉角的三个破坏尺寸不得同时大于 (mm)	15	30	40
3. 未贯穿裂纹长度 (mm)　　不大于			
a. 大面上宽度方向及其延伸到条面的长度 (mm)	不允许	100	140
b. 大面上长度方向或条面上水平方向的长度 (mm)	不允许	120	160
4. 贯穿裂纹长度 (mm)　　不大于			
a. 大面上宽度方向及其延伸到条面的长度	不允许	60	80

续表

项　　目		优等品	一等品	合格品
b. 壁、肋沿长度方向、宽度方向及其水平方向的长度		不允许	60	80
5. 肋、壁内残缺长度（mm）	不大于	不允许	60	80
6. 完整面	不少于	一条面和一大面	一条面或一大面	—
7. 欠火砖和酥砖		不允许	不允许	不允许

注：凡有下列缺陷之一者，不能称为完整面：

（1）缺损在大面、条面上造成的破坏面尺寸同时大于20mm×30mm。

（2）大面、条面上裂纹宽度大于1mm，其长度超过70mm。

（3）压陷、粘底、焦花在大面、条面上的凹陷或凸出超过2mm，区域尺寸同时大于20mm×30mm。

（2）强度见表5-18。

力 学 性 能　　表5-18

等级	强度等级	大面抗压强度（MPa）		条面抗压强度（MPa）	
		平均值不小于	单块最小值不小于	平均值不小于	单块最小值不小于
优等品	5.0	5.0	3.7	3.4	2.3
一等品	3.0	3.0	2.2	2.2	1.4
合格品	2.0	2.0	1.4	1.6	0.9

（3）密度级别见表5-19。

密 度 级 别　　表5-19

密　度　级　别	五块密度平均值（kg/m³）
800	≤800
900	801～900
1100	901～1100

（4）孔洞及其结构见表5-20。

孔洞及其结构　　表5-20

<table>
<tr><th rowspan="2">等级</th><th colspan="2">孔洞排数（排）</th><th rowspan="2">孔洞率（%）</th><th rowspan="2">壁厚（mm）</th><th rowspan="2">肋厚（mm）</th></tr>
<tr><th>宽度方向</th><th>高度方向</th></tr>
<tr><td>优等品</td><td>≥5</td><td>≥2</td><td rowspan="3">≥35</td><td rowspan="3">≥10</td><td rowspan="3">≥7</td></tr>
<tr><td>一等品</td><td rowspan="2">≥3</td><td></td></tr>
<tr><td>合格品</td><td></td></tr>
</table>

（5）物理性能见表5-21。

物理性能　　表5-21

<table>
<tr><th>项　目</th><th>鉴　别　指　标</th></tr>
<tr><td>冻融</td><td>1. 优等品：不允许出现裂纹、分层、掉皮、缺棱掉角等冻坏现象
2. 一等品、合格品
a. 冻裂长度不大于表5-16中3，4的合格品规定
b. 不允许出现分层、掉皮、缺棱掉角等冻坏现象</td></tr>
<tr><td>泛霜</td><td>1. 优等品：不允许出现轻微泛霜
2. 一等品：不允许出现中等泛霜
3. 合格品：不允许出现严重泛霜</td></tr>
<tr><td>石灰爆裂</td><td>试验后的每块试样应符合表5-16中3，4，5的规定，同时每组试样必须符合下列要求：
1. 优等品
在同一大面或条面上出现最大直径大于5mm，不大于10mm的爆裂区域不多于一处的试样，不得多于1块
2. 一等品
a. 在同一大面或条面上出现最大直径大于5mm，不大于10mm的爆裂区域不多于一处的试样，不得多于3块</td></tr>
</table>

续表

项　目	鉴 别 指 标
石灰爆裂	*b*. 各面出现最大直径大于 10mm，不大于 15mm 的爆裂区域不多于一处的试样，不得多于 2 块 3. 合格品 各面不得出现最大直径大于 15mm 的爆裂区域
吸水率	1. 优等品：不大于 22% 2. 一等品：不大于 25% 3. 合格品：不要求

5.1.2.2　普通混凝土小型空心砌块

适用于工业与民用建筑用普通混凝土小型空心砌块（以下简称砌块）。见图 5-4。

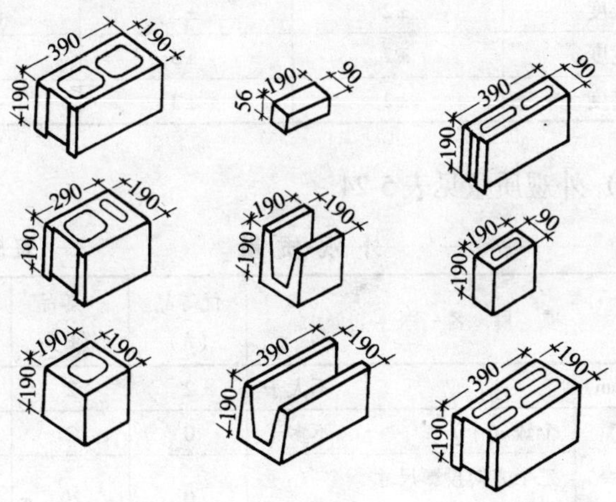

图 5-4　几种小型混凝土空心砌块

1．规格尺寸见表5-22。

小型混凝土空心砌块规格　　　　表5-22

项目	外型尺寸（mm）			最小壁肋厚度（mm）	空心率（%）
	长度	宽度	高度		
主砌块	390	190	190	30	50
辅助砌块	290	190	190	30	42.7
	190	190	190	30	43.2
	90	190	190	30	15

注：最小外壁厚应不小于30mm，最小肋厚应不小于25mm。

2．技术要求

（1）尺寸允许偏差见表5-23。

尺寸允许偏差（mm）　　　　表5-23

项目名称	优等品（A）	一等品（B）	合格品（C）
长度	±2	±3	±3
宽度	±2	±3	±3
高度	±2	±3	-4

（2）外观质量见表5-24。

外观质量　　　　表5-24

项目名称			优等品（A）	一等品（B）	合格品（C）
弯曲（mm）		不大于	2	2	3
掉角缺棱	个数（个）	不多于	0	2	2
	三个方向投影尺寸的最小值（mm）	不大于	0	20	30
裂纹延伸的投影尺寸累计（mm）		不大于	0	20	30

（3）强度等级见表5-25。

强 度 等 级 **表5-25**

强 度 等 级	砌块抗压强度（MPa）	
	平均值不小于	单块最小值不小于
MU5.0	5.0	4.0
MU7.5	7.5	6.0
MU10.0	10.0	8.0
MU15.0	15.0	12.0
MU20.0	20.0	16.0

（4）相对含水率见表5-26。

相对含水率（%） **表5-26**

使用地区	潮湿	中等	干燥
相对含水率不大于	45	40	35

注：潮湿——系指年平均相对湿度大于75%的地区；
中等——系指年平均相对湿度50%～75%的地区；
干燥——系指年平均相对湿度小于50%的地区

（5）抗渗性用于清水墙的砌块，其抗渗性应满足表5-27的要求。

（6）抗冻性见表5-28。

抗 渗 性 **表5-27**

项 目 名 称	指标（mm）
水面下降高度	三块中任一块不大于10

抗　冻　性　　　　表 5-28

<table>
<tr><th colspan="2">使用环境条件</th><th>抗冻强度等级</th><th>指　　标</th></tr>
<tr><td colspan="2">非采暖地区</td><td>不规定</td><td>—</td></tr>
<tr><td rowspan="2">采暖地区</td><td>一般环境</td><td>F15</td><td rowspan="2">强度损失≤25%
重量损失≤5%</td></tr>
<tr><td>干湿交替环境</td><td>F15</td></tr>
</table>

注：1. 非采暖地区指最冷月份平均气温高于 -5℃地区；

2. 采暖地区指最冷月份平均气温≤ -5℃地区。

5.1.2.3　蒸压加气混凝土砌块

适用于作民用与工业建筑物墙体和绝热使用的蒸压加气混凝土砌块（以下简称砌块）。

1. 规格见表 5-29。

砌块的规格尺寸（mm）　　　　表 5-29

<table>
<tr><th colspan="3">砌块公称尺寸</th><th colspan="3">砌块制作尺寸</th></tr>
<tr><th>长度 L</th><th>宽度 B</th><th>高度 H</th><th>长度 L_1</th><th>宽度 B_1</th><th>高度 H_1</th></tr>
<tr><td rowspan="2">600</td><td>100
125
150
200
250
300</td><td rowspan="2">200
250
300</td><td rowspan="2">$L-10$</td><td rowspan="2">B</td><td rowspan="2">$H-10$</td></tr>
<tr><td>120
180
240</td></tr>
</table>

2. 技术要求

（1）尺寸允许偏差及外观见表 5-30。

尺寸偏差和外观　　　　　　表 5-30

项目			指标		
			优等品（A）	一等品（B）	合格品（C）
尺寸允许偏差（mm）	长度	L_1	±3	±4	±5
	宽度	B_1	±2	±3	+3 −4
	高度	H_1	±2	±3	+3 −4
缺棱掉角	个数，不多于（个）		0	1	2
	最大尺寸不得大于（mm）		0	70	70
	最小尺寸不得大于（mm）		0	30	30
平面弯曲不得大于（mm）			0	3	5
裂纹	条数，不多于（条）		0	1	2
	任一面上的裂纹长度不得大于裂纹方向尺寸的		0	1/3	1/2
	贯穿一棱二面的裂纹长度不得大于裂纹所在面的裂纹方向尺寸总和的		0	1/3	1/3
爆裂、黏模和损坏深度不得大于（mm）			10	20	30
表面疏松、层裂			不允许		
表面油污			不允许		

（2）抗压强度见表 5-31。

（3）强度级别见表 5-32。

砌块的抗压强度　　　　　表 5-31

强度级别	立方体抗压强度（MPa）	
	平均值不小于	单块最小值不小于
A1.0	1.0	0.8
A2.0	2.0	1.6
A2.5	2.5	2.0
A3.5	3.5	2.8
A5.0	5.0	4.0
A7.5	7.5	6.0
A10.0	10.0	8.0

砌块的强度级别　　　　　表 5-32

体积密度级别		B03	B04	B05	B06	B07	B08
强度级别	优等品（A）	A1.0	A2.0	A3.5	A5.0	A7.5	A10.0
	一等品（B）			A3.5	A5.0	A7.5	A10.0
	合格品（C）			A2.5	A3.5	A5.0	A7.5

（4）干体积密度见表 5-33。

砌块的干体积密度（kg/m^3）　　　　　表 5-33

体积密度级别		B03	B04	B05	B06	B07	B08
体积密度	优等品（A）≤	300	400	500	600	700	800
	一等品（B）≤	330	430	530	630	730	830
	合格品（C）≤	350	450	550	650	750	850

（5）干燥收缩、抗冻性和导热系数（干态）见表5-34。

干燥收缩、抗冻性和导热系数　　表5-34

体积密度级别			B03	B04	B05	B06	B07	B08
干燥收缩值	标准法≤	mm/m	0.50					
	快速法≤		0.80					
抗冻性	质量损失（%）≤		5.0					
	冻后强度（N/mm^2）≥		0.8	1.6	2.0	2.8	4.0	6.0
导热系数（干态）（W/m·K）≤			0.10	0.12	0.14	0.16	—	—

注：1. 规定采用标准法、快速法测定砌块干燥收缩值，若测定结果发生矛盾不能判定时，则以标准法测定的结果为准。

2. 用于墙体的砌块，允许不测导热系数。

5.1.2.4　石膏砌块

以熟石膏为主要原料，经料浆拌合、浇筑成型、自然干燥或烘干等工艺制成的一种轻质隔墙材料。具有可锯、钉、钻和易加工等特点，墙面平整光滑，不用抹灰。其强度一般大于$5N/mm^2$，主要规格为660mm×500mm×60～120mm。

用石膏砌块砌筑墙体，可用石膏胶泥，它是由98%的熟石膏粉及2%的添加剂组成。

1. 外观质量要求

砌块表面应平整、棱边平直，外观质量应符合表5-35的规定。

外观质量　　表5-35

项　目	指　　标
缺角	同一砌块不得多于1处，缺角尺寸应小于30mm×30mm
板面裂纹	非贯穿裂纹不得多于1条，裂纹长度小于30mm，宽度小于1mm
油污	不允许
气孔	直径5～10mm，不多于2处；>10mm，不允许

2. 尺寸偏差

石膏砌块的尺寸偏差应不大于表5-36的规定。

尺寸偏差（mm） **表5-36**

项目	规格	尺寸偏差
长度	666	±3
高度	500	±2
厚度	60、80、90、100、110、120	±1.5

5.1.3 砌筑用石材

5.1.3.1 *石材的分类*

从天然岩层中开采而得的毛料和经过加工成块状、板状的石料统称为石材。它质地坚固可以加工成各种形状，既可以作为承重结构使用，也可以作为装饰材料。

由于产地的不同，石材的性能有很大的差异。一般应选用未风化石材并经过试验才能用于承重结构。

1. 毛石

毛石是由人工采用撬凿法和爆破法开采出来的不规格石块。一般要求在一个方向有较平整的面，中部厚度不小于150mm，每块毛石重约20～30kg。在砌筑工程中一般用于基础、挡土墙、护坡、堤坝和墙体。

2. 粗料石

粗料石亦称块石，形状比毛石整齐，具有近乎规则的六个面，是经过粗加工而得的成品。在砌筑工程中用于基础、房屋勒脚和毛石砌体的转角部位，或单独砌筑墙体。

3. 细料石

它是经过选择后，再经人工打凿和琢磨而成的成品。因其加工细度的不同，可分为一细、二细等。由于已经加工，形状方正，尺寸规格，因此可用于砌筑较高级房屋的台阶、勒脚、墙体等，也可用作高级房屋饰面的镶贴。

5.1.3.2 石材的技术性能

石材的强度等级分为 MU100、MU80、MU60、MU50、MU40、MU30 和 MU20。

石材的抗冻性，要求经受 15、25 或 50 次冻融循环，试件无贯穿裂缝，重量损失不超过 5%，强度降低不大于 25%。石材的性能见表 5-37。

石材的性能 **表 5-37**

石材名称	密度（kg/m^3）	抗压强度（MPa）
花岗岩	2500~2700	120~250
石灰岩	1800~2600	22~140
砂岩	2400~2600	47~140

5.1.4 砌筑砂浆

5.1.4.1 砂浆的作用和种类

1. 作用

砂浆是把单个的砖块、石块或砌块组合成砌体的胶结材料，同时又是填充块体之间缝隙的填充材料。由于砌体受力的不同和块体材料的不同，因此要选择不同的砂浆进行砌筑。所以砌筑砂浆应具备一定的强度、粘结力和工作度（或叫流动性、稠度）。它在砌体中主要起三个作用：

（1）把各个块体胶结在一起，形成一个整体；

（2）当砂浆硬结后，可以均匀地传递荷载，保证砌体的整体性；

（3）由于砂浆填满了砖石间的缝隙，使砌体的风渗透降低，对房屋起到保温的作用。

2. 种类

砌筑砂浆是由骨料、胶结料、掺合料和外加剂组成。

砌筑砂浆一般分为水泥砂浆、混合砂浆、石灰砂浆三类。

（1）水泥砂浆：水泥砂浆是由水泥和砂子按一定比例混合搅拌而成，它可以配制强度较高的砂浆。水泥砂浆一般应用于基础、长期受水浸泡的地下室和承受较大外力的砌体。

（2）混合砂浆：混合砂浆一般由水泥、石灰膏、砂子拌和而成。在硬化的初级阶段需要一定的水分以帮助水泥水化，在后期则应处于干燥环境中以利石灰的硬化。一般用于地面以上的砌体，也适用于承受外力不大的砌体。混合砂浆由于它加入了石灰膏，改善了砂浆的和易性，操作起来比较方便，有利于砌体密实度和工效的提高。

（3）石灰砂浆：它是由石灰膏和砂子按一定比例搅拌而成的砂浆，完全靠石灰的气硬性而获得强度。强度等级一般可达到 M0.4 ~ M1。

（4）其他砂浆

1）防水砂浆：在水泥砂浆中加入 3% ~5% 的防水剂制成防水砂浆。防水砂浆应用于需要防水的砌体（如地下室墙、砖砌水池、化粪池等），也广泛用于房屋的防潮层。

2）嵌缝砂浆：一般使用水泥砂浆，也有用白灰砂浆的。其主要特点是砂子必须采用细砂或特细砂，以利于勾缝。

3）聚合物砂浆：它是一种掺入一定量高分子聚合物的砂浆，一般用于有特殊要求的砌筑物。

5.1.4.2 *砌筑砂浆材料*

砌筑砂浆用料有水泥、砂子和塑化材料。

1. 水泥

（1）水泥的种类

常用的水泥有硅酸盐水泥、普通硅酸盐水泥（简称普通水泥）、矿渣硅酸盐水泥（简称矿渣水泥）、火山灰质硅酸盐水泥（简称火山灰水泥）、粉煤灰硅酸盐水泥（简称粉煤灰水泥）。此外，还有特殊功能的水泥，如高强、快硬、耐酸、耐热、耐膨胀等不同性质的水泥以及装饰用的白水泥等。

（2）水泥强度等级

水泥强度等级按规定龄期的抗压强度和抗折强度来划分，以28天龄期抗压强度为主要依据。水泥强度等级可分为32.5、42.5、52.5等几种。

（3）水泥的特性

水泥具有与水结合而硬化的特点，它不但能在空气中硬化，还能在水中硬化，并继续增长强度，因此，水泥属于水硬性胶结材料。水泥加水调成可塑浆状，经过一段时间后，由于本身的物理、化学变化，逐渐变稠，失去塑性，称为水泥的初凝；完全失去塑性开始具有强度时，称为水泥的终凝；随后产生明显强度，并逐渐发展成坚硬的人造石，这个过程称为水泥的硬化。

为了使混凝土和砂浆有充分时间进行搅拌、运输、浇捣或砌筑，水泥的初凝不宜过早。施工完毕后，要求尽快硬化，产生强度，因此，终凝时间不宜过长。

国家标准规定，初凝时间不少于45分钟（min），终凝时间除硅酸盐水泥不得迟于6.5小时外，其他均不多于10小时（h）。

常用水泥的相对密度约在3.1左右。松散状态时的堆积密度约为1000～1600kg/m^3。水泥细度用4900孔/cm^{2}的筛余量所占水泥重量的百分率来表示，按技术标准要求不超过

15%。水泥的颗粒粗细程度对水泥性质有很大影响，水泥的颗粒越细，与水起反应的表面积就越大，水化作用就越充分、越完全，早期强度也就越高。

(4) 水泥的保管

水泥属于水硬材料，必须妥善保管，不得淋雨受潮。贮存时间一般不宜超过3个月。超过3个月的水泥（快硬硅酸盐水泥为1个月），必须重新取样送验，待确定强度等级后再使用。

对于不同品种牌号的水泥要分别堆放，并不得混用。水泥堆放高度不宜超过10包。对于散装水泥要做好贮存到仓，并有防水、防潮措施。要做到随来随用，不宜久存。

2. 砂子

砂子是岩石风化后的产物，由不同粒径混合组成。按产地可分为山砂、河砂、海砂几种；按平均粒径可分为粗砂、中砂、细砂三种。粗砂平均粒径不小于0.5mm（细度模数 $\mu_f=3.1\sim3.7$），中砂平均粒径为0.35~0.5mm（细度模数 $\mu_f=2.3\sim3.0$），细砂平均粒径为0.25~0.35mm（细度模数 $\mu_f=1.6\sim2.2$），还有特细砂平均粒径约为0.25mm以下。

砂子的堆积密度约为1450~1600kg/m^3。在天然砂子中含有一定数量的黏土、淤泥、灰尘和杂物，含量过大时会影响砂浆的质量，所以对砂子的含泥量有一定规定。对于水泥砂浆和强度等级等于或大于M5的水泥混合砂浆，含泥量不超过5%；在M5以下的水泥混合砂浆的含泥量不超过10%。对于含泥量较高的砂子，在使用前应过筛和用水冲洗干净。在施工现场，要求将砂子堆放在地势较高的地方，以防泥水浸入，影响质量。

砌筑砂浆以使用中砂为好；粗砂的砂浆和易性差，不便于操作；细砂的砂浆强度较低，一般用于勾缝。

3. 塑化材料

为改善砂浆和易性可采用塑化材料。施工中常用的塑化材料有石灰膏、电石膏、粉煤灰及外加剂。

（1）石灰膏：生石灰经过熟化，用孔洞不大于 3mm × 3mm 网滤渣后，储存在石灰池内，沉淀 14d（天）以上；磨细生石灰粉，其熟化时间不少于 1d（天）。经充分熟化后即成为可用的石灰膏。在混合砂浆中，石灰膏有增加砂浆和易性的作用，使用时必须按规定的配合比配制，如果掺量过多会降低砂浆的强度。严禁使用脱水硬化的石灰膏。

（2）电石膏：电石原属工业废料，水化后形成青灰色乳浆，经过泌水和去渣后就可使用，其作用同石灰膏。电石应进行 20min 加热至 70℃ 检验，无乙炔气味时方可使用。

（3）粉煤灰：粉煤灰是电厂排出的废料。在砌筑砂浆中掺入一定量的粉煤灰，可以增加砂浆的和易性。粉煤灰有一定的活性，因此能节约水泥，但塑化性不如石灰膏和电石膏。

（4）外加剂：外加剂在砌筑砂浆中起改善砂浆性能的作用，一般有塑化剂、抗冻剂、早强剂、防水剂等。为了提高砂浆的塑性和改善砂浆的保水性，常掺加微沫剂。微沫剂是塑化剂的一种，一般采用松香和氢氧化钠经热融制成，掺入砂浆后能产生极微细的气泡，使砂浆的塑性增大。微沫剂的一般掺量为水泥重的 0.05‰，它可以取代砂浆中的部分石灰膏。

冬期施工时，为了增大砂浆的抗冻性，一般在砂浆中掺入抗冻剂。抗冻剂有亚硝酸钠、三乙醇胺、氯盐等多种，而最简便易行的则为氯化钠——食盐。掺入食盐可以降低拌合水的冰点，起到抗冻作用。食盐掺量见表 5-38。

氯盐砂浆的掺盐量（占用水量的%）　表 5-38

盐及砌体材料种类			日最低气温（℃）			
			≥ -10	-11 ~ -15	-16 ~ -20	< -20
单盐	氯化钠	砖、砌块	3	5	7	—
		石	4	7	10	—
双盐	氯化钠	砖、砌块	—	—	5	7
	氯化钙		—	—	2	3

注：1. 掺盐量以无水氯化钠和氯化钙确定。

2. 氯化钠和氯化钙溶液的相对密度与含量关系可按表 5-39 换算。

3. 为有可靠试验依据，也可适当增减盐类的掺量。

4. 日最低气温低于 -20℃时，不宜砌石。

氯化钙与氯化钙溶液的相对密度与含量的关系　表 5-39

15℃时溶液相对密度	无水氯化钠含量（kg）		15℃时溶液相对密度	无水氯化钙含量（kg）	
	$1dm^3$ 溶液中	1kg 溶液中		$1dm^3$ 溶液中	1kg 溶液中
1.02	0.029	0.029	1.02	0.025	0.025
1.03	0.044	0.043	1.03	0.037	0.036
1.04	0.058	0.056	1.04	0.050	0.048
1.05	0.073	0.070	1.05	0.062	0.059
1.06	0.088	0.083	1.06	0.075	0.071
1.07	0.103	0.096	1.07	0.089	0.084
1.08	0.119	0.110	1.08	0.102	0.094
1.09	0.134	0.122	1.09	0.114	0.105
1.10	0.149	0.136	1.10	0.126	0.115
1.11	0.165	0.149	1.11	0.140	0.126

续表

15℃时溶液相对密度	无水氯化钠含量（kg）		15℃时溶液相对密度	无水氯化钙含量（kg）	
	$1dm^3$ 溶液中	1kg 溶液中		$1dm^3$ 溶液中	1kg 溶液中
1.12	0.181	0.162	1.12	0.153	0.137
1.13	0.198	0.175	1.13	0.166	0.147
1.14	0.214	0.188	1.14	0.180	0.158
1.15	0.230	0.200	1.15	0.193	0.168
1.16	0.246	0.212	1.16	0.206	0.178
1.17	0.263	0.224	1.17	0.221	0.189
1.175	0.271	0.231	1.18	0.236	0.199
			1.19	0.249	0.209
			1.20	0.263	0.219
			1.21	0.276	0.228
			1.22	0.290	0.238

注：相对密度即比重。

为了提高砂浆的防水能力，一般在水泥砂浆中掺入3% ~5% 的防水剂制成防水砂浆。防水剂应先与水拌匀，再加入到水泥和砂的混合物中去，这样可以达到均匀的目的。

（5）拌合用水：拌合砂浆应采用自来水或天然洁净可供饮用的水，不得使用含有油脂类物质、糖类物质、酸性或碱性物质和经工业污染的水。因为这些有害物将影响砂浆的凝结和硬化。如果缺乏洁净水和自来水，可以打井取水或对现有水进行净化处理。拌合水的 pH 值应不小于 7，硫酸盐含

量以 SO_4 计不得超过水重的 1%。海水因含有大量盐分，不能作拌合水。

5.1.4.3　*砂浆的配制*

1. 砂浆的配合比应采用重量比，配合比应事先通过试配确定。

水泥、有机塑化剂和冬期施工中掺用的氯盐等的配料准确度应控制在 ±2% 以内；砂、水及石灰膏、电石膏、黏土膏、粉煤灰、磨细生石灰粉等组份的配料精确度应控制在 ±5% 范围内。砂应计入其含水量对配料的影响。

2. 为使砂浆具有良好的保水性，应掺入无机或有机塑化剂，不应采取增加水泥用量的方法。水泥黏土砂浆中，不得掺入有机塑化剂。

3. 水泥砂浆的最少水泥用量不宜小于 200kg/m^3。

4. 当砂浆的组成材料有变更时，其配合比应重新确定。

5. 掺用有机塑化剂的砂浆，必须采用机械搅拌。搅拌时间，自投料完算起为 3～5min。

6. 砂浆拌成后和使用时，均应盛入贮灰器中。如砂浆出现泌水现象，应在砌筑前再次拌合。

7. 砂浆应随拌随用。水泥砂浆和水泥混合砂浆必须分别在拌成后 3h 和 4h 内使用完毕；当施工期间最高气温超过 30℃时，必须分别在拌成后 2h 和 3h 内使用完毕。

5.1.4.4　*砂浆的技术要求*

1. 流动性

流动性也叫稠度，是指砂浆稀稠程度。试验室采用稠度计（图 5-5）进行测定。试验时以稠度计的圆锥体沉入砂浆中的深度表示稠度值。圆锥的重量规定为 300g，按规定的方法将圆锥沉入砂浆中。例如沉入的深度为8cm，则表示该砂浆的稠度值为8。

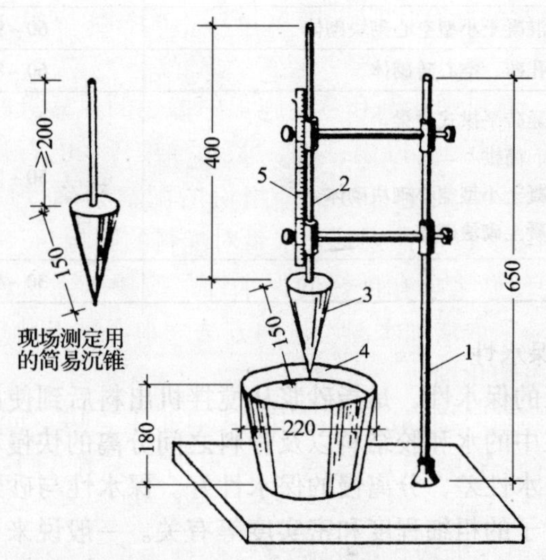

图5-5　砂浆流动性测定仪（稠度计）

1—台架；2—滑杆；3—圆锥（自重300g，锥径75mm）；
4—灰桶；5—标尺

砂浆的流动性与砂浆的加水量、水泥用量、石灰膏用量、砂子的颗粒大小和形状、砂子的孔隙以及砂浆搅拌的时间等有关。对砂浆流动性的要求，可以因砌体种类、施工时大气温度和湿度等的不同而异。当砖浇水适当而气候干热时，稠度宜采用8~10；当气候湿冷，或砖浇水过多及遇雨天，稠度宜采用4~5；如砌筑毛石、块石等吸水率小的材料时，稠度宜采用5~7。

砖砌体的砂浆稠度见表5-40。

砌筑砂浆的稠度 **表5-40**

砌　体　种　类	砂浆稠度（mm）
烧结普通砖砌体	70～90
轻骨料混凝土小型空心砌块砌体	60～90
烧结多孔砖、空心砖砌体	60～80
烧结普通砖平拱式过梁 空斗墙、筒拱 普通混凝土小型空心砌块砌体 加气混凝土砌块砌体	50～70
石砌体	30～50

2. 保水性

砂浆的保水性，是指砂浆从搅拌机出料后到使用在砌体上，砂浆中的水和胶结料以及骨料之间分离的快慢程序。分离快的保水性差，分离慢的保水性好。保水性与砂浆的组分配合、砂子的粗细程度和密实度等有关。一般说来，石灰砂浆的保水性比较好，混合砂浆次之，水泥砂浆较差。远距离的运输也容易引起砂浆的离析。同一种砂浆，稠度大的容易离析，保水性就差。所以，在砂浆中添加微沫剂是改善保水性的有效措施。

3. 强度

强度是砂浆的主要指标，其数值与砌体的强度有直接关系。砂浆强度是由砂浆试块的强度测定的。将取样的砂浆浇筑在尺寸为7.07cm×7.07cm×7.07cm的立方体试模中（图5-6）制成试块。每组试块为6块（有专门的砂浆试模），经过在规范规定的条件下养护28d（天）（养护温度为20℃±2℃、相对湿度70%），然后将试块送入压力机中试压而得到每块试块的强度，再求出6块试块的平均值，即为该组试块的强度值。例如某试块试压后得到允许承压方为2700N，以承受压力的面积 $7.07 \times 7.07 \approx 50cm^2$ 去除，求得压强为 $540N/cm^2$，折合为 $5.4N/mm^2$，则该试块达到的强度等级为M5。当然，还应以6块试块的平均值来确定。

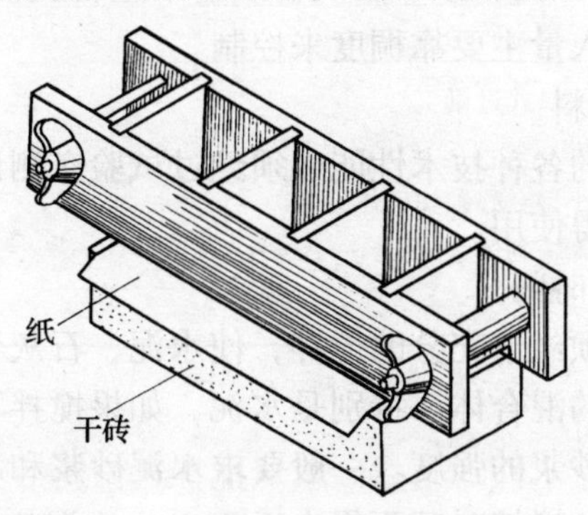

图5-6　砂浆试模

砂浆强度等级分为M15、M10、M7.5、M5、M2.5五个等级，其抗压强度值见表5-41。

砌筑砂浆强度等级　　**表5-41**

强度等级	龄期28d抗压强度（MPa）	
	各组平均值不小于	最小一组平均值不小于
M15	15	11.25
M10	10	7.5
M7.5	7.5	5.63
M5	5	3.75
M2.5	2.5	1.88

5.1.4.5　影响砂浆强度的因素

1．配合比

配合比是指砂浆中各种原材料的比例组合，一般由试验室提供。配合比应严格计量，要求每种材料均经过磅秤称量才能进入搅拌机。材料计量要求的精度为：水泥和有机塑化剂应在 ±2% 以内；砂、石灰膏或磨细生石灰粉应在 ±5% 以内；水的加入量主要靠稠度来控制。

2．原材料

原材料的各种技术性能必须经过试验室测试检定，不合格的材料不得使用。

3．搅拌时间

砂浆必须经过充分的搅拌，使水泥、石灰膏、砂子等成为一个均匀的混合体。特别是水泥，如果搅拌不均匀，则会明显的影响砂浆的强度。一般要求水泥砂浆和水泥混合砂浆在搅拌机内的搅拌时间不得少于 2min；水泥粉煤灰砂浆和掺用外加剂砂浆，搅拌不少于 3min。

4．养护时间和温湿度

砂浆与砖砌成的砌体，要经过一段时间的养护才能获得强度。在养护期间要有一定的温度才能使水泥硬化。养护时间、温度和砂浆强度的关系见表 5-42、表 5-43。

用 32.5 级普通硅酸盐水泥拌制的砂浆强度增长参考表　　表 5-42

龄期（d）	不同温度下的砂浆强度百分率（以在 20℃时养护 28d 的强度为 100%）							
	1℃	5℃	10℃	15℃	20℃	25℃	30℃	35℃
1	4	6	8	11	15	19	23	25
3	18	25	30	36	43	48	54	60
7	38	46	54	62	69	73	78	82
10	46	55	64	71	78	84	88	92

续表

龄期(d)	不同温度下的砂浆强度百分率（以在20℃时养护28d的强度为100%）							
	1℃	5℃	10℃	15℃	20℃	25℃	30℃	35℃
14	50	61	71	78	85	90	94	98
21	55	67	76	85	93	98	102	104
28	59	71	81	92	100	104	—	—

用32.5级矿渣硅酸盐水泥拌制的砂浆强度增长参考表　　表5-43

龄期(d)	不同温度下的砂浆强度百分率（以在20℃时养护28d的强度为100%）							
	1℃	5℃	10℃	15℃	20℃	25℃	30℃	35℃
1	3	4	6	8	11	15	19	22
3	12	18	24	31	39	45	50	56
7	28	37	45	54	61	68	73	77
10	39	47	54	63	72	77	82	86
14	46	55	62	72	82	87	91	95
21	51	61	70	82	92	96	100	104
28	55	66	75	89	100	104	—	—

养护时还应有一定的湿度。干燥和高温容易使砂浆脱水，特别是水泥砂浆，由于水泥不能充分水化，等于在砂浆中少加了水泥，不仅影响早期强度，而且影响砂浆的终期强度。所以在干燥和高温的条件下，除了应充分拌匀砂浆和对砖充分浇水润湿外，还应对砌体适时浇水养护，以保证砂浆不至因脱水而降低强度。

5.1.4.6 *砌筑砂浆的拌制*

砌筑砂浆的拌制应按下述要求进行：

1. 原材料必须符合要求，而且具备完整的测试数据和书面材料。若利用质量较次的材料时，应有可靠的技术措施。

2. 砂浆一般采用机械搅拌，如果采用人工搅拌时，宜将石灰膏先化成石灰浆，水泥和砂子干拌均匀后，加入石灰浆中，最后用水调整稠度，翻拌3~4遍，直至色泽均匀，稠度一致，没有疙瘩为合格。

3. 砂浆的配合比由试验室提供。常用混合砂浆配合比可参考表5-44、表5-45。

常用混合砂浆配合比参考表　　表5-44

砂浆强度等级	水泥标号	重量配合比 水泥: 石灰膏: 砂	每立方米用料（kg）		
			水泥	石灰膏	砂子
M2.5	325	1:2:12.5	120	240	1500
M5	325	1:1:8.5	176	176	1500
M7.5	325	1:0.8:7.2	207	166	1450
M10	325	1:0.5:5.5	264	132	1450

水泥粉煤灰混合砂浆配合比参考表　　表5-45

砂浆强度等级	配合比 水泥: 粉煤灰: 砂	每立方米砂浆用料（kg）		
		水泥	粉煤灰	砂
M5	1:0.63:9.10	160	102	1450
M7.5	1:0.45:7.25	200	90	1450
M10	1:0.31:5.60	260	80	1450

砂浆配合比应用指示牌（图5-7）将各种材料的用量和配合比公布在搅拌机上料处。这样可以使操作者按计量操作，也便于监督检查。

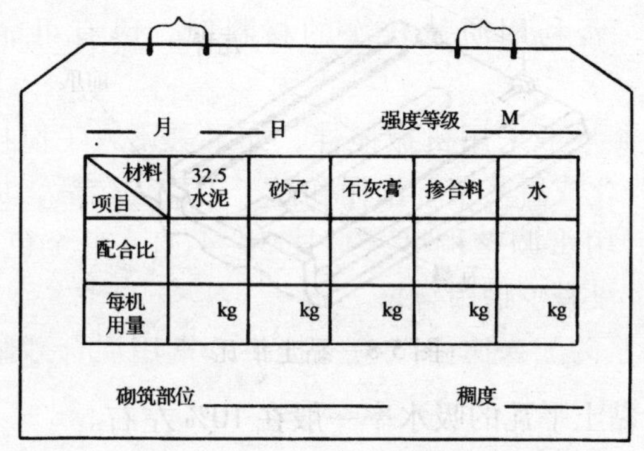

____ 月 ____ 日　　强度等级 ____ M

材料 项目	32.5 水泥	砂子	石灰膏	掺合料	水
配合比					
每机用量	kg	kg	kg	kg	kg

砌筑部位 ____　　稠度 ____

图 5-7　砂浆配合比指示牌

4. 砌筑砂浆拌制好以后，应及时送到作业地点，要做到随拌随用。一般应在 2h 之内用完，气温低于 10℃时可延长至 3h，但气温达到冬期施工条件时，应按冬期施工的有关规定执行。

5.1.5　瓦及排水管材

5.1.5.1　瓦

瓦是目前铺盖于坡屋面上作防水用的传统材料。它是用粘土烧制而成的陶土制品，能较好的起到防水作用。因为屋面是以散块瓦拼合组成，所以能有效地消除温度变化而引起的变形。

1. 黏土平瓦

粘土平瓦是用塑性较好的粘土加水搅拌压制成型，经过晾干，送入窑中焙烧而成。

（1）平瓦常用尺寸为 400mm 长、2400mm 宽、14mm 厚。每片瓦的干重约为 3kg，分红、青两种颜色。黏土平瓦的形状如图 5-8 所示。

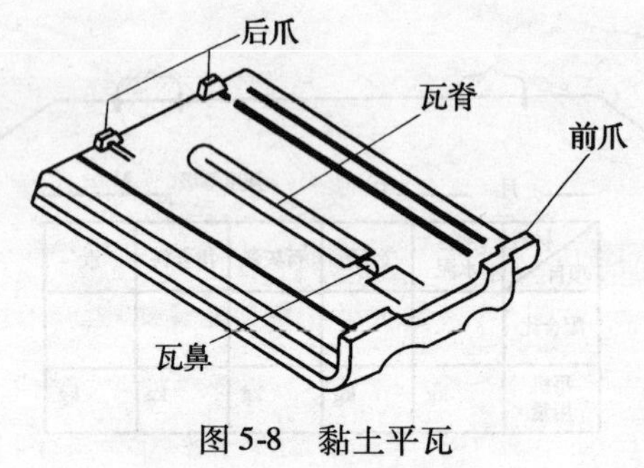

图 5-8　黏土平瓦

（2）黏土平瓦的吸水率一般在 10% 左右。

（3）瓦爪的有效高度不应小于 5mm，瓦槽深度不应小于 10mm，边筋高度不得低于 3mm，头尾搭接处长度一般为 50 ~ 70mm，内外槽搭接处长度为 25 ~ 40mm。表面应光洁、无翘曲，也不应有变形、砂眼和贯穿的小裂缝。

（4）黏土平瓦放在距离 300mm 的两个支点上，瓦中间加重 60kg（即相当于一个中等个子的成年人重量）不应断裂，并应能抵抗 15 次冻融循环。

（5）一批瓦中不得混入欠火瓦块（色泽不均匀、敲击无金属声的是欠火瓦块），也不应有爪筋等疏松和脱落的现象。

2. 黏土小瓦

粘土小瓦俗称蝴蝶瓦、阴阳瓦和合瓦、小青瓦等，是我国传统的屋面防水覆盖材料。粘土小瓦是以黏土为原料，经搅拌压制成型，风干后经过焙烧而制成。粘土小瓦一般应在窑顶洒入清水以制成青瓦。小瓦为弧形片状物，其规格尺寸各地不一，大致长度为 170 ~ 200mm，宽度为 130 ~ 180mm，厚度为 10 ~ 15mm。与之相配合的还有盖瓦和檐口滴水瓦等（图 5-9）。

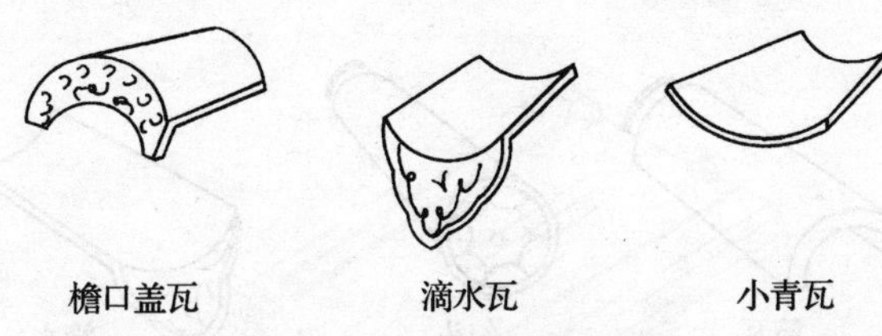

图 5-9　黏土小瓦及其配套瓦片

3．脊瓦

脊瓦是与黏土平瓦配合使用的黏土瓦，专门用来铺盖屋脊。制作方法与黏土平瓦相同。其长度一般为 400mm，宽度为 250mm。有三角形断面与半圆形断面两种，每张瓦干重约 3kg。黏土脊瓦的抗折能力应不小于 70kg，能经受 15 次冻融循环，并不得有贯穿性裂缝和缺棱掉角现象，不翘曲、不变形。其形状见图 5-10。

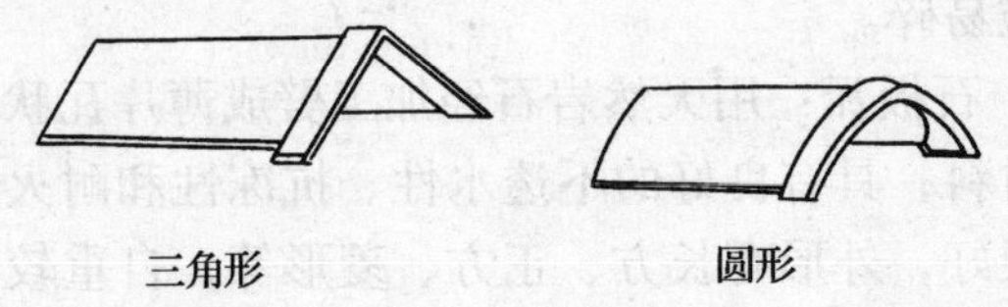

图 5-10　脊瓦

4．筒瓦和琉璃瓦

（1）筒瓦和琉璃瓦是我国古代建筑屋面的覆盖材料。

筒瓦由黏土制成，呈青灰色，有盖瓦和底瓦两种，用于檐口的还有带滴水的底瓦和带勾头的盖瓦（图 5-11）。

筒瓦的底瓦形状与小青瓦相似，尺寸一般为 270 ~ 320mm 长，小口宽 70 ~ 112mm；大口宽 112 ~ 160mm。盖瓦为半圆形，共有四种型号：300mm × 175mm，300mm × 150mm，250mm × 150mm，350mm × 100mm。滴水尺寸为 285 ~ 345mm ×（208 ~ 250）mm。

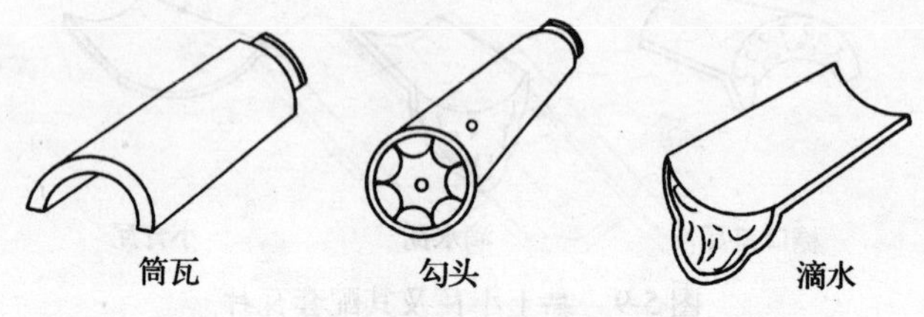

图5-11　筒瓦

（2）琉璃瓦是由陶土或瓷土经制坯、烧制而成。瓦的表面施以釉彩，具有传统的民族特色。颜色因施釉的不同而有多种。琉璃瓦是我国宫殿、庙宇等常用的屋面材料。

5. 其他

（1）水泥瓦：分平瓦与脊瓦两种，是用水泥加砂配制，经机械加工成型，养护硬化而成。其外形基本与黏土平瓦相似，质脆易碎。

（2）石板瓦：用天然岩石经加工劈成薄片瓦状的一种屋面覆盖材料，具有良好的不透水性、抗冻性和耐火性，抗折强度也很好，外形有长方、正方、菱形等，自重较大。在石料产区可就地取材、加工，运输也较便利，故采用石板瓦覆盖屋面较为普遍。

（3）波形瓦

综合了传统小青瓦和黏土平瓦的特点，具有小青瓦的小型，平瓦的不弯曲两个特点。它是由陶土烧制加工而成，面上有波纹，用于装饰性斜屋面上，形状见图5-12。

（4）玻璃瓦

由陶土或瓷土经制坯、烧制而成。瓦的表面施以釉彩，具有传统的民族特色。颜色因施釉的不同而有多种。琉璃瓦是我国宫殿、庙宇等常用的屋面材料，形状见图5-13（a）。

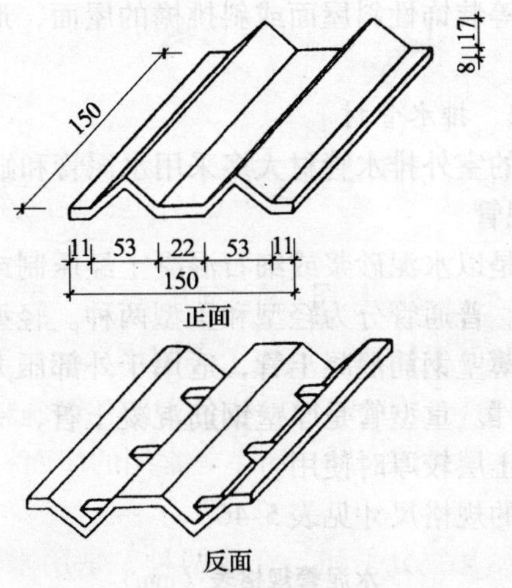

图 5-12　波形瓦

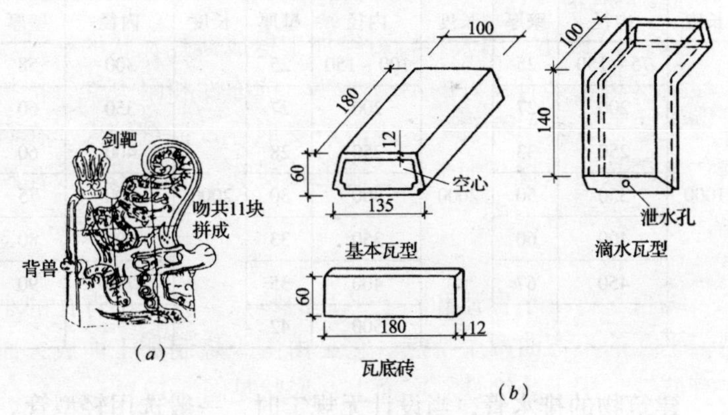

图 5-13　琉璃瓦

另外，在传统琉璃瓦的基础上简化来的，主要是作为装饰材料用。其色泽光洁，用陶土烧制加釉制成，有立体感，具有防水、抗冻等良好的耐久性，它一般用在较高级的公共建筑或宾馆等装饰性斜屋面或斜挑檐的屋面，形状见图 5-13（*b*）。

5.1.5.2　排水管材

建筑物的室外排水管材大多采用水泥管和缸瓦管。

1. 水泥管

水泥管是以水泥砂浆或细石混凝土经压制或离心法成型的圆形管子。普通管分为轻型和重型两种。轻型管一般是无筋混凝土或薄壁钢筋混凝土管，适用于外部压力较小和覆土层不厚的条件。重型管是厚壁钢筋混凝土管，一般在外部压力较大或覆土层较厚时使用。

水泥管的规格尺寸见表 5-46。

水泥管规格表（mm）　　**表 5-46**

无筋管			轻型钢筋混凝土管			重型钢筋混凝土管		
长度	内径	壁厚	长度	内径	壁厚	长度	内径	壁厚
1000	75 ~ 150	25	2000	100 ~ 150	25	2000	300	58
	200	27		200	27		350	60
	250	33		250	28		400	60
	350	50		300	30		500	75
	400	60		350	33		600	80
	450	67		400	35		750	90
				500	42			

建筑物的排水管，当设计无规定时，一般选用轻型管。

水泥管有较好的耐久性，有一定的抗腐蚀能力，价格便宜；但缺点是自重大、质脆、容易损坏。水泥管应表面平滑，混凝土密实，无蜂窝麻面，不渗水。接头处不能缺棱掉面，圆度应准确。

2. 缸瓦管

缸瓦管是以陶土烧制，表面施釉，有较强的耐碱性和耐酸性。常用于化验室、化工厂等有腐蚀性介质排出的排水系统。缸瓦管有直管、十字接头、丁字接头、45°~90°弯头等多种零配件（图5-14）。内径一般为50~400mm，管长多在300~1000mm，壁厚一般为15~30mm。

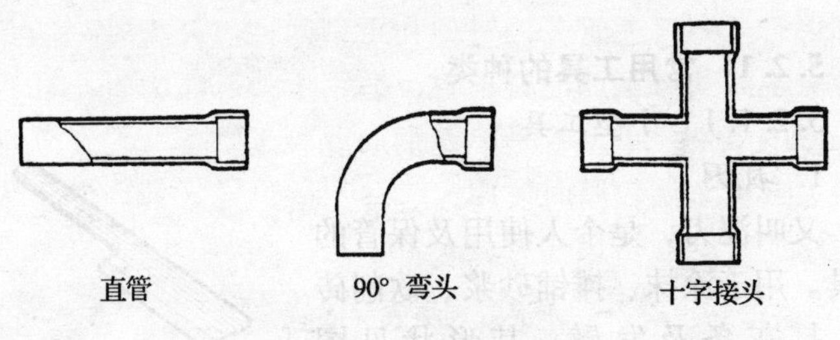

图5-14 缸瓦管

缸瓦管有一定的硬度和强度，但比钢筋混凝土管更脆，受到冲击和碰撞容易损坏。一般以涂釉均匀、无漏釉、无裂缝、敲击时能发出清脆的金属声音者为好。规格上要求圆径正确、直管平直、弯头尺寸正确。

5.1.5.3 其他

1. 钢筋

由于建筑物抗震设防的要求，砌体内采用了加拉接筋的构造措施，有些建筑使用钢筋砖过梁，这些都使用到了钢筋。

砌体内使用的钢筋一般为ϕ6mm的和ϕ8mm的，而且一般采用HPB235级钢。

2. 木砖

由于固定木门窗，装饰条等的需要，砌体内常在樘子口，平顶上口及其他部位设置木砖。

木砖一般用松木制成，规格相当于一块砖或半块砖大小，经浸渍柏油或石油沥青冷底子油而进行防腐处理后使用。

5.2 砌筑常用工具和设备

5.2.1 常用工具的种类

5.2.1.1 小型工具

1. 瓦刀

又叫泥刀，是个人使用及保管的工具。用于涂抹、摊铺砂浆、砍削砖块、打灰条及发碹。其形状见图5-15。

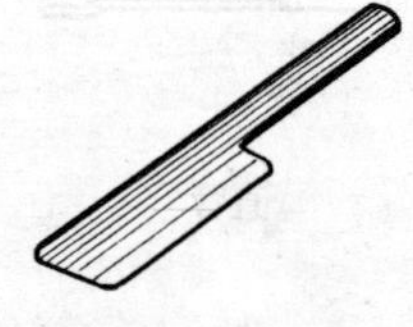

图 5-15 瓦刀

2. 大铲

用于铲灰、铺灰和刮浆的工具，也可以在操作中用它随时调和砂浆。大铲以桃形者居多，也有长三角形和长方形。它是实施“三一”（一铲灰、一块砖、一揉挤）砌筑法的关键工具，见图5-16。

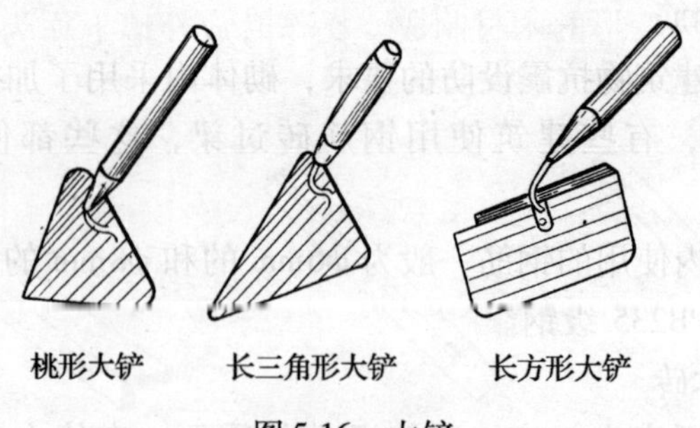

图 5-16 大铲

3. 刨锛

用以打砍砖块的工具，也可当做小锤与大铲配合使用。为了便于打“七分头”（3/4 砖），有的操作者在刨锛手柄上刻一凹槽线为记号，使凹口到刨锛刃口的距离为3/4 砖长，形状见图5-17。

4. 手锤

俗称小榔头，作敲凿石料和开凿异形砖之用，形状见图5-18。

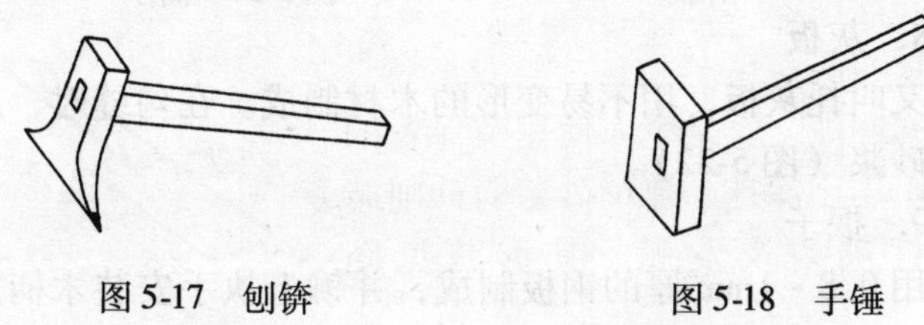

图5-17　刨锛　　　图5-18　手锤

5. 钢凿

又叫錾子，可用45 号或60 号钢锻造。一般直径为20～28mm，长150～250mm。与小锤配合用于打凿石料，开剖异形砖等。其端部有尖头和扁头两种（图5-19）。

6. 摊灰尺

用不易变形的木材制成。操作时放在墙上作为控制灰缝及铺砂浆用（图5-20）。

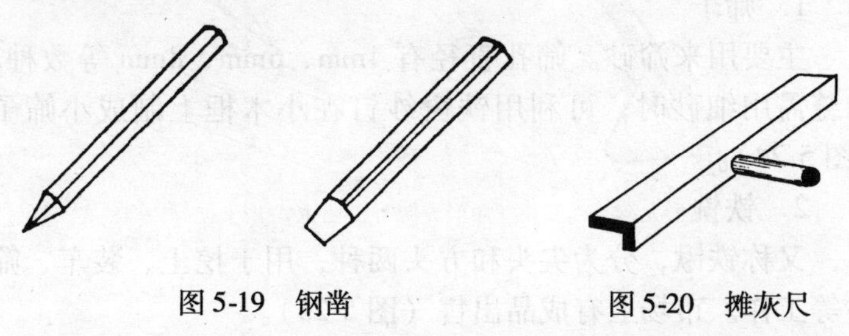

图5-19　钢凿　　　图5-20　摊灰尺

7. 溜子

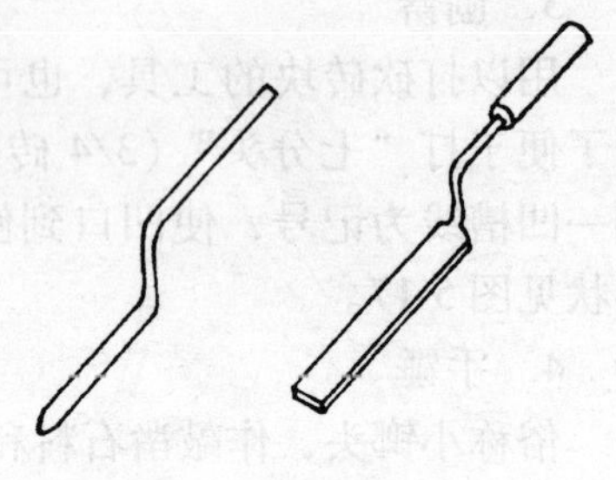

图 5-21 溜子

又叫灰匙、勾缝刀，一般以 $\phi8$ 钢筋打扁制成，并装上木柄，通常用于清水墙勾缝。用 0.5 ~ 1mm 厚的薄钢板制成的较宽的溜子，则用于毛石墙的勾缝（图 5-21）。

8. 灰板

又叫托灰板，用不易变形的木材制成。在勾缝时，用它承托砂浆（图 5-22）。

9. 抿子

用 0.8 ~ 1mm 厚的钢板制成，并铆上执手安装木柄成为工具。可用于石墙的抹缝、勾缝（图 5-23）。

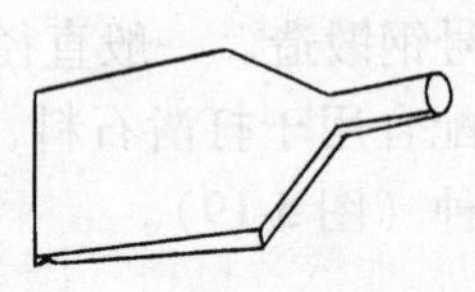

图 5-22 灰板

图 5-23 抿子

5.2.1.2 其他工具

1. 筛子

主要用来筛砂。筛孔直径有 4mm、6mm、8mm 等数种。勾缝需用细砂时，可利用铁窗纱钉在小木框上制成小筛子（图 5-24）。

2. 铁铣

又称铁锹，分为尖头和方头两种，用于挖土、装车、筛砂等工作。市场上有成品出售（图 5-25）。

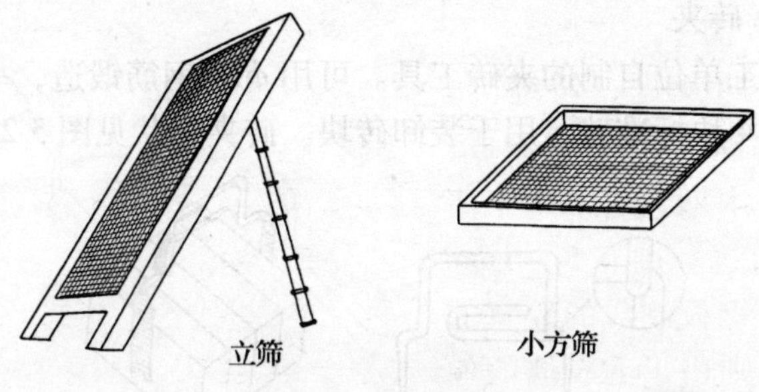

图 5-24　筛子

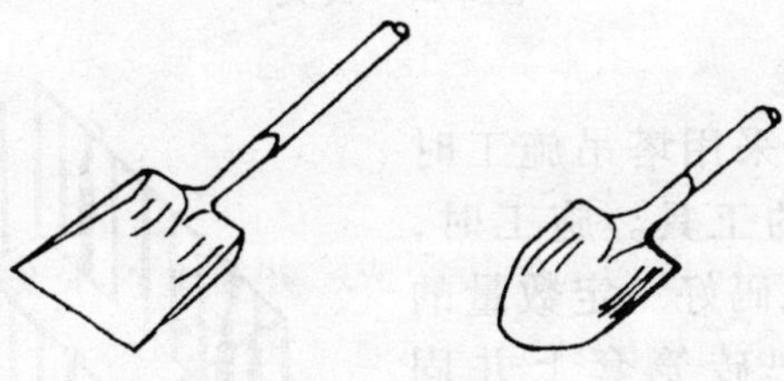

图 5-25　铁铣

3．手推车

容量约 0. 12m^3，轮轴总宽度应小于 900mm，以便于通过室内门洞口。用于运输砂浆、砖和其他散装材料（图 5-26）。

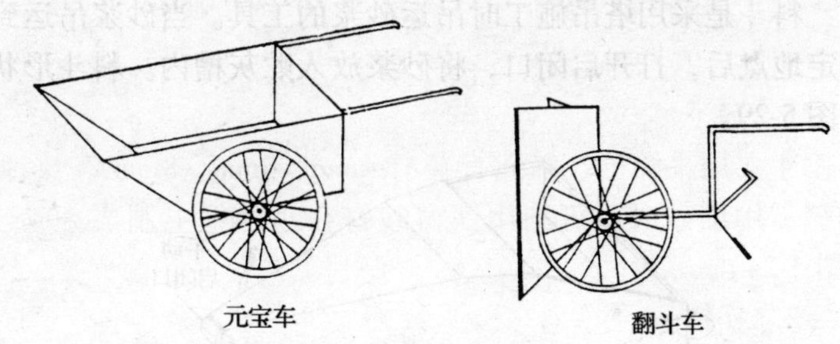

图 5-26　手推车

4. 砖夹

施工单位自制的夹砖工具。可用 $\phi16$ 钢筋锻造，一次可以夹起 4 块标准砖，用于装卸砖块。砖夹形状见图 5-27。

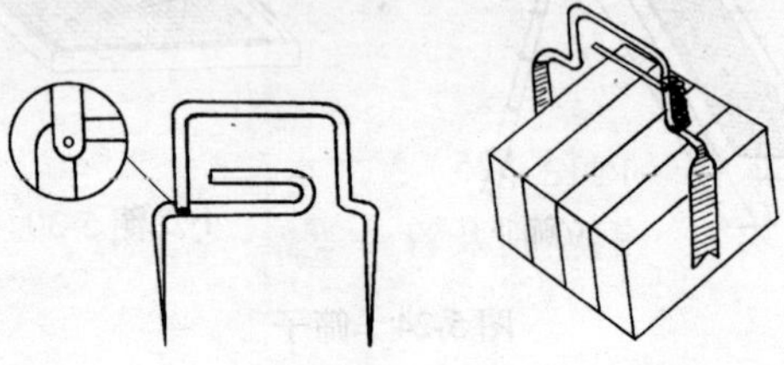

图 5-27 砖夹

5. 砖笼

砖笼是采用塔吊施工时吊运砖块的工具。施工时，在底板上先码好一定数量的砖，然后把砖笼套上并固定，再起吊到指定地点。如此周转使用。砖笼的形状见图 5-28。

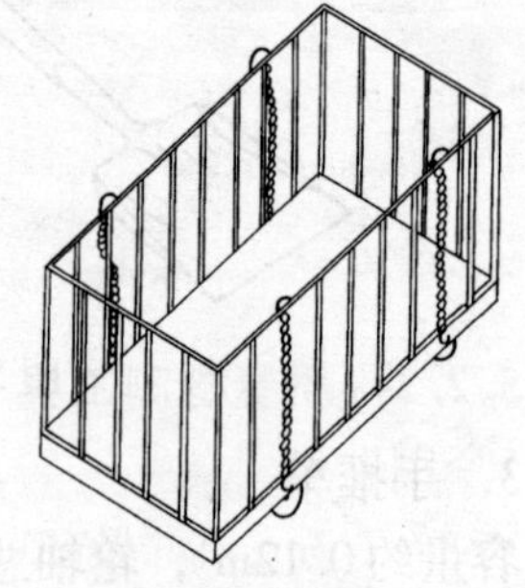

图 5-28 砖笼

6. 料斗

料斗是采用塔吊施工时吊运砂浆的工具。当砂浆吊运到指定地点后，打开启闭口，将砂浆放入贮灰槽内。料斗形状见图 5-29。

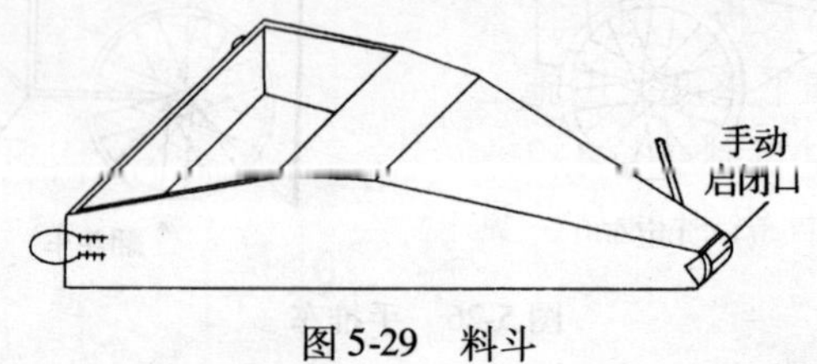

图 5-29 料斗

7. 灰槽

用1～2mm厚的黑铁皮制成，供砖瓦工存放砂浆用。灰槽形状见图5-30。

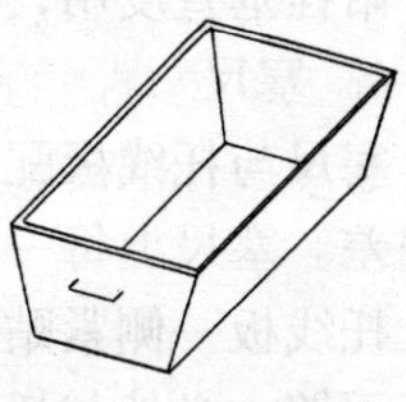

图5-30 灰槽

8. 其他

如橡皮水管（内径φ25）、大水桶、灰镐、灰勺、钢丝刷及笤帚等，见图5-31。

图5-31 灰镐、灰勺、钢丝刷

5.2.2 质量检测工具

1. 钢卷尺

有1m、2m、3m及30m、50m等几种规格。砖瓦工操作宜选用2m的钢卷尺。钢卷尺应选用有生产许可证的厂家生产的。钢卷尺主要用来量测轴线尺寸、位置及墙长、墙厚，还有门窗洞口的尺寸、留洞位置尺寸等等。

2. 托线板

又称靠尺板，用于检查墙面垂直和平整度。由施工单位用木材自制，长1.2～1.5m；也有铝制商品，见图5-32。

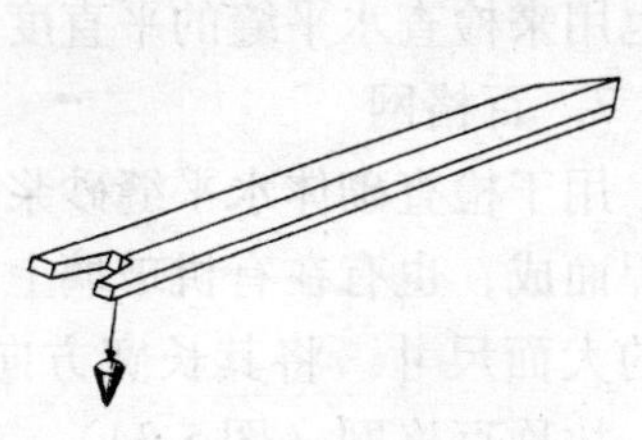

图5-32 托线板与线锤

3. 线锤

吊挂垂直度用，主要与托线板配合使用，见图 5-32。

4. 塞尺

塞尺与托线板配合使用，以测定墙、柱的垂直、平整度的偏差。塞尺上每一格表示厚度方向 1mm（图 5-33）。使用时，托线板一侧紧贴于墙或柱面上，由于墙或柱面本身的平整度不够，必然与托线板产生一定的缝隙，用塞尺轻轻塞进缝隙，塞进几格就表示墙面或柱面偏差的数值。

5. 水平尺

用铁和铝合金制成，中间镶嵌玻璃水准管，用来检查砌体对水平位置的偏差（图 5-33）。

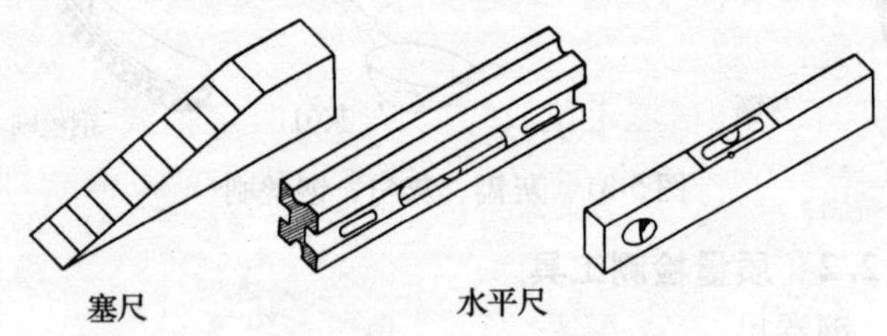

图 5-33 塞尺和水平尺

6. 准线

它是砌墙时拉的细线。一般使用直径为 0.5 ~1mm 的小白线、麻线、尼龙线或弦线，用于砌体砌筑时拉水平用；另外也用来检查水平缝的平直度。

7. 百格网

用于检查砌体水平缝砂浆饱满度的工具。可用铁丝编制锡焊而成，也有在有机玻璃上划格而成，其规格为一块标准砖的大面尺寸。将其长宽方向各分成 10 格，画成 100 个小格，故称百格网（图 5-34）。

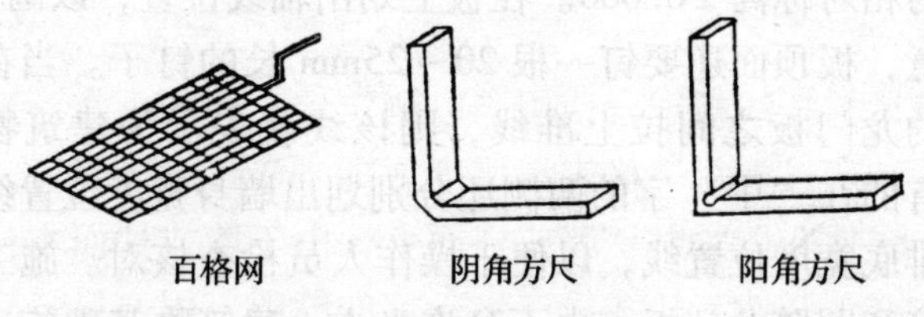

图 5-34　百格网和方尺

8．方尺

用木材制成边长为 200mm 的直角尺，有阴角和阳角两种，分别用于检查砌体转角的方整程度。方尺形状如图 5-34 所示。

9．龙门板

龙门板是在房屋定位放线后，砌筑时定轴线、中心线的标准（图 5-35）。施工定位时一般要求板顶面的高程即为建

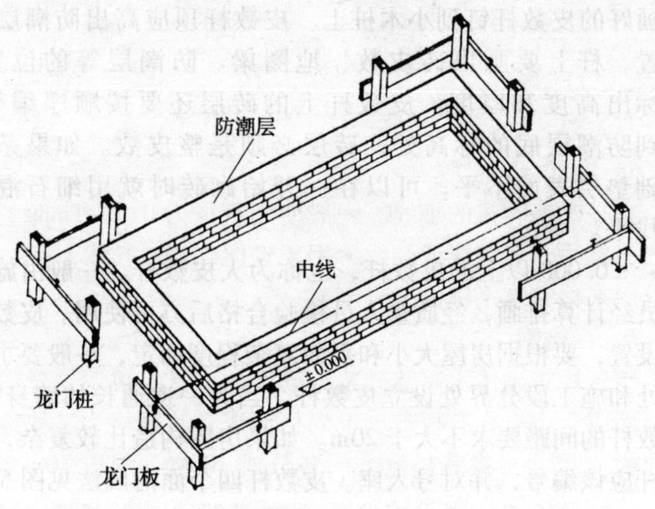

图 5-35　龙门板

筑物的相对标高 ±0.000。在板上划出轴线位置，以画“中”字示意，板顶面还要钉一根 20～25mm 长的钉子。当在两个相对的龙门板之间拉上准线，则该线就表示为建筑物的轴线。有的在“中”字的两侧还分别划出墙身宽度位置线和大放脚排底宽度位置线，以便于操作人员检查核对。施工中严禁碰撞和踩踏龙门板，也不允许坐人。建筑物基础施工完毕后，把轴线标高等标志引测到基础墙上后，方可拆除龙门板、桩。

10. 皮数杆

皮数杆是砌筑砌体在高度方向的基准。皮数杆分为基础用和地上用两种。

基础用皮数杆比较简单，一般使用 30mm×30mm 的小木杆，由现场施工员绘制。一般在进行条形基础施工时，先在要立皮数杆的地方预埋一根小木桩，到砌筑基础墙时，将画好的皮数杆钉到小木桩上。皮数杆顶应高出防潮层的位置，杆上要画出砖皮数、地圈梁、防潮层等的位置，并标出高度和厚度。皮数杆上的砖层还要按顺序编号。画到防潮层底的标高处，砖层必须是整皮数。如果条形基础垫层表面不平，可以在一开始砌砖时就用细石混凝土找平。

±0.000 以上的皮数杆，也称为大皮数杆。一般由施工人员经计算排画，经质量人员检验合格后方可使用。皮数杆的设置，要根据房屋大小和平面复杂程度而定，一般要求转角处和施工段分界处设立皮数杆。当为一道通长的墙身时，皮数杆的间距要求不大于 20m。如果房屋构造比较复杂，皮数杆应该编号，并对号入座。皮数杆四个面的画法见图 5-36 所示。

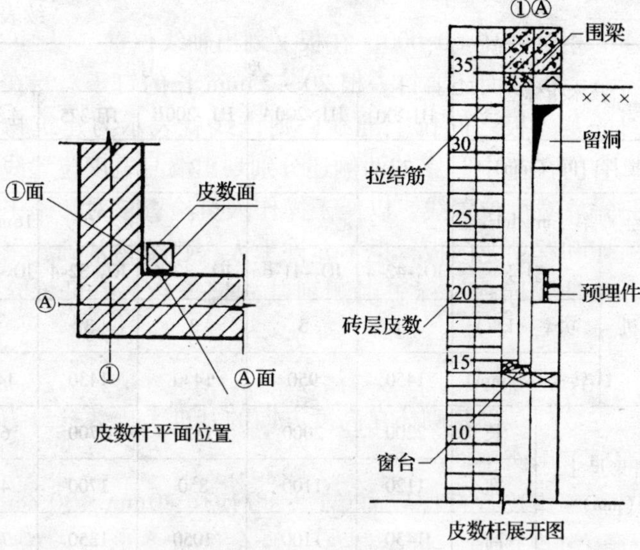

图 5-36　皮数杆

5.2.3　常用机械设备

5.2.3.1　*砂浆搅拌机*

砂浆搅拌机是砌筑工程中的常用机械，用来制备砌筑和抹灰用的砂浆。常用规格是 0.2m^3 和 0.325m^3，台班产量为 18～26m^3。目前常用的砂浆搅拌机有倾翻出料式的 HJ-200 型、HJ_1-200B 型和活门式的 HJ-325 型。

砂浆搅拌机的各项技术数据，见表 5-47。

砂浆搅拌机主要技术数据　　　　表 5-47

技术指标	型号				
	HJ-200	HJ_1-200A	HJ_1-200B	HJ-325	连续式
容量（L）	200	200	200	325	
搅拌叶片转速（r/min）	30～32	28～30	34	30	383

续表

技术指标		型号				
		HJ-200	HJ_1-200A	HJ_1-200B	HJ-325	连续式
搅拌时间（min）		2		2		
生产率（m^3/h）				3	6	16m^3/班
电机	型号	JO_2-42-4	JO_2-41-6	JO_2-32-4	JO_2-32-4	JO_2-32-4
	功率（kW）	2.8	3	3	3	3
	转速（r/min）	1450	950	1430	1430	1430
外形尺寸（mm）	长	2200	2000	1620	2700	610
	宽	1120	1100	850	1700	415
	高	1430	1100	1050	1350	760
重量（kg）		590	680	560	760	180

操作要求：

1．机械安装应平稳、牢固，地基应夯实、平整。

2．移动式砂浆搅拌机的安装，其行走轮应离开地面，机座要高出地面一定距离，以便于出料。

3．开机前应先检查电气设备的绝缘和接地是否良好，皮带轮和齿轮必须有防护罩。并对机械需润滑的部位加油润滑，并检查机械各部件是否正常。

4．工作时先空载转动1min，检查其传动装置工作是否正常，在确保正常状态下再加料搅拌。搅拌时要边加料边加水，要避免过大粒径的颗粒卡住叶片。

5．加料时，操作工具（如铁锹等）不能碰撞搅拌叶片，更不能在转动时把工具伸进机内扒料。

6. 工作完毕必须把搅拌机清洗干净。

7. 机器应设置在工作棚内，以防雨淋日晒，冬期还应有挡风保暖设施。

5.2.3.2 垂直运输设备

1. 井架

为多层建筑施工常用的垂直运输设备，俗称绞车架。一般用钢管、型钢支设，并配置吊篮（或料斗）、天梁、卷扬机，形成垂直运输系统。井架基础一般要埋在一定厚度的混凝土底板内，底板中预埋螺栓，与井架底盘连接固定。井架的顶端、中部应按规定设置数道缆风绳，以保证井架的稳定（图 5-37）。

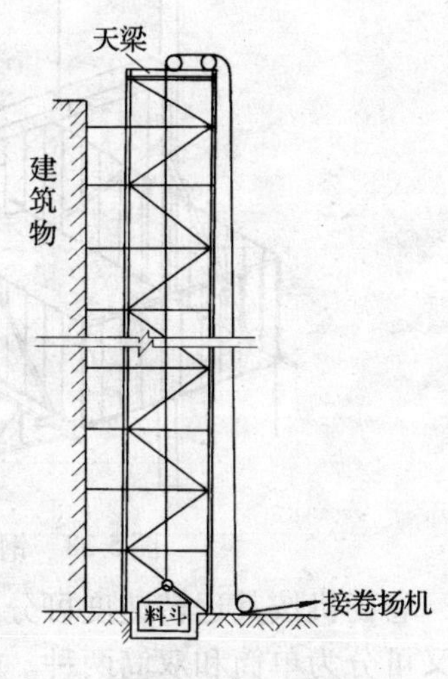

图 5-37 井架

2. 龙门架

由两根立杆和横梁构成。立杆由角钢或 $\phi200\sim250$ 的钢管组成，配上吊篮用于材料的垂直运输。

由于龙门架的吊篮突出在立杆以外，所以要求吊篮周围必须设有护身栏，同时在立管上制作悬臂角钢支架，配上滚杠，作为吊篮到达使用层时临时搁放的安全装置（图 5-38）。

3. 卷扬机

卷扬机是升降井架和龙门架上吊篮的动力装置。

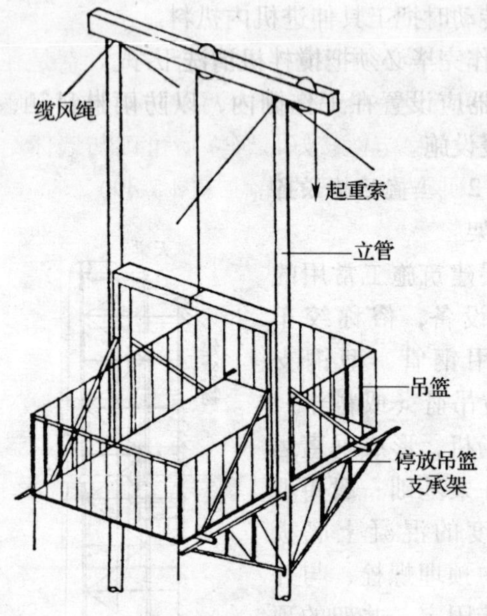

图 5-38　钢管式龙门架

卷扬机按其运转速度可分为快速和慢速两种，快速卷扬机又可分为单筒和双筒两种。快速卷扬机钢丝绳的牵引速度为 25 ~ 50m/min；慢速卷扬机为单筒式，钢丝绳的牵引速度为 7 ~ 13m/min。

使用卷扬机的注意事项：

（1）要由专门的机械操作工操作。安装后要进行试运转，经设备及安全部门验收合格后方可正式使用。

（2）要由专业电工安装电器设施，并做好避雷接地。

（3）每天上班必须先检查各润滑和传动部分，先开“空车”，正常后再正式运输材料。

（4）吊篮上下应有专人指挥，严禁乘人。

（5）卷扬机应有操作棚，冬期施工应增加保温措施。

4．两井三笼井架

两井三笼实际是井架的一种组合方式。它是在两座相靠近的井架之间增设一个吊篮，使两座井架起到三座井架的作用。由于它本身稳定性较好，竖立后可以与墙体结构连接支撑，具有可以取消缆风索的优点（图5-39）。

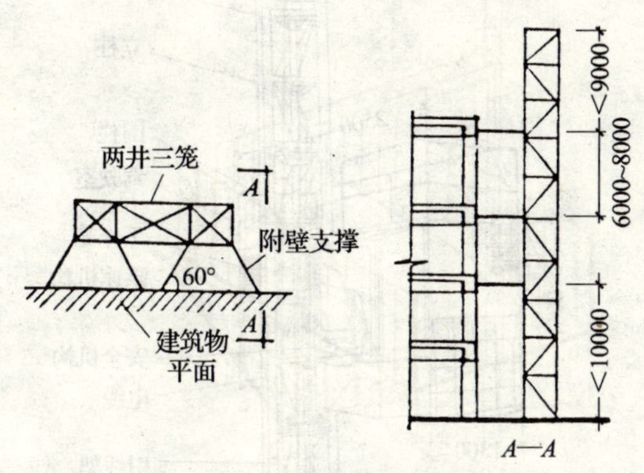

图5-39　两井三笼的附壁形式

5．附壁式升降机

又叫附墙外用电梯。它是由垂直井架和导轨式外用笼式电梯组成（图5-40），用于高层建筑的施工。该设备除载运工具和物料外，还可乘人上下，架设安装比较方便，操作简单，使用安全。

6．塔式起重机

塔式起重机俗称塔吊。它是由竖直塔身、起重臂、平衡臂、基座、平衡座、卷扬机及电器设备组成的较庞大的机器。由于它具有能回转360°及较高的起重高度，形成了一个很大的工作空间，是垂直运输机械中工作效能较好的设备。塔式起重机有固定式和行走式两类。

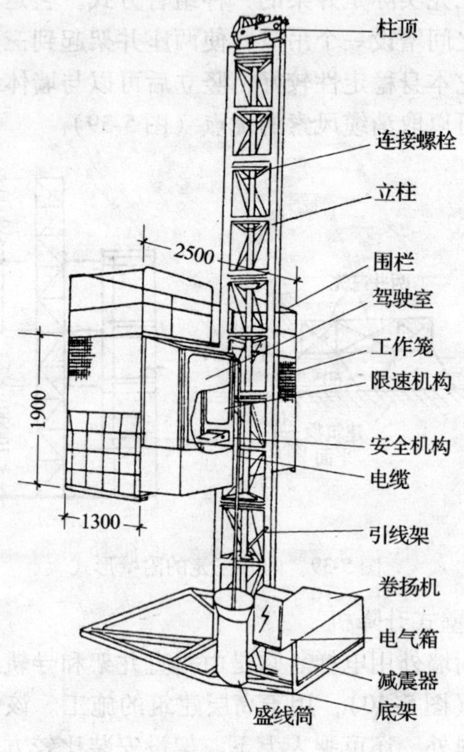

图 5-40　升降机

5.2.4　砌块施工的常用机具

砌筑砌块墙体时，一般配备塔吊施工。没有塔吊时，可采用台灵架等设备配合施工。

1. 台灵架

台灵架主要用于起吊和安装砌块，它可以自行制作，形状如图 5-41 所示。

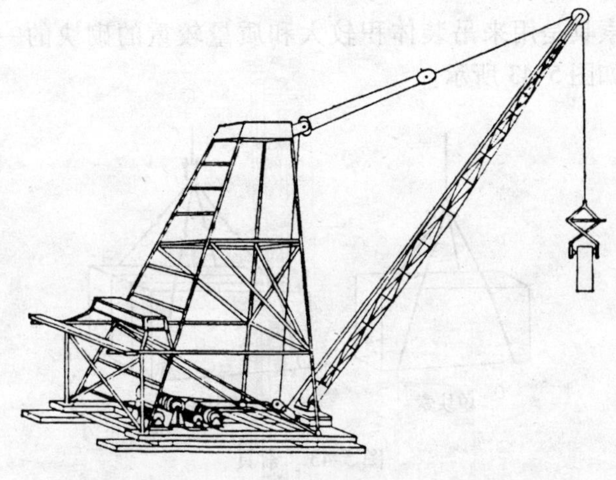

图 5-41　台灵架

2．夹具

夹具主要用于砌筑砌体，是夹取砌块进行安装和就位的工具。夹具分单块夹和多块夹两种（图 5-42）。

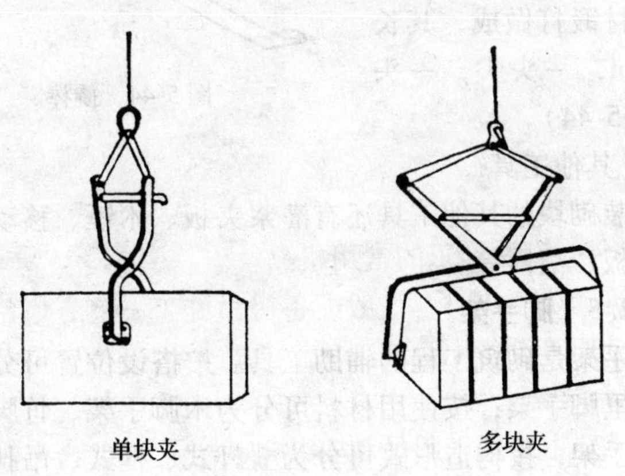

图 5-42　夹具

3．索具

索具是用来吊装体积较大和质量较重的砌块的一种工具，如图 5-43 所示。

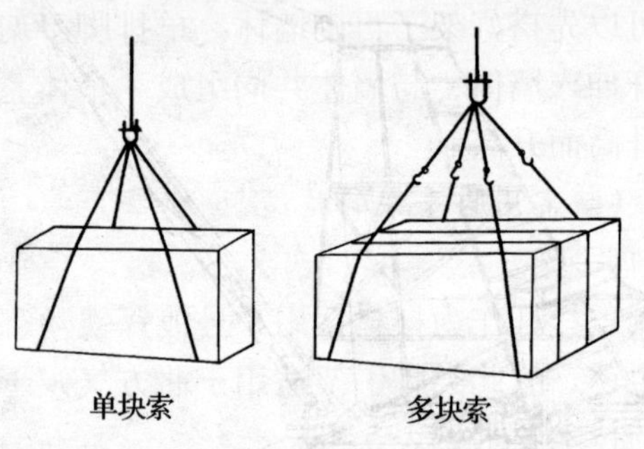

图 5-43　索具

4．撬棒

用于安装砌块时撬动、校正、微调砌块位置的一种手工工具。可用 ϕ20 钢材锻打做成，其长度约 1m，一头尖，一头扁（图 5-44）。

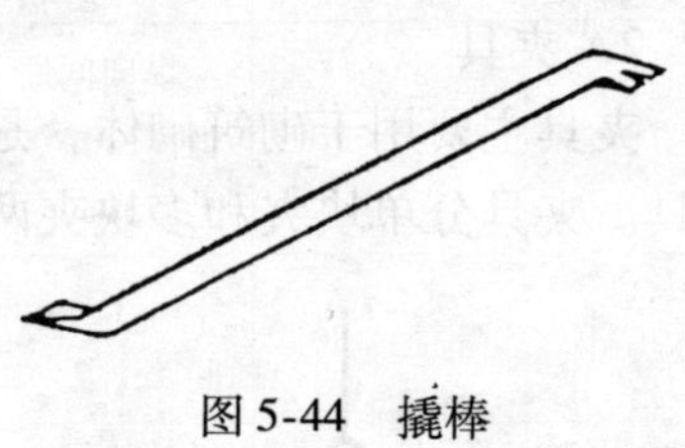

图 5-44　撬棒

5．其他工具

安装砌块的其他工具还有灌浆夹板、木锤、移动台灵架的脚手板、滚筒等。

5.2.5　脚手架

脚手架是砌筑工程的辅助工具。按搭设位置可分为外脚手架和里脚手架；按使用材料可分为木脚手架、竹脚手架和金属脚手架；按构造形式可分为立杆式、框式、吊挂式、悬挑式、工具式等多种。立杆式使用最为普遍，它是由立杆、大横杆、小横杆、斜撑、抛撑、剪刀撑等组合而成。立杆式脚手架一般用于外墙，按立杆排数不同又可分成单排的和双排的。双排脚手架，除与墙有一定的拉结点外，整个架子自成体系，可以先搭好架子再砌墙体。单排脚手架只有一排立杆，小横杆伸入墙体，与墙体共同组成一个体系，所以要随着砌体的升高而升高。

5.2.5.1 常用脚手架的构造

1. 木脚手架

采用剥皮杉杆作为杆材，用8号镀锌铁丝绑扎搭设。因铁丝容易生锈，故此类脚手架适用于北方气候干燥地区。木脚手搭设的技术要求见表5-48。

木脚手架技术要求 **表5-48**

杆件名称	规格（mm）	构造要求
立杆	梢径≮70	纵向间距1.5~1.8m，横向间距1.5~1.8m，埋深≮0.5m。单排最高30m；双排最高60m，架高≥30m时，立杆纵距≯1.5m
大横杆	梢径≮80	绑于立杆里面，第一步离地1.8m，以上各步间距1.2~1.5m
小横杆	梢径≮80	绑于大横杆上，间距0.8~1m，双排架端头离墙5~10cm，单排架插入墙内≮24cm，外侧伸出大横杆10cm
抛撑	梢径≮70	每隔7根立杆设一道，与地面夹角60°，可防止架子外倾
斜撑	梢径≮70	设在架子的转角处，做法如抛撑，与地面成45°角
剪刀撑	梢径≮70	三步以上架子，每隔7根立杆设一道，从底到顶，杆与地面夹角为45°~60°

2. 竹脚手架

采用生长期三年以上的毛竹（楠竹）为材料，并用竹篾绑扎搭设，凡青嫩、橘黄、黑斑、虫蛀、裂纹连通两节以上的均不能使用。竹篾用水竹或慈竹劈成，厚约0.6～0.8mm，宽5mm左右。使用前一天应用水浸泡，使其柔韧。因竹篾干燥后容易脆断，所以竹脚手架适用南方气候湿润地区，亦便于就地取材。竹脚手架一般都搭成双排，限高50m。

3. 钢管脚手架

钢管一般采用外径为48～51mm、壁厚3～3.5mm的焊接钢管，连接件采用铸铁扣件。它具有搭拆灵活、安全度高、使用方便等优点，是目前建筑施工中大量采用的一种脚手架。它既可以搭成单排脚手架，也可以搭成双排或多排脚手架，搭设的技术要求见表5-49。

扣件式钢管脚手架技术要求　　表5-49

杆件名称	长度（m）	构造要求
立杆	4.5～6	纵向间距≯2m，横向间距：单排时立杆离墙1.2～1.4m；双排时内排立杆离墙0.4m，外排立杆离墙1.7m。限高单排20m，双排50m
大横杆	4.5～6	间距1.8m（1m高设扶手栏杆），接头要错开，用一字扣连接，大横杆与立杆用十字扣连接
小横杆	2～2.3	间距≯1.5m，单排时一端搁入墙内240mm，一头搁于大横杆上，并至少伸出大横杆100mm；双排时里端离墙100mm，小横杆与大横杆用十字扣连接，三步以上时，小横杆加长，与墙拉结
剪刀撑	4.5～6	设置在脚手架的端头、转角和沿墙纵向每隔30m处，从底到顶连接布置，与地面呈45°～60°夹角，与立杆（或小横杆探头）用回转扣件连接

4．工具式里脚手

在砌筑房屋内墙或外墙时，也可以用里脚手。里脚手可用钢管搭设，也可以用竹木等材料搭设。工具式里脚手一般有折叠式、支柱式、高登和平台架等（图 5-45）。搭设时，在两个里脚手架上搁脚手板后，即可堆放材料和上人进行砌墙操作。

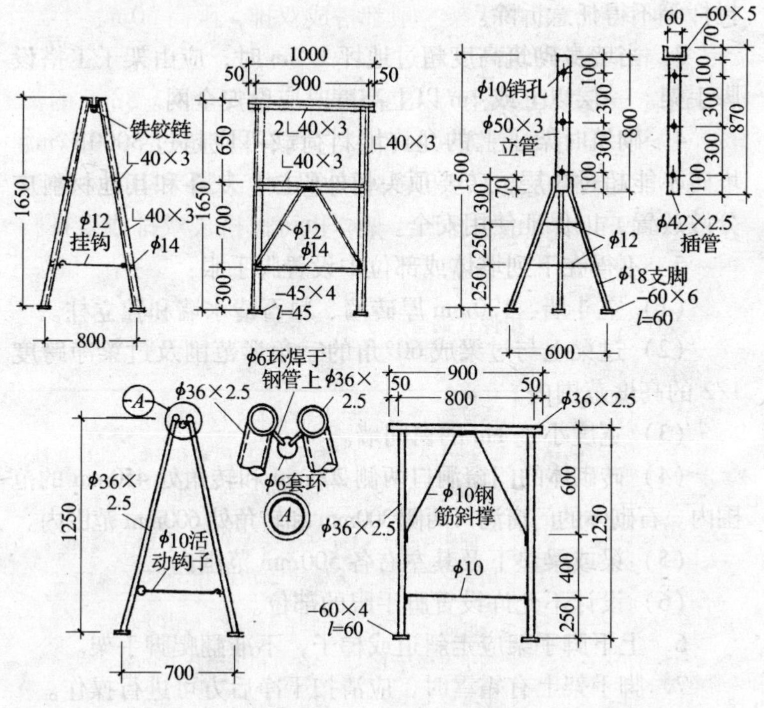

图 5-45　工具式里脚手

5．砌砖操作平台

它是由几榀支架组成的支承重量的框架，在框架上满铺脚手板形成一个平台，在上面可以堆放砖及砂浆进行砌筑。

5.2.5.2 脚手架使用要点

1. 脚手架由专业架子工搭设，未经验收的不能使用。使用中未经专业搭设负责人同意，不得随意自搭飞跳或自行拆除某些杆件。

2. 脚手上所设的各类安全设施，如安全网、安全围护栏杆等不得任意拆除。

3. 当墙身砌筑高度超过地坪 1.2m 时，应由架子工搭设脚手架。一层以上或 4m 以上高度时应设安全网。

4. 砌筑时架子上的允许堆料荷载不应超过 $3000N/m^2$。堆砖不能超过 3 层，砖要顶头朝外码放。灰斗和其他材料应分散放置，以保证使用安全。

5. 不得在下列墙体或部位中设置脚手眼：

（1）空斗墙、120mm 厚砖墙、料石清水墙和独立柱。

（2）过梁上与过梁成 60°角的三角形范围及过梁净跨度 1/2 的高度范围内。

（3）宽度小于 1m 的窗间墙。

（4）砖砌体的门窗洞口两侧 200mm 和转角处 450mm 的范围内。石砌体的门窗洞口两侧 300mm 和转角处 600mm 范围内。

（5）梁或梁垫下及其左右各 500mm 范围内。

（6）设计不允许设置脚手眼的部位。

6. 上下脚手架应走斜道或梯子，不准翻爬脚手架。

7. 脚手架上有霜雪时，应清扫干净后方可进行操作。

8. 大雨或大风后要仔细检查整个脚手架，如发现沉降、变形、偏斜应立即报告，经纠正加固后才能使用。

6 砌体砌筑工艺

6.1 基本规定

1. 砌体工程所用的材料应有产品的合格证书、产品性能检测报告。块材、水泥、钢筋、外加剂等尚应有材料主要性能的进场复验报告。严禁使用国家明令淘汰的材料。

2. 砌筑基础前，应校核放线尺寸，允许偏差应符合表6-1 的规定。

放线尺寸的允许偏差　　　　表 6-1

长度 L、宽度 B（m）	允许偏差（mm）
L（或 B）≤30	±5
30 < L（或 B）≤60	±10
60 < L（或 B）≤90	±15
L（或 B）>90	±20

3. 砌筑顺序应符合下列规定：

（1）基底标高不同时，应从低处砌起，并应由高处向低处搭砌。当设计无要求时，搭接长度不应小于基础扩大部分的高度。

（2）砌体的转角处和交接处应同时砌筑。当不能同时砌筑时，应按规定留槎、接槎。

4. 在墙上留置临时施工洞口，其侧边离交接处墙面不应小于500mm，洞口净宽度不应超过1m。

抗震设防烈度为9度的地区建筑物的临时施工洞口位置，应会同设计单位确定。

临时施工洞口应做好补砌。

5. 不得在下列墙体或部位设置脚手眼：

（1）120mm厚墙、料石清水墙和独立柱：

（2）过梁上与过梁成60°角的三角形范围及过梁净跨度1/2的高度范围内；

（3）宽度小于1m的窗间墙；

（4）砌体门窗洞口两侧200mm（石砌体为300mm）和转角处450mm（石砌体为600mm）范围内；

（5）梁或梁垫下及其左右500mm范围内；

（6）设计不允许设置脚手眼的部位。

6. 施工脚手眼补砌时，灰缝应填满砂浆，不得用干砖填塞。

7. 设计要求的洞口、管道、沟槽应于砌筑时正确留出或预埋，未经设计同意，不得打凿墙体和在墙体上开凿水平沟槽。宽度超过300mm的洞口上部，应设置过梁。

8. 尚未施工楼板或屋面的墙或柱，当可能遇到大风时，其允许自由高度不得超过表6-2的规定。如超过表中限值时，必须采用临时支撑等有效措施。

9. 搁置预制梁、板的砌体顶面应找平，安装时应坐浆。当设计无具体要求时，应采用1:2.5的水泥砂浆。

10. 设置在潮湿环境或有化学侵蚀性介质的环境中的砌体灰缝内的钢筋应采取防腐措施。

11. 砌体施工时，楼面和屋面堆载不得超过楼板的允许荷载值。施工层进料口楼板下，宜采取临时支撑措施。

墙和柱的允许自由高度（m）　　表 6-2

墙(柱)厚(mm)	砌体密度 >1600（kg/m³）			砌体密度 1300～1600（kg/m³）		
	风载（kN/m²）			风载（kN/m²）		
	0.3（约7级风）	0.4（约8级风）	0.5（约9级风）	0.3（约7级风）	0.4（约8级风）	0.5（约9级风）
190	—	—	—	1.4	1.1	0.7
240	2.8	2.1	1.4	2.2	1.7	1.1
370	5.2	3.9	2.6	4.2	3.2	2.1
490	8.6	6.5	4.3	7.0	5.2	3.5
620	14.0	10.5	7.0	11.4	8.6	5.7

注：1. 本表适用于施工处相对标高（H）在 10m 范围内的情况。如 $10m < H \leqslant 15m$，$15m < H \leqslant 20m$ 时，表中的允许自由高度应分别乘以 0.9、0.8 的系数；如 $H > 20m$ 时，应通过抗倾覆验算确定其允许自由高度。

2. 当所砌筑的墙有横墙或其他结构与其连接，而且间距小于表列限值的 2 倍时，砌筑高度可不受本表的限制。

6.2 砌筑砂浆

1. 水泥进场使用前，应分批对其强度、安定性进行复验。检验批应以同一生产厂家、同一编号为一批。

当在使用中对水泥质量有怀凝或水泥出厂超过三个月（快硬硅酸盐水泥超过一个月）时，应复查试验，并按其结果使用。

不同品种的水泥，不得混合使用。

2. 砂浆用砂不得含有有害杂物。砂浆用砂的含泥量应满足下列要求：

（1）对水泥砂浆和强度等级不小于 M5 的水泥混合砂浆，不应超过 5%；

（2）对强度等级小于 M5 的水泥混合砂浆，不应超过 10%；

（3）人工砂、山砂及特细砂，应经试配能满足砌筑砂浆技术条件要求。

3. 配制水泥石灰砂浆时，不得采用脱水硬化的石灰膏。

4. 消石灰粉不得直接使用于砌筑砂浆中。

5. 拌制砂浆用水，水质应符合国家现行标准《混凝土拌合用水标准》JGJ 63 的规定。

6. 砌筑砂浆应通过试配确定配合比。当砌筑砂浆的组成材料有变更时，其配合比应重新确定。

7. 施工中当采用水泥砂浆代替水泥混合砂浆时，应重新确定砂浆强度等级。

8. 凡在砂浆中掺入有机塑化剂、早强剂、缓凝剂、防冻剂等，应经检验和试配符合要求后，方可使用。有机塑化剂应有砌体强度的型式检验报告。

9. 砂浆现场拌制时，各组分材料应采用重量计量。

10. 砌筑砂浆应采用机械搅拌，自投料完算起，搅拌时间应符合下列规定：

（1）水泥砂浆和水泥混合砂浆不得少于 2min；

（2）水泥粉煤灰砂浆和掺用外加剂的砂浆不得少于 3min；

（3）掺用有机塑化剂的砂浆，应为 3 ~5min。

11. 砂浆应随拌随用，水泥砂浆和水泥混合砂浆应分别在3h和4h内使用完毕；当施工期间最高气温超过30℃时，应分别在拌成后2h和3h内使用完毕。

注：对掺用缓凝剂的砂浆，其使用时间可根据具体情况延长。

6.3 砖砌体砌筑

6.3.1 一般规定

1. 烧结普通砖、烧结多孔砖、蒸压灰砂砖、粉煤灰砖等砌体工程的一般规定。

(1) 用于清水墙、柱表面的砖，应边角整齐，色泽均匀。

(2) 有冻胀环境和条件的地区，地面以下或防潮层以下的砌体，不宜采用多孔砖。

(3) 砌筑砖砌体时，砖应提前1~2d浇水湿润。

(4) 砌砖工程当采用铺浆法砌筑时，铺浆长度不得超过750mm；施工期间气温超过30℃时，铺浆长度不得超过500mm。

(5) 240mm厚承重墙的每层墙的最上一皮砖，砖砌体的阶台水平面上及挑出层，应整砖丁砌。

(6) 砖砌平拱过梁的灰缝应砌成楔形缝。灰缝的宽度，在过梁的底面不应小于5mm；在过梁的顶面不应大于15mm。

拱脚下面应伸入墙内不小于20mm，拱底应有1%的起拱。

(7) 砖过梁底部的模板，应在灰缝砂浆强度不低于设计强度的50%时，方可拆除。

(8) 多孔砖的孔洞应垂直于受压面砌筑。

(9) 施工时施砌的蒸压（养）砖的产品龄期不应小

于28d。

(10) 竖向灰缝不得出现透明缝、瞎缝和假缝。

(11) 砖砌体施工临时间断处补砌时，必须将接槎处表面清理干净，浇水湿润，并填实砂浆，保持灰缝平直。

2. 配筋砌体一般规定

(1) 构造柱浇筑混凝土前，必须将砌体留槎部位和模板浇水湿润，将模板内的落地灰、砖渣和其他杂物清理干净，并在结合面处注入适量与构造柱混凝土相同的去石水泥砂浆。振捣时，应避免触碰墙体，严禁通过墙体传振。

(2) 设置在砌体水平灰缝中钢筋的锚固长度不宜小于$50d$，且其水平或垂直弯折段的长度不宜小于$20d$和150mm；钢筋的搭接长度不应小于$55d$。

(3) 配筋砌块砌体剪力墙，应采用专用的小砌块砌筑砂浆和专用的小砌块灌孔混凝土。

(4) 除上述3条外，尚应符合烧结普通砖和混凝土小型空心砌块砌体的一般规定。

6.3.2 砖砌体的组砌原则和砌体中砖及灰缝名称

6.3.2.1 *砖砌体的组砌原则*

砖砌体是由砖块和砂浆通过各种组砌方法砌成的整体。为了使砖砌体形成牢固的整体，因此在砌筑时要遵守以下几项原则：

1. 必须错缝砌筑，要求砖块至少应错缝1/4砖长（图6-1）。

2. 必须控制灰缝的厚度为10mm，最大不超过12mm，最小不小于8mm。因为水平灰缝太厚，不仅使砌体产生压缩变形，还可能使砌体产生滑移，对砌体结构不利。水平灰缝太薄，不能使砂浆饱满，同样对砌体整体性不利。

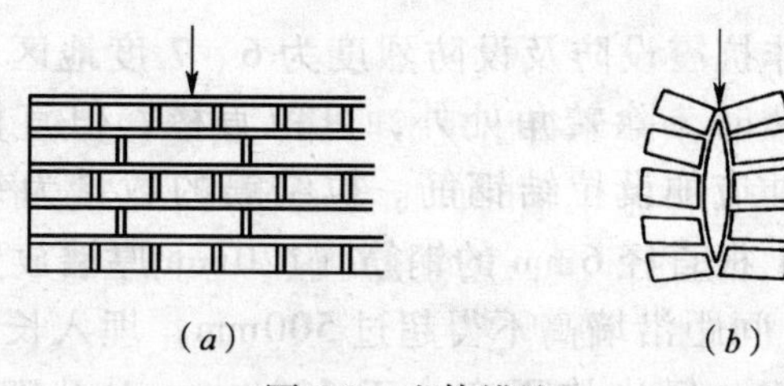

图 6-1　砌体错缝

（a）错缝咬合，砌体受力分散传递；（b）直缝，砌体受力被压散

垂直灰缝（俗称头缝），也不应太厚太薄，否则对砌体结构也有不利影响。如果没有灰缝（即两块砖直接组合在一起，俗称瞎缝），则对砌体结构的整体性影响更坏。

3．墙体之间纵横方向的连接，在砌筑时是非常关键的，最好能同时砌筑。如果不可能同时砌筑时，应按照规定在先砌的砌体上留出接槎（俗称留槎），后砌的砌体要镶入接槎内（俗称咬槎）。正常的接槎方法，按照国家规定有两种：

（1）烧结普通砖砌体的斜槎长度不应小于高度的 2/3（图 6-2）；多孔砖砌体的斜槎长高比应按砖的规格尺寸参照图 6-2 做适当调整。

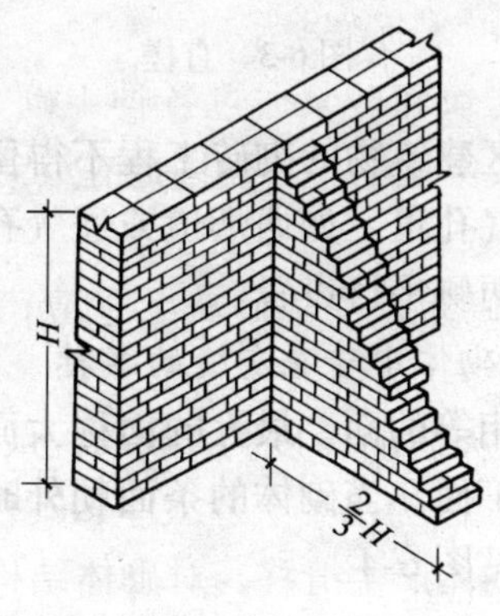

图 6-2　斜槎

（2）非抗震设防及设防烈度为 6、7 度地区，施工中不能留斜槎时，除转角处外，可留直槎，但直槎必须做成凸槎，并应加设拉结钢筋。拉结筋的数量为每 120mm 墙厚放置 1 根直径 6mm 的钢筋（120mm 厚墙放置 2ϕ6 拉结钢筋）；间距沿墙高不得超过 500mm；埋入长度从墙的留槎处算起，每边均不应小于 500mm；对 6 度、7 度抗震设防地区，不应小于 1000mm；末端应有 90°弯钩（图 6-3）。

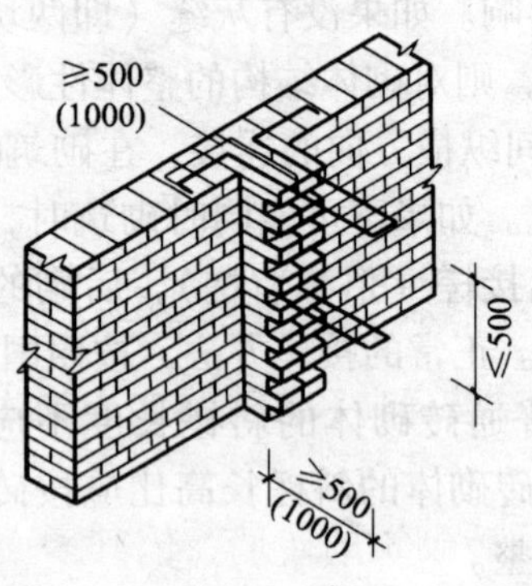

图 6-3　直槎

抗震设防地区建筑物的砌砖工程不得留直槎。拉结筋不得穿过烟道和通气孔道。如遇烟道或通气孔道时，拉结筋应分成两股沿孔道两侧平行设置。

6.3.2.2　*砖砌体中砖及灰缝的名称*

砖块有三对相等的面，最大的面称大面，长的一面称条面，短的一面称丁面。当砌体的条面朝外时称顺砖，丁面朝外时称丁砖等，见图 6-4。

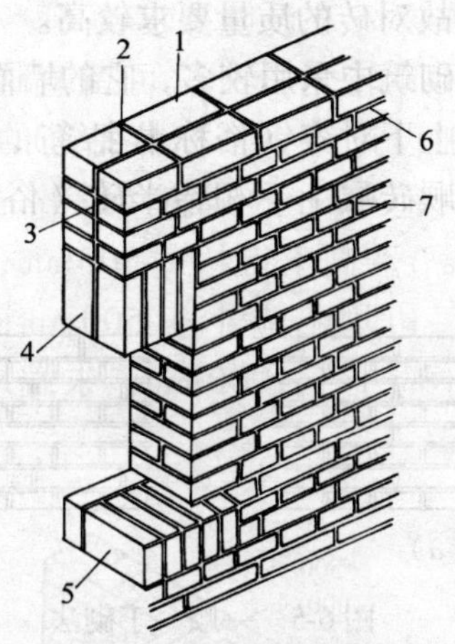

图 6-4　砖墙构造名称

1—顺砖；2—花槽；3—丁砖；4—立砖；5—陡砖；
6—水平灰缝；7—竖直灰缝

6.3.3　烧结普通砖和多孔砖实心砌体的组砌形式

6.3.3.1　烧结普通砖砌体组砌形式

用烧结普通砖砌筑的砖墙，依其墙面组砌形式的不同，有以下几种砌筑方法。

1．一顺一丁砌法（满丁满条）

此种砌法，由一皮顺砖与一皮丁砖相互交替砌筑而成，上、下皮的竖缝相互错开四分之一砖长。

这种砌筑方法的优点是：各皮砖间错缝搭接牢靠，墙体整体性较好，操作时变化小，易于掌握，砌筑时墙面也容易控制平直。其缺点是：当砖的规格不一致时，竖缝不易对齐，在墙的转角、丁字接头、门和窗洞口等处都要砍砖，因此砌筑效率受到一定限制。

当砌 24cm 墙时，丁砖层的砖有两个面露出墙面（也称出面砖）较多，故对砖的质量要求较高。

这种砌法在砌筑中采用较多，它的墙面形式有两种：

一种是砖层上下对齐（俗称十字缝），如图 6-5（*a*）中所示；另一种是顺砖层上下相错半砖（俗称骑马缝），如图 6-5（*b*）中所示。

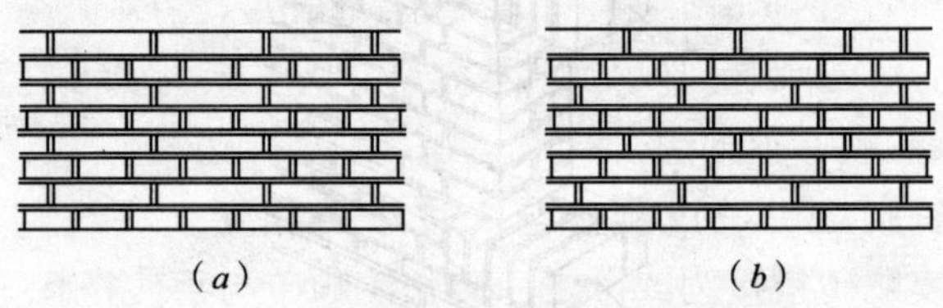

图 6-5　一顺一丁砌法
（*a*）十字缝；（*b*）骑马缝

这种砌筑法在调整错缝搭接时，可用“内七分头”或“外七分头”（3/4 砖），但以“外七分头”较为常见，如图 6-6 中有斜线的砖。

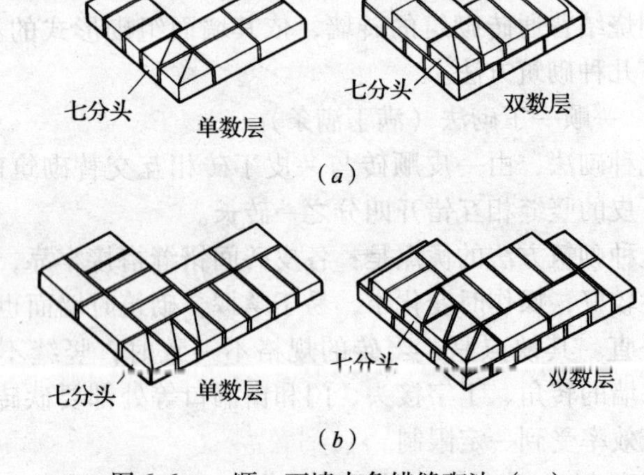

图 6-6　一顺一丁墙大角错缝砌法（一）

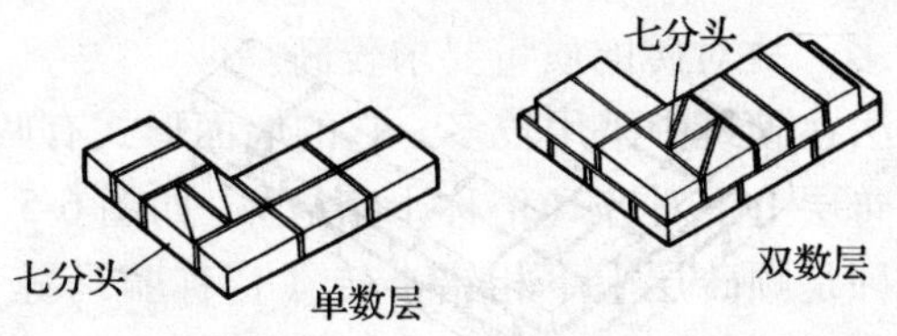

（c）

图 6-6　一顺一丁墙大角错缝砌法（二）

（a）一砖墙；（b）一砖半墙；（c）一砖墙（内七分头）

2．三顺一丁砌法

此种砌法由三皮顺砖与一皮丁砖相互交叉叠砌而成。上、下皮顺砖搭接为二分之一砖长。顺砖与丁砖搭接为四分之一砖长。如图 6-7 所示。同时要求檐墙与山墙的丁砖层不在同一皮，以利于搭接。

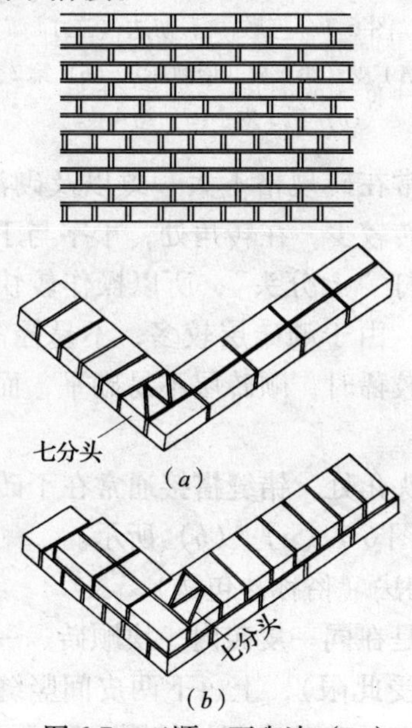

图 6-7　三顺一丁砌法（一）

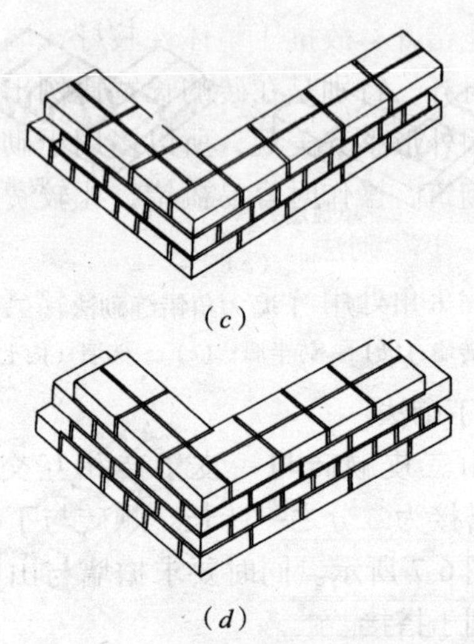

(c)

(d)

图 6-7 三顺一丁砌法（二）

(a) 第1皮（第5皮开始循环）；(b) 第2皮；
(c) 第3皮；(d) 第4皮

这种叠砌法常在砖规格不太一致以及砌清水墙时使用。其优点是：出面砖较少，在转角处，十字与丁字接头、门窗洞口等处可减少打“七分头”，所以操作较快，可提高工作效率。其缺点是：由于顺砖层较多，不易控制墙面的平整；当砖较湿或砂浆较稀时，顺砖层不易砌平，而且容易向外挤出，影响质量。

此种砌法的头角处，错缝搭接通常在丁砖层采用“内七分头”调整，如图 6-7（a）、（b）所示。

3．梅花丁砌法（俗称沙包法）

梅花丁砌法是在同一皮砖内一块顺砖、一块丁砖间隔砌筑（在转角处不受此限），上、下两皮间竖缝错开四分之一砖长，丁砖必须在顺砖的中间，如图 6-8 所示。这种砌法内外竖缝每皮都能错开，故抗压整体性较好，墙面容易控制平整，竖缝易于对齐，特别是在砖的长宽比例出现差异时，竖缝容易控制。因外形整齐美观，所以多用于砌筑外墙。但因丁、顺砖交替砌筑，操作时容易搞错，比较费工，且抗拉强度不如“三顺一丁”砌法。

此种砌法在头角处用“七分头”调整错缝搭接时，必须采用“外七分头”（图6-8）。

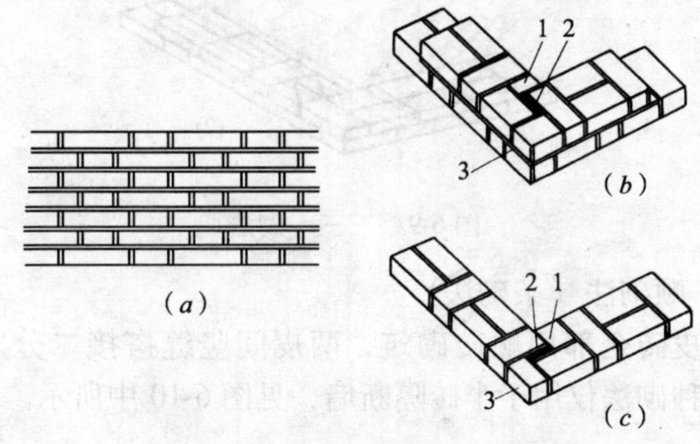

图6-8 梅花丁砌法

（a）梅花丁砌法；（b）双数层；（c）单数层

1—半砖；2—1/4 砖；3—七分头

4. 三三一砌法（即三七缝法）

三三一砌法是在同一皮砖层里三块顺砖、一块丁砖交替砌成。上、下皮叠砌时，上皮丁砖应砌在下皮第2块顺砖中间，见图6-9中所示，上、下两皮砖的搭接长度为四分之一砖长。

采用这种砌法的优点是正、反面墙均较平整，可以节约抹灰材料；缺点是施工中砍砖较多，砌长度不大的窗间墙时，排砖很不方便，故工效较“三顺一丁”慢，同时因砖层内丁砖数量较少，对整体性有一定影响。

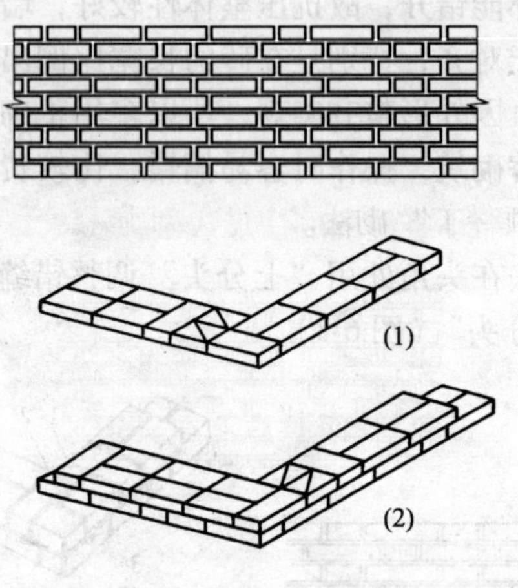

图 6-9　三三一砌法

5．顺砌法（条砌法）

每皮砖全部用顺砖砌筑，两皮间竖缝搭接二分之一砖长。此种砌法仅用于半砖隔断墙，见图 6-10 中所示。

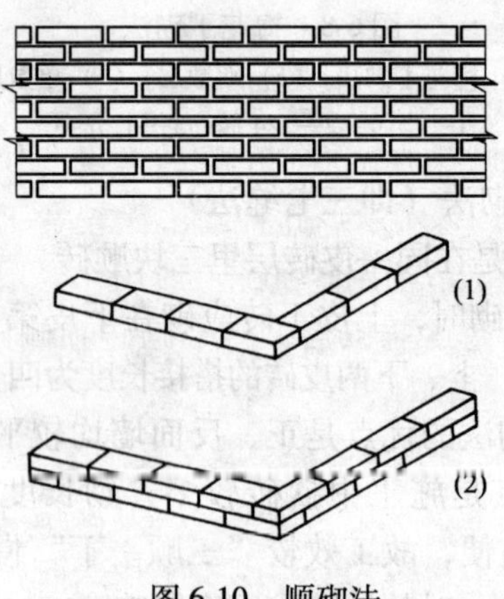

图 6-10　顺砌法

6. 丁砌法

每皮全部用丁砖砌筑，两皮间竖缝搭接为四分之一砖长，如图6-11所示。此种砌法一般多用于圆形建筑物，如水塔、烟囱、水池、圆仓、窨井等的墙身。一般采用外圆放宽竖缝，内圆缩小竖缝的办法形成圆弧。

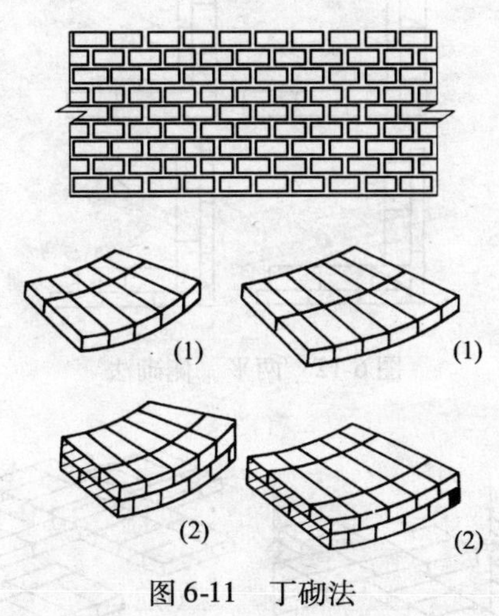

图6-11 丁砌法

7. 两平一侧砌法（18cm墙）

两平一侧砌法为在两皮砌的顺砖旁砌一块侧砖，其厚度为18cm。如图6-12所示。此种砌法比较费工，且墙体的抗震性能较差。但可节约用砖量，一般用作一层及二层楼房的内、外墙。每砌两皮砖以后，将平砌砖和侧砌砖里外互换，即可组成两平一侧砌体。

8. 满丁满条十字墙、丁字墙交接砌法

在砖墙的丁字及十字交接处，应分皮错缝砌筑。内角相交处竖缝应错开1/4砖长。当砌丁字接头时，应在横墙端头加砌“七分头”。十字、丁字墙排砖见图6-13。

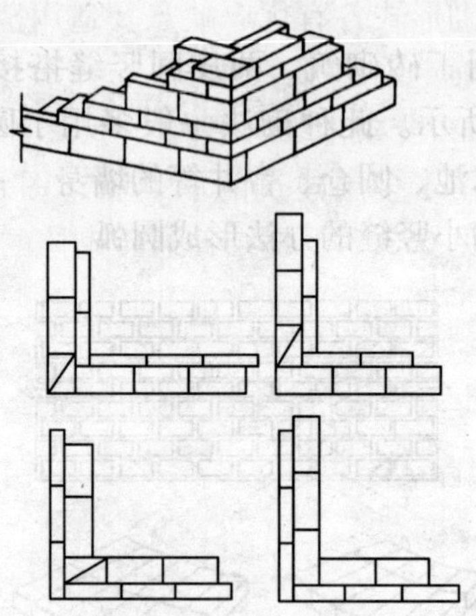

图 6-12　两平一侧砌法

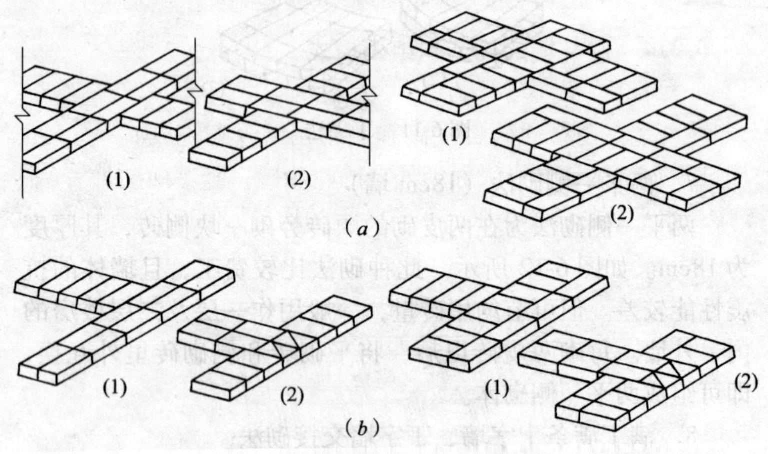

图 6-13　墙体交接排砖

（*a*）十字墙交接；（*b*）丁字墙交接

以上各种组砌形式各有优、缺点及适用范围，应根据施工中的具体情况确定采用哪一种方法。

6.3.3.2　多孔砖砌体组砌形式

多孔砖一般用于多层建筑的承重墙（图6-14），其砌体组砌形式，可参见6.3.3.1烧结普通砖砌体的组砌形式。

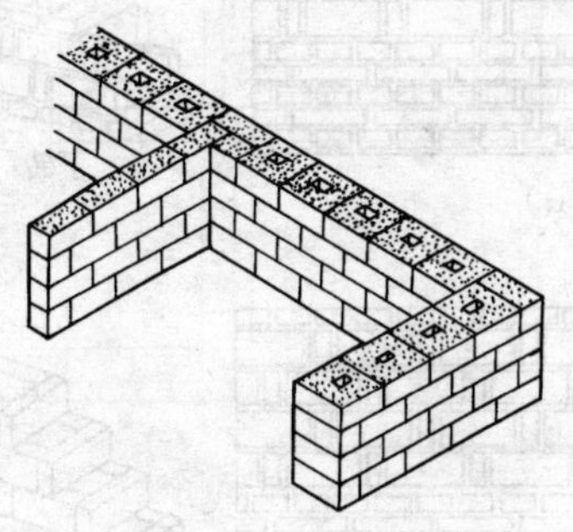

图6-14　承重空心砖组砌形式

6.3.4　空斗墙的构造和组砌形式

6.3.4.1　空斗墙的构造

空斗墙是由普通砖经平砌和侧砌相结合砌筑成有一个个“空斗”间隔的墙体。大面朝外者的叫斗砖，竖丁面朝外者叫丁砖，水平放的砖称为眠砖。空斗墙的构造如图6-15所示。

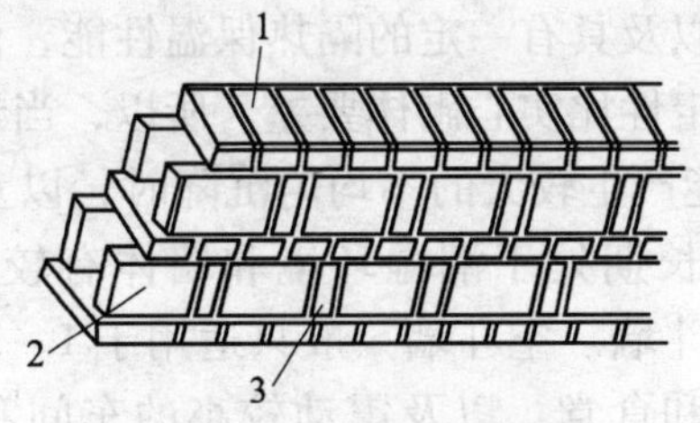

图6-15　空斗墙的构造

1—眠砖；2—斗砖；3—丁砖

空斗墙的构造形式有：无眠空斗、一眠一斗、一眠二斗和一眠多斗，见图 6-16。

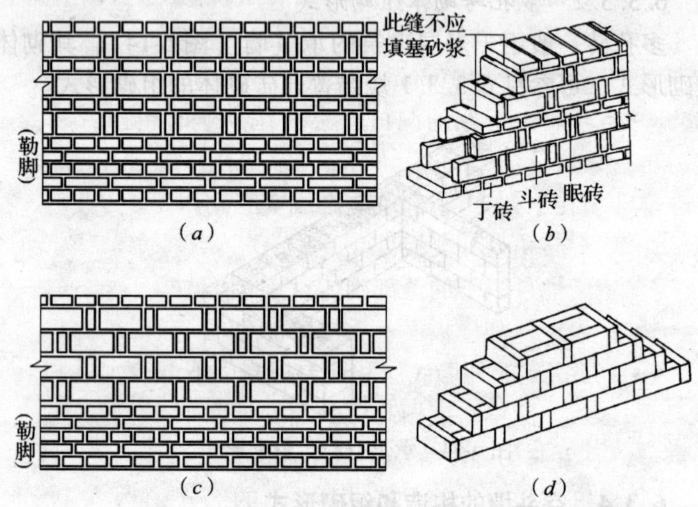

图 6-16　空斗墙常见形式

（a）一眠一斗；（b）一眠二斗；（c）一眠多斗；（d）无眠空斗

6.3.4.2　空斗墙的适用范围

空斗墙虽然可以减轻建筑结构的自重，节约原材料，降低工程造价，以及具有一定的隔热保温性能，但它的抗震性能和结构的稳定性比实心砌体要差。所以，当地震烈度大于 7 度和地基可能产生较大的不均匀沉降时，以及房屋要承受较大的震动或长期处于潮湿环境和墙体有较多的管道时，均不宜采用空斗墙。空斗墙一般只适用于 1～3 层的民用建筑、单层仓库和食堂，以及震动较小的车间和框架结构填充墙。

6.3.4.3　空斗墙的组砌形式

空斗墙应用水泥混合砂浆砌筑。在有眠空斗墙中，眠砖层与丁砖层接触处以及丁砖层与眠砖层接触处，除两端外，其余部分不应填塞砂浆（见图6-16）。空斗墙水平灰缝和竖向灰缝的宽度一般为10mm，但不应小于7mm，也不应大于13mm。空斗墙中留置的洞口，必须在砌筑时留出，严禁砌完后再行砍凿。

空斗墙在下列11个部位应砌成实心砌体。

1. 墙的转角处和交接处。

2. 室内地坪以下的全部砌体。

3. 室内地坪和楼板面上3皮砖部分。

4. 3层房屋的外墙底层和窗台标高以下部分。

5. 楼板、圈梁、搁栅和檩条等支承面下2~4皮砖的通长部分，且砂浆的强度等级不低于M2.5。

6. 梁和屋架支承处及按设计要求的部分。

7. 壁柱和洞口的两侧24cm范围内。

8. 楼梯间的墙、防火墙、挑檐以及烟道和管道较多的墙及预埋件处。

9. 作框架填充墙时，与框架拉结筋的连接处。

10. 屋檐和山墙压顶下的2皮砖部分。

11. 预埋件处。

空斗墙不应有垂直方向的通缝，若出现通缝时可采取增加丁砖或增加两皮眠砖来弥补。

空斗墙与实砌体的竖向连接处，应相互搭接。

空斗墙组砌形式如图6-17所示。图中表示了转角、门窗洞口、室内地坪处、楼板处的组砌要求，其他各处的做法可参照执行。

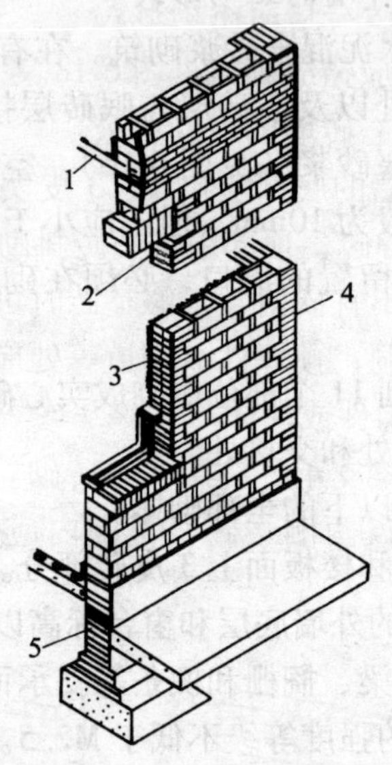

图 6-17　空斗墙的组砌方法

1—楼板；2—过梁位置；3—实砌；4—转角实砌；5—勒脚墙实砌

6.3.5　空心砖墙的构造和组砌形式

6.3.5.1　空心砖墙的构造

空心砖墙一般用于填充墙和隔断墙砌筑。见图 6-18。

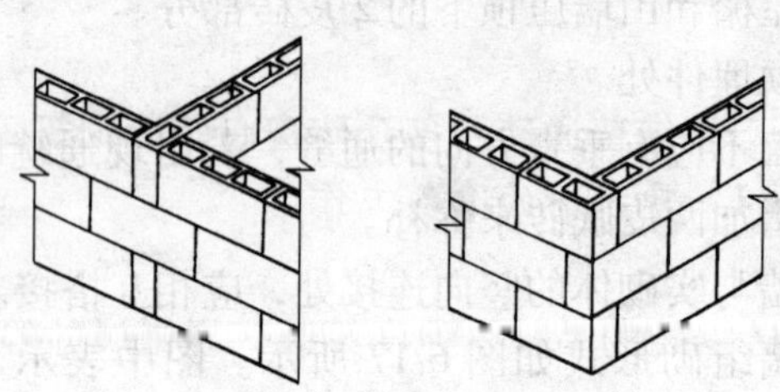

图 6-18　空心砖墙错缝砌筑

6.3.5.2 空心砖墙的组砌形式

1. 空心砖墙应错缝砌筑见图 6-18。

2. 非承重空心砖墙的组砌要求

（1）每一层墙的底部应砌 1～3 皮实心砖隔潮，外墙勒脚部分也应砌实心砖。顶部用实心砖斜砌顶实。

（2）空心砖不宜砍凿，不够整砖时可用普通砖补砌。

（3）墙中留洞、预埋件、管道等处应用实心砖砌筑，或做成预制混凝土构件或块体。

（4）门窗过梁支承处应用实心砖砌。

（5）门窗洞口两侧一砖长范围内应用实心砖砌筑（图 6-19）。

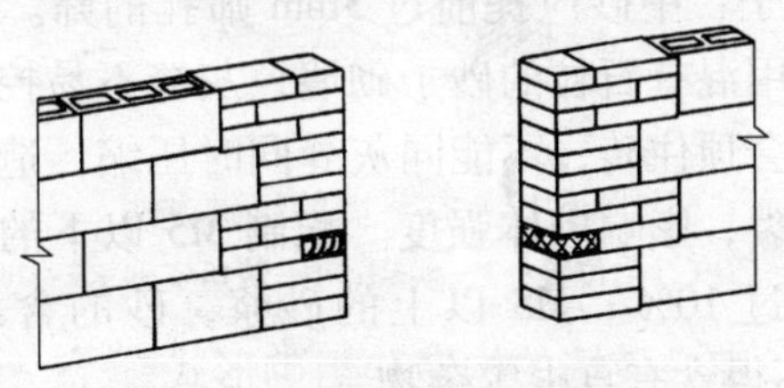

图 6-19 空心砖墙门窗口处砌筑

（6）墙体砌筑较长时，可在一定高度范围内，加 1～2 道实心砖块。

6.3.6 烧结普通砖和多孔砖实心砖墙砌筑工艺

6.3.6.1 砌筑前的准备工作

1. 材料准备

（1）砖：砖的品种、强度等级、规格尺寸等必须符合设计要求。

在常温施工时，砌砖前 1 天或 2 天（视气温情况而定），应将砖浇水湿润，湿润程度以将砖砍断时还有 1.5～2cm 干心为宜。一般不宜用干砖砌筑，因为干砖在与砂浆接触时，过多吸收砂浆中的水分，使砂浆流动性降低，影响粘结力，增加砌筑困难，同时不能满足水泥硬化时所需要的水分，影响砌体的强度。用水浇砖还能把砖面上的粉尘、泥土冲掉，有利于砖与砂浆的粘结。但浇水不宜过多，如砖浇得过湿，在表面会形成一层水膜，这些水膜影响砂浆与砖的粘结，使流动性增大，会出现砖浮滑、不稳和坠灰现象，使灰缝不平整，墙面不易平直。冬期施工时，由于砖浇水后会在砖面冻结成冰膜，影响与砂浆的粘结，故一般情况下不宜浇水。

规范要求烧结普通砖和多孔砖含水率宜在 10% ~15% ；灰砂砖、粉煤灰砖宜在 8% ~12% 。

（2）砂子：中砂应提前过 5mm 筛孔的筛。因砂中往往含有石粒，用混有石粒的砂子砌墙，灰缝不易控制均匀，砂浆中的石粒会顶住砖，不能同灰缝同时压缩，造成砖局部受压，容易断裂，影响砌体强度。配制 M5 以下的砂浆，砂的含泥量不超过 10% ；M5 以上的砂浆，砂的含泥量不超过 5% 。砂中不得含有草根等杂物。

（3）水泥：一般采用 32.5 级的普通硅酸盐水泥或矿渣硅酸盐水泥。

（4）掺合料：指石灰膏、电石膏、粉煤灰和磨细生石灰粉等。石灰膏应在砌筑前一周淋好，使其充分熟化（不少于7d）。

（5）其他材料：如拉结钢筋、预埋件、木砖（刷防腐剂）、防水粉、门窗框等。

2. 工具准备

砌筑常用的工具，如大铲、瓦刀、砖夹子、靠尺板、筛子、小推车、灰桶、小线等，应事先准备齐全。

3. 作业条件准备

作业条件准备是直接为操作者服务的，因此，应予足够的重视。

(1) 砌筑基础的作业条件

1) 基槽开挖及灰土或混凝土垫层已完成，并经验收合格，办完隐检手续。

2) 已放好基础轴线和边线，立好皮数杆（一般间距为15～20m，转角处均应设立），并办完预检手续。

皮数杆是瓦工砌砖的主要依据之一。皮数杆用5cm×7cm木方做成，它表示砌体的层数（包括灰缝厚度）和建筑物各种洞口、构件、梁板、加筋等的高度，是竖向尺寸的标志。

皮数杆的划法：在划之前，从进场的各砖堆中抽取10块砖样，量出它的总厚度，取其平均值，作为划砖层厚度的依据，再加灰缝厚度，就可划出砖灰层的皮数。常温施工用10mm灰缝，冬期施工用8mm灰缝。如果楼层高度与砖层皮数不相吻合时，可从灰缝厚薄中调整。

基础部分皮数杆是由±0.000标高往下划，到垫层面为止。基础以上部分以±0.000作下端往上划，楼房划到2层楼地面标高为止，平房划到前后檐口为止。划完后，在杆上标上5、10、15……等层数，及各种洞口、构件的标高位置，其大致形状见图6-20。

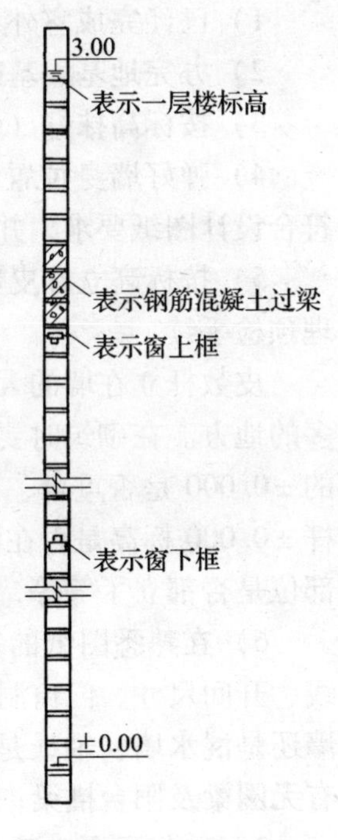

图6-20　皮数杆

3）根据皮数杆最下面一层砖的标高，拉线检查基础垫层表面标高是否合适。如第一层砖的水平灰缝大于20mm时，应先用细石混凝土找平，严禁在砌筑砂浆中掺细石处理或用砂浆垫平，更不允许砍砖包合子找平。

4）检查砂浆搅拌机是否运转正常，后台计量器具是否齐全、准确。

5）对基槽中的积水，应予排除。

6）砂浆配合比，已经试验室确定，并准备好砂浆试模。

（2）砌筑墙体的作业条件

1）已经完成室外及房心回填土，并安装好暖气沟盖板。

2）办完地基、基础工程的隐检手续。

3）按标高抹好（铺设完）基础防水层。

4）弹好墙身位置线、轴线、门窗洞口位置线，经检验符合设计图纸要求，并办完预检手续。

5）按标高立好皮数杆，其间距以15～20m为宜，并办理预检手续。

皮数杆立在墙的大角处、内外墙交接处、楼梯间及洞口多的地方。在砌筑时要先检查皮数杆的±0.000与抄平桩上的±0.000是否重合、门和窗口上下标高是否一致，各皮数杆±0.000标高是否在同一水平上，所有应立皮数杆的操作部位是否都立了等等，检查合格后才能砌砖。

6）在熟悉图纸的基础上，要弄清已砌基础和复核的轴线、开间尺寸、门窗洞口位置是否与图纸相符；墙体是清水墙还是混水墙；轴线是正中还是偏中；楼梯与墙体的关系，有无圈梁及阳台挑梁；门窗过梁的构造等。

7）砂浆配合比已由试验室做好试配，准备好砂浆试模。

6.3.6.2 *砖基础砌筑*

1. 砂浆的拌制

(1) 砂浆的配合比应采用重量比，并应经试验确定。水泥称量精确度控制在±2%以内；砂、石灰膏、电石膏、粉煤灰和磨细生石灰粉等的称量精确度控制在±5%以内。

(2) 砂浆应采用机械拌合。先倒砂子、水泥、掺合料，最后倒水。拌合时间不得少于1.5min。

(3) 砂浆应随拌随用，对于水泥砂浆或水泥混合砂浆，必须在砂浆拌制后的3~4h内使用完毕。

(4) 每一施工段或250m^3砌体，每种砂浆应制作一组（6块）试块，如砂浆强度等级或配合比有变动时，应另作试块。

2. 砖基础的构造形式

砖基础均属于刚性基础，即抗压强度较高，抗拉强度较低，因此要求基础的高度H与基础挑出的宽度L之比不小于1.5~2.0（即$H/L \geqslant 1.5 \sim 2.0$），也就是说$\alpha$角不小于某一数值，见图6-21。$\alpha$角称为刚性角或压力分布角。

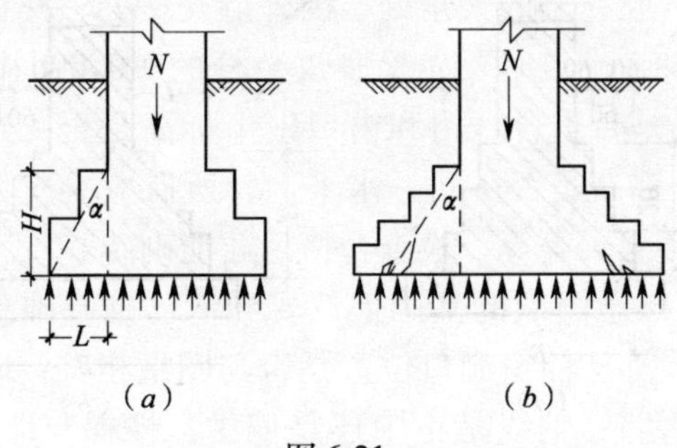

图6-21

(a) 压力分布角范围内的刚性基础受力情况；

(b) 超过压力分布角范围的刚性基础受拉开裂破坏情况

如果基础的每一阶梯都能满足上面所说的刚性要求，则在强度上才能得到保证，不会发生破裂现象。

如果上部荷载较大，而地基承载能力又很弱时，采用刚性基础就需要加大基础底面宽度来满足单位面积的承压力。但由于受高宽比的限制，势必要将基础做得很大、很厚，这样会给施工带来很多困难。如果基础不加高，只增加宽度（即加宽基础两翼宽度），由于两翼宽度超过了压力分布角的范围，就会在地基反力作用下，使两翼向上弯翘起，造成基础底部受拉而开裂（图 6-21b）。在这种情况下，再采用刚性基础已不能确保工程质量，因此必须考虑采用抗拉和抗压强度都很高的柔性基础，如钢筋混凝土基础。所以，砖基础必须采用阶梯形式，又称“大放脚”。

砖基础大放脚一般采取等高式或间隔式。

等高式大放脚每二皮一收，每次收进 1/4 砖（60mm），其 $H/L=2$，见图 6-22（a）。

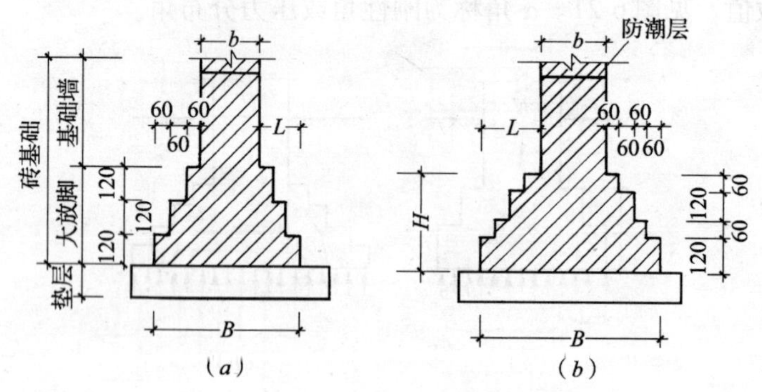

图 6-22　砖基础形式

（a）等高式（$H/L=2$）；（b）间隔式（$H/L=1.5$）

间隔式大放脚是第一个台阶二皮一收，第二个台阶一皮一收，每次收进 1/4 砖（60mm），其 $H/L=1.5$，如此循环变化（图 6-22*b*）。

3．砖基础组砌方法

（1）砖基础组砌，一般采用一顺一丁砌法。

（2）砌筑必须里外咬槎或留踏步槎，上下层错缝。

（3）基础大放脚的撂底尺寸及退收方法，必须符合设计图纸要求。常见的撂底排砖方法，见图 6-23 至图 6-26。

4．排砖撂底

排砖就是按照基底尺寸线和已定的组砌方式，不用砂浆，把砖在一段长度内整个干摆一层，排时考虑竖直灰缝的宽度，要求山墙摆成丁砖，檐墙摆成顺砖，即所谓"山丁檐跑"。

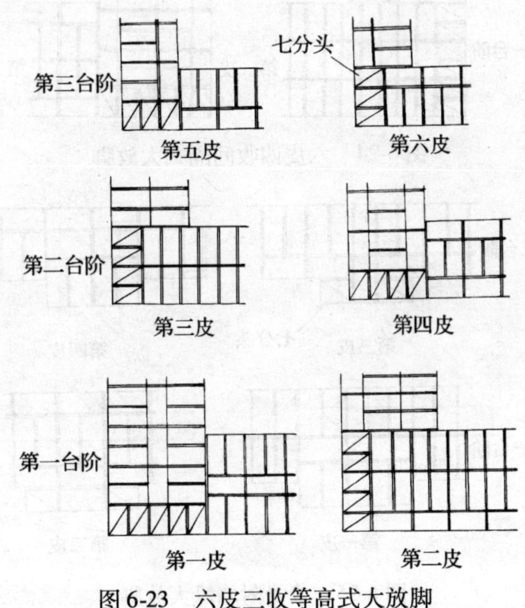

图 6-23　六皮三收等高式大放脚

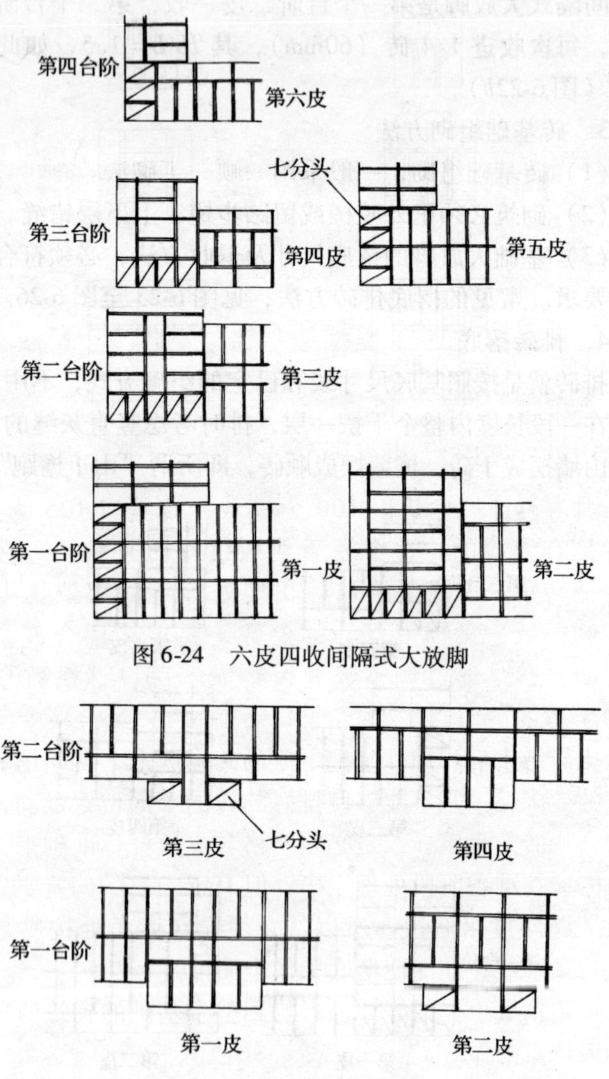

图 6-24　六皮四收间隔式大放脚

图 6-25　墙身附墙垛大放脚

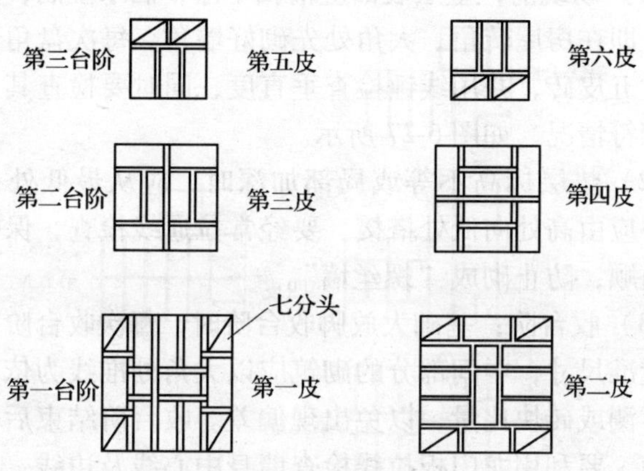

图 6-26　砖方柱六皮三收等高式大放脚

因为设计尺寸是以 100 为模数，砖是以 125 为模数，两者是有矛盾的，这个矛盾要通过排砖来解决。在排砖中要把转角、墙垛、洞口、交接处等不同部位排得既符合砖的模数、又合乎设计的模数，要求接槎合理、操作方便。排砖是通过调整竖缝大小来解决设计模数和砖模数的矛盾的。

排砖结束后，用砂浆把干摆的砖砌起来，就叫撂底。对撂底的要求，一是不能够使排好的砖的平面位置走动，要一铲灰一块砖的砌筑；二是必须严格与皮数杆标准砌平。偏差过大的应在准备阶段处理完毕，但 1cm 左右的偏差要靠调整砂浆灰缝厚度来解决。所以，必须先在大角处按皮数杆砌好，拉紧准线，才能使撂底工作全面铺开。

排砖撂底工作的好坏，影响到整个基础的砌筑质量，必须严肃认真的做好。

5. 砌筑

（1）砌筑前，垫层表面应清扫干净，洒水湿润，然后再盘角。即在房屋转角、大角处先砌好墙角。每次盘角高度不得超过五皮砖，并用线锤检查垂直度，同时要检查其与皮数杆的相符情况，如图 6-27 所示。

（2）垫层标高不等或局部加深时，应从最低处往上砌筑，并应由高处向低处搭接。要经常拉通线检查，保持砌体平直通顺，防止砌成“螺丝墙”。

（3）收台阶：基础大放脚收台阶时，每次收台阶必须用卷尺量准尺寸，中间部分的砌筑应以大角处准线为依据，不能用目测或砖块比量，以免出现偏差。收台阶结束后，砌基础墙前，要利用龙门板拉线检查墙身中心线及边线，并用红铅笔将“中”画在基墙侧面，以便随时检查复核。同时，要对照皮数杆的砖层及标高，如有高低差时，应在水平缝中逐渐调整，使墙的层数与皮数杆相一致。基础大放脚应错缝，利用碎砖和断砖填心时，应分散填放在受力较小的不重要部位。

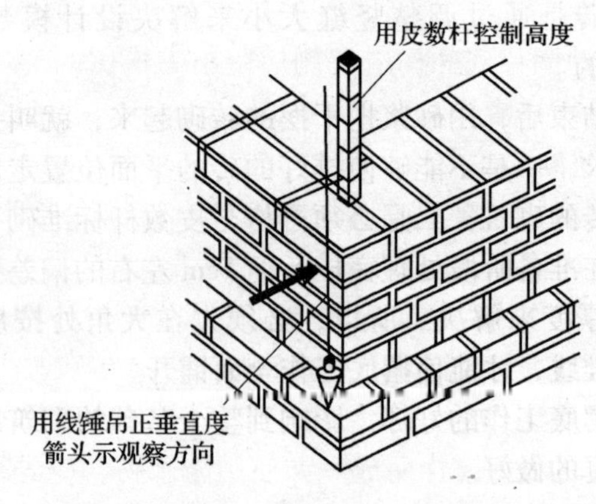

图 6-27

（4）基础墙的墙角，每次砌筑高度不超过五皮砖，随盘角随靠平吊直，以保证墙身横平竖直。砌墙应挂通线，24cm 墙外手挂线，37cm 墙以上应双面挂线。

（5）沉降缝、防震缝两边的墙角应按直角要求砌筑。先砌的墙要把舌头灰刮尽，后砌的墙可采用缩口灰的方法。掉入缝内的砂浆和杂物，应随时清除干净。

（6）基础墙上的各种预留孔洞、埋件、接槎的拉接筋，应按设计要求留置，不得事后开凿。

（7）承托暖气沟盖板的挑檐砖及上一层压砖，均应用丁砖砌筑。主缝碰头灰要打严实。挑檐砖层的标高必须准确。

（8）基础分段砌筑必须留踏步槎，分段砌筑的相差高度不得超过 1.2m。

（9）基础灰缝必须密实，以防止地下水的浸入。

（10）各层砖与皮数杆要保持一致，偏差不得大于 ±1cm。

（11）管沟和预留孔洞的过梁，其标高、型号必须安放正确、坐灰饱满。如坐灰厚度超过 20mm 时，应用细石混凝土铺垫。

（12）地圈梁底和构造柱侧应留出支模用的“串杠洞”，待拆模后再行补堵严实。

6. 抹防潮层

基础防潮层应在基础墙全部砌到设计标高后才能施工，最好能在室内回填土完成以后进行。

防潮层应作为一道工序来单独完成，不允许在砌墙砂浆中添加防水剂进行砌砖来代替防潮层。

防潮层所用砂浆一般采用 1:2.5 水泥砂浆加水泥含量 3%～5% 的防水剂搅拌而成。如使用防水粉，应先把粉剂搅拌成均匀的稠浆后添加到砂浆中去。抗震设防地区，不应采用防水卷材作基础墙水平防潮层。

抹防潮层时，应先将墙顶面清扫干净，浇水湿润。在基础墙顶的侧面抄出水平标高线，然后用直尺夹在基础墙两侧，尺上平按平线找准，然后摊铺砂浆，一般20mm厚，待初凝后再用木抹子收压一遍，做到平、实、表面不光滑。

7. 质量标准

质量标准详见6.3.6.3节中第9条内容。

8. 应注意的质量问题

(1) 砂浆配合比不准，强度不够

解决的办法是：原材料必须逐车过磅，计量要准确。搅拌时间应保证达到规定的要求。砂浆试块应有专人负责制作和养护。

(2) 基础墙身位移过大

基础墙身偏移的原因是大放脚收台阶时两边的收退不均匀或收退尺寸不准；其次是砌筑前和收台阶结束后没有拉线检查轴线和边线；第三是中间隔墙没有龙门板，在砌筑中间用卷尺丈量而发生误差。

为了避免这种问题的产生，在建筑物定位放线时，必须钉设足够的龙门板和中心桩，并要有可靠的防护措施，防止槽边堆土掩蔽或者进行其他作业时碰动。基础弹线后要复核，基础砌筑的过程中要把轴线“带”起来（在检查大角垂直度时，随手把中线画在墙身上，并随着砌体的升高而升高）。在收台阶时一方面要控制台阶的宽度，另一方面要量测中心线至两侧的距离，随时检查大角的垂直度，防止因垂直偏差而带来大角和墙身的偏移。

(3) 水平灰缝高低不平

水平灰缝高低不平的主要原因是在盘角时灰缝掌握得不

好，或者砌筑时没有拉通线，或者准线绷得时松时紧，所以必须严格按皮数杆上的皮数盘角，皮数杆要画出每皮砖的位置，不要图省事而采用5皮一画的办法。拉准线必须绷紧，并用手指检查其绷紧度，同时砌大角的人要经常“穿”线以检查准线的水平度。

（4）墙面不平，皮数杆不平

防治墙面不平的措施是：一砖半墙必须双面挂线，一砖墙反手挂线，舌头灰要随砌随刮平。

解决皮数杆不平的办法是：抄平放线时要细致认真；固定皮数杆的木桩要牢固，防止碰撞松动。皮数杆立完后，要进行一次水平标高的复验，确保皮数杆的高度一致。

（5）基顶标高不准

操作时必须按要求将垫层不平处先用细石混凝土找平，摞底时一定要摞平。大角处的操作者要每皮核对小皮数杆与砖层的相符情况。小皮数杆应用20mm 见方的小木条制作，一方面可以砌入基础墙内，另一方面也具有一定的刚度，避免变形。在基础砌筑前，要用水准仪复核小皮数杆的标高，防止因皮数杆不平而造成基顶不平。

（6）埋入件和拉结筋位置不准

主要原因是没有按设计规定要求施工。小皮数杆上没有标出埋设位置，因此在小皮数杆钉设前应复核检查。

同时应进行交底，砌筑过程中要加强检查。

对外露部分的拉筋，在施工中不得任意弯折。

（7）留槎不符合要求

防治的措施是：砌体的转角和交接处，应同时砌筑。否则应砌成斜槎。

（8）砌体临时间断处的高度差过大

砌筑时，一般不得超过一步脚手架的高度。

(9) 基础防潮层失效

表现为防潮层抹压不实、开裂、起壳等，以致不能有效地起防潮作用。造成这种情况的原因是抹防潮层前没有做好基层清理；因碰撞而松动的砖块没有补砌好；防潮层砂浆搅拌不均匀或未做抹压；防水剂掺入量超过规定等。

防止办法是：基层必须清理干净和浇水湿润，对于松动的砖，必须重新补砌牢固。防潮层砂浆收水后要抹压，如果以地圈梁代替防潮层，除了要加强振捣外，还应在混凝土收水后抹压。砂浆的拌制必须均匀，当掺加粉状防水剂时必须先调成糊状后加入，掺入量应准确，如用干粉直接掺入，可能造成结团或防水剂漂浮在砂浆表面而影响砂浆的均匀性。

9. 安全注意事项

(1) 基础砌筑前必须仔细检查槽坑，如有塌方危险或支撑不牢固，要采取可靠措施。施工过程中要随时观察周围土层情况，发现裂缝和其他不正常情况时，应立即离开危险地点，采取必要措施后才能继续施工。基槽外侧 1m 以内严禁堆物，以免妨碍观察。人进入槽内工作应有踏步或梯子。

(2) 当采用搭设运输道运送材料时，要随时观察基槽(坑) 内操作人员，以防砖块等失落伤人。基槽深度超过 1.50m 时，运送材料要使用机具或溜槽。

(3) 其他应按有关规定执行。

6.3.6.3 *砖墙砌筑*

1. 墙体组砌方式

(1) 砌体一般采用一顺一丁（满丁满条)、梅花丁或三顺一丁砌法。不采用五顺一丁砌法，砖柱不得采用先砌四周后填心的包心砌法。

（2）确定接头方式：组砌形式确定以后，接头形式也随之而定，采用一顺一丁形式组砌的砌墙的接头形式如图 6-28 至图 6-30 所示。

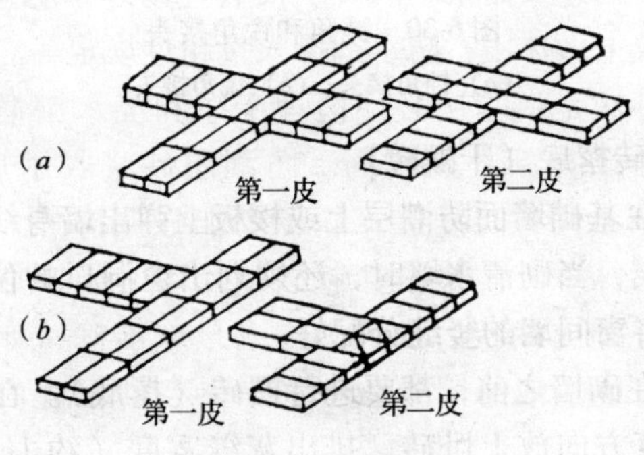

图 6-28　一砖墙的接头

（*a*）十字接头；（*b*）丁字接头

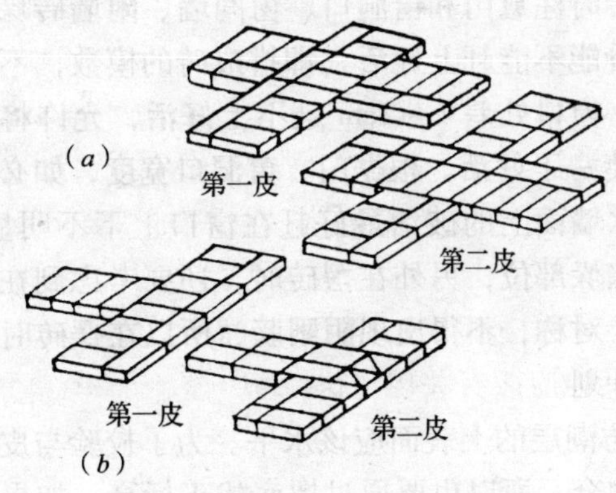

图 6-29　一砖半墙的接头

（*a*）十字接头；（*b*）丁字接头

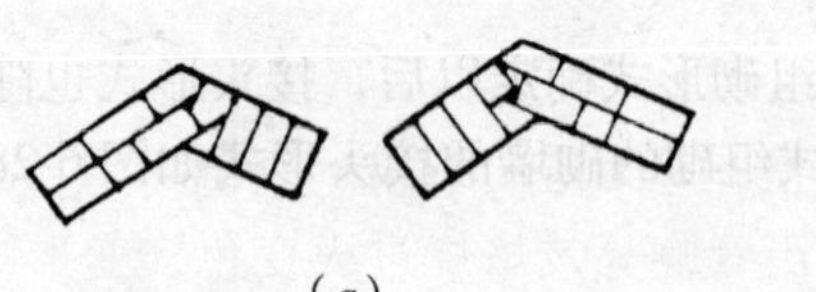

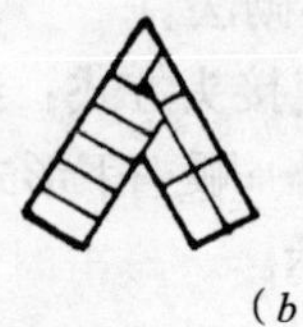

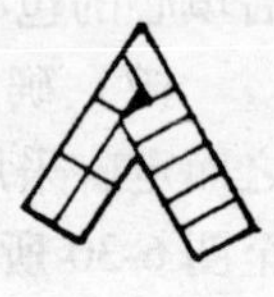

（*a*）　　　　　　　　　　　　（*b*）

图 6-30　钝角和锐角接头

（*a*）钝角接头；（*b*）锐角接头

2. 排砖撂底（干摆砖）

（1）在基础墙面防潮层上或楼板上弹出墙身线，划出门洞口尺寸线，当砌清水墙时，还须划出窗洞口的位置，在摆砌中同时将窗间墙的竖缝分配好。

（2）在砌墙之前，都要进行摆砖（撂底）。在整个房屋外墙的长度方向放上卧砖，排出灰缝宽度（约1cm），从一个大角摆到另一个大角。一般采用山墙放丁砖、檐墙放顺砖，即俗称为“山丁檐跑”的方式。

在摆砖时注意门和窗洞口、窗间墙、附墙砖垛处的错缝砌法，看看能不能赶上好活（即排成砖的模数，不打破砖）。如果在门、窗口处差 1 ~ 2cm 赶不上好活，允许将门窗移动 1 ~ 2cm，凑一下好活。根据门、窗洞口宽度，如必须打破砖时，在清水墙面上的破活最好赶在窗口上下不明显的地方，不应赶在墙垛部位，另外在摆砖时，还要考虑到在门、窗口两侧的砖要对称，不得出现阴阳膀，所以在摆砖时必须要有一个全盘计划。

（3）防潮层的上表面应该水平。为了校验与皮数杆上的皮数是否吻合，所以也要通过撂底找正标高。如果水平灰缝太厚，一次找不到标高，可以分次分皮逐步找到标高，争取在窗台口甚至窗上口达到皮数杆规定标高，但四周的水平缝必须在同一水平线上。

3. 选砖

砌清水墙应选择棱角整齐、无弯曲裂纹、颜色均匀、规格基本一致的砖。敲击时声音响亮，焙烧过火变色、变形的砖可用在不影响外观的内墙上。

非直角砌体的角砖宜采用无齿锯加工制作。

4. 盘角（俗称把大角）

在摆砖（撂底）后，要先将建筑物两端的大角砌起来（俗称盘角），作为墙身砌筑挂线的依据。

盘角时一般先盘砌5皮大角，要求找平、吊直，跟皮数杆灰缝。砌筑大角时要挑选平直方整的砖。用七分头搭接错缝进行砌筑，使大角竖缝错开。为了使大角砌筑垂直，对开始砌筑的几皮砖，一定要用线坠与靠尺板（托线板）将大角校直，作为以后砌筑时向上引直的依据。标高与皮数的控制要与皮数杆相符合。大角是砌筑墙身的关键，因此，从一开始砌筑时就必须认真对待。

5. 挂线

在砖墙的砌筑中，为了确保墙面的垂直平整，必须要挂线砌筑，如图6-31所示。当一道长墙两端墙角依靠线坠、靠尺板砌起一定高度时，中间部分的砌筑主要是依靠挂线，一般一砖厚墙采用单面外手挂线，一砖半墙就必须双面挂线。

挂线时，两端必须将线拉紧。线挂好后，在墙角处用别线棍（小竹片或22号火烧丝）别住（图6-31a），防止线陷入灰缝中。在砌墙过程中要经常穿平，检查有没有顶线或塌腰的地方。为了避免挂线较长中部下垂，可用砖将线垫平直（图6-31b），俗称腰线砖。当线平直无误后才能砌筑。

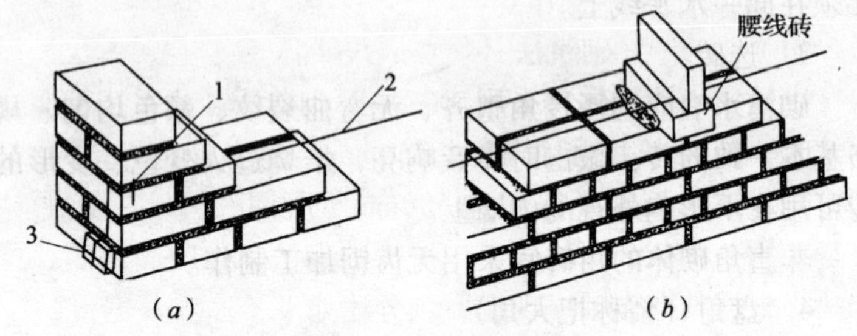

图 6-31　挂线方法

1—别线棍；2—挂线；3—简易挂线坠

还有一种挂线方法，不用坠线，俗称拉立线，一般是砌内隔墙时用。在拴立线时，应先检查预留槎子是不是垂直。根据拴好的垂直线拉水平线。水平线的两端要由立线的里侧往外兜拴牢，两端栓的水平线要与砖缝一致，不得错层造成偏差。挂立线方法如图 6-32 所示。

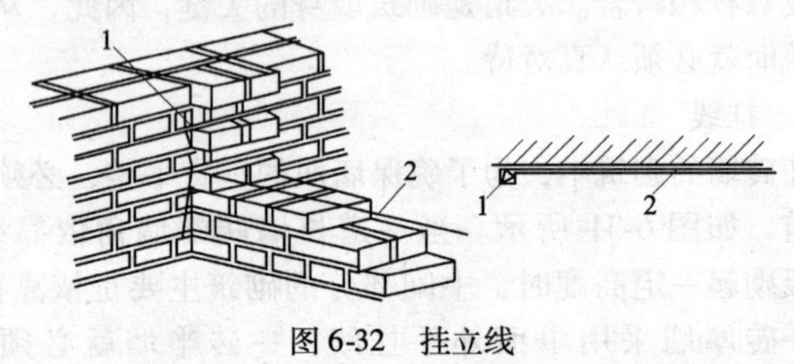

图 6-32　挂立线

1—立线；2—水平线

挂线虽然是砌墙的依据，但是准线有时也会受风或其他因素的影响偏离正确位置，所以在砌砖时要经常检查，发现有偏离时要及时纠正。同时，在砌筑中要学会“穿墙”，即穿看下面已砌好的墙面，找准新砖位置。这种操作技术需要在砌筑实践中不断熟练提高。

6. 砌砖的基本操作

(1)“三一”砌筑法

砌筑实心砖砌体宜采用“三一”砌砖法。当采用铺浆法砌筑时，铺浆长度不得超过 750mm；施工期间气温超过 30℃时，铺浆长度不得超过 500mm。所谓“三一”砌砖法就是采用一铲灰、一块砖、一挤揉的砌法，也叫满铺满挤操作法。根据其操作顺序现把要领分述如下：

1）砌砖前先做好调灰、选砖、检查墙面等工作。操作时右手拿铲、左手拿砖，当用大铲从灰浆桶中舀起一铲灰时，左手顺手取一块砖，右手把灰铺在墙上后，左手将砖稍稍蹭着灰面，把灰挤一点到砖顶头的立缝里，然后把砖揉一揉，顺手用大铲把挤到墙面上的灰刮下，甩到前面立缝中，或灰桶中。这些动作要连续、快速。

2）砌的砖必须跟着挂的线走。俗语为“上跟线，下跟楞，左右相跟要对平”。就是说，砌砖时砖的上楞边要与线约离 1mm，下楞边要与下层已砌好的砖楞平，左右前后的砖位置要准确。此外，上下层要错缝，相隔一层要对直，俗话叫“不要游丁走缝，更不能上下层对缝”。

3）砌条砖和砌丁砖在铺灰方向和手使劲的方向是不同的。砌丁砖又有推砌和拉砌两种，所以砌时手腕必须根据方向不同而变换（见图 6-33），这要通过练基本功达到熟练。

4）砌的砖必须放平，切不能灰浆半边厚、半边薄，造成砖面倾斜。如果养成这种不好的习惯，砌出的墙面不垂直，俗称“张”（向外倾斜）或“背”（向内倾斜）；也有出现墙虽垂直，但每层砖出一点马蹄楞，使墙面不美观。同时砌完一块砖后要看看它砌得是否平直，灰缝是否均匀一致，

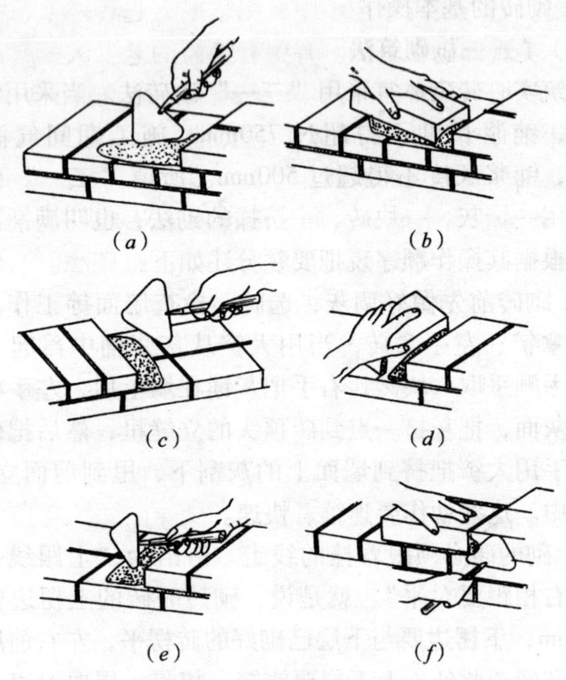

图 6-33　砌砖操作方法

(*a*) 条砖正手甩浆手法；(*b*) 一带二条砖揉挤浆手法；
(*c*) 丁砖正手甩浆手法；(*d*) 丁砖一带二碰头灰揉挤浆手法；
(*e*) 丁砖反手甩浆手法；(*f*) 条砖揉灰刮浆手法

砖面是否冒出小线、拱出小线，是否低于小线及凹进小线太多，有了偏差要及时纠正。

墙砌起一步架，要用靠尺板全面检查一下垂直、平整。在砌筑中一般是三层用线坠吊一吊角直不直，五层用靠尺板靠一靠墙面垂直平整，俗话叫“三层一吊，五层一靠”。

5）砌筑中还要学会选砖。尤其是清水墙面，砖面的选择很重要。当一块砖拿在手中，用掌根支起转一下，看哪一面整齐、美观即砌在外侧。有些有经验的老工人一般在取一块砖时，就把下一步砌的两块砖已看好，选在眼里，哪块砖应用在什么地方，取砖时都作了安排，所以取砖时得心应手，能砌出整齐美观的墙面。

6）砌好的墙不能砸。如果墙面有鼓肚，用砸砖的办法把墙面砸平整，这对墙的质量没有好处，而且这也不是应有的操作习惯。发现墙面有大的偏差应该拆了重砌，才能保证质量。

7）在操作中还要掌握一块砖用多少灰浆就舀多少，不要铺得超过砖长太多，多了还要铲掉，反而减慢了速度。此外，铺了灰不要再用铲来回扒，或用铲角抠一点灰去打碰头缝，这种手法容易造成灰浆不饱满；砌完的砖不要用大铲去敲打。这些要求称为“严禁扒、拉、凿”。

（2）“二三八一”砌筑法

“二三八一”砌筑法即两种步法、三种身法、八种铺灰手法，一种挤浆动作。

“二三八一”操作法把原来的 17 个动作复合为 4 个动作，即操作者双手同时铲灰和拿砖→转身铺灰→挤浆和接刮余灰→甩出余灰。“二三八一”操作法大大简化了操作，而且操作者使身体各部肌肉轮流运动，减少疲劳。

步法：砌砖应采取“拉槽砌法”即人背向砌筑前进方向（退步砌）。

手法的特点如下：

1）甩灰：适用于砌离身较远的墙体部位。铲取砂浆呈均匀条状，当大铲提升到砌筑位置将铲面转成 90°（手心向上），顺砖面中心甩出，使砂浆呈条状均匀落下，用手腕向上扭动配合手臂的上挑力来完成。初学时掌握不好常出现两种情况：一是甩出灰条不均，一会成细长状，时而成堆状，这是因为甩灰的速度快慢没有掌握好的缘故。另一种情况是甩出灰条是斜的，原因是大铲没有顺砖面中心甩出。这些技巧要做较长时间的练习，才能取得准确的落灰点。“甩”的动作分解见图6-34。

2）扣灰：适用于砌近身高部位的墙体。铲取灰条形状同前，反铲扣出灰条，铲面运动路线与“甩”正好相反，是折回动作，手心向下利用手臂前推力扣落砂浆。“扣灰”手法见图6-35。

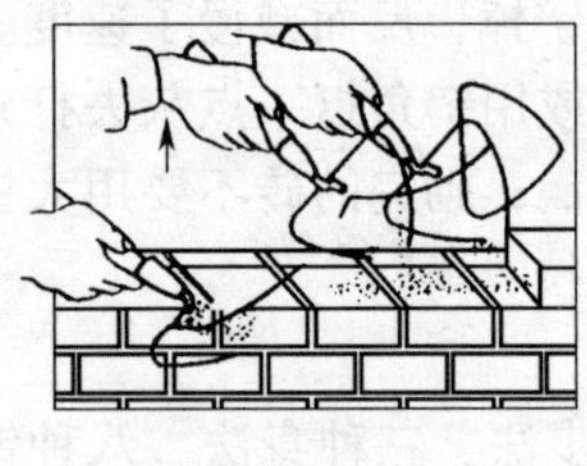

图6-34 “甩”灰

图6-35 “扣灰”之一

又适用于砌里丁砖铲取灰条前部略低。扣在砖面上的灰条是外口稍厚些。这样挤浆后灰口外侧易于做到严实，有时还拌以用铲边刮虚尖动作，使外口碰头缝挤满砂浆，扣的动作没有复杂技巧，容易掌握，见图6-36。

3）泼灰：适用于砌近身部位及砌身体后部的墙体。铲取扁平状的灰条提取到砌筑面上将铲面翻转，手柄在前，平行向前泼出灰条。动作比甩和扣简单，熟练后可用手腕转动成半泼半甩动作，代替手臂平推（半泼半甩动作范围小，适用于快速砌砖）。泼灰铺出灰条呈扁平状，灰条厚度为1.5cm，挤浆时放砖平稳，比甩灰条挤浆省力，因此泼灰手法很受初学者的欢迎。也可采用“远甩近泼”，特别在砌至墙体的尽头，身体不能后退，可将手臂伸向后部用泼的手法完成铺灰。见图6-37。

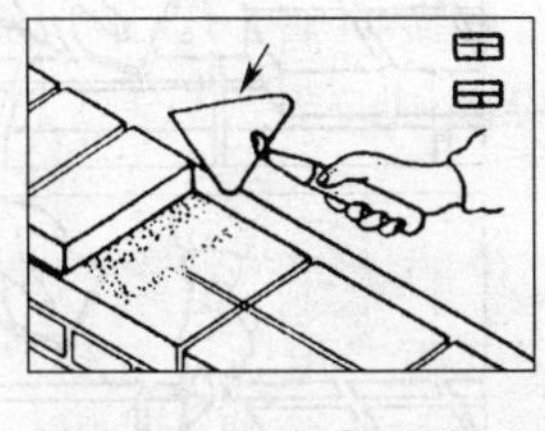

图6-36 “扣灰”之二

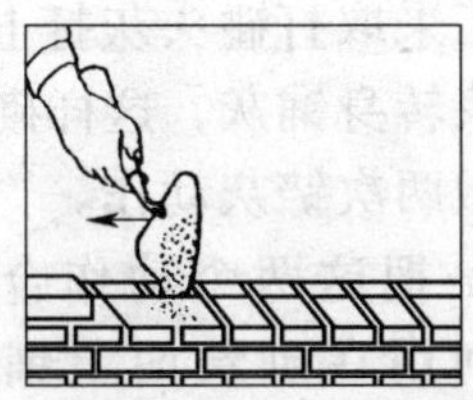

图6-37 “泼灰”

又适用于里脚手架砌外清水墙的丁砖，铲取扁平状灰条，泼灰时落灰点向里移2cm，挤浆后成深1cm左右整齐的口缝。省去刮余浆和减少耕缝工作量。砌离身较远处采用平拉反泼手法，砌近身处用正泼。

4）溜灰：适用于砌角砖，是最为简单的铺灰动作。铲取扁平状灰条，将铲送到墙角部位比齐墙边抽铲落灰，使砌角砖减少落地灰。见图6-38。

又适用于砌里丁砖。铲取灰条呈扁平状，前部略厚，铺灰时将手臂伸过准线，铲边比齐墙边，抽铲落灰，见图6-39。

图6-38 “溜灰”之一

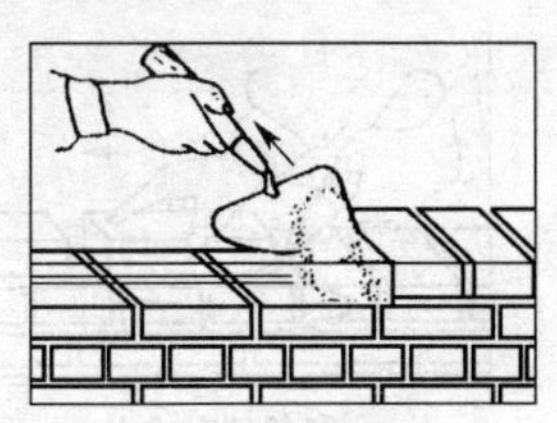

图6-39 “溜灰”之二

5）一带二：由于砌丁砖碰头缝挤浆面积比条砖大一倍，外口砂浆不易挤出，有的操作工采取打碰头灰打上，再铲砂浆转身铺灰，这样砌一块砖要做两次铲灰动作。“一带二”是把这两个动作合二为一，利用在砌筑面上铺灰之际，将砖的丁头伸入落灰处，接打碰头灰，使铺灰同时完成打碰头灰，见图6-40。

图6-40 “一带二”

“二三八一”砌筑法的挤浆操作方法，见图6-41。

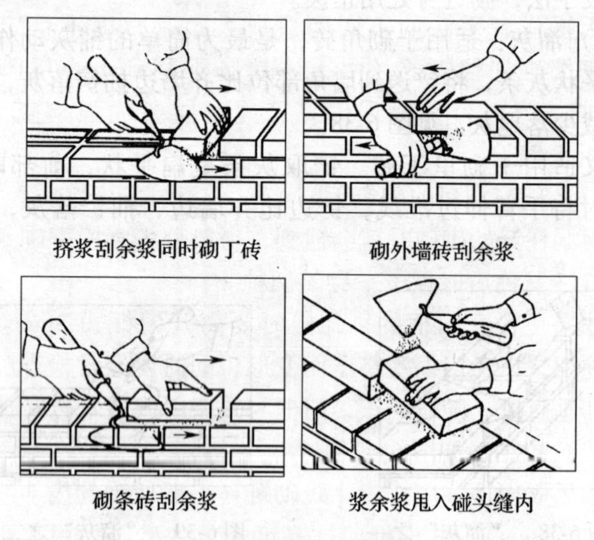

图6-41 砌砖刮余浆

这些基本手法，初学者必须在有经验的老工人指导下准确掌握，并要通过实践达到快速熟练的程度。

7. 墙身砌筑工艺

(1) 大角的砌筑工艺

大角处的1m范围内，要挑选方正和规格较好的砖砌筑，砌清水墙时尤其要如此。大角处用的“七分头”一定要棱角方正、打制尺寸正确，一般先打好一批备用，将其中打制尺寸较差的用于次要部分。开始时先砌3~5皮砖，用方尺检查其方正度，用线坠检查其垂直度。当大角砌到1m左右高时，应使用托线板认真检查大角的垂直度，再继续往上砌筑。操作中要用眼“穿”看已砌好的角，根据三点共一线的原理来掌握垂直度，另外，还要不断用托线板检查垂直度。砌大角的人员应相对固定，避免因操作者手法的不同而造成大角垂直度不稳定的现象。砌墙砌到翻架子（由下一层脚手翻到上一层脚手砌筑）时，特别容易出现偏差。这时候要加强检查工作，随时纠正偏差。

(2) 门窗洞口的砌筑工艺

门洞在开始砌砖时就会遇到，一般分先立门框砌筑和后塞门口（又称后嵌樘子）砌筑两种。

如果是先立门框的，砌砖时要离开门框边3mm左右，不能顶死，以免门框受挤压而变形。同时要经常检查门框的位置和垂直度，随时纠正，门框与砖墙用燕尾木砖（或大小头木砖）拉结，如图6-42所示。

如后立门框，应按墨斗线砌筑（一般所弹的墨斗线比门框外包宽2cm），并根据门框高度安放木砖。采用大小头木砖，预埋时应小头在外，大头在内。洞口高在1.2m以内，每边放 2 块，高 1.2～2m 每边放 3 块；高 2～3m 每边放 4 块。预埋砖的部位一般在洞口上下边四皮砖，中间均匀分布。木砖要提前做好防腐处理。窗框侧面的墙同样处理，一般无腰头的窗每侧各放两块木砖，上下各离 2～3 皮砖；有腰头的窗要放三块，即除了上下各一块以外中间还要放一块。后塞口做法，如图 6-43 所示。

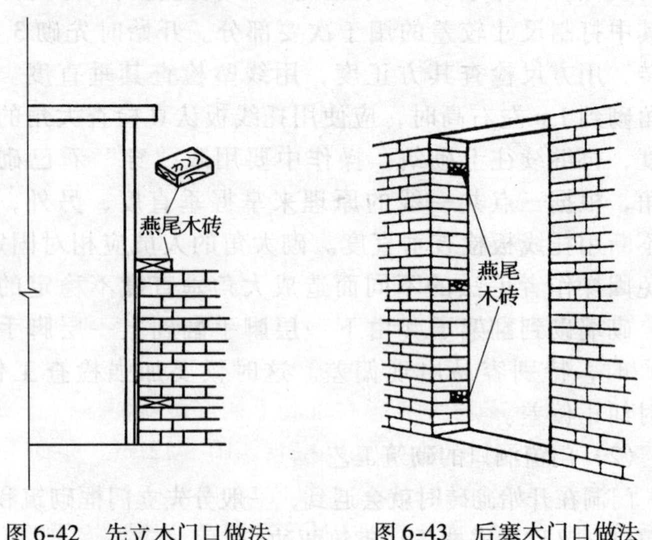

图 6-42　先立木门口做法　　图 6-43　后塞木门口做法

推拉门、金属门窗不用木砖，其做法各地不同，有的按图纸设计要求砌入铁件，有的预留安装孔洞，这些，均应按设计要求预留，不得事后剔凿。墙体抗震拉结筋的位置，钢筋规格、数量、间距均应按设计要求留置，不应错放、漏放。

当墙砌到窗洞标高时，须按尺寸留置窗洞，然后再砌窗洞间的窗间墙，还要进行砌筑窗台、窗顶发砖碳或安放钢筋混凝土过梁等操作。

1）窗台砌筑：窗台分出砖檐（又称出平砖）和出虎头砖两种砌法（图6-44）。

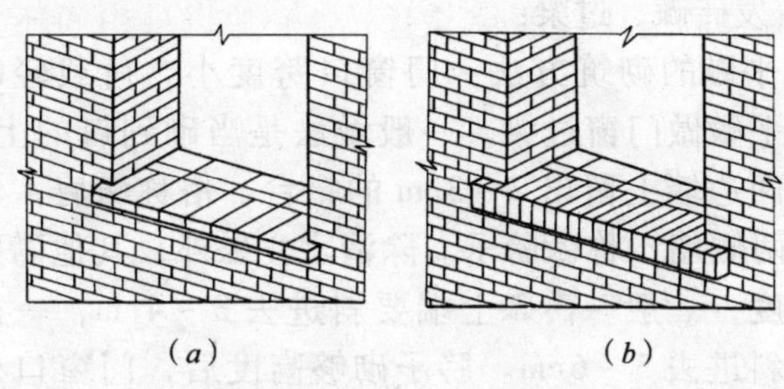

图6-44 砖窗台的形式
（*a*）出砖檐；（*b*）出虎头砖

出砖檐的砌法是在窗台标高下一层砖，根据分口线把两头砖砌过分口线6cm，挑出墙面6cm，砌时把线挂在两头挑出的砖角上。砌出檐砖时，立缝要打碰头灰。

出虎头砖的砌法是在窗台标高下两层砖就要根据分口线将两头的陡砖（侧砖）砌过分口线10～12cm，并向外留2cm的泛水，挑出墙面6cm。窗口两头的陡砖砌好后，在砖上挂线，中间的陡砖以一块丁砖的位置放两块陡砖的规矩砌筑。操作方法是把灰打在砖中间，四边留1cm左右，一块挤一块地砌，灰浆要饱满。

出砖檐砌法由于上部是空口容易使砖碰掉，成品保护比较困难，因此可以采取只砌窗间墙下压住的挑砖，窗口处的砖可以等到抹灰以前再砌。

2）窗间墙的砌筑：窗台砌完后，拉通准线砌窗间墙。窗间墙部分一般都是一人独立操作，操作时要求跟通线进行，并要与相邻操作者经常通气。砌第一皮砖时要防止窗口砌成阴阳膀（窗口两边不一致，窗间墙两端用砖不一致），往上砌时，位于皮数杆处的操作者，要经常提醒大家皮数杆上标志的预留、预埋等要求。

3）发砖碳、过梁：

① 平碳的砌筑方法：门窗口跨度小、荷载轻时，可以采用平碳做门窗过梁。一般做法是当砌到口的上平时，在口的两边墙上留出 2～3cm 的错台，俗称碳肩，然后砌筑碳的两侧墙，称碳膀子。除清水立碳外，其他碳膀子要砍成坡度，一般一砖碳上端要斜进去 3～4cm，一砖半碳上端要斜进去 5～6cm。膀子砌够高度后，门窗口处支上碳胎板，碳胎板的宽度应该与墙厚相等。胎模支好后，先在板上铺一层湿砂，使中间厚 20mm、两端厚 5mm，作为碳的起拱。碳的砖数必须为单数，跨中一块，其余左右对称。要先排好块数和立缝宽度，用红铅笔在碳胎板上划好线，才不会砌错。发碳时应从两侧同时往中间砌，发碳的砖应用披灰法打好灰缝，不过要留出砖的中间部分不披灰，留待砌完碳后灌浆。最后发碳的中间的一块砖要两面打灰往下挤塞，俗称锁砖（键砖）。发碳时要掌握好灰缝的厚度，上口灰缝不得超过 15mm，下口灰缝不得小于 5mm。拱底应有 1% 的起拱。发碳时灰浆要饱满，要把砖挤紧，碳身要同墙面平整，发碳的方法如图 6-45 所示。碳胎板应在灰缝砂浆强度不低于设计强度的 50% 时，方可拆除。

平碳随其组砌方法的不同而分为立砖碳、斜形碳和插入碳三种，如图 6-46 所示。

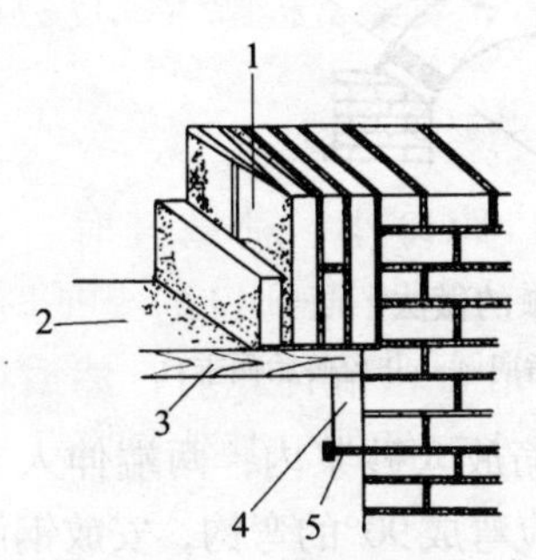

图 6-45　发平碳方法

1—碳发好后灌入稀砂浆；
2—湿砂；3—碳胎板；
4—干砖；5—4 英寸钉作支点

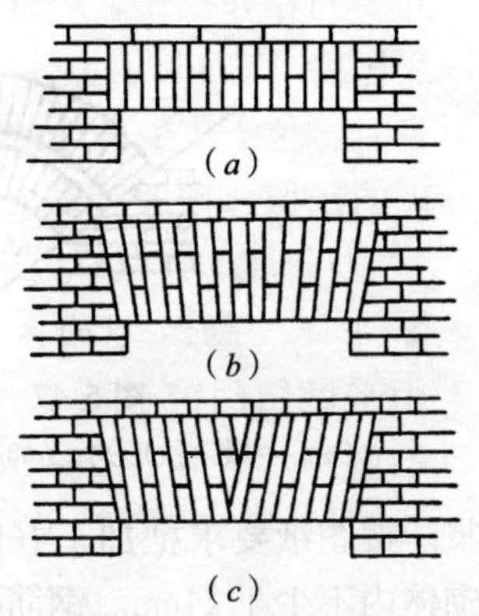

图 6-46 平碳的形式

(a) 立砖碳；(b) 斜形碳；
(c) 插入碳

② 弧形碳的砌筑方法：弧形碳的砌筑方法与平碳基本相同，当碳两侧的砖墙砌到碳脚标高后，支上胎模，然后砌碳膀子（拱座），拱座的坡度线应与胎模垂直。碳膀子砌完后开始在胎模上发碳，碳的砖数也必须为单数，由两端向中间发，立缝与胎模面要保持垂直。大跨度的弧形碳厚度常在一砖以上，宜采用一碳一伏的砌法，就是发完第一层碳后灌好浆，然后砌一层伏砖（平砌砖），再砌上面一层碳，伏砖上下的立缝可以错开，这样可以使整个碳的上下边灰缝厚度相差不太多，弧形砖的做法如图 6-47 所示。

③ 平砌式钢筋砖过梁：平砌式钢筋砖过梁一般用于 1 ~ 2m 宽的门窗洞口，具体要求由设计规定，并要求上面没有集中荷重，它的一般做法是：当墙砌到门窗洞口的顶边后就可支上过梁底模板，然后将板面浇水湿润，抹上 3cm 厚 1:3 水泥

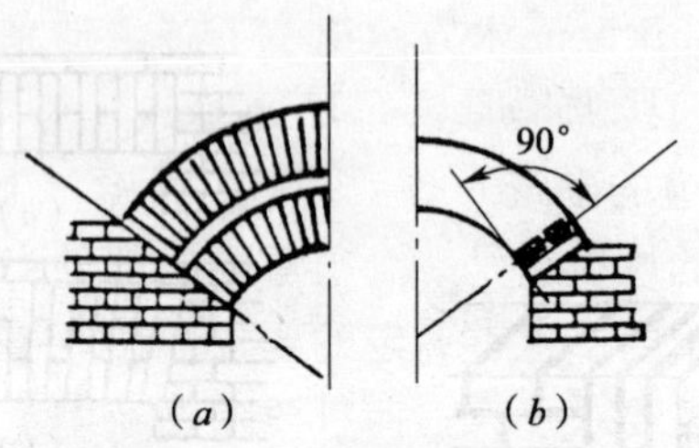

图 6-47 弧形碹的做法
(a) 一碹一伏形式；(b) 碹砖指向圆心并与砖胎面垂直

砂浆。按图纸要求把加工好的钢筋放入砂浆内，两端伸入支座砌体内不少于24cm。钢筋两端应弯成90°的弯钩，安放钢筋时弯钩应该朝上，勾在竖缝中。过梁段的砂浆至少比墙体的砂浆高一个强度等级，或者按设计要求。砖过梁的砌筑高度应该是跨度的1/4，但至少不得小于7 皮砖。砌第一皮砖时应该砌丁砖，并且两端的第一块砖应紧贴钢筋弯钩，使钢筋达到勾牢的效果。平砌式钢筋砖过梁的做法如图 6-48 所示。

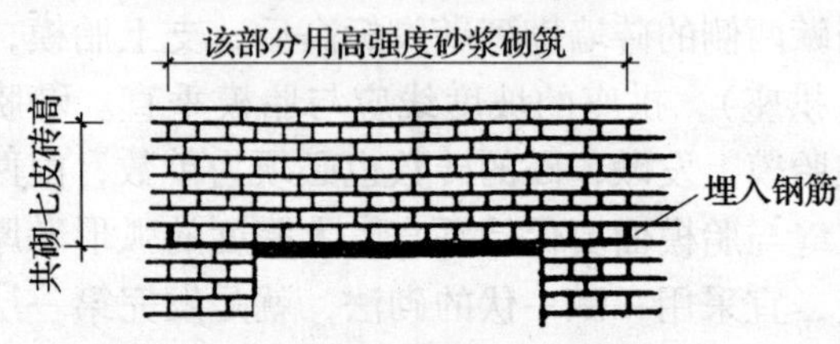

图 6-48 平砌式钢筋砖过梁

④ 钢筋混凝土过梁：放置过梁前，先量门窗洞口的高度是否准确。放置过梁时，在支座墙上要垫 1∶3 水泥砂浆，再把过梁安放平稳。要求过梁的两头高度一样，梁底标高至少应比门窗上口边框高出 5mm，过梁的两侧要与墙面平。如为清水墙，往往过梁下部有一出檐，用半砖镶贴在挑檐的上部，把梁遮住，由于挑檐只为 6cm，砖不易放牢，可在门窗

口处临时支 5cm×5cm 木方，担一下砖，砌完后拆掉。过梁放置后，再拉通线砌长墙。

（3）垃圾道的砌筑

住宅建筑的垃圾道是一个很重要的部件，不仅要外面砌直、砌平，对于内壁也有一定的要求。垃圾道的内壁直接与垃圾接触，不仅要求平直，而且要随砌随用 1∶3 水泥砂浆刮平抹好，这一点要有专人负责。内壁若不平直则容易挂住垃圾，日久易散发臭味，内壁若不抹好，垃圾中的水分容易渗出，造成楼梯间和厨房间隔墙的污染和粉化。

（4）构造柱做法

凡设有钢筋混凝土构造柱的结构工程，在砌砖前，先根据设计图纸要求将构造柱位置进行弹线，并把构造柱插筋处理顺直。砌砖墙时与构造柱连接处砌成马牙槎，从每层柱脚开始，先退后进，每一马牙槎沿高度方向的尺寸不宜超过 30cm（即 5 皮砖），见图 6-49。

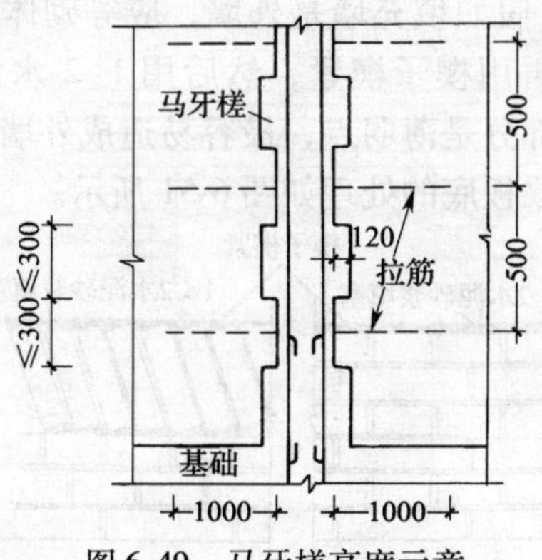

图 6-49　马牙槎高度示意

砖墙与构造柱之间应沿墙高每 50cm 设置 2ϕ6 水平拉接钢筋连接，每边伸入墙内不应少于 1m（见图 6-50）。预留伸出的拉结钢筋，不得在施工中任意反复弯折，如有歪斜、弯曲，在浇筑混凝土之前，应校正到准确位置并绑扎牢固。

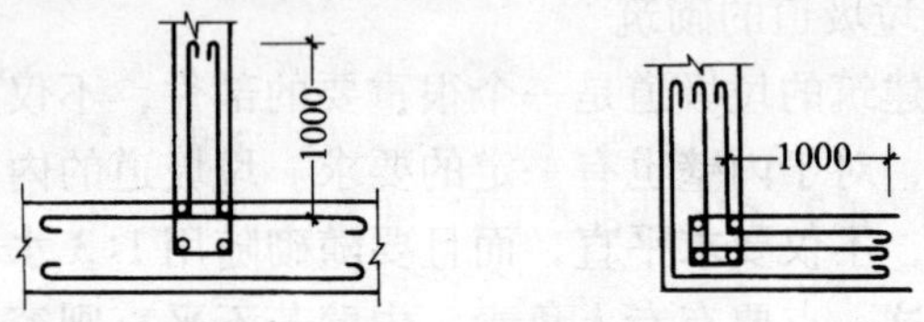

图 6-50　构造柱墙内拉筋示意

(5) 梁底、板底砖的处理

砖墙砌到楼板底时应砌成丁砖层。如果楼板是现浇的，并直接支承在砖墙上，则应砌低一皮砖，使楼板的支承处混凝土加厚，支承点得到加强。

填充墙砌到框架梁底时，墙与梁底的缝隙要用铁楔子或木楔子打紧，然后用 1∶2 水泥砂浆嵌填密实。如果是混水墙，可以用与平面交角在 45°～60°的斜砌砖顶紧（俗称走马撑或鹅毛皮）。假如填充墙是外墙，应等砌体沉降结束，砂浆达到强度后再用楔子楔紧，然后用 1∶2 水泥砂浆嵌填密实，因为这一部分是薄弱点，最容易造成外墙渗漏，施工时要特别注意。梁板底的处理如图 6-51 所示。

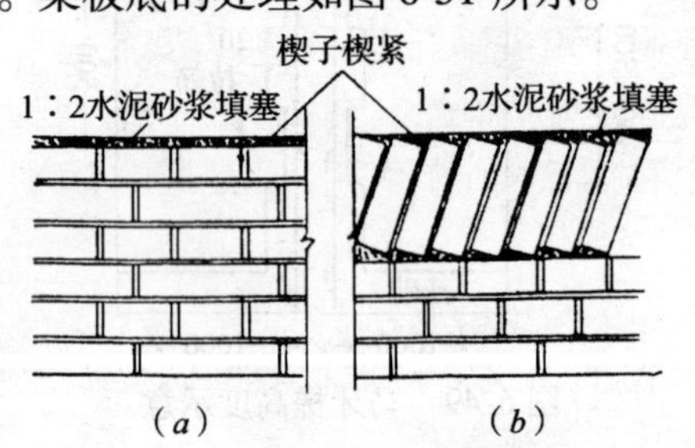

图 6-51　填充墙与框架梁底的砌法

(a) 清水墙；(b) 混水墙

(6) 楼层墙体砌筑

砌砖前要检查皮数杆是否是由下层标高引测的，还要检查内墙皮数杆的杆底标高，有时因为楼板本身的误差和安装误差，可能出现第一皮砖砌不下或者灰缝太大，这时要用细石混凝土垫平。厕所、卫生间等容易积水的房间，要注意图纸上该类房间地面比其他房间低的情况，砌墙时应考虑标高上的高差。

楼层外墙上的门、窗、挑出件等应与底层或下层门、窗、挑出件等在同一垂直线上。分口线应用线坠从下面吊挂下来。

楼层砌砖时，特别要注意砖的堆放不能太多，不准超过允许的荷载。如果房屋楼板超荷，有时会引起重大事故。

(7) 坡屋顶的封山、拔檐

1) 封山：坡屋顶的山墙，在砌到沿口标高处就要往上收山尖。砌山尖时，把山尖皮数杆钉在山墙中心线上，在皮数杆上的屋脊标高处钉上一个钉子，然后向前后檐挂斜线，按皮数杆的皮数和斜线的标志，以退踏步槎的形式向上砌筑，这时，皮数杆在中间，两坡只有斜线，其灰缝厚度完全靠操作者技术水平自己掌握，可以用砌 3 ~ 5 皮砖量一下高度的办法来控制。山尖砌好以后就可以安放檩条。

檩条安放固定好后，即可封山。封山有两种形式，一种是平封山（俗称插檩档子）；另一种是把山墙砌得高出屋面，叫做高封山。

平封山的砌法是按已放好的檩条上皮拉线砌筑，或按屋面钉好的望板找平砌筑，封山顶坡的砖要砍成楔形砌成斜坡，然后抹灰找平等待盖瓦。

高封山的砌法是在脊檩端头钉一小挂线杆，自高封山顶部标高往前后檐拉线，线的坡度应与屋面坡度一致，作为砌高封山的标准。在封山内侧 20cm 高处挑出 6cm 的平砖作为滴水檐。高封山砌完后，在墙顶上砌 1 ~ 2 层压顶出檐砖。高封山在外观上屋脊处和檐口处高出屋面应该一致，要做到这一点必须要把斜线挂好。收山尖和高封山的形式分别见图 6-52 和图 6-53。

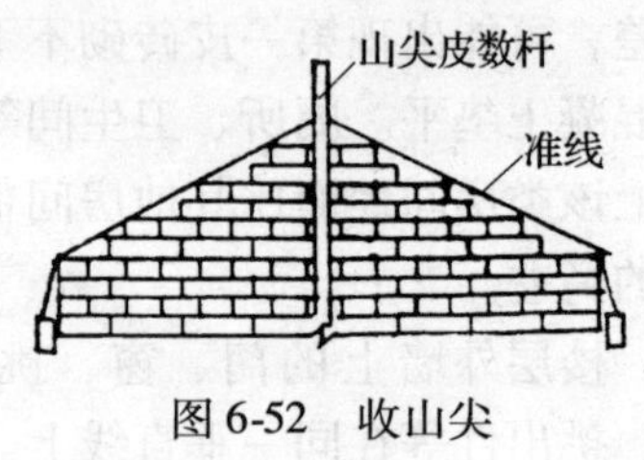

图 6-52 收山尖

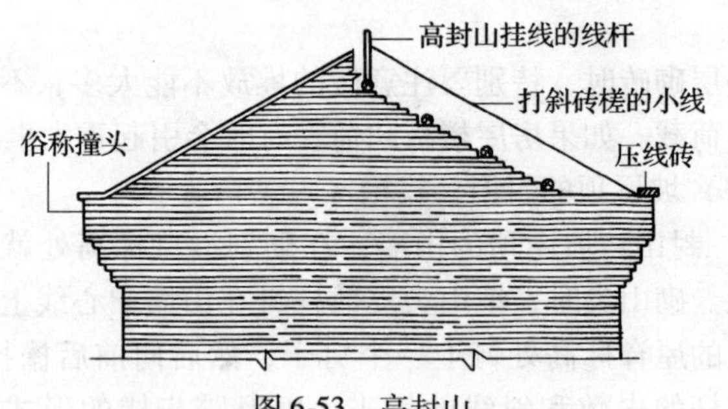

图 6-53 高封山

2）封檐和拔檐：在坡屋顶的檐口部分，前后沿墙砌到檐口底时，先挑出 2 ~ 3 皮砖，此道工序被称为封檐。封檐前应检查墙身高度是否符合要求，前后两坡及左右两边是否连结，两端高度是否在同一水平线上。砌筑前先在封檐两端挑出 1 ~ 2 块砖，再顺着砖的下口拉线穿平，清水墙封檐的灰缝应与砖墙灰缝错开。砌挑檐砖时，头缝应披灰，同时外口应略高于里口。

在沿墙做封檐的同时，两山墙也要做好挑檐，挑檐的砖要选用边角整齐的。山墙挑檐也叫拔檐，一般挑出的层数较多，要求把砖洇透水，砌筑时灰缝严密，特别是挑层中竖向灰缝必须饱满，砌筑时宜由外往里水平靠向已砌好的砖，将竖缝挤紧，砖放平后不宜再动，然后再砌一块砖把它压住。当出檐或拔檐较大时，不宜一次完成，以免重量过大，造成水平缝变形而倒塌。拔檐（挑檐）的做法如图 6-54 所示。

图 6-54　拔檐（挑檐）做法

（8）腰线

建筑物构造上的需要或为了增加其外形美观，沿房屋外墙面的水平方向用砖挑出各种装饰线条，这种水平线条叫做腰线。砌法基本与拔檐相同，只是一般多用顶砖逐皮挑出，每皮挑出一般为 1/4 砖长，最多不得超过 1/3 砖长。也有用砖角斜砌挑出，组成连续的三角状砖牙；还有的用立砖与顶砖组合挑砌花饰等见图 6-55。

图 6-55　腰线

（9）楼梯栏杆和踏步

1）栏杆：砖砌栏杆基本上同砌山尖和封山相同。它是在楼梯栏杆两端各立一根皮数杆，标明栏杆的砖层及标高，按标高在两皮数杆间拉斜向准线，准线即是栏杆的位置及高度，见图6-56。砌到准线时，砖要砌成斜形，使砌筑坡度与准线吻合，全部砌完后，栏杆顶用水泥砂浆进行抹灰，作为楼梯扶手。

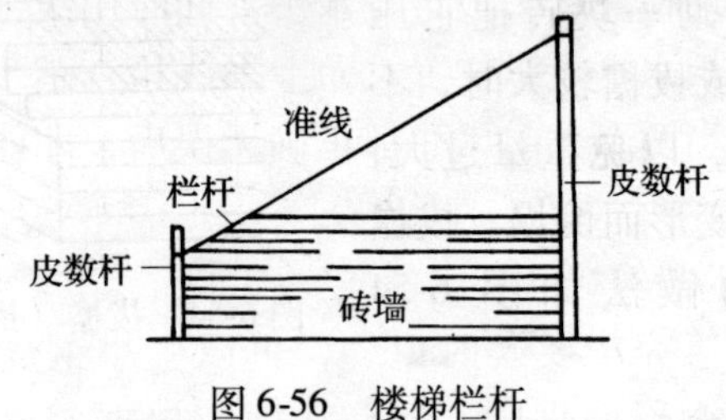

图6-56　楼梯栏杆

2）踏步：有些民用建筑采用楼梯间砖墙直接支承踏步板，可将预制成“L”或“一”型钢筋混凝土踏步板的两端砌在楼梯墙上，这样踏步板的安砌应和砌墙配合进行。施工前先做一个活动的皮数杆，将每步标高划在上面，每个踏步板的水平位置，用投影法标在楼梯间砖墙底部，见图6-57。应注意楼梯间标高是否与皮数杆底同一标高，当标高不同时应调整其高差。

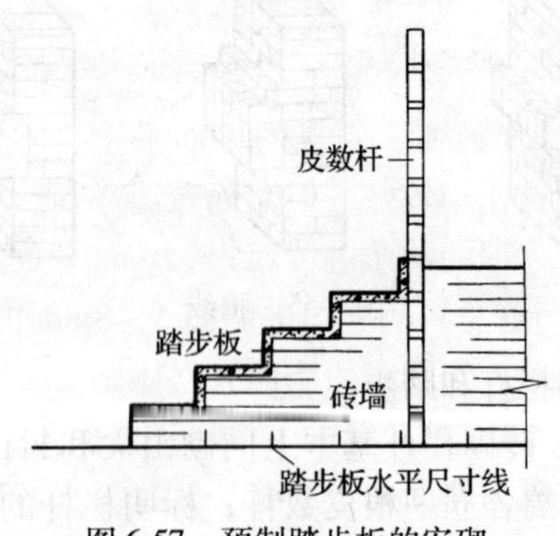

图6-57　预制踏步板的安砌

施工时，踏步的两边砖墙应同时砌筑。砌到踏步板高度时，将踏步板坐浆放平，两端伸进墙内的距离应相等，且不小于12cm，并用活动皮数杆检查踏步板两端高低，进行调整，再用水平尺检查踏步板自身水平。同时用线锤将墙底事先标出的踏步板水平投影位置，向上吊线检查踏步板水平方向进出情况，当两个方向尺寸都正确无误后，才能进行下步砌筑。

（10）清水墙勾缝

清水墙砌筑完毕要及时抠缝，可以用小钢皮或竹棍抠划，也可以用钢丝刷剔刷，抠缝深度应根据勾缝形式来确定，一般深度为1cm 左右。

勾缝的形式一般有4种，见图6-58。

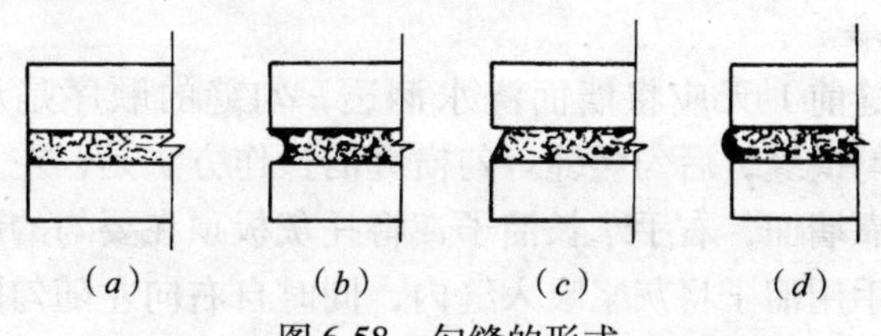

图6-58　勾缝的形式

（*a*）平缝；（*b*）凹缝；（*c*）斜缝；（*d*）半圆形凸缝

1）平缝：操作简便，勾成的墙面平整，不易剥落和积圬，防雨水的渗透作用较好，但墙面较为单调。平缝一般采用深浅两种做法，深的约凹进墙面3~5mm。

2）凹缝：凹缝是将灰缝凹进墙面5~8mm的一种形式。凹面可做成半圆形。勾凹缝的墙面有立体感。

3）斜缝：斜缝是把灰缝的上口压进墙面3~4mm，下口与墙面平，使其成为斜面向上的缝。斜缝泻水方便。

4）凸缝：凸缝是在灰缝面做成一个半圆形的凸线，凸出墙面约5mm左右。凸缝墙面线条明显、清晰，外观美丽，但操作比较费事。

勾缝一般使用稠度为4～5cm的1:1～1.5水泥砂浆，水泥采用32.5级水泥，砂子要经过3mm筛孔的筛子过筛。因砂浆用量不多，一般采用人工拌制。

勾缝以前应先将脚手眼清理干净并洒水湿润，再用与原墙相同的砖补砌严密，同时要把门窗框周围的缝隙用1:3水泥砂浆堵严嵌实，深浅要一致，并要把碰掉的外墙窗台等补砌好。要对灰缝进行整理，对偏斜的灰缝用钢凿剔凿，缺损处用1:2水泥砂浆加氧化铁红调成与墙面相似的颜色修补（俗称做假砖），对于抠挖不深的灰缝要用钢凿剔深，最后将墙面粘结的泥浆、砂浆、杂物清除干净。

勾缝前1天应将墙面浇水洇透，勾缝的顺序是从上而下，先勾横缝，后勾竖缝。勾横缝的操作方法是，左手拿托灰板紧靠墙面，右手拿长溜子，将托灰板顶在要勾的缝口下边，右手用溜子将灰浆喂入缝内，同时自右向左随勾随移动托灰板。勾完一段后，再用溜子自左向右在砖缝内溜压密实，使其平整，深浅一致。勾竖缝的操作方法是用短溜子在托灰板上把灰浆刮起（俗称刁灰），然后勾入缝中，使其塞压紧密、平整（图6-59）。砖墙勾缝宜采用凹缝（深4～5mm）或平缝（空斗墙）。

勾好的平缝与竖缝要深浅一致，交圈对口，一段墙勾完以后要用笤帚把墙面扫干净，勾完的灰缝不应有搭槎、毛疵、舌头灰等毛病。墙面的阳角处水平缝转角要方正，阴角的竖缝要勾成弓形缝，左右分明。不要从上到下勾成一条直线，影响美观。砖碳的缝要勾立面和底面，虎头砖要勾三面，

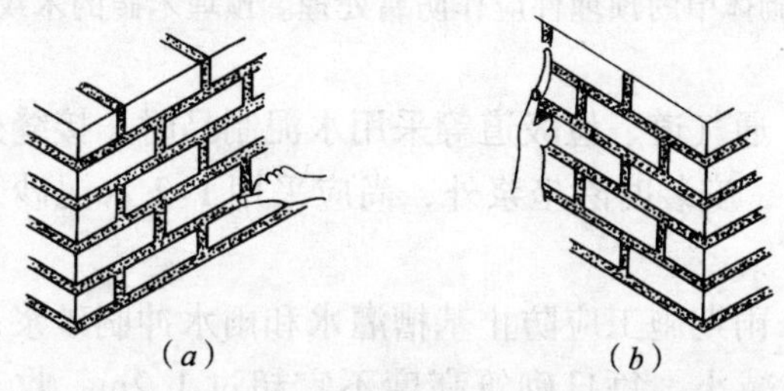

（a）　　　　（b）

图 6-59　勾缝的操作手法

（a）勾平缝；（b）勾竖缝

转角处要勾方正，灰缝面要颜色一致、粘结牢固、压实抹光、无开裂，砖墙面要洁净。

8．砌筑其他注意事项

（1）伸缩缝、沉降缝、防震缝中，不得夹有砂浆、块材碎渣和杂物等。

（2）砌体表面平整度、垂直度校正必须在砂浆终凝前进行。

砌体水平灰缝的砂浆饱满度不得小于80%；竖缝宜采用挤浆或加浆方法，不得出现透明缝，严禁用水冲浆灌缝。有特殊要求的砌体，灰缝的砂浆饱满度应符合设计要求。

（3）砌体工程工作段的分段位置，宜设在伸缩缝、沉降缝、防震缝、构造柱或门窗洞口处，相邻工作段的砌筑高度差不得超过一个楼层的高度，也不宜大于4m。

（4）砌体临时间断处的高度差，不得超过一步脚手架的高度。临时施工洞口顶部宜设置过梁，普通砖砌体也可在洞口上部采取逐层挑砖的方法封口，并应预埋水平拉结筋，洞口净宽度不应超过1m。

注：砌体中的预埋件应作防腐处理。预埋木砖的木纹应与钉子垂直。

（5）通气道、垃圾道等采用水泥制品时，接缝处外侧宜带有槽口，安装时除坐浆外，尚应采用1:2水泥砂浆将槽口填封密实。

（6）雨期施工应防止基槽灌水和雨水冲刷砂浆，砂浆稠度应适当减小，每日砌筑高度不宜超过1.2m。收工时，应采用防雨材料覆盖新砌砌体的表面。

（7）砖柱和宽度小于1m的窗间墙，应选用整砖砌筑。半砖和破损的砖应分散使用在受力较小的砖体中和墙心。

（8）在墙上留置临时施工洞口，其侧边离交接处的墙面不应小于500mm。

注：9度以上地震区建筑物的临时施工洞口位置，应会同设计单位研究确定。

9. 质量要求

烧结普通砖砌体的质量分为合格与不合格两个等级。

烧结普通砖砌体质量合格应达到以下规定：

（1）主控项目应全部符合规定；

（2）一般项目应有80%及以上的抽检处符合规定，或偏差值在允许偏差范围以内。达不到上述规定，则为质量不合格：

（3）烧结普通砖砌体的主控项目：

1）砖和砂浆的强度等级必须符合设计要求。

抽检数量：每一生产厂家的砖到现场后，按烧结普通砖15万块为一验收批，抽检数量为一组。砂浆试块每一检验批且不超过250m^{3}砌体的各种类型及强度等级的砌筑砂浆，每台搅拌机应至少抽检一次。

检验方法：检查砖和砂浆试块试验报告。

2）砌体水平灰缝的砂浆饱满度不得小于80%。

抽检数量：每检验批抽查不应少于5处。

检验方法：用百格网检查砖底面与砂浆的粘结痕迹面积。每处检测3块砖，取其平均值。

3）砖砌体的转角处和交接处应同时砌筑，严禁无可靠措施的内外墙分砌施工。对不能同时砌筑而又必须留置的临时间断处应砌成斜槎，斜槎水平投影长度不应小于高度的2/3，见图6-2。

抽检数量：每检验批抽20%接槎，且不应少于5处。

检验方法：观察检查。

4）非抗震设防及抗震设防烈度为6度、7度地区的临时间断处，当不能留斜槎时，除转角处外，可留直槎，但直槎必须做成凸槎。留直槎处应加设拉结钢筋，拉结钢筋的数量为每120mm墙厚放置1ϕ6拉结钢筋（120mm厚墙放置2ϕ6拉结钢筋），间距沿墙高不应超过500mm；埋入长度从留槎处算起每边均不应小于500mm，对抗震设防烈度6度、7度的地区，不应小于1000mm；末端应有90°弯钩，见图6-3。

抽检数量：每检验批抽20%接槎，且不应少于5处。

检验方法：观察和尺量检查。

合格标准：留槎正确，拉结钢筋设置数量、直径正确，竖向间距偏差不超过100mm，留置长度基本符合规定。

5）普通砖砌体的位置及垂直度允许偏差应符合表6-3的规定。

普通砖砌体的位置及垂直度允许偏差　　表 6-3

<table>
<tr><th>项次</th><th colspan="3">项　　目</th><th>允许偏差（mm）</th><th>检　验　方　法</th></tr>
<tr><td>1</td><td colspan="3">轴线位置偏移</td><td>10</td><td>用经纬仪和尺检查或用其他测量仪器检查</td></tr>
<tr><td rowspan="3">2</td><td rowspan="3">垂直度</td><td colspan="2">每　　层</td><td>5</td><td>用 2m 托线板检查</td></tr>
<tr><td rowspan="2">全高</td><td>≤10m</td><td>10</td><td rowspan="2">用经纬仪、吊线和尺检查，或用其他测量仪器检查</td></tr>
<tr><td>>10m</td><td>20</td></tr>
</table>

抽检数量：轴线查全部承重墙柱；外墙垂直度全高查阳角，不应少于 4 处，每层每 20m 查一处；内墙按有代表性的自然间抽 10%，但不应少于 3 间，每间不应少于 2 处，柱不少于 5 根。

（4）烧结普通砖砌体一般项目：

1）砖砌体组砌方法应正确，上、下错缝，内外搭砌，砖柱不得采用包心砌法。

抽检数量：外墙每 20m 抽查一处，每处 3 ~5m，且不应少于 3 处；内墙按有代表性的自然间抽 10%，且不应少于 3 间。

检验方法：观察检查。

合格标准：除符合本条要求外，清水墙、窗间墙无通缝；混水墙中长度大于或等于 300mm 的通缝每间不超过 3 处，且不得位于同一面墙体上。

2）砖砌体的灰缝应横平竖直，厚薄均匀。水平灰缝厚度宜为 10mm，但不应小于 8mm，也不应大于 12mm。

抽检数量：每步脚手架施工的砌体，每 20m 抽查 1 处。

检验方法：用尺量 10 皮砖砌体高度折算。

3）普通砖砌体的一般尺寸允许偏差应符合表6-4的规定。

普通砖砌体一般尺寸允许偏差　　表6-4

项次	项　目		允许偏差（mm）	检验方法	抽检数量
1	基础顶面和楼面标高		±15	用水平仪和尺检查	不应少于5处
2	表面平整度	清水墙、柱	5	用2m靠尺和楔形塞尺检查	有代表性自然间10%，但不应少于3间，每间不应少于2处
		混水墙、柱	8		
3	门窗洞口高、宽（后塞口）		±5	用尺检查	检验批洞口的10%，且不应少于5处
4	外墙上下窗口偏移		20	以底层窗口为准，用经纬仪或吊线检查	检验批的10%，且不应少于5处
5	水平灰缝平直度	清水墙	7	拉10m线和尺检查	有代表性自然间10%，但不应少于3间，每间不应少于2处
		混水墙	10		
6	清水墙游丁走缝		20	吊线和尺检查，以每层第一皮砖为准	有代表性自然间10%，但不应少于3间，每间不应少于2处

10. 成品保护

（1）墙体拉结钢筋，抗震构造柱钢筋、墙体钢筋及各种预埋件、暖卫、电气管线等，均应注意保护，不得任意拆改或损坏。

（2）砂浆稠度应适宜，砌墙时应防止砂浆溅脏墙面。

（3）在吊放平台脚手架或安装大模板（内浇外砌建筑）时，指挥人员和吊车司机要认真指挥和操作，防止碰撞刚砌好的砖墙。

（4）在高车架进料口周围，应用塑料薄膜或木板等遮盖，保持墙面洁净。

（5）尚未安装楼板或屋面的墙和柱，当可能遇大风时，应采取临时支撑等措施，以保证施工中的稳定性。

（6）雨天施工收工时，应覆盖砌体表面。

11. 应注意的质量问题

（1）基础墙位移

防治的方法是：基础砖撂底要正确，收退大方角两边要相等，退到墙身之前要检查轴线和边线是否正确，如偏差较小可在基础部位纠正，不得在防潮层以上退台或出沿。

（2）混水墙粗糙

混水墙出现通缝和花槽通天缝，主要是操作人员忽视混水墙的砌筑。因此，要使操作者明确砖墙组砌方法的意义不仅是为了美观，更是受力的需要。当利用半砖时，应将半砖分散砌于墙中，同时也要满足搭接1/4砖长的要求。砖柱的砌筑，除了要有丰富的经验以外，还要干摆确定组砌方法。墙体的组砌形式，应根据所砌部位的受力性质和砖的规格来确定。一般清水墙常采用一顺一丁和梅花丁砌筑；在地震区，为增强齿缝受拉强度，可以采用骑马缝砌筑；砌蓄水池也可以采用三顺一丁砌法；双面清水墙可采用梅花丁砌法等等。

(3)“螺丝墙”

“螺丝墙”又叫错层，就是砌完一个层高的墙体时，同一层的标高差一皮砖的厚度，不能交圈。这是由于砌筑时没有跟上皮数杆层数的缘故。

解决的办法是：首层或楼层的第一皮砖要查对皮数杆的层数及标高，防止到顶砌成螺丝墙。一砖厚墙采用外手挂线。在操作开始时，皮数杆附近的操作者要互相招呼、核准皮数。施工人员要及时弹出 0.5m 高的水平线，供操作者核准皮数。当内外墙有高差时，应以窗台为界由上向下清点砖层数，当砌至一定高度后，可穿看与相邻墙体水平线的平行度，发现后并纠正偏差。

(4) 清水墙游丁走缝

大面积的清水墙面经常出现丁砖竖缝歪斜、宽窄不匀、丁不压中、窗台部位与窗间墙部位的上下竖缝发生错位等现象。产生这种现象的原因主要是砖的规格不好，砖超长，但宽度方向却缩小，在丁顺互换的过程中产生偏差。这种现象事先又没有在干排摆砖中解决，在砌窗间墙时，由于分窗口的边线不在竖缝位置，使窗间墙的竖缝搬家、上下错位。另外，采用里脚手砌外墙（反手墙）时，砌到一定高度后穿缝有困难，也是造成游丁走缝的原因。

要避免游丁走缝，摆砖干排是很重要的，一定要认真进行，最好把窗口的位置在摆砖时一起考虑。排砖时必须把立缝排匀，砌完一步架子高度，每隔 2m 间距在丁砖立缝处用托线板吊直划线，二步架往上继续吊直弹粉线，由底往上所用七分头的长度应保持一致，上层分窗口位置时必须同下层窗口保持垂直。

（5）水平缝大小不均匀，砖墙凹凸不平

产生墙面凹凸不平、水平灰缝不直的原因不外乎砖不规格、拉的准线不紧，而遇上刮风天，砖过分潮湿，出现游墙、脚手架层面处操作不便等因素。要改变这种状况，应把过分超标准的砖挑出来使用于不重要的地方，特别潮湿的砖不宜上墙或者适当调整砂浆的稠度，脚手架层面处由专人巡迴检查操作质量，立皮数杆要保证标高一致，盘角时灰缝要掌握均匀，砌砖时小线要拉紧，防止一层线松，一层线紧。

对于内浇大模板外墙墙体砌筑时，在窗间墙上，抗震柱两边分上、中、下留出 6cm × 12cm 通孔，抗震柱外墙面垫 5cm 厚木板，用花篮螺栓与大模板连接牢固，混凝土要分层浇灌，振捣棒不可直接触及外墙。楼层圈梁外三皮 12cm 砖墙也应认真加固。如在振捣时发现砖墙已经膨胀，则应随时拆掉重砌。

（6）留槎不符合要求，构造柱未按规定砌筑

有些砖墙的接槎处出现通缝，或者后砌部分的砖没有伸至墙根，产生的原因一方面是操作者对接槎的重要性认识不足；另一方面是施工组织不当，造成留槎过多。纠正的办法是加强对操作者教育，马牙槎要随砌随清，拉结条及其他加筋要经常清点检查，避免遗留。在施工组织和安排时，也要统一考虑留槎位置。

操作者对构造柱的认识不足，是未按规定砌筑的主要原因，因此要加强教育。构造柱砖墙应砌成马牙槎，设置好拉结筋从柱脚开始先退后进，当齿深 12cm 时，上口一皮进 6cm，再上一皮进 12cm，以保证混凝土浇筑时上角密实。构造柱内的落地灰、砖渣、杂物要清理干净，防止夹渣。

(7) 清水墙面勾缝污染

清水墙面勾缝深浅不一、竖缝不直、十字缝搭接不平等质量问题，主要是墙面浇水不透，有的没有开缝，缝隙太小，溜子无法嵌入缝内；采取加浆勾缝时，因托灰板接触墙面而污染，勾缝结束又未彻底清扫。所以，勾缝前要对墙面浇好水，做好灰缝开补，勾缝结束后要彻底清扫。

12. 安全注意事项

(1) 上班前要检查脚手架绑扎是否符合要求；木脚手架的铁丝是否锈蚀；竹脚手的竹篾是否枯断；钢管脚手，要检查其扣件是否松动。

雨雪天或大雨以后要检查脚手架是否下沉，还要检查有无探头板和搭头板，如发现上述问题要立即通知有关人员予以纠正。

一般在脚手架上不得堆放超过3层砖。操作人员不能在脚手架上嬉戏和多人集中在一起，不得坐在脚手架栏杆上休息，发现有脚手板损坏要及时更换。

(2) 严禁站在墙上行走。工作完毕应将墙上和脚手架上多余的材料、工具清除干净。在脚手架上砍凿砖块时，应面对墙面，把砍下的砖块碎屑随时填入墙内利用，或集中在容器内运走。

(3) 门窗口的支撑，应固定在楼面上，不得拉在脚手架上。

(4) 山墙砌到顶后，悬臂高度较高，应及时安装檩条，如不能及时安装檩条，应用支撑撑牢，以防大风刮倒。

(5) 砌筑出檐墙时，应按层砌，不得先砌墙角后砌墙身，以防出檐倾翻。

(6) 使用卷扬机井架吊物时，应由专人负责开机，每次吊物不得超载，并应安放平稳。吊物下面禁止人员通行，不得将头、手伸入井架。严禁乘坐吊篮上下。

6.3.6.4 12cm 墙和 18cm 墙砌筑要求

12cm 墙与 18cm 墙的砌筑方法与一般实体墙相同，但要注意以下几点：

1. 12cm 墙的基础如砌在土质地面上时，应将土挖下不少于 20cm 深，夯打密实后做灰土垫层；如下设垫层时，应先砌两皮以上的 24cm 墙为基础，再砌 12cm 墙；当砌在混凝土地坪或楼板上时，应先清理表面，洒水湿润，再砌墙身。

2. 当 12cm 墙较高较长时，应按设计规定加砌拉结钢筋，至少每砌高 1～1.2m 在墙的水平灰缝中加设 2ϕ6 钢筋，并与主墙内预留钢筋连接。

3. 承重的 18cm 墙，在支承楼面及屋面下的 4 皮砖，应改砌成 24cm 厚丁砖。并不得用半砖或碎砖砌筑，以扩大板的支承面。

4. 18cm 墙以顺砖和侧顺砖组成一个砌筑平面时，即：平砌两皮顺砖，顺砌一皮侧砖组成一砌筑层，一般应先砌平砖后砌侧砖，或先砌一平砖，后砌侧砖，再砌一平砖。侧砖应铺砌平稳，侧砖与平砖组成的砌筑平面应平整，不得有偏差。

6.3.6.5 有关配筋砌体砌筑要求

1. 一般要求

(1) 设置在砌体水平缝内的钢筋，应居中放在砂浆层中。水平灰缝内配筋砌体的灰缝厚度，不宜超过 15mm。当设置钢筋时，应超过钢筋直径 6mm 以上；当设置钢筋网片时，应超过网片厚度 4mm 以上。

(2) 伸入砌体内的锚拉钢筋，从接缝处算起，不得少于500mm。

2. 配筋砖砌体

（1）钢筋砖圈梁内，钢筋搭接长度应大于40倍钢筋直径，端头应做成弯钩。

（2）钢筋砖圈梁和钢筋砖过梁内的钢筋，应均匀、对称放置。

3. 混凝土构造柱、圈梁和配筋带

（1）设置钢筋混凝土构造柱的砌体，应按先砌墙后浇柱的施工程序进行。

（2）构造柱与墙体的连接处应砌成马牙槎，从每层柱脚开始，先退后进，每一马牙槎沿高度方向的尺寸不宜超过300mm。沿墙高每500mm设2ϕ6拉结钢筋，每边伸入墙内不宜小于1m。见图6-49、图6-50。

（3）在砌完一层墙后和浇筑该层构造柱混凝土之前，是否对已砌好的独立墙采取临时支撑等措施，应根据风力、墙高确定。必须在该层构造柱混凝土浇完之后，才能进行上一层的施工。

4. 质量要求

（1）主控项目

1）钢筋的品种、规格和数量应符合设计要求。

检验方法：检查钢筋的合格证书、钢筋性能试验报告、隐蔽工程记录。

2）构造柱、芯柱、组合砌体构件、配筋砌体剪力墙构件的混凝土或砂浆的强度等级应符合设计要求。

抽检数量：各类构件每一检验批砌体至少应做一组试块。

检验方法：检查混凝土或砂浆试块试验报告。

3）构造柱与墙体的连接处应砌成马牙槎，马牙槎应先退后进，预留的拉结钢筋应位置正确，施工中不得任意弯折。

抽检数量：每检验批抽20%构造柱，且不少于3处。

检验方法：观察检查。

合格标准：钢筋竖向移位不应超过100mm，每一马牙槎沿高度方向尺寸不应超过300mm。钢筋竖向位移和马牙槎尺寸偏差每一构造柱不应超过2处。

4）构造柱位置及垂直度的允许偏差应符合表6-5的规定。

构造柱尺寸允许偏差 **表6-5**

项次	项目			允许偏差（mm）	抽检方法
1	柱中心线位置			10	用经纬仪和尺检查或用其他测量仪器检查
2	柱层间错位			8	用经纬仪和尺检查或用其他测最仪器检查
3	柱垂直度	每层		10	用2m托线板检查
		全高	≤10m	15	用经纬仪、吊线和尺检查，或用其他测量仪器检查
			>10m	20	

抽检数量：每检验批抽10%，且不应少于5处。

5）对配筋混凝土小型空心砌块砌体，芯柱混凝土应在装配式楼盖处贯通，不得削弱芯柱截面尺寸。

抽检数量：每检验批抽10%，且不应少于5处。

检验方法：观察检查。

（2）一般项目

1）设置在砌体水平灰缝内的钢筋，应居中置于灰缝中。水平灰缝厚度应大于钢筋直径4mm以上。砌体外露面砂浆保护层的厚度不应小于15mm。

抽检数量：每检验批抽检3个构件，每个构件检查3处。

检验方法：观察检查，辅以钢尺检测。

2）设置在砌体灰缝内的钢筋的防腐保护应符合规定要求。

抽检数量：每检验批抽检10%的钢筋。

检验方法：观察检查。

合格标准：防腐涂料无漏刷（喷浸），无起皮脱落现象。

3）网状配筋砌体中，钢筋网及放置间距应符合设计规定。

抽检数量：每检验批抽10%，且不应少于5处。

检验方法：钢筋规格检查钢筋网成品，钢筋网放置间距局部剔缝观察，或用探针刺入灰缝内检查，或用钢筋位置测定仪测定。

合格标准：钢筋网沿砌体高度位置超过设计规定一皮砖厚不得多于1处。

4）组合砖砌体构件，竖向受力钢筋保护层应符合设计要求，距砖砌体表面距离不应小于5mm；拉结筋两端应设弯钩，拉结筋及箍筋的位置应正确。

抽检数量：每检验批抽检10%，且不应少于5处。

检验方法：支模前观察与尺量检查。

合格标准：钢筋保护层符合设计要求；拉结筋位置及弯钩设置80%及以上符合要求，箍筋间距超过规定者，每件不得多于2处，且每处不得超过一皮砖。

5）配筋砌块砌体剪力墙中，采用搭接接头的受力钢筋搭接长度不应小于 35d，且不应少于 300mm。

抽检数量：每检验批每类构件抽 20%（墙、柱、连梁），且不应少于 3 件。

检验方法：尺量检查。

6.3.7 空斗砖墙砌筑工艺

6.3.7.1 *砌筑前的准备工作*

1. 材料准备

应选用边角整齐、规格一致、颜色均匀、无挠曲和裂缝的整砖。

砖的强度等级不低于 MU7.5，砂浆宜用不低于 M1.0 的石灰混合砂浆。

2. 技术准备

（1）复核基础墙的轴线、标高，安排好门窗洞口尺寸。

因为空斗墙是采用披灰砌筑，难以从灰缝中调整找平。因此，必须检查皮数杆的空斗皮数是否符合要求，对斗皮和卧皮一定要根据砖的实际情况排好。

（2）基础往上勒脚部分，必须用实心砖墙砌筑，皮数杆应符合要求。

（3）根据设计图纸确定几斗几眠，做好有关部位的相应衔接，安排好洞口的镶边和标高。

（4）砖块在砌筑前一天浇水湿润。

（5）按照图纸确定的几斗几眠先进行排砖，要把墙的转角和交接处排好，把门口和窗口按砖的模数安排合适，并应在转角处、丁字交接处和砖垛与墙体交接处使上、下皮均互相搭砌（图 6-60）。

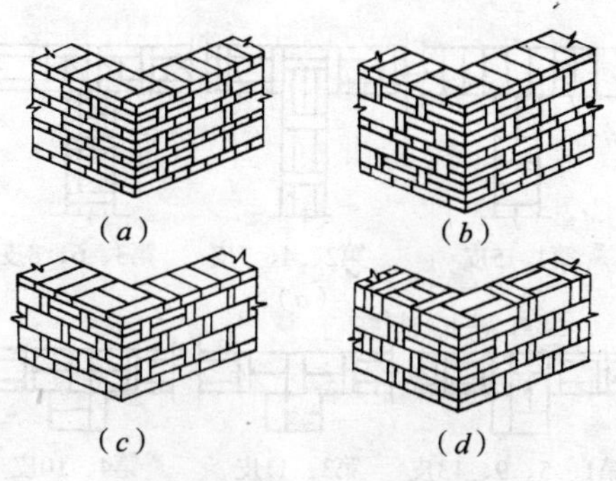

图 6-60　空斗墙转角组砌图

(a) 一眠一斗砌法；(b) 一眠二斗砌法；
(c) 一眠三斗砌法；(d) 无眠空斗墙

排砖不足整砖处，可加砌丁砖或平砖砌筑，不得采取砍凿斗砖砌筑。

排砖时，应排砌均匀，灰缝横平竖直。灰缝厚度保证为10mm，最小不应小于7mm，最大不应大于13mm，并保证上皮斗砖能错缝搭砌。

6.3.7.2　*砌筑工艺*

1. 大角砌筑。空斗墙的外墙大角，须用烧结普通砖（标准砖）砌成锯齿状与斗砖咬接。盘砌大角不宜过高，以不超过3个斗砖为宜，并随时用托线板检查垂直度。同时还应检查与皮数杆是否相符。

2. 空斗墙的内外墙应同时砌筑，不宜留槎。附墙砖垛也必须与墙身同时砌筑。内外墙交接处和附墙砖垛应砌实心墙，如图 6-61 所示。

3. 空斗墙砌筑时要做到横平竖直、砂浆饱满。要随砌随检查，发现歪斜和不平应及时纠正。决不允许墙体砌完后，再撬动或敲打墙体。

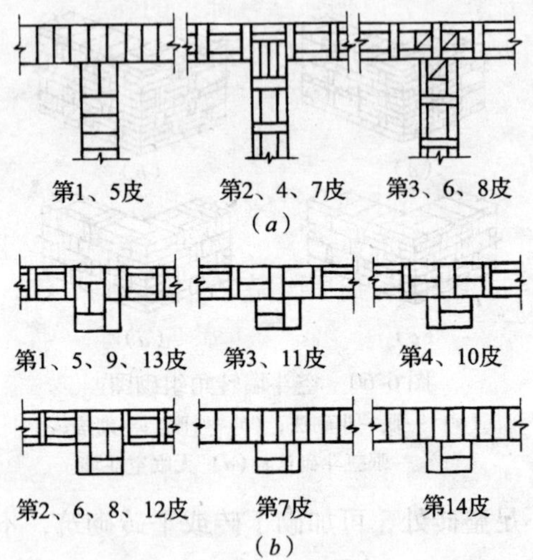

图 6-61　空斗墙丁字交接与附墙砖垛的组砌

(a) 丁字交接处砌法；(b) 附 250×365 砖垛砌法

4. 空斗墙的空斗内不填砂浆，墙面不应有竖向通缝。

5. 空斗墙上过梁，可做平碹或平砌式钢筋砖过梁，当支承于承重空斗墙上时，其跨度不宜大于1.2m，当用于非承重的空斗墙上时，其跨度不宜大于1.75m。

6. 为提高空斗墙的受力性能，在墙的转角处和交接处；室内地坪以下全部砌体；室内地坪和楼板面上三皮砖部分；三层房屋外墙底层窗台标高以下部分；楼板、圈梁、搁栅和檩条等支承面下 2～4 皮砖的通长部分；梁和屋架支承处；壁柱和洞口的两侧 24cm 范围内；屋檐和山墙压顶下 2 皮砖部分；作填充墙时与框架拉结筋的连接处以及预埋件处等，应砌成实心墙。

7. 空斗墙与实心墙的竖向连接处应相互搭砌。砂浆强度等级不低于M2.5，以加强结合部位的强度。

8. 空斗墙中留置的洞口和预埋件，应在砌筑时留出，不得砌完再砍凿。砌筑不宜留脚手架洞，应尽量采用双排脚手架。

6.3.7.3 质量与安全要求

1. 质量要求

(1) 当空斗墙砌筑到顶面完成最后一皮眠砖后，应对墙身进行全面检查。对超出允许偏差的应拆除重砌，不应采用敲击的方法矫正。同样对于遗漏的洞口及埋件，也应拆除该部分墙体重新留设，也不得用敲击凿洞的方法来找补。

(2) 墙体检查修正后，应清扫墙面，如果是清水墙还要清出砖口灰缝，勾缝后，才能结束砌筑。

(3) 砌筑允许偏差，参见表6-4。

2. 安全要求

除严格遵守实心砖墙砌筑安全生产有关规定外，还应遵守下列各项：

(1) 要采用双排脚手架，不得在墙上留脚手洞，严禁脚手架横杆搁置在砖墙上。

(2) 严禁站在墙上工作和行走。

6.3.8 多孔砖砌体砌筑工艺

1. 基础工程和水池、水箱等不得使用多孔砖。

2. 多孔砖在运输装卸过程中，严禁倾倒和抛掷。进场后应按强度等级分类堆放整齐，堆置高度不宜超过2m。

3. 砌筑清水墙的多孔砖，应边角整齐、色泽均匀。

在常温状态下，多孔砖应提前1~2d浇水湿润。砌筑时砖的含水率宜控制在10%~15%。

4. 对抗震设防地区的多孔砖墙应采用“三一”砌砖法

砌筑；对非抗震设防地区的多孔砖墙可采用铺浆法砌筑，铺浆长度不得超过750mm；当施工期间最高气温高于30℃时，铺浆长度不得超过500mm。

5. 方形多孔砖一般采用全顺砌法，多孔砖中手抓孔应平行于墙面，上下皮垂直灰缝相互错开半砖长。

矩形多孔砖宜采用一顺一丁或梅花丁的砌筑形式，上下皮垂直灰缝相互错开1/4砖长（图6-62）

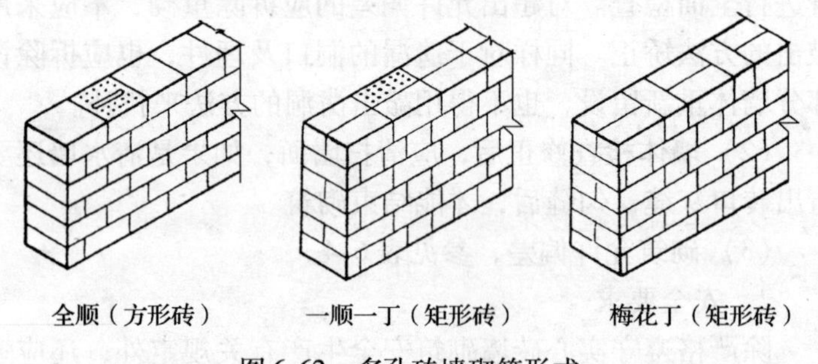

图6-62 多孔砖墙砌筑形式

6. 方形多孔砖墙的转角处，应加砌配砖（半砖），配砖位于砖墙外角（图6-63）。

方形多孔砖的交接处，应隔皮加砌配砖（半砖），配砖位于砖墙交接处外侧（图6-64）。

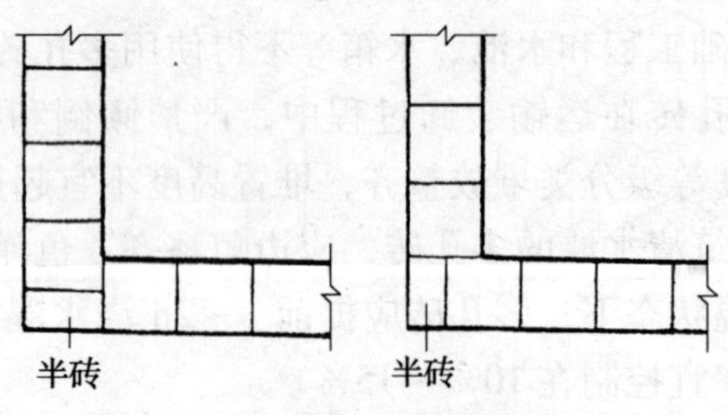

图6-63 方形多孔砖墙转角砌法

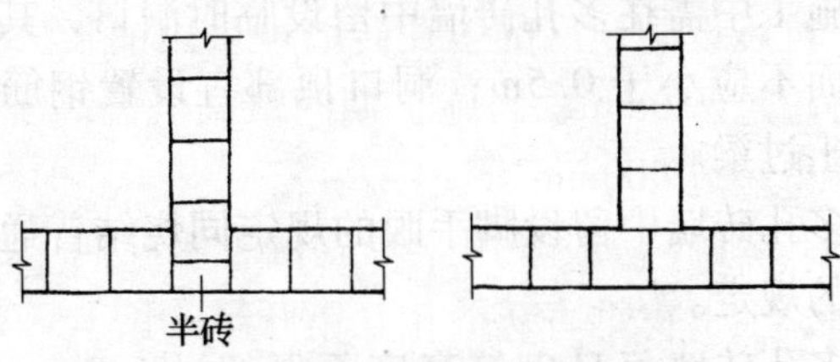

图 6-64 方形多孔砖墙交接处砌法

7. 矩形多孔砖墙的转角处和交接处砌法同烧结普通砖墙转角处和交接处相应砌法。

8. 多孔砖墙的灰缝应横平竖直。水平灰缝厚度和垂直灰缝宽度宜为 10mm，但不应小于 8mm，也不应大于 12mm。

多孔砖墙灰缝砂浆应饱满。水平灰缝的砂浆饱满度不得低于 80%，垂直灰缝宜采用加浆填灌方法，使其砂浆饱满。

9. 除设置构造柱的部位外，多孔砖墙的转角处和交接处应同时砌筑，对不能同时砌筑又必须留置的临时间断处，应砌成斜槎（图 6-65）。

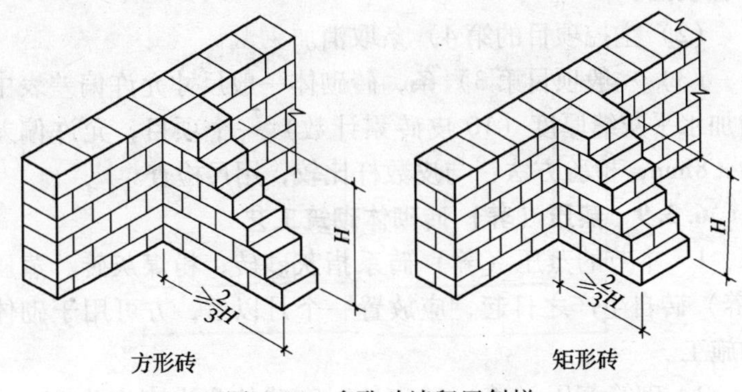

图 6-65 多孔砖墙留置斜槎

10．施工中需在多孔砖墙中留设临时洞口，其侧边离交接处的墙面不应小于0.5m；洞口顶部宜设置钢筋砖过梁或钢筋混凝土过梁。

11．多孔砖墙中留设脚手眼的规定同烧结普通砖墙中留设脚手眼的规定。

12．多孔砖墙每日砌筑高度不得超过1.8m，雨天施工时，不宜超过1.2m。

13．多孔砖坡屋顶房屋的顶层内纵墙顶，宜增加支撑端山墙的踏步式墙垛。

14．门窗洞口的预埋木砖、铁件等应采用与多孔砖横截面一致的规格。

15．砌体质量要求：

多孔砖砌体的质量分为合格和不合格两个等级。

多孔砖砌体质量合格标准及主控项目、一般项目的规定与烧结普通砖砌体基本相同。其不同之处在以下几方面：

（1）主控项目的第1）条，抽检数量按5万块多孔砖为一验收批。

（2）主控项目的第4）条取消。

（3）一般项目第3）条，砖砌体一般尺寸允许偏差表中增加水平灰缝厚度（10皮砖累计数）一个项目，允许偏差为±8mm，检验方法：与皮数杆比较，用尺检查。

6.3.9　蒸压（养）砖砌体砌筑工艺

1．本节的蒸压（养）砖系指灰砂砖、粉煤灰砖。蒸压（养）砖自生产之日起，应放置一个月以后，方可用于砌体的施工。

2．砌筑蒸压（养）砖砌体时。砖的含水率宜为8%～

12%，严禁使用干砖或含水饱和的砖。至少应提前2d浇水，不得随浇随砌。

3. 防潮层以上的砖砌体，应采用水泥混合砂浆砌筑；有条件时，可采用高粘结性能的专用砂浆。

4. 蒸压（养）砖砌体的砌筑形式、灰缝砂浆的施工质量要求与烧结普通砖相同。

5. 蒸压（养）砖砌体的日砌筑高度不应超过一步脚手架高度或1.5m。

6. 蒸压（养）砖砌体中的过梁应采用钢筋混凝土过梁。

6.3.10 填充墙砖砌体砌筑工艺

6.3.10.1 一般规定和质量要求

1. 一般规定

（1）适用于房屋建筑采用空心砖、蒸压加气混凝土砌块、轻骨料混凝土小型空心砌块等砌筑填充墙砌体的施工质量验收。

（2）蒸压加气混凝土砌块、轻骨料混凝土小型空心砌块砌筑时，其产品龄期应超过28d。

（3）空心砖、蒸压加气混凝土砌块、轻骨料混凝土小型空心砌块等的运输、装卸过程中，严禁抛掷和倾倒。进场后应按品种、规格分别堆放整齐，堆置高度不宜超过2m。加气混凝土砌块应防止雨淋。

（4）填充墙砌体砌筑前块材应提前2d浇水湿润。蒸压加气混凝土砌块砌筑时，应向砌筑面适量浇水。

（5）用轻骨料混凝土小型空心砌块或蒸压加气混凝土砌块砌筑墙体时，墙底部应砌烧结普通砖或多孔砖，或普通混凝土小型空心砌块，或现浇混凝土坎台等，其高度不宜小于200mm。

2. 质量要求

(1) 主控项目

砖、砌块和砌筑砂浆的强度等级应符合设计要求。

检验方法：检查砖或砌块的产品合格证书、产品性能检测报告和砂浆试块试验报告。

(2) 一般项目

1) 填充墙砌体一般尺寸的允许偏差应符合表 6-6 的规定。

抽检数量：

① 对表中 1、2 项，在检验批的标准间中随机抽查 10%，但不应少于 3 间；大面积房间和楼道按两个轴线或每 10 延长米按一标准间计数。每间检验不应少于 3 处。

② 对表中 3、4 项，在检验批中抽检 10%，且不应少于 5 处。

填充墙砌体一般尺寸允许偏差　　表 6-6

项次	项　目		允许偏差 (mm)	检　验　方　法
1	轴线位移		10	用尺检查
	垂直度	小于或等于 3m	5	用 2m 托线板或吊线、尺检查
		大于 3m	10	
2	表面平整度		8	用 2m 靠尺和楔形塞尺检查
3	门窗洞口高、宽（后塞口）		±5	用尺检查
4	外墙上、下窗口偏移		20	用经纬仪或吊线检查

2）蒸压加气混凝土砌块砌体和轻骨料混凝土小型空心砌块砌体不应与其他块材混砌。

抽检数量：在检验批中抽检20%，且不应少于5处。

检验方法：外观检查。

3）填充墙砌体的砂浆饱满度及检验方法应符合表6-7的规定。

填充墙砌体的砂浆饱满度及检验方法　　表6-7

<table>
<tr><th>砌块分类</th><th>灰缝</th><th>饱满度及要求</th><th>检验方法</th></tr>
<tr><td rowspan="2">空心砖砌体</td><td>水平</td><td>≥80%</td><td rowspan="4">采用百格网检查块材底面砂浆的粘结痕迹面积</td></tr>
<tr><td>垂直</td><td>填满砂浆，不得有透明缝、瞎缝、假缝</td></tr>
<tr><td rowspan="2">加气混凝土砌块和轻骨料混凝土小砌块砌体</td><td>水平</td><td>≥80%</td></tr>
<tr><td>垂直</td><td>≥80%</td></tr>
</table>

抽检数量：每步架子不少于3处，且每处不应少于3块。

4）填充墙砌体留置的拉结钢筋或网片的位置应与块体皮数相符合。拉结钢筋或网片应置于灰缝中，埋置长度应符合设计要求，竖向位置偏差不应超过一皮高度。

抽检数量：在检验批中抽检20%，且不应少于5处。

检验方法：观察和用尺量检查。

5）填充墙砌筑时应错缝搭砌，蒸压加气混凝土砌块搭砌长度不应小于砌块长度的1/3；轻骨料混凝土小型空心砌块搭砌长度不应小于90mm；竖向通缝不应大于2皮。

抽检数量：在检验批的标准间中抽查10%，且不应少于3间。

检查方法：观察和用尺检查。

6）填充墙砌体的灰缝厚度和宽度应正确。空心砖、轻骨料混凝土小型空心砌块的砌体灰缝应为8～12mm。蒸压加气混凝土砌块砌体的水平灰缝厚度及竖向灰缝宽度分别宜为15mm和20mm。

抽检数量：在检验批的标准间中抽查10%，且不应少于3间。

检查方法：用尺量5皮空心砖或小砌块的高度和2m砌体长度折算。

7）填充墙砌至接近梁、板底时，应留一定空隙，待填充墙砌筑完并应至少间隔7d后，再将其补砌挤紧。

抽检数量：每验收批抽10%填充墙片（每两柱间的填充墙为一墙片），且不应少于3片墙。

检验方法：观察检查。

6.3.10.2　空心砖墙砌筑工艺

1．砌筑前的准备工作

（1）材料准备

1）对进场的空心砖，按设计要求检查其型号、规格是否符合要求。

2）检查空心砖的外观质量，有无缺棱掉角和裂缝现象。对于欠火砖和酥砖不得使用。用于清水外墙的空心砖，要求外观颜色均匀一致，表面无压花。

3）砖在使用前1～2d浇水湿润。砌筑时砖的含水率宜为10%～15%。

4）其他参见6.3.6.1实心砖墙砌筑工艺砌筑前的准备工作有关内容。

（2）工具和作业条件准备

空心砖墙砌筑，由于对组砌时所用的半砖、七分头，不易砍砖，故应准备切割用的砂轮锯。其他与实心砖墙砌筑前的准备工作基本相同。

2. 墙体砌筑

（1）排砖撂底

1）空心砖墙的灰缝厚度一般为8～12mm。排砖撂底时，应按砖块的尺寸和灰缝厚度计算排数和皮数。

2）空心砖的孔应竖直向上，排砖时，按组砌方法（满丁满条或梅花丁）先从转角或定位处开始向一侧排砖。内外墙应同时排砖，纵横方向交错搭接，上下皮错缝，一般搭砌长度不小于60mm。

3）空心砖上下皮错缝1/2砖长。排砖时，凡不够半砖处用普通实心砖补砌，门窗洞口两侧240mm范围内，应用实心砖砌筑，见图6-19。

4）排砖符合上述要求后，应按排砖的竖缝和水平缝要求拉紧通线。

（2）砌筑工艺

1）由于空心砖厚度较大，所以砌筑时要注意上跟线、下对楞。

2）砌筑时，墙体不允许用水冲浆灌缝。

3）承重空心砖墙大角处和内外墙交接处，应加半砖使灰缝错开（图6-66）。

盘砌大角不宜超过3皮砖，不得留槎；内外墙应同时砌筑，如必须留槎时应留斜槎。其他与实心砖墙体砌筑相同。

4）非承重空心砖砌筑时，在以下部位应砌实心砖墙：

① 地面以下或防潮层以下部位；

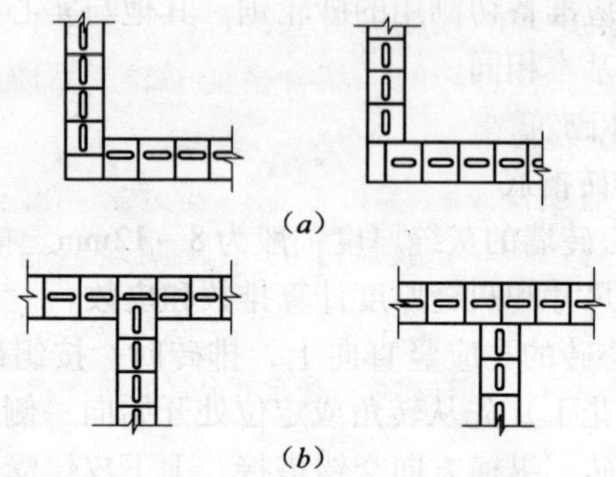

图 6-66　承重空心砖墙大角及内外墙交接处的组砌

（*a*）大角处；（*b*）内外墙交接处

② 墙体底部 3 皮砖；

③ 墙体留洞、预埋件、过梁支承处；

④ 墙体顶部用实心砖斜砌挤实。

5）非承重空心砖砌筑时，不宜砍砖。当不够整砖时，应用实心砖补填。墙上的预留孔洞应在砌筑时留出，不得后凿。在砌较长、较高的墙体时，如设计无要求时，一般在墙的高度范围内加设一道或两道实心砖带，亦可每道用 2 根 ϕ6 钢筋加强。与框架结构连接处，必须将柱子上的预留拉结钢筋砌入墙内。

3．质量要求

（1）空心砖砌体的质量分为合格和不合格两个等级。

空心砖砌体质量合格应符合以下规定：

1）主控项目全部符合规定；

2）一般项目应有 80% 及以上的抽检处符合规定或偏差值在允许偏差范围以内。

(2) 主控项目

砖和砌筑砂浆的强度等级应符合设计要求。

检验方法：检查砖的产品合格证书、产品性能检测报告和砂浆试块试验报告。

(3) 一般项目

1）空心砖砌体一般尺寸的允许偏差应符合表6-8的规定。

空心砖砌体一般尺寸允许偏差　　表6-8

项次	项　目		允许偏差（mm）	检验方法
1	轴线位移		10	用尺检查
	垂直度	小于或等于3m	5	用2m托线板或吊线、尺检查
		大于3m	10	
2	表面平整度		8	用2m靠尺和楔形塞尺检查
3	门窗洞口高、宽（后塞口）		±5	用尺检查
4	外墙上、下窗口偏移		20	用经纬仪或吊线检查

抽检数量：对表中1、2项，在检验批的标准间中随机抽查10%，但不应少于3间；大面积房间和楼道按两个轴线或每10延长米按一标准间计数。每间检验不应少于3处。对表中3、4项，在检验批中抽查10%，且不应少于5处。

2）空心砖砌体的砂浆饱满度及检验方法应符合表6-9的规定。

空心砖砌体的砂浆饱满度及检验方法　　表 6-9

灰　　缝	饱满度及要求	检　验　方　法
水平灰缝	≥80%	用百格网检查砖底面砂浆的粘结痕迹面积
垂直灰缝	填满砂浆，不得有透明缝、瞎缝、假缝	

抽检数量：每步架子不少于 3 处，且每处不应少于 3 块。

3）空心砖砌体中留置的拉结钢筋的位置应与砖皮数相符合。拉结钢筋应置于灰缝中，埋置长度应符合设计要求。

抽检数量：在检验批中抽检 20%，且不应少于 5 处。

检验方法：观察和用尺量检查。

4）空心砖砌筑时应错缝搭砌，搭砌长度宜为空心砖长的 1/2，但不应小于空心砖长的 1/3。

抽检数量：在检验批的标准间中抽查 10%，且不应少于 3 间。

检验方法：观察和尺量检查。

5）空心砖砌体的灰缝厚度和宽度应正确。水平灰缝厚度和垂直灰缝宽度应为 8 ~12mm。

抽检数量：在检验批的标准间中抽查 10%，且不应少于 3 间。

检验方法：用尺量 5 皮空心砖的高度和 2m 砌体长度折算。

6）空心砖墙砌至接近梁、板底时，应留一定空隙，待空心砖砌筑完并应至少间隔 7d 后，再将其补砌挤紧。

抽检数量：每验收批抽 10% 墙片（每两柱间的空心砖墙为一墙片），且不应少于 3 片墙。

检验方法：观察检查。

4. 安全要求

与空斗砖墙砌筑工艺基本相同。

6.3.10.3　空心填充墙砌筑工艺

1. 构造

用普通砖砌成内外两条平行墙壁，在中间留有空隙，并填入保温性能较好的材料，如炉渣、蛭石、蛭石混凝土、膨胀珍珠岩混凝土等。为保证两平行壁体互相连接，增强墙体的刚度和稳定性，以及在填入保温材料后避免墙体向外胀出，在墙的转角处要加砌斜撑（图6-67），以及外扶墙柱（图6-68）。并在墙内增设水平隔层与垂直隔层。

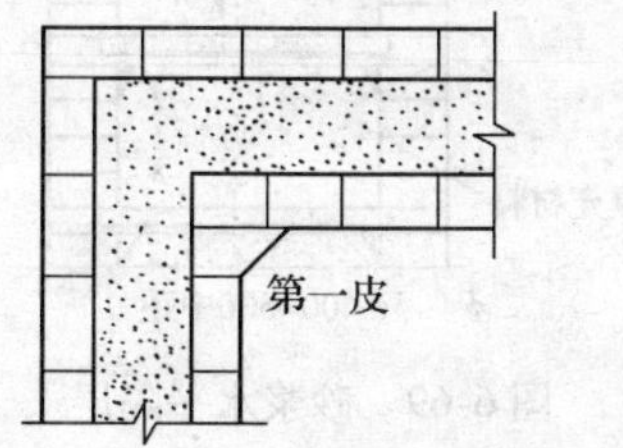

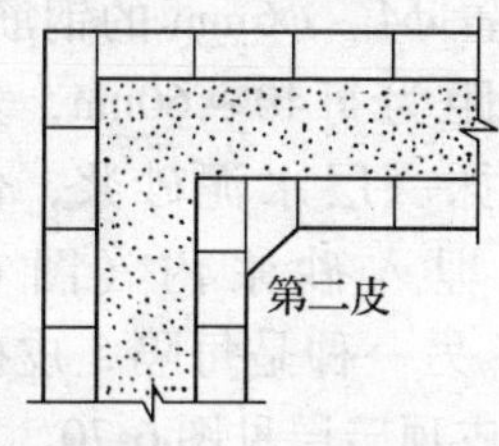

图6-67　空心填充墙角斜撑

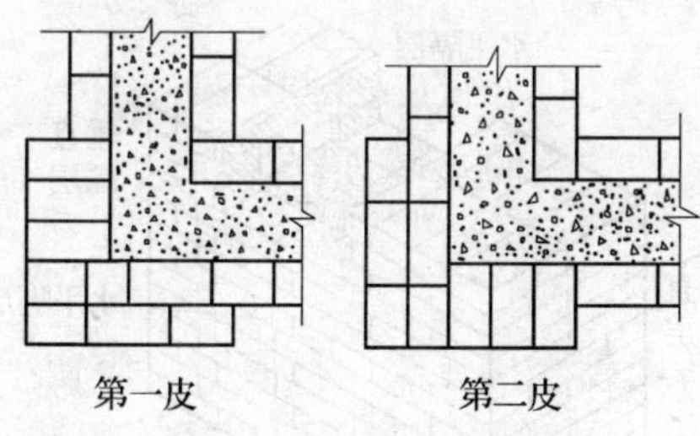

图6-68　空心填充墙外扶柱

在高寒地区和一些有特殊隔热要求的建筑物，常采用这种墙体。

2. 砌筑

砌筑工艺基本上与实心砖墙体相同，只是注意在墙体内及时增设水平隔层与垂直隔层。

(1) 水平隔层

它除了起联结墙体的作用外，还起到填充料的减荷作用，防止填充料下沉，以免墙体底部侧压力增加而倾斜，并使上下填充料能疏密一致。水平隔层一般有两种做法。一种是每隔4~6皮砖将填充料填入后，抹一层厚为8~10mm的水泥砂浆，在其上面放置$\phi4\sim\phi6$mm的钢筋，其间距为每40~60cm，然后再抹一层水泥砂浆，使钢筋埋入砂浆内（图6-69）。另一种是每隔5皮砖砌1皮顶砖层见图6-70。

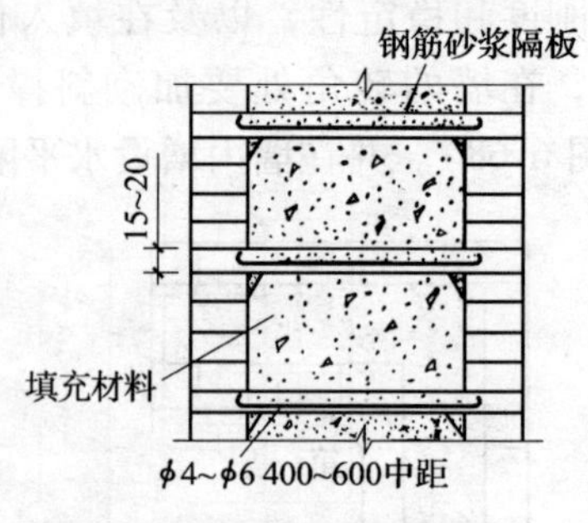

图6-69　砂浆水平隔层

(2) 垂直隔层

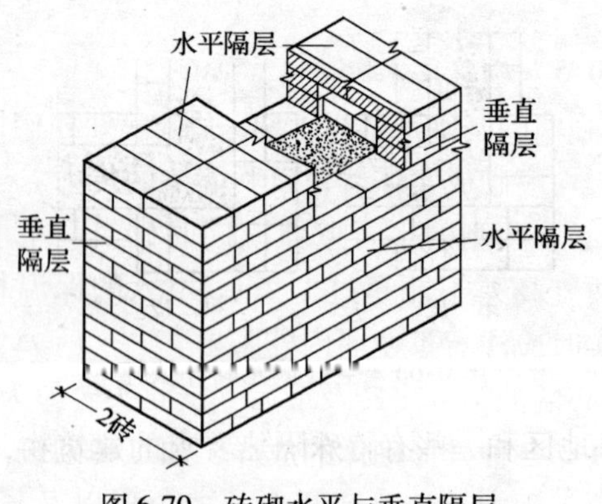

图6-70　砖砌水平与垂直隔层

垂直隔层是用顶砖将两平行壁体联系起来，在墙长度范围内，每隔适当距离砌筑垂直隔层一道，见图6-70。

6.3.10.4　*空气隔层墙砌筑工艺*

用普通砖砌成两平行壁体，一般约留4~7cm空隙，以空气为隔热层，它既减轻自重，节约材料，并能起到保温作用，见图6-71。为提高保温效果，砌筑砖墙时要求灰缝密实饱满，使保温层内空气不与外界空气产生对流。砌筑质量好的“有眠空斗墙”和“无眠空斗墙”也是空气隔层墙的一种。

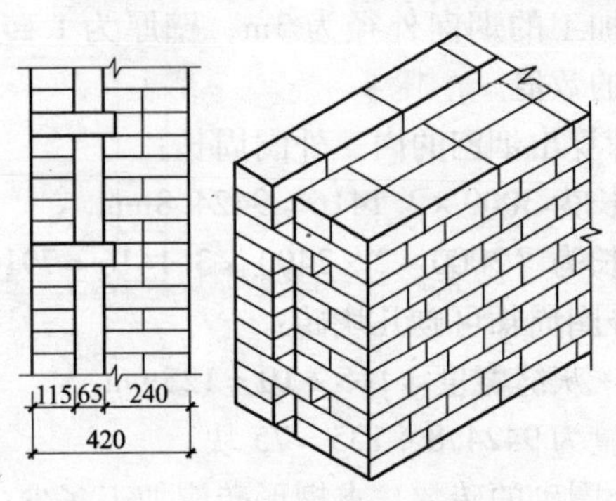

图6-71　空气隔层墙

6.3.10.5　*砌筑要求*

1. 空心墙的基础及其以上40~50cm处和构件支承点以下3皮砖，均应砌成实体墙，以利墙体的传力。

2. 空心墙两侧的平行壁体应同时砌筑。不能同时砌筑时，内外两壁高差不能超过1.2m，填入的保温材料应分层捣实，捣实时应注意不使墙内外胀出。

3. 空心墙的第一皮砖及最后一皮收头砖应为顶砖。

6.3.11　各种异形砌体的放样、加工和砌筑

在砌筑工程中，凡遇到圆形、多角形以及异形角砌体，

均需进行各种异形砖块的加工工作，为了减少加工的种类、规格和数量，应事先进行放样板工作。

6.3.11.1　各种异形砌体的放样加工

1. 筒壁结构异形砖块的放样加工

为了保证筒壁砌体质量和规整，在没有异形砖的情况下，通常用普通黏土砖加工成楔形砖进行砌筑。这种楔形砖加工的大小与数量，需要通过放样计算确定，其计算方法如下：

（1）按筒壁内、外径的圆周计算

假设要加工的烟囱外径为3m，壁厚为1砖，求楔形砖侧面应加工的数值。

1）先计算出烟囱的内、外圈周长：

外圈周长为 $3000\times3.1416=9424.8$mm

内圈周长为（$3000-2\times240$）$\times3.1416=7916.8$mm

2）按外圈周长可砌几块砖：

砖宽度 + 灰缝宽度 $=115+10=125$mm

可砌数量为 $9424.8\div125=75$ 块

3）按外圈砌的砖数，求楔形砖应加工多少：

内圈周长除以砖数为 $7916.8\div75=106$mm（已包括灰缝在内）

内圈竖缝取5mm，则砖的实际宽度为 $106-5=101$mm

此楔形砖应加工数值为 $115-101=14$mm

（2）按相似形原理计算

假如烟囱筒身的半径为3m，求加工砖的比例和尺寸。

先假定每块砖都加工，如图6-72，$N'N$ 为半径 $OB=3$m 的圆弧，$BC=AE$ 为砖的宽度（115mm），$AB=EC$ 为砖的长度（240mm），$OB=OC=R$ 为筒身半径 = 3m，从图6-72可以看出 $\triangle OBC\backsim\triangle OAF$，所以：

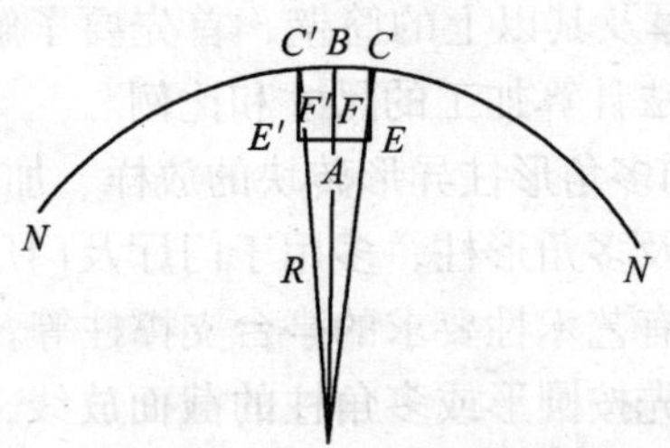

图 6-72　砖加工计算

$$\frac{AF}{OA}=\frac{BC}{OB}，即 AF=\frac{OA\times BC}{OB}=\frac{(半径-砖长)\times 砖宽}{半径}$$

将已知条件代入，AF 为加工砖的宽度：

$$AF=\frac{(3000-240)\times 115}{3000}=\frac{2760\times 115}{3000}=106\text{mm}$$

即楔形砖的小头应加工成 106mm。

按需要加工的尺寸进行足尺放样，用样板在半圆弧上试排，看竖缝大小是否合适，砖角是否露出弧线以外，如不适合，应修改加工的尺寸和比例。

有时为了加工方便，只集中加工砖的一个侧面。在实际砌筑中，不一定每块砖都加工成楔形砖，有时隔一块，有时隔两块，所以可以将几块砖应加工的数值集中到一块砖上加工，但以不损害砖的强度和加工数值不超过原来砖宽度的 1/3 为度。

楔形砖加工的工序分为画线、打边、砍平等三道。先将修整好的样板盖在砖上，前后左右对齐后画线，然后用扁凿对准线以榔头敲击凿把，把边打掉，敲时不要用力过猛，以免使砖崩碎，可以先打边的一半再翻过反面打边，最后用瓦刀砍平。

有时用上下铡刀装在特制的木架或金属架上，砖上弹线后对准铡刀，手摇刀背上的油压千斤顶，即可加工出楔形砖。

对 $1\frac{1}{2}$砖厚及其以上的筒壁，首先要了解砌筑方法，然后比照上述方法计算加工的尺寸和比例。

2. 圆形和多角形柱异形砖块的放样、加工

砖砌圆柱及多角形柱，多用于门厅及门厅外的大雨篷下的支柱，以及有艺术性要求的亭台支撑柱等。

砌筑前，先按圆形或多角柱的截面放线，按线进行试摆砖，以确定砖的排砌方法。为了使砖柱错缝合理，不出现包心现象，并达到外形美观要求，在试摆砖过程中要选用较为合理的一种排砖法（图 6-73）。然后按照选用的方案加工弧

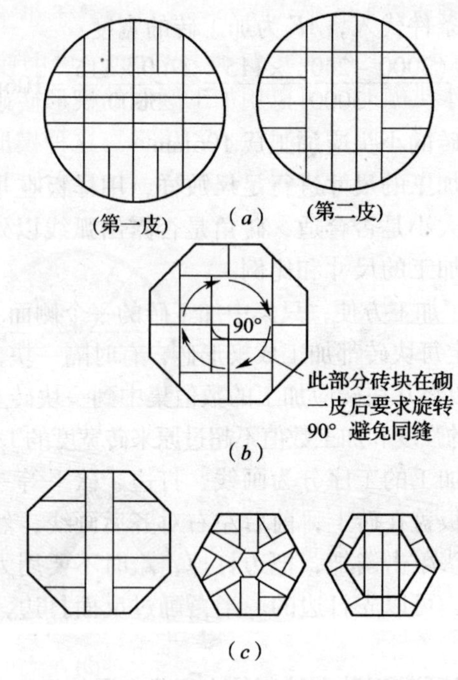

图 6-73 圆柱和多角形柱排砌

(*a*) 圆柱；(*b*) 八角柱；(*c*) 六角柱

形砖（砌圆形柱用）或切角砖（砌多角柱用）用的样板，并按样板加工各种弧面砖或切角异形砖。清水柱的加工砖面须磨刨平整，发现有大的孔洞和砂眼时，要用磨砖粉末加水泥浆调和后补嵌，颜色要求与砖相同。加工后的砖，其弧度及角度要与样板相符，并应编号堆放，砌筑时对号入座。

3. 拱礦异形砖块的放样、加工

砖砌拱礦是一种传统的做法，常见的拱礦按形式可分为平拱、弧形拱、半圆拱、鸡心拱等（图 6-74）。一般砖拱的发礦高度为 1 砖或 1½砖，拱厚等于墙厚。砌筑拱礦，一般采取把灰缝砌成楔形，上大下小，下部灰缝不小于 5mm；当拱高为 24cm 时，上部灰缝不大于 15mm。拱的砖数宜为单数。当砌清水拱礦时，可以用加工磨制的楔形砖砌筑，这时上下灰缝应一致，厚度控制在 8～10mm。这种楔形砖加工的尺寸和数量，也需通过放样计算确定，其方法如下：

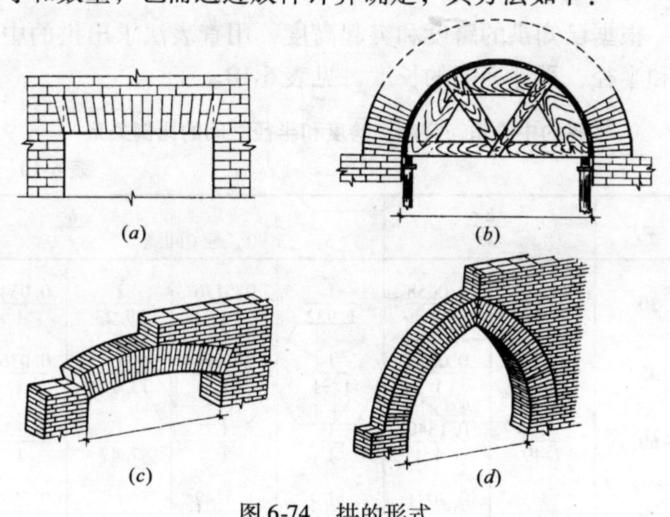

图 6-74　拱的形式

（*a*）平拱；（*b*）半圆拱；（*c*）弧形拱；（*d*）鸡心拱

（1）计算法

在进行拱碳模胎放样时，先计算拱碳内外圈的弧长。

在模胎放样的木板上用尺引一直线 *I-I*，并截取 *A-B* 等于拱的跨度（图 6-75）。作 *AB* 的垂直平分线 *CD*。在 *CD* 线上截取 *CF* 等于拱的突出部分。连接 *FA*，作 *FA* 的垂直平分线与 *CD* 的延长线相交于 *O*，则 *O* 为拱的圆心，以 *O* 为圆心，*OF* 为半径，作弧 *AFB*，则为拱的弧长。

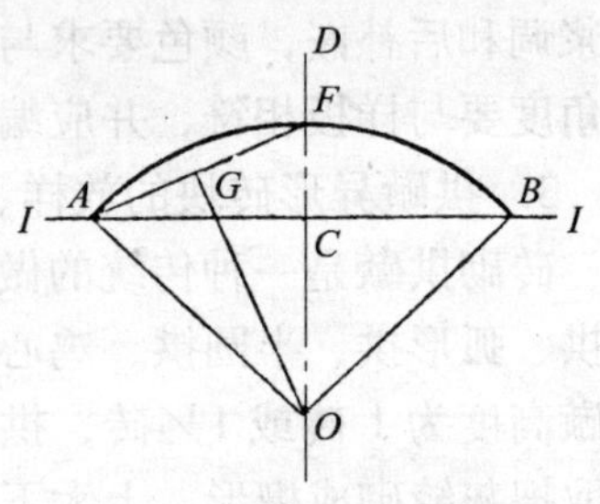

图 6-75　拱碳放样图

根据弧的长度，再按圆筒结构异形砖块放样的方法，求出楔形砖侧面应加工的数值。

（2）查表法

根据已知拱的跨度和突起高度，用查表法求出拱的中心角和半径，再计算弧的长度，见表 6-10。

拱的中心角、突起、跨度和半径之间的比例关系

表 6-10

(φ)	$\frac{h}{s}$		$\frac{s}{r}$		$\frac{h}{r}$	
30	$\frac{1}{15.2}$	$\frac{0.0658}{1}$	$\frac{1}{1.932}$	$\frac{0.5176}{1}$	$\frac{1}{29.23}$	$\frac{0.0341}{1}$
45	$\frac{1}{10.1}$	$\frac{0.0994}{1}$	$\frac{1}{1.31}$	$\frac{0.7654}{1}$	$\frac{1}{13.141}$	$\frac{0.0761}{1}$
60	$\frac{1}{7.49}$	$\frac{0.1340}{1}$	$\frac{1}{1}$	$\frac{1}{1}$	$\frac{1}{7.47}$	$\frac{0.134}{1}$
90	$\frac{1}{4.84}$	$\frac{0.2071}{1}$	$\frac{1}{0.71}$	$\frac{1.4142}{1}$	$\frac{1}{3.42}$	$\frac{0.2929}{1}$

续表

(φ)	$\frac{h}{s}$		$\frac{s}{r}$		$\frac{h}{r}$	
120	$\frac{1}{3.47}$	$\frac{0.289}{1}$	$\frac{1}{0.58}$	$\frac{1.7321}{1}$	$\frac{1}{2}$	$\frac{0.5}{1}$
135	$\frac{1}{3.0}$	$\frac{0.3341}{1}$	$\frac{1}{0.542}$	$\frac{1.8478}{1}$	$\frac{1}{1.62}$	$\frac{0.6173}{1}$
150	$\frac{1}{2.61}$	$\frac{0.3837}{1}$	$\frac{1}{0.52}$	$\frac{1.9319}{1}$	$\frac{1}{1.35}$	$\frac{0.7412}{1}$
180	$\frac{1}{2}$	$\frac{0.5}{1}$	$\frac{1}{0.5}$	$\frac{2}{1}$	$\frac{1}{1}$	$\frac{1}{1}$

注：h—突起高度（mm）；r—半径（mm）；φ—中心角（°）；s—跨度（mm）。

例如半圆拱的跨度为 3m，拱顶突起高度为 1.5m，求弧长。

从表 6-10 中查出当$\frac{h}{s}=\frac{1500}{3000}=\frac{1}{2}$时，中心角 $\varphi=180°$，$\frac{s}{r}=\frac{2}{1}=\frac{3000}{1500}$或$\frac{h}{r}=\frac{1}{1}=\frac{1500}{1500}$，所以半径 $r=1500$。然后采用弧长（L）$=0.0175\times$半径（r）$\times$中心角（φ）计算，即弧长 $=0.0175\times1500\times180=4725$mm。

根据弧长按照圆筒结构异形砖块放样的方法计算出楔形砖侧面加工数值。

4. 异形角及弧形墙异形砖块的放样加工

异形角墙体及弧形墙体多用于门厅、门廊、特殊转角及有艺术性要求的建筑物，如多角形亭台、楼阁、多种曲线的回廊及弧形的照墙等。

（1）弧形墙异形砖块

当弧形墙采用加工成楔形砖砌筑时，水平与垂直灰缝宜控制在 10mm 左右，上下皮竖缝应搭接 1/4 砖长。砌筑前先按圆筒结构或拱碳异形砖块放样方法，计算出楔形砖侧面加工数值和数量，做出楔形砖加工样板，然后按样板进行楔形砖加工。

（2）异形角墙体异形砖块

异形角墙体按形状可分为钝角（也称八字角或大角）、锐角（也称凶角或小角）两种。“八字角”用于大于90°的转角墙，凶角用于小于90°的转角墙（图6-76）。

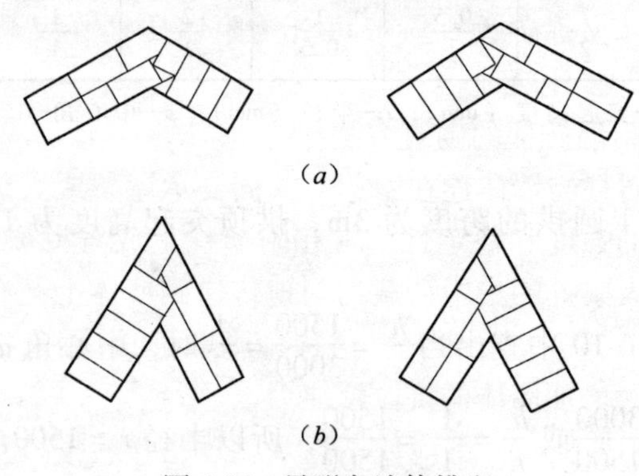

图6-76　异形角墙体排砌

（*a*）八字角；（*b*）凶角

砌筑前先按角度的大小放出墙身线，再按线在角头处进行试摆砖块。摆砖的目的是要做到错缝合理，收头好，角部搭接美观。

“八字角”和“凶角”，在砌筑时必须用“七分头”来调整错缝搭接，头角处不能采用“二分头”。“八字角”一般采用“外七分头”，使“七分头”呈八字形，长边为3/4砖，短边为1/2砖（图6-76*a*）；“凶角”一般采用“内七分头”，先将砖砍成锐角形，使其边长仍为1砖，在其后再砍一块锐角砖长边小于3/4砖，短边大于1/2砖，将其3/4砖长的一边与第一块（头角砖）砖的短边在同一平面上，其长度要求为1½砖（图6-76*b*）。

经过试摆，确定砌筑的方法后，做出角部异形砖加工样板，按样板加工异形砖。经加工后的砖角要平整，不应有凹凸及斜面现象。砌筑时搭接长度不小于1/4砖长。

6.3.11.2 各种异形砌体的砌筑方法

1. 各种砖柱的砌筑方法

砖柱（又称砖墩）一般可分为附墙砖柱（又称扶墙砖柱）和独立砖柱两种。

（1）附墙砖柱的砌筑方法

附墙砖柱与墙体连在一起，共同支承屋架或大梁，并可增加墙体的强度和稳定性。常在附墙柱上放置混凝土垫块，使屋架，大梁等的集中荷载均匀地传递到墙体上。有时将附墙柱砌成上部小，下部大（俗称抛脚墩子），用来抵抗外来水平推力，增加墙体的抗倾覆能力。

砌筑附墙柱时，都应使墙与垛逐皮搭接，搭接长度不少于1/4砖长，头角（大角）根据错缝需要应用"七分头"组砌。组砌时不能采用"包心砌"的作法。墙与垛必须同时砌筑，不得留槎。同轴线多砖垛砌筑时，应拉准线控制附墙柱外侧的尺寸，使其在同一直线上。附墙柱的排砖见图6-77。

（2）独立砖柱的砌筑方法

独立砖柱是砖砌单独受力的柱，其形状较多，一般有方柱、多角柱、圆形柱等几种。

独立柱是支承上部楼盖系统传下的集中荷载。当砖柱受力较大时，可在水平灰缝中配置钢筋网片或采用配筋的组合砌体。在柱端要加做混凝土垫头，使集中荷载均匀地传递到砖柱截面上。

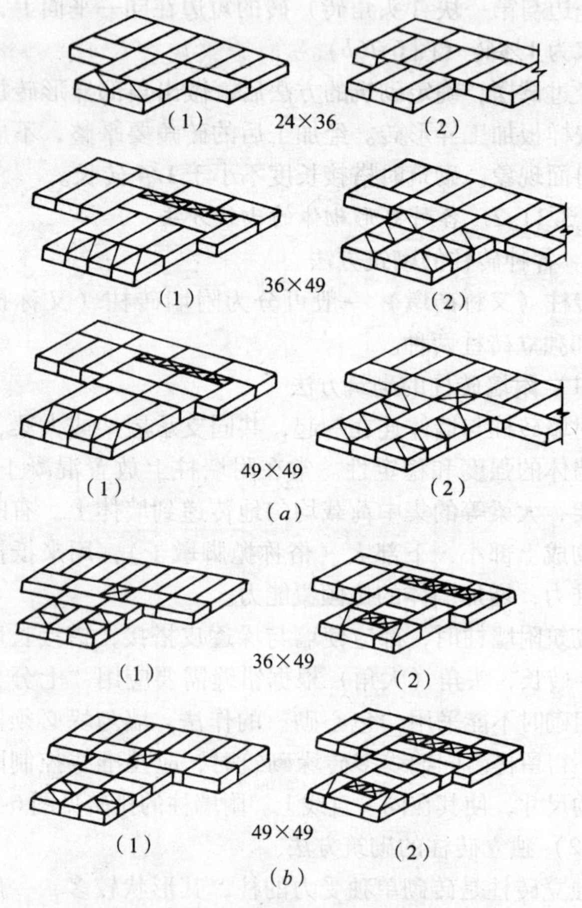

图 6-77　附墙垛的排砖
(a) 理论排砖法；(b) 习惯排砖法

1）一般砖柱的砌筑：砌筑时先检查砖柱中心及标高，当多根柱子在同一轴线上时，要拉通线检查纵横柱网中心线；基础面有高低不平时，要进行找平，小于 3cm 的要用

1∶3水泥砂浆，大于3cm的要用细石混凝土找平，使各柱第一皮砖要在同一标高上。砌筑时要求灰缝密实，砂浆饱满，错缝搭接不能采用包心砌法，其组砌方法见图6-78所示。同时要注意砌角的平整与垂直，经常用线坠或托线板进行检查。

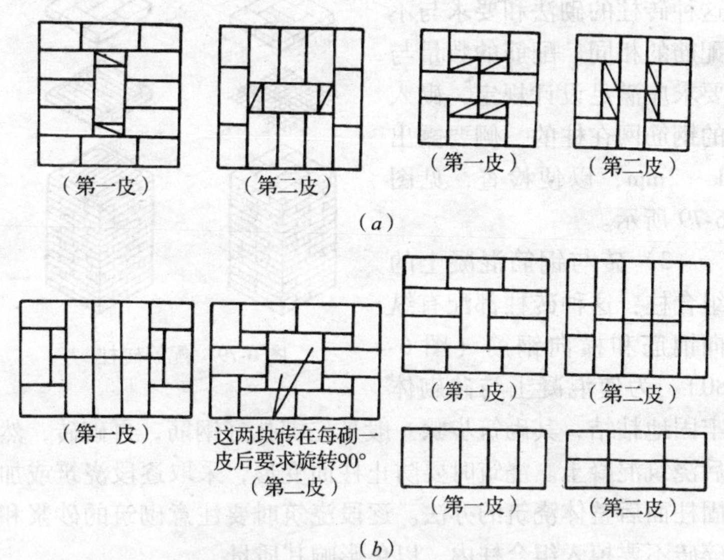

图6-78　一般独立砖柱排砌

砖柱质量要求较高，一般规定，在2m范围内清水柱的垂直偏差不大于5mm，混水柱不大于8mm，轴线位移不大于10mm。每天的砌筑高度不宜超过1.8m，否则砌体砂浆产生压缩变形后，容易使柱子偏斜。

对称的清水柱在组砌时要注意两边对称，防止砌成阴阳柱。砌完一步架后要刮缝，清扫柱面，以备勾缝。砌楼层砖柱时，要检查上层弹的墨线位置是否与下层柱子有偏差。防止上层柱落空砌筑。

砖柱与隔墙相交时，柱身要留接槎，当不能留斜槎时，要加拉接钢筋，禁止在砖柱内留“母槎”这样将会减弱砖柱的截面，影响其承载能力。

2）有网状配筋的砖柱：这种砖柱的砌法和要求与不配筋的相同。配筋的数量与要求应满足设计规定，砌入的钢筋网在柱的一侧要露出1～2mm，以便检查，见图6-79所示。

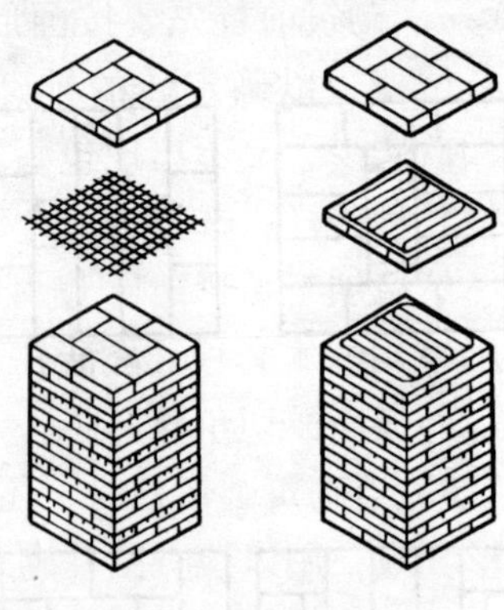

图6-79　配筋砖柱

3）砖与钢筋混凝土的组合柱：这种砖柱都配有纵向钢筋和横向钢筋（图6-80）。为使混凝土与砖砌体牢固地粘结，其砌筑步骤一般是先绑扎好钢筋，再砌砖，然后浇筑混凝土。浇筑时要防止柱面变形，采取逐段浇筑或加固柱面后整体浇筑的办法。逐段浇筑时要注意砌筑的砂浆和碎砖不要掉入组合柱内，以免影响其质量。

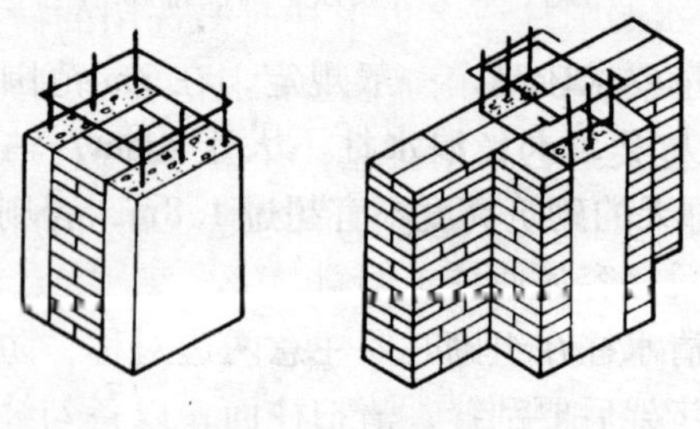

图6-80　组合柱

在砌筑砖柱时使用的架子要牢固，架子不能靠在柱子上，更不能在柱身上留脚手洞。

4）砖圆柱及多角形柱：圆柱和多角形柱子在砌筑时要注意以下几点：

a. 砌筑前首先要按圆形或多角形柱的截面放线，按线进行试摆，以确定砖的排砌方法。为了使砖柱内外错缝合理，砍砖少，又不出现包心现象，并达到外形美观，有时须摆排几种砖样，选择较为合理的一种排砖法。

然后加工弧形砖（砌圆形柱用）或切角砖（砌多角形柱用）用的木套板。在砖柱正式砌筑前，按套板加工所需要的各种弧面或切角异形砖。

b. 当砌筑圆形柱时，还需要做出圆形柱周的1/4或1/2弧形套板，用以检查圆柱砌筑的表面弧度是否正确。当圆柱每砌筑一皮砖后，用套板沿柱周进行弧面检查一次，每砌3~5皮砖，用托线板定点进行垂直度检查，至少要有4个检查点。

多角形柱每砌筑2~3皮砖，要用线坠检查每个角的垂直度，用托线板将多边形每边都检查一次，发现问题及时纠正。

在砌清水的圆柱或多边形柱时，选用的砖要质地坚实、棱角整齐。位于门厅、雨篷两边的柱，排砖要对称。加工砖的弧度和角度要与套板相对应，并编号堆放，加工面须磨刨平整。砌完后要清理灰缝，以备勾缝。砌筑方法基本上与方形柱相同。

2. 拱碹砌筑方法

（1）平碹的砌筑方法

砖平碹又可分为立砖碹、斜形碹（又称扇子碹）、插入碳，见图 6-46。

平碳是将砖立砌或侧砌成对称于中心而倾向两边的拱。当砖墙砌到门、窗上口平时，开始在洞口两边墙上留出 2～3cm 的错台，作为拱脚支点（又叫碳肩），然后，砌筑拱两端砖墙（即拱座）。拱座砌到与拱高齐高时，就可以在门、窗上口处按照拱的跨度支好平碳模板，如图 6-81 中所示。在模板的侧面（操作者一面）划出砖的块数及砖缝的宽度。砖的块数要求为单数，两边要互相对称。砌拱时，依所划砖与灰缝的位置从两端拱座同时开始。用立砖与侧砖交替砌筑，并向中间合拢，当中的一块砖要从上向下塞砌，并用砂浆填嵌密实。当采用普通砖砌平碳时，灰缝应呈楔形，上大下小，下部不应小于 5mm。当拱高为 24cm 时，上部灰缝不宜大于 15mm。应采用稠度较大的砂浆（5～6cm）进行灌缝刮浆，但不应用水冲灌浆。砂浆强度等级应不低于 M5。

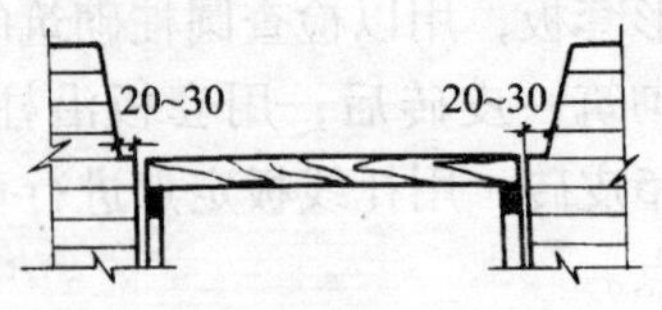

图 6-81　平碳模板

（2）弧碳的砌筑方法

弧碳由于起拱较大（一般为跨度的 1/10～1/5），可用作跨度 2～3m 的过梁。

它的砌筑方法基本与平碳相同。不同的是弧碳的外形呈圆弧形。模板按弧形支好后，砌好拱座。拱座的坡度线应与弧形胎模的切线相垂直，见图 6-47。

砌弧碳时同样要从两端拱座处向中间合拢，拱砖也应为单数。灰缝呈放射状，每道灰缝应与弧形胎模的对应点的切线相垂直，下部的灰缝不小于 5mm，上部的灰缝不大于 15mm。砌清水碳时，可以用加工磨制的楔形砖砌，这时的灰缝要上下一致，厚度要控制在 8 ~ 10mm。

（3）异形碳的砌筑方法

在砌墙的过程中，会碰到门、窗洞口或因其他用途的需要而留置圆形、椭圆形或其他形状的洞口，虽然形状不同，但砌筑方法大同小异。现将圆形碳的砌筑方法简单作一介绍。

当墙砌到圆碳底标高时，先在应砌圆碳的墙体位置上标出圆碳的垂直方向中心线，在中心线处砌一皮侧砖，两侧各砌一皮侧砖。然后将事先做好的半圆形碳架（一般只做半只碳模）放置在墙上圆碳的中心线，见图 6-82 所示。

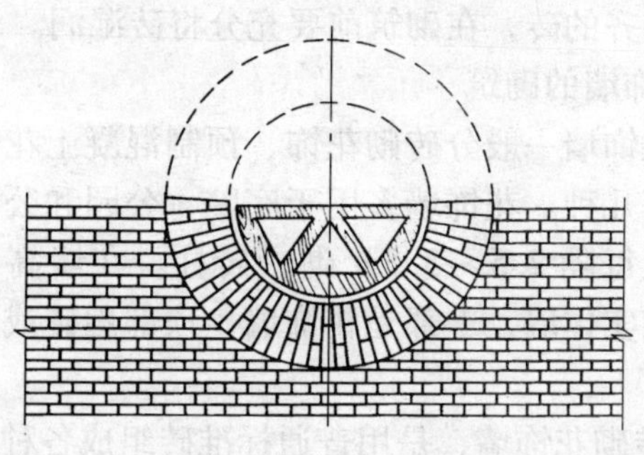

图 6-82　半圆形碳

先砌圆碳的下半部，下半部碳的砌筑与墙身同时进行，使墙身砖将碳砖顶住，以保证砌筑质量和外观的整齐。砌好后，再将拱架上翻支好，使拱架的中心线仍与墙面上的圆碳中心线在同一条直线上，上半部碳可在下半部碳砌完后一次砌完，然后再砌两边墙身。砌筑时，砖面要紧贴拱架，每块砖中心线的延线都必须通过碳的圆心。灰缝砌成内小外大的楔形。

砖拱过梁的优点是：节省钢筋和水泥，费用便宜，砌筑方便。所以在门、窗洞口宽度不大时，应鼓励采用。

（4）砌筑各种碳应注意的问题

无论砌筑任何碳，都应正确的运用碳模板。碳模板的设置直接影响到碳的质量和外观。模板除应放平外，还应根据各种碳的不同的要求：异形碳要根据中心线设置模板；砖平拱的模板要注意底板起拱；在跨度较大时，应在底板中部加设一根支撑等。底板的长度应比门、窗洞口尺寸小1cm。

底模板的拆除应在砂浆达到50%的设计强度后方可进行，以防止过梁变形或塌落。砌筑各种碳时，必须选用强度好、规格整齐的砖，在砌筑前要充分将砖湿润。

3. 花饰墙的砌筑

砌筑花饰墙一般分砖砌花饰、预制混凝土花饰和小青瓦组拼花饰等几种。花饰墙多用于庭院、公园和公共建筑物的围墙。一般每隔2.5～3.5m砌一砖柱。在墙高1.2～1.4m以下是砖砌实体墙，上部是花饰墙，顶部用砖或混凝土做成压顶。

（1）砖砌花饰墙，是用普通标准砖组成各种图案。砌花饰与砌墙体基本相同，以采用坐浆砌筑为宜。砌筑砖花饰时先要将尺寸分配好，使砖的搭接长度一致，花饰大小相同，且均匀对称，灰缝密实均匀。砌完后要将缝刮进1cm左右，以备勾缝，砖要放平牢靠。为使花饰粘结牢固，宜用1∶2或1∶3水泥砂浆砌筑。砖砌花饰图案见图6-83。

砌筑时要适当控制砌筑面积，不能一次连续砌得太多，防止在砂浆凝固前出现失稳和倾斜。

砌筑时应随砌随检查花饰墙的平直情况，并在砂浆未结硬前，纠正偏差。

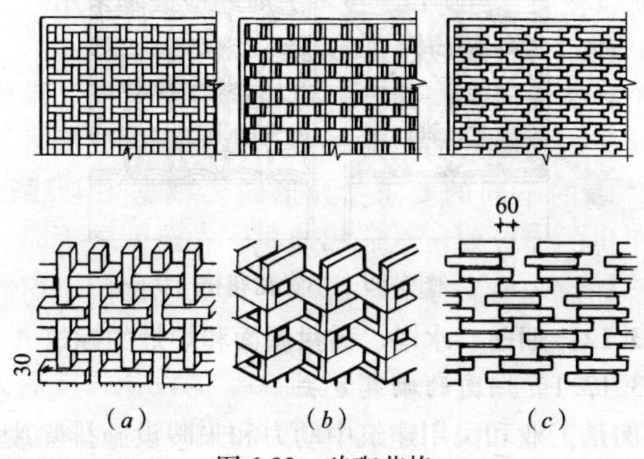

图 6-83　砖砌花格

（2）预制混凝土花饰，是利用混凝土的可塑性在模子中浇制而成。其砌筑方法要求基本与砖花格相同。花饰图案见图 6-84。

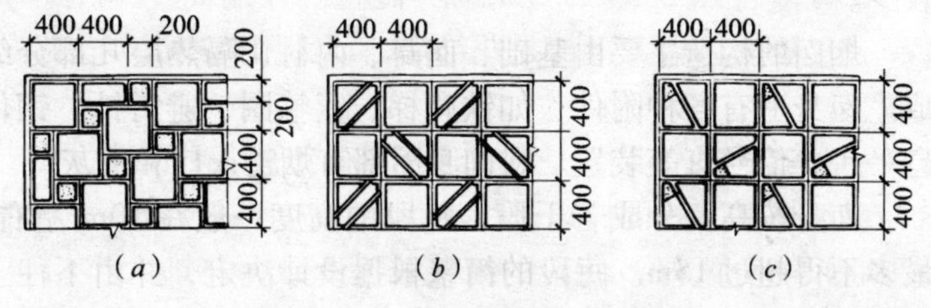

图 6-84　混凝土花格

（3）小青瓦花饰，是一种传统的做法，用小青瓦拼成各种图案（图 6-85）。小青瓦花饰组砌时一般不用砂浆，而是利用瓦互相挤紧形成一整体，也可局部用砂浆组砌。小青瓦花饰一般都刷白浆，但组砌完后很难进行这一工作，所以在组砌前，先将小青瓦刷白浆。

图 6-85　小青瓦花格

6.3.12　烟囱、水塔、砖拱屋面和炉灶的砌筑

6.3.12.1　*烟囱的砌筑方法*

烟囱是工业和民用建筑中动力和采暖设施排除废气的构筑物，它具有独立、高耸的特点，所以在材料使用和施工操作方法上与墙体砌筑有所不同。

1. 砖烟囱的构造

砖烟囱有方形和圆形两种。方形的一般高度不大，采用较少。

烟囱的构造主要由基础、囱身、内衬、隔热层几部分组成。囱身上有各种附件，如铁爬梯、紧箍圈、避雷针、钢休息平台、信号灯等装置。在囱身下部有烟道入口和出灰口。

囱身按高度分成若干段，每段的高度一般在 10m 左右，最多不得超过 15m。每段的筒壁根据设计决定，并由下往上逐渐减薄。

囱身外壁应用不低于 MU10 的烧结普通砖和不低于 M5 的水泥砂浆砌筑，在埋没铁件和砖拱部位应用 M10 砂浆砌筑；内衬用耐火砖、耐火泥砌筑，在烟气温度低于 400℃时，也可以用黏土砖砌内衬。隔热层有的采用空气隔热，有的需要在隔热层中填入隔热材料，如矿棉、蛭石等。烟囱的构造形式见图 6-86。

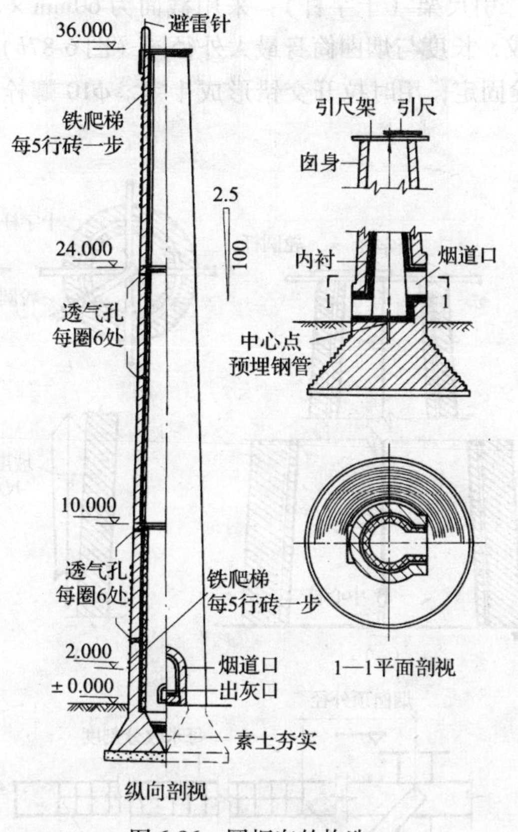

图 6-86　圆烟囱的构造

2. 砌烟囱的工具

砌烟囱使用的工具除与一般砌墙使用的工具相同外，还有以下几件：

（1）大线锤：线锤一般在 10kg 左右。砌筑时，线锤的锤尖对准基础中心桩上（或预埋件）的中心点，一端悬挂在引尺架下面的吊钩上（图 6-87a）。

（2）引尺架（十字杆）：采用截面为 60mm × 120mm 的方木叠成，长度与烟囱筒身最大外径同（图 6-87*b*），中间用 ϕ10 螺栓固定，用时拉开交错形成十字。ϕ10 螺栓下部焊一吊钩。

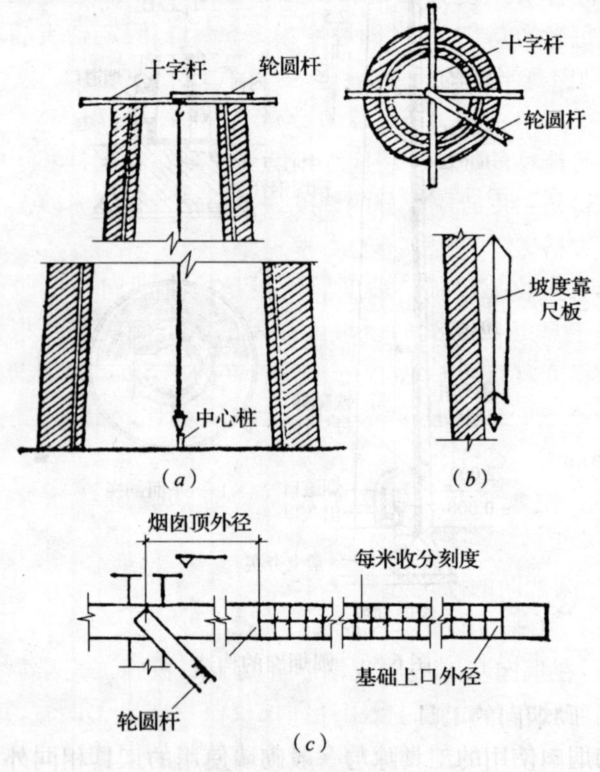

图 6-87　砌筑烟囱用的工具

（*a*）大线锤；（*b*）引尺架；（*c*）十字杆大样图

（3）引尺（轮圆杆）：尺上刻有烟囱筒身的最大和最小外径以及每砌半米高烟囱外壁收分后的直径尺寸，尺的一端套在引尺架中心，并以此为圆心（图6-87*c*）。当烟囱每砌半米高后，用引尺绕圆心回转筒身一圈，测量是否有误差，以便及时纠正。每检查一次，涂去一格。测量时须知道已砌筒身标高及半径，做到心中有数。

轮圆杆上刻度方法是：例如烟囱底口外部半径为3m，倾斜度每米为0.025m（即坡度为2.5%），假定砌筑高度为12m，则囱身半径的尺寸为：

$$3.0-(0.025\times12.0)=3.0-0.3=2.7\text{m}$$

按照计算的数值，将应缩小的尺寸刻在轮圆杆和十字杆上，即将每二皮砖应收分的刻度划上小格，每半米收分刻度上划上大格。

（4）坡度靠尺板：坡度靠尺板是检查烟囱外壁收分坡度用的工具（图6-87*b*）。坡度靠尺的上下倾斜度是根据烟囱的倾斜度（坡度）做成的，其长度为1.5m，如烟囱的倾斜度为2.5%，则坡度靠尺的上部顶端比下部顶端应宽出37.5mm。

（5）铁水平尺：铁水平尺是检查烟囱砌体水平用的工具。

3．圆烟囱的砌筑方法

（1）基础的砌筑：

1）在烟囱基础垫层或钢筋混凝土底板施工完毕后，先将烟囱前后左右的龙门板用经纬仪校核一次，无误后，拉紧两对龙门板的中线所形成的交叉点，就是烟囱的中心点。然后，用线锤将此点引到基础面，并在中心位置安设好中心桩或预埋铁件埋入基础内，待混凝土凝固后，校核一次，并在桩的中心点上钉上小钉或在预埋铁件上用红漆标出中心点。根据中心点弹出基础内外径的圆周线。

2）砌砖前先清扫基层，并浇水湿润。检查基础圆径尺寸和基层标高是否正确。如基础面不平，当小于 2cm 时，要用 1:2 水泥砂浆找平；当大于 2cm 时，要用 C20 细石混凝土找平后方能砌筑。

3）第一皮砖要先试摆后再砌筑，砖层的排列，一般采用顶砌。砌体上下两层砖的放射缝应错开 1/4 砖，垂直环缝应错开 1/2 砖（图 6-88）。为达到错缝要求，可用 1/2 砖进行调整，但小于 1/2 砖的碎砖不得使用。砌筑的水平缝为 8~10mm，垂直灰缝里口不小于 5mm，外口不大 12mm。基础有大方脚时同砖墙一样向中心收退，退到囱壁厚时，要根据中心桩检查一次基础环墙的中心线，找准后再往上砌。

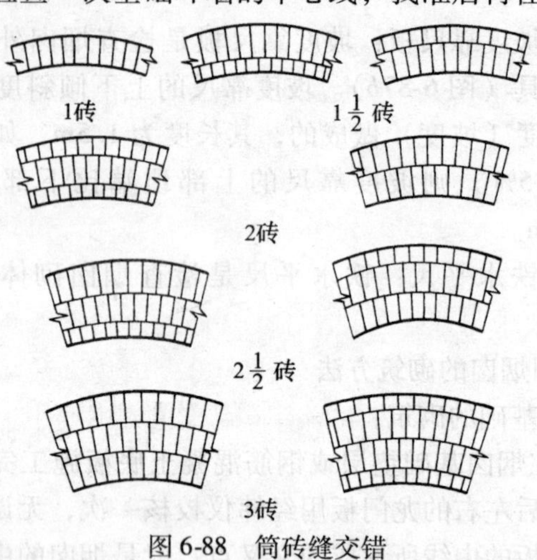

图 6-88　筒砖缝交错

4）基础部分的囱壁一般没有收分坡度，砌时可用垂直靠尺进行检查。砖层高度由皮数杆控制。基础的内衬和外壁要同时砌筑，并按图纸要求，在隔热层中填放隔热材料。

5）基础砌完后进行垂直、水平标高、中心偏差、圆周尺寸和上口水平等全面检查，合格后才可砌囱身。

（2）囱身的砌筑：

外壁（筒壁）的砌筑：

1）筒壁开始砌筑时就要按照设计要求收坡，并注意按图纸要求留好出灰口和烟道口。

在地震区，在砌筑囱身时还要按照设计要求认真埋置好所配的竖向和环向抗震钢筋。

2）砌筑前先在基础筒壁上口进行排砖。当筒壁厚度为1½砖时，第一皮砖，半砖在外圈，整砖在里圈，砌第二皮时，里外圈对调；当筒壁厚度为2砖时，第一皮砖，内外圈均用半砖，中间一圈用整砖，到第二皮，内外圈均用整砖；当筒壁厚度为2½砖时，第一皮砖，外圈用半砖，里面两圈用整砖，到第二皮，半砖调到里圈，外面两圈用整砖（图6-88），3砖及3砖以上按此类推。这样的砌法，可以避免形成同心圆环。

排砖时灰缝要均匀，如果烟囱直径较小，可将砖先打成楔形，其小头宽度应不小于原来宽度的2/3。外壁的水平和垂直灰缝要求与基础同，小于1/2砖的碎砖不得使用。

3）外圈筒壁一般先砌外皮，再砌内皮，最后填心。为防止因操作手法不同发生偏差，砌筑工人不要中途换人，但砌筑工人的位置可以每升高一步架换一个地方，这样容易控制囱身的垂直度和灰缝大小，减少发生偏差。

4）砌体的每皮砖均应水平，或稍微向内倾斜（砌体重量的合力中心向里位移，烟囱更趋稳定，砖与砖之间挤的更紧），绝对不允许向外倾斜，要随时用铁水平尺进行检查。

5）砌筑时，要依靠十字杆、轮圆杆和收分靠尺板来控制囱身的垂直和外壁坡度。十字杆中心悬挂的大线锤要与基础上埋置的中心桩顶小钉或预埋铁件上的红漆点对中。另外，在烟囱基础砌出地面后，根据测量工在外壁上定出的±0.000标高线（一般用红漆做出记号），以后每砌高5m或筒壁厚度变更时，均用钢尺从±0.000起垂直往上量出各点标高线，亦用红漆做出记号，根据这“一点一线”来控制烟囱的垂直偏差和高度。在每砌完0.5m高（约8皮砖），用十字杆、线锤对中后，用坡度靠尺板检查收分尺寸的偏差，用轮圆杆转一周检查囱身圆周是否正确；用钢尺从标明的标高线往上度量检查砌筑高度，并根据这个高度核对十字杆的收分尺寸；最后用铁水平尺检查上口水平。如发现偏差过大时要返工，较小时应注意在以后砌筑中调整纠正。

6）每天的砌筑高度要根据气候情况和砂浆的硬化程度来确定，一般每天砌筑高度不宜超过1.8~2.4m，砌得过高会因灰缝变形引起囱身偏差。

7）烟道入口顶部的拱碳、拱顶一般与囱身外壁相平，拱脚则突出壁外，在拱脚下边有砖垛。因此在囱身开始砌筑时，即应注意在烟道入口的两侧砌出砖垛。两侧砖垛的砖层要在同一标高上，层数也要相同，防止砌成螺丝墙。

囱身外壁的通风散热孔，应按图纸要求留出6cm×6cm见方的通气孔。

8）外壁的灰缝要勾成风雨缝（即斜缝）。如采用外脚手架砌筑，可在囱身砌完后进行；如采用里脚手架施工，则应随砌、随刮、随勾缝。

9）砌完后在顶口上（顶口有圈梁的，则灌完圈梁后）抹1:2水泥砂浆泛水。

内衬的砌筑：

1）砖烟囱的内衬一般随外壁同时砌筑。内衬壁厚为1/2砖时，应用顺砖砌筑，互相咬槎 1/2 砖；厚度大于 1 砖时，可用顺砖和丁砖交错砌筑，互相咬槎 1/4 砖。

2）灰缝厚度，用黏土砖砌筑不应超过 8mm；用耐火砖时，应用耐火土砌筑，灰缝大于4mm。

3）用黏土砖砌筑时，当烟气温度低于 400℃ 时，可用 M2.5 混合砂浆；当温度高于 400℃时，可用生黏土与砂子配制的砂浆，其配合比为 1∶1 或 1∶1.5。

4）砌筑的垂直缝和水平缝均应严密，随砌随刮去舌头灰。每砌 1m 高，应在内侧表面满刷一遍耐火泥浆。

5）内衬与囱身外壁之间的空气隔热层，不允许落入砂浆和砖屑，如需填塞隔热材料，则应每四、五皮砖填一次，并轻轻捣实。为减轻隔热材料自重所产生的体积压缩，可在砌筑内衬时，每隔 2～2.5m 的高度砌一圈减荷带（图 6-89*b*）。当内衬砌到顶面或外壁厚度减薄时，外壁应向内砌出砖挑檐（图 6-89*a*），挡住隔热层上口，以免烟尘落入，但砖挑檐不得与内衬顶部接触，要保留等于内衬厚度的距离。

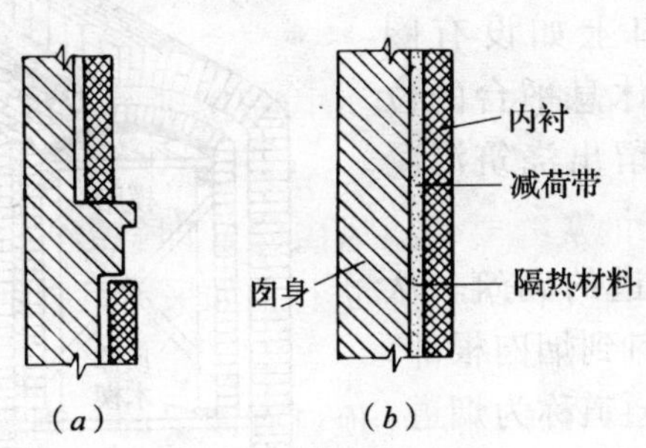

图 6-89　砖烟囱内衬与外壁砌筑示意

6）为了保证内衬的稳定，一般在垂直方向每隔50cm（或8皮砖高度），在水平方向按圆周长每1m处，上下交错地向外壁挑出一块顶砖，支在外壁上。

7）外壁和内衬砌完后，在顶口（如顶口有圈梁时，则在灌完圈梁后）抹1∶2水泥砂浆泛水。同时，应进行全面的检查，合格后才可拆除底部的中心桩，最后铺砌囱底内的耐火砖。铺砌囱底耐火砖时，应使每皮砖的灰缝均上下错开。

囱身附设铁件的设置：

1）埋入囱身的铁活附件，均应事先涂刷防锈油漆（埋设避雷器入地导线固定用的预埋件除外），按设计位置预埋牢固，不得遗漏。

2）地震区在烟囱内加设的纵向及环向抗震钢筋，砌筑时必须按图纸要求认真埋设。

3）铁爬梯应埋入壁内至少24cm，并应卡砌结实。

4）环向铁箍应按图纸要求标高安装好，螺丝要拧紧，并将拧紧后的外露丝凿毛，以防螺母松脱，每个铁箍接头的位置应上下错开。

5）顶口上如设有圈梁，安放铁休息平台的位置，砌时应留出浇筑混凝土的范围。

(3) 烟道的砌筑。从炉、窑出烟口到烟囱根部，这一段烟气通道称为烟道。砖砌烟道的构造见图6-90。

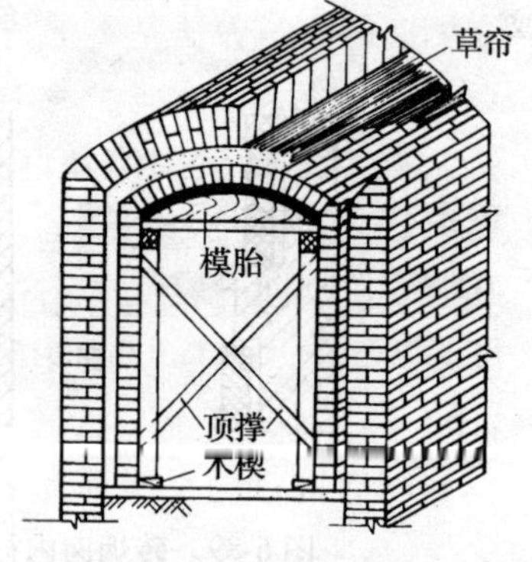

图6-90　烟道截面

1）烟道外壁与内衬应

同时砌筑。当烟道两侧外墙及内衬砌到拱脚高度时，应根据拱脚标高，安放预先做好的砌拱模胎，并将它支撑牢固。

2）砌筑拱筒时，如内衬用耐火砖，则要用异形（楔形）耐火砖砌筑，砖与砖在长度方向要咬槎1/2砖，灰缝不得超过4mm，灰缝要严实不得漏烟。

3）内衬砌完后，要在内衬拱面上铺设草帘等易燃材料作为上层砖拱的模胎，然后再砌筑外层拱筒。

4）上层砖拱砌好后，要在灰缝中灌水泥砂浆，并待砂浆强度达到要求后，方可拆除支设的模胎。

5）拆完拱模胎后，最后铺砌烟道底层的耐火砖。

6）烟道与烟囱接口处，以及炉窑的出口处，均要留出2cm的变形缝，以备温度伸缩和不同沉降，缝中要用石棉绳或石棉板堵塞。

4. 方砖烟囱的砌筑方法

方烟囱因承受风压比圆烟囱大，所以高度有一定限制，一般在15m左右。用于拔风力要求不大、炉窑气温不高的干燥炉及退火炉。

方烟囱的砌筑方法基本上与圆烟囱相同，其不同处有以下几点:

（1）圆烟囱每皮砌体允许稍微向内倾斜，方烟囱则相反，要求每皮砌体必须水平。因此，方烟囱收分采取踏步式，砌前要按烟囱的坡度事先算好每皮收分的数值。例如烟囱坡度为2.5%，每1m高以16皮计，则每皮应收2.5%÷16＝1.6mm。

（2）检查圆烟囱不同标高的截面尺寸（圆半径），一般将圆6等分，在圆周上取6点，以此为主进行检查。方烟囱主要检查四角顶主中心（即方烟囱的外接圆半径）的距离，因此所用轮圆杆的刻度应将不同标高的方形边乘以 0.707 系数。

（3）检查圆烟囱的坡度，用坡度靠尺板在前述 6 点上进行，检查方烟囱的坡度，除四角顶外，还应在每边的中点上进行。

（4）方烟囱不用顶砌，根据壁厚可按三顺一丁、一顺一丁、梅花丁砌法等进行砌筑。为了达到错缝要求，须砍成 3/4砖，但方烟囱由于皮皮踏步收分，砍砖不能因收分把转角处砖砍掉，转角处仍应保留 3/4 砖，需砍部分在墙身内调整。

（5）方烟囱一般不留通气孔。要留通气孔时，应避开四个顶角，以免削弱砌体强度，可在囱身四边按要求距离留设。

（6）方烟囱附设铁件应避开顶角，按设计要求埋设。如设计无规定，最好设在常年风向背风的一面。

5. 质量标准

（1）基本要求

1）砖、耐火砖的品种，强度必须符合设计要求。

2）砂浆、耐火泥浆的品种必须符合设计要求；试块强度必须合格。

3）砌体砂浆必须密实饱满，其中水平灰缝砂浆的饱满程度应不小于 95%。

4）囱外壁组砌合理，无同心环竖向重缝，无通缝，勾缝符合要求，墙面整洁。

5）囱身附件留设准确，埋设牢固，数量、搭接长度符合设计或施工规范要求。

（2）允许偏差（表 6-11 ~ 表 6-12）

基础位置和尺寸的允许偏差　　表 6-11

项次	名　称	允许偏差值
1	基础中心点对设计坐标的位移	15mm
2	环壁或环梁上表面的标高	20mm
3	环壁的壁厚	20mm
4	壳体的壁厚	$^{+20}_{-10}$mm
5	环壁或壳体的内半径	内半径的1%，且不超过40mm
6	环壁或壳体内表面的局部凹凸不平（沿半径方向）	内半径的1%，且不超过40mm
7	底板或环板的外半径	外半径的1%，且不超过50mm
8	底板或环板的厚度	20mm

筒壁尺寸允许偏差　　表 6-12

项次	项　目	允许偏差（mm）
1	筒壁高度	全高的0.15%
2	筒壁任何截面上的半径	该截面筒壁半径的1%，且不超过30
3	筒壁内外表面局部凹凸不平（沿半径方向）	该截面筒壁半径的1%，且不超过30
4	烟道口的中心线	15
5	烟道口的标高	20
6	烟道口高度和宽度	+30 −20

6. 质量、安全注意事项

（1）质量问题

1）囱身竖向开裂

烟囱在砌筑过程中由于砌体本身含有一定的水分，在使用前必须烘干，经过烘烤，囱身往往会产生一些竖向裂缝，裂缝开裂位置有的在砖缝部位，也有的在砖块中间。产生裂缝的主要原因有：施工中操作人员忽视对砖块浇水或因砂浆饱满程度不好而造成裂缝的；或施工不慎将砖块残渣掉入隔气层，隔气层被填塞；同时也有砖和水泥质量存在问题；也有烘烤时升温及降温过快，温控存在问题等原因造成。

为避免此类质量问题的发生，首先要求操作人员精心施工，严格按现行《烟囱工程施工及验收规范》施工，保持砖块湿润和砂浆饱满度，防止砂浆及砖块残渣堵塞隔气层，同时要把好材料质量关，不合格材料决不使用。另外，要求切实掌握烘烤烟囱速度，升温时控制在平均每小时 11～14℃，降温时控制在每小时不大于 50℃。待降温到 100℃时，应把烟道口用砖堵死，防止冷风吹入，引起砌体急剧变形而造成裂缝。

2）竖向砖缝过大

按现行《烟囱工程施工及验收规范》（GBJ 78—85）规定检查，烟囱砌体垂直缝的宽度超过标准规定 50% 时，均属竖向砖缝过大，这种现象会降低烟囱的工程质量。主要原因是操作人员违反操作规程，不进行排砖，不按规定对砖进行楔形加工，或采用不符合质量标准的砖砌筑烟囱和采用手工加工楔形砖，规格不符合使用要求。解决的办法是，首先要进行排砖撂底，选用符合要求的砖，提高砖的加工质量，使其规格一致。其次应优先采用机械加工楔形砖，提高加工质量。还要求在砌筑过程中始终注意质量检查，发现问题及时处理。

(2) 安全注意事项

1) 脚手架上堆料必须按安全规定每平方米不得超过270kg，砖块必须码放整齐，防止下落伤人。

2) 竖向垂直运输不能超载，使用井架、吊篮要有安全保险装置，井架严禁坐人上下。

3) 冬期施工有霜、雪时，应先扫干净后再上脚手架操作。

4) 烟囱四周10m范围应设置护栏，防止闲人进入。进料口要搭防护棚，高度超过4m随烟囱升高四周要支搭安全网。

5) 施工中遇到恶劣天气或5级以上大风，应暂停施工，大风大雨后先要检查架子是否安全，然后才能作业。

6) 有心脏病、高血压等病的人员不能从事烟囱砌筑。

6.3.12.2 水塔的砌筑方法

砖砌水塔，多用于远离城市的孤立的建筑群，也有在郊区因自来水水头不足，作为升压补偿水力用。

1. 砖砌水塔的构造

砖砌水塔的构造分基础、塔身、水箱三部分。一般高25m左右。基础一般为现浇钢筋混凝土，塔身为圆筒形（或圆锥形）砖砌体，水箱多为钢筋混凝土的，也有用砖砌的，但箱身高度不大。塔身做法大致有以下几种：

(1) 圆筒形砌体从基础到顶（水箱底），见图6-91（*a*）；

(2) 有的砌二、三节（每节高3m左右）后开始收分。收分的坡度与圆烟囱同；

(3) 有的底节筒壁厚$1\frac{1}{2}$砖，砌两节后改为1砖厚，但附壁砖垛凸出与下面筒壁平；

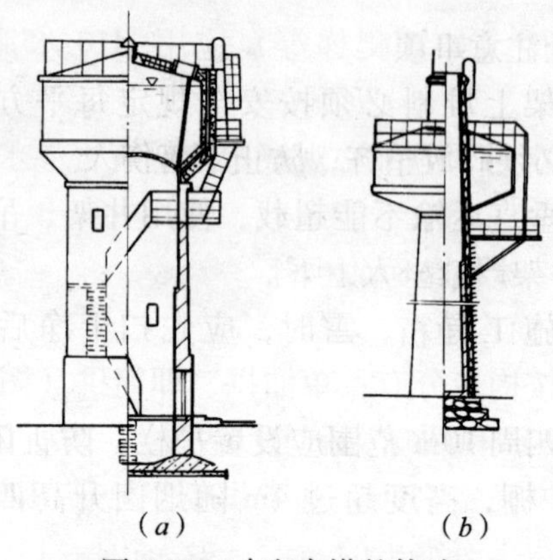

（a）　　（b）

图 6-91　砖砌水塔的构造

（a）砖砌水塔；（b）砖砌烟囱和水塔

（4）有的烟囱与水塔合为一体，烟囱砌到一定高度后，浇灌环形钢筋混凝土水箱，再在环形水箱的内壁砌筑烟囱（见图 6-91*b*）。

砖砌水箱的箱身为砖砌体，但底盖板仍为钢筋混凝土的。为了增强水塔的稳定性与刚度，每节塔身砌筑后均浇筑钢筋混凝土圈梁一环，并与每层楼盖一起浇筑（烟囱水塔综合体者除外），楼板留扶梯洞，人员用钢梯上下。

2. 水塔的砌筑方法

水塔的塔身、水箱壁的砌筑方法与烟囱相同，这里不再重述，但须注意如下事项：

（1）砌筑用砖与砂浆的强度等级应按图纸要求施工，切实按规定错缝搭接，做到砂浆饱满密实，以增强砌体的环向拉力。

（2）砌砖前要适当浇水润湿。检查方法是将砖砍断，如四周一环均湿，中间是干的即可。

（3）底板上预留插筋时，应认真按要求埋入砌体内，水箱壁上埋置铁件（如铁爬梯等）应用 M10 水泥砂浆窝牢，并用砖压实。

（4）在试水时，应细心观察水箱壁有否渗水现象，如有应立即修补好。

6.3.12.3 *砖拱屋面的砌筑*

1. 砖拱屋面构造

砖拱屋面按构造分有：单曲拱，即筒拱（图 6-92*a*），双曲拱（图 6-92*b*）和圆球壳（图 6-92*c*）。按所用材料分有：烧结普通砖和拱壳空心砖，其中拱壳空心砖（图 6-93），由于它的构造一边带有突出的勾形，另一边留有容纳突出勾形的凹槽，所以在砌筑时可以依靠砖与砖相互的咬合，起到临时悬挂作用。目前，已使用较少。

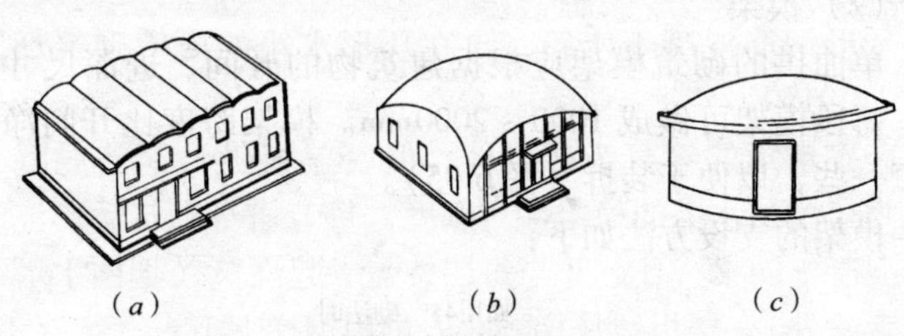

图 6-92 砖拱屋面
（*a*）单曲拱；（*b*）双曲拱；（*c*）圆球壳

2. 单曲拱的砌筑

（1）拱脚

一般在墙檐口部位设置一道钢筋混凝土圈梁（图 6-94）作为砖拱脚支座，圈梁内侧斜度应与拱的圆心角的边一致，使拱面曲率符合设计要求。

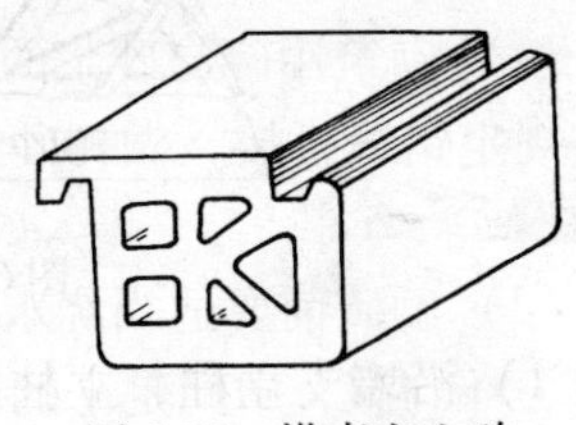

图 6-93 拱壳空心砖

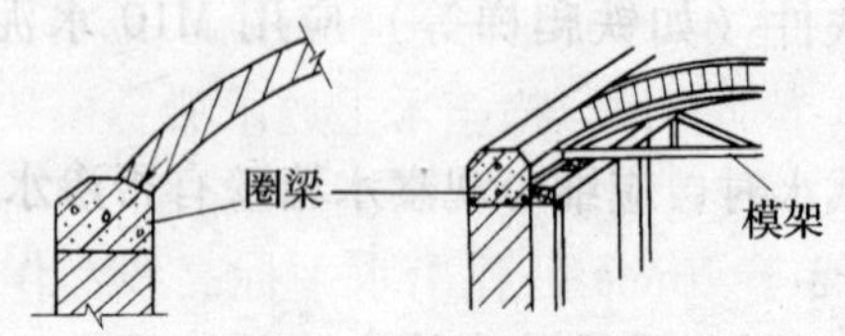

图 6-94　圈梁及模架

连续拱一般跨度较小，且由于中间相邻两跨之间的推力处于平衡状态，故可不设圈梁，仅将墙体顶面砌成适应拱脚角度的斜面即可。并用水泥砂浆找平，作为拱脚的支座。

为了防止因拱的推力造成圈梁向外移或开裂，所以，在较大跨度的单拱、较长进深的单拱和连续拱的边跨，一般在圈梁横向增设钢拉杆。

（2）模架

单曲拱的砌筑模架应根据建筑物的开间、进深尺寸制作，每段模架可做成 1000～2000mm。模架跨度比开间净空稍窄一些，以便于装拆（图 6-95）。

模架的支设方法如下：

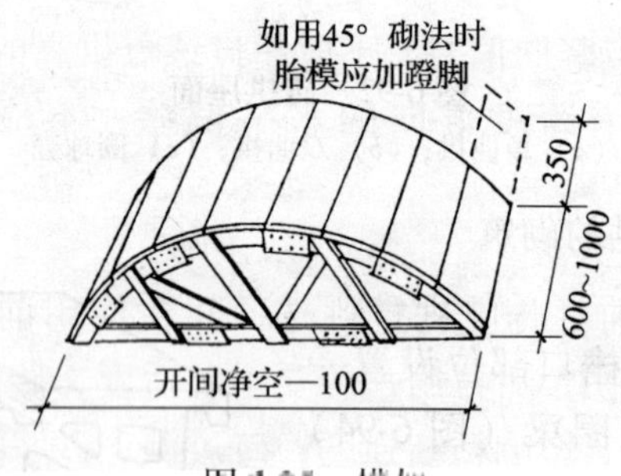

图 6-95　模架

1）沿墙支立柱，立柱上钉木梁，立柱用斜撑固定，模架支承在木梁上，下垫木楔以调整模架高度。

2）在拱脚下4~5皮砖墙上，每隔0.8~1m穿透墙体放一横担木，其下加斜撑，横担木上放木梁，模架支设在木梁上，模架下垫木楔以调整模架高度。

3）在拱底下20mm处弹出水平标高线，作为模架顶面准线，并将若干根短钢筋沿水平方向敲入砖缝内，上放木条，模架支设在木条上，并下垫木楔调整标高（图6-96）

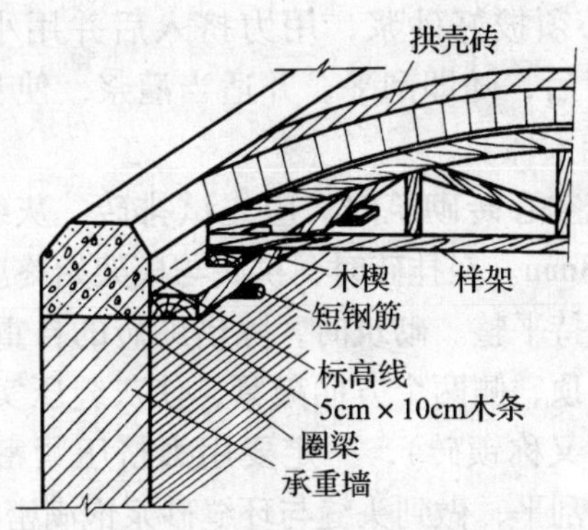

图6-96　模架支设方法

模架安装允许偏差不得超过下列数值：

1）任何点竖向偏差，不应超过该点拱高的1/200；

2）拱顶沿跨度方向的水平偏差，不应超过矢高的1/200。

（3）砌筑方法

1）砌筑前对砖应进行挑选，并在使用前1~2d（天）浇水湿润，稍阴干后再用，砖要干湿适度，砖过干，会吸收砂浆中的水分，影响粘结强度；砖过湿，砂浆凝固慢，易变形开裂。

2）砌筑时，应从两端拱脚同时进行，逐步砌到拱顶中心。对于连续拱必须各跨同时砌筑，使相邻两跨的推力平衡，并齐头并进，随时用眼穿看相邻左右拱环的平直度和拱板的垂直度。

3）砌筑砂浆宜采用和易性好的M5以上混合砂浆，砖块应满面抹砂浆，采用满刀抹砂砌法。

采用烧结普通砖砌筑时，砖数必须为单数，要求上口灰缝略厚，不超过12mm，下口灰缝略薄，在5~8mm之间，最后一块砖必须披好砂浆，用力挤入后并用小木锤敲击严实。砌完一段后，随即刮平，并适当灌浆，使灰缝饱满，但注意浆水不能太稀。

采用拱壳空心砖砌筑时，应先试排砖，灰缝呈楔形，一般控制在5~8mm。在挂砖时，拱底与模架始终应保持2cm距离，使拱面保持平整。砌筑时，除借助砖的自重挤压灰缝外，尚须用瓦刀从顶、侧两个方向敲紧，使灰缝压实，减少变形。最后一块砖（又称锁砖），一定要用力挤压紧密。砌完一环，随后进行灌缝刮平，做到头缝与环缝砂浆饱满密实。

4）凡拱屋顶上的孔洞，一律要在砌筑时预先留出，绝不允许砌完后再凿洞。

每座拱顶屋面应连续砌筑，不得中途停歇。

设置钢拉杆的拱砌体，拉杆松紧程度要适度。

5）采用拱壳砖砌筑时，其孔向与拱环线方向平行，勾槽朝向模架移动方向的一侧，以便下一皮砖挂上。

6）模架的下降移动，要保证两端同步均匀进行，以防单头翘起，破坏拱脚。

3. 筒拱砌筑注意事项

（1）如设计无要求，拱脚上面4皮砖和拱脚下面6~7皮砖的墙体部分，砂浆强度达到设计强度的50%以上时，方可砌筑拱体。

（2）砌筑筒拱，应符合下列规定：

1）拱体的砌合应错缝。

2）自两侧拱脚同时向拱冠砌筑，且中间一块砖必须塞紧。

3）多跨连续拱的相邻各跨，如不能同时施工，应采取抵消横向推力的措施。

4）拱体的纵、横灰缝应全部用砂浆填满，拱底灰缝宽度宜为 5～8mm。

5）拱座斜面应与筒拱轴线垂直，筒拱的纵向缝应与拱的横断面垂直（图 6-97）。

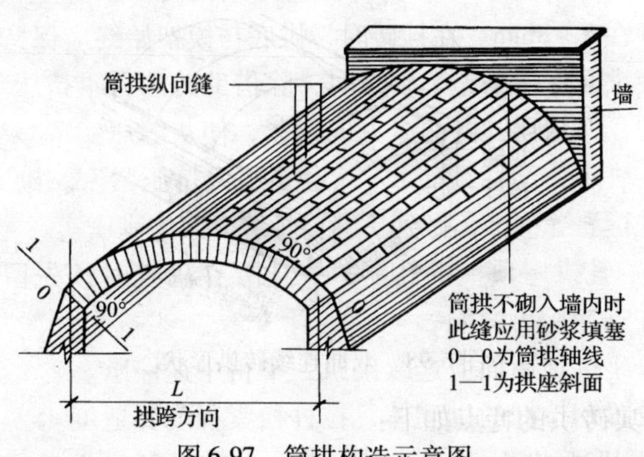

图 6-97　筒拱构造示意图

6）筒拱的纵向两端，一般不宜砌入墙内，其两端与墙面接触的缝隙，应用砂浆填塞（图 6-97）。

（3）穿过拱体的洞口的加固环应与周围砌体紧密结合。已砌完的拱体不得任意凿洞。

（4）筒拱砌完后应进行养护，养护期内应防止冲刷、冲击和振动。

（5）筒拱的模板，应在保证横向推力不产生有害影响的条件下，方可拆移。拆移时，应先使模板均匀下降 50 ~ 200mm，并对砌体进行检查。

有拉杆的筒拱应在拆移模板前，将拉杆按设计要求拉紧。同跨内各根拉杆的拉力应均匀。

（6）当筒拱的砂浆强度不低于设计强度的 70% 时，方可在已拆除模板的筒拱上铺设楼面或屋面材料。

在整个施工过程中，拱体受力应当对称。

4. 双典拱砌筑

（1）双曲拱构造

双曲砖拱由拱波和拱圈组成，如图 6-98 所示。

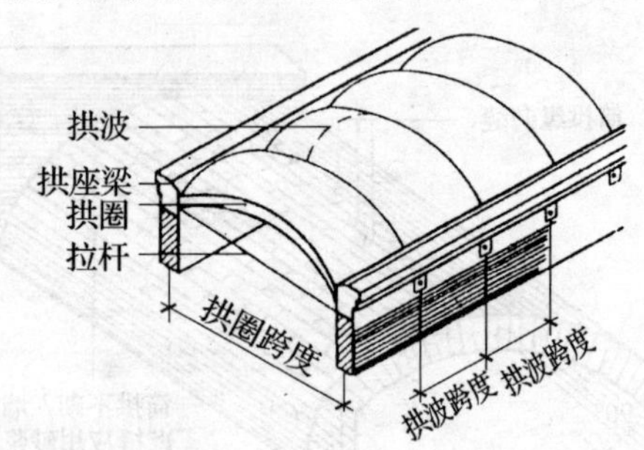

图 6-98　双曲连续砖拱形状

双典砖拱的特点如下：

1）拱波

① 失高——根据建筑物要求的覆盖空间和承受水平推力的大小而定。

② 厚度——拱的厚度有 1/4 砖厚和 1/2 砖厚两种。

2）拱圈

① 拱座——是拱圈的支承点，应做成斜面，并与起拱处的拱轴线相垂直，拱圈端部截面切实支承于拱座上，见图 6-99。

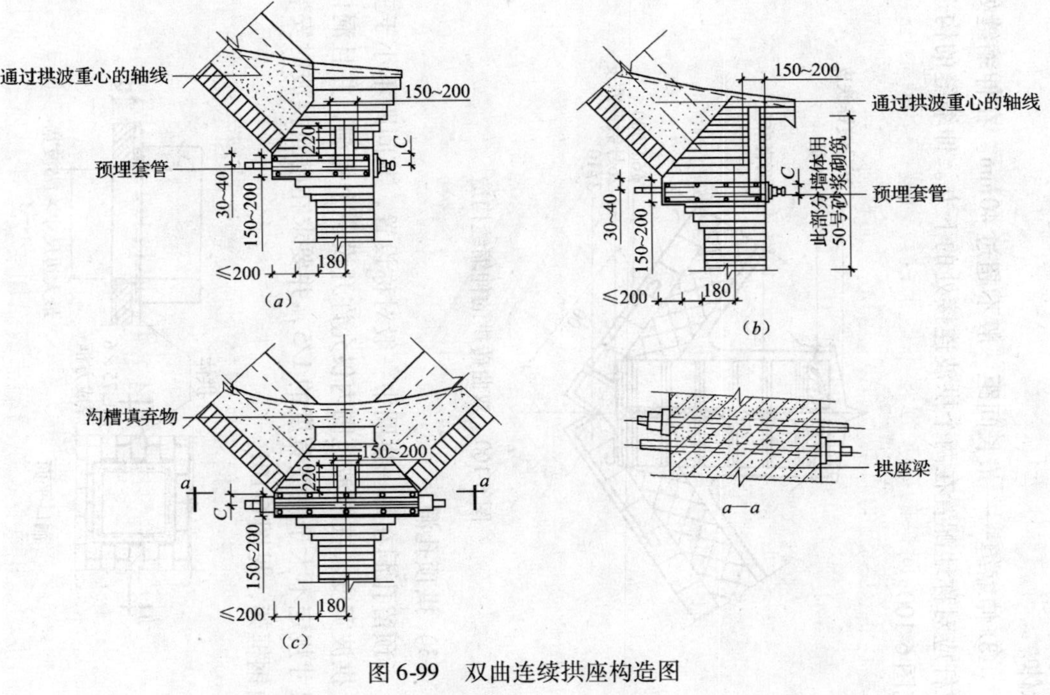

图 6-99 双曲连续拱座构造图

② 拱圈——通常由砌体和钢筋混凝土拱座共同形成支承体。

③ 伸缩缝——最长间距一般不超过 40mm。在伸缩缝处拉杆应对称地配置在两个拱波连接处的下方。伸缩缝的构造见图 6-100。

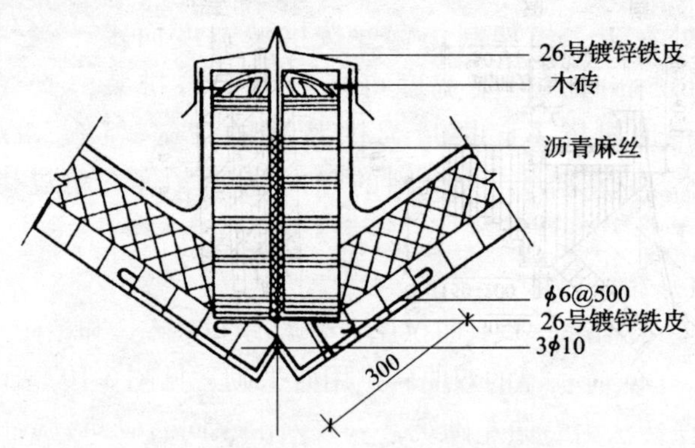

图 6-100　双曲砖拱的伸缩缝构造

3）拱顶孔洞

预留孔洞在每一拱圈中一般对称设置，其间距不小于三个拱波宽度。在拱波范围内仅允许开设一个孔洞，并且洞口尺寸规定不大于拱波宽度的 1/5，并要求在砌筑拱波时安装角钢框架，见图 6-101。

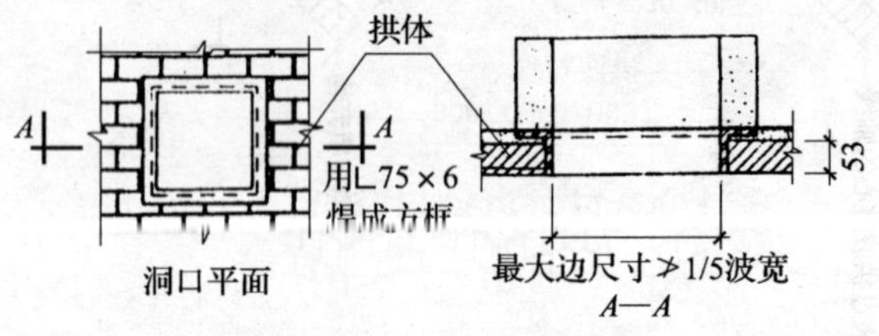

图 6-101　预留孔洞构造示意图

（2）双曲砖拱砌筑工艺

1）双曲连续砖拱的砌筑工艺流程　与单曲砖拱的砌筑工艺流程相同。

2）准备工作　与单曲砖拱相同。

3）模架支撑及制作　与单曲砖拱基本相同，其不同之处在于：模架制作宽度按拱波宽度而定，当拱波宽度≥1.5m时，模架宽度可一分为二再拼装。支撑时应考虑稍加起拱，起拱量为拱跨度的3‰～5‰，以使施工后降落模架时，大拱圈的竖向挠度下落不超过拱圈跨度的1‰。

4）组砌方法：

① 平砌法——双曲拱屋盖一般有1/4砖长和半砖长两种厚度。1/4砖长厚的双曲砖拱用砖平砌，见图6-102。图中单数列摆砖法由右向左砌筑，双数列由左向右砌筑，砖的长边与拱跨方向平行砌筑。砖的短边的错缝较邻近两排砖相互错开1/4砖，这样可使邻近两拱波相接简便。

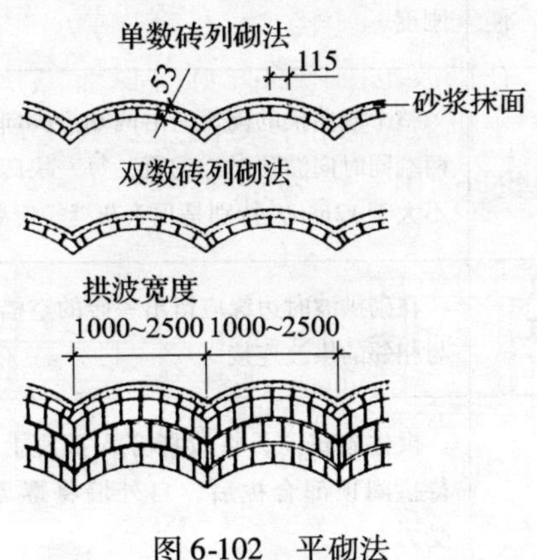

图6-102　平砌法

② 侧砌法——1/2 砖长厚的双曲拱用侧砌法砌筑，见图 6-103。砌砖时的长边与横跨方向垂直砌筑，相邻两排砖互相错开半砖，墙上端拱圈支座处应砌成阶梯形，并用水泥浆抹成斜面，使之垂直于拱轴线。为避免在拱支座内出现弯矩，通常把拱脚挑出，使拱、拉杆和墙三者横断面的重心轴交于一点。

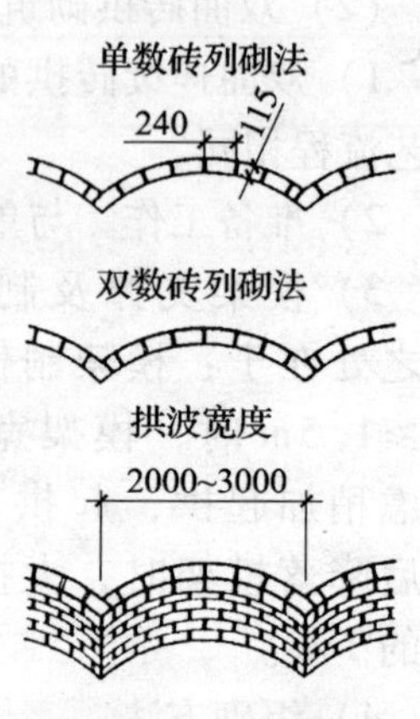

图 6-103　侧砌法

5）砌筑要点，见表 6-13。

双曲连续拱屋盖砌筑的操作要点　　表 6-13

项　目	砌　筑　要　点
必备条件	砌筑工作应在拱座强度达到设计强度的 70% 后方可进行，同时模板尺寸必须准确，并且有良好的刚度
砌筑顺序	整个双曲拱的砌筑应由两端拱脚向跨中进行。每段两端同时向波顶对称砌筑，每一块砖都应挤紧，灰缝不大于 12mm，特别是顶头灰缝一定要饱满
拱波边缘砌筑	在砌拱波时边缘应留出一砖的空档形成接槎，以便与相邻的拱波连接
拉杆	拱体砌筑前，将拉杆穿入拱座上预留的孔洞内，待拱圈顶部合拢后，自外墙将螺母拧紧，使拉杆受力

续表

项目	砌 筑 要 点
山墙	房屋两端山墙，应先砌至拱座梁底标高处，暂时停止，等连接山墙的拱波砌完，横架移出后方可继续进行
拱模	拱体砌筑应与移动拱模配合好，当完成一列砖，已构成的拱形足够相当于拱波的宽度时，模架上的弧形槽板沿着砌完方向向前移动
拱体表面	对1/4砖长厚的拱，每砌完拱波砖一列，还应该随即在拱体上表面湿抹5mm左右厚的水泥砂浆一层，使其更好地填满砖缝

6）注意事项：

① 砌筑过程中和砌完后，应有防雨措施，尽量避免雨水浇淋，以免降低砌体强度。

② 在冬季或低于+4℃的气温条件下，不应砌双曲砖拱。

③ 落模前应将拉杆张紧，张紧的程度一般用拉杆长度控制。拱座梁受拧紧螺帽影响，必然产生变形，每一拱座梁的变形值一般控制在5mm左右。

④ 双曲连续拱屋盖的落模和起模时，一般在砂浆强度达到3.0MPa以上方可进行，起模决不可将拱架强行顶起，以免将砌好的拱体顶裂和顶塌。

6.3.12.4 大型炉灶砌筑方法

1. 大型炉灶的构造

大型炉灶多用于食堂，比家用炉灶体形大、用锅多，通常为长方形（图 6-104），以燃煤为主。这种炉灶目前以鼓风灶为主。

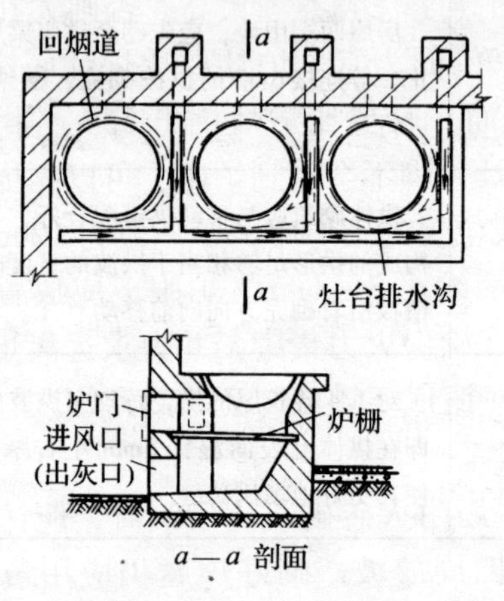

图 6-104　食堂炉灶构造形式

炉灶一般设在靠外墙部位，墙外设附墙烟囱和炉灶门，以利厨房卫生。灶内炉膛四周用黏土砖砌筑，内衬半砖厚耐火砖。为了避免烟气串通，一般炉膛内分锅不设回风烟道，即不共用一个烟道。

2. 砌筑工艺

（1）砌筑前准备工作

按设计要求弄清炉灶构造和特点、锅的数量和直径、炉灶位置，然后进行定位放线。

计算出所需材料品种及数量，其中包括炉条、炉门和炉盘等预埋件、零配件。

（2）砌筑要点

1）一般大锅炉灶分平砖砌法和立砖砌法两种。两种砌法均要在砌体中间留30～50mm空隙，内填干细炉灰，以防止灶内热量损失，提高灶内温度。

2）炉灶面高度一般不宜太高，否则人在灶前操作不方便，一般60～70cm为宜。炉灶要比炉灶底座挑出6cm，炉灶面（即锅台面）又要比炉灶挑出6cm，累计共12cm，使操作人员站立灶边脚不会碰到炉座，可以靠拢锅台操作。

3）按放线位置先砌炉座，厚一般为12cm，高7皮砖左右，长比炉灶面缩小3～6cm。炉眼下应放置成品炉条，炉条要向里倾斜，确保火力集中，并力求远离烟囱，以增强其拔风力。过火炉眼底要挑砖封死，斜留出灰口，过火炉眼下放燃料洞口。

4）炉膛应用耐火砖砌筑。砌筑时，应注意从炉膛底开始顺势向上沿四周放坡，砌好炉膛仍应用黄泥麻刀砂浆套好，炉口放好成品炉盘，并抹好水泥砂浆。

5）砌筑炉身时，要先埋下水立管1～2根，并与排水沟接通。粉刷灶面时，要做好泛水，留出流水槽。

6）回烟道的截面一般以宽9～16cm，高18～25cm为宜。若烟囱正面与炉膛接通，回烟道应从灶口两侧迂回炉膛外壁与烟囱侧面接通。

7）需要铺瓷砖的灶面，应在试火确认炉灶性能良好后，方可铺贴。

3. 砌筑炉灶和附墙烟囱，当设计无要求时，尚应符合下列规定：

（1）有防火层的炉灶或烟囱内表面距易燃烧体不应小于240mm；无防火层的不应小于370mm。

（2）烟囱外表面距易燃烧体屋面结构（木屋架、木梁等）不应小于120mm，距易燃烧体屋面不应小于250mm。

（3）靠近易燃烧体的烟囱内表面，应抹砂浆。设置烟管时，应用砂浆填满所有缝隙。对有内衬的烟囱，其内衬应用黏土砂浆或耐火泥砌筑。

（4）炉灶灰坑和灶门前地面如为易燃烧体，灰坑的底部应至少砌4皮砖，炉门前地面应用非燃烧材料覆盖。

（5）烟囱所有的灰缝均应填满砂浆。阁楼内及屋面至顶棚空间部分的烟囱外表面，应抹灰并刷石灰浆。

（6）砌筑烟道和通气孔道时，应防止砂浆、砖块等杂物落入。砌筑垂直烟道，宜采用桶式提芯工具，随砌随提。烟道下端应砌有出灰检查口。

（7）防火层应采用石棉或其他耐火材料制成。

6.4 砌块砌体砌筑

砌块用于房屋建筑，是实行建筑节能、推行墙体材料改革内容之一，也是一种工业化施工方法。

砌块按使用的材料不同，分为混凝土空心砌块和加气混凝土砌块、硅酸盐砌块等实心砌块。

砌块的规格尺寸应符合建筑平面、层高等模数的要求，这样在施工中可以做到不镶砖或少镶砖。另外，还要结合材料的性能决定砌块的几何尺寸，如厚度要由材料的强度、热传导等因素决定。砌块的规格大小还要考虑施工时便于搬运和吊装等。

6.4.1 砌块砌体砌筑的准备工作

6.4.1.1 材料准备

1. 砌块

根据设计要求准备好所用的砌块，并了解最大砌块的单块重量，确定砌块的运输方式。

2. 砖

当砌块模数不能符合设计尺寸的要求时，应用烧结普通砖来调整。

3. 其他材料

水泥、砂子、掺合料等。

4. 进行木砖、拉结筋的准备，另外，了解水、暖、电等工种的预埋的准备情况。

6.4.1.2 场地准备

由于砌块比砖要大得多，搬运不易，同时砌块又有多种规格，因此砌块砌筑时对场地的要求就显得更为突出。

1. 砌块堆放场地不仅要地势高、平整、夯实、利于排水，而且要考虑到砌块的装卸和搬运，并考虑到运输到操作地点和配合操作顺序，杜绝二次搬运。

2. 砌块的规格数量要配套，不同规格的砌块应分别码放，堆垛上应有标志，垛与垛之间应留有通道，以便装卸运输车辆通行。

3. 砌块应上下皮交错叠放，堆放高度一般不宜超过3m。

4. 堆垛应尽量设在垂直运输设备工作回转半径范围内，远离高压线。

5. 现场应配套储存足够数量的砌块，以确保施工顺利进行。

6.4.1.3 施工机具准备

砌块一般采用小型起重机械吊装，如少先吊、台灵架（图6-105）等。小型砌块可以采用人力杠抬。除了砖瓦工常用工具外，还要准备索具和夹具（图6-106），手撬棒、木锤、扳子、灌缝夹板、钢筋夹头，也可用木制的摊灰尺（图6-107）来铺摊砂浆。

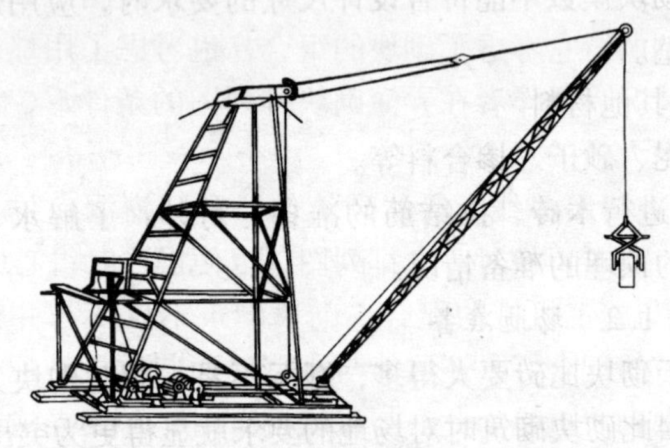

图 6-105　台灵架

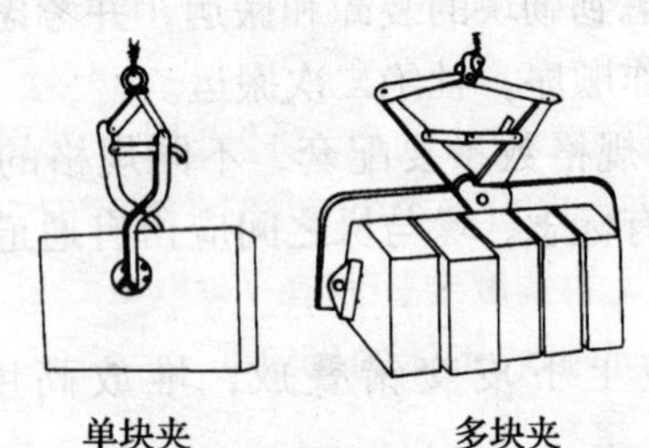

单块夹　　多块夹

图 6-106　夹具

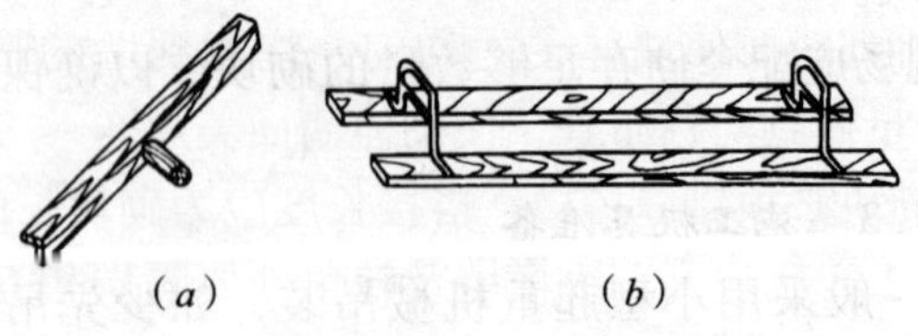

（*a*）　　（*b*）

图 6-107　摊灰尺

（*a*）单面蜕尺；（*b*）双面蜕尺

6.4.1.4　技术准备

1. 熟悉图纸。除了熟悉建筑平面图和详图以外，还应弄懂排列图。排列图是由施工人员根据设计图纸和砌块尺寸模数绘制的，它考虑了砌块的组合，也考虑了用烧结普通砖镶砌的情况，操作者在弄懂砌块排列图的条件下，才能贯彻施工技术人员的意图。

2. 查清墨斗线，弄清砌筑位置和门窗洞口位置，情况弄清后，要求再核对一次排列图，以便操作时得心应手。

3. 与施工机械的配合：砌块砌筑不仅要与井架等垂直运输机械的配合好，还可能与小型楼面起重机械配合，尤其是大中型砌块更是如此。与机械配合时，一要弄清机械操作与本工种的相互关系；二要了解机械设备的性能，如回转半径、起重高度、起重量等，只有了解清楚以后才能做到配合默契，安全操作，提高工效。

4. 拌制砂浆：砌块的砌筑宜采用水泥白灰砂浆（设计另有规定者除外），当竖缝宽度超过 2cm 时，要灌筑细石混凝土，砌筑砂浆的稠度要控制在 7～8cm。

6.4.2　实心砌块砌体的砌筑

6.4.2.1　组砌形式

1. 砌块排列应以主规格为主排列，不足一块时可以用次要规格代替，尽量做到不镶砖。

2. 排列时要使墙体受力均匀，注意到墙的整体性和稳定性，尽量做到对称布置，使砌体墙面美观。

3. 砌块必须错缝搭接，搭接长度应为砌块长的 1/2，或者不少于 1/3 砌块高，纵横墙及转角处要隔层相互咬槎（图 6-108）。

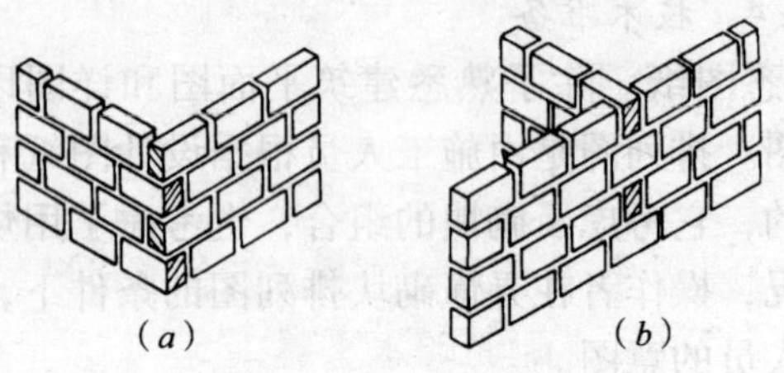

图 6-108　砌块墙的转角和交接
(a) 转角；(b) 交接

4. 错缝与搭接小于 15cm 时，应在每皮砌块水平缝处采用 2ϕ6 钢筋或 ϕ4 钢筋网片连接加固（图 6-109），加强筋长度不应小于 50cm。

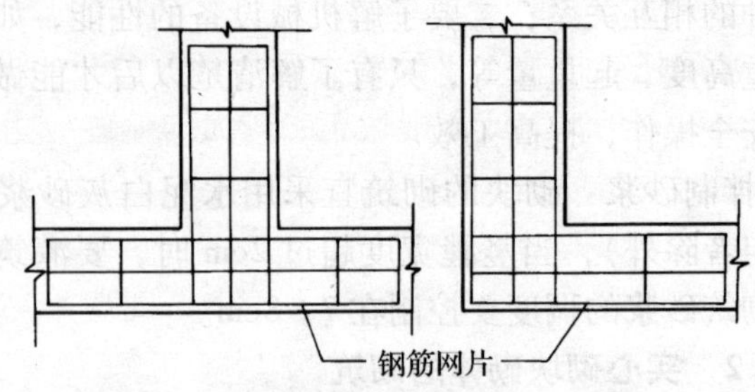

图 6-109　交接处钢筋网片连接形式

5. 层高不同的房屋应分层排列，有圈梁的要排列到圈梁底。如果砌块不符合楼层的高度，则可在砌块顶部砌砖补齐，也可以用加厚圈梁混凝土的方法来调节。砌块的组砌一般应先立角，后砌墙身。

6.4.2.2　*砌筑要点*

1. 操作工艺顺序

熟悉施工图和排列图→做好施工准备，找出墨斗线位置→将预先浇好水的砌块吊至指定地点→根据墨线铺摊砂浆→

砌块就位和找正→灌嵌竖缝→普通砖镶砌工作→检验质量后勾缝→清扫墙面→清扫操作面。

2. 操作工艺要点

（1）清扫基层，找出墨斗线，做好砌筑的准备。

（2）铺砂浆，用瓦刀或配合摊灰尺铺平砂浆，砂浆层厚度控制在1～2cm（有配筋的水平缝1.5～2.5cm），长度控制在一块砌块的范围内。

（3）把砌块平整的一面朝向正面，放在铺好的砂浆上。以准线校核砌块的位置和平整度，较大的砌块可用水平尺校正。

安装砌块时要防止偏斜及碰掉棱角，也要防止挤走已铺好的砂浆。

要经常用托线板及水平尺检查砌体的垂直度和平整度，小量的偏差可利用瓦刀或撬棍拨正，较大的偏差应抬起后重新安放，同时要将原铺砂浆铲除后重新铺设。

（4）砌完两块以上的砌块以后，灌缝人员应用内外临时夹板夹住竖缝灌浆。如果竖缝宽度大于2cm时应采用细石混凝土灌筑。

（5）完成一段墙体的砌筑以后，应将灰缝抠清，将墙面和操作地点清扫干净，有条件时应随手把灰缝勾抹好。

3. 砌块安砌注意事项

（1）砌块安砌前应核对楼地面的水平标高，进行内外墙的测量及弹线，划出墙身边线及门洞尺寸线，必要时还可划出第一皮砌块的排砌位置，并应设皮数杆。

（2）吊装前砌块宜大堆浇水湿润，并将表面浮渣及垃圾扫清。

（3）镶砌砖的强度等级，应不低于砌块强度等级，镶砖用的砂浆应与砌块砂浆相同。

（4）砌块安砌的顺序，一般为先外墙后内墙，先远后近；从下到上按流水分段进行安砌。在一个吊装半径范围内，内外墙必须同时砌筑。

（5）安砌时，应先吊装转角砌块（俗称定位砌块），然后再安砌中间砌块。砌块应逐皮均匀地安装，不应集中安装一处。

（6）砌筑砌块用的砂浆不低于 M2.5，宜用混合砂浆，稠度 7~8cm。水平灰缝铺置要平整，砂浆铺置长度较砌块稍长些，宽度宜缩进墙面约 5mm。竖缝灌浆应在安砌并校正好后及时进行。

（7）砌块吊装应直起直落，下落速度要慢，在离安装位置 30cm 左右时，操作者要手扶砌块，使其稳妥地引放在铺好的砂浆层上，待放平稳后才能松开夹具。

（8）校正时一般将墙两端的定位砌块用托板校垂直后，中间部分拉准线校正。

（9）在施工分段处或临时间歇处应留踏步槎。每完成一吊装半径的墙体后，要把灰缝抠平压实，并将墙面清扫干净。

（10）施工时，所采用的砌块规格、品种、强度等级必须符合设计要求。外观颜色要均匀一致，棱角整齐方正，不得有裂纹、污斑、偏斜和翘曲等现象。

（11）当采用台灵架吊装时，其缆风绳的角度应满足要求，并要系紧拉牢，台灵架下的垫头板要垫准垫稳，为使拔杆能灵活转动，台灵架的后部可比前部垫高约 5cm，并加好平衡重量。

（12）砌块冬期施工使用的砂浆，可掺入化学附加剂，掺入量应参照砖石工程冬期施工的规定执行。

在安砌前，应先清除砌块表面的污垢和冰霜。清除时不要倾注热水，因为水在冷却后反而会在砌块表面结成薄冰层，不利于施工。安砌停歇或下班后，墙面应用草帘覆盖保温。

（13）加气混凝土砌块由于强度较低，只适用于 3 层和 3 层以下的承重墙以及框架结构的填充墙、分隔墙等。其砌筑方法基本与前述砌块的施工方法相同，只是它的重量轻，有时可以不用机械吊装。砂浆宜用混合砂浆，砌前砌块宜浇水湿润（加气混凝土砌块含水率宜小于 15%；粉煤灰加气混凝土制品宜小于 20%）。当采用加气混凝土砌块作承重墙时，要求纵横墙（包括柱）的交接处均应咬槎砌筑，并应沿墙高每米在灰缝内配置 2ϕ6 钢筋，每边伸入墙内 1m 左右，见图 6-110。作为框架的填充墙或隔断墙时，也要求沿墙高每隔 1m 用 2ϕ6 钢筋与承重墙或柱子拉结，钢筋伸入墙内不小于 1m，见图 6-111。墙的上部要求与承重结构嵌牢。

加气混凝土砌块强度较低，在运输和堆放时都要十分注意。堆放时地下要垫平，不要堆得过高，防止堆放过程中产生裂缝，造成损失。

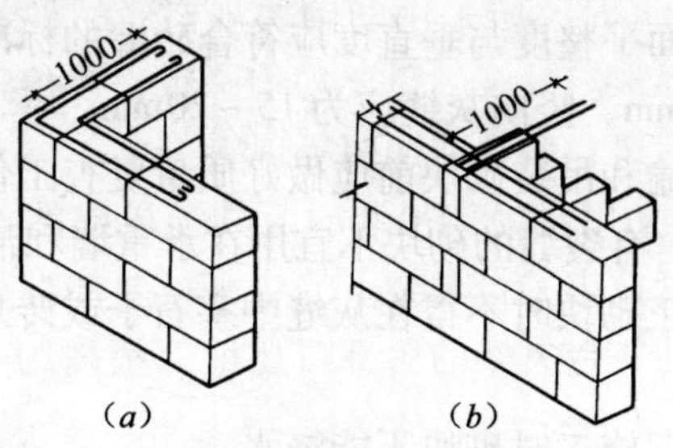

图 6-110　转角及纵横墙交接处连接

(*a*) 转角；(*b*) 纵横墙

加气混凝土砌块作为外墙时，必须在外墙面进行饰面处理，以提高墙体的耐久性。

砌筑其他注意事项：

1）不同干密度和强度等级的加气混凝土砌块不应混砌。加气混凝土砌块也不得和其他砖、砌块混砌。

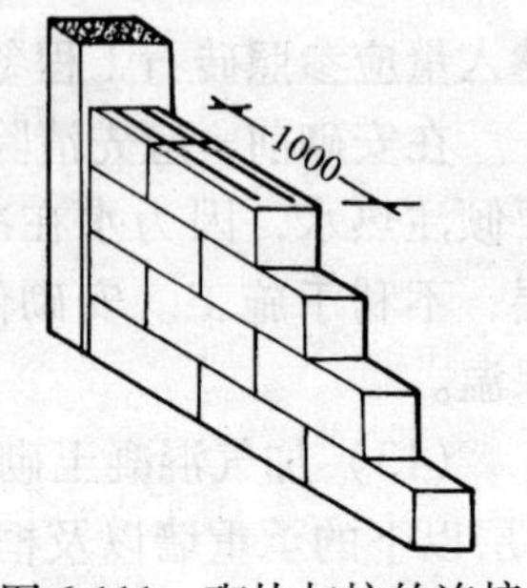

图 6-111　砌块与柱的连接

2）切锯砌块应使用专用工具，不得用斧子或瓦刀等任意砍劈。洞口两侧应选用规则整齐的砌块砌筑。

3）砌筑外墙时，不得留脚手眼。

4）加气混凝土砌块墙与框架结构的连接构造、配筋带的设置与构造、门窗框固定方法与过梁做法，以及附墙固定件做法等均应符合设计规定。

5）门窗框安装宜采用后塞口法施工。

6.4.2.3　质量安全要求

1. 质量要求

（1）砌块要提前浇水润湿，清除表面尘土。

（2）砂浆配合比要严格控制准确，稠度应适宜。

（3）墙面平整度与垂直度应符合砖墙的标准，水平灰缝应为 10～15mm，竖向灰缝应为 15～20mm。

（4）运输和吊装砌块前应做好质量复查工作，断折的砌块不宜使用，有裂缝的砌块不宜用在承重墙和清水墙上。

（5）校正砌块时不得在灰缝中塞石子或砖片，也不能强烈振动砌块。

（6）冬期施工时砌块不能浇水。

（7）砌体尺寸的允许偏差如表 6-14 所示。

砌块砌体的允许偏差　　　　表 6-14

项　　目	砌体类型	允许偏差（mm）	备　注
砌体厚度		±8	
楼面标高		±15	
轴线位移		10	门窗洞允许为 20mm
墙面垂直		5	全高为 20mm
表面平整	清水墙 混水墙	5 8	用 2m 直尺检查
水平灰缝平直	清水墙 混水墙	7 10	用 10m 准线检查
水平灰缝厚度偏差	清水墙 混水墙	2 5	
游丁走缝	清水墙	20	

2. 安全要求

（1）机械应由专人操作。

（2）操作人员与司机人员应分工明确，密切配合，服从统一指挥。

（3）吊装用夹具、索具、杠棒等要经常检查其可靠性和安全度，不合格都应及时更换。

（4）砌筑人员不能站在墙上操作，也不能在刚砌好的墙上行走。

（5）禁止将砌块堆放在脚手架上备用。

（6）6 级以上大风停止操作。

（7）霜雪天应在正式操作前扫尽霜雪，认真检查脚手架，容易滑跌的部位钉好防滑条。

6.4.3　混凝土小型空心砌块砌筑

混凝土小型空心砌块包括普通混凝土小型空心砌块，轻骨料混凝土小型空心砌块（以下简称小砌块）。

6.4.3.1　一般构造要求

混凝土小型空心砌块砌体所用的材料，除满足强度计算要求外，尚应符合下列要求：

1. 对室内地面以下的砌体，应采用普通混凝土小砌块和不低于 M5 的水泥砂浆。

2. 5 层及 5 层以上民用建筑的底层墙体，应采用不低于 MU5 的混凝土小砌块和 M5 的砌筑砂浆。

在墙体的下列部位，应用 C20 混凝土灌实砌块的孔洞：

1. 底层室内地面以下或防潮层以下的砌体；

2. 无圈梁的楼板支承面下的一皮砌块；

3. 没有设置混凝土垫块的屋架、梁等构件支承面下，高度不应小于 600mm，长度不应小于 600mm 的砌体；

4. 挑梁支承面下，距墙中心线每边不应小于 300mm，高度不应小于 600mm 的砌体。

砌块墙与后砌隔墙交接处，应沿墙高每隔 400mm 在水平灰缝内设置不少于 2ϕ4、横筋间距不大于 200mm 的焊接钢筋网片，钢筋网片伸入后砌隔墙内不应小于 600mm（图 6-112）。

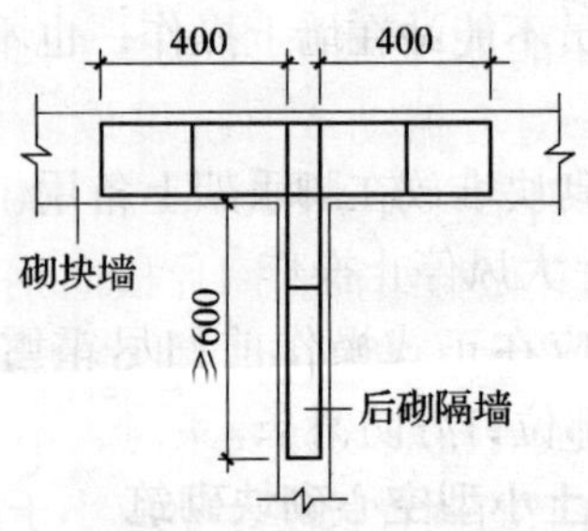

图 6-112　砌块墙与后砌隔墙交接处钢筋网片

6.4.3.2　夹心墙构造

混凝土砌块夹心墙由内叶墙、外叶墙及其间拉结件组成（图6-113）。内外叶墙间设保温层。

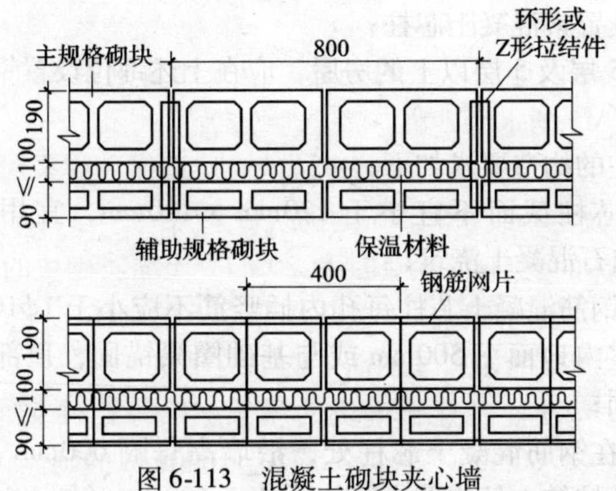

图6-113　混凝土砌块夹心墙

内叶墙采用主规格混凝土小型空心砌块，外叶墙采用辅助规格（390mm×90mm×190mm）混凝土小型空心砌块。拉结件采用环形拉结件、Z形拉结件或钢筋网片。砌块强度等级不应低于MU10。

当采用环形拉结件时，钢筋直径不应小于4mm；当采用Z形拉结件时，钢筋直径不应小于6mm。拉结件应沿竖向梅花形布置，拉结件的水平和竖向最大间距分别不宜大于800mm和600mm；对有振动或有抗震设防要求时，其水平和竖向最大间距分别不宜大于800mm和400mm。

当采用钢筋网片做拉结件，网片横向钢筋的直径不应小于4mm，其间距不应大于400mm；网片的竖向间距不宜大于600mm，对有振动或有抗震设防要求时，不宜大于400mm。

拉结件在叶墙上的搁置长度，不应小于叶墙厚度的2/3，并不应小于60mm。

6.4.3.3　芯柱设置

墙体的下列部位宜设置芯柱：

1．在外墙转角、楼梯间四角的纵横墙交接处的三个孔洞，宜设置素混凝土芯柱；

2．5 层及 5 层以上的房屋，应在上述部位设置钢筋混凝土芯柱。

芯柱的构造要求如下：

1．芯柱截面不宜小于 120mm×120mm，宜用不低于 C20 的细石混凝土浇筑；

2．钢筋混凝土芯柱每孔内插竖筋不应小于 1ϕ10，底部应伸入室内地面下 500mm 或与基础圈梁锚固，顶部与屋盖圈梁锚固；

3．在钢筋混凝土芯柱处，沿墙高每隔 600mm 应设 ϕ4 钢筋网片拉结，每边伸入墙体不小于 600mm（图 6-114）；

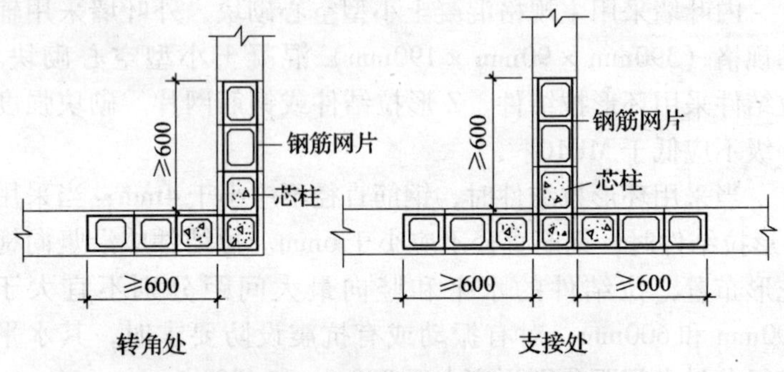

图 6-114　钢筋混凝土芯柱处拉筋

4．芯柱应沿房屋的全高贯通，并与各层圈梁整体现浇，可采用图 6-115 所示的做法。

在 6～8 度抗震设防的建筑物中，应按芯柱位置要求设置钢筋混凝土芯柱；对医院、教学楼等横墙较少的房屋，应根据房屋增加一层的层数，按表 6-15 的要求设置芯柱。

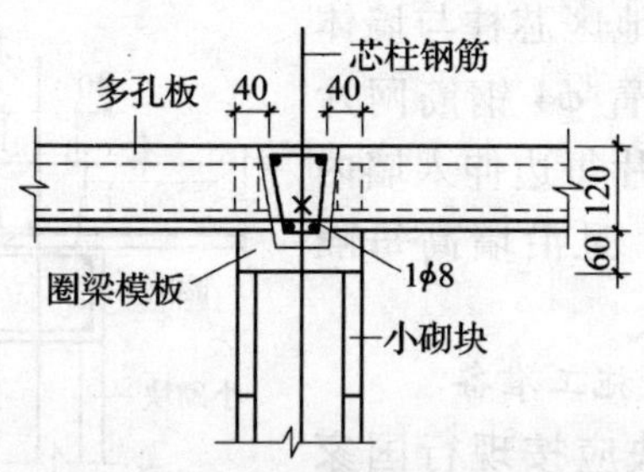

图 6-115　芯柱贯穿楼板的构造

抗震设防区混凝土小型空心砌块房屋芯柱设置要求

表 6-15

房屋层数			设置部位	设置数量
6度	7度	8度		
四	三	二	外墙转角、楼梯间四角、大房间内外墙交接处	外墙转角灌实3个孔；内外墙交接处灌实4个孔
五	四	三		
六	五	四	外墙转角、楼梯间四角、大房间内外墙交接处，山墙与内纵墙交接处，隔开间横墙（轴线）与外纵墙交接处	
七	六	五	外墙转角，楼梯间四角，各内墙（轴线）与外墙交接处；8度时，内纵墙与横墙（轴线）交接处和洞口两侧	外墙转角灌实5个孔；内外墙交接处灌实4个孔；内墙交接处灌实4~5个孔；洞口两侧各灌实1个孔

芯柱竖向插筋应贯通墙身且与圈梁连接；插筋不应小于1ϕ12。芯柱应伸入室外地下500mm或锚入浅于500mm基础圈梁内。芯柱混凝土应贯通楼板，当采用装配式钢筋混凝土楼板时，可采用图6-116的方式实施贯通措施。

抗震设防地区芯柱与墙体连接处，应设置 $\phi 4$ 钢筋网片拉结，钢筋网片每边伸入墙内不宜小于 1m，且沿墙高每隔 600mm 设置。

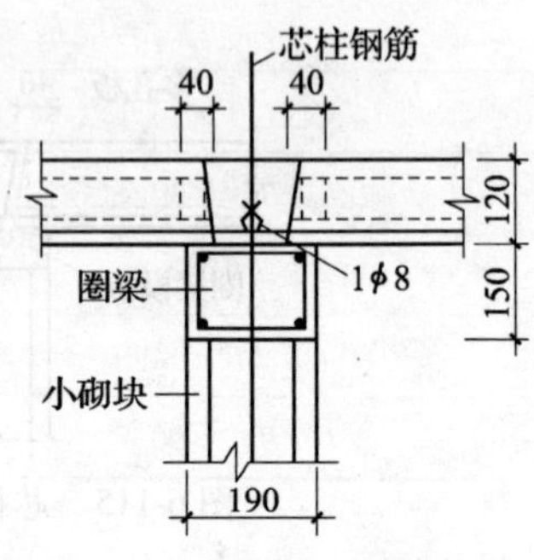

图 6-116　芯柱贯通楼板措施

6.4.3.4　*施工准备*

1. 小砌块应按现行国家标准《混凝土小型空心砌块》GB 8239 及出厂合格证进行验收,必要时,可现场取样进行检验。

2. 装卸小砌块时，严禁倾卸丢掷，并应堆放整齐。

3. 堆放小砌块应符合下列要求：

（1）运到现场的小砌块，应分规格分等级堆放，堆垛上应设标志，堆放现场必须平整，并做好排水；

（2）小砌块的堆放高度不宜超过 1.6m，堆垛之间应保持适当的通道。

6.4.3.5　*砌块砌筑*

1. 一般要求

（1）承重墙体严禁使用断裂小砌块或壁肋中有竖向裂缝的小砌块。

（2）基础和底层墙体施工前，应分别用钢尺校核房屋的放线尺寸，并根据小砌块尺寸和灰缝厚度确定皮数和排数。砌体的尺寸和位置的允许偏差应符合表 6-16 的规定。

（3）底层室内地面以下或防潮层以下的砌体，应采用强度等级不低于 C20 的混凝土灌实砌体的孔洞。

（4）小砌块砌筑时的含水率，对普通混凝土小砌块，宜为自然含水率；当天气干燥炎热时，可提前喷水湿润；对轻

房屋放线尺寸允许偏差 **表 6-16**

长度 L，宽度 B 的尺寸（m）	允许偏差（mm）
L（B）≤30	±5
30＜L（B）≤60	±10
60＜L（B）≤90	±15
L（B）＞90	±20

骨料混凝土小砌块，宜提前 2d 以上浇水湿润。严禁雨天施工；小砌块表面有浮水时，亦不得施工。

（5）防潮层以上的小砌块砌体，应采用水泥混合砂浆或专用砂浆砌筑，并宜采取改善砂浆和易性和粘结性的措施。

2. 砌块砌筑要点

（1）砌筑墙体时，应遵守下列基本规定：

1）龄期不足 28d 及潮湿的小砌块不得进行砌筑。

2）应在房屋四角或楼梯间转角处设立皮数杆，皮数杆间距不宜超过 15m。

3）应尽量采用主规格小砌块，小砌块的强度等级应符合设计要求，并应清除小砌块表面污物和芯柱用小砌块孔洞底部的毛边。

4）小砌块砌筑应从转角或定位处开始，内外墙同时砌筑，纵横墙交错搭接。外墙转角处应使小砌块隔皮露端面；T 字交接处应使横墙小砌块隔皮露端面，纵墙在交接处改砌两块辅助规格小砌块（尺寸为 290mm × 190mm × 190mm，一头开口），所有露端面用水泥砂浆抹平（图 6-117）。

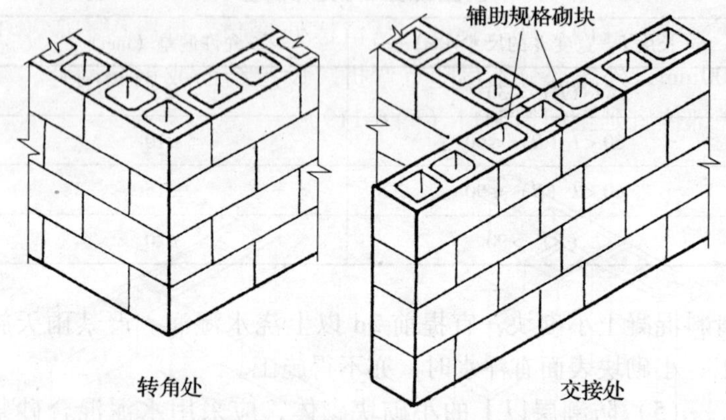

图 6-117　小砌块墙转角处及 T 字交接处砌法

小砌块应对孔错缝搭砌。上下皮小砌块竖向灰缝相互错开 190mm。个别情况当无法对孔砌筑时，普通混凝土小砌块错缝长度不应小于 90mm，轻骨料混凝土小砌块错缝长度不应小于 120mm；当不能保证此规定时，应在水平灰缝中设置 2ϕ4 钢筋网片，钢筋网片每端均应超过该垂直灰缝，其长度不得小于 300mm（图 6-118）。

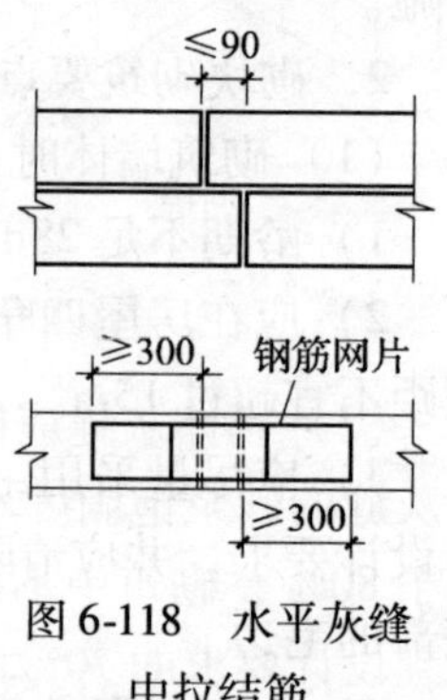

图 6-118　水平灰缝中拉结筋

5）墙体的转角处和内外墙交接处应同时砌筑。墙体临时间断处应砌成斜槎，斜槎长度与高度比应按小砌块的规格尺寸确定，一般长度为高度的 2/3。

在非抗震设防地区，除外墙转角处外，墙体临时间断处可从墙面伸出 200mm 砌成阴阳槎，并应沿墙高每隔 600mm

设 2ϕ6 拉结筋或钢筋网片；拉结筋或钢筋网片必须准确埋入灰缝或芯柱内；埋入长度，从留槎处算起，每边均不应小于 600mm，外露部分不得随意弯折。设拉结筋或钢筋网片，接槎部位宜延至门窗洞口（图 6-119）。

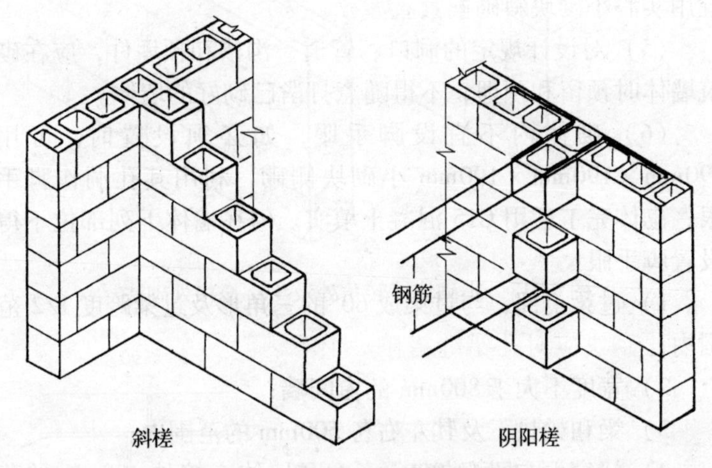

图 6-119　小砌块砌体斜槎和阴阳接

（2）砌体灰缝应横平竖直，全部灰缝均应铺填砂浆；水平灰缝的砂浆饱满度不得低于 90%；竖缝的砂浆饱满度不得低于 80%；砌筑中不得出现瞎缝、透明缝；砌筑砂浆强度未达到设计要求的 70% 时，不得拆除过梁底部的模板。

小砌块砌体的水平灰缝厚度和竖向灰缝宽度宜为 10mm，但不应小于 8mm，也不应大于 12mm。砌筑时的一次铺灰长度不宜超过 2 块主规格块体的长度。

清水墙面，应随砌随勾缝，并要求光滑、密实、平整；拉结钢筋或网片必须放置于灰缝和芯柱内，不得漏放，其外露部分不得随意弯折。

（3）需要移动砌体中的小砌块或被撞动的小砌块时，应重新铺砌。

（4）小砌块用于框架填充墙时，应与框架中预埋的拉结筋连接，当填充墙砌至顶面最后一皮，与上部结构的接触处宜用实心小砌块斜砌楔紧。

（5）对设计规定的洞口、管道、沟槽和预埋件，应在砌筑墙体时预留和预埋，不得随意打凿已砌好的墙体。

（6）砌体内不宜设脚手眼，如必须设置时，可用190mm×190mm×190mm小砌块侧砌，利用其孔洞作脚手眼，砌体完工后用C15混凝土填实。但在墙体下列部位不得设置脚手眼：

1）过梁上部，与过梁成60°的三角形及过梁跨度1/2范围内；

2）宽度不大于800mm的窗间墙；

3）梁和梁垫下及其左右各500mm的范围内；

4）门窗洞口两侧200mm内和墙体交接处400mm的范围内；

5）设计规定不允许设脚手眼的部位。

（7）墙体中作为施工通道的临时洞口，其侧边离交接处的墙面不应小于600mm，并在顶部设过梁；填砌临时洞口的砌筑砂浆强度等级宜提高一级。

（8）常温条件下，小砌块墙体的日砌筑高度，宜控制在1.4m或一步脚手架高度内。

3. 素混凝土芯柱施工

（1）芯柱部位宜采用不封底的通孔小砌块，当采用半封底小砌块时，砌筑前必须打掉孔洞毛边。

（2）在楼（地）面砌筑第一皮小砌块时，在芯柱部位，应用开口砌块（或U型砌块）砌出操作孔，在操作孔侧面宜预留连通孔，必须清除芯柱孔洞内的杂物及削掉孔内凸出的砂浆，用水冲洗干净，校正钢筋位置并绑扎或焊接固定后，方可浇筑混凝土。

（3）芯柱钢筋应与基础或基础梁中的预埋钢筋连接，上下楼层的钢筋可在楼板面上搭接，搭接长度不应小于40d。

（4）砌完一个楼层高度后，应连续浇筑芯柱混凝土。每浇筑400～500mm高度捣实一次，或边浇筑边捣实。浇筑混凝土前，先注入适量水泥浆；严禁灌满一个楼层后再捣实，宜采用机械捣实；混凝土坍落度不应小于70mm，且宜掺加增大混凝土流动性的外加剂。

（5）芯柱与圈梁应整体现浇，如采用槽形小砌块作圈梁模壳时，其底部必须留出芯柱通过的孔洞。

（6）楼板在芯柱部位应留缺口，保证芯柱贯通。

（7）砌筑砂浆必须达到一定强度后（≥1.0MPa）方可浇筑芯柱混凝土。

芯柱施工中，应设专人检查混凝土灌入量，认可之后，方可继续施工。

4. 冬期施工注意事项

（1）不得使用水浸后受冻的小砌块。砌筑前应清除冻雪等冻结物。小砌块工程冬期施工不得采用冻结法。

（2）砌筑砂浆宜采用普通硅酸盐水泥拌制；砂内不得含有冰块和直径大于10mm的冻结块；石灰膏等应防止受冻，如遭冻结，应经融化后方可使用。拌合砂浆时，水的温度不得超过80℃；拌合抗冻砂浆使用的外加剂，掺量需经试验确定，不得随意变更掺量。

（3）当日最低气温高于或等于－15℃时，采用抗冻砂浆的强度等级应按常温施工提高一级；气温低于-15℃时，不得进行砌块的组砌。

（4）每日砌筑后，应使用保温材料覆盖新砌砌体。

（5）解冻期间应对砌体进行观察，当发现裂缝、不均匀下沉等情况时，应分析原因并采取措施。

（6）芯柱、圈梁等混凝土工程冬期施工应符合现行国家标准《混凝土工程施工质量验收规范》冬期施工要求。

6.4.3.6　质量要求

1. 混凝土小砌块砌体的质量分为合格和不合格两个等级。

混凝土小砌块砌体质量合格应符合以下规定：

（1）主控项目全部符合规定；

（2）一般项目应有80%及以上的抽检处符合规定或偏差值在允许偏差范围内。

2. 主控项目：

（1）小砌块和砂浆的强度等级必须符合设计要求。

抽检数量：每一生产厂家，每1万块小砌块至少应抽检一组。用于多层以上建筑基础和底层的小砌块抽检数量不应少于2组。砂浆试块的抽检数量：每一检验批且不超过250m^{3}砌体的各种类型及强度等级的砌筑砂浆，每台搅拌机应至少抽检1次。

检验方法：查小砌块和砂浆试块试验报告。

（2）砌体水平灰缝的砂浆饱满度，应按净面积计算不得低于90%；竖向灰缝饱满度不得小于80%；竖向缝凹槽部位应用砌筑砂浆填实，不得出现瞎缝、透明缝。

抽检数量：每检验批不应少于3处。

检验方法：用专用百格网检测小砌块与砂浆粘结痕迹，

每处检测3块小砌块，取其平均值。

（3）墙体转角处和纵横墙交接处应同时砌筑。临时间断处应砌成斜槎，斜槎水平投影长度不应小于高度的2/3。

抽检数量：每检验批抽20%接槎，且不应少于5处。

检验方法：观察检查。

（4）砌体的轴线偏移和垂直度偏差应符合表6-17的规定。

混凝土小砌块砌体的轴线及垂直度允许偏差　表6-17

<table>
<tr><th>项次</th><th colspan="3">项　　目</th><th>允许偏差(mm)</th><th>检验方法</th></tr>
<tr><td>1</td><td colspan="3">轴线位置偏移</td><td>10</td><td>用经纬仪和尺检查或用其他测量仪器检查</td></tr>
<tr><td rowspan="3">2</td><td rowspan="3">垂直度</td><td colspan="2">每层</td><td>5</td><td>用2m托线板检查</td></tr>
<tr><td rowspan="2">全高</td><td>≤10m</td><td>10</td><td rowspan="2">用经纬仪、吊线和尺检查，或用其他测量仪器检查</td></tr>
<tr><td>>10m</td><td>20</td></tr>
</table>

抽检数量：轴线查全部承重墙柱；外墙垂直度全高查阳角，不应少于4处，每层每20m查一处；内墙按有代表性的自然间抽10%，但不应少于3间，每间不应少于2处，柱不少于5根。

3．一般项目

（1）砌体的水平灰缝厚度和竖向灰缝宽度宜为10mm，但不应大于12mm，也不应小于8mm。

抽检数量：每层楼的检测点不应少于3处。

检验方法：用尺量5皮小砌块的高度和2m砌体长度折算。

（2）小砌块砌体的一般尺寸允许偏差应符合表6-18的规定。

小砌块砌体一般尺寸允许偏差　　　表 6-18

项次	项目		允许偏差（mm）	检验方法	抽检数量
1	基础顶面和楼面标高		±15	用水准仪和尺检查	不应少于 5 处
2	表面平整度	清水墙、柱	5	用 2m 靠尺和楔形塞尺检查	有代表性自然间 10%，但不应少于 3 间，每间不应少于 2 处
		混水墙、柱	8		
3	门窗洞口高、宽（后塞口）		±5	用尺检查	检验批洞口的 10%，且不应少于 5 处
4	外墙上下窗口偏移		20	以底层窗口为准，用经纬仪或吊线检查	检验批的 10%，且不应少于 5 处
5	水平灰缝平直度	清水墙	7	拉 10m 线和尺检查	有代表性自然间 10%，但不应少于 3 间，每间不应少于 2 处
		混水墙	10		

6.5　石砌体砌筑

在有石料来源的地区，常采用毛石、料石或河卵石作为建筑材料。毛石一般可分为乱毛石和平毛石。乱毛石系指形状不规则的石块，平毛石虽形状不规则，但大致有两个面是平行的。料石按其加工后的表面平整程度分为细料石、半细料石、粗料石和毛料石（块石）四种。毛石、河卵石多用于基础、围墙、护坡等，料石多用于墙身、墙角、拱碳等的砌体中。

毛石和料石的砌体具有强度高、防潮、耐磨性强、耐风化腐蚀等特点，它是一种良好的天然建筑材料。但是对于一些有震动荷载的房屋、地震烈度为七度以上的地区，以及地基有可能产生较大沉降的建筑物，不宜采用毛石砌筑。

砌石使用的砂浆，一般与砌砖所用砂浆相同，常用的砂浆强度等级有 M2.5 和 M5，但由于石料的吸水率较砖为小，所以用的砂浆稠度应较砌砖为小，一般为 5~7cm。当地下水位较高时，石砌体经常处于地下水位以下，或地下水位经常变化处，以及处于土质潮湿的情况下，应该用水泥砂浆代替混合砂浆。

选择石料时，应选择石料组织紧密、裂痕较少、不易风化的硬石。在砌石前应将石料表面泥垢冲洗掉，冬期要将表面霜雪清扫干净。石面上有泥垢或霜雪，石块不能和砂浆很好粘结。天气炎热时，在砌筑前应浇水湿润，否则砂浆中水分很快被石料吸收，会影响砂浆与石料的粘结。

砌石使用的工具除瓦工常用工具外，还有手锤、大锤、小撬棍、勾缝抿子等。

6.5.1 毛石的砌筑

6.5.1.1 毛石基础的砌筑

1. 毛石基础构造

毛石基础按其截面形状分有矩形、阶梯形及梯形（图 6-120）。各部尺寸由设计确定，但其顶面两侧最小宽度应比墙厚大 10cm。阶梯形截面的阶梯高宽比不小于 1:1，每一阶内的毛石至少为两层，每阶高不小于 30cm。如毛石砌到室内地坪以下 5cm 处，则在其上应设置防潮层；如砌至窗台底或更高时，因石料吸水率小，防潮性能好，可不做防潮层。

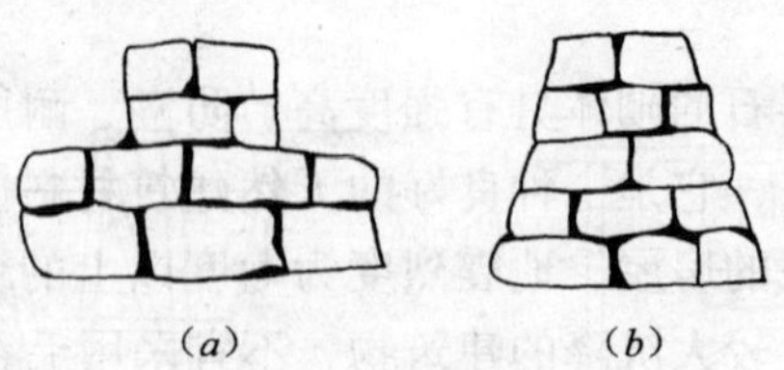

图6-120　毛石阶梯形及梯形基础
(a) 阶梯形；(b) 梯形

2. 砌筑要点

(1) 砌筑前要按图纸要求核准龙门板的标高、轴线位置，检查基槽的深度和宽度。如果基槽有积水，在排除积水后要清除污泥，然后夯填入10cm厚碎石或卵石，使其嵌入地基内，起到挤实加固作用。如果基槽过分干燥，并已有酥松的浮土时，应用水壶喷洒少量的水，然后夯实。

(2) 检查基槽的宽度、深度无误后，可放出基槽线及砌体中线和边线，再立挂线杆及拉准线。其做法是在基槽两端，每端的两侧各立一根木杆，再钉一横木杆连接，根据基槽宽度拉好立线，见图6-121 (*a*)。然后根据墙基边线在墙阴阳角处先砌两皮较方整的石块，以此为准线，作为砌石的水平标准。还有一种是当砌矩形或梯形截面的基础时，按照设计尺寸，用5cm×5cm的小木条钉成基础截面形状，称样架。立于基槽两端，在样架上注明标高，两端样架相应标高用准线连接，作为砌筑的依据见图6-121 (*b*)。

砌阶梯形毛石基础时，应将横杆上的立线按基础宽度向中间移动，移到退台所需要的宽度，再拉水平准线。因为立线是控制基础宽窄，水平线是控制每层高度及平整，当每一退台砌完，进行下一退台前，应重复检查一次砌体中心线位置，发现偏差应立即纠正。

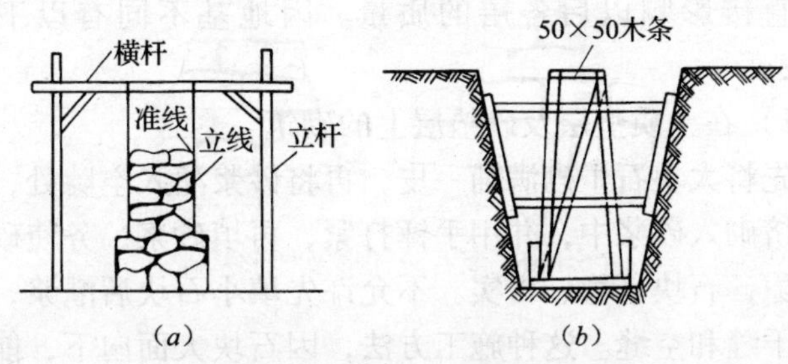

图 6-121　立杆与截面样架

(a) 挂线杆；(b) 截面样架

(3) 石料必须为坚实未经风化的块状石，且强度等级应该达到 MU10 以上；块石还应有上下两个大致平行的面，其厚度不小于 15cm，长度不超过厚度的 3 倍，宽度不超过厚度的两倍。毛石最小边不得小于 15cm。石料在砌筑前应用水冲洗干净，剔除风化石料。

毛石的搬动及运输要求道路一定要平整、坚实、宽畅，不宜有较大的坡度，穿过基槽的跑道必须搭设架子。

(4) 毛石砌体的砂浆一般宜用水泥砂浆，但由于毛石的缝隙较大，故可掺入一部分直径大于 5mm 的砂子，含泥量应满足规范要求，不能有树皮、草根等杂物。

(5) 因为毛石无法明确分层，所以毛石基础的砌筑，只能以台阶高度为准挂线。开始砌第一层时，应选择比较方整的石块放在大角处，叫做角石或定位石。角石应三面方正，其高度最好能与大放脚高度相等，如果石块不合适，应使用手锤加工修整。为了操作方便，也可以将准线移到角石上架设。除了角石以外，第一层石块一般也应选择比较平整的石块，砌筑时应将石块较平整的大面朝下，要放平，放稳，用脚踩时不活动。因为，第一层是建筑物的根基，砌筑牢固与否，直接影响以后各层的质量。因地基不同有以下两种砌法：

1）在土质垫层及砂垫层上的砌筑

先将大块石干砌满铺一皮，再将砂浆灌入空隙处，用小石块挤砌入砂浆中，并用手锤打紧，再填砂浆，务使砂浆填满空隙，石块平稳、密实。不允许先填小石块后灌浆，以免发生干缝和空缝。这种施工方法，因石块大面向下，能使其与垫层密切结合，石块与土（砂）之间不需砂浆粘结，可节约一层砂浆，并保证砌体质量。

2）在岩石或混凝土垫层上砌筑

先在岩石或混凝土垫层上铺一层3～4cm厚的砂浆，再铺满石块，这样石块与垫层就会粘结在一起，然后再按上法砌筑。

当砌完一层后，应对砌体中心线校核一次，如没有偏斜时，即可继续砌筑。在底层上接砌第二层时，应采用铺浆砌筑法。

（6）砌筑第二层石块时要做到上下错缝。先把要砌的石块试摆，如试摆后尺寸和构造都合适，则可铺浆砌筑。铺浆的面积约为石块面积的1/2，厚度为4～5cm，离墙边3～4cm的范围内不铺浆，然后将经过试摆的石块砌上。石块将砂浆层压至2～3cm厚，可以基本上铺满石块底部。石块的竖缝应另外灌实，石块如有不稳，可用石片垫塞。当有一定操作经验以后，可以省去试摆步骤，凭眼睛估测石块大小和形状，就可以较快速地砌筑。

石块间的上下皮竖缝必须错开，并力求丁顺交错排列。每砌完一层后，其表面要求大致平整，不能有尖角、驼背、放置不稳等现象，以利上层砌筑时容易放稳，并保证有足够的接触面。

(7) 为了保证墙体的整体性，每层间隔 1 ~ 2m 左右，必须砌一块横贯墙身的拉结石（又称丁石或满墙石），上下层拉结石要互相错开位置，在立面上拉结石的位置呈梅花状（图 6-122*a*）。拉结石要选平面比较平整，长度超过墙厚 2/3 的石块。在砌石时，先砌里外两面石后再砌中间石，但应防止砌成夹心墙，见图 6-122（*b*）。即不得采用外面侧立石块中间填心的砌筑方法；中间不得有铲口石（尖石倾斜向外的石块）、斧刃石和过桥石（仅在两端搭砌的石块）。

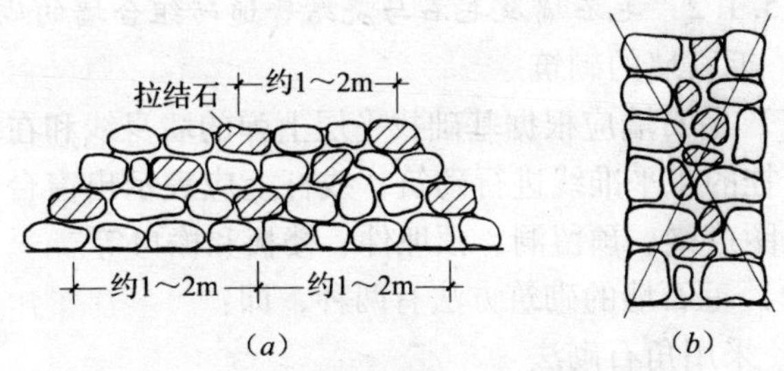

图 6-122 拉结石和夹心墙

（*a*）拉结石立面位置；（*b*）夹心墙

(8) 墙基如需要留接槎时，不得留在外墙或纵横墙的结合处，要求至少应伸出外墙转角或纵横墙交接处 1 ~ 1.5m，并留踏步接槎。

(9) 收台阶处和顶层砌法。砌到大放脚收台处，要求台阶面基本水平，低洼处应用小石块填平。当砌到顶层时，更应注意挑选适当大小的石块，不能使用太小的石块作最后一层的砌筑。砌至规定高度后，如有高出标高的石尖，可用小锤修整，缺口和低洼部分用小石块铺砌齐平。上下两台阶的石块也应压接 1/2 左右。

（10）毛石基础中如遇沉降缝应分开两段砌筑，并且随时清理缝隙中的砂浆和石块，应达到设计规定的要求。

毛石基础中的预留洞，必须在砌筑中预留，不得事后开凿，以免松动周围石块。毛石基础砌好以后，应用小抿子将石缝嵌填密实，同时在龙门板上挂线复验轴线位置是否准确，并用红笔标志在基础的侧面石块上，再拆除挂线。

（11）砌筑中应注意不要在砌好的墙体上抛掷毛石，以免使墙体中的毛石受振动而破坏与砂浆的粘结，影响砌体强度。

6.5.1.2　毛石墙及毛石与烧结普通砖组合墙的砌筑

1．毛石墙的砌筑

（1）毛石墙应根据基础找平层上弹的墙身线和在墙角标高杆上挂的水平准线进行砌筑，线杆上应表示出窗台、门窗上口、圈过梁、预留洞、预埋件、楼板和檐口等。

（2）毛石墙的砌筑方法有两种，即：

1）采用角石砌法

角石要选用三面都比较方正而且比较大的石块，如缺少合适的石块应进行加工修整。角石砌好后可以架线砌筑墙身，墙身的石块也要选基本平整的放在外面，选墙面石的原则是“有面取面，无面取凸”，同一层的毛石要尽量选用大小相近的石块，同一面墙应把大的石块砌在下面，小的砌到上面。

2）砖抱角砌法

砖抱角是在缺乏角石材料又要求墙角平直的情况下使用的。它不仅可用于墙的转角处，也可以使用在门窗口边。砖抱角的做法是在转角处（门窗口边）砌上一砖到一砖半的角，一般砌成五进五出的弓形槎，砌筑时应先砌墙角的5皮砖，然后再砌毛石，毛石上口要基本与砖面平，待毛石砌完这一层后，再砌上面的5皮砖，上面的5皮要伸入毛石墙身半砖长，以达到拉结的要求（图6-123）。

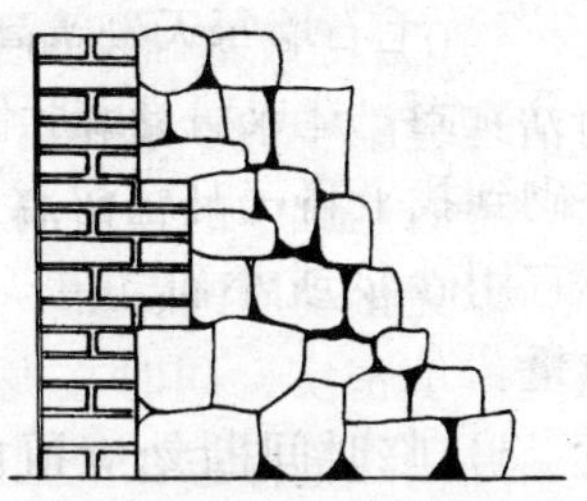

图6-123　砖抱角砌法

（3）毛石墙的砌筑方法与基础墙基本相同，但应注意以下几点：

1）采用铺浆挤砌法分层砌筑，上下石块要相互错缝，内外搭接。不得采用外面侧砌立石，中间填心的砌法。毛石墙的灰缝厚度应控制在2~3cm。

图6-124和图6-125分别为毛石墙转角、接头和墙身砌筑的要求。图6-125中打×者为毛石砌筑不合格的砌法。

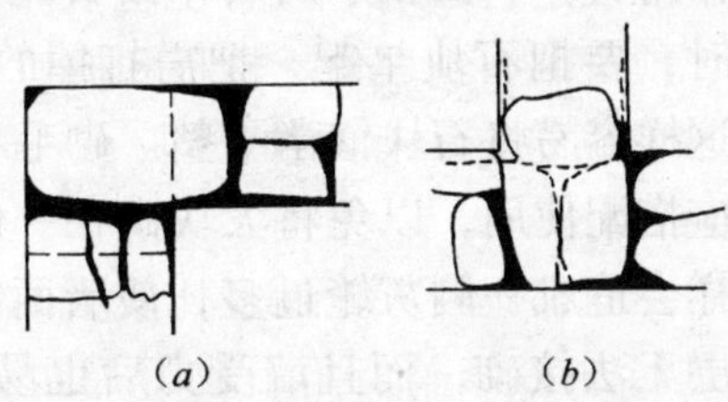

图6-124　毛石墙的转角和接头（虚线表示下层石块位置）

（a）墙角；（b）丁字接头

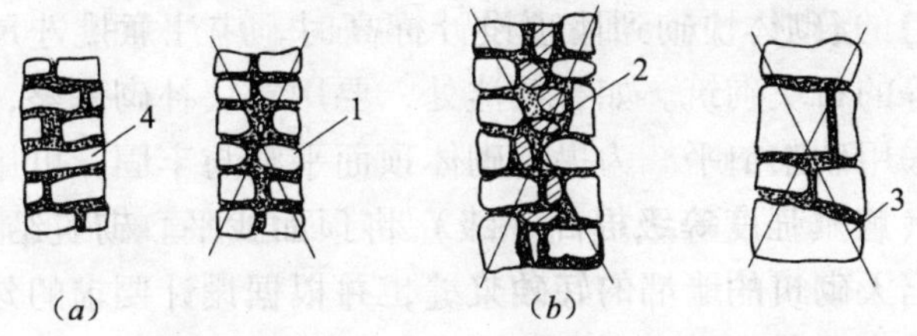

图6-125　毛石墙身的砌筑

1—淌水石；2—夹心墙；3—铲口石；4—连心石

2）毛石墙每天砌筑高度不应超过1.2m，以免因砂浆未充分凝固，造成墙身鼓肚倒塌。每砌完1.2m后要找平一次，在砌到找平高度时应注意选石和砌石，要求平面基本平整，不宜用砂浆或小石子事后填平，这样既浪费砂浆又影响质量。

3）临时间断处应留成踏步槎，踏步槎高度不应超过1.2m。当继续接砌时，应将接槎外冲洗干净，并清除粘结不牢的石块及浮浆，这样新旧砌体才能牢固地粘合在一起。

4）砌砖抱角毛石墙时，应将砖砌入毛石墙内使砖墙与其拉结。两砌体间空隙必须填满砂浆，使其成为一个整体。

5）毛石墙的外观要求较基础高，砌筑时应注意选石，三面方正的用作角石，一面较平的用作面石。不规则的要打边取角，修凿时，要把石块垫起，把需打掉的边或角架空，顺石纹敲击，这样容易将石块修凿平整。砌毛石墙选石很重要，规格大小应搭配使用，以免将大块砌在一侧，而另一侧全用小块。这样会造成一侧灰缝过多，使墙面倾斜，形成滑面状态，使上层无法接砌，而且墙受力后也易沿滑面破坏。砌筑好的墙，每层的内外侧应稍高于中间，便于找平和同下层咬接，以保证墙体受力均匀。

6）当砌体快砌到墙顶设计标高时，应注意挑选尺寸大致相等的石块砌筑。如有低洼处，要用石块补砌平整，不宜全部采用砂浆垫平。为提高砌体顶面平整与牢固，可用砌筑砂浆（将其强度等级提高一级）将顶面找平。砌筑结束时，要把当天砌筑的墙都勾好砂浆缝，并根据设计要求的勾缝形式来确定勾缝的深度。砌好的毛石砌体，要用湿草席覆盖养护。

2. 毛石与烧结普通砖组合墙的砌筑

（1）采用砖和毛石两种材料砌成的组合墙，当应用于外墙时，外侧用毛石，内侧用砖砌；有的外墙为毛石，内墙为砖砌。这种组合墙的砌法，要注意的是砖与毛石的交接处。

（2）毛石砌体和砖砌体应同时砌筑，并每隔 4 ~ 6 皮砖将砖与毛石砌体连接，两种砌体之间用砂浆填塞，砌砖咬合皮数要依据毛石的高度而定。

（3）当用砖与毛石两种材料分别砌筑纵墙与横墙时，其转角和交接处也应同时砌筑，砖墙与毛石墙之间也采用伸出砖块的办法连接。内外层组合墙的构造如图 6-126 所示。

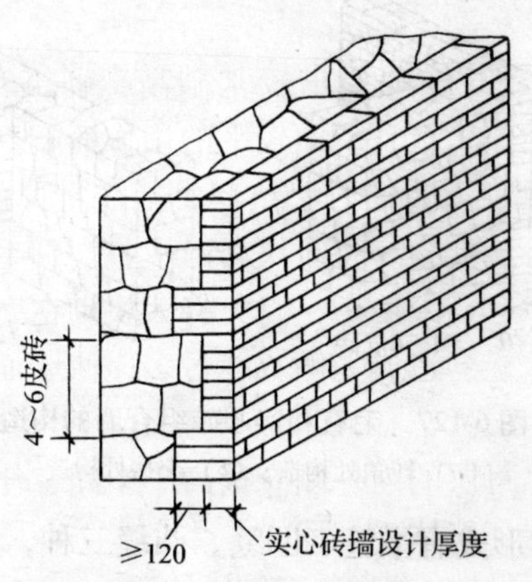

图 6-126　毛石和实心砖组合墙

毛石和砖内外墙组合的转角、交接处的构造如图 6-127 所示。

3. 毛石墙面勾缝

勾缝的目的主要是增强灰缝对雨、雪等侵蚀的抵抗能力，使雨水不致通过不严密的灰缝灌入墙内，另外也可增加墙面的美观。

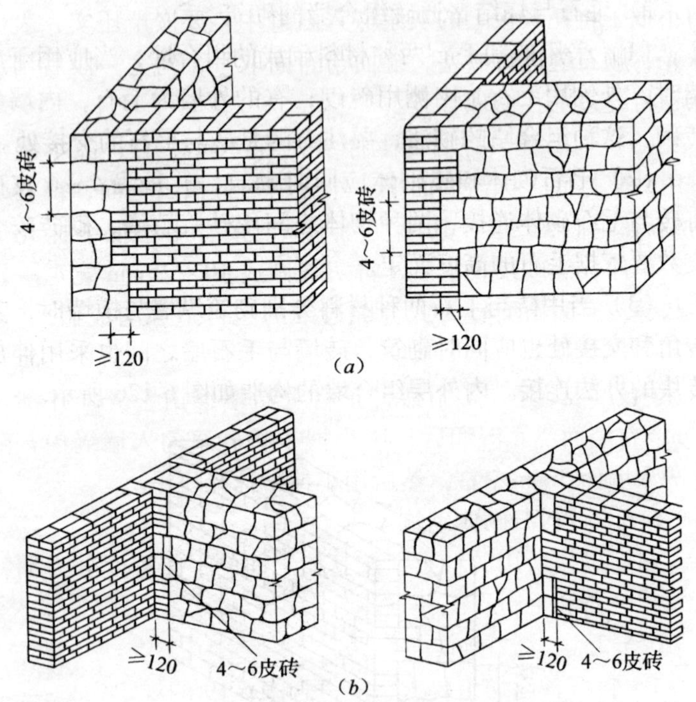

图 6-127　毛石和实心砖组合墙的构造

(a) 转角处构造；(b) 交接处构造

勾缝按其形式有平缝、凹缝、凸缝三种，使用工具有小抿子、小抹子等。

(1) 勾缝砂浆。宜用 1:1 至 1:3 的水泥砂浆，并采用普通水泥，不宜用火山灰质水泥。勾缝砂浆的稠度为 4～5cm。砂子宜用粒径为 0.3～1mm 细砂。勾缝前将墙缝修剔好，先浇水湿润再勾，勾好缝待砂浆凝固后要适当浇水养护，防止干裂及脱落。

(2) 勾平缝。先将毛石墙缝刮深 2cm，再在墙上浇水，用小抿子将托灰板上的灰浆嵌入石缝中，要嵌严压实，表面抹光，顺石缝进行嵌塞，缝面与石面取平，勾完一段后用小抹子将缝边毛茬修理整齐。

（3）勾凸缝。将墙面上原缝刮深2cm左右，浇水湿润后用砂浆打底，抹与墙面平。然后用扫帚扫出毛面，待砂浆初凝后，抹第二层，其厚度约1cm，接着用小抿子抹光压实。稍停，等砂浆收水后，将灰缝做成10～25mm宽窄一致的凸缝。有时石面较大或缝隙过细的也可适当勾成假凸缝，使其匀称美观。

（4）勾凹缝。先用铁钎子将毛石墙修凿整齐，并刮深3cm，在墙面浇水湿润后，用小抿子将砂浆勾入墙缝内，灰缝凹入墙面5mm左右，然后用小抹子抹光压平。

6.5.2 料石砌体砌筑

料石砌体所用的料石，按其加工面的平整程度分为细料石、粗料石和毛料石三种。

6.5.2.1 料石加工

1. 料石各面加工要求，应符合表6-19的规定。

料石各面的加工要求　　表6-19

料石种类	外露面及相接周边的表面凹入深度	叠砌面和接砌面的表面凹入深度
细料石	不大于2mm	不大于10mm
粗料石	不大于20mm	不大于20mm
毛料石	稍加修整	不大于25mm

注：相接周边的表面系指叠砌面、接砌面与外露面相接处20～30mm范围内的部分。

2. 各种砌筑用料石的宽度、厚度均不宜小于200mm，长度不宜大于厚度的4倍。

料石加工的允许偏差应符合表6-20的要求。

料石加工的允许偏差　　表6-20

料石种类	允许偏差	
	宽度、厚度（mm）	长度（mm）
细料石	±3	±5
粗料石	±5	±7
毛料石	±10	±15

注：如设计有特殊要求，应按设计要求加工。

6.5.2.2 *料石砌体砌筑要点*

1. 料石砌体的灰缝厚度，应按料石的种类确定：细料石砌体不宜大于5mm；粗料石和毛料石砌体不宜大于20mm。

2. 砌筑料石砌体时，料石应放置平稳。砂浆铺设厚度应略高于规定灰缝厚度，其高出厚度：细料石宜为3～5mm；粗料石、毛料石宜为6～8mm。

3. 料石基础砌体的第一皮应用丁砌层坐浆砌筑，阶梯形料石基础，上级阶梯的料石应至少压砌下级阶梯的1/3（图6-128*a*）。

4. 料石砌体应上下错缝搭砌。砌体厚度等于或大于两块料石宽度时，如同皮内全部采用顺砌，每砌两皮后，应砌一皮丁砌层（图6-128*b*）；如同皮内采用丁顺组砌，丁砌石应交错设置，其中心间距不应大于2m。

5. 用整块料石作窗台板，其两端至少应伸入墙身100mm。在窗台板与其下部墙体之间（支座部分除外）应留空隙，并应采用沥青麻刀等材料嵌塞。

6. 在料石和毛石或砖的组合墙中，料石砌体和毛石砌体或砖砌体应同时砌筑，并每隔2～3皮料石层用丁砌层与毛石砌体或砖砌体拉结砌合。丁砌料石的长度宜与组合墙厚度相同（图 6-128*c*）。

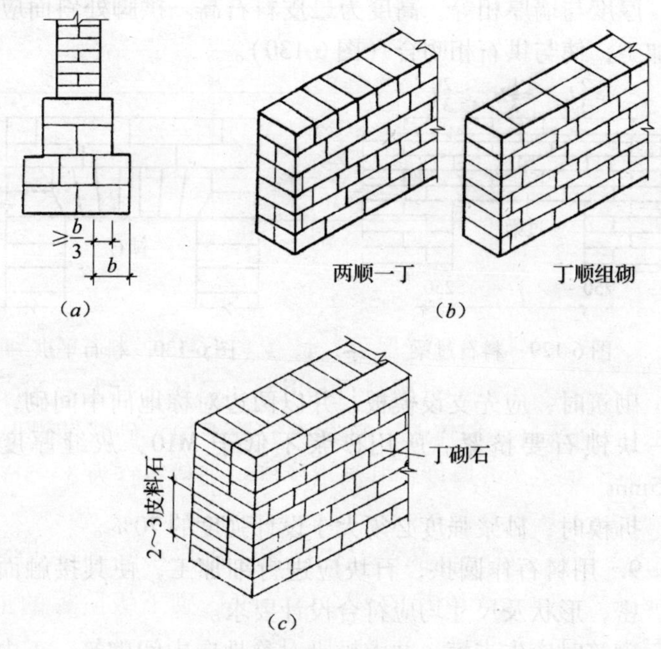

图 6-128　料石组砌形式

（*a*）阶梯形料石基础；（*b*）料石墙砌筑形式；（*c*）料石和砖的组合墙

7. 用料石作过梁，如设计无具体规定时，厚度应为 200 ~ 450mm，净跨度不宜大于 1. 2m，两端各伸入墙内长度不应小于 250mm，过梁宽度与墙厚度相等，也可用双拼料石（图 6-129）。

过梁上续砌墙时，其正中石块不应小于过梁净跨度的 1/3，其两旁应砌不小于 2/3 过梁净跨度的料石。

8. 用料石作平拱，应按设计图要求加工。如设计无规定，则应加工成楔形（上宽下窄），斜度应预先设计，拱两端部的石块，在拱脚处坡度以60°为宜。平拱石块数应为单数，厚度与墙厚相等，高度为二皮料石高。拱脚处斜面应修整加工，使与拱石相吻合（图6-130）。

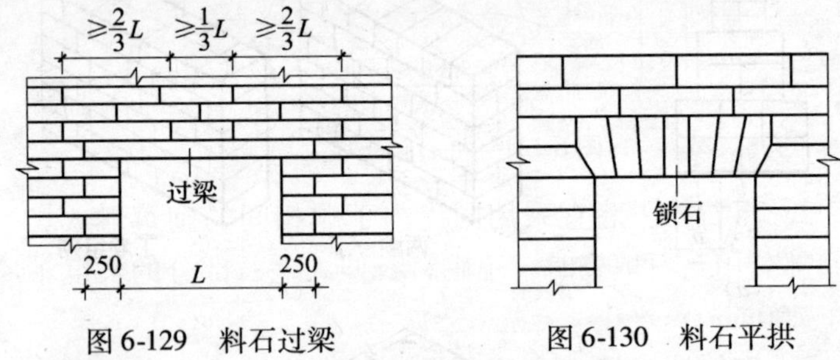

图6-129　料石过梁　　图6-130　料石平拱

砌筑时，应先支设模板，并以两边对称地向中间砌，正中一块锁石要挤紧。所用砂浆不低于M10，灰缝厚度宜为5mm。

拆模时，砂浆强度必须大于设计强度的70%。

9．用料石作圆拱，石块应进行细加工，使其接触面吻合严密，形状及尺寸均应符合设计要求。

砌筑时应先支模，并由拱脚对称地向中间砌筑，正中一块拱冠石要对中挤紧。砂浆强度等级、灰缝厚度及拆模时间要求与第8条相同。

6.5.3　浆砌毛石、料石挡土墙

1．砌筑毛石挡土墙应符合下列规定（图6-131）：

（1）毛石的中部厚度不宜小于200mm。

（2）每砌3～4皮为一个分层高度，每个分层高度应找平一次。

（3）外露面的灰缝厚度不得大于40mm，两个分层高度间的错缝不得小于80mm。

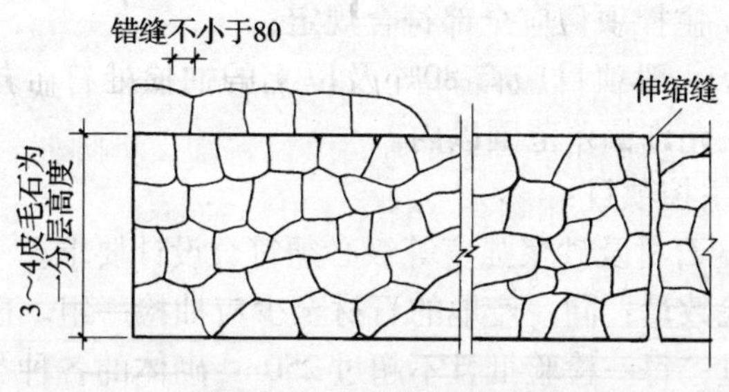

图 6-131　毛石挡土墙立面

2. 料石挡土墙宜采用同皮内丁顺相间的砌筑形式。当中间部分用毛石填砌时，丁砌料石伸入毛石部分的长度不应小于 200mm。

3. 砌筑挡土墙，应按照设计要求收坡或收台，设置伸缩缝和泄水孔，但干砌挡土墙可不设泄水孔。如设计无明确规定，泄水孔施工应符合下列规定：

（1）泄水孔应均匀设置，在每米高度上间隔 2m 左右设置一个泄水孔。

（2）泄水孔宜采取抽管方法留置。

（3）泄水孔周围的杂物应清理干净，并在泄水孔与土体间铺设长宽各为 300mm、厚 200mm 的卵石或碎石作疏水层。

4. 挡土墙内侧回填土必须分层夯填，分层松土厚度应为 300mm。墙顶土面应有适当坡度使流水流向挡土墙外侧面。

5. 其他与毛石、料石砌体砌筑相同。

6.5.4　质量与安全要求

6.5.4.1　质量要求

1. 石砌体质量分为合格和不合格两个等级。

石砌体质量合格应符合以下规定：

（1）主控项目应全部符合规定；

（2）一般项目应有 80% 及以上的抽检处符合规定，或偏差值在允许偏差范围以内。

2. 主控项目：

（1）石材及砂浆强度等级必须符合设计要求。

抽检数量：同一产地的石材至少应抽检一组。砂浆试块抽检数量：每一检验批且不超过 $250m^3$ 砌体的各种类型及强度等级的砌筑砂浆，每台搅拌机应至少抽检一次。

检验方法：料石检查产品质量证明书，石材、砂浆检查试块试验报告。

（2）砂浆饱满度不应小于 80%。

抽检数量：每步架抽查不应少于 1 处。

检验方法：观察检查。

（3）石砌体的轴线位置及垂直度允许偏差应符合表 6-21 的规定。

石砌体的轴线位置及垂直度允许偏差　　表 6-21

项次	项目		允许偏差（mm）							检验方法
			毛石砌体		料石砌体					
					毛料石		粗料石		细料石	
			基础	墙	基础	墙	基础	墙	墙、柱	
1	轴线位置		20	15	20	15	15	10	10	用经纬仪和尺检查，或用其他测量仪器检查
2	墙面垂直度	每层		20		20		10	7	用经纬仪、吊线和尺检查或用其他测量仪器检查
		全高		30		30		25	20	

抽检数量：外墙，按楼层（或4m高以内）每20m抽查1处，每处3延长米，但不应少于3处；内墙，按有代表性的自然间抽查10%，但不应少于3间，每间不应少于2处，柱子不应少于5根。

3. 一般项目：

(1) 石砌体的一般尺寸允许偏差应符合表6-22的规定。

石砌体的一般尺寸允许偏差　　表6-22

项次	项目		允许偏差(mm)							检验方法
			毛石砌体		料石砌体					
			基础	墙	基础	墙	基础	墙	墙、柱	
1	基础和墙砌体顶面标高		±25	±15	±25	±15	±15	±15	±10	用水准仪和尺检查
2	砌体厚度		+30	+20 -10	+30	+20 -10	+15	+10 -5	+10 -5	用尺检查
3	表面平整度	清水墙、柱	—	20	—	20	—	10	5	细料石用2m靠尺和楔形塞尺检查，其他用两直尺垂直于灰缝拉2m线和尺检查
		混水墙、柱	—	20	—	20	—	15	—	
4	清水墙水平灰缝平直度		—	—	—	—	—	10	5	拉10m线和尺检查

抽检数量：外墙，按偻层（4m高以内）每20m抽查1处，每处3延长米，但不应少于3处；内墙，按有代表性的自然间抽查10%，但不应少于3间，每间不应少于2处，柱子不应少于5根。

(2) 石砌体的组砌形式应符合下列规定：

（1）内外搭砌，上下错缝，拉结石、丁砌石交错设置；

（2）毛石墙拉结石每 0.7m^2 墙面不应少于 1 块。

抽检数量：外墙，按楼层（或 4m 高以内）每 20m 抽查 1 处，每处 3 延长米，但不应少于 3 处；内墙，按有代表性的自然间抽查 10%，但不应少于 3 间。

检验方法：观察检查。

6.5.4.2 安全要求

1. 毛石墙每天砌筑高度不得超过 1.2m。

2. 砌筑毛石要搭设两面脚手架，脚手架小横杆要尽量从门窗洞口穿过，或者采用双排脚手架。必须留置脚手洞时，脚手洞要与墙面缝式吻合，混水墙的脚手洞可用 C20 混凝土堵补，清水墙则要留出配好的块石以待修补。

3. 基础砌筑时，严禁在基槽边抛掷石块，应从斜道上运下。抬运石料的斜道应有防滑措施，石料的垂直运输设备应有防止石块滚落的设施。

4. 毛石不得在墙上加工，以防止震松墙上石块滚落伤人。加工石料应佩戴风镜或平光眼镜，以防石屑崩出伤人。

5. 砌筑毛石砌体时，周围不应有打桩、爆破等强烈震动，以免震塌砌体。

6.6 石膏砌块和玻璃砖隔墙砌筑

隔墙主要起到分隔（分室、分户）和隔声的作用。目前采用较多除有加气混凝土砌块、粉煤灰混凝土砌块、轻骨料混凝土小型空心砌块等外，近几年采用石膏砌块和带有装饰效果的玻璃砖隔墙日益增多。为此，现将这两种砌体介绍如下。

6.6.1 石膏砌块砌体隔墙砌筑

1. 产品分类及规格

(1) 分类

1) 按石膏砌块结构分：石膏空心砌块（代号K）和石膏实心砌块（代号S）；

2) 按所用石膏来源分：天然石膏砌块（代号T）和化学石膏砌块（代号H）；

3) 按砌块防潮性能分：普通石膏砌块（代号P）和防潮石膏砌块（代号F）。

(2) 规格

1) 长度：666mm；

2) 宽度：500mm；

3) 厚度：60mm、80mm、90mm、100mm、110mm和120mm。

2. 性能见表6-23。

石膏砌块性能要求　　表6-23

项次	项目	单位	石膏实心砌块	石膏空心砌块
1	表观密度	kg/m^3	不大于1000	不大于700
2	断裂荷载	kN	不小于1.5（支座支距500mm，加荷速度20N/s）	
3	软化系数		不低于0.6（仅适用于防潮石膏砌块）	
4	平整度	mm	不大于1	

3. 石膏砌块隔墙构造

(1) 石膏砌块隔墙平面连接见图6-132。

(2) 石膏砌块隔墙门框作法见图6-133。

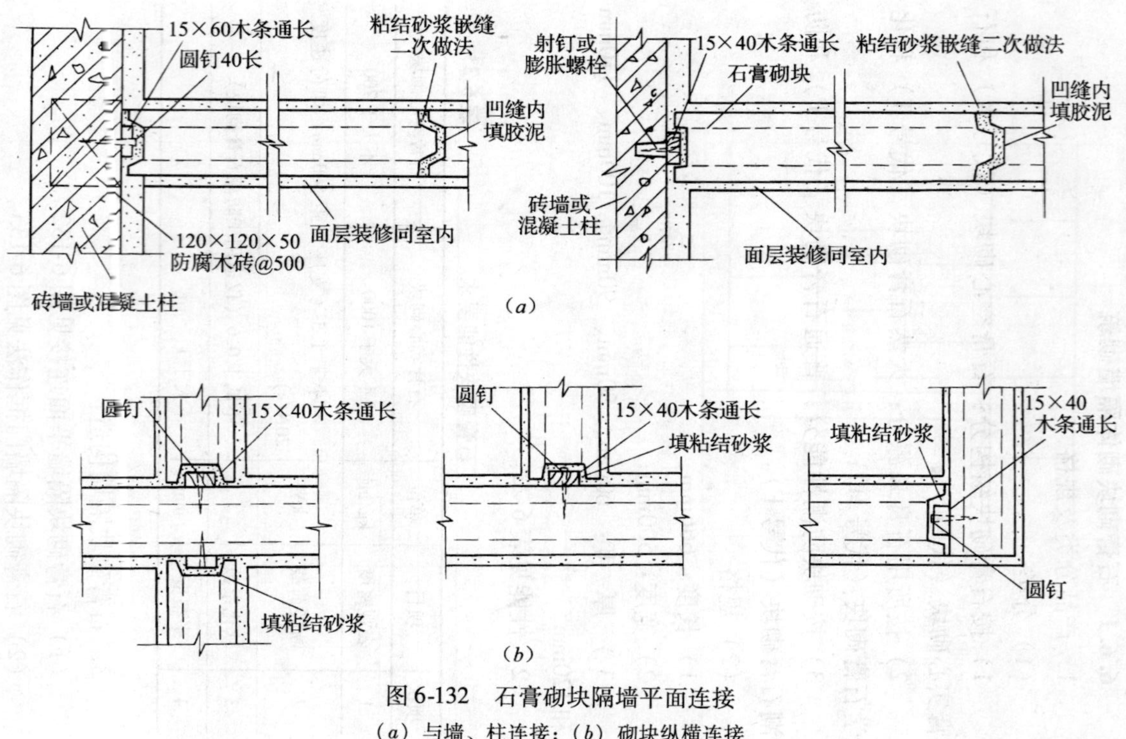

图6-132　石膏砌块隔墙平面连接

(a) 与墙、柱连接；(b) 砌块纵横连接

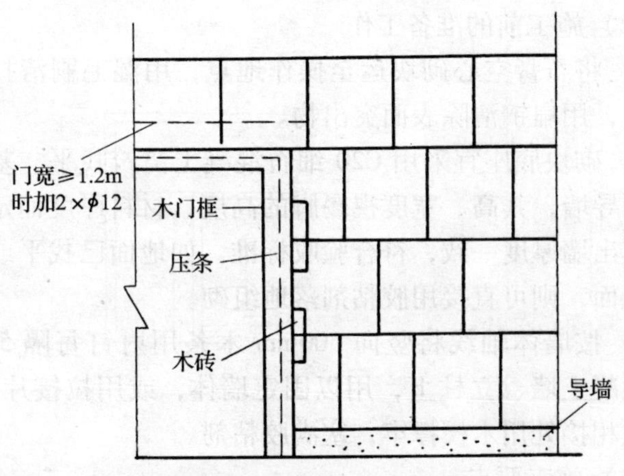

图 6-133　隔墙门框作法示意

注：如为钢门框时改为混凝土洞框

4. 施工工艺

（1）施工工具见表 6-24。

表 6-24

工具名称	用　　途	备　注
靠尺板	检查墙体表面平整度（托线板）	$L=2\text{m}$
木锤	锤直平砌块墙体	
刀锯、电手锯	切割砌块管线路用	
木凿、木刨	局部表面找平、挖洞、开槽	
扁铲、刮板	榫槽修整、清理砌块表面、镶缝腻子	
射钉枪	固定连接木、铁条射钉工具	
毛刷、喷雾器	清扫砌块表面灰尘及润湿墙体刷 M 胶液用	
小铁桶、灰槽	搅拌腻子及用水容器	
拉线、吊线	砌筑找直用	备用卷尺
手钻	钻孔引管线，预留孔洞	备用高跳板

（2）施工前的准备工作

1）将石膏空心砌块运至操作地点，用湿毛刷清扫其表面尘土，用扁铲清除表面突出物。

2）砌块底座宜采用 C20 细石混凝土浇筑找平、基础坚实或制导墙，其高、宽度视踢脚的高度、材料厚度而定，并保证其出墙厚度一致，符合验收标准。如地面已找平或为水磨石地面，则可直接用胶粘剂落地组砌。

3）按墙体轴线将竖向 500mm 木条用射钉每隔 500mm 钉在混凝土墙、立柱上，用以固定墙体，或用拉接片固定。墙与柱相接处用木楔撑牢，塞满胶粘剂。

（3）施工要点

1）根据弹出的砌线、门口尺寸，进行竖缝排列。

2）按砌块榫槽凹部尺寸，在混凝土基座上先抹粘结石膏胶泥一道。随抹随砌，分层施工，挂水平、垂直线控制标高。靠墙、柱砌块的竖向凹槽与墙柱边木条处与其咬口，砌块间水平、竖直缝灌注粘结石膏胶泥（表 7-25），使其缝隙粘合严密。胶粘剂挤出后，用扁铲清除多余的胶粘剂。灌筑砌块不符合模数的或有具体要求者，要放线再用刀锯切割，终端部砌块锯成平、凹槽状，从上向下推入与墙上固定木条咬合，或与墙用铁片拉结。

3）丁、十字墙门窗口处，要有拉接片，钢筋拉接固定。

4）转角、丁字、十字部位要同时砌筑，不准留直槎。

砌块应上、下错缝，错缝间距不小于 120mm，每层砌筑前试推，对不合槽处应用扁铲修槽，合平标准后竖直缝抹高氟粘剂，正式组砌，一、二层之间砌块走向要颠倒。十字墙、拐角墙上下层之间要交叉错缝砌筑。

5）每块砌筑完成后，根据水平垂直控制线，用木锤调直，校核无误后，每组砌块间及与端部木条连接用粘结石膏胶泥堵塞，或用木楔撑牢。

6）最上层砌块不符合模数者用尺划线刀锯切割，校正无误后塞满胶粘剂，用木楔双面撑牢，或者用拉接片与顶棚拉结，或墙两边钉木压条，或抹10mm水泥素灰固定。

7）整道砌块墙完成后，用靠尺复检，局部不平处将墙面润湿，刨平后在表面刷胶一遍，缝隙用粘结石膏补平，后用砂纸打平，缝隙不得大于4mm，再满刮高氟腻子两遍，达到一级抹灰标准，然后进行墙面粉刷或喷涂。粘贴瓷砖和薄大理石面时，可不刮腻子直接镶贴，超重者可做拉结架。

墙高5m以上，长10m以上，可以在高2.1m处做混凝土带，长5m处做混凝土柱，形成丁字结构，使墙体更有利于抗震（图6-134）。

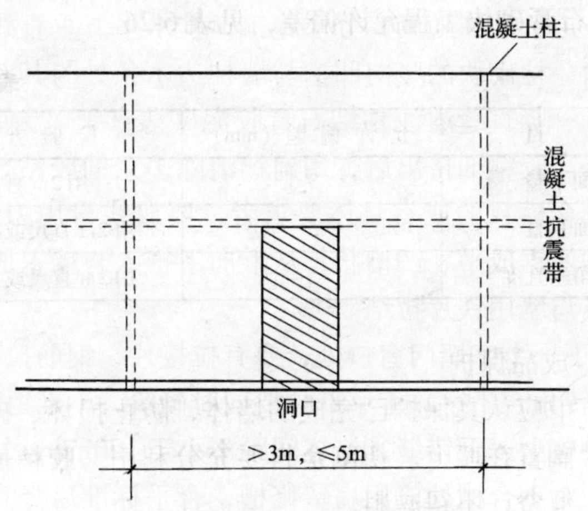

图6-134　砌块墙体加固示意

注：混凝土抗震带设置：墙厚80mm，≥3m时加设；
墙厚100（110）mm，≥4m时加设；
墙厚150（180）mm，≥5m时加设。

粘结石膏胶泥和批嵌材料配合比见表6-25。

粘结石膏胶泥和批嵌材料配合比　　表6-25

用途	材料				
	熟石膏	水泥	108胶	浆糊精	水
砌块凹槽填充	100	50	20	10	适量
墙体嵌缝	100	90	20		适量
墙面批嵌	建筑石膏粉加适量108胶及水，或白水泥加适量108胶及水				

注：水不应超过108胶的10%。

（4）质量要求

1）砌块拼缝应密实。

2）墙面批嵌后不得起壳。

3）石膏砌块工程允许偏差，见表6-26。

表6-26

项　　目	允许偏差（mm）	检验方法
表面平整	3	用2m直尺
立面垂直	5	用2m直尺或托线板
阴阳角垂直度	5	用2m直尺或托线板

（5）成品保护

施工中应认真保护已完成的墙体，防止损坏、碰撞。严禁脚手架搁置在墙上。切割余料要充分利用。胶粘剂按量供应，不得浪费，不得减料。

6.6.2　玻璃砖隔墙砌筑

1. 施工准备

（1）根据需砌筑玻璃砖隔墙的面积和形状，计算玻璃砖数量和排列次序。玻璃砖之间的缝隙留置，一般为5～10mm。

（2）根据排列结果做出基础底脚，底脚一般厚度为40mm或70mm，即略小于玻璃砖的厚度。

（3）将与玻璃砖相接触的建筑结构墙，柱面侧边，整修平整垂直。

（4）在玻璃砖墙四周弹好墙身线，在墙下面弹好摞底砖线，按标高立好皮数杆，皮数杆的间距以15～20m为宜。

（5）准备好砌筑玻璃砖隔墙的木质或金属框架，并事先将框架固定好。

2．组砌方法

玻璃砖砌体采用十字缝立砖砌法。

（1）排砖

根据弹好的位置线，首先要认真核对玻璃砖墙长度尺寸是否符合排砖模数。如不符合，可调整隔墙两侧的槽钢或木框的厚度及砖缝的厚度，但隔墙两侧调整的宽度要保持一致，与隔墙上部槽钢调整后的宽度也要尽量保持一致。

玻璃砖应挑选棱角整齐、规格相同、砖的对角线基本一致、表面无裂痕和磕碰的砖。

（2）挂线

砌筑第一层应双面挂线。如玻璃砖隔墙较长，则应在中间多设几个支线点，每层玻璃砖砌筑时均需挂平线。

（3）砌筑要点

1）玻璃砖采用白水泥：细砂＝1∶1水泥浆，或白水泥∶108胶＝100∶7水泥浆（重量比）砌筑。白水泥浆要有一定的稠度，以不流淌为好。

2）按上、下层对缝的方式，自下而上砌筑。

3）为了保证玻璃砖墙的平整性和砌筑方便，每层玻璃砖在砌筑之前，宜在玻璃砖上放置木垫块（图 6-135）。其长度有两种：玻璃砖厚度为 50mm 时，木垫块长 35mm 左右；玻璃砖厚度为 80mmm 时，木垫块长 60mm 左右。

每块玻璃砖上放 2 块（图 6-136），卡在玻璃砖的凹槽内。

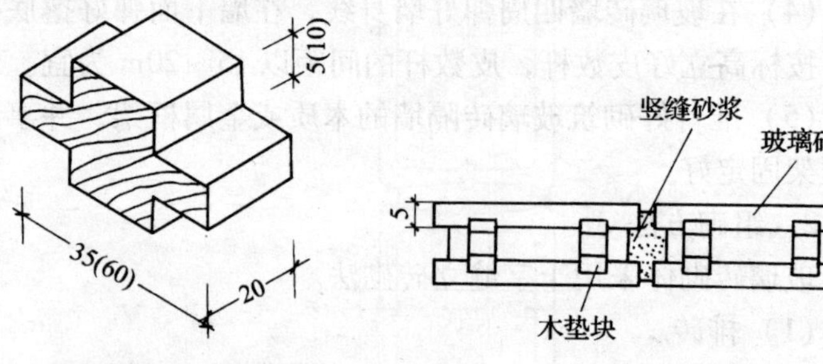

图 6-135　木垫块　　图 6-136　玻璃砖安装方法

4）砌筑时，将上层玻璃砖下压在下层玻璃砖上，同时使玻璃砖的中间槽卡在木垫块上，两层玻璃砖的间距为 5～10mm（图 6-137）。

缝中承力钢筋间隔小于 650mm，伸入竖缝和横缝，并与玻璃砖上下、两侧的框体和结构体牢固连接（图 6-138）。

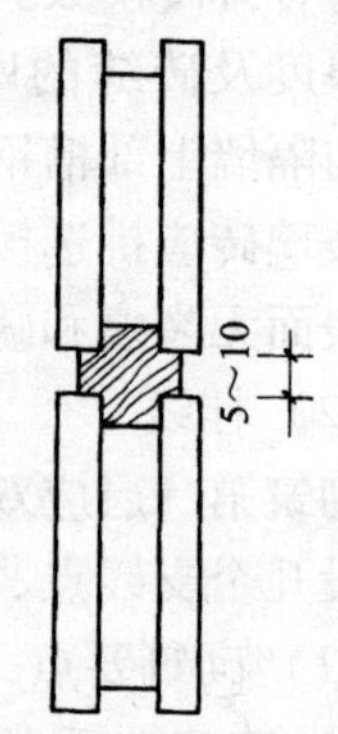

图 6-137　玻璃砖上下层安装位置

5）每砌完一层后，要用湿布将玻璃砖面上沾着的水泥浆擦去。

6）玻璃砖墙砌筑完后，立即进行表面勾缝。先勾水平缝，再勾竖缝，缝的深度要一致。

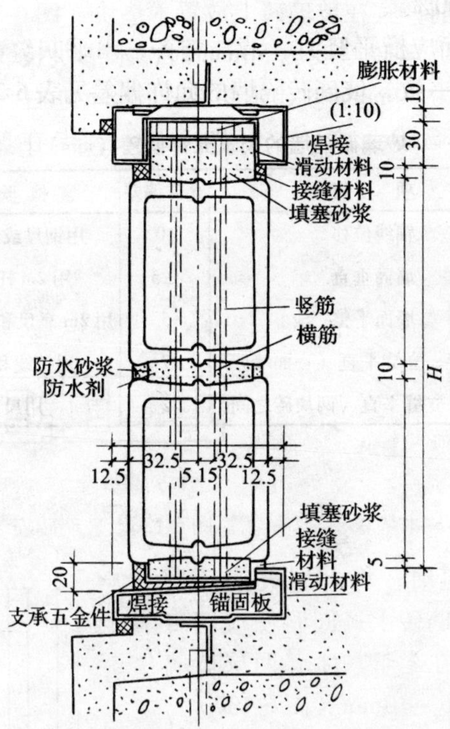

图 6-138　玻璃砖墙砌筑组合图

（4）施工注意事项

1）玻璃砖不要堆放过高，防止打碎伤人。

2）玻璃砖隔墙砌筑完后，在距玻璃砖隔墙两侧各约100～200mm处搭设木架，防止玻璃砖隔墙遭到磕碰。

3）水平砂浆要铺得稍厚一些，慢慢挤揉，立缝灌砂浆一定要捣实，勾缝时要勾严，以保证砂浆饱满。

（5）质量要求

1）砌筑砂浆必须密实饱满，水平灰缝和竖向灰缝的饱满度应为100%。

2）墙面应横平竖直，清洁整齐，水平灰缝与竖向灰缝宽度要基本一致。玻璃砖隔墙的允许偏差见表6-27。

玻璃砖隔墙的砌筑允许偏差（mm）　　表6-27

项次	项　目	允许偏差	检 验 方 法
1	轴线位移	10	用钢尺或经纬仪检查
2	墙面垂直	±5	用2m托线板检查
3	墙面平整	5	用2m靠尺和楔形塞尺检查
4	水平缝、立缝平直（一面墙）	7	用拉线和尺量检查
5	水平缝、立缝平直（两块砖之间）	2	用尺量检查

7 坡屋面挂瓦、上下水工程和砖地面铺设

7.1 坡屋面挂瓦

7.1.1 平瓦屋面

7.1.1.1 施工前准备工作

1. 技术条件准备

（1）检查屋面基层油毡防水层是否平整，有无破损，搭接长度是否符合要求，挂瓦条是否钉牢，间距是否正确。檐口挂瓦条应满足檐瓦出檐 5 ~7cm 的要求。检查无误后方可运瓦上屋面。

（2）检查脚手架的牢固程度，高度是否超出檐口 1m 以上。

2. 材料准备

（1）凡缺边、掉角、裂缝、砂眼、翘曲不平和缺少瓦爪的瓦不得使用，并准备好山墙、天沟处的半片瓦。

（2）运瓦可利用垂直运输机械运到屋面标高，然后按脚手分散到檐口各处堆放。向屋顶运输主要靠人力传递的方法，每次传递两块平瓦，分散堆放在坡屋面上，防止碰破油毡。

（3）瓦在屋面上的堆放，以一垛九块均匀摆开，横向瓦堆的间距约为两块瓦长，坡向间距为两根瓦条，呈梅花状放置，称“一步九块瓦”见图 7-1（*a*）。亦可每四根瓦条间堆放一行（俗称一铺四），开始先平摆 5 ~6 张瓦（俗称搭登

子）作为靠山。然后侧摆堆放，见图 7-1（*b*）。

在堆瓦时应两坡同时进行，以免屋架受力变形。

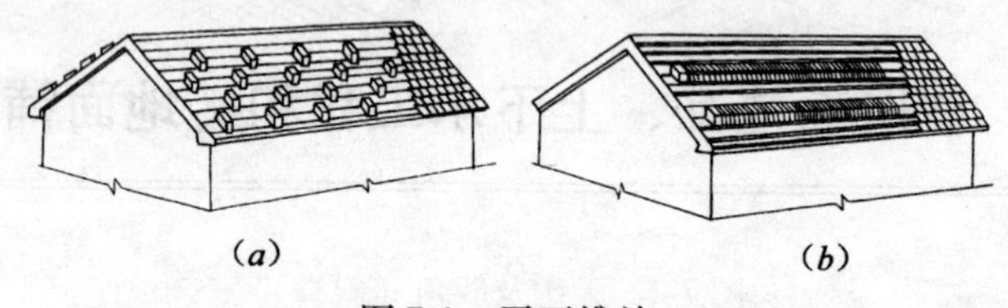

（*a*）　（*b*）

图 7-1　平瓦堆放

7.1.1.2　铺瓦

1. 铺瓦的顺序是先从檐口开始到屋脊，从每坡屋面的左侧山头向右侧山头进行。檐口的第一块瓦应拉准线铺设，平直对齐，并用铁丝和檐口挂瓦条拴牢。

2. 上下两楞瓦应错开半张，使上行瓦的沟槽在下行瓦当中，瓦与瓦之间应落槽挤紧，不能空搁，瓦爪必须勾住挂瓦条。

3. 在风大地区、地震区或屋面坡度大于 30°的瓦屋面及冷摊瓦屋面，瓦应固定，每一排一般要用 20 号镀锌铁丝穿过瓦鼻小孔与挂瓦条扎牢。

4. 一般矩形屋面的瓦应与屋檐保持垂直，可以间隔一定距离弹好垂直线加以控制。

7.1.1.3　天沟、戗角（斜脊）与泛水做法

1. 天沟和戗角（斜脊）处一般先试铺，然后按天沟走向弹出墨线编号，并把瓦片切割好，再按编号顺序铺盖。天沟的底部用厚度为 0.45 ~ 0.75mm 的镀锌钢板铺盖，铺盖前应涂刷两道防锈漆，一般薄钢板应伸入瓦下面不少于 150mm。瓦铺好以后用掺麻刀的混合砂浆抹缝，见图 7-2（*a*）。戗角（斜脊）也要按天沟做法弹线、编号，切割瓦片。待瓦片铺设好以后，再按做脊的方法盖上脊瓦，见图 7-2（*b*）。

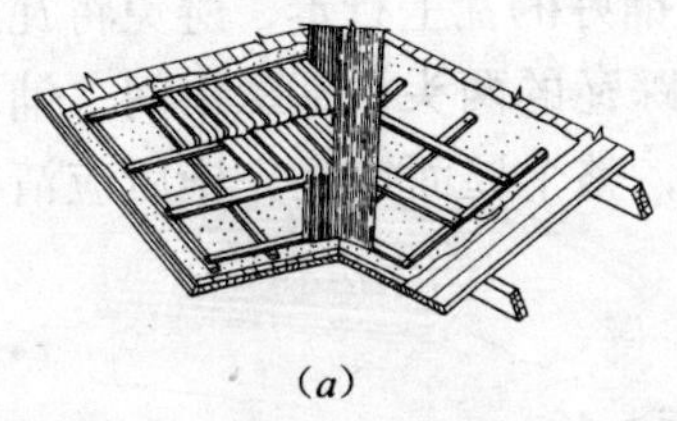

(a)

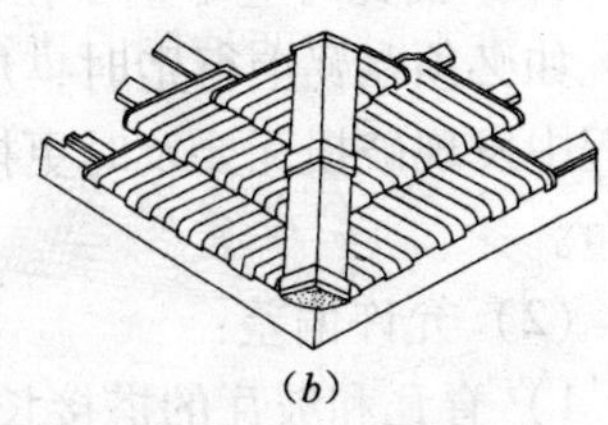

(b)

图 7-2　天沟及戗角（斜脊）

(a) 天沟；(b) 戗角

2. 山墙处的泛水，如果山墙高度与屋面平，则只要在山墙边压一行条砖，然后用 1∶2.5 水泥砂浆抹严实做出披水线就行了；如果是高出屋面的山墙（高封山），其泛水做法见图 7-3。

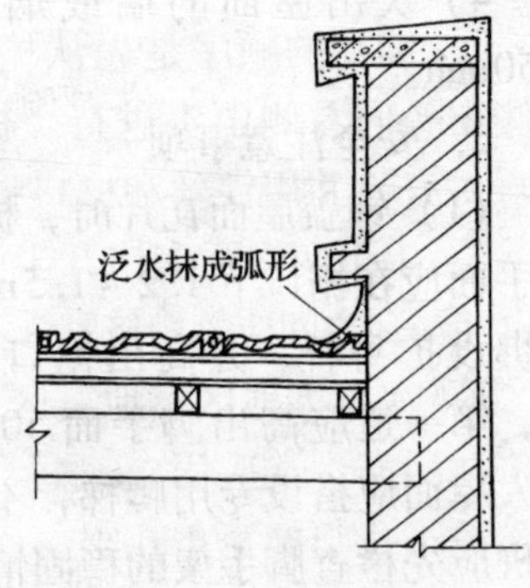

图 7-3　高封山泛水做法

7.1.1.4　做脊

铺瓦完成后，应在屋脊处铺盖脊瓦，俗称做脊。先在屋脊两端各稳上一块脊瓦，然后拉好通线，用 M0.4 石灰砂浆将屋脊处铺满，先后依次扣好脊瓦。要求脊瓦内砂浆饱满密实，以防被风掀掉，脊瓦盖住平瓦的边必须大于 4cm，脊瓦之间的搭接缝隙和脊瓦与平瓦之间的搭接缝隙，应用掺有麻刀的混合砂浆填实。

砂浆中可掺入与瓦颜色相近的颜料。屋脊和斜脊应平直，无起伏现象。

7.1.1.5　质量与安全要求

1. 质量要求

（1）铺瓦时应尽量不在已铺好的瓦上行走，避免将瓦踩坏。如必须在瓦上行走时，应踩瓦的两头，不踩中间。铺瓦过程中发现破损瓦要及时更换，整个屋面铺瓦完毕后应清扫干净。

（2）允许偏差：

1）脊瓦和坡瓦的搭接长度≥40mm；

2）天沟、斜沟、檐沟铁皮伸入瓦片下长度≥150mm；

3）瓦头挑出檐口长度 50～70mm；

4）突出屋面的墙或烟囱的侧面瓦伸入泛水的长度≥50mm。

2. 安全注意事项

（1）铺盖屋面瓦片时，檐口处必须搭设防护设施。顶层脚手面应在檐口下 1.2～1.5m 处，并满铺脚手板，外排立杆应绑设护身杆，并高出檐口 100cm，设三道护栏外挂安全网，第一道应高出脚手面 50cm 左右，以此往上再设二道。上人屋面应搭设专用爬梯，不得攀爬檐口和山墙上下，每天上班应先检查脚手架的稳固情况。

（2）雨天和冬期，应打扫雨水和霜雪，并增设防滑设施。

（3）屋面材料必须均匀堆放，支垫平整。两侧坡屋面要对称堆放，特别是屋架承重时，若不对称堆放可能引起因屋架受力不匀而倒塌。

（4）屋面施工系高处作业，散碎瓦片及其他物品不得任意抛掷，以免伤人。

（5）上岗前应对操作者进行健康检查，有高血压、心脏病、癫痫病者不得从事高处作业。在坡屋面上行走时，应面向屋脊或斜向屋脊，以防滑倒。

7.1.2 小青瓦、筒瓦屋面

7.1.2.1 小青瓦屋面

1. 小青瓦的屋面形式

小青瓦又叫蝴蝶瓦、合瓦，是阴阳瓦的一种。它的铺法分为阴阳瓦屋面和仰瓦屋面两种。阴阳瓦屋面是将仰瓦与俯瓦间隔成行，俯瓦盖于仰瓦垄上（图 7-4*a*）；仰瓦屋面是全部用仰瓦铺成行列，垄上抹灰埂（图 7-4*b*）或不抹灰埂（图 7-4*c*）。

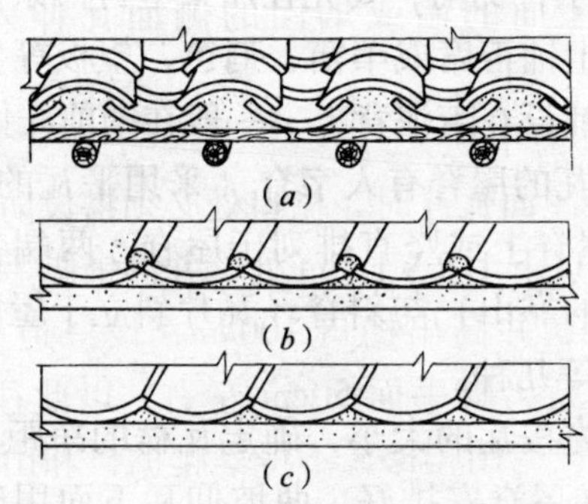

图 7-4 小青瓦屋面形式

(*a*) 阴阳瓦；(*b*) 有灰埂仰瓦；(*c*) 无灰埂仰瓦

小青瓦的规格，见表 7-1。

小青瓦规格（mm） 表 7-1

简 图	长 *a*	大头宽 *b*	小头宽	厚 *d*
	170 ~ 230	170 ~ 230	150 ~ 210	8 ~ 12

2. 瓦的运送与堆放

小青瓦堆放场地应靠近施工的建筑物，瓦片立放成条形或圆形堆，高度以5～6层为宜。不同规格的青瓦应分别堆放。瓦应尽量利用机具升运到脚手架上，然后利用脚手架靠人力传递分散到屋面各处堆放。

小青瓦应均匀有次序地摆在椽子上，阴瓦和阳瓦分别堆放，屋脊边应多摆一些。

3. 铺筑要点

（1）铺挂小青瓦前，要先在屋架上钉檩条，在檩条上钉椽子，在椽子上铺苫席或苇箔、荆笆、望板等，然后铺苫泥背，小青瓦便铺设在苫泥背上。一般在铺前先做脊。

（2）小青瓦的屋脊有人字脊（采用平瓦的脊瓦）、直脊（瓦片平铺于屋脊上或竖直排列于屋脊，两端各叠一垛，作为瓦片排列时的靠山）与斜脊（瓦片斜立于屋脊上，左右与中间成对称）等几种。

做脊前，先按瓦的大小，确定瓦楞的净距（一般为5～10cm），事先在屋脊安排好。两坡仰瓦下面用碎瓦、砂浆垫平，将屋脊分档瓦楞窝稳，再铺上砂浆，平铺俯瓦3～5张，然后在瓦的上口再铺上砂浆，将瓦均匀地竖排（或斜立）于砂浆上，瓦片下部要嵌入砂浆中窝牢不动。铺完一段，用靠尺拍直，再用麻刀灰将瓦缝嵌密，露出砂浆抹光，然后可以铺列屋面小青瓦。

（3）铺瓦时，檐口按屋脊瓦楞分档用同样方法铺盖3～5张底盖瓦作为标准。

1）檐口第一张底瓦，应挑出檐口5cm，以利排水。

2）檐口第一张盖瓦，应抬高约2～3cm（约2～3张瓦高），其空隙用碎石、砂浆嵌塞密实，使整条瓦楞通顺平直，保持同一坡度，并用纸筋灰镶满抹平（俗称扎口），见图 7-5。

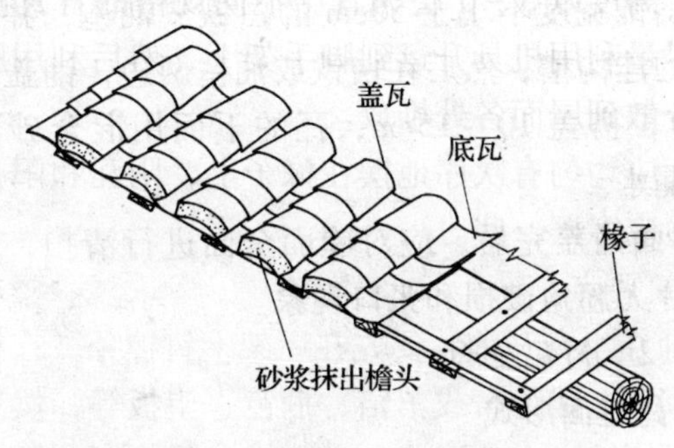

图 7-5　小青瓦屋面扎口

3）不论底瓦或盖瓦，每张瓦搭接不少于瓦长的三分之二（俗称“一搭三”），要对称。

4）铺完一段，用 2m 长靠尺板拍直，随铺随拍，使整楞瓦从屋脊至檐口保持前后整齐正直。

5）檐口瓦楞分档标准做好后，自下而上，从左到右，一楞一楞地铺设，也可以左右同时进行。为使屋架受力均匀，两坡屋面应同时进行。

6）悬山屋面、山墙应多铺一楞盖瓦，挑出半张作为披水。硬山屋面用仰瓦随屋面坡度侧贴于墙上作泛水。冷摊瓦屋面，将底瓦直接铺在椽子上。

7）我国南方沿海一带，因台风关系，对小青瓦屋面的屋脊及悬山屋面的披水，用麻刀灰浆铺砌一皮顺砖，或再用纸筋灰刮糙粉光（俗称佩带）。仰俯瓦（即底盖瓦）搭接处用麻刀灰嵌实粉光（俗称杠槽）。盖瓦每隔 1m 左右用麻刀灰铺砌一块顺砖并与盖瓦缝嵌密实，相邻两行前后错开（俗称压砖)。扎口与前述相同。

8）小青瓦屋面的斜沟与平瓦屋面的斜沟做法基本相同。在斜沟处斜铺宽度不小于50cm的白铁或油毡，并铺成两边高中间低的洼沟槽；然后在白铁或油毡两边，铺盖小瓦（底瓦和盖瓦)，搭盖10～15cm，瓦的下面用混合砂浆填实压光，以防漏水。

9）屋面铺盖完后，应对屋面全面进行清扫，做到瓦楞整齐，瓦片无翘角破损和张口现象。

7.1.2.2 筒瓦屋面

1. 筒瓦屋面形式

筒瓦是阴阳瓦中的一种，其形状呈半圆筒形，有青、红色筒瓦及涂有彩釉的琉璃瓦。

按其铺排的朝向，仰铺相叠连接成沟槽者叫做底瓦。底瓦呈板状形（又称板瓦)，但板面微凹扁而宽（见图7-6*a*)；俯盖于两底瓦之上者叫盖瓦（见图7-6*b*)。

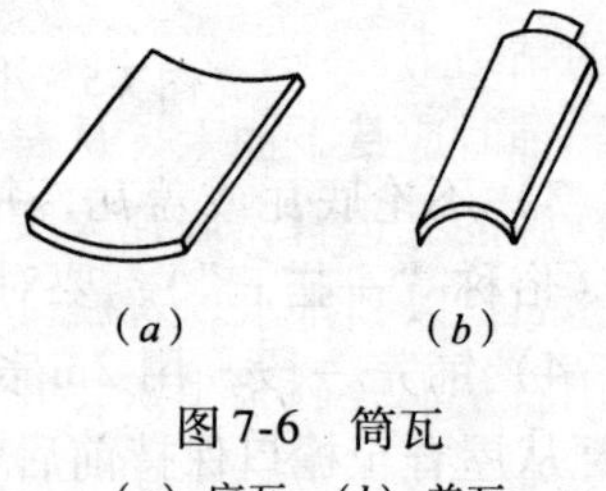

图7-6 筒瓦

(*a*) 底瓦；(*b*) 盖瓦

筒瓦不论底瓦还是盖瓦都有大小头，在铺叠时弧面应能密贴吻合。底瓦于檐口处应改用滴水瓦，雨水流经滴水瓦端头下垂的尖圆形瓦片排走。盖瓦于檐口处则用花边瓦或钩头瓦（又称钩头筒)。盖瓦因高出底瓦，其下面所形成的空隙，就是靠花边瓦或钩头瓦端部下垂的扇形或圆形瓦片封住，起保护作用（俗称瓦档)。

2. 铺筑要点

(1）在铺瓦前应对瓦片进行挑选，凡有裂缝、砂眼、缺角、掉边和翘曲的都不能用。但有些能利用在斜脊处，应集中堆放，待做脊时弹线后再进行加工使用。

底瓦与底瓦相叠搭接均为3cm，盖瓦覆于底瓦之上，其搭接一般为2.5～3cm，底瓦之间净距及沟宽视瓦的规格而定，一般前者为6cm，后者为8～16cm。

在铺前最好先在地上试铺1～2楞，长1m左右，认为合适后即可画出样棒，然后按照样棒在屋面上进行瓦楞分档。若最后不足一楞、半楞又有多余时，要根据山墙的形式进行调整（硬山边楞为盖瓦，女儿墙边楞为底瓦，底、盖瓦都要有一半嵌入墙中）。

（2）铺瓦前应先将瓦片浇水润湿，以便砂浆与瓦片有较好的粘结力。

铺时应从下而上，从右到左或从左到右均可，但必须按分楞弹的线进行，底瓦大头朝下，檐口第一张底瓦要离开封檐5cm，以利排水。若檐口不用滴水瓦时，第一张底瓦下面要用石灰混合砂浆坐灰，并以碎砖、碎瓦垫塞密实。

铺一段距离后，用靠尺板检查瓦片是否平直、整齐、通顺。待第二列底瓦铺出一段长度后就可铺挂盖瓦。此时，在盖瓦下要铺满同样砂浆，但不要超出搭接范围，使盖瓦能坐灰覆上，用手推移找准，使能对称搭在两列瓦上，合适后方可将盖瓦压实。其余部分均按此法继续铺挂。对瓦缝应随铺随勾。

（3）做脊前，应计划好张数，尽量避免有破活。如铺到屋脊必须砍瓦时，应用钢锯条锯断。在统一加工好后，再开始做脊。做脊时，先将脊瓦分布在屋脊的第二楞瓦上，窝好一端脊瓦，另一端干叠两张脊瓦，拉好准线，然后在两坡屋脊第一楞瓦口上铺水泥石灰砂浆，宽约5～8cm，把脊瓦放上，对准准线用手揿压窝牢。铺好后用水泥麻刀灰嵌缝（脊瓦之间缝及脊瓦与筒瓦的搭接缝）。

在斜缝（或天沟）交接处应先试铺，弹线，编好号，再按编号进行铺设。

7.2 上、下水工程

7.2.1 窨井与渗井

7.2.1.1 窨井

1. 窨井的用途与构造

按用途分，有上水管道与下水管道的两种窨井。上水管道的窨井多为阀门井和水表井，为便于观察与开关，一般埋置不深，约在1m左右；下水管道的窨井有生产废水与生活污水之分，一般埋置深度为1.5~2.0m，有的达3~4m。

窨井的形状有方形与圆形两种。一般多用圆窨井，在管径大，支管多时则用方窨井。圆形窨井的构造，见图7-7。

2. 窨井砌筑要点

（1）材料准备：

1）烧结普通砖的强度等级应大于等于MU7.5。

2）水泥可采用强度等级32.5或42.5普通或矿渣硅酸盐水泥。

3）砂子可采用中砂，含泥量不超过5%，用5mm孔筛过筛。

4）石子可采用5~40mm粒径的碎石或卵石，含泥量不大于2%。

5）其他材料，如井内的爬梯铁脚，铸铁井座、井盖等，均应准备好。

（2）技术准备：

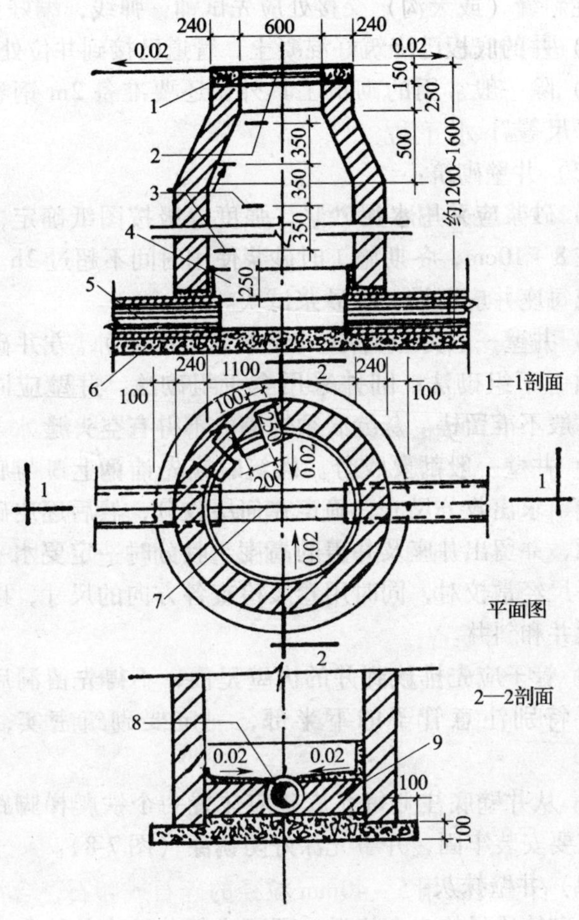

图 7-7　窨井剖面

1—C10 素混凝土井圈；2—铸铁井盖；3—铁爬梯；

4—防水砂浆；5—下水管纵剖图；6—C10 混凝土井垫层；

7—半圆形凹槽贯通两管；8—下水管横断面；9—砖砌体

1）井坑的中心线已定好，直径尺寸和井底标高已复测合格。

2）井的底板已浇筑好混凝土，管道已接到井位处。

3）除一般常用的砌筑工具外，还要准备 2m 钢卷尺和铁水平尺等。

（3）井壁砌筑：

1）砂浆应采用水泥砂浆，强度等级按图纸确定，稠度控制在 8 ~ 10cm，冬期施工时砂浆使用时间不超过 2h。每个台班或每座井应留设一组砂浆试块。

2）井壁一般为一砖厚（或由设计确定），方井砌筑采用一顺一丁组砌法；圆井采用全丁组砌法。井壁应同时砌筑，一般不准留槎。灰缝必须饱满，不得有空头缝。

3）井壁一般都要收分。砌筑时应先计算上口与底板直径之差，求出收分尺寸，确定在何层收分，然后逐皮砌筑收分到顶，并留出井座及井盖的高度。收分时一定要水平，要用水平尺经常校对，同时用卷尺检查各方向的尺寸，以免砌成椭圆井和斜井。

4）管子应先排放到井的内壁里面，不得先留洞后塞管子。要特别注意管子的下半部，一定要砌筑密实，防止渗漏。

5）从井壁底往上每 5 皮砖应放置一个铁爬梯脚蹬，梯蹬一定要安装牢固，并事先涂好防锈漆（图 7-8）。

（4）井壁抹灰：

在砌筑质量检查合格后，即可进行井壁内外抹灰，以达到防渗要求。

1）砂浆采用 1∶2 水泥砂浆（或按设计要求的配合比配制），必要时可渗入水泥重量 3% ~5% 的防水粉。

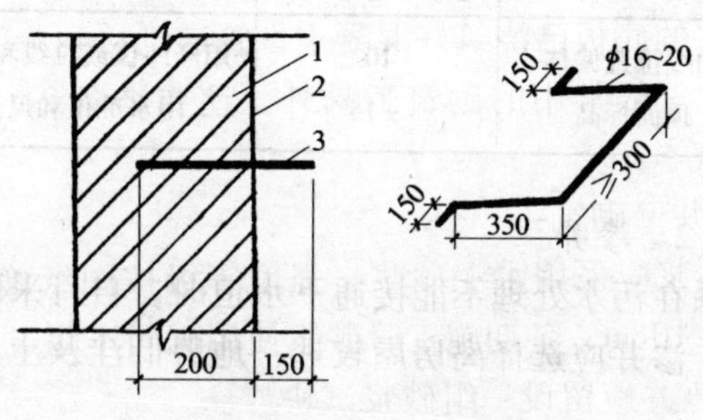

图 7-8 铁爬梯蹬

1—砖砌体；2—井内壁；3—脚蹬

2）壁内抹灰采用底、中、面三层抹灰法。底层灰厚度为5～10mm，中层灰为5mm，面层灰为5mm，总厚度为15～20mm。每层灰都应用木抹子搓实，面层灰应用铁抹子压光，外壁抹灰一般采用防水砂浆五层操作法。

（5）井座与井盖一般采用铸铁制成。在井座安装前，测好标高水平再在井口先做一层100～150mm厚的混凝土封口，封口凝固后再在其上铺水泥砂浆，将铸铁井座安装好。经检查合格，在井座四周抹上1∶2水泥砂浆泛水，盖好井盖。

（6）在水泥砂浆达到一定强度后，经闭水试验合格，即可回填土。

（7）砌体砌筑质量要求如下：

1）砌体上下错缝，无通缝。

2）窨井表面抹灰无裂缝、空鼓。

3）砌筑允许偏差，见表7-2。

窨井砌筑允许偏差表　　表 7-2

项次	项　　目	允许偏差（mm）	检 验 方 法
1	轴线位置偏移	10	用经纬仪或拉线和尺量检查
2	顶面标高	±15	用水准仪和尺量检查

7.2.1.2　渗井

渗井系在污水处理不能接通下水道时，自行采取排除废水的设施。渗井应选择离房屋较远，地势低洼及土层易于渗水的地方。

渗井的大小，根据排水量的多少决定渗井的直径与深度。一般井坑挖 1m 多深，就在坑底根据中心线安放木制或混凝土制的井盘，然后在盘上砌井，用随砌随沉的办法砌筑。其砌筑过程如下：

1. 先在井坑上立好十字中心杆，用线坠将中心引到坑底，检查井盘位置无误（盘中心与坑中心重合）后，即可砌筑。

2. 按定好的井盘，用顶砌法排砖干砌。上下皮砖缝要错开搭接，井外周宽的砖缝要用碎砖填塞严密。砌完几皮用轮圆杆、十字杆及铁水平尺绕中心检查井的直径及水平。干砌遇到砖摆不平时可用干砂适当垫平，使井身保持平整垂直。

3. 每砌高 1m 左右落盘一次。落盘时将井底及井盘底下的土挖出外运，井身靠自重自然下沉。在井盘下挖土要注意四周均匀，使井身能保持对称下沉。落一次盘，要对中心和水平进行一次检查，如此数次落到设计标高为止。落盘完毕，在井底铺上卵石。

4. 根据收分坡度定出每皮砖或几皮砖收分多少，随砌随收分。砖干砌到离下水管入口下五皮砖时，开始要用砂浆砌筑，一直砌到井上口地坪为止。砌完后四周回填土夯实。砌筑渗井示意图见图 7-9 和图 7-10。

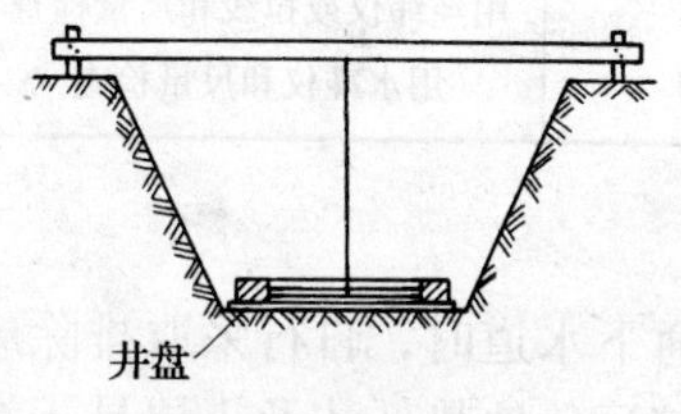

图 7-9 井坑立十字中心杆

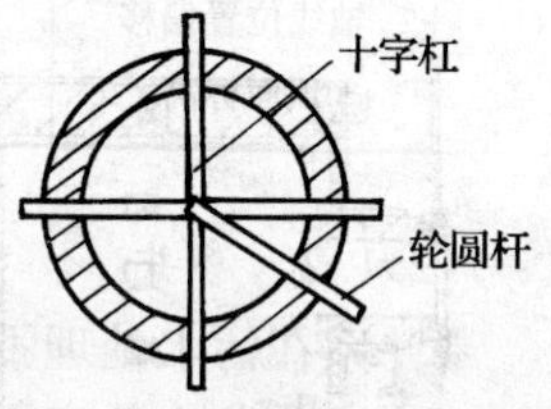

图 7-10 轮圆杆与十字杆

7.2.2 化粪池

7.2.2.1 化粪池的构造

化粪池由钢筋混凝土底板、隔板、顶板和砖砌墙壁组成。化粪池的埋置深度一般均大于 3m，且要在冻土层以下。它由设计部门编制成标准图集，根据其容量大小编号，建造时设计图上按需要的大小对号选用。图 7-11 为化粪池的示意图。

7.2.2.2 化粪池砌筑要点

1. 准备工作：

（1）烧结普通砖的强度等级必须符合设计要求，规格一致。

（2）水泥采用强度等级 32.5 或 42.5 普通或矿渣硅酸盐水泥。

（3）采用中砂，要求用 5mm 筛子过筛除去杂质，含泥量不大于 3%。

（4）采用粒径 5～40mm 的碎石或卵石，含泥量不超过 1%。

（5）其他如钢筋、预制隔板、检查井盖等，要求均已备好料。

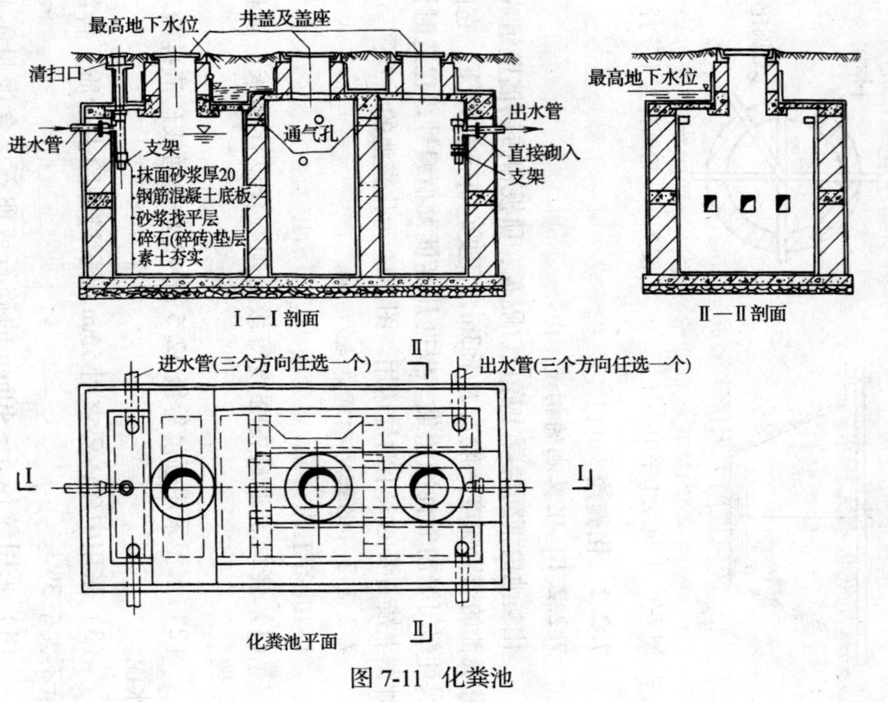

最高地下水位
井盖及盖座
清扫口
进水管
支架
抹面砂浆厚20
钢筋混凝土底板
砂浆找平层
碎石(碎砖)垫层
素土夯实
通气孔
出水管
直接砌入
支架
Ⅰ—Ⅰ剖面
最高地下水位
Ⅱ—Ⅱ剖面
进水管(三个方向任选一个)
出水管(三个方向任选一个)
Ⅱ
Ⅰ
Ⅰ
Ⅱ
化粪池平面

图 7-11 化粪池

（6）基坑定位桩和定位轴线已经测定，水准标高已确定并作好标志。

（7）基坑底板混凝土已浇好，并进行了化粪池位置的弹线。基坑底板上无积水。

（8）已立好皮数杆。

2．池壁砌筑：

（1）砖应提前1天浇水湿润。

（2）砌筑砂浆应用水泥砂浆，按设计要求的强度等级和配合比拌制。

（3）一砖厚的墙可以用梅花丁或一顺一丁砌法；一砖半或二砖墙采用一顺一丁砌法。内外墙应同时砌筑，不得留槎。

（4）砌筑时应先在四角盘角，随砌随检查垂直度，中间墙体拉准线控制平整度。砖砌隔墙应跟外墙同时砌筑。

（5）砌筑时要注意皮数杆上预留洞的位置，确保孔洞位置的正确和化粪池使用功能。

3．凡设计中要安装预制隔板的，砌筑时应在墙上留出安放隔板的槽口，隔板插入槽内后，应用1∶3水泥砂浆将隔板槽缝填嵌牢固（图7-12）。

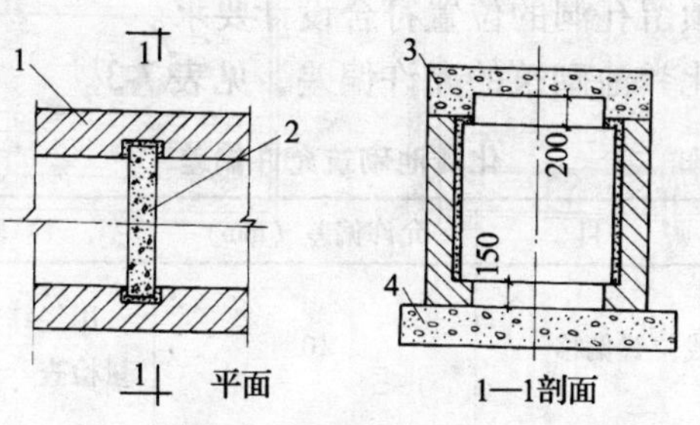

图7-12　化粪池隔板安装

1—砖砌体；2—混凝土隔板；3—混凝土顶板；4—混凝土底板

4. 化粪池墙体砌完后，即可进行墙身内外抹灰。内墙采用三层抹灰，外墙采用五层抹灰，具体做法同窨井。采用现浇盖板时，在拆模之后应进入池内检查并作修补。

5. 抹灰完毕可在池内支撑现浇顶板模板，绑扎钢筋，经隐蔽验收后即可浇筑混凝土。

顶板为预制盖板时，应用机具将盖板（板上留有检查井孔洞）根据方位在墙上垫上砂浆吊装就位。

6. 化粪池顶板上一般有检查井孔和出渣井孔，井孔要由井身砌到地面。井身的砌筑和抹灰操作同窨井。

7. 化粪池本身除了污水进出的管口外，其他部位均为封闭墙体，为此在回填土之前，应进行抗渗试验。试验方法是将化粪池进出口管临时堵住，在池内注满水，并观察有无渗漏水。经检验合格符合标准后，即可回填土。回填土时顶板及砂浆强度均应达到设计强度，以防墙体被推、移动及顶板压裂，填土时要求每层夯实，每层可虚铺30~40cm。

8. 化粪池砌筑质量要求如下：

（1）砖砌体上下错缝，无垂直通缝。

（2）预留孔洞的位置符合设计要求。

（3）化粪池砌筑的允许偏差，见表7-3。

化粪池砌筑允许偏差 **表7-3**

项次	项目	允许偏差（mm）	检验方法
1	轴线位置偏移	10	用经纬仪或拉线和尺量检查
2	砌体顶面标高	±15	用水准仪和尺量检查

续表

项次	项　　目	允许偏差（mm）	检 验 方 法
3	垂直度	5	用2m 托线板检查
4	平整度	8	用2m 靠尺和楔形塞尺检查
5	水平灰缝厚度（10 皮砖累计数）	±8	与皮数杆比较尺量检查

7.2.3　下水道铺设及闭水试验方法

7.2.3.1　下水道支干管的铺设

1．准备工作

（1）材料准备：

1）水泥：常采用强度等级 32.5 普通硅酸盐水泥或矿渣硅酸盐水泥。

2）砂子：采用中砂，砂的含泥量不得超过 5%，且应过 5mm 方孔筛筛除杂质。

3）碎石或卵石：选用粒径为 5～40mm 碎石或卵石，含泥量不得超过 2%。

4）管材准备：各种管径的管材（水泥管、陶瓦管等）按规格分别堆放，并按设计要求，检查管子的强度、外观质量。管材的强度以出厂合格证为准，凡有裂缝、弯曲、圆度变形而无法承插的或承插口破损的都不能使用。

（2）工具准备：除小型自带工具外，还须准备绳子、杠子、撬棒、脚手板等。需使用机械设备的，还需提出计划申请调配。

（3）作业条件准备：管沟或坑槽土已挖好，垫层已经完成。已做好定位放线工作，每段坡度的标高已经标注。

2. 定位放线

根据施工图中下水道支干管的窨井的坐标（或间距与方位），测定出在地面上的位置，并于每个窨井的中心钉一根临时木桩，桩上钉一个小钉，代表窨井中心，桩侧标明窨井编号及桩号。同时测出桩顶相对标高，作为土方计量、挖土深浅及放坡的依据。定位时，在每根木桩的两侧钉一对龙门桩。龙门桩的距离要考虑到挖土放坡不受影响，再用水准仪测出相对标高，在每对龙门桩上划上记号，以便钉上龙门板。整条管道的龙门板相对标高力求一致。龙门板钉好后，将相对标高注在板上，并把原来窨井中心、编号及桩号移到龙门板上，即可开始放线。

沟底宽度，一般依管径每边放出 250cm（操作余地）。放线的宽度视管径、挖土深度和土质而定。如土质坚实，挖土深度在 1.5m 以内，可按沟底宽度放线；如土质疏松，则应按规定坡度放坡。

3. 挖沟

根据管道走向定位线和龙门板确定的下挖标高开始挖土（可以人工挖或机械挖），并按土质情况确定放坡。挖好管沟后应找好坡度，坡度由龙门板标高控制。在寒冷地区，还应注意管沟的深度必须深于冻土层。如果管沟内有积水或地下水，应做好排水工作，方法是每隔一段距离在沟槽底一侧挖一集水坑，用污水泵抽水排除。

4. 浇筑垫层

通常管道的垫层采用混凝土浇筑，如果是管径较小的支管，也可以用碎砖或碎石经夯实作垫层。

5. 铺管

（1）下管：先将需要铺设的管子运到基槽边，但不允许滚动到基槽边。下管时应注意管子承插口的方向。

（2）就位顺序：管子的就位应从底处向高处，承插口应处于高的一端，如图7-13。

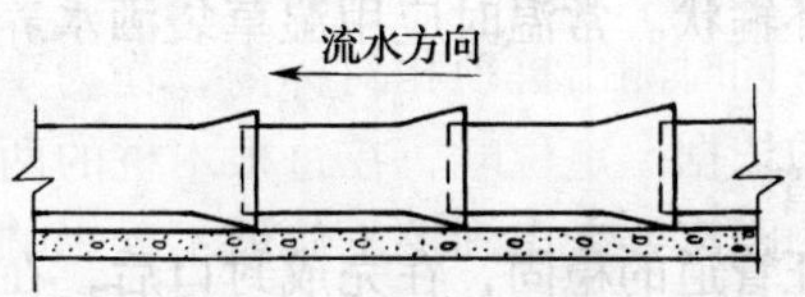

图7-13　管子就位顺序

（3）就位：当管子到位后，应根据垫层上面弹出的管线位置对中放好，两侧可用碎砖先垫牢卡住。第一节管子应伸入窨井位置内，其深入长度根据井壁厚度确定，一般管口离井内壁约5cm。承插第二节管子时，应先在第一节管子的承插口下半圈内抹上一层砂浆，再插第二节管，使管口下部先有封口砂浆，以便于下一步封口操作。每节管都依此方法进行，直至该段管子铺设完成。

从第二个窨井起，每个窨井先摆上出水管，但此管暂时不窝砂浆，先做临时固定，待井壁砌到进水管底标高时，再铺进水管。

穿越窨井壁的进、出水管周围要用1:3水泥砂浆窝牢，嵌塞严密，并将井内、外壁与管子周围用同样砂浆抹密实。

当井壁砌过进、出水管面后，井内管子两旁要用砖头砌成半圆筒形，并用1:2.5水泥砂浆抹成泛水，抹好后的形状如对剖开管子（俗称流槽），使水流集中，增加冲力。如果管子在窨井处直交或斜交，抹好后形状如剖开弯头，但弯头的外向应高于内向，以缓冲水的离心力，有利排水。

6. 封口、窝管

(1) 封口

用1∶2水泥砂浆将承插口内一圈全部填嵌密实，再在承插口处抹成环箍状。常温时应用湿草袋洒水养护，冬季应作保温养护。

(2) 窝管

为了保证管道的稳固，在完成封口后，在管子两侧用混凝土填实做成斜角（叫做窝管）。窝管的形状，如图7-14。

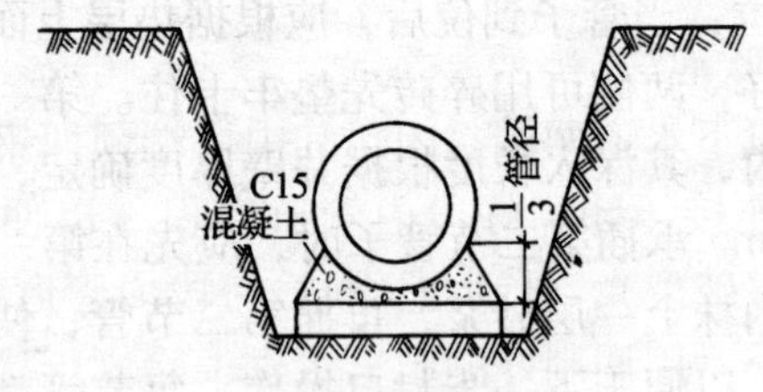

图7-14　窝管形状

拍填混凝土时，注意不要损伤接口处，并应避免敲击管子。窝管完毕与封口一样养护。

7.2.3.2　下水道闭水试验方法

下水道因接头多，通常分段进行试验。试验方法如下：

1. 分段满灌法

将试验段相邻的上、下窨井管口封闭（用砖和黏土砂浆密封或用木板衬垫橡皮圈顶紧密封），然后在两窨井之间灌水，水要高出管面（特别是进水管面），接着进行逐根检查，如有渗水现象，说明接头不严密，应即修补。渗出水量标准，见表7-4。

1000m 长管道在一昼夜内允许渗出水量　　表 7-4

管　材	管径（mm）								
	小于150	200	250	300	350	400	450	500	600
	渗水量（m^3）								
钢筋混凝土管 混凝土管 水泥管	7	20	24	28	30	32	34	36	40
缸瓦管	7	12	15	18	20	21	22	26	28

注：1. 排放腐蚀性污水的管道，不允许渗漏。

2. 当地下水位不高出管顶 2m 时，可不做渗水量试验。

2. 充气吹泡法

将试验段下水道两端封闭，其中一端预埋钢管一根，以便与空压机连接，计算好段内管道容积（以便控制送气数量，防止管道破裂），开动空压机，待段内管道充满空气后，把充气阀拧小。用调制好的肥皂水逐根涂刷于接头处，如发现有吹泡现象，说明接头不严密，会渗水，应即修补好。

3. 定压观察法

将试验段两端密封，以水压泵代替空压机与预埋管连接，把段内管道用泵注满水，观察水压表读数并关紧阀门，若发现水压表的读数下降，说明段内管子渗水，应逐根检查。有渗水毛病的要及时修好。

4. 送烟检查法

将试验段管子一端封闭，在另一端把点燃的杂草或稻草塞入管中，用打气筒送风，若发现某节管有冒烟现象，说明接头处不够严密，会渗水，应修到不冒烟为止。

以上是下水道工程常用的试验方法，可根据施工具体情况进行选用。管道经试验修补好后，应立即进行回填土。

在回填土时应注意，不能填入带有碎砖、石块的黏土，以免砸坏管子。回填时应在管子两侧同时进行，并用木锤捣实，但用力要均匀，以防管子走动，回填土应比原地面高出5~10cm，使日后回填土下沉，管槽不致积水。

7.2.3.3 质量要求

1. 闭水试验合格。

2. 管道的坡度符合设计要求和施工规范规定。

3. 接口填嵌密实，灰口平整、光滑，养护良好。

4. 接口环箍抹灰平整密实，无断裂。

5. 管道允许偏差，见表7-5。

管道允许偏差和检验方法　　表7-5

<table>
<tr><th>项次</th><th colspan="2">项　目</th><th>允许偏差（mm）</th><th>检 验 方 法</th></tr>
<tr><td rowspan="2">1</td><td rowspan="2">坐标</td><td>埋地铺设</td><td>50</td><td rowspan="6">用水准仪（水平尺）直尺，拉线和尺量检查</td></tr>
<tr><td>在沟槽内</td><td>20</td></tr>
<tr><td rowspan="2">2</td><td rowspan="2">标高</td><td>埋地</td><td rowspan="2">±10</td></tr>
<tr><td>铺设在沟槽内</td></tr>
<tr><td rowspan="2">3</td><td rowspan="2">水平管道纵横方向弯曲</td><td>每米</td><td>2</td></tr>
<tr><td>全长</td><td>不大于50</td></tr>
</table>

7.3 地面砖（块）和块石路面铺筑

7.3.1 地面砖（块）路面铺设

砖（块）墁地面多用于室内地面及室外人行道、散水等处。

7.3.1.1 砖（块）地面的适用范围及构造

1. 普通黏土砖地面

适用于临时房屋和仓库及农用一般房屋的室内地面；室外用于庭院、小道、走廊、散水等。

2. 水泥砖

水泥平面砖适用于铺砌庭院、甬道、上人屋面、平台等的地面面层；水泥格面砖适用于铺砌人行道、便道和庭院等。

3. 缸砖

缸砖面层适用于要求坚实耐磨、不起尘或耐酸碱、耐腐蚀的地面面层，如实验室，厨房、外廊等。

4. 预制混凝土块板

混凝土块板具有耐久、耐磨和施工简便快速等优点，并便于翻修。常用于工厂区和住宅区的道路，路边人行道和工厂的一些车间地面，公共建筑的通道、通廊等。

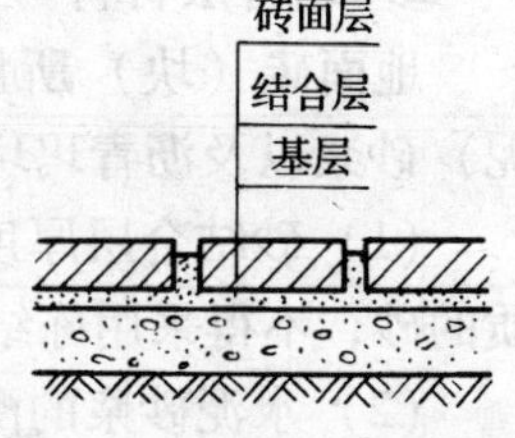

图 7-15 砖面层构造示意

砖面层构造见图 7-15。

7.3.1.2 地面砖（块）材料

1. 面层材料

（1）烧结普通砖

一般砌筑用砖，要求外形尺寸一致、不挠曲、不裂缝、无缺角，强度等级不低于 MU7.5。

（2）缸砖

一般规格有 100mm × 100mm × 10mm 和 150mm × 150mm × 10mm，要求外观尺寸准确、密实坚硬、表面平整、颜色一致、无黑斑、不裂、不缺损。

（3）水泥砖

水泥平面砖常用规格为 200mm × 200mm × 25mm；格面

砖有9分格和16分格两种，常用规格有250mm×250mm×30mm、250mm×250mm×50mm等。要求强度符合设计要求，边角整齐、表面平整光滑。

(4) 预制混凝土块板

预制混凝土块板，一般有正方形，长方形和多边六角形。常用规格有495mm×495mm，路面块厚度不应小于100mm；人行道及庭院块厚度应大于50mm。要求外观尺寸准确，边角方正，无扭曲、缺楞、掉角、表面平整，强度不应小于20N/mm^{2}或符合设计要求。

2. 结合层材料

地面砖（块）所用结合层材料，多采用砂、石灰（水泥）砂浆以及沥青玛琋脂等。

(1) 砂结合层厚度为20~30mm。应采用洁净无有机杂质的砂，不得采用冻结的砂块，使用前应过筛。

(2) 水泥砂浆的配合比为水泥∶砂=1∶2或1∶2.5，稠度为2.5~3.5cm。水泥应采用强度等级不低于32.5的水泥。

砂浆结合层厚度为10~15mm。

(3) 沥青玛琋脂，常采用石油沥青玛琋脂，厚度为2~5mm，其标号可按设计要求经过试验确定。

7.3.1.3 砖（块）地面铺砌工艺

1. 工艺流程

准备工作→拌制砂浆→排砖组砌→铺地砖→养护，清扫干净。

2. 铺筑要点

砖（块）铺地面分坐浆铺砌和干砂铺筑两种。

(1) 准备工作

1) 做好材料进场材质的检查验收工作。验收时凡是有裂缝、掉角和表面有缺陷的板块，应予剔出或放在次要部位使用。品种不同的地面砖不得混杂使用。

2）铺设前，要先将基层清理、冲洗干净，使基层达到湿润。砖面层铺设在砂结合层上之前，砂垫层结合层应洒水压实，并用刮尺刮平；如砖面层铺设在砂浆结合层上，应先找好规矩，并按地面标高留出地面砖的厚度贴灰饼，拉基准线每隔1m左右冲筋一道，然后刮素水泥浆一道，用1:3水泥砂浆打底找平，砂浆稠度控制在3cm左右。找平层铺好后，待收水即用刮尺板刮平整，再用木抹子搓平整。对厕所、浴室的地面，应由四周向地漏方向找好坡度。铺时有的要在找平层上弹出十字中心线，四周墙上弹出水平标高线。

3）制备砂浆。地面砖铺筑砂浆，当用于烧结普通砖、缸砖地面的铺筑时，可用1:2或1:2.5水泥砂浆（体积比），稠度2.5~3.5cm；

断面较大的水泥砖可采用1:3干硬性水泥砂浆（体积比），以手握成团，落地开花为准；

预制混凝土块粘结层，一般采用M5水泥混合砂浆；

用于作路面25cm×25cm水泥方格砖的铺砌，可采用1:3白灰干硬性砂浆（体积比），以手握成团，落地开花为准。

（2）排砖形式

地面砖面层一般根据砖的不同采用不同的排砌方法。烧结普通砖的铺砌形式有“直缝式”、“席纹式”“及人字式”等，见图7-16。散水排砖形式，见图7-17。

（3）烧结普通砖、缸砖及水泥砖的铺筑要点

1）在砂结合层上铺筑

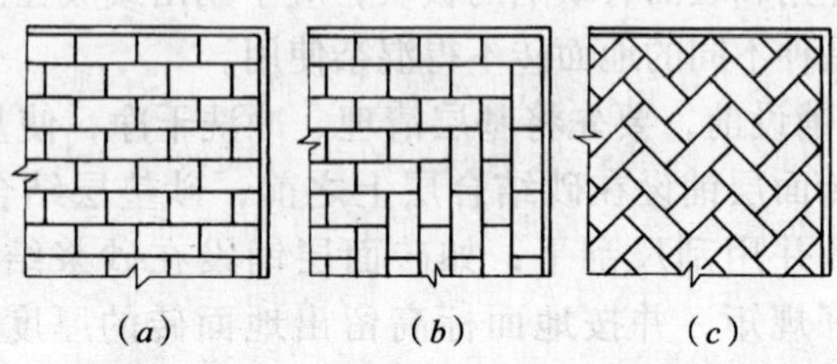

图 7-16　烧结普通砖铺地形式
(a) 直缝式；(b) 席纹式；(c) 人字式

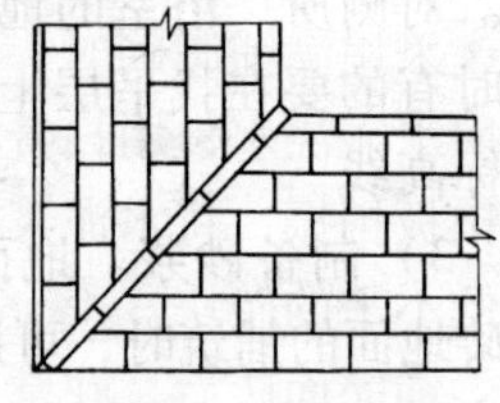

图 7-17　砖散水

① 按设计要求进行预排砖。如在室内，首先应沿墙定出十字中心线，由中心向两边预排砖试铺；如铺筑室外道路，应在道路两头各砌一排砖找平，以此做为标筋，然后先铺好边角斗砖，再码砌路面。

② 在找平层上铺一层 15 ~ 20mm 厚的砂子，并洒水压实，用刮尺找平，按标筋架线，随铺随砌筑。砌筑时上楞跟线以保证地面和路面平整，其缝隙宽度不大于 2 ~ 3mm，并用木锤将砖块敲实。

③ 填缝前，应适当洒水并将砖拍实整平。填缝可用细砂、水泥砂浆。用砂填缝时，可先用砂撒于路面上，再用扫帚扫入缝中。用水泥砂浆填缝时，应预先用砂填缝至一半的高度，再用水泥砂浆填缝扫平。

2）在水泥或石灰砂浆结合层上铺筑

① 在房间纵横两个方向排好尺寸，缝宽以不大于 1cm 为宜，当尺寸不足整块砖的位数时，可裁割半块砖用于边角处；尺寸相差较小时，可调整缝隙。根据确定后的砖数和缝

宽，在地面上弹纵横控制线，约每隔四块砖弹一根控制线，并严格控制方正。

② 从门口开始，纵向先铺几行砖，找好规矩（位置及标高），以此为标筋，从里面向外退着铺砖，每块砖要跟线。铺砌时，先在基层涂水泥浆，砖的背面抹铺砂浆，厚度不小于10mm，然后将抹好灰的砖，码砌到基层上。砖上楞要跟线，用木锤敲实铺平。铺好后，再拉线拨缝修正，清除多余砂浆。

③ 铺砌后用1:1水泥砂浆勾缝，要求勾缝密实，缝内平整光滑，深浅一致。

采用满铺满砌时，在敲实修正好的面砖上撒干水泥面，并用水壶浇水，用扫帚将水泥浆扫入缝内，将其灌满并及时用拍板拍振，将水泥浆灌实，最后用干锯末扫净，同时修正高低不平的砖块。

铺完面砖后，在常温下放锯末浇水养护48h。3d内不准上人，整个操作过程应连续完成，避免重复施工，影响已贴好的砖面。

（4）混凝土块板铺筑要点

1）铺砌前，如道路两侧有路边石（俗称路牙子），应找线、挖槽，埋设混凝土路边石，其上口要找平，找直。道路两头按坡度走向要求各砌一排预制混凝土块找准，并以此做为标筋，码砌道路全部预制混凝土块。

2）在已打好的灰土垫层上铺一层2.5cm厚的M5水泥混合砂浆，随铺浆、随码砌。上楞跟线以保证路面的平整，其缝宽不应大于6mm，并用木锤将预制混凝土块敲实，同时将路边石培土保护，缝隙用细干砂填充。

路面预制混凝土板块铺完后应养护3d，在此期间不准上人、行车。

7.3.2 块石路面铺砌

块石路面是用不整齐的大卵石和片石铺砌的。它的构造分别为：基层、垫层、找平层、结合层和面层。使用的垫层和结合层材料一般为煤渣、灰土、砂、碎石。

1. 在平整的基层上，按设计规定均匀铺摊垫层，经压实后即可铺排面层块石。

2. 铺砌前，应先根据标桩及设计标高，定出道路中心线和边线控制桩，再根据路面和路的拱度和横断面的形状要求，在纵横向间距2m左右的地方设置标志石块，然后按线铺砌面石。

3. 铺砌一般从一端开始，在路面的全宽上同时进行。先选用较大的块石铺在路边缘上，再挑选适当尺寸的石块铺砌中间部分。路边块石的铺砌进度，可以比路中块石铺砌进度超前5～10m。砌排的块石要求，应将小头朝下，平整面、大面朝上，块石之间必须嵌紧、错缝，表面平整。

4. 铺砌石块时除用手锤敲打铺实外，还需在块石铺砌完毕后，嵌缝压实。大卵石路面，第一次用碎石填缝，夯打，第二次用石屑嵌缝，小型压路机压实；片石路面用煤渣屑嵌缝，先夯打，后用轻型压路机压实。

7.3.3 质量要求及检验方法

1. 地面砖铺砌质量标准及检验方法，见表7-6。

2. 烧结普通砖、水泥砖、缸砖地面的允许偏差，见表7-7。

3. 预制混凝土块和水泥方格砖路面允许偏差，见表7-8。

地面砖铺砌质量标准检验方法　　　　表 7-6

项　目	合　格	优　良	检验方法
工　序	施工方法		要　求
板块面层的表面质量	色泽均匀，板块无裂缝、掉角和缺楞等缺陷	表面清洁、图案清晰、色泽一致、接缝均匀、周边顺直，板块无裂纹、掉角和缺楞等现象	目测、尺量法检验
地漏和供排出液体用的带有坡度的面层	坡度满足排出液体要求，不倒泛水、无渗漏	坡度符合设计要求，不倒泛水，无积水，与地漏（管道）结合处严密牢固，无渗漏	尺量法检验
楼梯踏步和台阶的铺贴	缝隙宽度基本一致；相邻两步高差不超过15mm，防滑条顺直	—	尺量法检验
楼地面镶边	面层邻接处的镶边用料及尺寸·符合设计要求和施工规范规定	面层邻接处的镶边用料及尺寸符合设计要求和施工规范规定，边角整齐、光滑	目测、尺量法检验
路面排水	路面的坡向、雨水口等符合设计要求，泄水畅通	路面的坡向、雨水口等符合设计要求，泄水畅通、无积水现象	尺量法检验

续表

项　目	合　格	优　良	检验方法
工　序	施工方法		要　求
预制混凝土块路面	铺设稳固，有轻微松动的板块不超过检查数量的5%；无缺楞掉角	铺设稳固、表面平整、无松动和缺楞掉角，缝宽均匀、顺直	目测、尺量与敲击检验
各种路面的路边石	路边石顺直、高度基本一致	路边石顺直、高度基本一致、棱角整齐	目测、尺量法检验

烧结普通砖、缸砖的允许偏差（mm）　　表 7-7

项次	项　目	缸砖、大水泥砖	烧结普通砖		检验方法
			砂垫层	水泥砂浆垫层	
1	表面平整度	4	8	6	用2m靠尺及楔尺形塞尺检查
2	缝格平直	3	8	8	拉5m线，不足5m拉通线和尺量检查
3	接缝高低差	1.5	1.5	1.5	尺量及楔形塞尺检查
4	板块间隙宽度不大于	2	5	5	尺量检查

预制混凝土块和水泥方格砖路面允许偏差　　表 7-8

项次	项　　目	允许偏差（mm）	检 查 方 法
1	横坡	0.2/100	用坡度尺检查
2	表面平整度	7	用 2m 靠尺及楔形塞尺检查
3	接缝高低差	2	用直尺和楔形塞尺检查

8 季节施工常识、班组管理、估工估料和本工种施工方案编制知识

8.1 季节施工常识

我国幅员辽阔，气候差异很大，而砖砌体工程的砌筑大多是露天作业，直接受到气候变化的影响。在正常气温时期，可以按常规操作，但在气温较低的冬期及夏季，多雨季节和台风季节，由于天气变化，在施工中要采取一定的措施，才能保证工程质量。

8.1.1 冬期施工

按照现行的《砌体工程施工质量验收规范》GB 50203—2002 规定，当室外日平均气温连续 5d 稳定低于 5℃时，砌体工程即进入冬期施工。

冬期砌砖突出的问题是砂浆遭受冰冻，砂浆中的水在 0℃以下结冰，使水泥得不到水分而不能“水化”，砂浆不能凝固，砌体强度降低，另外砂浆解冻后砌体出现沉降。因此，要采取有效措施，使砂浆达到早期强度，即保证在砌筑冬期能正常施工又保证砌体的质量。

8.1.1.1 冬期施工的基本要求

1. 施工工地要做好冬期施工准备工作，如搭设搅拌机保温棚、水管进行保温、砌筑烧热水的简易炉灶、准备保温

材料（如草帘等)、购置抗冻剂（一般多采用食盐）等。

2．冬期砌筑所用材料应符合以下要求：

(1) 砖和石材在砌筑前，应清除冰霜，砖在气温高于0℃时，可适当浇水润湿；在0℃和0℃以下时，可不浇水但必须增大砂浆的稠度；

(2) 砂浆宜采用普通硅酸盐水泥拌制，不宜用石灰砂浆、黏土砂浆或石灰黏土砂浆；

(3) 石灰膏和电石膏等应保温，防止受冻。如遭冻结，应经融化后方可使用，受冻而脱水风化的石灰膏不可使用；

(4) 砂应过筛，并不得含有冰块和直径大于1cm的冻结块；

(5) 拌合砂浆时，宜采用两步投料法水的温度不得超过80℃，砂的温度不得超过40℃；

砂浆使用温度应符合以下规定：

1) 采用掺外加剂法时，不应低于+5℃；

2) 采用氯盐砂浆法时，不应低于+5℃；

3) 采用暖棚法时，不应低于+5℃。

(6) 现场材料应分类集中堆放，必要时应遮盖，以防霜冻侵袭。

3．冬期砌筑砂浆的稠度可参见表8-1。

冬期砌筑用砂浆的稠度参考 **表8-1**

砌体种类	稠度（cm）
砖砌体	8~13
人工砌的毛石砌体	4~6
振动的毛石砌体	2~3

4．冬期砌筑砖石结构时所用的砂浆温度不低于表 8-2 的规定。

冬期砌筑砖石的砂浆温度参考　　表 8-2

空气温度（℃）	砂浆在砌筑时的温度（℃）	
	冻结法	抗冻砂浆法
－10 以上	+10	+5
－10 ~ －20	+15	+10
－20 以下	+20	+15

5．砂浆在搅拌、运输、储放过程中要进行保温。严禁使用已遭冻结的砂浆。

6．采用暖棚法施工，块材在砌筑时的温度不应低于 +5℃，距离所砌的结构底面 0.5m 处的棚内温度也不应低于 +5℃。

7．在暖棚内的砌体养护时间，应根据暖棚内温度，按表 8-3 确定。

暖棚法砌体的养护时间（d）　　表 8-3

暖棚的温度（℃）	5	10	15	20
养护时间（d）	≥6	≥5	≥4	≥3

8．在冻结法施工的解冻期间，应经常对砌体进行观测和检查，如发现裂缝、不均匀下沉等情况，应立即采取加固措施。

9．当采用掺盐砂浆法施工时，宜将砂浆强度等级按常温施工的强度等级提高一级。

10．配筋砌体不得采用掺盐砂浆法施工。

11. 基土为不冻胀土时，基础可在冻结的地基上砌筑；基土为冻胀土时，必须在未冻的地基上砌筑。施工时和回填土前，均应防止地基遭受冻结。

12. 砖砌体的灰缝宽度宜在 8~10mm，砂浆饱满，灰缝要密实。宜采用“三一”砌筑法。每天砌筑后应在砌体表面覆盖保温材料。

8.1.1.2 冬期砌筑工程施工方法

冬期砌筑工程施工方法，主要有蓄热法，掺盐砂浆法（抗冻砂浆法）和冻结法三种。

1. 蓄热法

适用于冬期正、负温差不大、夜间冻结白天解冻的地区。根据这种特点，充分利用中午气温较高时加快砌筑进度，完工后用草帘将墙体覆盖，使墙体内的热量和水泥产生的“水化热”不易散失，保持一定温度，使砂浆在未受冻前获得所需强度。

2. 抗冻砂浆法

根据砂浆在具有一定强度（约 20% 左右）后再遭冻结，解冻后砂浆强度还会继续增长的原理，在砂浆中掺入一定数量的抗冻化学附加剂，起到降低砂浆中水的冰冻点，在 0℃时不结冰，其和易性没有破坏，使砂浆在一定负温下不冻并能继续缓慢地增长强度，这样就保证了砌筑质量。

常用的抗冻剂有氯化钠（食盐）、氯化钙、亚硝酸钠等。使用抗冻剂时可根据当地的供应情况和大气温度确定掺入量，一般情况下的掺用量如表 8-4 所示。

常用食盐氯化钠或氯化钙，对配筋砌体和有预埋锚栓或预埋件的砌体，应掺用碳酸钾、亚硝酸钠或硫酸钠等复合外加剂，其掺量见表 8-5 ~ 表 8-7。

掺盐砂浆的掺盐量（占用水量的%）　　表 8-4

项次	日最低气温			等于和高于 -10℃	-11℃ ~ -15℃	-16℃ ~ -20℃	低于 -20℃
1	单盐	氯化钠	砌砖、砌块、	3	5	7	—
			砌石	4	7	10	—
2	复盐	氯化钠	砌砖	—	—	5	7
		氯化钙	砌块	—	—	2	3

注：1. 掺量以无水盐计。

2. 日最低气温低于 -20℃时，砌石不宜施工。

碳酸钾、亚硝酸钠掺量表　　表 8-5

（占用水量的质量分数%）

日最低气温（℃）	碳酸钾	亚硝酸钠
-10	5	5
-11 ~ -15	7	10
-16 ~ -20	11	15

硫酸钠 + 亚硝酸钠掺量表　　表 8-6

（占用水量的质量分数%）

日最低气温（℃）	硫酸钠	亚硝酸钠
-10 以上	2	4
-11 ~ -20	2	6
-16 ~ -20	2	8

氯化钠+亚硝酸钠掺量表　　　　表 8-7

（占用水量的质量分数%）

日最低气温（℃）	氯化钠	亚硝酸钠
-11 以上	2	3
-11 以上	3	5

采用抗冻砂浆砌墙，当设计无规定时，如平均气温低于-10℃，应将砂浆强度等级较常温施工时提高一级。

抗冻砂浆掺入食盐时，应先调制成食盐溶液，然后投入搅拌。其方法是将干燥的食盐溶解于约+40℃的温水中，用比重计测定其相对密度计算其含量，以控制食盐在砂浆中的掺量。

每个砂浆搅拌站应设置两个盐水桶（边长 1m，深 1.2m）。浓盐水桶放含量为20%盐水，浓度可用波美氏比重计检查控制；稀盐水桶为当日使用的掺盐量的盐水，其浓度可用注入桶内的浓盐水与清水的比例来控制。

盐水浓度与相对密度的关系，见表 8-8。

食盐水浓度与相对密度关系　　　　表 8-8

浓度（%）	1	2	3	4	5	6	7	8	9	10	11	20
相对密度	1.005	1.013	1.020	1.027	1.034	1.041	1.049	1.056	1.063	1.071	1.078	1.086

为了保证砂浆在铺筑时温度不低于+5℃，其加热温度应根据气温情况而异，见表 8-9。

氯化砂浆的温度要求　　表 8-9

室外温度（℃）	搅拌后的砂浆温度（℃）	
	无风天气	有风天气
0 ~ −10	+10	+15
−11 ~ −20	+15 ~ +20	+25
−21 ~ −25	+20 ~ +25	+30
−26 以下时	不得施工	不得施工

若需在掺盐砂浆中掺微沫剂，盐类溶液和微沫剂溶液必须在拌合中先后加入。

采用掺盐砂浆砌筑时，应对拉结筋等预埋铁件作好防腐处理。方法是涂樟丹漆、沥青漆或防锈涂料。

对于发电厂、变电所等工程及装饰要求较高的工程，湿度大于 60% 的工程、经常受高温（40℃以上）影响的工程，经常处于水位变化的工程，不可采用抗冻砂浆法。

3. 冻结法

冻结法是用不掺有任何化学附加剂的普通砂浆进行砌筑的一种施工方法。这种方法允许砂浆在凝固前冻结，砂浆和砖冻结在一起，保持砌体的初始的稳定。砂浆要经历冻结、融化、硬化三个阶段。解冻后的砂浆虽仍继续增长强度并与砖粘结，但其粘结力有不同程度的降低，而且砌体在融化阶段还可能出现变形。所以在采用冻结法施工时，既要考虑砂浆融化时的砌体强度，又要考虑砌体产生沉降时的稳定。因此，在采用冻结法施工时要考虑以下几点：

（1）冻结法施工时，砂浆使用时的温度不应低于 +10℃，如设计中无要求时，当平均温度在 −25℃以上时，砂浆强度等级提高一级；当平均气温低于 −25℃时，则应提高二级。

(2) 为了保证采用冻结法砌筑的砌体在解冻时的稳定性，应采取以下措施：

1）在墙的拐角处、交接处和交叉处每50cm设置拉结筋一道（图8-1）。

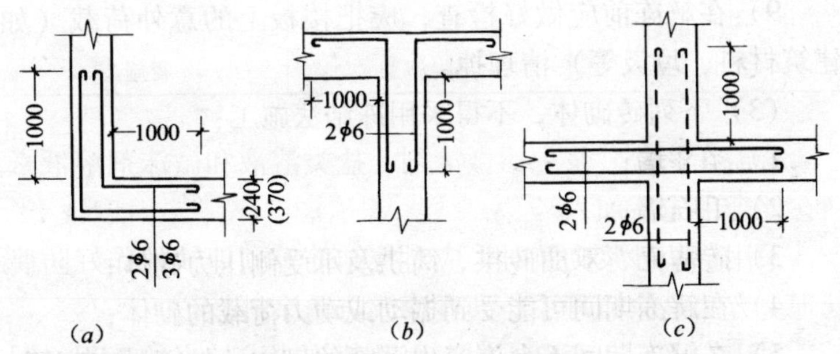

图8-1　拉结筋示意

（a）外墙转角；（b）内外墙交接；（c）内墙交叉

2）当每一层楼的砌体砌筑完毕后，应及时安装（或浇筑）梁板或屋盖。当采用预制构件时，应将其端部锚固在墙砌体中。

3）支承跨度较大的梁，过梁及悬臂梁的墙，在解冻来临前，应该在梁的下面加设临时支柱，并加楔子用以调整结构的沉降量。

4）门窗洞口上部应预留砌体的沉降缝隙，宽度不小于5mm。砌体中的孔洞、凹槽、接槎等在开冻前应填砌完毕。

5）每天砌筑高度及临时间歇的砌体高差均不得大于1.2m。砌筑时一般应采用一顺一丁砌筑法，砌体灰缝控制在8～10mm。

6）跨度大于0.7m的门窗过梁，一般应采用钢筋混凝土预制过梁。

7）在墙和基础中，不允许留设未经设计部门同意的水平槽和斜槽。

8）墙砌体内如搁置大梁，其上需预留1～2cm的空隙，以利解冻砌体沉降。

9）在解冻前应做好检查，应把楼板上的意外荷载（如建筑材料、垃圾等）清理掉。

（3）下列砖砌体，不得采用冻结法施工：

1）空斗墙；

2）毛石墙；

3）砖薄壳、双曲砖拱、筒拱及承受侧压力砌体；

4）在解冻期间可能受到振动或动力荷载的砌体；

5）在解冻期间不允许产生沉降的砌体，如筒拱支座等；

6）混凝土小型空心砌块砌体。

除了以上三种方法外，还有暖棚法、蒸汽法和电热法等。这几种方法一般用于个别荷载很大的结构，急需使局部砌体具有一定强度和稳定性。这些方法，由于费用较大，一般不宜采用。

冬期施工采用哪一种施工方法较好，要根据当地的气温变化情况和工程的具体情况而定，一般以采用抗冻砂浆法或蓄热法为宜。严寒地区适用冻结法。

8.1.2 雨期施工

8.1.2.1 雨期施工对砌体工程的影响

雨期，砖淋雨后吸水过多，表面会形成水膜；同时，砂子含水率大，也会使砂浆稠度值增加，易产生离析。这样，对砌体质量将产生以下影响：

1. 砌筑时，会出现砂浆被挤出砖缝，产生坠灰现象，使砖浮滑放不稳。

2. 当砌上皮砖时，由于上皮灰缝中的砂浆挤入下皮砖的浆口“花槽”中，下皮砖产生向外移动，凸出墙面，使砌筑工作不能顺利进行。

3. 竖缝的砂浆，易被雨水冲掉，使水平缝的压缩变形增大，墙砌的越高，变形越大。

这样，轻则产生墙面凹凸不平，重则会引起墙身倒塌。

8.1.2.2 雨期施工的防范措施

1. 砖应集中堆放在地势高的地点，并覆盖芦席、苫布等，以减少雨水的大量浸入。

2. 砂子应堆在地势高处，周围易于排水。拌制砂浆的稠度值要小些，以适应多雨天气的砌筑。

3. 适当减小水平灰缝的厚度，以控制在8mm左右为宜。铺砂浆不宜过长，宜采用“三一”砌筑法。

4. 运输砂浆时要加盖防雨材料，砂浆要随拌随用，避免大量堆积。每天砌筑高度限在1.2m。

5. 收工时应在墙面上盖一层干砖，并用草席覆盖，防止大雨把刚砌好的砌体中的砂浆冲掉。

对蒸压（养）灰砂砖、粉煤灰砖及混凝土小型空心砌块砌体，雨天不宜施工。

6. 对脚手架、道路等采取防止下沉和防滑措施，确保安全施工。

8.1.3 夏季施工

8.1.3.1 夏季施工对砌体工程的影响

在炎热、高温干燥和多风的夏季，砌筑工程由于砂浆铺在墙上或砌筑的灰缝很快就会干燥、酥松，变得毫无粘结力，这就是砂浆脱水现象。

产生砂浆脱水的原因，主要是：砖块和砂浆中的水分在干热气候条件下急剧蒸发，砂浆中的水泥还没有很好地“水化”就开始失水，这样无法产生强度，从而严重影响了砌体的有效粘结，使砌体质量受到影响。

8.1.3.2 夏季施工的防范措施

1. 砖在使用前应充分浇水，使砖周边的水渍痕达到2cm左右为宜，砂浆的稠度值可以适当增大，铺灰面不要太大，防止砂浆中的水分蒸发过快。砂浆也应随拌随用。

2. 在特别干燥炎热的时候，每天完成可砌高度的墙后，可以在砂浆已初步凝固的条件下，往墙上适当浇水养护，补充被蒸发的水分，以保证砂浆强度的增长。

3. 在有台风的地区要注意以下几点：

（1）控制墙体的砌筑高度，以减少受风面积；

（2）在砌筑时，最好四周墙同时砌，以保证砌体的整体性和稳定性；

（3）控制砌筑高度以每天一步架为宜；

（4）为了保证砌体的稳定性，脚手架不要依附在墙上；

（5）无横向支撑的独立山墙、窗间墙、独立柱子等，应在砌好后适当用木杆、木板进行支撑，防止被风吹倒。

季节施工时，还要根据具体施工条件，制定相应的措施，做到符合客观规律，保证工程质量。

8.1.4 季节施工安全注意事项

8.1.4.1 冬期施工

1. 要清除脚手架上的冰和霜雪，增强防滑措施。

2. 雪后要认真检查安全设施、脚手架和电气线路的完好情况。

3. 对蒸气和热水管道应有明显标志，防止人员烫伤。

4. 现场使用明火应有审批手续，备足消防设施。

5. 使用化学外加剂（如亚硝酸钠等），应防止误食和中毒。对于腐蚀性强的外加剂，也应弄清其性能。

8.1.4.2 雨期施工

1. 脚手板等应增设防滑设施。

2. 金属脚手架和高耸设备，应有防雷接地设施。

3. 霉雨季节，人易受寒，要备好姜汤和药物以驱除寒气。

8.1.4.3 夏季施工

1. 做好防暑降温工作，备有足够的盐水和饮料，适当延长中午休息时间。

2. 尽量避免在阳光直射下操作，要调整休息时间。

8.2 班组管理工作

8.2.1 班组管理的重要性

班组是企业的细胞，企业的各项目标的实施，生产任务的完成，最终都要落实到生产班组。班组管理的好坏，直接关系到企业的产量、质量、效益以及安全生产，因此，必须通过科学管理，采用先进施工工艺和操作技术，优质快速安全地完成生产任务，为提高企业的经济效益奠定基础。

班组管理是一项综合性的管理。企业管理中的许多基础工作，如施工过程中的原始记录、计量、安全操作、技术档案、施工规范和操作规程、工程质量检验评定等都要由班组落实。因此，班组管理是企业基础管理工作的一项重要内容。

班组是进行两个文明建设、培养和锻炼工人队伍的主要阵地。因此，必须重视班组建设，加强班组管理工作。

8.2.2 班组的中心任务和主要工作内容

1. 班组的中心任务

班组要以搞好生产、提高经济效益为中心，全面完成领导下达的生产任务或承包任务以及各项经济技术指标，为促进物质文明和精神文明建设，为办好具有中国特色的社会主义企业做出贡献。

2. 班组的主要工作内容

围绕搞好生产、提高经济效益这一中心，班组的主要工作是：

(1) 教育职工坚持四项基本原则，模范地执行党和国家的方针、政策和法令，遵守社会公德和职业道德。

(2) 结合生产任务和承包任务，积极总结推广先进经验，大力开展技术革新和合理化建议活动，保证全面完成作业计划或承包任务。

(3) 组织班组成员积极参加政治、文化、技术、业务学习，大力开展岗位练兵和互帮互教活动，不断提高班组成员的素质。

(4) 加强班组民主管理，以质量管理为重点，以岗位责任制为基础，建立、健全各项管理制度，不断提高班组的科学管理和民主管理水平。

(5) 搞好安全技术教育，精心维护保养设备，认真执行劳动保护法规和操作规程，保持生产（工作）场地整洁，做好劳动保护和环境保护工作，力争消除伤亡事故、尘毒危害和三废污染，努力做到安全生产和文明生产。

(6) 关心组员身体健康和生活，搞好互助互济，做好计划生育工作，开展各种有益的文体活动。

8.2.3 班组建设

为了充分发挥班组在生产中的作用，一般在班组内设置班组长、工会组长、班组干事，负责班组管理工作。

8.2.3.1 班组长的职责

1. 围绕生产任务，组织全班组成员认真讨论编制作业计划，合理安排人力、物力，保证各项工程优质、高效地完成。

2. 带领全班组成员认真贯彻执行各项规章制度，遵守劳动纪律，组织好安全生产。

3. 组织全班组成员努力学习文化，钻研技术，开展“一专多能”的活动，不断提高劳动生产率。

4. 做好文明施工，做到工完场清、活完料净。

5. 充分发扬民主，积极支持班内几大干事的工作，做好本班组的各项管理工作。

8.2.3.2 班组干事职责

1. 宣传干事

（1）向班组成员宣传党的路线、方针、政策，协助班长做好思想政治工作。

（2）组织和动员班组成员参加政治、文化、技术、业务学习，开展读书、读报活动。

（3）宣传先进人物事迹，办好班组园地和黑板报，经常报道好人好事。

2. 质量干事

（1）加强班组技术、质量管理、检查督促班组成员认真执行工艺规程和操作规程，做好班组自检和上下工序互检。

（2）宣传贯彻“质量第一”的方针，积极开展质量管理小组和产品质量信得过活动。

(3) 组织班组成员开展岗位练兵，积极采用与推广先进技术和先进经验，不断提高技术素质。

(4) 组织班组成员开展技术革新、合理化建议和技术协作活动。

(5) 负责登记技术革新、合理化建议和质量管理台账。

3. 安全干事

(1) 教育班组成员严格执行操作规程，搞好设备保养、安全生产和文明生产，协助班组长贯彻执行好劳动保护规定，落实安全生产措施。

(2) 经常检查与分析班组的安全生产和文明生产情况，发生险情立即报告。

(3) 经常检查机械设备和安全卫生设备的完好状况，搞好设备维护、检修，使设备达到国家规定的保养标准。

(4) 参加事故分析会，协助班组长研究预防事故的措施。

(5) 管好、用好劳动保护用品，记好设备台账。

4. 料具干事

(1) 严格执行材料、工具领用和退库制度，并指导班组人员合理使用。

(2) 检查组员专用工具的使用和保管情况，做到存放整齐、账物一致、保管合理。

(3) 组织分析材料、工具消耗指标超支原因，研究制定改进措施。

(4) 记好工具、材料台账。

5. 经济核算干事

(1) 按时做好经济核算工作，公布核算结果，记好台账。

（2）协助班组长开好经济活动分析会，提出增产节约措施和改进意见。

（3）及时提供劳动竞赛评比资料和经济责任考核数据，协助班组长做好记分评奖工作。

6. 考勤干事

（1）协助班组长和工会组长对班组成员进行劳动纪律教育，严格执行考勤制度。

（2）掌握本班组的出勤情况，准确、及时填报考勤统计表。

（3）协助劳动工资部门做好定员、定额工作，研究制定提高出勤率和工时利用率的措施。

（4）协助班组长贯彻执行经济责任制，宣传党和国家的工资奖励政策，处理好国家、集体、个人三者利益关系。

7. 生活卫生干事

（1）负责本班组的生活用品的领取与发放工作。

（2）组织班组成员参加兴趣与爱好小组，开展健康有益的文娱、体育活动。

（3）经常进行家访、了解职工生活情况，协助搞好职工困难补助，并积极开展互助互济活动。

（4）配合医务部门做好防病、保健和卫生工作。

（5）积极宣传与做好晚婚和计划生育工作，帮助青年正确处理恋爱、婚姻和家庭问题。

8.2.4 班组管理要点

1. 严格执行企业的各项规章制度，建立正常的工作秩序，加强劳动纪律。

班组在执行企业规章制度的同时，要结合本班组的实际情况，特别是存在问题较多的方面，定出自己的管理制度。

如班前会、班后会、安全交底、民主生活会、业务学习制度等。促使班组内的生产、工作更有效地进行。

2. 班组在接受任务后，要发动班组成员明确当月、当旬生产计划任务，熟悉图纸、工艺、工序要求；质量标准和工期进度；准备好所需要使用的机具和工程用的材料等，为完成生产任务做好一切准备工作。组织班组成员努力实施作业计划，按期、优质完成任务。

任务书是及时正确地反映班组工时利用、定额完成、质量与安全等情况的原始资料，也是计划统计的原始凭证，班组必须做好这一工作。

3. 班组在施工员交底后，班组长应结合具体任务组织全体人员讨论研究，搞清关键部位质量要求、安全要求、操作要求和要点，明确责任及相互配合关系，制订全面完成任务的班组计划。特别是应对新工人进行详细认真的质量、操作和安全交底。

交底内容包括：砌筑部位，水平标高，门窗洞口位置，墙身厚度，砂浆强度等级，砂浆配合比，预留孔洞、预埋件、镶入构件的位置、规格、大小、数量，以及砖、石等原材料的质量要求、砌体组砌方法、质量标准和安全注意事项等。

4. 加强班组质量管理开展 QC 小组活动。要树立“质量第一”和“谁施工谁负责工程质量”的观念，认真执行质量管理制度，严格按图纸、施工验收规范和质量检验评定标准施工，确保工程质量符合设计要求。

（1）班组长在安排工作时，应由班组长或兼职质量干事作质量要求交底。

（2）操作人员必须学习图纸、施工规范和质量检验评定标准，掌握质量要求。

（3）严格遵守施工操作规程，做好班组质量的每日检验工作。操作者完成产品后，应由班组兼职质量干事组织自检、互检，并及时填写自检记录。

（4）班组每月组织一次质量检查，查制度、查措施、查隐患、查质量通病，发现问题及时整改。

（5）开展 QC 小组的活动的主要内容包括：

1）开展技术学习，掌握全面质量管理知识和基本方法。

2）运用科学管理手段，进行小组定期、定量分析。组织质量攻关，防治质量通病，推广应用新技术、新工艺、新材料和实现合理化建议。

3）发现质量存在问题，及时地研究解决对策，制定措施及实施计划。

4）坚持用数据说话，做好日常测定和管理图表的原始记录，填写好 QC 小组手册。

5）练好基本功，提高操作技能，对班组的工程质量进行检验评定。

6）组织文明生产，严格执行工艺标准，消除生产过程中的各种隐患，保证安全生产。

7）提出 QC 成果报告，参加各种成果的经验交流会。

5. 做好班组安全管理工作：

（1）班组长及兼职安全干事，在班前班后要讲安全、总结安全，并要经常性地检查安全，发现隐患要及时解决，思想不得麻痹。

（2）定期组织全体班组人员学习安全知识、安全技术操作规程和进行安全教育，并要在施工生产中认真的遵守和执行。

(3) 严格实行安全施工，认真执行有关安全方面的法规。

6. 搞好班组经济核算与分配和民主管理

(1) 合理进行班组的分配

班组的经济分配是班组管理的一项重要内容，它关系到每个工人的切身利益，是群众较为关心的一个方面。社会主义条件下工资分配的原则是“各尽所能，按劳分配”。班组经济分配的合理与否，将直接影响班组人员内部的团结，影响工人的生产劳动积极性。

为了使分配合理，搞好班组分配重要的是集体研究商定，实行民主管理。特别是超额工资及各种奖金必须公开分发。做到五个公开，即奖金的来源公开、奖金数量公开、考勤公开、分发的依据和办法公开，每个人所得奖金数公开，并做到造表登记、签字认领、上报备查和公开于众。

(2) 切实做好民主管理

班组的民主管理是搞好班组管理的一种基本的有效方法。要做到调动大家的积极性，达到大家的事大家管的目的。

1) 建立好班组的核心小组：班组核心小组是实行班组民主管理的有效方法。核心小组人员由班长、副班长、工会小组长以及干事组成。这些人应该是班组的骨干力量。

2) 健全班组管理制度：要搞好班组民主管理，就要建立、健全以岗位责任制为中心的各项制度。主要有：考勤制度、质量的“三检”制度、安全生产责任制、材料及定额管理制度等。对人对事一视同仁、实事求是，各成员之间要密切配合，在各项制度的范围内使班组的各项工作形成一个统一的整体。

3）做好班组原始资料管理：班组的原始记录主要是任务书上的各项内容，包括：实际完成工程量、实际用工数、质量与安全情况、考勤表、限额领料单、节余退回量，机械使用台班、工具消耗量、周转材料的节约或超量等原始记录。这些原始材料，由班组核心人员分工负责记录。它是向施工队结算的依据，也是班组民主分配的基础。原始资料一定要实事求是，真实可靠。

班组对各个成员完成生产任务和执行制度的情况，要认真进行考核，严明奖惩。好的要表扬奖励，差的要给予批评教育或经济制裁和纪律处分。如对于质量不好，数量不足、返工浪费、违反劳动纪律等方面的问题，是谁造成的就由谁来承担。这样才能充分调动班组和全体成员的积极性。

8.3 估工估料基本知识

估工估料，就是估算一下为完成某一个分部分项工程，需要多少人工和材料，使开展班组经济核算有了具体数字指标。估工估料是下达任务和考核人工、材料消耗情况，进行施工图预算与施工预算对比的依据。首先按施工图和计算规则计算出工程量，然而套用劳动定额，材料消耗定额和机械台班使用定额，这样算出需用的人工和材料数量。

8.3.1 工程量计算

工程量是估工估料的原始数据，是一项工作量很大又十分细致繁琐的工作。

工程量计算的依据是设计图纸中各个分部分项工程的尺寸、数量以及构（配）件、设备明细表等，其计量单位应与定额相一致。

8.3.1.1 砌体工程工程量计算的一般规定

1. 砖石基础与墙身的划分以防潮层为界，如墙基与墙身的砌体不同，对墙基上表面高出室内地坪不大于25cm或低于室内地坪者，可按不同砌体的交接处为界。

2. 砖砌体采用标准砖时，计算厚度应按表8-10的规定。

标准砖砌体计算厚度表 **表8-10**

砌体厚	1/4砖	1/2砖	3/4砖	1砖	$1\frac{1}{2}$砖	2砖	$2\frac{1}{2}$砖	3砖
计算厚度（cm）	5.3	11.5	18	24	36.5	49	61.5	74

3. 外墙基础长度按外墙中心线长度计算，内墙基础长度按内墙净长度计算。

4. 基础大放脚T形接头处重叠计算的体积不扣除，墙垛处基础大放脚宽出的部分不增加。如基础高度已算到室内地坪以上25cm以内的范围时，门洞口所占的体积不扣除，该部分体积可在计算墙身工程量时一并扣除。由于墙基大于墙身的厚度而出现门洞口体积的量差不再找补。

普通砖砌筑的带形基础工程量其断面积可按下式之一计算：

基础断面积=（基础深度+折加高度）×基础墙厚度；

基础断面积=（基础深度×基础墙厚度）+大放脚断面积。

折加高度、大放脚断面积均可根据砖基础形（等高式或不等高式）、大放脚层数、基础墙厚度从表8-11或表8-12中查得。

等高式砖基础大放脚折加高度　　表 8-11

墙　　厚	大放脚错台层数					
	一	二	三	四	五	六
	折加高度（m）					
1/2 砖	0.137	0.411	0.822	1.369	2.054	2.876
1 砖	0.066	0.197	0.394	0.656	0.984	1.378
$1\frac{1}{2}$砖	0.043	0.129	0.259	0.432	0.647	0.906
2 砖	0.032	0.096	0.193	0.321	0.482	0.675
$2\frac{1}{2}$砖	0.026	0.077	0.154	0.256	0.384	0.538
3 砖	0.021	0.064	0.128	0.213	0.319	0.3308
大放脚断面积（m^2）	0.01575	0.04725	0.0945	0.1575	0.2363	0.3308

不等高式砖基础在放脚折加高度　　表 8-12

墙　　厚	大放脚错台层数								
	一	二	三	四	五	六	七	八	九
	折加高度（m）								
1/2	0.137	0.342	0.685	1.096	1.643	2.26	3.013	3.835	4.794
1 砖	0.066	0.164	0.328	0.525	0.788	1.083	1.444	1.838	2.297
$1\frac{1}{2}$砖	0.043	0.108	0.216	0.345	0.518	0.712	0.949	1.208	1.510
2 砖	0.032	0.080	0.161	0.257	0.386	0.530	0.707	0.900	1.125
1/2 砖	0.026	0.064	0.128	0.205	0.307	0.419	0.563	0.717	0.896
3 砖	0.021	0.053	0.106	0.17	0.255	0.351	0.468	0.596	0.745
大放脚断面积（m^2）	0.0158	0.0394	0.0788	0.1260	0.1890	0.2600	0.3464	0.441	0.5513

5．外墙长度按外墙中心线计算，高度按图示尺寸计算。如设计有檐口顶棚，墙高不到顶，又未注明高度尺寸者，其高度算到屋架下弦底再加25cm。

6．内墙长度按内墙净长度计算，高度按图示尺寸计算。如设计有顶棚，墙高不到顶又未注明其高度尺寸者，其高度算到顶棚底面再加19cm。

7．各楼层砌墙用砖或主体砂浆强度等级不同者，应分别计算其工程量，但同一楼层内的砖垛、窗间墙、腰线、挑檐、砖拱、砖过梁、门窗套、窗台线等，使用砂浆强度等级与主墙不同者，其工程量不另计算。

8．山尖的工程量计算后，可并入所在的墙内；女儿墙的工程量计算后，可并入外墙内。

9．计算砌墙工程量时应扣除门窗（以门窗框外围尺寸为准）洞口及嵌入墙内的钢筋混凝土柱、梁、圈梁、过梁的体积；但梁头、板头、垫块、木墙筋等小型体积不予扣除。突出墙面的腰线、挑檐、压顶、窗台线、窗台虎头砖、门窗套、泛水槽、凹进墙内的管槽、烟囱孔、壁橱、暖气片槽、消火栓箱、开关箱所占的体积均不增减。

10．砖垛、附墙烟囱突出墙面的体积计算后，并入所依附的墙身工程量内。砖柱工程量按立方米（m^3）计算，标准砖砌的拱顶按实体积计算。

11．嵌入砌体内的型钢、钢筋、铁件、墙基防潮层所占的体积和小于$0.3m^2$的窗孔洞不予扣除。

12．砖石墙勾缝按勾缝的墙面的垂直投影面积计算，扣除墙裙抹灰的面积，不扣除门窗套、窗盘、腰线等局部抹灰和门窗洞口所占的面积，但门窗洞口的侧壁和墙垛侧面勾缝的面积亦不增加。独立砖柱、房上烟囱勾缝按柱身、烟囱身四面垂直投影面积之和计算。

13. 空斗墙工程量按其外形体积计算，墙角、内外墙交接处、门窗洞口立边、窗台砖及屋檐处实砌部分应另行计算，但窗间墙、窗台下、楼板下、梁头下等实砌部分应另行计算，作为零星砌体。

14. 空花墙工程量按空花部分的外形体积计算，空花部分不予扣除，其中实砌部分另行计算。

15. 多孔砖墙、空心砖墙工程量按其外形体积计算，不扣除其孔洞、所占体积。

16. 混凝土空心小型砌块墙工程量　按其外形体积计算，不扣除空心所占体积，按设计规定需要镶嵌砖砌体部分不另计算。

17. 砖烟囱工程量计算：

(1) 筒壁　砖烟囱筒壁工程量按其体积计算。

筒壁体积 = 筒壁中心线平均周长 × 筒壁厚度 × 筒壁高度。

筒壁体积中，应扣除各种孔洞、钢筋混凝土圈梁、过梁等所占体积。

筒壁厚度不同时应分段计算筒壁体积。

(2) 内衬　砖烟囱内衬工程量　按其体积计算。

内衬体积 = 内衬中心线平均周长 × 内衬厚度 × 内衬高度。

内衬体积中应扣除各种孔洞所占体积。

(3) 烟道　砖烟道工程量按其体积计算。

烟道体积 = 烟道横断面面积 × 烟道中心线长度。

烟道体积中应扣除各种孔洞所占体积。

18. 砖水塔工程量计算：

(1) 砖水塔基础与塔身　砖水塔基础与塔身以基础大放脚顶面为界，以上为塔身，以下为基础。

砖塔身工程量，按其体积计算。

塔身体积=塔身横断面面积×塔身高度。

塔身体积中，应扣除门窗洞口和混凝土构件等所占体积。砖平拱和砖出檐等体积并入塔身体积内。

（2）砖水箱内外壁　砖水箱内外壁工程量不分壁厚，均以实砌体积计算。

19. 其他砌体工程量计算　工程量计算见表8-13。

其他砌体工程量计算　　表8-13

工程类别名称	计算规则
砖砌台阶	按台阶的水平投影面积计算
砖砌锅台、炉灶	按其外形体积计算，不扣除各种孔洞所占体积
砖砌化粪池、砖砌检查井	按其实砌体积计算，洞口上砖平拱等并入实砌体积内
零星砖砌体	按其实砌体积计算
砖砌地沟	按地沟实砌体积计算，地沟壁与地沟底工程量合并计算
毛石地沟	按毛石地沟实砌体积计算；料石地沟工程量，按料石地沟的长度计算
料石窨井、水池	均按料石实砌体积计算
石踏步安砌	按石踏步的长度计算
石墙勾缝	按勾缝外围面积计算

8.3.1.2　砌筑工程工程量计算的一般方法

1. 按顺时针方向计算外墙，即从图纸左上角开始依顺时针方向依次计算。

2. 按“先横后纵”计算内墙，即在图纸上按先横墙后纵墙、从上而下、从左到右的原则进行计算。

3. 按轴线编号计算。根据建筑平面图上的定位轴线编号顺序，从左而右及从下而上进行计算。如图8-2所示，墙的工程量可以从轴线①算到轴线⑦，再从轴线Ⓐ算到轴线Ⓓ。在计算时，图中各墙要进行标记，例如：甲墙标记为“坐标Ⓓ，起终①~⑦”，乙墙标记为“坐标Ⓒ，起终①~⑦”，丙墙标记为“坐标⑤，起终Ⓒ~Ⓓ”。

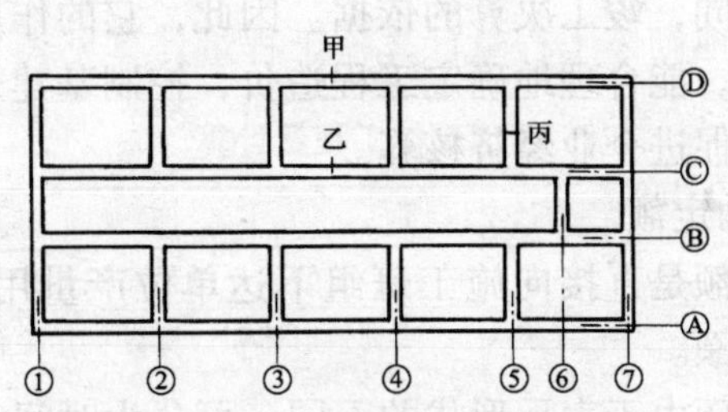

图8-2 按轴线编号计算工程量

以上介绍的砌体工程工程量计算的一般规定，在具体计算时，还要结合当地定额中规定的工程量计算规则执行。计算时要有计算书并列出计算式，以便于校对和审核。

8.3.2 定额的套用

定额是一种标准，是在正常施工条件下完成一定工程量所必须的人工、材料和施工机具设备台班以及其资金消耗的标准数量；是编制施工图预算，确定工程造价的依据；也是编制施工预算用工、用料及施工机械台班需用量的依据。

定额的种类很多，有概算定额、预算定额、施工定额，还有工期定额、劳动定额、材料消耗定额和机械设备使用定额等。不同的定额及其在使用中的作用也不完全一样，它们各有各的内容和用途。

在施工过程中常接触到的定额有预算定额和劳动定额。

对砖瓦工班组来说，学习了解定额很有用处，特别是学习了解预算定额和劳动定额更有必要，能做到用工、用料心中有数，为开展班组经济核算提供依据。

1. 预算定额

建筑工程预算定额是编制施工图预算，计算工程造价的一种定额；是建筑工程拨付款的依据；也是建设单位与施工单位签订合同，竣工决算的依据。因此，它的作用是在基本建设投资中，能合理地确定工程造价，控制基建规模，实行计划管理，促进企业经济核算。

2. 劳动定额

劳动定额是直接向施工班组下达单位产量用工的依据，也称人工定额。

劳动定额由于表示形式的不同，可分为时间定额和产量定额两种。

（1）时间定额：指工人班组或个人，在正常工作的条件下，完成单位合格产品所需要的工作时间。它包括准备与结束时间，基本生产时间、辅助生产时间，不可避免的中断及工人必须的休息时间。时间定额以工日为单位，每一工日按 8h 计算。其计算方法如下：

$$\text{单位产品时间定额（工日）}=\frac{1}{\text{每工产量}}$$

$$\text{或单位产品时间定额（工日）}=\frac{\text{小组成员工日数的总和}}{\text{台班产量}}$$

（2）产量定额：指工人班组或个人，在单位工日中所应完成的合格产品数量。其计算方法如下：

$$\text{每工产量}=\frac{1}{\text{单位产品时间定额（工日）}}$$

或

$$台班产量=\frac{小组成员工日数的总和}{单位产品时间定额（工日）}$$

所以，时间定额和产量定额互为倒数。

现场的垂直运输，当采用塔吊时，则套用塔吊定额；采用卷扬机时，则套用机吊定额。

8.3.3 估工估料方法示例

在进行工料计算之前，首先根据施工图算出工程量。根据算出的工程量，套用相应的定额才能得出需用的工种工日量和需用的各种材料、构件、半成品量。

【例1】一道高2.5m、厚240cm、长300m的围墙，其中间每5m有一个宽370mm、厚240mm、高2.5m的附墙砖垛。墙顶有2层宽370mm的压顶。该围墙要用多少砖瓦工工日、普工工日、用多少砖、水泥、砂子、石灰膏。具体计算如下：

1. 计算工程量

工程量可以按墙的断面分开计算。

（1）算上面两皮砖的压顶，其工程量为：

$$0.37(m)\times 0.12(m)\times 300(m)=13.32(m^3)$$

（2）算墙身总量为：

$$2.5(m)\times 0.24(m)\times 300(m)=180(m^3)$$

（3）算附墙垛量为：

$$2.5(m)\times 0.37(m)\times 0.24(m)\times\left(\frac{300}{5}+1\right)=13.54(m^3)$$

将三项加起来就为围墙砌砖的工程量：

$$13.32+180+13.54=206.84\ (m^3)$$

有了工程量就可以计算工料了。

2. 套定额计算用工用料

在安排计划时，用工量一般套劳动定额，用料量套预算定额后乘以一定的折扣取得。现根据上面的工程量，分别计算需用工日和材料。

（1）计算用工从《全国建筑安装工程统一劳动定额》中查得砌砖技工每立方米用0.522工日；普工为0.514工日。

因此需用技工工日为：

206.84（m^3）×0.522工日/m^3＝107.97工日

普工工日为：

206.84（m^3）×0.514工日/m^3＝106.09工日

（2）计算用料：预算定额中查得每立方米需用标准砖532块，砂浆0.229m^3。假如所用砂浆为M5混合砂浆，每立方米砂浆用32.5级水泥180kg、石灰膏150kg，砂子1460kg。那么需用的材料分别如下：

用砖量为：206.84（m^3）×532（块）＝110039（块）

32.5级水泥为：180（kg）×0.229×206.84＝8525.94（kg）

石灰膏为：150（kg）×0.229×206.84＝31026（kg）

砂子（中砂）为：1460（kg）×0.229×206.84＝69154.9（kg）

以上算出的是预算定额数，在实际使用中为了减少浪费，要打0.95折扣比较合理。这一点，可根据各地情况具体处理。

8.4 本工种施工方案编制的一般知识

8.4.1 施工方案的作用和内容

8.4.1.1 施工方案及其作用

1. 施工方案

施工方案是施工组织设计的简称，一般根据建筑规模的大小取名，如：

（1）以群体工程为对象（住宅小区或工业区），建筑规模较大的大、中型建设项目，一般应编制施工组织总设计。

（2）小型建设项目、单项工程，一般应编制单位工程施工组织设计。

（3）工期较短、结构简单的单位工程，或大中型建设项目中的分部、分项工程，应编制施工方案。

（4）施工难度较大或技术复杂的分项工程，应根据工程特点和需要，编制专题的分项工程施工方案。

2. 施工组织设计（施工方案）的作用

施工组织设计是建筑工程进行施工准备，规划工程项目全部施工活动并指导施工活动的重要技术经济文件。它是从施工全局出发，根据工期，质量、造价三大目标要求和材料、构件、机具和劳动力的供应情况，以及协作单位的施工配合和现场条件，进行优化并周密的规划部署，以最少的资源消耗完成优质的建筑产品。

8.4.1.2 施工方案编制的内容

施工方案的内容一般如下：

1. 工程概况：

（1）工程特点：包括结构形式、建筑面积、建筑层数、建筑层高、建筑全高、建筑全长、建筑宽度、工程造价以及建筑、结构和设备的复杂情况等。

（2）施工条件：包括三通一平，开竣工日期，材料和预制品供应，施工单位机械、运输、劳动力和企业管理情况等。

2. 施工方法的选择和技术，安全措施：施工方法的选择是施工方案的核心。它是根据工程量、工期、施工单位的技术水平、机械装备程度，拟定几个可行的施工方法，从中进行分析比较，选用最优方案。

对工期起决定性影响的分部、分项工程、技术比较复杂或工人对操作不熟悉的工程，都要写出具体施工的方法，同时提出保证质量及安全施工的技术措施。

拟定施工方法应着重解决以下三个问题：

（1）施工程序的确定：指对拟建工程从开工到竣工的各个分部及分项工程在平面和空间作业做出合理的安排，以及确定其先后施工的步骤。既要按照建筑物本身的客观规律组织施工，也要为解决工种之间在时间上的搭接，做到充分利用空间，争取时间，实现缩短工期的目的。

建筑施工的顺序是：先地下、后地上，先结构、后装修，先土建，后设备。其中工程量大、施工难度大、需要时间长的项目尽先安排，水电安装必须与土建工程密切配合。

另外，应考虑季节影响，把不宜在雨、冬期施工的项目，安排在常温施工。

施工顺序的安排以保证工程质量和安全施工为原则。

（2）拟定施工方法要择优选用：在完成每一个单位工程的施工过程中，可以采用多种不同的施工方法，而每一种施工方法都有其各自的优点和缺点。因此，要选择适用于本工程的最先进、最合理、最经济的施工方法，以达到在保证质量、安全和工期的前提下，降低工程成本和提高劳动生产率。所以说，正确地选择施工方法是拟定施工方案的关键。

拟定施工方法时，以主导施工过程为编制重点，凡是新技术，新工艺及对本工程质量起关键作用的项目以及工人在操作上还不够熟练的项目，应详细具体拟定，并要提出质量安全措施。

施工方法的选择，除了技术方法外，还必须对组织方法做出合理的选择，例如施工段及施工层的划分。

（3）确定工程施工的流水组织：为了使工程能够有节奏、有秩序的均衡进行，要根据建筑物的结构特点，把建筑物的分部、分项工程分成若干个施工层或施工段，按照一定的施工顺序连续均衡地进行作业。

3. 施工进度计划：此计划对建筑物各分部、分项工程的开始及结束时间做出具体的日程安排。

4. 材料、半成品、施工机具需用量计划。

5. 劳动力需用量计划。

6. 施工平面布置图：施工平面布置图一般包括以下内容：

（1）施工现场范围内一切地上已有的有关建筑物及地下设施的位置和尺寸。

（2）拟建房屋的位置和尺寸。

（3）为该建筑物施工服务的一切临时设施和物品的布置。其中包括施工机械位置，建筑材料和半成品的堆放，临时供水、供电网的布置，各种临时设施的位置和尺寸。

8.4.1.3 本工种施工方案的编制

砌砖、砌石属于分项工程，编制的内容比较简单，一般包括如下几个方面：

1. 分项工程特点；
2. 施工方法和操作技术要求；
3. 技术、质量和安全措施；
4. 工序搭接、工期要求；
5. 劳动力组织，材料机具需用量计划。

这五方面的编写内容和编写方法与上面介绍的基本相同，但内容更为具体、详细。如施工方法要确定砌砖的流水顺序、砌砖工艺、组砌形式、砌筑方法以及质量与安全要求等。

8.4.2 砖基础施工方案示例

为了能够对施工方案有一个完整的认识，结合瓦工工种应知的需要，现举砖混结构中砖基础分项工程的施工方案示例，供参考。

1. 工程概况

本工程为办公楼位于某市郊区，建筑面积2533.60m²，平面形状为长方形。长54.84m、宽9.24m，共5层，总高为17.5m，工程结构为砖混结构。基础采用砖砌大放脚条形基础，下部为混凝土垫层，基础埋深为-1.2m，基础用黏土砖，强度等级为MU7.5，砂浆用M5的水泥砂浆。工期要求为20d。

施工时间是三月中下旬，根据当地气象资料该月气温约为5～20℃，土层为Ⅱ类土，地下水位在-1.5m处，故在施工期间不需采用任何特殊措施。

所需水、电源均可从已有的电网、管道中引入，工地东侧、西侧有公路，便于运输。

2. 基础施工顺序及流水段划分

（1）本工程基础平面图及剖面图如图8-3所示。

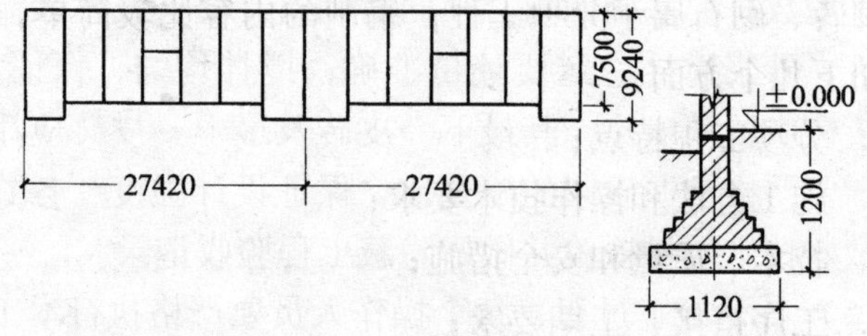

图8-3 基础平面及剖面

（2）基础施工顺序为：开挖基槽→浇筑混凝土垫层→砌砖基础→墙基防潮层→回填土。

（3）为了加快工程进度，按工期要求完成，本工程拟分为两个施工段，实行双班制施工，采用流水施工方法组织施工生产。基本能达到工程量相等，劳动力用量也相等，如图8-4所示。

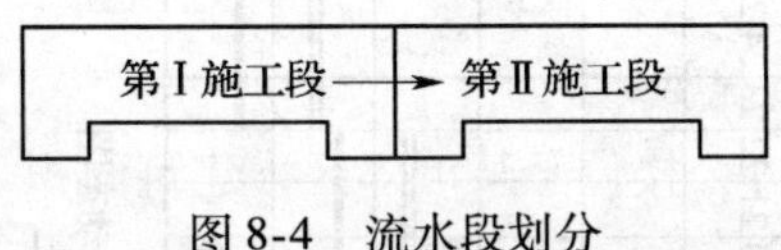

图8-4　流水段划分

3. 砖基础的施工方法及技术措施

（1）采用人工开挖基槽土方，不加工作面。为了节约垫层支模及挖填土方量，混凝土垫层采用原槽浇筑，控制厚度。

（2）砌筑砖基础时，立小皮数杆控制标高。基槽两边对称回填土，多余土方在挖土开始时就采用人力推车外运。

（3）为了保证土方工程的施工安全，槽边土堆离槽口50cm左右。为防止槽边塌土，应准备木板及短支撑备用。挖基槽截面应准确，挖土深度的控制应用水准仪每隔3~5m测设一水平桩，验槽合格后，立即组织垫层施工。

（4）砖基础砌筑前应在垫层的转角、丁字及十字交接处抄平立皮数杆。基础四角必须同时砌筑，要选技术较高的人员砌筑。砂浆搅拌一定要计量准确，搅拌均匀，保证质量。所有接槎应留踏步槎，其最下一皮砖及最上一皮砖应用丁砖砌筑。要严格掌握砂浆的配合比，保证设计强度。各施工过程要做好技术质量检验并做好隐蔽工程验收记录。

（5）各个施工过程、每个操作人员要严格执行本工种的安全施工操作规程。新工人进场要做好三级安全教育。进入工地，必须戴安全帽。基槽施工现场应设置围栏，夜间设有指示灯及照明，防止人员坠落入坑。

4. 施工进度表（见表8-14）

表8-14

项次	分部分项 工程名称	工程量		定额	劳动量		每班工人数	工作天数	速度日程																	
									3月份																	
		单位	数量		总量(工日)	每段量(工日)			11	12	13	14	15	16	17	18	19	20	21	22	23	24	25	26	27	28
1	土方开挖	m^3	812	0.21 工日/m^3	170.5	85.3	14	6																		
2	混凝土垫层	m^3	156.4	0.85 工日/m^3	13294	66.5	11	6																		
3	砌砖基础	m^3	160	1.21 工日/m^3	193.6	96.8	16	6																		
4	防潮层	m^3	112	0.11 工日/m^3	12.32	6.16	1	6																		
5	回填土	m^3	496	0.22 工日/m^3	109.12	54.56	9	6																		

每班劳动力消耗动态图

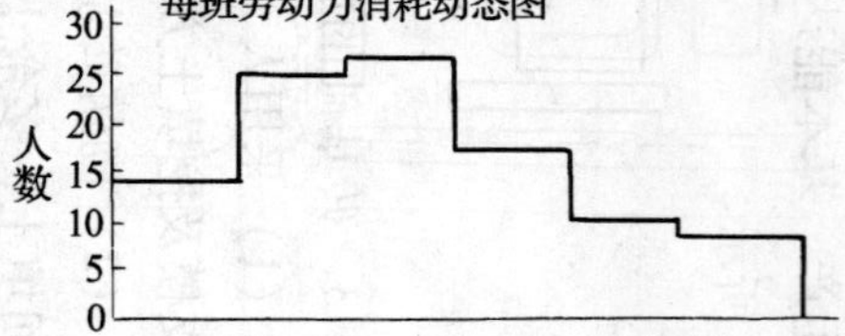

人数

30
25
20
15
10
5
0

5. 施工平面布置图（图8-5）

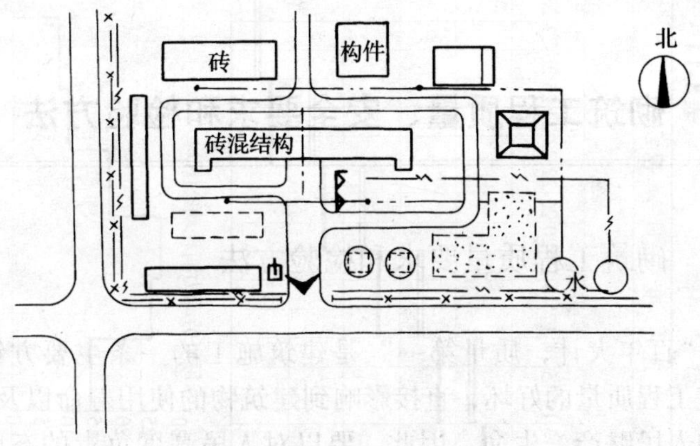

图8-5 基础工程施工现场平面布置

6. 材料、机具需用量计划（表8-15）

材料、机具需要量计划 表8-15

序号	材料名称	规格	需要量		使用时间（月、日）
			单位	数量	
1	石灰	粉	t	28.0	3.14~3.19
2	砂	粗	t	56	3.14~3.19
3	中砂	中	t	60	3.17~3.25
4	石子	3~5cm	t	111.6	3.14~3.19
5	普通砖	240mm×120mm×53mm	百块	843.2	3.17~3.25
6	水泥	32.5级	t	14.4	3.17~3.25
7	防水粉		kg	154	3.20~3.26
8	砂浆搅拌机		台	1	3.11~3.28

9 砌筑工程质量、安全要求和检验方法

9.1 砌筑工程质量要求和检验方法

"百年大计，质量第一"是建筑施工的一条主要方针。建筑工程质量的好坏，直接影响到建筑物的使用寿命以及国家和人民财产、生命，因此，要以对人民高度负责的态度，严格遵守国家有关规范、规程进行施工操作。

9.1.1 质量控制等级

砌体工程施工质量控制等级，依据施工技术和质量控制状况应划分为三级，并应符合表9-1的规定。

砌体施工质量控制等级 **表9-1**

项目	施工质量控制等级		
	A	B	C
现场质量管理	制度健全，并严格执行；非施工方质量监督人员经常到现场，或现场设有常驻代表；施工方有在岗专业技术管理人员，人员齐全，并持证上岗	制度基本健全，并能执行；非施工方质量监督人员间断地到现场进行质量控制；施工方有在岗专业技术管理人员，并持证上岗	有制度；非施工方质量监督人员很少作现场质量控制；施工方有在岗专业技术管理人员

续表

项 目	施工质量控制等级		
	A	B	C
砂浆、混凝土强度	试块按规定制作，强度满足验收规定，离散性小	试块按规定制作，强度满足验收规定，离散性较小	试块强度满足验收规定，离散性大
砂浆拌合方式	机械拌合；配合比计量控制严格	机械拌合；配合比计量控制一般	机械或人工拌合；配合比计量控制较差
砌筑工人	中级工以上，其中高级工不少于20%	高、中级工不少于70%	初级工以上

注：本表摘自《砌体工程施工质量验收规范》GB 50203—2002。

关于砂浆和混凝土的施工质量，可分为“优良”、“一般”和“差”三个等级，强度离散性分别对应为“离散性小”、“离散性较小”和“离散性大”，其划分情况参见表9-2、表9-3。

砌筑砂浆质量水平 **表9-2**

强度标准差σ(MPa) 强度等级 / 质量水平	M2.5	M5	M7.5	M10	M15	M20
优 良	0.5	1.00	1.50	2.00	3.00	4.00
一 般	0.62	1.25	1.88	2.50	3.75	5.00
差	0.75	1.50	2.25	3.00	4.50	6.00

注：本表摘自《砌体工程施工质量验收规范》GB 50203—2002 条文说明。

混凝土质量水平　　　　表 9-3

评定指标 \ 生产单位 \ 强度等级 \ 质量水平		优良		一般		差	
		< C20	≥C20	< C20	≥C20	< C20	≥C20
强度标准差（MPa）	预拌混凝土厂	≤3.0	≤3.5	≤4.0	≤5.0	>4.0	>5.0
	集中搅拌混凝土的施工现场	≤3.5	≤4.0	≤4.5	≤5.5	>4.5	>5.5
强度等于或大于混凝土强度等级值的百分率（%）	预拌混凝土厂、集中搅拌混凝土的施工现场	≥95		>85		≤85	

注：本表摘自《砌体工程施工质量验收规范》GB 50203—2002 条文说明。

9.1.2　质量要求

9.1.2.1　砖基础、墙体砌筑要求

1. 砖的品种，强度等级必须符合设计要求。

2. 砂浆品种必须符合设计要求，同品种、同强度等级的各组砂浆试块的平均强度不低于设计强度，任意一组试块的强度不小于75%。

3. 砌体砂浆必须密实饱满，水平灰缝的饱满程度不小于80%。

4. 砌体的排砌方法应合理，不得有通缝或瞎缝。

5. 砌体接槎应留踏步槎。如施工困难只能留直槎时（地震区和外墙转角处不得留直槎），应按现行规范规定预埋拉结钢筋。

6. 砌筑时，应按设计要求正确留出（或预埋）洞口、管道、槽沟和预埋件等。通过基础的管道，应在其上部预留沉降空隙。

7. 凡属下列情况，不得留脚手眼：

(1) 空斗墙、120mm 厚砖墙、砖柱、砖碳、料石清水墙；

(2) 砖过梁上部、过梁成 60°角的三角形范围内及过梁净跨度 1/2 的高度范围内；

(3) 梁或梁垫下及其左右各 50cm 范围内；宽度小于 1m 的窗间墙；

(4) 门窗洞口两侧 20cm 和转角处 45cm 范围内；石砌体门窗洞口两侧 30cm 和转角处 60cm 范围内。

8. 每层墙、柱的板、梁垫下的一皮砖应砌丁砖；墙的挑出层均应砌丁砖。

9. 清水墙面应整洁，刮缝深度为 10 ~ 12mm；混水墙面无舌头灰。

10. 墙面的平整和垂直，灰缝的均匀和饱满，应随砌、随检查、随纠正，不得事后砸墙。

11. 砖砌体的允许偏差见表 6-4。

9.1.2.2 *砖烟囱的砌筑要求*

1. 砖和砂浆的品种，强度要求与砖砌体工程基本相同。

2. 烟囱的尺寸、坡度（收分）应符合设计要求。

3. 砌筑砖烟囱的中心桩要设置牢固，妥善保护，不得随意移动。每砌筑 0.5m 高度，应进行一次找中、找圆、找平、找直工作，凡超出允许偏差时，应立即进行纠正。

4. 砌筑基础和筒身的砂浆，应分别留试块。筒身每砌筑 6m 高，应留一组试块。

5. 筒身每层砖不得有环形通缝，应错开半砖；上下两层砖缝应交错 1/4 砖。

6. 筒身和内衬里面的灰缝，均应随砌、随刮，不留舌头灰；筒外壁应随砌、随勾斜缝，要求表面整洁。

7. 筒身外部气眼应按设计规定留设。如无规定时，应自8m高起，往上每1.2m留4个60mm×60mm的气眼，上下位置交错对准。

8. 预埋铁件和预留洞口的位置，应按设计要求留设，不得遗漏。

9. 筒身砌体的允许偏差，见表9-4。

筒身砌体的允许误差 **表9-4**

项次	误差名称	误差数值
1	筒身中心线的垂直误差； （1）高度为100m及100m以下的烟囱 （2）高度在100m以上的烟囱	（1）烟囱高度的0.15%。同时最大不得超过110mm （2）烟囱高度的0.1%
2	筒身任何截面上的直径误差	该截面筒身直径的1%，同时最大不得超过50mm
3	筒身内、外表面的局部凹凸不平（沿半径方向）	该截面筒身直径的1%，同时最大不得超过50mm

9.1.2.3 *砌石工程要求*

1. 石料的质量、规格必须符合设计要求和现行施工验收规范的规定。

2. 砂浆品种必须符合设计要求。同品种、同强度等级的各组砂浆试块的平均强度不应小于设计强度；任意一组试块的强度不少于设计强度的75%。

3. 每层应采用坐浆砌筑，灰缝要均匀，一般厚20～30mm。不得有干挤缝、重缝。

4. 砌筑时，内外搭砌，灰浆要饱满，上下层要错缝，拉结石、丁砌石交错设置，防止里外层两层皮。毛石墙的拉结石间距，沿墙长不应超过1m，严禁留脚手眼。

5. 墙体的转角处必须同时砌筑，交接处不能同时砌筑时，必须留斜槎。

6. 石砌体墙面勾缝密实，粘结牢固，墙面洁净。

7. 石砌体的允许偏差见表6-21、表6-22。

9.1.3 检验项目和方法

1. 砌筑工程质量检查工具和用途见表9-5。

砌筑质量检查工具和用途　　表9-5

工具名称	图　示	用　途
托线板（靠尺板）	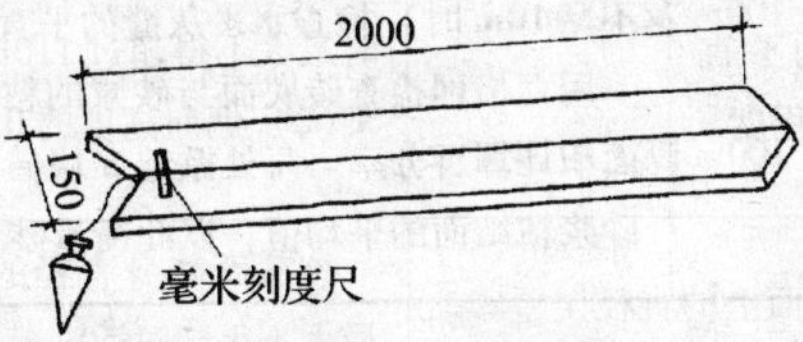 2000 150 毫米刻度尺	用于检查墙面垂直和平整
塞　尺	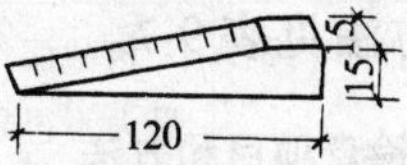 15 5 120	用于检查墙面、地面平整度
百格网	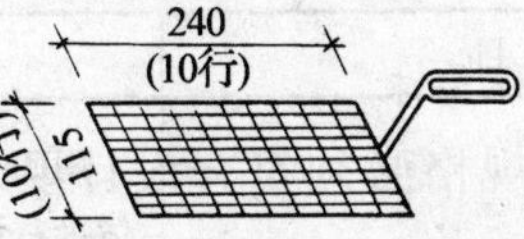 240 (10行) 115 (10行)	用于检查砂浆饱满度
钢卷尺		用于检查灰缝和墙身厚度
水准仪和经纬仪		分别用于抄平和检查建筑物大角的垂直度
线　坠		用于检查墙面垂直度和游丁走缝

2. 基础检查项目和方法，见表9-6。

基础检查项目和方法 **表9-6**

项次	项目	检查方法
1	基础砌体厚度	按规定的检查点数任选一点，用米尺测量基础砌体厚度
2	基础顶面标高	用水准尺与龙门板或皮数杆校对是否一致
3	轴线位移	用小线拴在龙门板轴线的钉子上，拉紧两端，用小线坠和米尺检查轴线是否偏移
4	水平灰缝的平直度和砂浆饱满程度	用10m长小线拉长后检查，或全长拉线（墙不足10m时）检查水平灰缝的平直度； 用百格网检查砖底面与砂浆的粘结情况，按面积计算百分率。每处掀起3块砖，取3块砖砂浆粘结面的平均值，以此衡量砂浆饱满程度

3. 墙体检查项目和方法见表9-7。

墙体检查项目和方法 **表9-7**

项次	项目	检查方法
1	墙面垂直度	用2m长托线板对每层墙体进行检查； 全高则用吊线或经纬仪检查
2	墙面平整度	用2m长托线板在墙面任选一点，靠紧，然后用塞尺测出墙面最凹处的读数，即为墙面的偏差值

续表

项次	项目	检查方法
3	游丁走缝	用吊线和尺量检查
4	门、窗洞口宽度	用钢卷尺检查
5	外观检查： 1. 清水墙面的整洁情况，未勾缝前灰缝的深度情况； 2. 灰缝厚度； 3. 混水墙有无舌头灰，有无瞎缝； 4. 墙体（24mm厚）有无透亮情况； 5. 排砖是否合理； 6. 留槎质量； 7. 预留孔洞、预埋件是否合乎要求	灰缝厚度采取连续量取10皮砖的灰缝与皮数杆对比，量取其中最大和最小值

9.1.4 砌体工程验收

1. 砌体工程应对下列隐蔽项目进行验收：

（1）基础砌体。

（2）沉降缝、伸缩缝和防震缝。

（3）砌体中的预埋拉结筋、网片以及预埋件。

（4）素混凝土及钢筋混凝土芯柱、构造柱、圈梁和配筋带。

（5）其他隐蔽项目。

2. 砌体工程验收时应提供下列资料：

（1）施工执行的技术标准；

（2）原材料的合格证书、产品性能检测报告；

（3）混凝土及砂浆配合比通知单；

（4）混凝土及砂浆试件抗压强度试验报告单；

（5）施工记录；

（6）各检验批的主控项目、一般项目验收记录；

（7）施工质量控制资料；

（8）重大技术问题的处理或修改设计的技术文件；

（9）其他必须提供的资料。

3. 砌体工程的验收，除检查有关文件、记录外，还应对观感质量作出总体评价。

4. 当提供的文件、记录及外观检查的结果符合有关现行国家标准的要求时方可进行验收。

9.2 安全要求

9.2.1 一般要求

1. 新工人进场前，必须要学习安全生产知识，熟悉安全生产的有关规定，树立“安全为了生产、生产必须安全”的思想，做到严格执行安全操作规程，自觉遵守安全操作规程。在进行高空作业前，要经过体格检查，经医生证明合格者，方可进行作业。

2. 操作前必须检查道路是否畅通，机具是否良好，安全设施及防护用品是否齐全，符合要求后，才可进行施工。

3. 进入施工现场必须戴安全帽。脚手架未经验收不准使用。已经验收的脚手架，不应随意拆改，必须拆改时，应由架子工拆改。

4. 非机电设备操作人员不准开动机械和接拆机电设备。

5. 施工现场或楼层的坑洞、楼梯间等处，应设置护栏或防护盖板，并不得任意挪动。沟槽、洞口在夜间应设红灯示警。

9.2.2 砌筑安全要求

1. 在基槽边的1m范围内禁止堆料。在架子上每平方米堆料重量不得超过270kg；堆砖不得超过单行侧摆3层，丁头朝外堆放；毛石一般不得超过一层。在同一根排木上不准放两个灰桶。金属架子应按具体规定计算荷载，不能超载堆料。

2. 砖应预先浇水，但不准在地槽边或架子上大量浇水。

3. 在楼层上施工时，应在预制板下支好临时支柱。

4. 垂直运输所用的吊笼、滑车、绳索、刹车、滚杠等必须牢固无损，满足负荷要求，且要在吊运时不得超载。发现问题，要及时修理。

在吊件转动范围内不得有人停留。禁止料斗碰撞架子或下落时压住架子。

5. 跨越沟槽运输时，应铺宽度为1.5m以上的马道，沟宽如超过1.5m，应由架子工支搭马道。平道两车运距不应小于2m，坡道不小于10m。在砖垛处取砖要先高后低，防止倒垛砸人。

6. 对运输道路上的零碎材料、杂物要经常清理干净，以免发生事故。

7. 砖、石砌筑要求：

（1）基础砌筑前，必须检查基槽。发现槽帮有塌方危险时，应及时进行加固，或进行清理后才可以进行砌筑。

（2）基础槽宽小于1m时，应在站人的一侧留有40cm的操作宽度。砌筑深基础时，上、下基槽必须设工作梯或坡道，不得随意攀跳基槽，更不得踩踏砌体或从加固土壁的支撑处上下。

（3）墙身砌筑高度超过地坪1.2m时，一般应由架子工搭设脚手架。采用里脚手架砌墙必须支搭安全网；采用外脚手架，应设护栏和挡板。如利用原有架子作勾缝，应对架子重新进行检查和加固。

在架子上砍砖时，要向墙内一侧打。护栏上不得坐人。正在砌筑的墙顶上不准行走。

(4) 不准站在墙顶上刮缝、清扫墙面或检查大角垂直等。也不准站在墙上砌筑。

(5) 挂线用的线坠必须用小线绑牢固，防止下落砸人。

(6) 砌出檐砖时，应先砌丁砖。待后边牢固后再砌第二皮出檐砖。

(7) 过大的毛石要先破开。所有的大锤要检查锤头、锤柄是否牢固，操作人员要保持一定距离、石料的搬运应先检查石块有没有折断危险，要拿牢、放稳。

(8) 上、下架子时要走扶梯或马道，不得攀登架子。冬期施工时，架子上如有霜雪，应先清扫干净，方可进行操作。

8. 砌块砌筑：

(1) 使用机械设备要有专人管理、专人操作。上班前必须对机具及电器设备进行检查，无误后才能进行施工。

(2) 吊装用的夹钳、钢丝绳等工具要经常检查维修，如有不牢固时，应停吊并更换。

(3) 砌块或构件吊起回转时要平稳，不要使物体在空中摇晃，防止重物坠落。

(4) 禁止将砌块堆放在脚手架上。不得在刚砌好的墙上行走。遇有5级风以上的大风天气，应停止操作。冬期施工时须清扫冰雪后方能操作。

9. 烟囱砌筑：

（1）操作人员必须经体检合格后，才能进行高空作业。凡有高血压、心脏病或癫痫病的工人，均不能上岗。

（2）现场应划禁区并设置围栏，作出标志，防止闲人进入。

（3）砌筑高度超过 5m 时，进料口处必须搭设防护棚，并在进口两侧作垂直封闭。砌筑高度超过 4m 时，要支搭安全网，对网内落物要及时清除。

（4）垂直运、送料具及联系工作时，必须要有联系信号，有专人指挥。

（5）遇有恶劣天气或 6 级风时，应停止施工。在大风雨后，要及时检查架子，如发现问题，要及时进行处理后才能继续施工。

（6）其他可参照砖石和砌块砌筑执行。

9.2.3　挂瓦安全要求

1. 坡顶屋面施工前应先检查安全设施；如护身栏杆或安全网牢固情况。

2. 冬期施工时，屋面上的霜雪必须清扫干净，并检查防滑措施等是否符合要求。上屋顶时不能穿硬底或易滑鞋。

3. 瓦片堆运要两坡同时堆放。采用传递法运瓦时，人要站在顺水条与挂瓦条的交接处，并注意防止被挂瓦条拌脚跌跤。传递小青瓦时，两脚应站在两块望板的接头处及椽子上。对碎瓦片等杂物应及时往下运，不能乱扔，以免伤人。

4. 进行屋脊施工时，小灰桶等工具要放置平稳，以免滚下伤人。

10　古建筑砌筑知识

10.1　古建筑构造概况

10.1.1　古建筑特点

我国古代建筑是中华民族十分珍贵的文化财富，它具有悠久的历史。几千年来，中国古代建筑大至宫殿、庙宇，小至商店、民居，尽管规模不同，质量有别，但从总的历史发展趋势来看，具有以下几个特点。

1. 以砖木结构为主

古代建筑以木构架承重为主，墙体一般不起承重作用，主要起分隔、维护及对木构架起横撑作用。所以，具有减少地震危害的功能，俗话说："墙倒屋不塌"。我国明代建筑北京的昌平长陵大殿和清代建筑北京的故宫太和殿，均属木构架的范例。

当然，在古代建筑中，个别也有单纯砖结构的，如北京颐和园的智慧海等。

2. 建筑平面格局有一定的规律性

古代建筑多以"间"为单元构成单座建筑（图 10-1），再以单座建筑组成庭院（图 10-2）。建筑物的布局，一般采用均衡对称的方法，沿着纵横轴线布局。

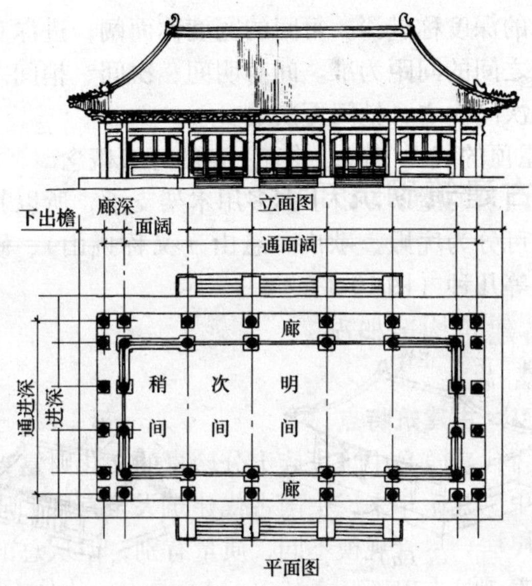

图 10-1　古建筑平、立面

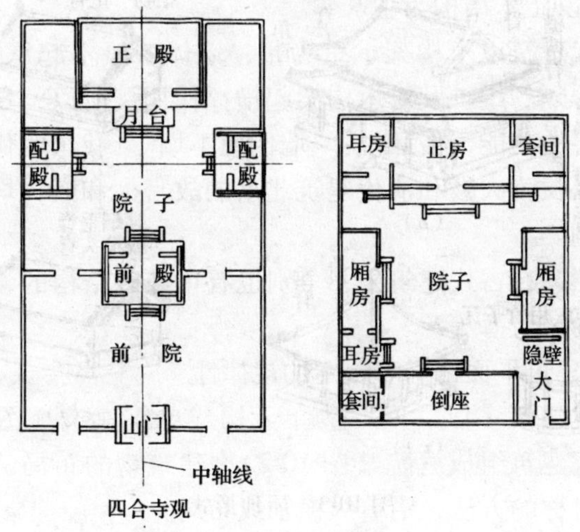

图 10-2　古建筑院落布局

每间的深度称进深，每间的宽度称面阔，进深和面阔均以柱与柱之间的间距为准。间有明间、次间、梢间之分。明间最宽，次间次之，梢间再次之。

3．屋顶的式样丰富，并有一定的等级概念

古代建筑的屋顶，由于大多用木架支承，所以其结构形式基本上可分为庑殿、歇山、悬山（又称挑山）、硬山、卷棚和攒尖等几种（图 10-3）。

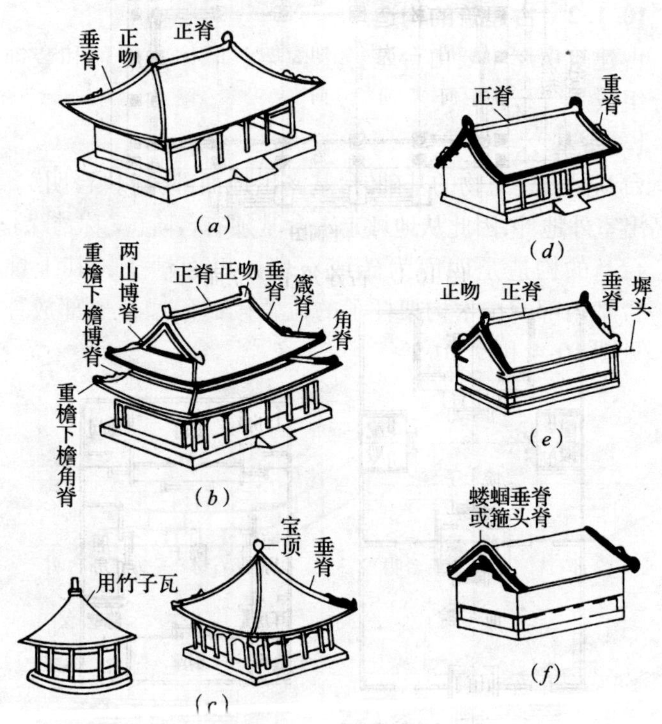

图 10-3　屋顶形式

（*a*）庑殿；（*b*）歇山；（*c*）圆方攒顶；（*d*）悬山；（*e*）硬山；（*f*）卷棚

屋顶的形式有一定等级概念，重檐庑殿最尊，重檐歇山次之，以后顺序为单檐庑殿、单檐歇山、悬山和硬山。

4. 建筑的装饰以雕、塑、画为主

古代建筑的装饰题材，以花卉、树木、飞禽走兽和各种历史人物、神话传说等为依据。在梁、柱和顶棚等处，用彩色油漆绘画，在屋面用纸筋灰堆塑，镶铺琉璃吻兽；在外墙面用精制的砖雕嵌于墙上。

10.1.2 古建筑的构造

古建筑房屋主要由台基、木构架、墙体、屋顶和装饰等部分组成。

1. 台基

台基是古建筑物的基础,台基露出地面部分叫“台明”。台明高出室外地坪,因此从地坪走上台基须有台阶(又称踏跺)。

台基的构造是四面为砖或石墙，里面填土，其上铺方砖。台基内部，按木构架柱子的位置砌砖磉墩，上部放柱顶石，见图 10-4 和图 10-5。

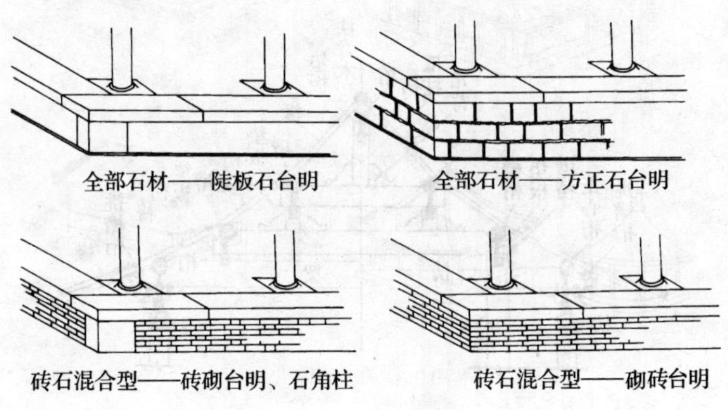

图 10-4 台基形式

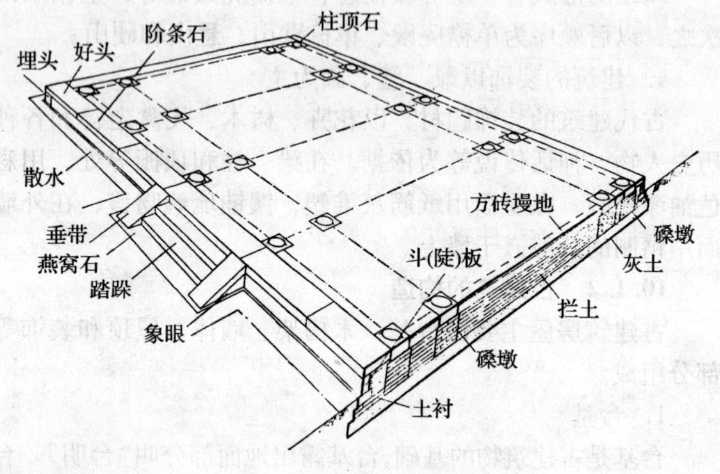

图 10-5　台基细部构造

2. 木构造

木构架由柱、梁、桁（檩）、椽子、枋、斗拱等组成（图 10-6）。

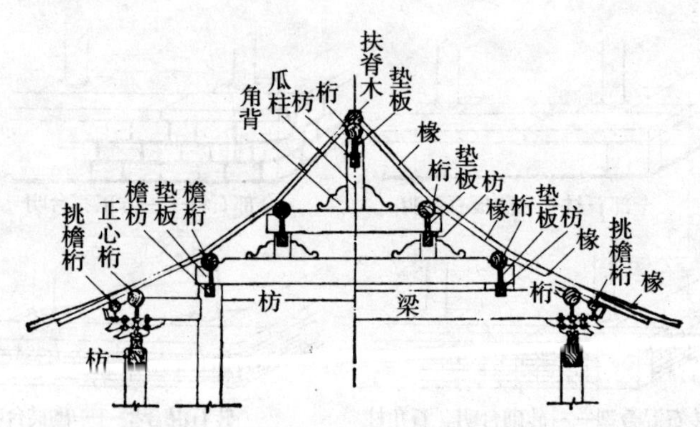

图 10-6　木构架（庑殿）示意

柱是承受垂直荷载的构件，与其他木构件组成空间抗地震作用的构架，它分檐柱、金柱、中柱、山柱、角柱、童柱等（图 10-7）。其中童柱位于横梁之上，不落地。

梁是承受桁、檩传来的屋面荷载，并将此荷载传给柱子的构件。其中有的梁起承重作用，如支承在金柱上的柁梁；有的梁起拉结作用，如金柱与檐柱之间的短梁。

枋是连贯于两柱之间的横方木，它可使构架的整体性得到加强。

桁和檩是承受椽子传来的屋面荷载，并将此荷载传给梁的构件；故均支承在梁上。桁和檩是按照古式建筑大式大木作和小式大木作而区分的，前者称为桁，后者称为檩。

椽子是承受望板（或望砖）和瓦屋面荷载的构件。通过椽子将荷载传递给桁或檩，它垂直于桁或檩，密集排列。

斗栱是我国古代建筑特有的承托挑檐荷载的一种构件，其形状见图 10-8。

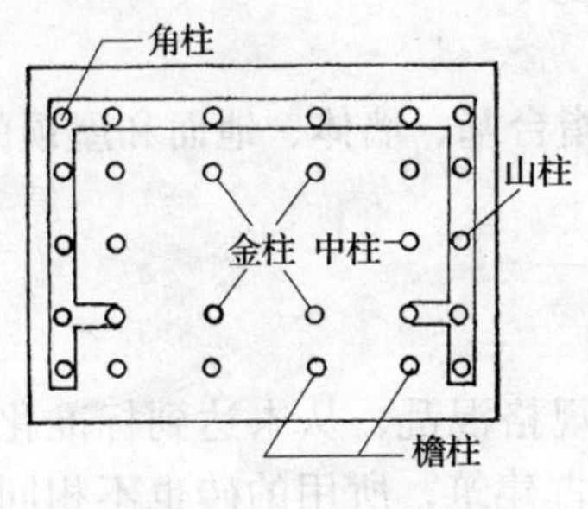

图 10-7　柱的平面位置

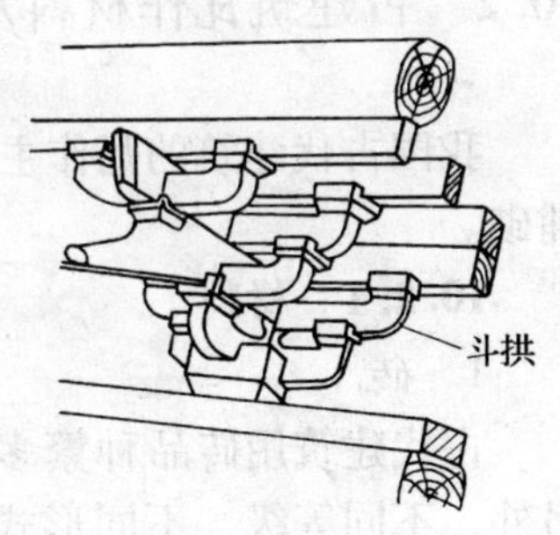

图 10-8　斗栱形式

3. 墙体

古代建筑的墙体，一般不起承重作用，主要起保温、隔热、防风、隔声和分隔空间等围护作用。按其不同的位置分为：

檐墙：处于前后檐檩下的围护墙。

山墙：处于房屋两端并伸至屋顶（桁、檩端头下方）的围护墙。

槛墙：窗户格扇以下的矮墙。

廊墙：前后廊下的墙。

院墙：院落的分界墙，包括较近的两房之间的卡子墙。

扇面墙：指金柱之间与檐墙平行砌筑的墙，一般在较大建筑中才设置。

4. 屋顶

我国的古代建筑屋顶造型丰富多彩，基本上有四种形式，即庑殿式、歇山式、悬山式和硬山式，见图 10-3。

10.2 古建筑瓦作材料及工具

我国古代建筑的瓦作主要指台基、墙体、地面和屋顶的铺砌。

10.2.1 材料

1. 砖

古代建筑用砖品种繁多，规格混乱，从未达到标准化。另外，不同等级，不同形式的古建筑，所用的砖也不相同。现行的古建筑用砖，参见表 10-1。

现行古建筑用砖 表10-1

名称		用途	参考规格（mm）	备注
城砖	澄浆城砖	宫殿墙身干摆、丝缝、墁地、檐料、杂料	470×240×120	
	停泥城砖	大式墙身干摆、丝缝，墁地、檐料、杂料	470×240×120	
	大城样	小式下碱干摆、大式地面、基础、淌白墙、大式糙砖墙、檐料、杂料	480×240×130	
	二城样	同大城样	440×220×110	
停泥滚子	大停泥	大、小式墙身干摆、丝缝，檐料、杂料	320×160×80 410×210×80	砍磨加工时，砍磨尺寸按扣减5～30mm计算
	小停泥	小式墙身干摆、丝缝，地面、檐料、杂料	280×140×70 295×145×70	
沙滚子	大沙滚	随其他砖背里，糙砖墙	320×160×80 410×210×80	
	小沙滚	同大沙滚	280×140×70 295×145×70	
开条砖	大开条	淌白墙，檐料，杂料	260×130×50 288×144×64	
	小开条	同大开条	245×125×40 256×128×51.2	

续表

名　称		用　途	参考规格（mm）	备　注
方砖	尺二方砖	小式墁地，博缝、檐料、杂料	400×400×60 360×360×60	砍磨加工时,砍磨尺寸按扣减10～30mm计算
	尺四方砖	大、小式墁地，博缝、檐料、杂料	470×470×60 420×420×55	
	足尺七方砖	大式墁地，博缝，檐料，杂料	570×570×60	
	形尺七方砖		550×550×60 500×500×60	
	二尺方砖		640×640×96	
	二尺二方砖		704×704×112	
	二尺四方砖		768×768×144	
	金　砖	宫殿室内墁地和建筑杂料	同尺七～二尺四方砖	
	地趴砖	室外地面，杂料	420×210×85	
	斧刃砖	贴砌斧刃陡板墙面，墁地、杂料	240×120×40	砍净尺寸按扣减10mm计算
	四丁砖	淌白墙，糙砖墙，檐料，杂料，墁地	240×115×53	即兰手工砖,如糙砌砖墙可用兰机砖

墁地坪用斗板砖（又称斗底砖）铺砌，其规格有40、46、52cm见方，厚有6、8、10cm三种。从加工的粗细程序分为细泥、澄浆和金砖三种。金砖制作要求十分严格，用无锡御窑泥加工，因该地泥土可炼得均匀，打得严密，不空不裂。砖坯制成后要阴干半年，然后放入窑中，连续煅烧130多天，出窑冷却后泡在桐油中浸透，光洁如镜，多用于宫殿室内墁地。细泥、澄浆多用于室外甬道。

2. 瓦

古代建筑屋顶使用的瓦大致分两大类，即琉璃瓦和布瓦（青瓦），其中布瓦又可分为小青瓦和筒瓦。

（1）布瓦

1）小青瓦：用黏土烧制而成的无釉瓦。一般用于居民住房屋顶。常用的名称还有合瓦，蝴碟瓦等。其规格长×宽为170~200mm×130~180mm。

2）筒瓦：筒瓦亦为黏土烧制的无釉瓦，共有板瓦、盖瓦、滴水、勾头四种。

板瓦：又称底瓦，铺筑时瓦的凹面向上。长270~320mm，小头宽为70~112mm，大头宽为112~160mm；

盖瓦：呈半圆形，铺筑时盖在两块板瓦上，其规格分300mm×175mm、300mm×150mm、250mm×125mm和250mm×100mm四种；

滴水：用于檐口第一块的底瓦（图10-9*a*），长为285~345mm，宽与板瓦相同；

勾头：用于檐口第一块盖瓦（图10-9*b*），尺寸与盖瓦相同。

（*a*）　　（*b*）

图10-9　滴水与勾头

（*a*）滴水；（*b*）勾头

（2）琉璃瓦

琉璃瓦是我国古代建筑屋顶用料的一绝，也是古老陶瓷珍品之一。此瓦不仅上有黄、绿、蓝、青、紫、黑、翡翠等多种釉彩，而且造形繁多，常见的琉璃瓦件，见图10-10。

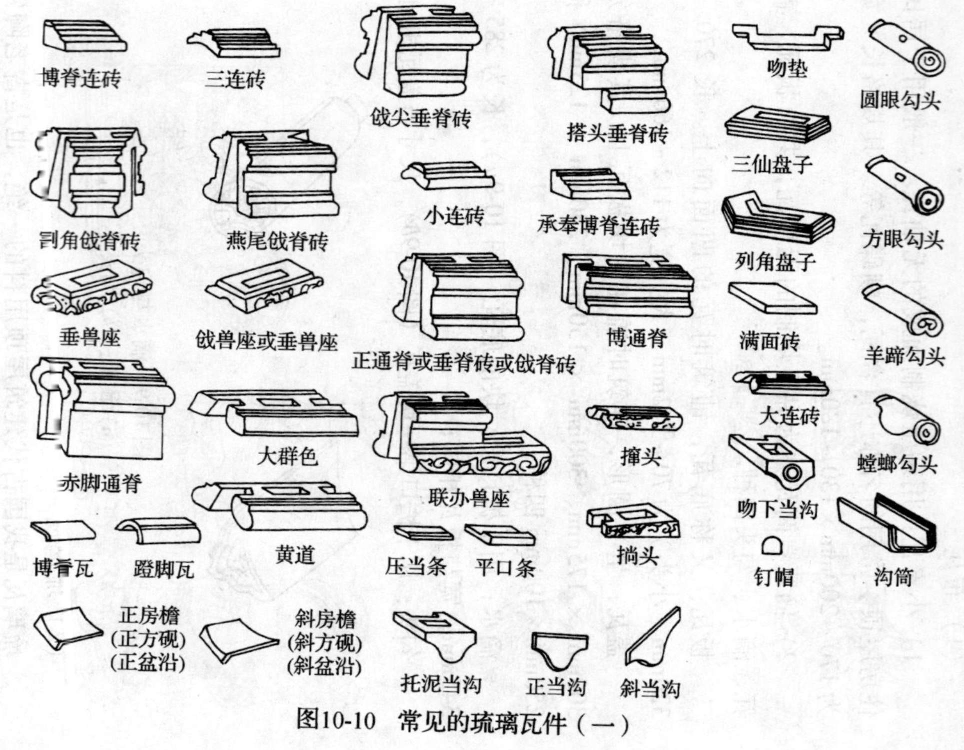

图10-10　常见的琉璃瓦件（一）

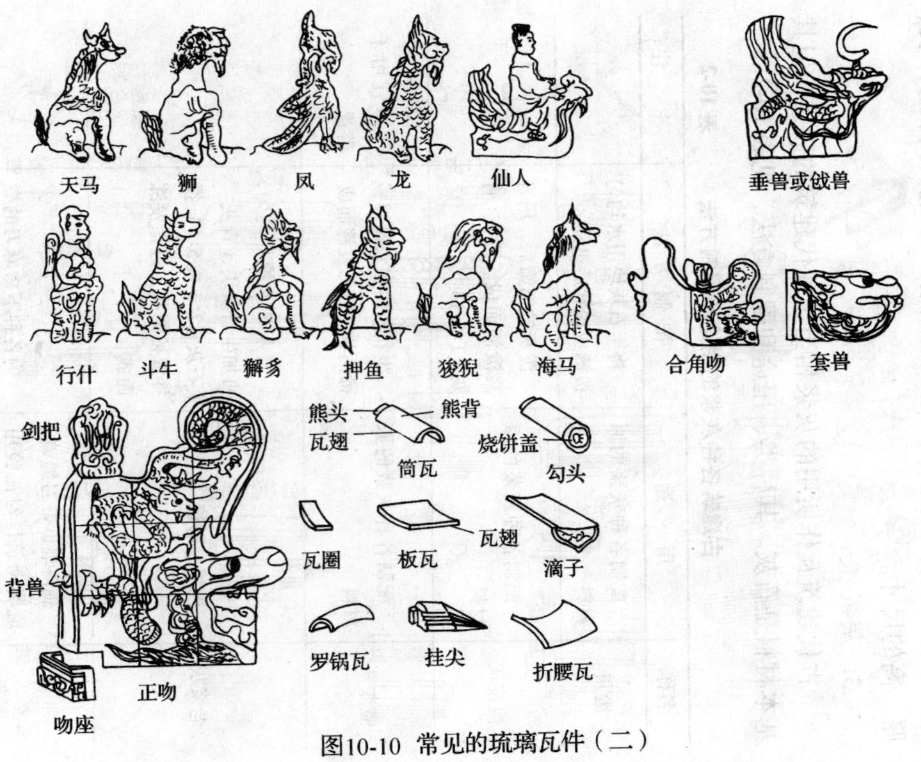

图10-10 常见的琉璃瓦件（二）

琉璃瓦件的规格尺寸，由于种种原因，极不统一。常见的琉璃瓦尺寸是按“样数”来划分的，一般每一件琉璃瓦分为二样、三样……九样，每一“样数”一般均有三种长、厚、高的尺寸。

3. 灰浆

古代建筑瓦作所用的灰浆相当于现代建筑的砂浆，但其基本材料是石灰。其种类、用途和配制方法，见表10-2。

古建筑各种灰浆的用途和配制方法　　表10-2

名称	用　途	配制方法	备　注
泼灰	配制各种灰浆的原材料	将生石灰块用水均匀泼洒成粉状后过筛	
泼浆灰	配制各种灰浆的原材料	泼灰过细筛后，用青浆泼洒而成。泼灰:青灰=1:0.13	
煮浆灰	配制各种灰浆的原材料	生石灰块加水搅拌成稀粥状，过筛发涨而成	不宜用于苫背
老浆灰	丝缝墙砌筑	青灰加水搅拌均匀，再加生石灰块（青灰:生石灰=7:3或5:5）搅拌成稀粥状，过筛发涨而成	
素灰	淌白墙、带刀缝墙、琉璃砌筑；勾瓦脸用称“节子灰”，宽筒瓦用称“熊头灰”	为各种不掺麻刀的煮浆灰（灰膏）或泼灰	

续表

名称	用途	配制方法	备注
大麻刀灰	苫背	泼浆灰或泼灰加麻刀(100:5 重量比)，加水搅匀而成	
小麻刀灰	打点勾缝	泼浆灰或泼灰加短麻刀（长度小于 1.5cm，100:3 重量比）加水搅匀而成	
中麻刀灰	调脊、宽瓦、墙体砌筑抹馅，堆抹墙帽	泼浆灰或泼灰加麻刀(100:4 重量比）加水搅匀而成	
月白灰	调脊、宽瓦。砌糙砖墙（浅月白灰）或砌淌白墙、室外抹灰	浅月白灰是用泼浆灰加水搅匀；深月白灰是用泼浆灰加青浆搅匀。如需要可掺麻刀，掺中麻刀，称驮背灰，用于筒瓦之下，宽瓦灰（泥）之上；掺大麻刀或中麻刀，称扎缝灰和抱头灰，前者用于宽瓦扎缝，后者用于挑脊抱头	
夹垄灰	筒瓦夹垄、合瓦夹腮	泼浆灰:煮浆灰（3:7 或5:5）加麻刀（灰:麻刀 = 100 : 3 重量比）加水或青浆调匀而成	用于黄琉璃瓦时，泼浆灰应改为泼灰，青浆改用红土浆

续表

名称	用途	配制方法	备注
花　灰	布瓦屋顶挑脊时衬瓦条、砌胎子砖、准抹当沟	比泼浆灰水分少的素灰，青浆与泼灰可以不调匀	
护板灰	苫背垫层中第一层	泼灰加麻刀（100:2重量比）加水调匀而成	
裹垫灰	布瓦、筒瓦裹垫打底	泼浆灰加麻刀（100:3～5重量比）加水调匀而成	
	布瓦、筒瓦裹垫抹面	煮浆灰掺青灰加麻刀（100:3～5重量比）用水调匀	
砖面灰（砖药）	干摆、丝缝墙面，细墁地面打点	砖面（经研磨）：白灰膏=4:1或灰膏:砖面:青灰=7:3:少许加水调匀	可掺胶粘剂使用
江米灰	琉璃花饰砌筑，宫殿琉璃瓦夹垄	泼灰用青浆调匀，掺麻刀，再掺江米浆（生灰:江米=6:4重量比加水煮烂）和白矾水。灰:麻刀:江米:白矾=100:4:0.75:0.5	黄琉璃应将青浆改为红土浆
油　灰	细墁地面砖棱挂灰	面粉:细白灰粉（过绢箩）:烟子（用胶水搅成膏状）:桐油=1:2:0.5～1:2～3灰内可掺少量白矾水	可用青灰代替烟子

续表

名称		用途	配制方法	备注
掺灰泥		宽瓦、墁地、砌碎砖墙	泥:泼灰=7:3（或6:4，5:5）体积比，加水闷透（约8h）调匀	以亚粘土为好
滑秸泥		苫泥背、抹墙面	泥:滑秸（经石灰水烧软麦秸）=100:20（体积比）	
麻刀泥		苫泥背	掺灰泥:麻刀=100:6	
白灰浆	生石灰浆	宽瓦沾浆、石灰和砖砌体灌浆、内墙刷浆	生石灰块加水搅拌成浆状，经细筛过淋	
	熟石灰浆	砌筑灌浆、墁地坐浆、宽干槎瓦坐浆、内墙刷浆	泼灰加水搅成稠浆	
月白浆		墙面及布瓦屋面刷浆	白灰:青灰=100:25（10）	
挑花浆		砌体灌浆	白灰:好黏土=3:7或4:6（体积比）	
青浆		青灰背、筒瓦屋面檐头绞脖、黑活屋顶眉子、当沟刷浆	青灰加水搅成浆后过细筛（网眼宽不超过2mm）	
烟子浆		筒瓦檐头绞脖、眉子、当沟刷浆	黑烟子用胶水搅成膏状，再加水搅成浆状	可适量加青浆

续表

名称	用　途	配制方法	备　注
砖面水	旧干摆、丝缝墙面打点刷浆；布筒瓦屋面刷浆	细砖面加水调成浆状	
江米浆	重要建筑砖、石砌体灌浆	生灰∶江米＝6∶4（重量比）加水煮烂	用于石砌体灌浆，生石灰浆不过淋
油　浆	宫殿青灰背刷浆和布瓦屋顶刷浆	青浆（或月白浆）：生桐油＝100∶1～3（体积比）	
黑矾水	金砖墁地钻生泼墨	黑烟子用酒或胶水化开与墨矾混合（黑烟子∶黑矾＝10∶1）。用红木刨花与水煮后，用此水与上述混合体调合煮至深黑色，趁热使用	

10.2.2　工具

古代建筑瓦作中常用的工具，见图10-11。

1．瓦刀

用薄铁板制成，是砌墙的主要工具，也可用于宽瓦或修补屋面时夹垄和裹垄后的赶轧，见图10-11（*b*）。

2．錾子

常用钢筋打制而成，长约10多厘米，刃口宽约0.6～1.6cm不等。一般均备若干个，见图10-11（*c*）。

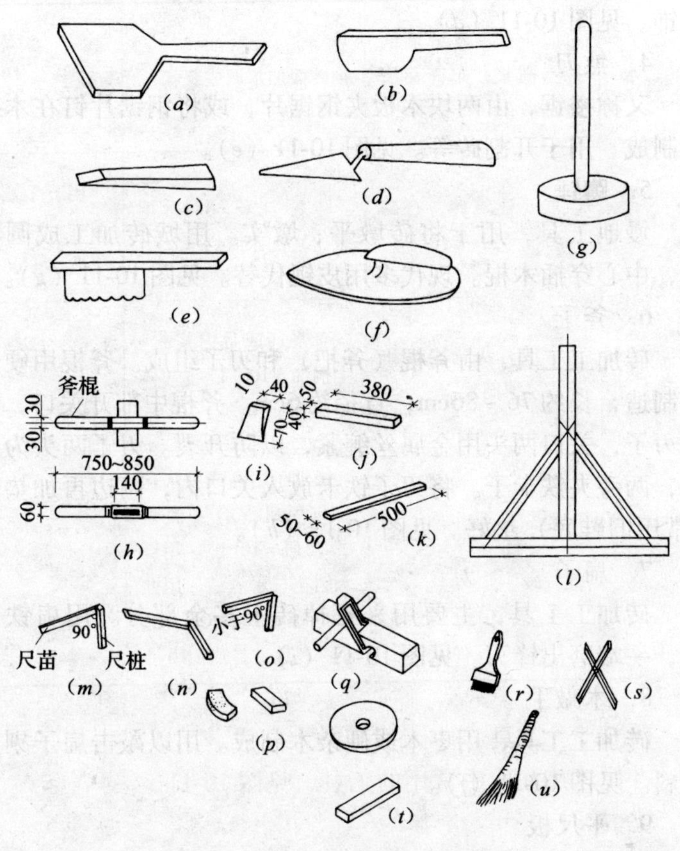

图 10-11　瓦作常用工具

(*a*) 灰板；(*b*) 瓦刀；(*c*) 錾子；(*d*) 鸭嘴；(*e*) 煞刀；(*f*) 抹子；(*g*) 蹲锤；(*h*) 斧子；(*i*) 扁子；(*j*) 木敲手；(*k*) 平尺板；(*l*) 扒尺；(*m*) 勾尺；(*n*) 八字尺；(*o*) 包灰尺；(*p*) 磨子；(*q*) 刨子；(*r*) 刷子；(*s*) 矩尺；(*t*) 磨刀石；(*u*) 笤帚

3．鸭嘴

用于勾抹普通抹子不便操作的窄小部位，也可用于堆抹花饰。见图 10-11（d）。

4．煞刀

又称搂锯，由两块木板夹钢锯片，或将钢锯片钉在木把上制成。用于开割砖等。见图 10-11（e）。

5．蹾锤

墁地工具，用于将砖墩平、墩实。用城砖加工成圆柱体，中心穿插木棍。现代多用皮锤代替。见图 10-11（g）。

6．斧子

砖加工工具，由斧棍（斧把）和刃子组成。斧棍用硬杂木制造，长约 76 ~ 86cm，直径约 6cm。斧棍中部开关口，可楔刃子，关口两头用金属丝缠紧，以防开裂。刃子两头为刃锋，两旁夹铁卡子。将刃子铁卡放入关口内，两边再加垫料（常用旧鞋底）垫好。见图 10-11（h）。

7．扁子

砖加工工具，主要用来打掉砖上多余部分。用扁铁制成，一端磨出锋刃。见图 10-11（i）。

8．木敲手

砖加工工具，用枣木或硬杂木制成。用以敲击扁子剔凿砖料。见图 10-11（j）。

9．平尺板

用薄木板制成。用于砌墙、墁地时检查砖的平整度以及抹灰时找平、抹角。短的平尺用于砍砖画直线。见图 10-11（k）。

10．扒尺

木制的丁字尺，但附有“斜拉杆”，主要用于一般小型建筑施工放线的角度定位。见图 10-11（l）。

11. 勾尺

又称方尺，木制的直角尺。其短边称尺桩（或尺腿、尺墩），长边称尺苗，尺苗要求里外两小面平直。备用长、短各一把，分别用于大砖和小砖的直角检测。见图 10-11（m）。

12. 八字尺

又称角度尺或活板尺。尺桩和尺苗的夹角约成 120°（砍八字砖常是 120°），可做成固定的或可调角度的。见图 10-11（n）。

13. 包灰尺

砖加工工具。形如勾尺，但角度小于 90°，用于度量砍砖的包灰口宜由工地统一制作。见图 10-11（o）。

14. 磨头

砖加工工具。用于砍砖或砌干摆墙时的磨砖。可用粗磨石（或砂轮片、油石）作磨砖工具，见图 10-11（p）。

15. 刨子

砖加工工具，用于刨平砖表面。刨床侧开口，便于排出砖灰。见图 10-11（q）。

16. 矩尺

砖加工工具。用两根扁铁（前端磨尖）交叉铰接，形如剪刀，用于异形砖的仿形划线，亦可画圆弧。见图 10-11（s）。

17. 制子

常用竹片制成，为砍砖的标准度量器具，应按所需尺寸，事先制作好。

18. 木宝剑

又称木剑，用短薄的木、竹片制成，一端制成便于手握的剑把状，用于墁地时砖棱的挂灰。

19. 磨刀石

用于磨刃子、凿子和扁子等，应有粗、细两种，或用砂轮做粗磨石。见图 10-11（t）。

20. 砍、磨砖桌子

用砖码砌的工作台，俗称砖桌子。砖桌子分单桌（独腿）、一字桌（褡裢桌）、丁字桌和十字桌几种，分别可供 1 人，2 人，和 3～4 人操作，其高度约 75～90cm，可根据操作者的身高而定，见图 10-12。

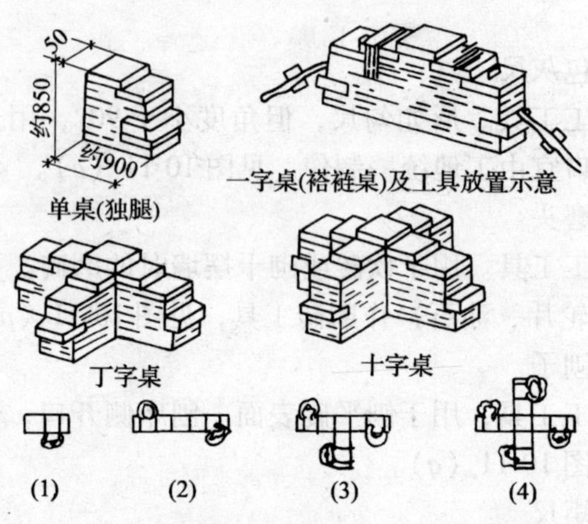

图 10-12 砍砖桌俯视及操作者位置示意

10.3 古建筑瓦作工艺

10.3.1 砖的砍磨加工

10.3.1.1 砖加工的名称

1. 砖加工的名称与砌筑的名称不同，见图 10-13。

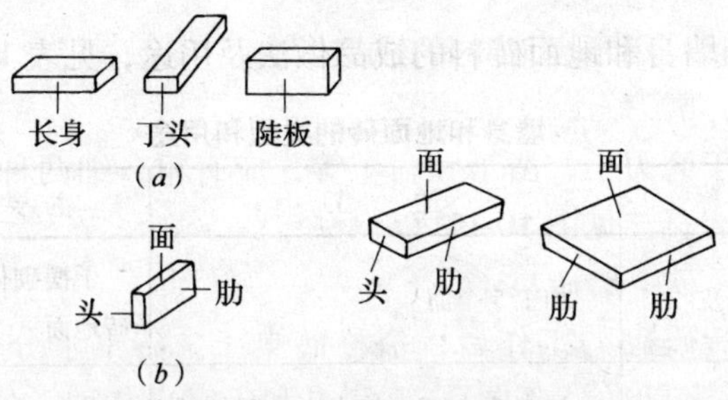

图 10-13　砖各面名称

(a) 砖砌筑名称；(b) 砖加工名称

2. 根据砖的加工工艺的不同，墙身砖分为五扒皮（图10-14a），膀子面（图10-14b）、三缝砖、淌白砖；方砖地面分为盒子面、八成面、干边肋；条砖地面分为陡板和柳叶地面（图10-15）。

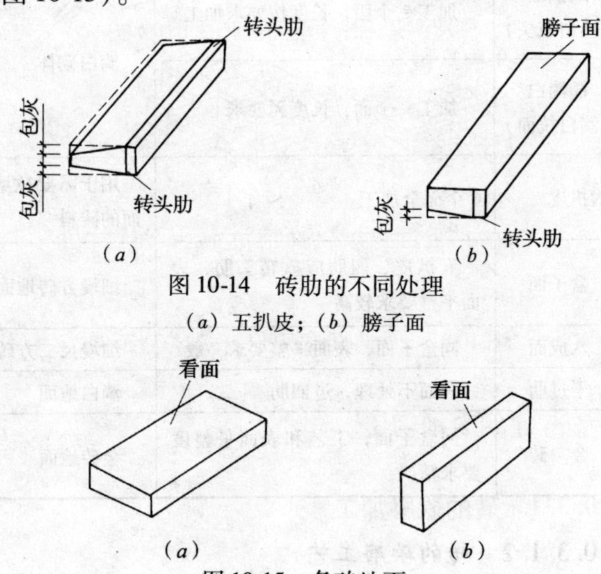

图 10-14　砖肋的不同处理

(a) 五扒皮；(b) 膀子面

图 10-15　条砖地面

(a) 陡板地面；(b) 柳叶地面

3. 墙身和地面砖料的成品做法及用途，见表10-3。

墙身和地面砖的类型和用途　　　表10-3

<table>
<tr><th colspan="2">名　称</th><th>加　　工</th><th>主 要 用 途</th></tr>
<tr><td colspan="2">五扒皮</td><td>加工5个面</td><td>干摆砌体，细墁条砖地面</td></tr>
<tr><td colspan="2">膀子面</td><td>加工5个面，其中一个加工成膀子面（即一个肋上不砍包灰，与看面成90°夹角或稍小于90°）</td><td>丝缝砌体</td></tr>
<tr><td colspan="2">三缝砖</td><td>加工4个面，有一道棱不加工</td><td>砌体中不需全部加工者</td></tr>
<tr><td rowspan="2">淌白</td><td>细淌白
（淌白截头）</td><td>加工一个面，长度按要求加工</td><td rowspan="2">淌白砌体</td></tr>
<tr><td>糙淌白
（淌白拉面）</td><td>加工一个面，长度无要求</td></tr>
<tr><td colspan="2">六扒皮</td><td>6个面全加工</td><td>用于需要砍磨6个面的砖料</td></tr>
<tr><td rowspan="4">方砖地面</td><td>盒子面</td><td>五扒皮、四肋应砍转头肋，表面平整要求较高</td><td>细墁方砖地面</td></tr>
<tr><td>八成面</td><td>同盒子面，表面平整要求一般</td><td>细墁尺二方砖地面</td></tr>
<tr><td>干过肋</td><td>表面不处理，过四肋</td><td>淌白地面</td></tr>
<tr><td>金　砖</td><td>同盒子面，工艺和表面平整度要求精严</td><td>金砖地面</td></tr>
</table>

10.3.1.2　砖的砍磨工艺

1. 一般要求

（1）砍、磨砖一般应在室内进行，在没有现成房屋的情况下，可临时搭设棚子解决。工作棚不但要防雨、通风，而且在冬天要防寒保温，因为需加工的砖不能受潮、受冻，否则易生水锈，难以砍、磨。砖料应选择地势高、不积水和干燥的地点码放。

（2）砖加工的好坏直接影响到墙体和地面的质量，因此，加工前要选好砖。应挑选尺寸合格、颜色均匀、无缺棱掉角、扭曲裂纹、敲击声音清脆的砖。

在成批砖料中，应以规格尺寸较多的砖料为加工的标准规格。

（3）大规模加工前要由技术高的师傅砍出样板砖，俗称“官砖”。操作者应在事先明确需加工砖的要求，并由工地供给或检验制子、包灰尺等是否符合规格尺寸。砍成的砖要按“官砖”的标准交活。

按不同要求，砍砖活大体分为砍直趟砖、转角砖、异形砖和杂料砖等几种，见图 10-16。

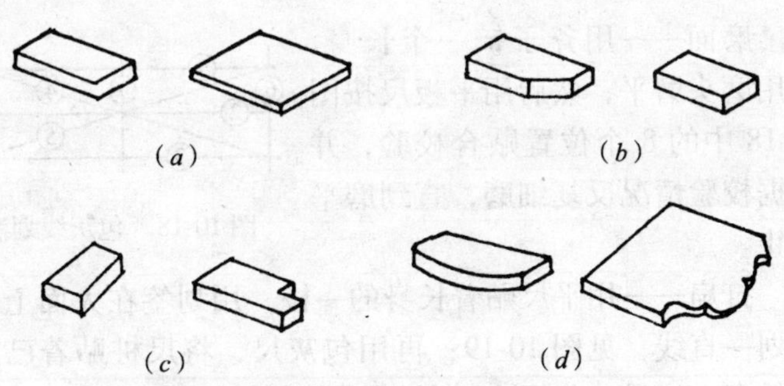

图 10-16　砖砍、磨类别

（*a*）直趟砖；（*b*）转角砖；（*c*）异形砖；（*d*）杂料砖

2. 墙面砖的加工工艺

（1）五扒皮

“五扒皮”也叫“五剥皮”，即一块砖的5个面均需进行加工。

“五扒皮”经加工的一个长身为直面，两个丁头面和两个大面有一定的斜度，叫做包灰，见图10-17。其砍、磨工序如下：

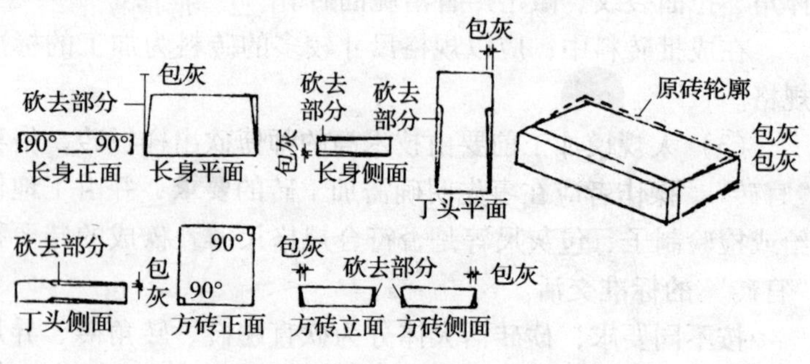

图10-17　包灰做法

磨面——用斧子铲一个长身，再用磨头磨平；然后用平板尺按图10-18中的8个位置贴合校验，并根据校验情况反复细磨，直到磨平为止。

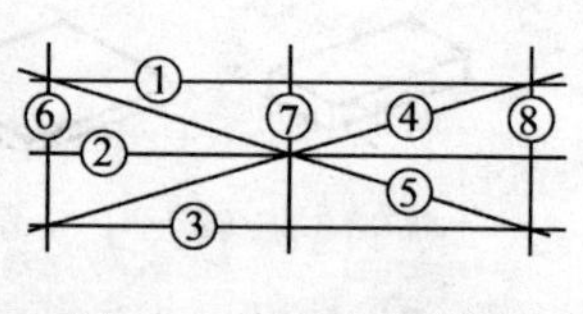

图10-18　包灰线划法

打扁——用平尺贴着长身的一棱，用划签在大面上沿平尺划一直线，见图10-19；再用包灰尺，将尺杆贴着已磨平的长身，按尺苗位置在砖的两端划包灰线，见图10-20；然后用扁子先打上面棱线，再打两头的顶头扁，最后反过来打底扁，见图10-21。

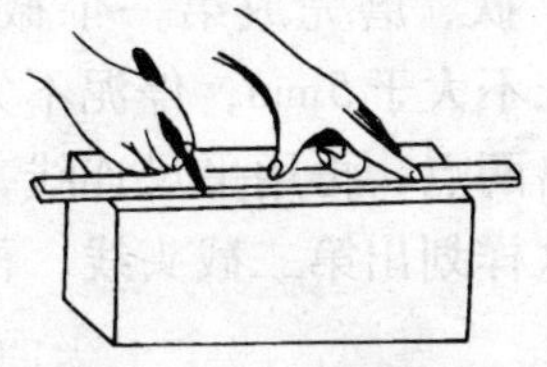

图 10-19 打扁做法

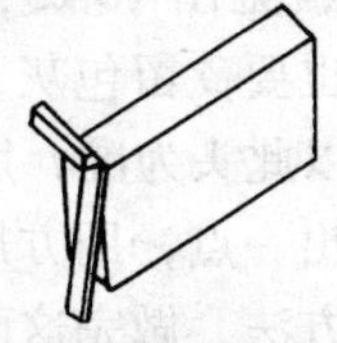

图 10-20 砖两端包灰线划法

劈面——将打扁的砖立起，用斧子将侧面包灰线以外的多余部分砍去，又称“过肋”，见图 10-22，形成楔形。

图 10-21 打底扁做法

图 10-22 劈面做法

城砖包灰不大于 5 ~ 7mm，停泥砖不大于 3 ~ 5mm。注意的是，在大面靠近长身处应留转头肋，宽度约为 1 ~ 2cm，此处应磨平。这样，以便以此肋为准，用竹制子沿此肋滑动，划出另一棱线，见图 10-23，再划出两侧的包灰线，然后按前述方法将加工第二个劈面完毕。

截头——又称裁头。即按长度尺寸截取砖两头，使砖长符合要求。方法是：先用勾尺的尺桩贴紧已加工好的长身面，在靠近丁头处划出截头线，见图 10-24；又在大面上划出包灰线，见图 10-25；经打扁、砍、磨完成第一个截头。头的后口也要砍留包灰，城砖包灰不大于 5mm，停泥不大于 3mm。又以此头为准，用制子点出两点，再用平尺连线，或用制子点出一点，用方尺划线，这样划出第二截头线，再按上述同样方法，做完这两边丁头。

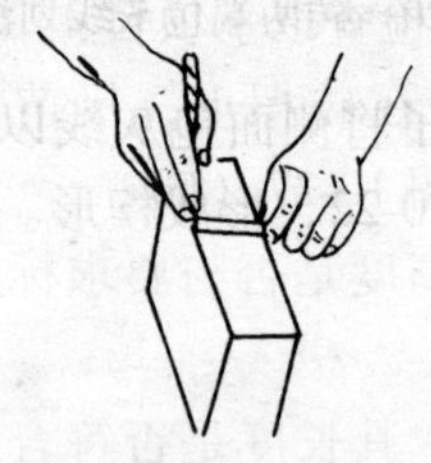

图 10-23　棱线划法

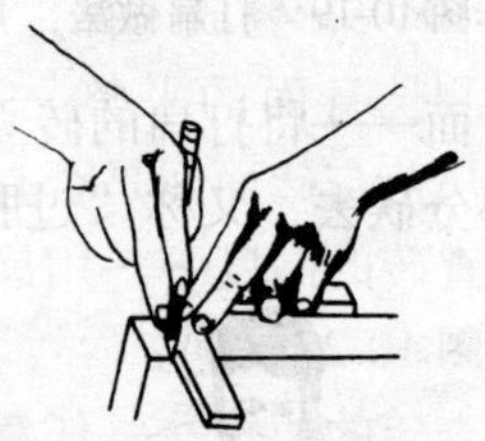

图 10-24　截头线划法

丁头砖只砍磨一个头，两肋和两面要砍包灰。以上均见图 10-17。

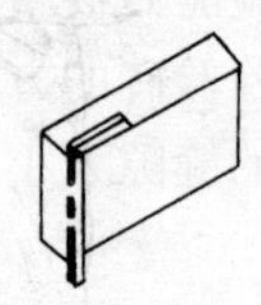

图 10-25　大面上

转头砖（见图 10-26）一般不截长短，待操作时根据实际情况截取，但要砍磨一个面和一个头，两肋要砍包灰。截去砖宽部分的做法称“倒嘴”。

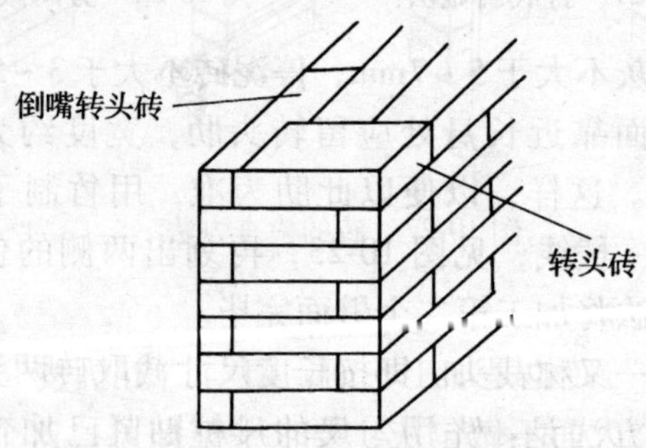

图 10-26　转头砖和“倒嘴”

加工完的砖，应码放在事先平整、夯实的场地上，砍好的长身面朝外，后口用碎砖片垫稳，大砖 25 块、小砖 50 块一垛，码放整齐。

加工完的砖，外观应无“花羊皮”（砖露明面仍局部有糙麻现象），无缺棱掉角，包灰合适，并任意抽取大砖 5 块或小砖 10 块，叠成一摞，后口备塞，检查以下项目：

检测长身面的平整——用方尺搭在砖摞上，尺苗贴砖面，看尺苗与砖面间是否有缝隙，见图 10-27（*a*）；

检查砖的高度——用尺量砖摞的高度是否与要求标准相符，见图 10-27（*b*）；

检查砖的长短——任意检测 3 块，其长度是否符合要求标准，见图 10-27（*c*）；

检验砖棱平直——观察相邻两砖缝隙大小；

检验砖的方正——用方尺靠砖头肋，观察另一端尺苗与砖面的缝隙大小，见图 10-27（*d*）。

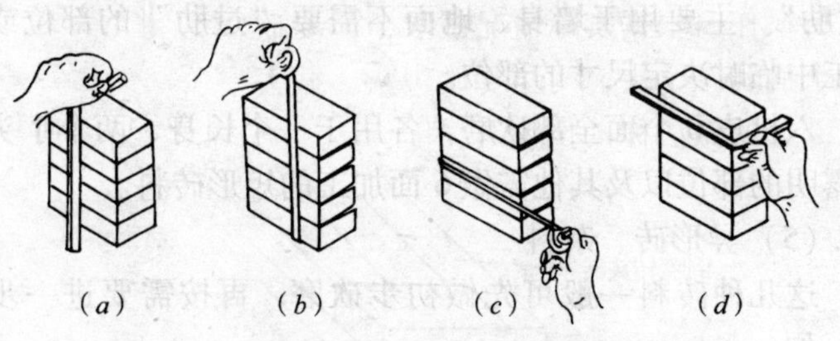

图 10-27　砖的检查方法

（2）膀子面

“膀子面”砖也是加工 5 面，但与“五扒皮”砖不同之处在于有一个大面不做包灰，要求平整即可，这个大面即称“膀子面”，见图 10-14。其加工方法如下：

磨面——先砍磨平一个大面，此大面称“膀子面”。

磨一长身——使长身与膀子面基本垂直,亦可略小于90°。

划线打扁——以膀子面和长身的直棱为准，据制子划出长身面的另一棱，然后用扁子打棱，并随之劈出带包灰的大面，参见图 10-19、图 10-21。

截两头——方法同“五扒皮”截头

膀子面砖的质量检验方法与“五扒皮”同。

(3) 淌白砖

淌白砖只磨面不“过肋”。

细淌白先砍磨一个面或头，然后按制子截头，但不砍包灰。只“落宽窄”，不“劈薄厚”。

糙淌白只铲磨一个面或头，不截头。有时可用两砖相互对磨，同时加工。即不“落宽窄”，也不“劈薄厚”。

(4) 三缝砖与六扒皮

三缝砖虽与五扒皮的砍磨工艺大致相同，但有一道肋不“过肋”。主要用于墙身、地面不需要“过肋”的部位或在施工中临时决定尺寸的部位。

六扒皮 6 个面全部砍磨，各用于一个长身、两个丁头同时露明的部位以及其他需做 6 面加工的矩形砖料。

(5) 异形砖、杂料

这几种砖料一般可先做初步砍磨，再按需要进一步加工。如：

1) 砍转头。“转头”是仅指用于墙角的砖，要求砖的长身与丁头垂直。其加工方法如下：

磨长身——方法同“五扒皮”磨面。

丁头面打扁——从长身搭方尺定转头（即丁头面）划线，砍后过尺磨平。

砍磨大面——方法同“五扒皮”砖。若用于“膀子面转头”则有一个大面不作包灰。

应注意的是，转头砖不截取长短，其端部在摆砌时，根据需要长度裁截。

转头砖的检验方法同“五扒皮”砖，并将两块转头砖一横、一竖贴紧，用平尺检查有无缝隙，见图 10-28。

2）砍八字砖。加工方法同转头砖。磨出长身后，用八字尺画出“八字”（图 10-29）；再用方尺画出每面的八字线（图 10-30），然后按线打砖，磨出“八字”。

图 10-28　转头砖检验方法

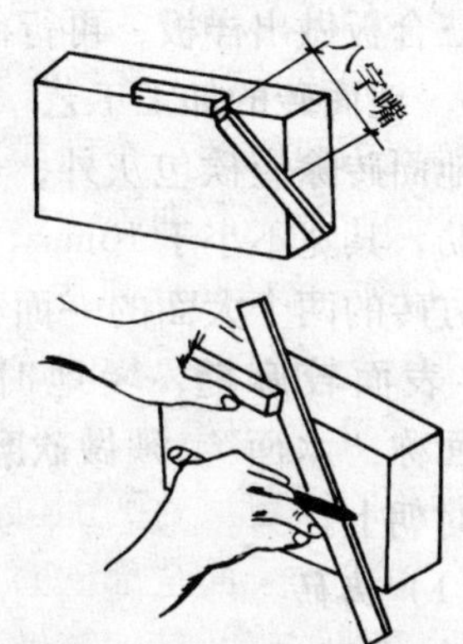

图 10-29　用八字尺画八字

八字砖的检验，除用方尺检验八字外，其他与“五扒皮”、“膀子面”相同。

3）砍曲面（车辋）砖。车辋砖指有一定圆弧的砖。

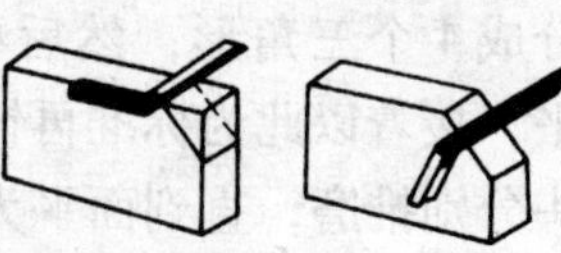

图 10-30　用方尺画八字

砍车辋砖的方法，基本同“五扒皮”和“膀子面”砖，关键在于做好圆弧的面。因此，事先要通过计算或做图放出弧度，并用三合极做好样板，再砍出样砖，经过试摆是否合乎要求。往往一块砖不易发现问题，需要试摆多块才能发现毛病。发现问题需做调整。另外，磨弧面的磨头应有合适的形状。

4）砍杂料砖。这类砖形状复杂，名目繁多，如用于墙体的饰件：荷叶墩、盘头、戗檐砖、博风头、博风砖、枭砖炉口、混砖等，见图 10-31。这类砖的加工，通常先用三合板做出样板，再行砍磨。

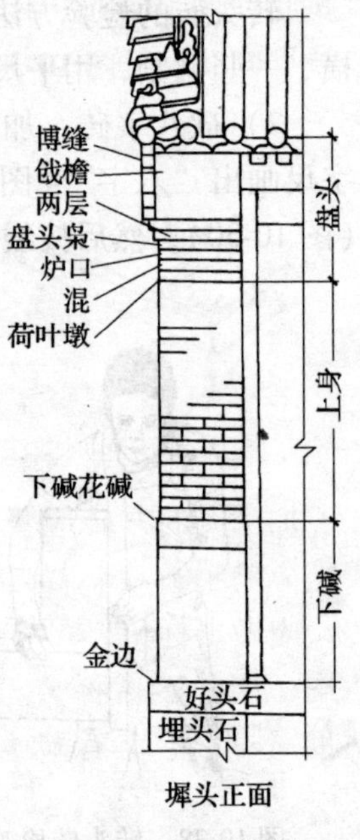

图 10-31　墙体饰件杂料示意

3．地面砖的加工工艺

地面砖除应砍包灰外，也应砍转头肋，其宽不小于 10mm。

方砖的两个大面的一面称“旱面”，表面较麻糙，墁地时朝下；另一面称“水面”，须做砍磨加工，墁地时朝上。

（1）方砖

1）金砖

金砖的砍磨工艺要求精细，其加工程序如下：

铲面磨平——在方砖的四角，弹出两根对角线，把方砖分成 4 个三角形，然后根据确定的厚度先将一个三角形铲平，接着以此为标准再铲其余部分。铲平后用粗磨头、细磨头分别推磨，直到面平为度。磨平的砖不仅能与“官砖”相合，且任意两块磨平的砖，在任意角度相合时，均能吻合。

过肋裁边——先用尺量出方砖所定尺寸，看每边能剩多少，然后取方直，先在一边（较好的边少留，较差的边多留）划线，并按线打扁做转头肋，砍出包灰（其方法同五扒皮劈面），包灰做在方砖的小面上（图 10-32）；再先用粗磨石粗磨，后用干砖细磨，以作好的棱为准，用大制子理出第二条肋（图 10-33），用方尺尺桩贴住第一条肋，沿尺苗划出第三、四肋，见图 10-34，并按前述方法砍磨。

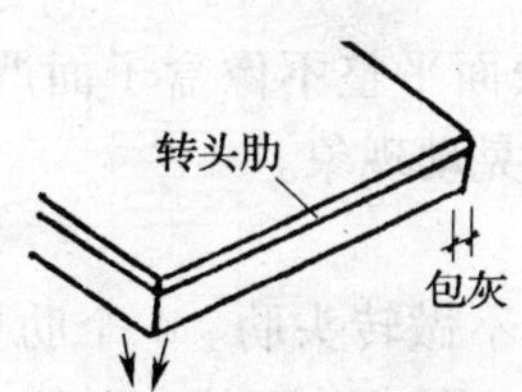

图 10-32　包灰做法

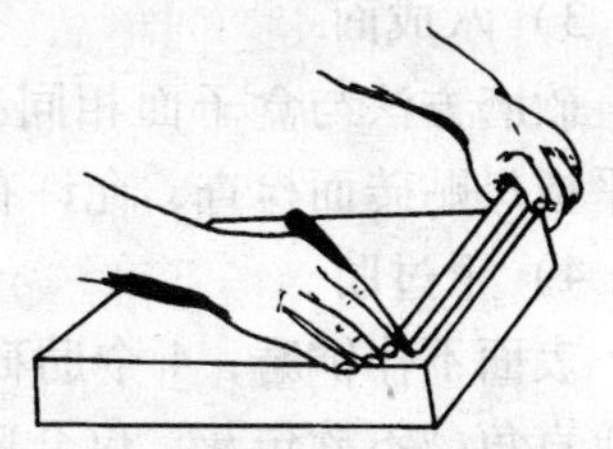

图 10-33　用制子划肋

加工完的方砖应竖直放置，包灰处应垫小石片。若方砖有一侧缺棱，应做出标记，可在墁地时调整使用，这种砖俗称“三缝”；若有两肋不平直或有缺陷，则不能使用。

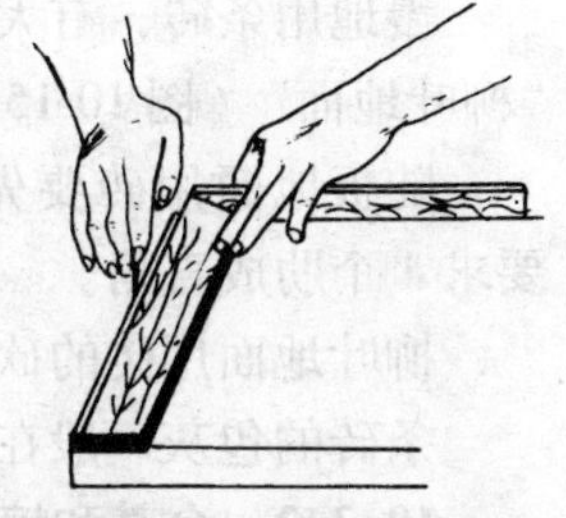

图 10-34　用尺苗划肋

方砖应按下述方法检验：

外观检验——表面平整，无缺棱掉角，包灰合适。其中表面平整要用软平尺（不易变形的木料制作，小面上粘上毡子）沾上红土粉，在砖表面刮一下检查，未沾上红土粉处为低洼处，颜色较重者为高出处；

用平尺板量砖面——用平尺板在砖面上任意靠 3 次，应以尺板与砖面紧贴，无晃动现象为合格；

检验尺寸——用尺量度尺寸并与标准尺寸对比，以不得亏涨为准；

用勾尺格方——将方尺勾于四角，观察尺苗尾部是否与砖棱贴合。

2）盒子面

可以参照五扒皮方法加工，4 个肋互成直角，包灰 1 ~ 2mm。盒子面表面应与“官砖”完全贴合。

3）八成面

砍磨方法与盒子面相同，但表面平整不像盒子面严格，用平板尺贴砖面检查，允许有稍微晃动现象。

4）干过肋

表面不作铲磨，4 个肋砍磨但不做转头肋。4 个肋要求互成直角。不砍包灰，仅合适即可。要求砖面基本平整。

(2) 条砖

墁地用条砖，有大面朝上的“陡板地面”和小面朝上的“柳叶地面”（图 10-15）。

陡板地面用砖要先砍磨大面，再砍磨四肋（转头肋），要求 4 个肋成直角。

柳叶地面用砖的砍磨方法与五扒皮（要转头肋）相同。

条砖的包灰一般在 1 ~ 2mm，城砖在 2 ~ 3mm。

10.3.2 台基和墙体砌筑

10.3.2.1 台基砌筑

台基的砌筑主要包括磉墩、拦土和台明等的砌筑，见图 10-4 和图 10-5。

1. 台基砌筑应在基础垫层（灰土或素混凝土）完成后进行。

2. 按照图纸要求，检查柱子中心线放线的准确性。确定磉礅和栏土的位置，同时根据“平水”（即标高）确定柱顶的顶面高度，再根据柱顶石的大小反算磉墩的砌筑高度。

3. 磉墩和栏土的砌筑顺序是：先码磉墩、后掐栏土，两者以通缝相接。有的古建筑将磉墩和栏土连在一起，也可一次砌成。

4. 包砌台明一般应与台基同时施工。如果阶条以上无墙体，亦可在屋顶工程竣工后再包砌台明。

5. 组砌需根据房屋檐柱直径的大小来选择砖料，组砌方法见图 10-35。

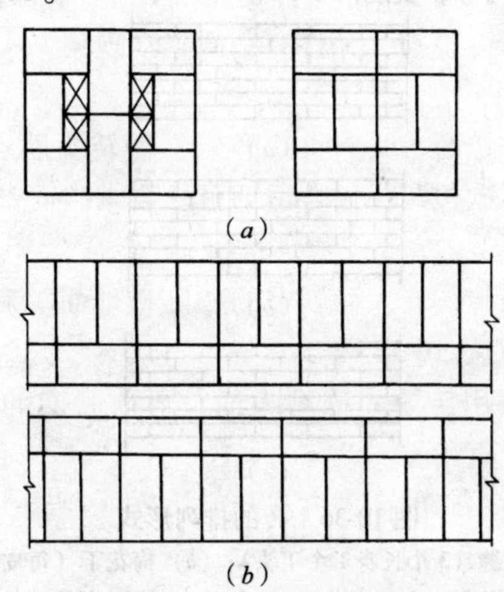

图 10-35　磉墩和栏土组砌

（*a*）磉墩排砖（相隔一皮砖 90°砌砖）；（*b*）栏土排列

6. 质量要求：

（1）砖的强度等级应不低于现代普通黏土砖的 MU7. 5，即烧制火候充足，敲击声音清脆的砖。

（2）使用的灰浆要符合要求，当采用普通黏土砖砌筑时，应采用不低于 M5 的水泥砂浆。灰浆饱满，灰缝宁小勿大。

（3）组砌符合要求，磉墩内不得填放碎砖。

(4) 磉墩和栏土的轴线偏差为 ±20mm，水平标高偏差为 ±10mm。

(5) 柱顶石表面平面度为 3mm。

10.3.2.2 墙体砌筑

古代建筑墙体的砌筑，按使用砖料加工的不同而异，通常有“干摆”、“丝缝”、“淌白”、“糙砌”等几种。砖的排列形式一般有三种：一顺一丁（又称梅花丁）、十字缝和三七缝（三顺一丁），见图 10-36。

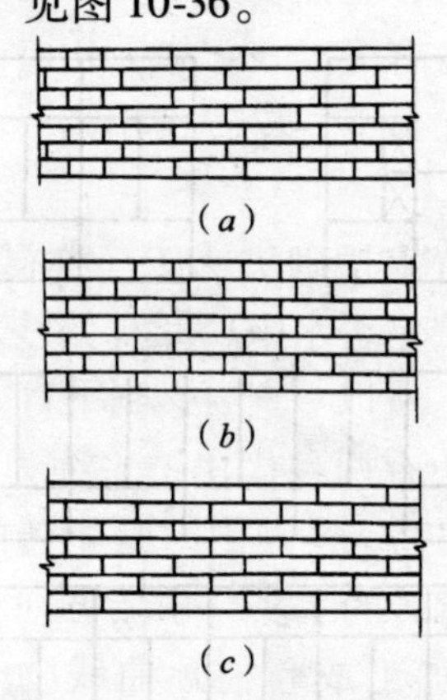

图 10-36 砖的排列形式

(a) 三七缝（3 个长身 1 个丁头）；(b) 梅花丁（每皮砖 1 个长身 1 个丁头）；(c) 十字缝（每皮长身）

1. 干摆

干摆，又称干摆细磨，俗称磨砖对缝。这种砖墙的墙面平整，无明显灰缝。其摆砌工艺如下：

(1) 备料

事先准备好“五扒皮”及所需的转头或八字砖以及青灰、小麻刀灰、白灰浆或桃花浆等材料。在干摆砌墙时，往往需要定型长度以外的砖，这些砖要求随时得到供应，因此，应有专人负责供应，俗称打截活。

（2）弹线

按设计尺寸，把干摆墙的平面位置用墨线弹画在基层上，所需用的转头或八字砖的位置也应弹标清楚。无论是两面或一面干摆做法，两侧砖之间应离开一些，以便灌浆、填馅。

（3）样活

先在基层上试摆，验证要摆多少个长身、丁头、以及砖的厚薄与设计的高度有无出入。如果几层砖的厚度与设计高度有出入时，一般在最下一皮砖找齐。

（4）衬脚

在弹好线的位置上摆砌头层砖（称衬脚）。摆砌第一皮砖时，应先检查基层是否水平，如有偏差，应用灰抹平。干摆主要看第一皮砖，所以一定要做到平直。

端部的外侧转角有两种摆法：一种为“顺山”，另一种为“扒山”（图 10-37）。“顺山”是指砖的长身走向与山墙一致；“扒山”是指砖的丁头与山墙方向相同。砖与柱石交接处，应事先将砖加工成与柱顶曲线吻合的形式（图 10-38）。

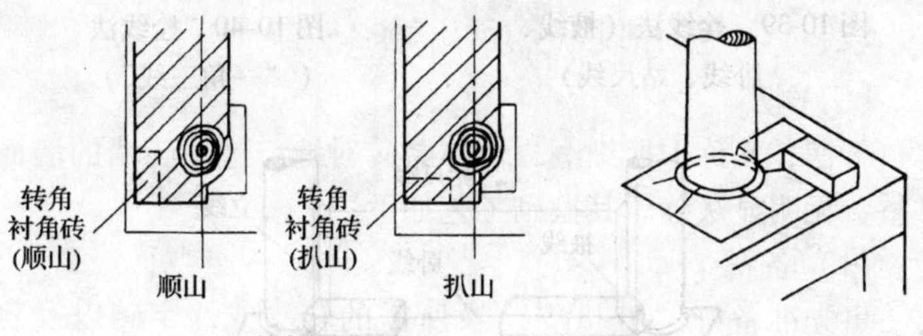

图 10-37 外侧转摆砖法

图 10-38 砖与柱石交接处砖的加工形式

(5) 拴线

又称挂线。在衬脚的头两块砖摆好后，应依此拴好立线（又称角线），再拴上掖线、卧线和站尺线（图 10-39）。立线和角线应垂直于基层，在掖线上应以活接头拴卧线和站尺线，卧线及站尺线均能沿掖线上下移动。掖线、站尺线、卧线及角上的立线均在墙身的外侧面上。如果砌山墙与檐墙的转角，则应两边拉线，俗称“一角三线”（图 10-40）。图 10-41 是摆砌槛墙的拴线示意。摆砌时照线操作。

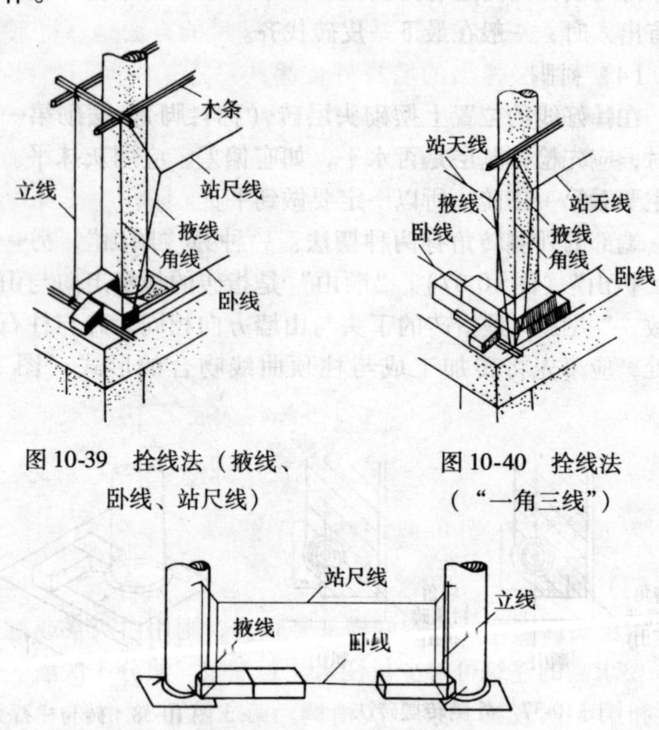

图 10-39　拴线法（掖线、卧线、站尺线）

图 10-40　拴线法（“一角三线”）

图 10-41　拴线法（摆砌槛墙用）

（6）摆砌

干摆时，砖的立缝和卧缝都不挂灰。摆砌的排砖方法见图 10-36，其中十字缝外观为通趟顺砖，其中间有砖条，经填馅灌浆，可使里外皮拉结（图 10-42）。摆砌时，砖的上棱要贴卧线，砖表面应与基层垂直。摆完砖后用平尺板逐块进行“打站尺”。打站尺的方法是，将平尺板的下面与基层弹出的墙身外皮墨线贴近，中间与卧线贴近，上面与站尺线贴近，然后检查砖的上、下棱是否与平尺板贴近，如有未贴近或顶尺现象，则应纠正。

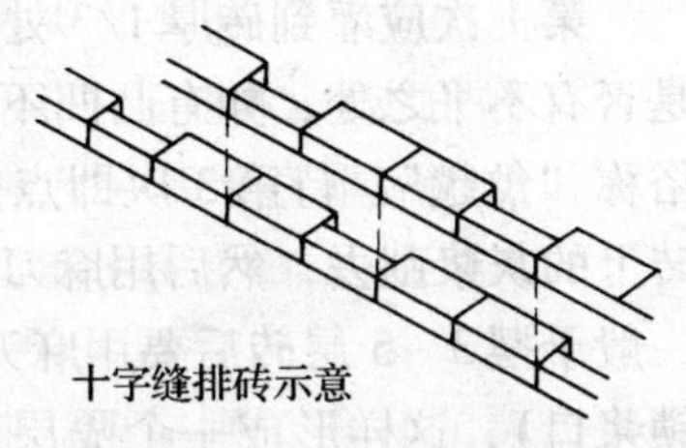

图 10-42　摆砌砖条灌浆拉结法

砖的后口要用两块楔形石片垫好，以保证外皮长身与基层垂直（图 10-43），称为“背撒”。在两块砖的接头处也要有一块石楔，称为“别头撒”。垫撒不能露出砖体里口之外。

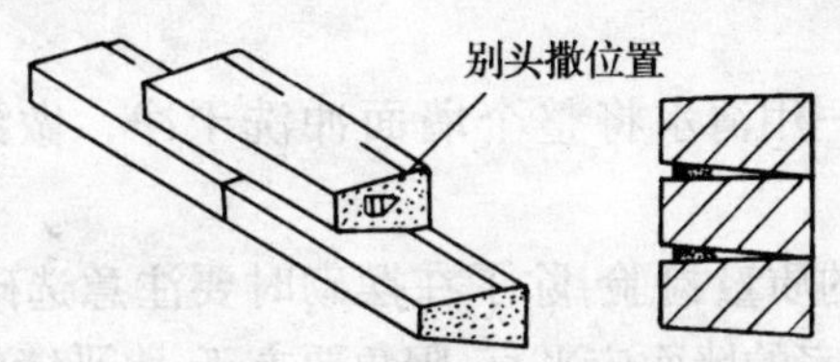

图 10-43　摆砌“背撒”法

（7）灌浆

每皮砖摆砌完并检查好横平竖直后，则用白灰浆或桃花浆（要求高的建筑可掺少量江米汁）灌浆。浆分 3 次灌。第 1 次和第 3 次较稀，第 2 次稍稠。第 3 次灌浆俗称“点落窝”，即在两次灌浆不足处弥补。灌浆时应特别注意不要过量，否则会把砖撑开。

第1次应灌到砖厚1/3处，并用平尺板贴砖上口，检查是否有不平之处，如有凸凹不平时，应用磨头磨平，此工序俗称“煞趟”。待第3次即点完落窝后，要用刮灰板将浮在砖上的灰浆刮去，然后用麻刀灰和碎砖填心，俗称“填馅”。一般干摆3~5层砖后要用麻刀灰抹一次，称“锁口”（又称锁浆口），这样形成一个隔层，以防止所灌的浆积聚在一起（俗称串浆）而增大压力，把砌体推出去。

（8）打点、墁水活

按上述方法砌筑完毕后，由于所灌的灰浆尚未完全凝固，因此对墙体须加保护，不得用重物撞击。待干摆墙体已基本牢固后，要对墙体进行一次修理，这个工序有墁干活、打点、墁水活和冲水。

墁干活——用磨头将砖与砖交接处高出的部分磨平；

打点——用“砖药”将砖的残缺部分和砖上的砂眼抹平；

墁水活——用磨头沾水将打点过的地方或墁过干活的地方磨平；

冲水——用清水将整个墙面冲洗干净，做到“真砖实缝”。

干摆墙的质量检验,除了在摆砌时要注意选砖,做到灰浆饱满外,摆砌完的墙面应平直,阳角要方正,水平缝要平直。

2. 丝缝

丝缝又称细缝。丝缝墙的砌法与干摆墙大致相同。不同的是用砖和做法不同，灰缝约2~3mm，砖料用“膀子面”和“转头砖”。丝缝墙的外口要抹挂青浆灰，无包灰的一面（膀子面）应朝下。砖砌好后要将挤出的浆灰刮净，但不得随砌随划缝，必须在墙砌完后用平尺板和竹片（厚度小于

3mm 或直径小于 3mm 的金属溜子）“耕缝”。“耕缝”时先耕卧缝后耕立缝。用平尺板靠在每层砖的上棱，用竹片或金属溜子沿平尺板压缝，使灰缝深浅一致，横平竖直。丝缝砌法常用于墙的上身（图 10-44）。

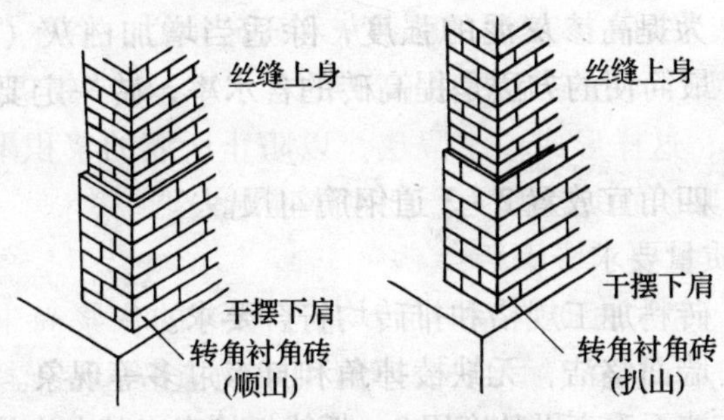

图 10-44　丝缝砌法

丝缝墙一般不背撤，也不刹趟。

如果说干摆砌法的关键是砍磨要精确，则丝缝砌法还要注意灰缝的平直，厚度一致，不“游丁走缝”。

3. 淌白

淌白的含意是经过简单磨面的砖用于砌筑。这样，比丝缝又粗糙些，灰缝比丝缝大一些，可达 5mm 左右。淌白的操作工序与丝缝墙面做法基本相同，

4. 糙砌

又称带刀缝。凡砌筑的砖未经砍磨加工的均属此类。其砌法是用白灰挂在砖的三面上进行砌筑，灰缝厚度可达 5～8mm，随砌随用瓦刀刮划缝。为了增强墙体的抗压强度，现均采用“满铺满挤”砌法。

糙砌的另一种是掺灰泥碎砖墙。砌筑碎砖墙时应注意：

(1) 里、外皮砖要互相咬拉结实；

（2）要适当用整砖“拉丁”，即砌丁砖；

（3）要与墙的四角整砖咬拉结实；

（4）砌到柁或檩底时应“背楔”；

（5）泥缝厚不得超过2.5cm；

（6）为提高掺灰泥的强度，除适当增加白灰（充分熟化）外，最简便的方法是提高砖的含水率，砖一定要浇湿后使用；

（7）四角宜放置2～3道钢筋勾尺。

5. 质量要求

（1）砖料加工规格和排砖均符合要求。

（2）墙面整洁，无缺棱掉角和打点过多等现象。

（3）墙面垂直平整度用2m托线板检查，其允许偏差为：

干摆砖不大于1mm；

丝缝砖不大于1.5mm；

淌白砖不大于3mm。

10.3.3 屋顶铺筑

古代建筑屋顶主要分为琉璃瓦屋顶和布瓦（青瓦）屋顶，常见分层做法见表10-4。

屋顶常见分层做法　　表10-4

瓦顶				
民间做法	民宅	小式建筑	大式或小式建筑	宫殿建筑
4. 瓦面	5. 瓦面	6. 瓦面	7. 瓦面	7. 瓦面
3. 宼瓦泥	4. 宼瓦泥	5. 宼瓦泥	6. 宼瓦泥	6. 宼瓦泥
2. 滑秸泥背1～2层	3. 灰背一层	4. 青灰背	5. 青灰背	5. 青灰背

<table>
<tr><th colspan="5">瓦　顶</th></tr>
<tr><th>民间做法</th><th>民　宅</th><th>小式建筑</th><th>大式或小式建筑</th><th>宫殿建筑</th></tr>
<tr><td rowspan="4">1. 木椽，上铺席箔、苇箔、荆芭、瓦芭或薄石板</td><td>2. 滑秸泥背1~2层</td><td>3. 滑秸泥背1~2层</td><td>4. 月白灰背</td><td>4. 月白灰背或白灰背3层以上</td></tr>
<tr><td>1. 木椽，上铺席箔或苇箔</td><td>2. 护板灰</td><td>3. 滑秸泥背1~2层</td><td>3. 麻刀泥背3层以上</td></tr>
<tr><td rowspan="2"></td><td>1. 木椽，上铺木望板</td><td>2. 护板灰</td><td>2. 护板灰</td></tr>
<tr><td></td><td>1. 木椽，上铺木望板</td><td>1. 木椽，上铺木望板</td></tr>
</table>

<table>
<tr><th colspan="5">灰　背　顶</th></tr>
<tr><th>民　宅</th><th>小式或大式建筑</th><th>民宅或铺面房</th><th>民宅或铺面板</th><th>宫殿建筑</th></tr>
<tr><td>4. 青灰背</td><td>4. 青灰背</td><td>4. 青灰背</td><td>3. 焦渣背</td><td>6. 青灰背</td></tr>
<tr><td>3. 月白灰背1~2层</td><td>3. 月白灰背2~3层</td><td>3. 焦渣背</td><td>2. 滑秸泥背</td><td>5. 多层月白灰背或纯白灰背</td></tr>
<tr><td>2. 滑秸泥背1~2层</td><td>2. 滑秸泥背2~3层</td><td>2. 滑秸泥背</td><td></td><td>4. 锡背</td></tr>
<tr><td rowspan="3">1. 木椽，上铺席箔或苇箔</td><td rowspan="3">1. 木椽，上铺席箔、苇箔或木望板</td><td rowspan="3">1. 木椽，上铺席箔或木望板</td><td rowspan="3">1. 木椽，上铺席箔、苇箔或木望板</td><td>3. 多层麻刀泥背</td></tr>
<tr><td>2. 护板灰</td></tr>
<tr><td>1. 木椽，上铺木望板</td></tr>
</table>

注：表中1、2、3、4……为施工的顺序（由底层至表层）。

10.3.3.1　琉璃瓦屋顶的铺筑

琉璃瓦屋顶由于其结构形式的不同，铺筑方法也各异（见图 10-45、图 10-46、图 10-47 和图 10-48），本手册只能做一般介绍。

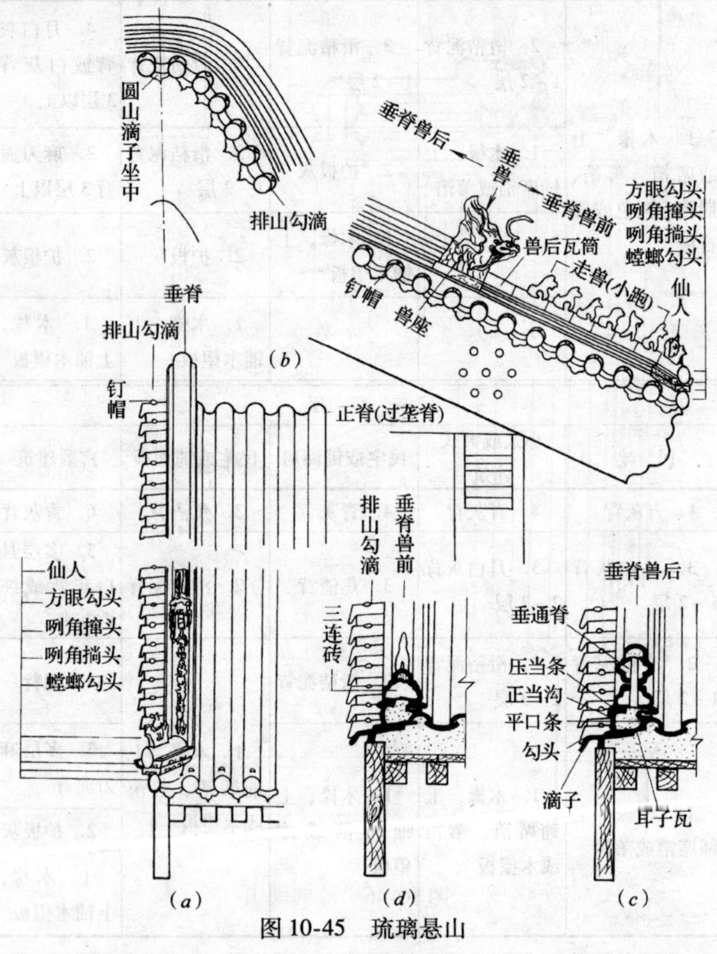

图 10-45　琉璃悬山

（a）正立面；（b）侧立面；（c）垂脊兽后剖面；（d）垂脊兽前剖面

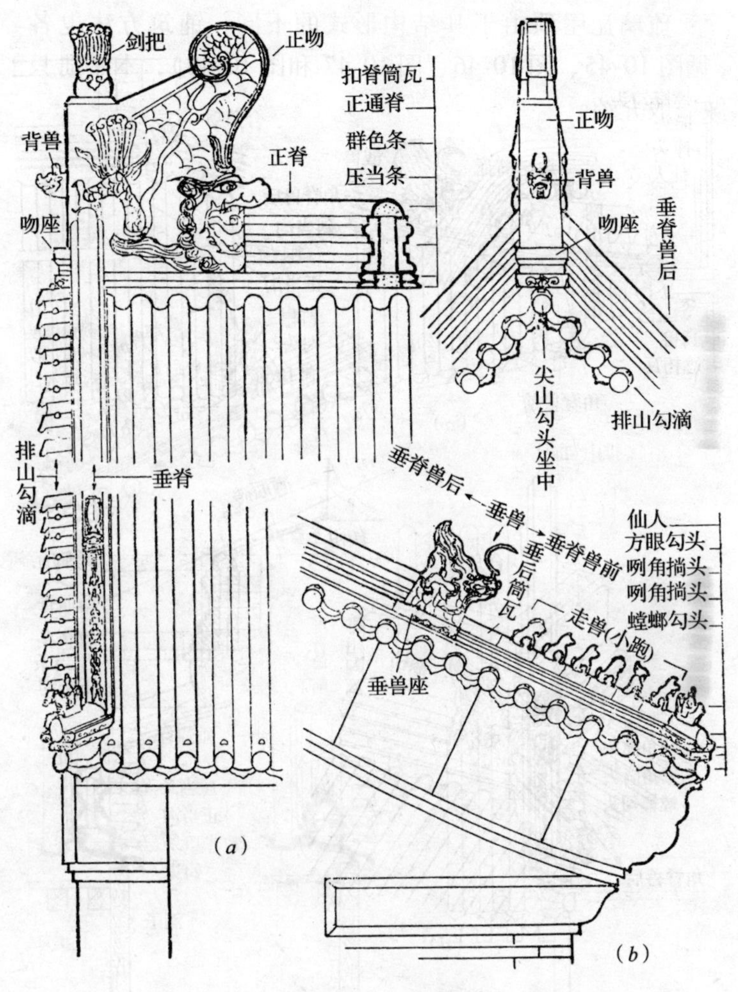

图 10-46 琉璃硬山

(a) 正立面；(b) 山面立面

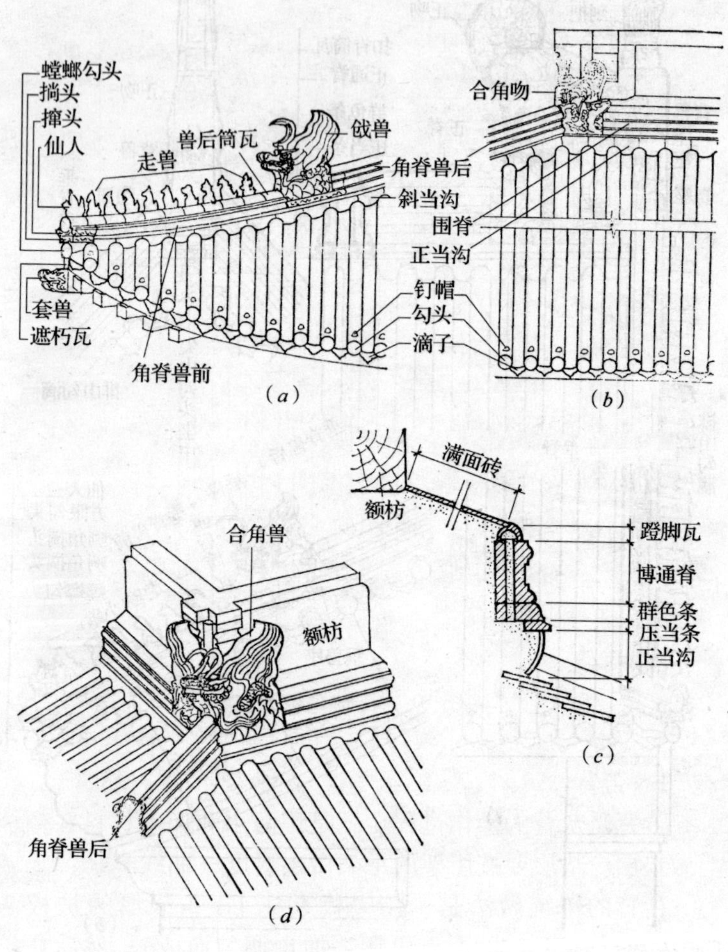

图 10-47 璃璃庑殿下檐

(a) 角脊；(b) 围脊与角脊兽后；(c) 围脊剖面；(d) 合角兽

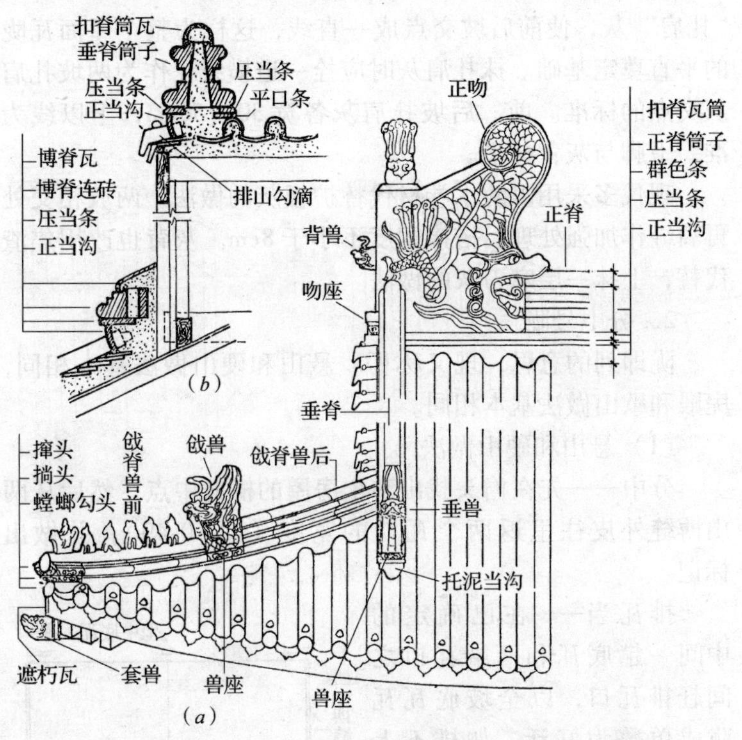

图 10-48　琉璃歇山

(a) 正立面；(b) 垂脊和博脊剖面

1. 苫背

苫背是灰背的操作过程。就是用防水和保温材料在望板上做垫层。垫层要按屋架的举架做出囊度（曲线）。

苫背的传统做法是，在望板上抹 1 ~ 2cm 厚的护板灰（用泼灰：麻刀 = 20∶1 重量比，加水调匀而成）；然后在护板灰上铺一层铅板（俗称锡背），锡背的连接采用焊接；再在锡背上抹 6 ~ 30cm 厚（分 2 ~ 4 层抹）麻刀白灰。苫完背后再抹一层 2 ~ 3cm 厚麻刀灰，压实抹光，然后在脊上抹

“扎肩”灰，使前后坡交点成一直线，这样为整个屋面瓦陇的平直奠定基础。抹扎肩灰时应拴一道横线，作为两坡扎肩灰交点的标准。前、后坡扎肩灰各宽 30～50cm，上以线为准，下脚与灰背抹平。

现代多采用以防水卷材代替护板灰的做法，两坡相交处再骑缝作加强处理，搭接宽度不小于 8cm。灰背也改用焦渣代替，上抹一层麻刀灰的做法。

2. 分中号陇

陇即列的意思，现又称楞。悬山和硬山做法基本相同，庑殿和歇山做法基本相同。

(1) 悬山和硬山做法

分中——先在檐头找出整个房屋的横向中点，然后从两山博缝外皮往里返两个瓦口的宽度（图 10-49），并做出标记。

排瓦当——在已确定的中间一趟底瓦和两端瓦口之间赶排瓦口，以全坡底瓦瓦陇成单数为好活。如排不上好活，应增大或减小两陇底瓦之间的距离（又称“蛐蜒当”，现称豁）来调整。

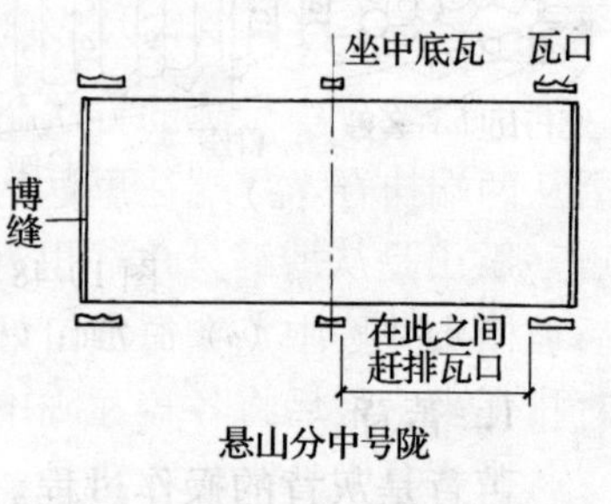

图 10-49　悬山和硬山分中做法

号陇——将各陇盖瓦（注意不是底瓦）的中点移到屋脊扎肩灰背上，并做出标记。

瓮边陇——在每坡两端边陇位置拴线，铺灰，每瓮两趟底瓦，一趟盖瓦。边陇的好坏关系到全坡瓦面的好坏，所以必须瓮好。

以两端边陇盖瓦陇为准，在檐口、中腰、脊部拴三面横线，分别称为“檐线”、“楞线”和“齐头线”，作为整个屋顶瓦陇的高度标准。

（2）庑殿和歇山做法

庑殿式和歇山式屋顶分为三部分，即前后坡、撒头和翼角（图10-50）。

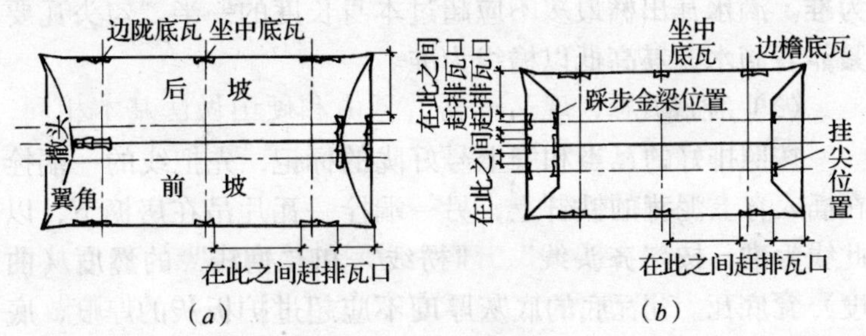

图10-50 庑殿和歇山做法

（*a*）庑殿分中号陇；（*b*）歇山分中号陇

前后坡分中号陇的方法是：先找出正脊的横向中点，然后从两端扶脊木尽端往里返两个瓦口，并找出第二瓦口的中点（歇山是从博缝外皮往里返活），将这三个中点平移到前、后坡檐头并按中点在每坡钉好5个瓦口。这样，按悬山方法赶排瓦当，最后将各盖瓦陇中点号在脊上。

撒头分中号陇的方法是：先找出扶脊木中线，在撒头灰背上做出记号，以此中线为中心放3个瓦口，并找出另外两个瓦口的中点（歇山是从太平梁两尽端往里返一个瓦口，找出中点），然后将这3个中点平移到连檐上，再赶排瓦当，再将盖瓦瓦陇中点平移到脊上，做出标记。

翼角不分中，只在前后坡和撒头钉好的瓦口之间赶排瓦当。

3．宽瓦

（1）冲陇

拴线铺灰，先将中间的三趟底瓦和二趟盖瓦宽好。

（2）宽檐头

拴线铺灰，将滴水和勾头瓦宽好。宽前先在两边陇滴水瓦下棱位置拴一条横线，每陇滴水瓦的出檐和高低均以此线为准。滴水瓦出檐最多不应超过本身长度的一半。勾头瓦要紧靠着滴水，其高低以檐线为准。

（3）宽底瓦

按照排好的瓦当和脊上号好陇的标记，先把线的一端拴在插入脊上泥背的铁钎上，另一端拴一瓦片吊在房檐下，以此线为准，按“齐头线”、“楞线”和“檐线”的囊度（曲度）宽底瓦。宽瓦底的底灰厚度不应超过护板灰的厚度，底瓦均应事先挑选，严禁使用破裂底瓦。铺时底瓦小头朝下，从下往上依次铺宽。底瓦搭接长度可按二块筒瓦长度等于五块底瓦长度来定，俗称“二筒五”。宽好底瓦后要将两陇底瓦间的“蛐蜒当”用碎瓦或砖屑垫塞严实，并用麻刀灰堵严。

（4）宽盖瓦

宽盖瓦的挂线方法与宽底瓦基本相同。宽盖瓦前，先在盖瓦下铺满灰浆，然后宽上盖瓦用手揿移找准压实。其操作顺序亦应从下往上依次铺宽，“熊头”（见图10-10）朝上，上面的盖瓦要压住下面盖瓦的“熊头”，“熊头”上也要抹灰，以使上下两块盖瓦粘结牢固。

宽完盖瓦后，要将瓦陇清扫干净，用小麻刀灰（掺色）在盖瓦相接处勾抹，并将盖瓦与底瓦相接处勾抹严实。

以上是悬山宽瓦方法。硬山宽瓦与悬山基本相同，庑殿和歇山的前后坡及撒头宽瓦与悬山大致相同，但边陇应宽到垂脊位置。翼角宽瓦应从翼角端开始（图 10-51）。

4. 正脊

古代建筑屋脊分有卷棚式和尖山式。卷棚式正脊为过陇背（图 10-45），又称元宝脊，其作法比较简单，前后坡只要用 1～3 块“罗锅瓦”（图 10-10）相互连接即可。

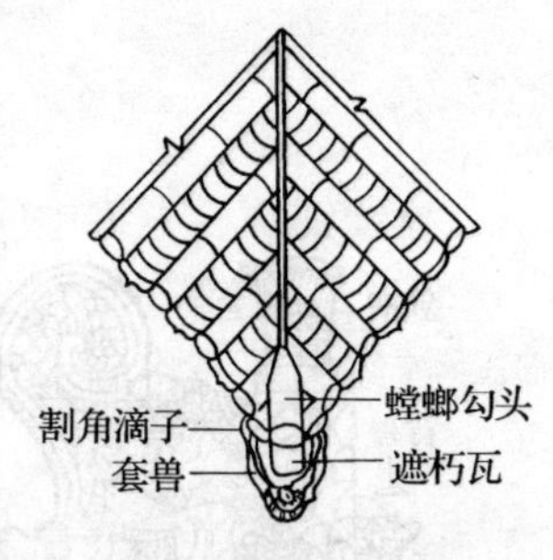

图 10-51 翼角宽瓦作法

尖山式正脊则需先砌正当沟（称捏当沟），使正当沟卡在两陇盖瓦之间和底瓦上，然后再砌压当条、群色条等，详见图 10-48（*a*）和图 10-52（*a*）。

5. 垂脊

又称“排山脊”。大式古建筑的垂脊分兽前和兽后部分，兽前约占坡长的三分之一（见图 10-45 至图 10-48）。

悬山的垂脊做法是：先沿博缝赶排瓦口，使排山滴子瓦为单数，并使滴子坐中，然后拴线铺灰宽排山滴子瓦。在垂脊排山勾滴一侧拴线，再“捏当沟”等，其做法与尖山式正脊相似。

硬山和庑殿的垂脊做法与悬山大致相同。歇山的垂脊与硬山大致相同。

10.3.3.2 布瓦屋顶的铺筑

布瓦屋顶除了所使用的材料与琉璃瓦不同外，其瓦料名称、规格和操作工艺也不一样。俗话说：“琉璃匠，跟着上，不怕丢，就怕忘”。意思是，只要记清楚每个瓦件的位置，将事先预制烧焙好的各种琉璃瓦件对号入座，操作比较容易。而布瓦屋顶则较为复杂。

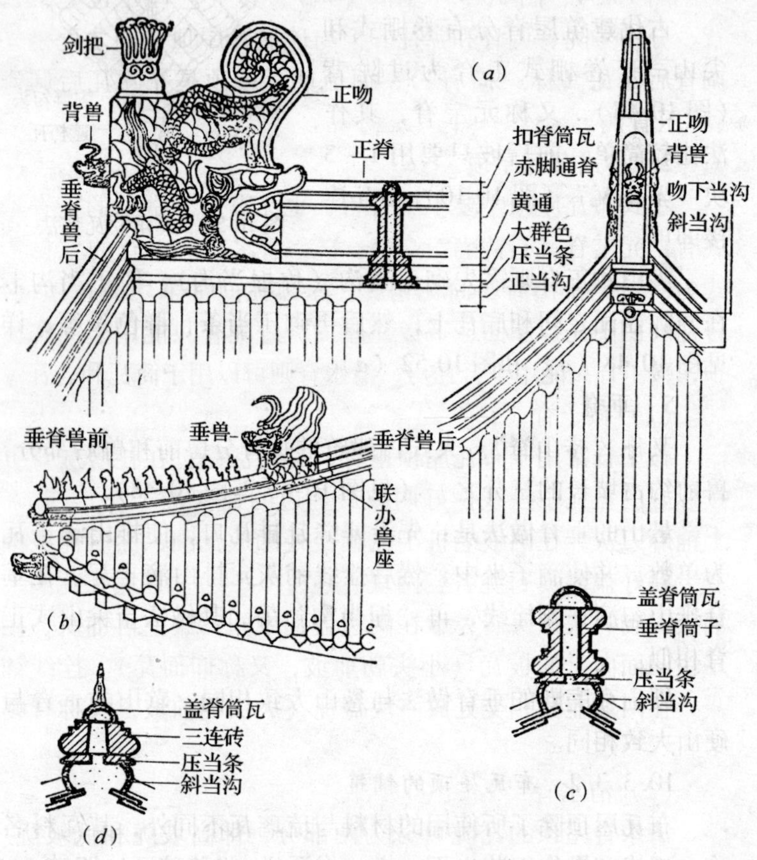

图 10-52　庑殿正脊及垂脊

(*a*) 正脊、正吻与垂脊兽后；(*b*) 垂脊；
(*c*) 垂脊兽后剖面；(*d*) 垂脊兽前剖面

1. 大式布瓦屋顶

大式布瓦屋顶亦分为悬山、硬山、庑殿和歇山（图 10-53、图 10-54、图 10-55、图 10-56）。其工艺程序也是：苫背、分中号陇、调脊和宽瓦。但与琉璃瓦屋顶不同之处是先调脊后宽瓦（称“撞肩”），而琉璃瓦屋顶是先宽瓦后调脊（称压肩）。

2. 小式布瓦屋顶

小式布瓦屋顶主要不用脊兽，也无翼角。常见的正脊形式有：元宝脊（过陇背）、鞍子脊、清水脊。垂脊的常见形式为：铃铛排山脊、筒瓦稍陇。屋顶瓦面常采用筒瓦屋面、合瓦（阴阳瓦）屋面、干槎瓦屋面。过陇脊只能用于筒瓦屋顶，鞍子脊只能用于合瓦房，清水脊则可以用于筒瓦和合瓦。

(1) 鞍子脊

鞍子脊常用于布瓦屋顶正脊，其做法是：在扎肩灰背上按标好的盖瓦中拴线摆好两坡最上边的瓦（老子瓦），并在上铺麻刀灰，在两坡老桩子瓦相交处扣放瓦圈，然后拴线铺灰，宽好盖瓦（每陇各宽两块）（图 10-57*e*）。在底瓦瓦圈上铺灰，砌一块条头砖，卡在两边盖瓦中间，其上再铺灰，砌一块凹面向上的板瓦（小头朝前坡，又称仰面瓦）。拴线铺灰，在两坡盖瓦相交处放一块盖瓦（大头朝前坡，又称脊帽子）。

(2) 清水脊

清水脊屋顶的瓦陇可分为两部分，即高坡陇和低坡陇。低坡陇在屋顶的两端（图 10-58*a*）。低坡陇的正脊（小脊子）不如高坡陇上的正脊高，做法也简单。高坡陇的正脊层数较多，做法也较复杂，是清水脊的主要部分。现将做法简单介绍如下：

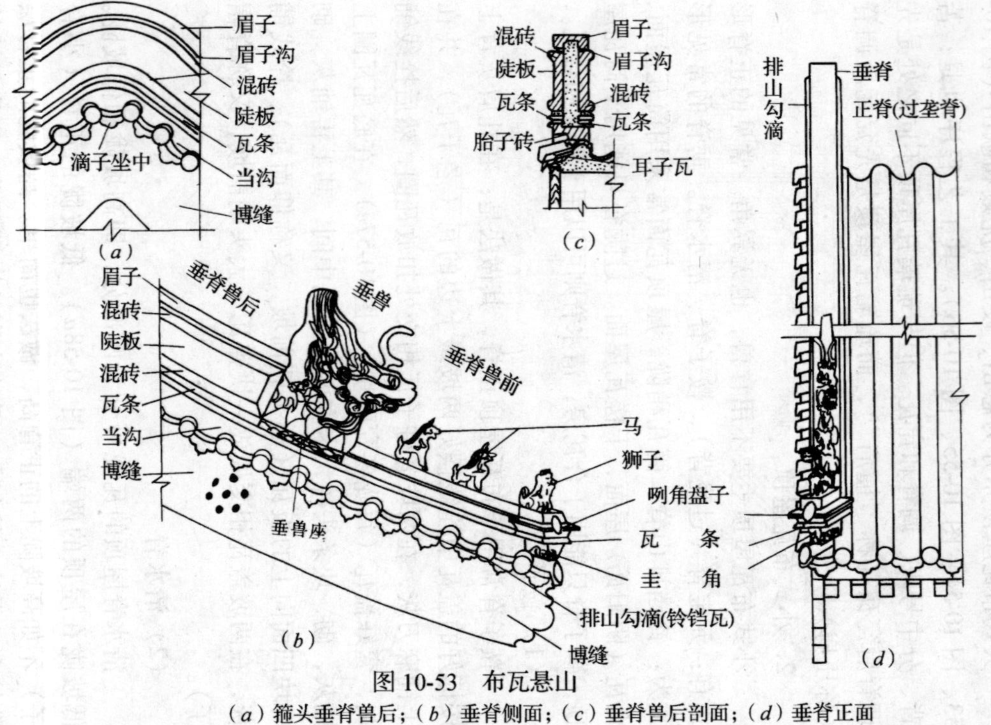

图 10-53　布瓦悬山

（*a*）箍头垂脊兽后；（*b*）垂脊侧面；（*c*）垂脊兽后剖面；（*d*）垂脊正面

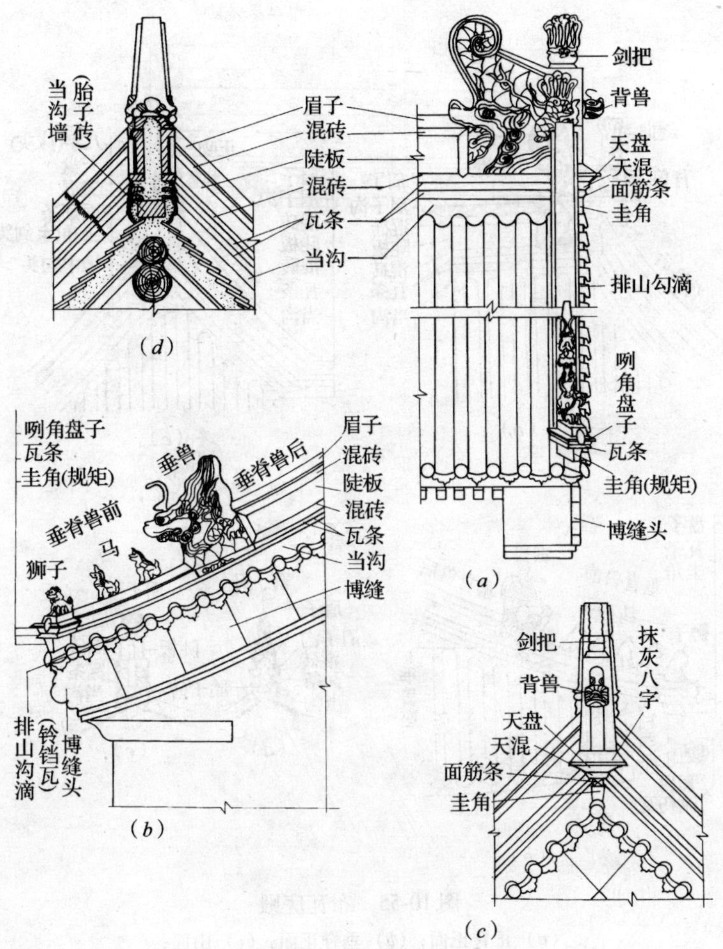

图 10-54　布瓦硬山

(*a*) 垂脊兽正面；(*b*) 垂脊兽前侧面；
(*c*) 垂脊兽后侧面；(*d*) 垂脊侧剖面

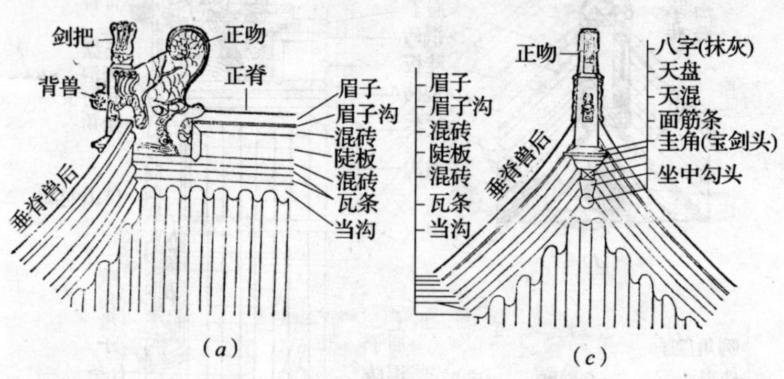

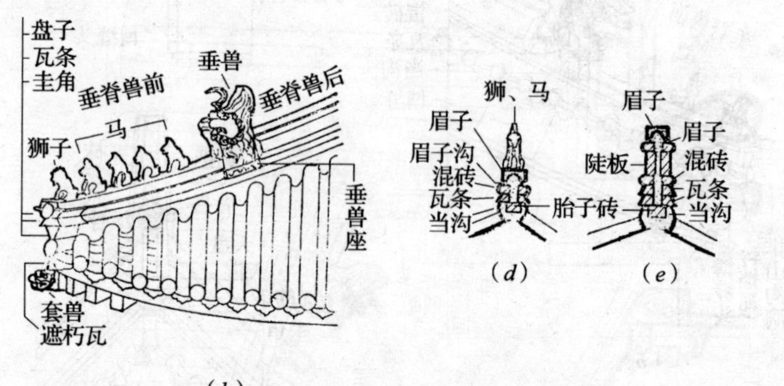

图 10-55　布瓦庑殿

（*a*）正脊正面；（*b*）垂脊正面；（*c*）山面；
（*d*）垂脊兽前剖面；（*e*）垂脊兽后剖面

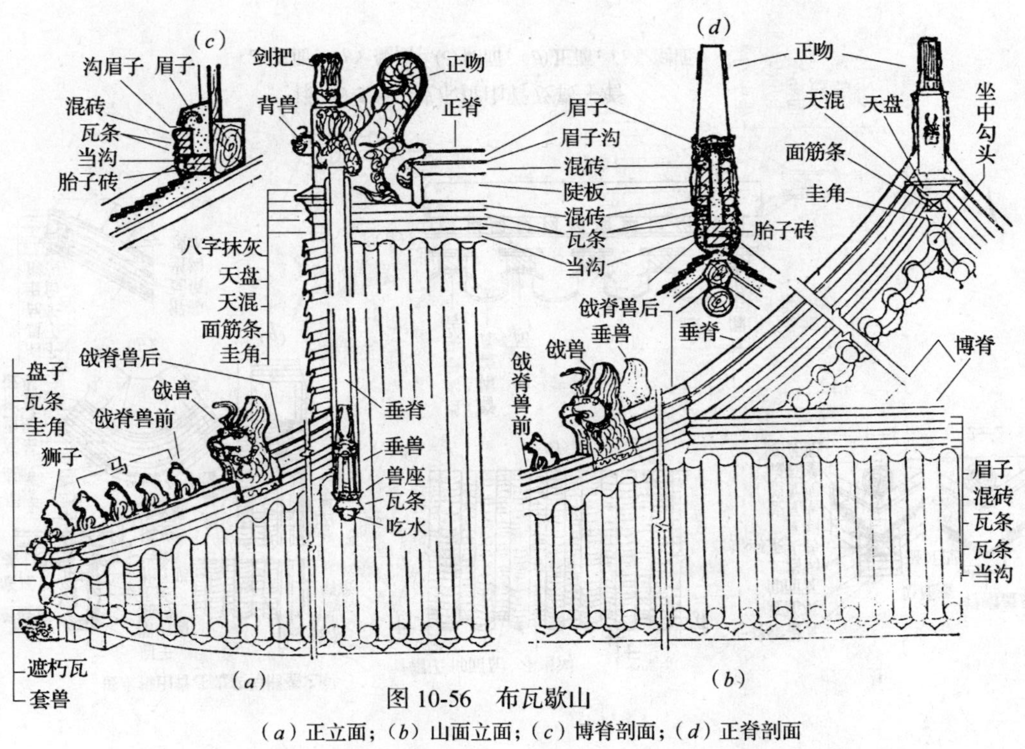

图 10-56　布瓦歇山

（a）正立面；（b）山面立面；（c）博脊剖面；（d）正脊剖面

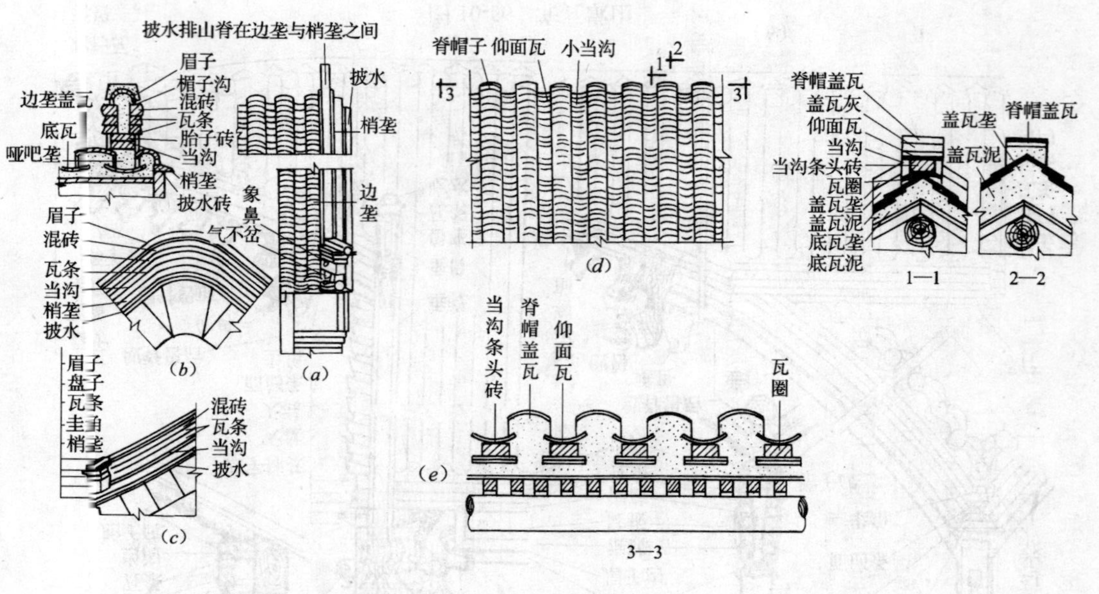

图 10-57　披水排山脊及鞍子脊

(*a*)正面；(*b*)侧面；(*c*)侧面；(*d*)正面；(*e*)剖面

低坡陇小脊（图 10-58c）——先将檐头两端分好的两陇底瓦和两陇盖瓦中点平移到脊上。并划出记号；放枕头瓦，宽两陇底瓦和两陇老桩子瓦（每陇 3 块）并抱头；将瓦圈或折腰瓦坐灰放在两坡抱头上铺盖瓦泥，并宽盖瓦老桩子瓦（梢陇用筒瓦）；在盖瓦当砌条头砖，与盖瓦找平，然后在盖瓦和条头砖上砌两层板瓦，称“蒙头瓦”；砌好后用麻刀灰全部勾抹好。

高坡陇大脊（图 10-58d）——先将掺灰泥倒在脊尖上，用两块瓦背靠背地立放在掺灰泥上，下脚分开（称扎肩瓦）；扎肩瓦的高度应这样决定：先从低陇小脊子背上往上加上盘子和鼻子的高度，这个位置即是头层瓦条的底棱，然后从这

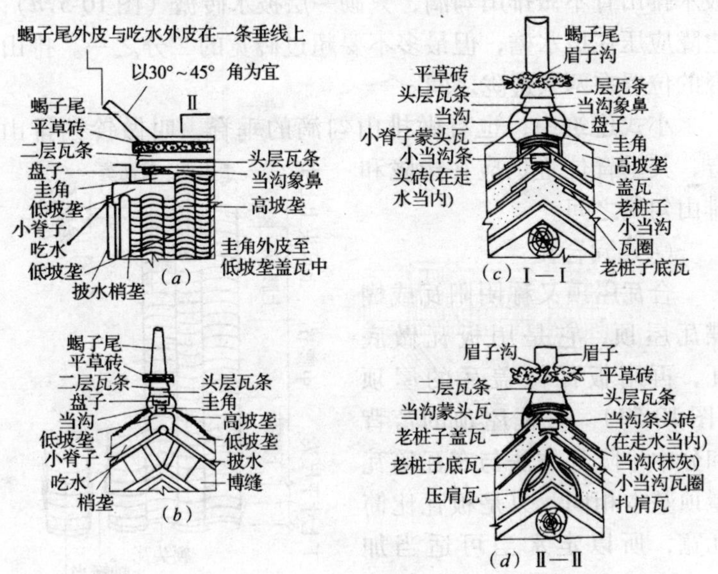

图 10-58　清水脊

（a）正立面；（b）侧立面；（c）剖面；（d）剖面

儿往下翻活；除去当沟蒙头瓦、盖瓦、小当沟（瓦圈及条头砖）和底瓦并包括这些瓦件之间的灰缝厚度，就是扎肩瓦的上棱；砌扎肩瓦的目的是使高坡陇高于低坡陇，为使扎肩瓦牢稳，应在其两侧铺灰并各安放一块压肩瓦，然后在扎肩瓦和压肩瓦两侧再抹一层扎肩灰，这就是高坡陇宽瓦的起点；再按低坡陇做法，直到完成“蒙头瓦”的铺砌，然后铺砌高坡陇上部的头、二层瓦条、平草砖、眉子沟和蝎子尾等。

（3）披水排山脊和铃铛排山脊

小式垂脊常见做法为披水排山脊做法（图 10-57*a*、*b*），这种做法实际上是大式悬山垂脊（图 10-53）的简易做法。披水排山脊不做排山勾滴，只砌一层披水砖檐（图 10-57*d*），边陇应压住披水檐，但最多不要超过砖宽的二分之一。排山脊的位置在两条边陇之间。

小式建筑中，也有做排山勾滴的垂脊，叫做铃铛排山脊，其垂脊位置仍应在边陇和排山勾滴之间。

（4）宽合瓦

合瓦屋顶又称阴阳瓦或蝴蝶瓦屋顶，它是用板瓦做底瓦，再用板瓦做盖瓦的屋顶（图 10-59）。合瓦屋顶的苫背和分中号陇等方法与布瓦筒瓦屋顶基本相同，只是板瓦比筒瓦宽，所以走水当可适当加大。合瓦屋顶的滴子瓦改为花边瓦（图 10-60）。

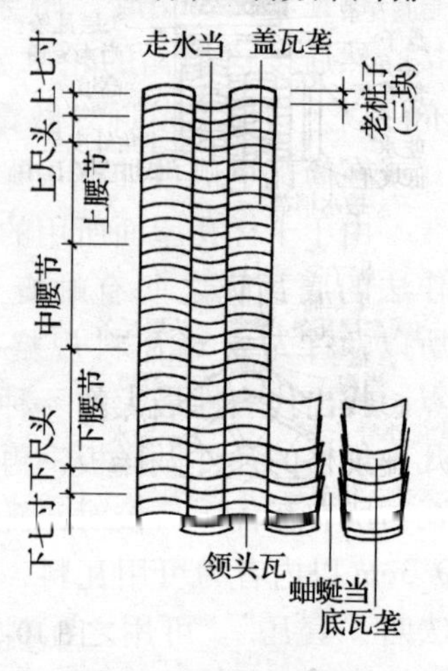

图 10-59　合瓦屋顶

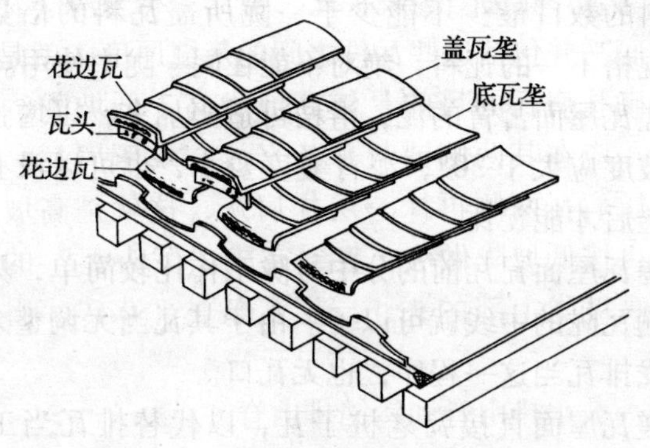

图 10-60　合瓦作法示意

（5）干槎瓦

干槎瓦屋顶是流行于我国古代民间的一种屋顶，其特点是没有盖瓦，只凭每陇底瓦编在一起。干槎瓦屋顶的正脊和垂脊做法比较简单。正脊的做法是在正脊位置拴线铺灰，放置一趟瓦。瓦要扣放，瓦与瓦之间要“齐头碰”，即不要搭接，然后按这趟瓦的轮廓裹抹一层麻刀灰，再刷青浆并轧光。以上这道工序叫“做脊帽子”。垂脊的做法是宂一陇筒瓦或在筒瓦里侧再加宽一陇合瓦。

由于干槎瓦屋面所用的瓦料要求很严，因为它不象其他作法的底瓦陇之间有蛐蜒当，而是紧密无间（图 10-61）。所以，首先要对瓦料规格统一清点，找出代表性最大的一种规格或几种规格的瓦件做样板，再以样板瓦与所有瓦件一一校对，凡误差在 0.3cm 以内者为可用瓦料，这种做法叫“套瓦”。可用之瓦料应按同一规格分别堆放，不得混杂。每种

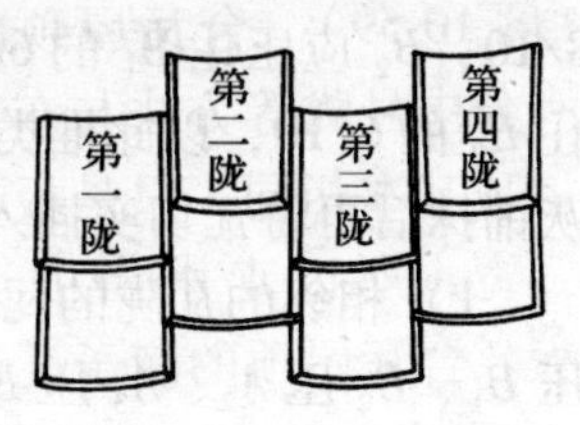

图 10-61　干槎瓦屋面

规格瓦料的数目最少不能少于一陇所需瓦料的倍数。操作时，凡规格不一的瓦料，绝对不能在同一陇中使用。

干槎瓦屋面苫背的泥，滑秸可适当加多，以增强泥背的刚性，坡度应大于 30°，泥背囊度要小，也可以没有囊。待泥背干透后才能宽瓦。

干槎瓦屋面宽瓦前的分中号陇工作比较简单，只需找出中间一趟瓦陇的中线就可以了。由于其瓦当无调整余地，所以无号陇排瓦当这一程序，也无瓦口。

干槎瓦屋面直接宽老桩子瓦，以代替排瓦当工序（图 10-61），其方法是：从中间往两边宽，先放中间一陇的两块并放枕头瓦，两块老桩子瓦要大头朝下；然后放第 2 陇的两块瓦（不放枕头瓦），其中先放一块大头朝下的，架在第 3 陇和第 1 陇的第 2 块瓦的瓦翅上；再放一块小头朝下的，盖住第 1 陇和第 3 陇的第 1 块（注意：这一块小头朝下是为了使两陇瓦在脊上高低一致，除此以外，整个屋面瓦陇的瓦都是大头朝下）。以后第 3 陇与第 1 陇相同，第 4 陇与第 2 陇相同，以此类推，左、右两边对称铺筑。

宽瓦的方法如图 10-62 所示，先拴好瓦刀线，铺泥瓷中间一趟（A 陇）和左边（B 陇，亦可右边）一趟。先铺第一块领头瓦（A_1），并应将第 3 陇的领头瓦（C_1）摆好。B_1 应架在 A_1 和 C_1 上。A_2 和 B_2 应交错铺宽，即 A_2 应压住 A_1 的 8/10，B_2 应压住 B$_1$ 的 6/10，A_3 应压住 A_2 的 6/10，B_3 应压住 B_2 的 6/10，以此推类。宽到脊上时，将梯子瓦撤出，用灰铺抹后再将瓦切实插入。总之，宽瓦要遵循以下三点：

1）相邻的瓦陇的瓦翅要互相交错叠压，如 B_1 压 A_1、A_2 压 B_1、B_2 压 A_2、A_3 压 B_3……。

2）同一横直线上相隔的瓦架住相邻上方瓦，同时又被

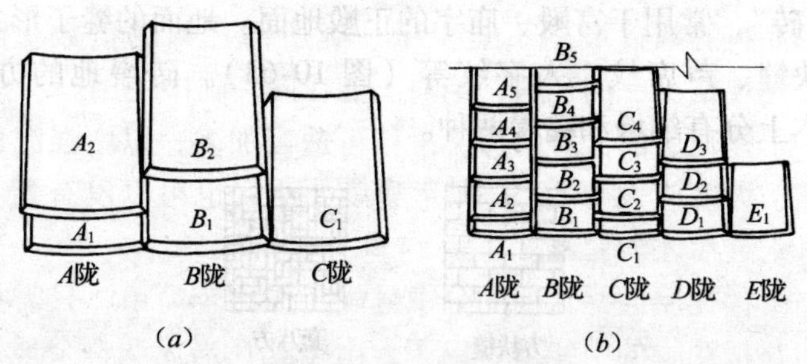

图 10-62　干搓瓦宽瓦

（a）干槎瓦檐头瓦；（b）干槎瓦摆法

相邻下方瓦架住，如 A_2 和 C_2 架 B_2、A_3 和 C_3 架 B_3……C_2 又被 B_1 和 D_1 架住、C_3 又被 B_2 和 D_2 架住……。

3）除领头瓦外，相邻的瓦要错开，相隔的瓦要在一条横直线上，如 A_2 和 B_2 相错，C_2 和 D_2 相错……，A_2、C_2……B_2、D_2……在同一横直线上。

另外，宽瓦时要注意瓦要摆正摆平，瓦翅要跟线，瓦与泥要百分之百的接触（为使瓦件不易松动，可在铺抹好的宽瓦泥上浇一层白灰浆）。由于板瓦的形状是一头大一头小，所以小头的搭接不必象大头搭接得那样紧密，否则会使瓦偏歪。檐头、中腰和脊上的瓦的松紧程度必须一致，上下不一致就会造成瓦陇歪斜或弯曲。

宽瓦完毕后，最后应在檐头“捏嘴”，即在每陇领头瓦的瓦翅上要抹少许麻刀灰。领头瓦下面的空隙，要用麻刀灰堵严抹平，称堵“燕窝”。

10.3.4　墁地

古代建筑的地面分室内地面和室外散水、甬路等两类。一般都采用砖墁地，只有宫殿的甬路采用条石铺墁，称为“御路”。地面用的砖料分方砖和条砖两大类。方砖中有一种

"金砖"，常用于宫殿、庙宇的正殿地面。地面的缝子形式有方块缝、芦席纹、人字纹等（图 10-63）。砖墁地的方法，基本上分有细墁和糙墁两种。

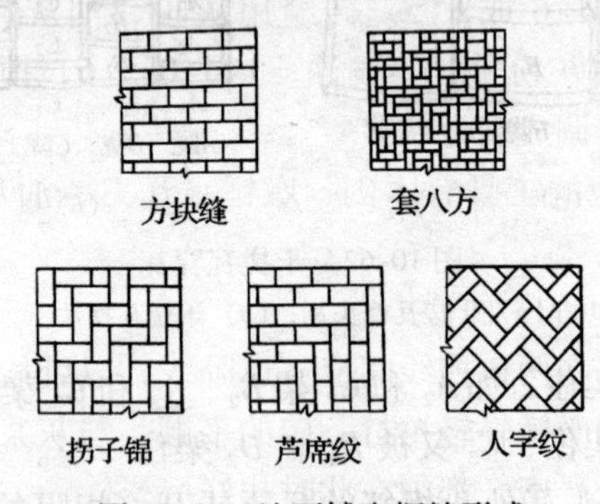

图 10-63　地面铺砌摆缝形式

10. 3. 4. 1　室内地面的墁砌

1. 细墁

细墁地面所用砖料均须事先加工砍磨，其施工方法如下：

（1）基层先进行素土或灰土夯实。

（2）按设计标高抄平，并在墙四周用墨线弹出平线。廊心地面应向外留 7‰的泛水，做到里高外低。

（3）在室内两侧按平线拴两道拽线，并从室内正中向四面拴两道互相垂直的十字线，使铺砌的砖缝做到与房屋的轴线平行，并以此为据，将中间一趟安排在室内正中。

（4）计算砖的趟数和每趟的块数。趟数应为单数，使中间一趟居室内正中，尽量避免有破活。如有破活，必须对称规划或安排在里面。门口附近，必须是整砖。

（5）规划好后开始铺砌，先在靠近两端拽线的地方各墁一趟砖，俗称“冲趟”。

冲趟后开始墁地。墁地灰浆厚度不小于5cm，灰浆比例为白灰∶土＝4∶6或5∶5。砖缝用灰叫“油灰”，其配合比为∶面粉∶细白灰粉∶烟子∶桐油＝1∶4∶0.5∶6，搅拌均匀。烟子事先用胶水调成糊膏状。

（6）墁地的工具有木剑、墩锤、瓦刀、油灰槽、浆壶、刷子等。

（7）墁地程序如下：

样淌——在两道拽线间拴一道卧线，以卧线为准铺灰浆墁砖，然后用墩锤轻轻拍打，砖的平顺、与灰浆接触是否严实、砖缝是否严密，都须在此时找好。

揭淌——将墁好的砖揭下来，并逐块记上号码，以便按原有位置对号入座；然后在泥上泼洒（或浇）白灰浆（称坐浆），并用刷子沾水将砖的两肋里楞刷湿。

上缝——用木剑在砖的里口抹上油灰，然后按原位置将砖对号入座墁好，并用墩锤轻轻拍打，要做到砖要平、顺直、缝子要严。

铲凿缝——用竹片将面上多余的油灰铲掉，然后用磨头将砖与砖之间凸起的部分磨平。

刹趟——以卧线为标准，检查砖楞，如有多出处，要用磨头磨平。

以后每行均按上述方法操作，待整间地面墁好，灰浆凝固后再作如下操作：

打点——砖面上如有残缺或砂眼，要用砖药打点整齐；

漫水——砖面有局部凸凹不平处，用磨头沾水磨平，并将地面全部擦拭干净；

攒生——待地面干透后，用生桐油在地面上反复涂沫或浸泡。

2. 金砖墁地

金砖墁地的做法大致与细墁地面相同。不同的是：

（1）金砖墁地不用灰浆打底，而用干砂或纯白灰；

（2）如用干砂铺墁，每行刹趟后要用灰“抹线”，即用灰把砂层封住；

（3）在攒生之前要先用黑矾水涂洗地面。黑矾水的配制方法是：用黑烟子（先用酒或胶水化开）：黑矾 =10∶1（体积比）混合，另将红木刨花与水相煮，待水变色后除净刨花，然后将黑烟子和黑矾倒入红木水中煮熬，直至颜色为深黑色为止。趁热将此黑矾水泼洒在地面上（分两次泼），然后用生桐油浸泡地面。这种做法称为“攒生泼墨”法。也可在泼墨后不攒生，而采用烫蜡方法，即将白蜡熔化后倒在地面上，然后用竹片将蜡铲掉，用软布擦试地面，直到发亮为止。

3. 糙墁

所用砖料不经加工，其操作方法与细墁大致相同，但不用油灰，也不攒生桐油，铺墁后用白灰砂（白灰∶砂 =1∶3）将砖缝守严扫净即可。

10.3.4.2 室外地面的墁砌

1. 散水

散水位于屋檐、台基旁，是用来保护地基不受雨水浸蚀的室外地面。散水宽度应根据出檐的远近来决定，以保证屋檐流下的雨水落在散水上为准。散水要有泛水，里侧应与台明的土衬（图 10-64）同高。散水的铺墁形式有一品书和连环锦，见图 10-65。无论何种形式，外口一律先

"栽"一行"牙子砖"。栽牙子砖前，应先算好散水砖所占的尺寸。散水铺墁方法同室内墁砖。由于室外地面受雨水、重物的冲压及冻融影响，所以基础必须用灰土夯实、找平。

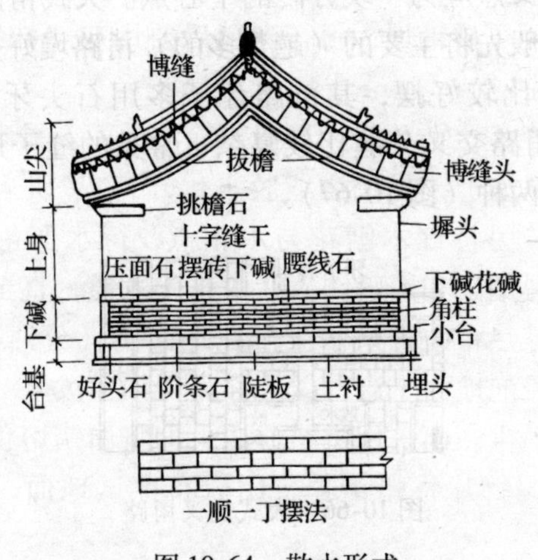

图 10-64　散水形式

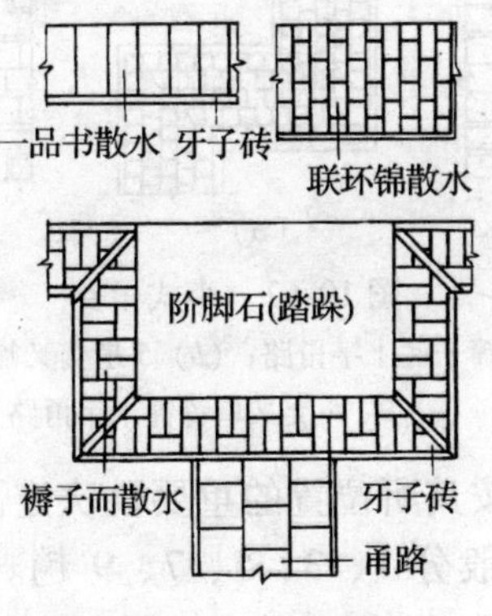

图 10-65　散水铺墁形式

2. 甬路

甬路是庭院中的主要交通线，一般都用方砖铺墁。甬路砖的趟数应为单数，其铺墁方法是：先按中线和砖趟所占的尺寸栽好牙子砖，然后墁中间一趟，再墁两边。遇有交叉甬路的中线交叉点应为一块方砖的中心点。大式甬路的交叉比较简单，一般先将主要的（趟数多的）甬路墁好，再从旁边墁，因此砖比较好摆，其甬路牙子多用石头牙子（图 10-66）。小式甬路交叉分缝比较复杂，常见的缝子形式有龟背锦和筛子底两种（图 10-67）。

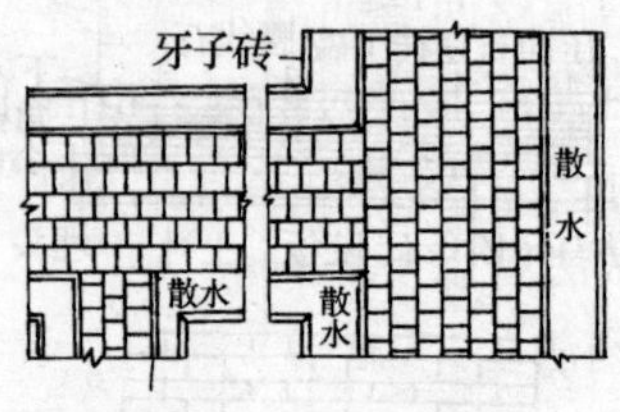

图 10-66 大式交叉甬路

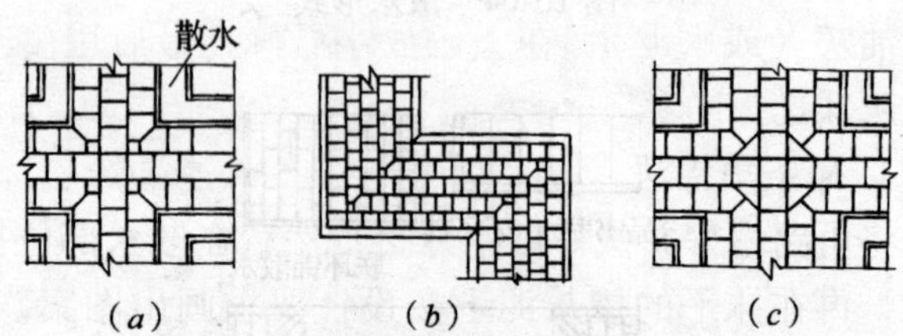

图 10-67 小式甬路

(*a*) 3 趟交叉筛子底十字甬路；(*b*) 5 趟交叉筛子底交叉甬路；(*c*) 3、5 交叉龟背锦十字甬路

甬路的宽窄按其所位置的重要性决定。重要的甬路，砖的趟数较多，一般分 1、3、5、7、9 趟。古代最讲究的为"御路"（图 10-68）。

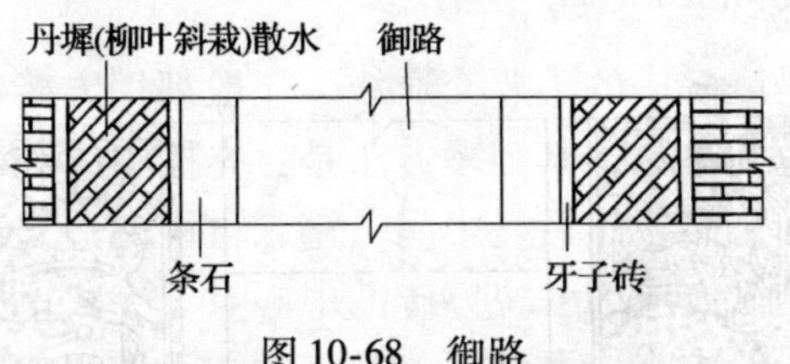

图 10-68　御路

甬路应做成中间高、两边低，以利排水。无论是散水或甬路，均应考虑整个院落排水。

3. 雕花甬路

雕花甬路是指甬路两旁的散水墁有经过雕刻带的花饰的方砖，或是镶有由瓦片组成的图案，也有采用各种石砾摆成各种图案（图 10-69）。这类甬路古代常用于宫廷园林中。

雕花甬路的做法有以下三种：

（1）方砖雕刻法

按事先设计好的图案，在方砖上分别雕刻，其手法可采用浮雕或平雕。按设计要求将砖墁好，然后在花饰空白的地方抹上油灰（或水泥），在上码放小石砾，最后用生灰粉将表面油灰揉搓擦净。

（2）瓦条集锦法

先将甬路墁好并栽好散水牙子，然后在散水部位抹一层掺灰泥，再在抹平的掺灰泥上按设计要求画出图案。另外，将若干瓦条依照图案中的要求先将线条磨好，然后用油灰粘在图案线条的位置上，用许许多多的瓦条集锦成图案，瓦条的空挡处摆满石砾，石砾也用油灰粘好，最后用生灰面揉擦干净。

（3）花石子甬路

花石子甬路与瓦条集锦法大致相同，不同处在于石砾代

图 10-69　雕花甬路

替瓦条摆成图案。图案以外部分，用其他颜色的石砾码置。

（4）海墁

庭院中除了甬路外，其他地方也都墁砖的做法称海墁。

海墁应在墁完甬路后进行。靠近甬路地方，应以牙子砖为高低标准。海墁一般都用条砖，并要“竖墁甬路、横墁地”，有破活处，应安排在庭院不注目的地方。

海墁一般都属粗墁工艺。但应考虑全庭院的排水问题，应事先根据地形决定排水方向，找出泛水。

10.3.5 砖雕

砖雕，是在砖面上进行艺术雕刻。分为浮雕、浅雕、深雕三种。砖雕有刻字、人物、山水、花卉、鸟兽等，多设置在墙壁、门头、门楼等部位。

砖雕要按花饰品的透视程度确定选砖厚度，常见的多为1～2层砖，甚至有3层的。施工前，根据图纸和实样，规划好砖的层数和块数。

10.3.5.1 工具准备

雕刻前先准备好所需工具。

1. 平刨：

主要用于刨平砖面，外形和木刨相似，但底面是梯形，中间有一个刀眼孔，由于砖面较硬及粗糙，为保护刨底的平整，所以要用6mm钢板贴在刨底上（图10-70*a*），刨口要比木工用刨小，约1.2cm左右。

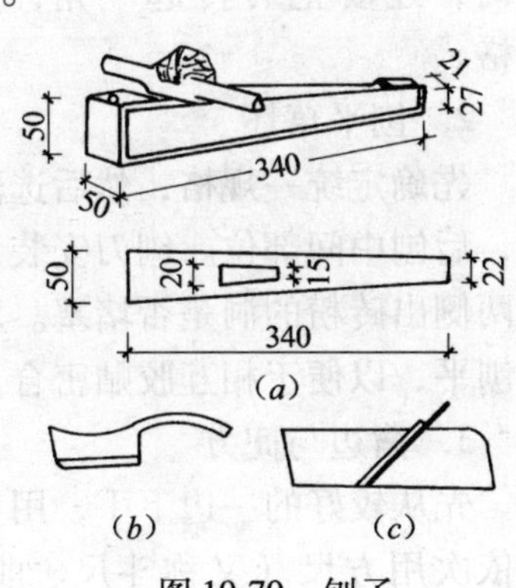

图10-70 刨子

（*a*）平刨；（*b*）刷锯；（*c*）边刨

2. 花式刨和边刨：

外形和木工用具相似，用以加工各种线脚之用（图10-70*c*）。

3. 刷锯：

主要用于细小转角和榫眼加工（图10-70*b*）。

4. 木框锯：

与木工锯相似，用以分割大块砖用。

5. 凿子：

有平口、圆口、三角起线、斜口、弧形等。

6. 其他锥尺等工具与木工相同，并可参照本手册10.3.1砖的砍、磨加工选用。

上述工具多系操作工人视需要自行设计加工，锯条和刨子都用软铁，而不用钢，因为钢磨快费事且易出现缺口。

10.3.5.2 砖雕工艺

1. 选砖

雕刻用砖比砌墙、墁地用砖要求严格，要挑选质地均匀、严密的砖，凡有裂缝、砂眼、缺角、掉边者不能用。挑砖时，还要把砖拎起一角，用凿子敲试，声音清脆者为合格。

2. 刨平草坯

先确定统一规格，然后选薄的一边为标准刨平。先刨四周，后刨中间部位。刨刀安装角度要小，刨时要经常检查刨壳两侧出砖粉的洞是否堵塞。双层的砖，要将第一层砖的两面刨平，以便于相互胶贴密合。

3. 凿边与兜方

先从较好的一边下手，用直尺划线，把这一边刨平；然后依次用方尺（又称斗尺、曲尺）划线，把其余三边凿齐（凿时面大底小成楔形边，以便拼缝严密）刨平。由于要使雕刻用砖在拼装时上下左右密贴、吻合整齐，雕刻图案不走样，所以砖的加工质量要严，四边凿边刨平后，先兜方、后量对角线，按设计要求丝毫不得走样才行。

4. 翻样

按图样计算好用砖块数，将其平铺在地上（用黄砂找平）或工作台上，上下左右砖缝对齐，四周固定挤紧，然后用复写纸将图样描在砖面上。如为双层砖，也照前法将图案照法拷贝，然后再分层分块进行雕刻。

5. 雕刻

先要检查砖的干湿情况，因为砖一湿质地就酥松，不易雕刻，应晒干后再进行雕刻。雕刻时应先凿后刻，先直后斜，再铲、剐、刮平。用刀（凿）时，手要放低，并以无名指接触砖面，轻敲锲头，用力要均，待划线凿出一条刀路后，刀子始可放斜，边凿边铲。一般的做法是：

（1）打坯：在经过整形并画上图案的砖上，用尖凿凿出画面轮廓，确定其部位和层次，区分前、中、远三景，这又称为刷样制版；

（2）斗凿铲地：在上述基础上凿刻纹样，先凿边框，再凿出外轮廓，铲去不要部分，留出纹样，此道工序称铲地板；再凿花纹细部按顺次完成；

（3）分层次（高低转折）深浮雕：特别是透空雕，主题完全立体。此道工序与木雕不同，要镂空主题背面的材地，只能侧向进刀，不能象木雕从正面进刀。所以透空雕的砖块画面是没有边框的。安装兜肚部位需要边框，这是另外用砖磨光后镶上去的；

（4）修光、找补：修光即把上述加工好的砖雕由上往下、先里后外，精细地雕出细部，磨光。在加工过程中，由于砖的质量问题，会出现一些砂眼、缺角、掉边现象，这时须用同类砖粉拌以油灰（4 两桐油，1 斤石灰拌合）胶修补牢，有的地方用猪血拌瓦粉修补，但瓦粉要淘洗过滤。补好待干后、洒一点黄砂打磨，磨到看不出补过为止；

（5）过浆、磨光：造型雕好后，组装起来，要检查一遍，无问题后用瓦与瓦湿磨出的澄清的浆满涂一遍（称为过浆）。干后用细砂皮、砂头砖、油石进行磨光。

6. 装贴

装贴前将砖浸水润湿，直到无气泡为止，然后捞起晾干待用。

墙面找平稍干后，先弹线后装贴。贴铺和拼缝的油灰配合比为细石灰:桐油:水 = 10:2.5:1（重量比），拌合后放在石臼舂二小时，舂后晾干，再用桐油拌调到可用为止。

贴时用油铲把油灰满铺砖的背面，从下而上，从左到右装贴，砖缝用竹板刀披灰挤紧。双层砖采用元宝榫连接，即在贴好的干砖侧面嵌入事先加工好的元宝榫（图 10-71）。

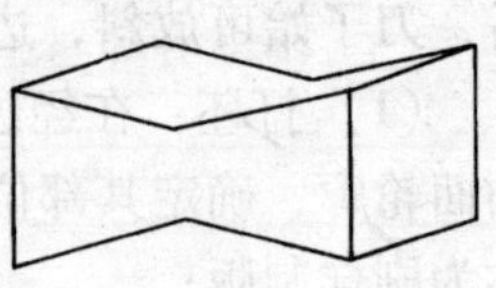

图 10-71　元宝榫

附　录

附录一　材料人工用量及材料配合比参考资料

一、各种厚度砖墙每 1m² 用料表

砖墙厚度	1/2 砖	1 砖	$1\frac{1}{2}$砖	2 砖	$2\frac{1}{2}$砖
砖（块）	64	128	192	256	320
砂浆（m^3）	0.0325	0.0650	0.0975	0.1300	0.1625

二、各种方柱每 1m 高度用料表

方柱规格（mm）	240×240	240×360	360×360	360×490	490×490
砖（块）	32	48	72	96	128
砂浆（m^3）	0.0163	0.0244	0.0366	0.0488	0.0650

三、砖墙及毛石墙用料表

项　目	单　位	砖（块数）	毛石（m^3）	砂浆（m^3）	1:1 砂浆（m^3）
1 砖以上厚的砖墙	m^3	512		0.26	
半砖墙及砖柱	m^3	535		0.26	
空斗墙（全斗加带）	m^3	342		0.10	
小型砖砌体	m^3	535		0.26	
毛石墙	m^3		1.25	0.41	
勾缝	m^2				0.0035
石墙勾缝（凸缝平缝）	m^2				0.0080

四、各种高度砖烟囱用料表

高度（m）	22	25	28	30	32	35	40	45	50	备注
上口内径（m）							1.4	1.5	1.7	
用砖（万块）	2.58	3.24	4.61	5.27	6.14	7.41	9.55	11.85	14.70	不包括基础
1:1:4 砂浆（m^3）	3.8	4.5	7.1	8.5	10.0	11.4	15.6	18.6	21.5	
M2.5 砂浆（m^3）	10.0	12.4	17.0	19.5	22.0	28.0	36.0	45.8	55.8	

五、10m^3 多孔、空心砖墙材料用量

材料	单位	多孔砖墙			多孔砖墙		
					承重		非承重
		1/4 砖	1/2 砖	1 砖	1/2 砖	1 砖	1 砖
M7.5 水泥砂浆	m^3	1.29	1.50	1.89	—	—	—
M5 水泥混合砂浆	m^3	—	—	—	1.33	1.76	1.33
多孔砖（240mm × 115mm × 115mm）	千块	3.413	3.339	3.200	—	—	—
多孔砖（240mm × 115mm × 115mm）	千块	—	—	—	2.838	2.720	—
多孔砖（240mm × 240mm × 115mm）	千块	—	—	—	—	—	1.360
普通黏土砖	千块	0.363	0.355	0.340	—	—	—
水	m^3	1.21	1.23	1.17	1.14	1.09	1.03

六、10m³ 空斗、空花砖墙材料用量

材料	单位	空斗墙					空花墙
		一眠一斗	一眠二斗	一眠三斗	单丁无眠空斗	双丁无眠空斗	
M5 水泥混合砂浆	m^3	1.39	1.28	1.24	1.22	1.41	1.18
普通黏土砖	千块	4.34	4.14	4.05	3.88	4.13	4.02
水	m^3	0.87	0.83	0.81	0.78	0.83	0.81

七、10m³ 砖过梁材料用量

材料	单位	平拱式砖过梁	钢筋砖过梁
普通黏土砖	千块	5.385.38	5.33
M10 水泥混合砂浆	m^3	2.29	2.76
水	m^3	1.06	1.06
二等板方材	m^3	0.304	0.172
铁钉	kg	6.60	4.60
钢筋 φ10mm 以内	kg		110.00

八、10m³ 其他砖砌体材料用量

材料	单位	砖砌台阶（$10m^2$）	砖砌锅台	砖砌炉灶	砖砌化粪池
M5 水泥砂浆	m^3	0.55	—	—	2.39
普通黏土砖	千块	1.192	4.59	4.386	5.323
32.5 级水泥	kg	—	289	289	—
黏土	m^3	—	2.00	1.70	—

续表

材　　料	单　位	砖砌台阶（$10m^2$）	砖砌锅台	砖砌炉灶	砖砌化粪池
麻刀	kg	—	2.00	—	—
砂	m^3	—	1.39	1.29	—
生石灰	kg	—	70.00	—	—
铁钉	kg	—	—	6.00	—
镀锌铁丝10号	kg	—	—	8.40	—
水	kg	0.23	2.20	2.20	1.07

九、$10m^3$ 小砌块墙材料用量

材　　料	单位	混凝土空心小型砌块墙	加气混凝土砌块墙
M10 水泥混合砂浆	m^3	0.95	0.80
混凝土小砌块（390mm × 190mm × 190mm）	块	539.9	—
混凝土小砌块（190mm × 190mm × 190mm）	块	150.0	—
混凝土小砌块（90mm × 190mm × 190mm）	块	115.0	—
普通黏土砖	千块	0.276	
加气混凝土块（600mm × 240mm × 150mm）	块	—	460.0
水	m^3	0.70	1.00

十、10m³ 石基础、勒脚材料用量

材料	单位	石基础		石勒脚	
		毛石	粗料石	粗料石	细料石
M5 水泥砂浆	m^3	3.93	1.93	1.19	0.70
毛石		11.22	—	—	—
粗料石		—	10.40	10.40	—
细料石		—	—	—	10.00
水		0.79	0.80	0.60	0.40

十一、10m³ 石墙材料用量

材料	单位	石墙				
		毛石	毛石	粗料石	细料石	方整石
M5 水泥混合砂浆	m^3	3.93	3.56	1.19	0.70	1.41
毛石		11.22	8.60	—	—	—
粗料石		—	—	10.40	—	—
细料石		—	—	—	10.00	—
方整石		—	—	—	—	9.62
普通黏土砖	千块	—	1.29	—	—	—
水	m^3	0.79	0.99	0.70	1.30	0.60

十二、10m³ 其他石砌体材料用量

材料	单位	砌石地沟		粗料石砌窨井	细料石砌水池	料石砌石踏步（10m）
		毛石	料石（10mm）			
M10 水泥砂浆	m^3	3.93	0.17	—	—	—
M5 水泥砂浆		—	—	1.19	0.70	0.05
毛石		11.22	—	—	—	—
粗料石			3.73	10.40		
细料石		—	—	—	10.00	—
料石踏步		—	—	—	—	10.40
水		0.79	0.03	0.70	1.30	0.03

十三、100m² 石墙勾缝材料用量

材料	单位	毛石墙勾缝	料石墙勾缝		
			平缝	凹缝	凸缝
M10 水泥砂浆	m^3	0.87	0.25	0.25	0.53
水		5.80	5.80	5.80	5.80

十四、每 10m³ 砌筑工程用工量

项目		工日/10m³
砖基础		12.18
单面清水砖墙	1/2 砖	21.97
	3/4 砖	21.63
	1 砖	18.87
	1 砖半	17.83
	2 砖用 2 砖以上	17.14

续表

项目			工日/10m³
砖基础			12.18
混水砖墙	1/4 砖		28.17
	1/2 砖		20.14
	3/4 砖		19.64
	1 砖		16.08
	1 砖半		15.63
	2 砖及 2 砖以上		15.46
弧形砖墙	单面清水	1 砖	20.36
		1 砖半	19.33
	混水	1 砖	17.58
		1 砖半	17.12
多孔砖墙		1/4 砖	14.80
		1/2 砖	14.80
		1 砖	12.46
多孔砖墙		1/2 砖	14.80
		1 砖	12.46
空斗墙			12.45
空花墙			18.76
贴砌砖		1/4 砖	30.31
		1/2 砖	20.82
砌块墙		小型空心	12.27
		硅酸盐	10.47
		加气混凝土	10.01
围墙		1/2 砖	29.32
		1 砖	48.65
方砖柱		清水	25.76
		混水	24.38

续表

项目		工日/10m³
砖基础		12.18
圆、半圆多边形砖柱		25.07
砖砌锅台		36.48
砖砌炉灶		29.76
砖砌化粪池		13.22
零星砖砌体		23.00
砖地沟		12.44
砖平璇		27.00
砖拱璇		25.60
钢筋砖过梁		22.02
石基础	毛石	11.01
	粗料石	12.23
墙身	毛石	19.02
	毛石墙镶砖	20.14
	粗料石	39.55
	细料石	27.15
	方整石	15.94
挡土墙	毛石	13.14
	粗料石	17.78
	细料石	14.44
方整石柱		30.19
方整石台阶		28.26
砌石地沟		22.07
石拱璇		10.82
护坡	毛石浆砌	14.16
	毛石干砌	9.20

十五、常用水泥砂浆、混合砂浆参考配合比

种类	水泥强度等级	砂浆重量配合比（水泥:石灰膏:砂）				
		M1	M2.5	M5	M7.5	M10
水泥砂浆	32.5		1:0:8.6	1:0:5.9	1:0:4.8	1:0:4.2
	42.5		1:0:10.6	1:0:7.2	1:0:5.6	1:0:4.8
水泥石灰砂浆	32.5	1:1.91:11.6	1:1.19:8.8	1:0.52:6.1	1:0.6:5	1:0.1:4.4
	42.5	1:2.5:14	1:1.69:14.8	1:0.84:7.4	1:0.46:5.8	1:0.6:5
水泥黏土砂浆	32.5	1:1.21:8.6	1:1.1:7.8	1:0.42:5.6	1:0.5:4.7	1:1.0:4.1
	42.5	1:1.7:11	1:1.49:9.8	1:0.74:6.6	1:0.46:5	1:0.6:4.8

注：1. 水泥密度为 1200kg/m³，石灰膏密度 1300～1400kg/m³；砂密度 1400～1500kg/m³。

2. 水泥黏土砂浆中，石灰膏改用黏土膏。

十六、常用砂浆每 1m³ 用量表

材料	单位	水泥砂浆		石灰砂浆	勾缝砂浆	水泥耐火土砂浆
		1:2.5	1:3.5	1:3	1:1	1:1:4
32.5 水泥	kg	438	335		812	301
石灰膏	m³			0.331		
石灰	kg			207		
砂子	m³	1.12	1.21	1.09	0.81	1.02
耐火土	kg					376

注：全部为体积比。

附录二　冬期施工砂浆外加剂掺量参考资料

一、氯盐砂浆的掺盐量（占用水量的百分比）

盐及砌体材料种类			日最低气温（℃）			
			等于或高于 −10	−11 ~ −15	−16 ~ −20	低于 −20
单盐	氯化钠	砖、砌块	3	5	7	—
		石	4	7	10	—
双盐	氯化钠	砖、砌块	—	—	5	7
	氯化钙		—	—	2	3

注：1. 掺盐量以无水氯化钠和氯化钙确定。

2. 氯化钠和氯化钙溶液的密度与含量关系可按原《砌体工程施工及验收规范》（GB 50203—98）附录 B 换算。

3. 如有可靠试验依据，也可适当增减盐类的掺量。

4. 日最低气温低于 −20℃时，砌石工程不宜施工。

二、氯化钠、亚硝酸钠掺量表（以用水量计）

温度（℃）	氯化钠（%）	亚硝酸钠（%）
平均 −5 以上 最低 −10 以上	2	3
平均 −5 以下 最低 −10 以下	3	5

三、硫酸钠、亚硝酸钠掺量表（以水泥重量计）

温度（℃）	硫酸钠（%）	亚硝酸钠
-8 以上	2	4
-10 以上	2	6
-11 ~ -15	2	8

四、碳酸钾、亚硝酸钠掺量表（以用水量计）

温度（℃）	碳酸钾（%）	亚硝酸钠（%）
-10 以上	5（密度 1.04g/cm^3）	5
-11 ~ -15	7（密度 1.06g/cm^3）	10
-15 ~ -20	11（密度 1.09g/cm^3）	15

附录三　技术名词术语对照

技术名词术语对照表

统一名词	曾用名词	说　明
烧结普通砖	标准砖	简称普通砖
承重黏土空心砖	烧结多孔砖	简称空心砖
实心砖		指尺寸 240mm × 115mm × 53mm 的各种实心砖
毛石	乱毛石、片石、角石	包括乱毛石和平毛石
料石	条石、块石、方整石	
拉结石	丁头石	丁砌拉结石
皮数杆	样棒、线杆子	
一顺一丁	满丁满跑、满丁满条	一皮砌顺砖、一皮砌丁砖

续表

统一名词	曾用名词	说明
梅花丁	沙包砌、工字砌	在同一皮中，一块顺砖、一块丁砖
稠度	流动性、沉入度	
斜槎	踏步槎、退槎	
直槎	马牙槎、肉里槎 阴槎、阳槎	
围梁	腰箍、围梁	
“三一”砌砖法		一铲灰、一块砖、一揉压的砌筑方法

附录四 《土木建筑职业技能岗位培训计划大纲》——砌筑工

一、初级砌筑工培训计划与培训大纲

（一）培训目的与要求

本计划大纲是根据建设部颁布的《建设行业职业技能标准》初级砌筑工的理论知识（应知）、操作技能（应会）要求，结合全国建设行业全面实行建设职业技能岗位培训与鉴定的要求，按照《职业技能岗位鉴定规范》初级砌筑瓦工的鉴定内容编写的。

通过对初级砌筑工的培训，使初级砌筑工基本掌握本等级的技术理论知识和操作技能，掌握初级砌筑工本岗位的职业要求，了解施工基础知识，为参加建设职业技能岗位鉴定做好准备，同时为升入中级砌筑工打下基础。其培训具体要求：掌握识图的基本知识；掌握房屋构造的基本知识；了解砌筑材料的性能、质量要求和应用部位；掌握常用砌筑工具和设备的使用方法；掌握基本砌筑操作方法；掌握砌筑基础、混水墙等砌体和坡屋面挂瓦及砌筑管道排水工程的操作工艺和操作要点；了解季节施工的要求；掌握砌筑工程的质量评定检验标准和检测方法；具备安全生产、文明施工、产品保护的基本知识及自身安全防备能力；具有对职业道德的行为准则的遵守能力。

（二）理论知识（应知）和操作技能（应会）的培训内容和要求

根据培训目的和要求，在培训过程中要严格按照本计划大纲的培训内容及课时要求进行。适应目前建筑施工生产的状况、特点，要加强实际操作技能的训练，理论教学与技能训练相结合，教学与施工生产相结合。

培训内容与要求：

1. 建筑识图

培训内容：

（1）建筑工程施工图和它的种类；

（2）图线比例、符号、尺寸、标高；

（3）平面图、立面图、剖面图、详图；

（4）看图的方法步骤；

（5）看图的要点。

培训要求：

（1）了解什么是建筑工程施工图，并清楚施工图的种类有建筑总平面图，建筑施工图，结构施工图，水、电、暖通施工图等；

（2）了解图纸上线条的作用、图纸的比例要求，图上符号、尺寸、标高的标志方法及含义；

（3）会看懂一般的建筑施工图，如简单的平面图、立面图等，掌握看图要领、方法和步骤。

2. 房屋构造、砖石结构和抗震基本知识

培训内容：

（1）房屋建筑的分类；

（2）建筑的等级；

（3）民用建筑的构造；

（4）单层工业厂房的构造。

培训要求：

（1）通过学习了解房屋建筑由于使用功能的不同而划分成各种不同的类型，以及根据建筑的年限及意义分成不同的等级；

（2）了解民用房屋各层次、各构件、部件的构造及一般的装饰要求，达到能在头脑中形成一栋房屋的概念；

（3）了解单层工业厂房的特点，以及它的构造形成和构、部件的组合方法。

3. 常用砌筑材料及工具设备

培训内容：

（1）普通烧结砖（包括实心砖、多孔砖、大孔砖）；

（2）硅酸盐类砖；

（3）砌块（大型砌块、空心砖砌块等）；

（4）耐火砖；

（5）砌筑用石材；

（6）砌筑砂浆；

（7）瓦及排水管材；

（8）钢筋（墙加筋）；

（9）木砖。

培训要求：

（1）了解各工种块材的形状、尺寸、物理性能，以及它们适宜使用的部位；

（2）了解砌筑砂浆的种类、所用原材料的要求，以及影响砂浆强度的因素及掺附加剂的一些规定；

（3）熟悉防排水需用的瓦及管材的种类，以及它的一些规格性能和使用要求；

（4）了解配合砌筑的各种材料的一些要求。

4. 砌筑常用工具和设备

培训内容：

（1）常用工具的种类和名称；

（2）质量检测工具；

（3）常用机械设备；

（4）砌块施工的常用机具；

（5）砌筑工程的辅助工具。

培训要求：

（1）了解常用工具的种类、形式和作用，并会使用；

（2）了解质量检测工具的名称，使用方法和所起的作用并学会使用；

（3）了解常用机械的种类、名称和应用，并知道如何维护保养和安全注意事项；

（4）了解砌筑用的辅助工具（脚手架）的种类和使用要求。

5. 砖砌体的组砌方法

培训内容：

（1）砖砌体的组砌原则；

（2）砌体中砖及灰缝的名称；

（3）实心墙的组砌方法（包括转角组砌）；

（4）空斗墙的构造和组砌方法；

（5）空心砖墙的组砌方法；

（6）矩形砖柱的组砌方法。

培训要求：

（1）弄懂砌体中各种砖由于放置位置不同，有不同的称呼，如丁砖、条砖等；以及各种灰缝的不同称呼，如立缝、水平缝等；

（2）学会组砌各种墙体和砖柱，通过各种组砌和摆砖懂得其构成砌体的方法（暂时可以不用砂浆铺砌）。

6. 砖砌体的传统操作法

培训内容：

（1）砌砖基本动作；

（2）瓦刀披灰操作法；

（3）大铲刨锛操作法。

培训要求：

（1）通过学习学会操作中的取砖、铺灰、摆砖、砍砖等动作和身法、步法、手法的要领，掌握砌砖基本功；

（2）能够根据各地区的传统方法采用不同操作法，结合实心砖砌体的组砌方法，用砂浆铺砌各种方式的砌体。

7. 二三八一操作法

培训内容：

（1）二三八一操作法的由来；

（2）两种步法；

（3）三种弯腰姿势；
（4）八种铺灰手法；
（5）一种挤浆动作；
（6）实施二三八一操作法的条件。

培训要求：

（1）了解二三八一操作法的形成及优点，以及实施该种操作方法在人员、工具、设施上的要求；

（2）在条件许可的情况下，掌握二三八一操作法，并在全国进行推广。

8．砖基础的砌筑

培训内容：

（1）砖基础砌筑的工艺程序；
（2）砖基础砌筑的操作要点（大放脚的摆砖铺砌）；
（3）质量标准；
（4）应预控的质量问题；
（5）安全注意事项。

培训要求：

（1）了解砖基础砌筑的准备工作，施工先后顺序，操作中应注意的要点；

（2）在师傅的指导下能砌砖基础并懂得如摆砖撂底、盘角、收台阶、找中线等；

（3）掌握质量标准要求，并能在操作完成后对照标准进行检查；

（4）了解基础砌筑容易出现的质量问题及质量通病；

（5）掌握基础砌筑时应注意的安全事项，增强自身操作的安全意识。

9．砖墙的砌筑

培训内容：

（1）砖墙砌筑的工艺顺序；

（2）砖墙砌筑的操作要点（包括封山、拔檐、勾缝）；

（3）质量标准；

（4）应预控的质量问题；

（5）安全注意事项。

培训要求：

（1）从理论上了解砖墙砌筑的过程，如准备工作、砂浆拌制、脚手架搭设、抄平、放线、摆砖、盘角的操作要求，砌筑高度的控制，垂直平整度的掌握等；

（2）通过培训能够检查放线及了解放线的意义、能检查对照皮数杆，并能以此进行砌筑，会盘角、接槎、摆砖、砌门窗口等操作，以及学会勾缝；

（3）明确砌墙的质量标准和要求，能按照要求检查所砌砖墙；

（4）掌握克服通缝、亮缝、搭接不严，游丁走缝等质量通病的方法；

（5）了解上脚手架进行墙体砌筑的安全要求，并能在施工中遵照执行。

10. 石材砌体的砌筑

培训内容：

（1）石材砌体的组砌形式；

（2）毛石基础的砌筑工艺和操作要点；

（3）毛石和实心砖组合墙体砌筑工艺和操作要点；

（4）块石墙身的砌筑工艺要点；

（5）石材墙体的勾缝；

（6）石材砌体的质量标准；

(7) 应预控的质量问题；

(8) 应防止的安全问题。

培训要求：

(1) 通过学习，了解毛石在砌体中不同位置的名称，砌筑时如何选石以及砌筑形式；

(2) 了解毛石基础的砌筑工艺和应做的各项准备工作，并会进行砌筑；

(3) 了解毛石墙与实心砖组合砌筑的方法和会进行操作；

(4) 掌握块石墙体的砌筑工艺，准备工作，并会砌筑和了解砌筑要点；

(5) 了解石材墙的勾缝形式、方法，通过训练会勾平缝和凸缝；

(6) 掌握石材砌体的质量要求；

(7) 能预控可能出现的质量问题和预防安全生产可能发生的事故。

11. 砌块砌体的砌筑

培训内容：

(1) 大型砌块及小型砌块的工艺程序；

(2) 一般小型砌块的砌筑方法；

(3) 大型砌块砌筑的机具和方法；

(4) 砌块砌筑的质量标准；

(5) 应预控质量问题；

(6) 应预防的安全问题。

培训要求：

(1) 了解大、小型不同砌块的组砌方法以及要做的施工准备；

（2）了解和掌握小型砌块的砌筑方法并会砌筑；

（3）了解大型砌块的组合方法、操作要求、门窗洞口的处理；

（4）掌握砌块砌筑的质量要求；

（5）做到能预防砌筑中可能发生的质量事故和安全问题。

12. 坡屋面挂瓦

培训内容：

（1）工艺程序；

（2）操作要点；

（3）质量标准；

（4）应注意的质量问题；

（5）安全注意事项。

培训要求：

（1）了解工艺顺序和操作准备工作，并学会运瓦、堆放、检查基层、铺盖平瓦、做屋脊和天沟、泛水的操作；

（2）掌握铺盖平瓦屋面的质量标准；

（3）掌握屋面渗漏、沟垄不直、瓦面不平、出檐不齐等质量通病出现的原因和克服办法；

（4）了解屋面挂瓦在安全防护上、气候变化时、瓦量堆放上应注意的安全要求。

13. 排水管道的施工

培训内容：

（1）管道排水系统的组成；

（2）管道铺设、砌窨井、砌筑化粪池的工艺顺序；

（3）管道铺设、砌窨井、砌化粪池的操作要点；

（4）管道、窨井、化粪池砌筑的质量标准；

(5) 该类工程应注意的质量问题；

(6) 安全上应注意的事项。

培训要求：

(1) 了解管道排水系统的组成，对施工操作的工作内容可以进一步明确；

(2) 掌握该三项施工的工艺过程，懂得应做哪些准备工作和操作中应注意的要点；通过学习应会铺管、砌窨井和化粪池；

(3) 明确各个工项分别规定的质量标准；

(4) 了解和预防各工项易出现的质量问题，并要求在操作中能够避免；

(5) 明确在深坑、槽内作业时的安全要求。

14. 季节施工常识

培训内容：

(1) 雨期施工常识；

(2) 夏期施工常识；

(3) 冬期施工常识；

(4) 季节施工的安全要求。

培训要求：

(1) 懂得什么叫季节施工，了解各季节施工的特点和要求，尤其应了解冬期施工的有关规定；

(2) 了解季节施工的特点后，应懂得在不同季节安全施工的特点和要求，并能落实执行。

15. 安全技术知识

培训内容：

(1) 安全规程；

(2) 砌筑工操作安全知识。

培训要求：

通过培训应懂得安全规程是国家对建筑工人安全健康的关怀，应了解国家对建筑行业发布了安全生产的规定，作为建筑工人应如何遵守安全操作规程和安全生产纪律。

（三）培训时间和计划安排

培训时间及采取的方法，各地区可根据本地的实际情况采用不同的形式进行，但原则上做到扎实、实际、学以致用，基本保证下述计划表要求的课时；使学员通过培训掌握本职业的技术知识和操作技能。

计划课时分配表如下：

初级砌筑工培训课时分配表

序号	课 题 内 容	计划学时
1	建筑施工图和房屋构造的基本知识	20
2	砌筑材料和工具机械设备	10
3	实心砖、空斗砖、空心砖的组砌	8
4	砖砌体的操作方法	16
5	砖基础、毛石基础的砌筑	16
6	砖墙砌筑及砌块砌筑	20
7	平瓦屋面挂瓦	4
8	砌窨井、做水下管道	10
9	季节施工常识	4
10	质量标准及通病防治	10
11	安全技术知识	4
	合 计	122

(四）考核内容

1．应知考试

各地区教育培训单位，可以根据教材中各部分的复习题，选择出题进行考试。可采用判断题、选择题、填空题及简答题四种形式。

2．应会考试

各地区培训考核单位，可以根据地区的情况和实施的工程特点，在以下考试内容中选择2~3项进行考核。

（1）用干砖对基础、砖墙摆砖组砌（可根据当地的组砌形式指定）。

（2）用干砖组砌36.5cm×36.5cm方柱、49cm×49cm方柱，墙宽240mm的外加36cm×24cm附墙垛。

（3）在实际砖基础中操作考核，检查应考人的收退、组砌、找中、灰浆饱满的操作。

（4）在实际毛石基础中操作考核，检查应考人的选石、组砌、退台、拉丁、灰浆填放、小石片垫缝等的操作是否符合要求。

（5）在实际砌筑混水墙中进行考核，考核门、窗口的排砖，小的转角排砖砌筑，踏步槎、锯齿槎的留设，灰缝厚度、游丁走缝、灰浆饱满度等，最后检查质量情况。

（6）在毛石墙实体砌筑中考核操作人的选石、墙厚的控制、组砌和拉丁、接槎、戗角的平直，每次砌筑高度和初步找平，最后检查质量进行评定。

（7）在砌筑砌块的实际操作中考核操作人在门、窗口处的排块、组砌与转角处理，在框架结构中与柱梁的处理、灰缝厚度等，最后检查质量并评定。

(8) 在砖墙、毛石墙上勾缝，考核勾缝的程序和质量。

(9) 进行屋面挂平瓦的考核，考核上瓦程序，检查基层、选瓦、出檐、屋脊等操作过程是否符合要求，并检查质量。

(10) 排放下水管道的考核；考核下管程序、深入窨井的规定、接头、垫灰、找直、坡度、标高等，并做闭水实验检查。

(11) 砌筑一个窨井进行考核，考核操作人对底标高的检查、放线的检查、排砖、收退，最后检查中心垂直和接管处的严格程度。

二、中级砌筑工培训计划与培训大纲

(一) 培训目的与要求

本计划大纲是根据建设部颁布的《建设行业职业技能标准》中级砌筑工的理论知识（应知）、操作技能（应会）要求，结合全国建设行业全面实行建设职业技能岗位培训与鉴定的要求，按照《职业技能岗位鉴定规范》中级砌筑工的鉴定内容编写的。

通过对中级砌筑工的培训，使中级砌筑工全面掌握本等级的技术理论知识和操作技能，掌握中级砌筑工本岗位的职业要求，了解施工基础知识，为参加建设职业技能岗位鉴定做好准备，同时为升入高级砌筑工打下基础。其培训具体要求：掌握建筑制图的基本知识和看懂较复杂的施工图；懂得砖石结构和抗震构造的一般知识；了解施工测量和放线的基本知识；掌握各种砖石基础大放脚摆底的方法；掌握异型砖块的放样板，砍、磨异型砖的方法；具有安全生产、文明施工、产品保护的基本知识及自身安全防备能力；具有对职业道德的行为准则的遵守能力。

（二）理论知识（应知）和操作技能（应会）的培训内容与要求

根据培训目的和要求，在培训过程中要严格按照本计划大纲的培训内容及课时要求进行。适应目前建筑施工生产的状况、特点，要加强实际操作技能的训练，理论教学与技能训练相结合，教学与施工生产相结合。

培训内容与要求：

1. 建筑制图的基本知识和看懂较复杂的施工图

培训内容：

（1）什么是较复杂的施工图；

（2）看图的要点和能看较复杂的施工图的方法。

培训要求：

（1）通过学习明确较复杂施工图在结构上、建筑细部上、尺寸、标高等比一般施工图要复杂些或繁琐些；

（2）掌握如何人手看较复杂的图纸，较复杂的施工图，如建筑外形多变的，构筑物一类的施工图，通过实际看图掌握看图技巧，提高看图水平。

2. 砖石结构和抗震构造的一般知识

培训内容：

（1）墙体、基础在房屋建筑中的作用；

（2）砌体的抗压、抗拉、抗剪知识；

（3）砖石房屋的抗震知识和抗震构造要求。

培训要求：

（1）了解砖石砌体要承受压力、拉力、剪力等不同的受力状态，因此砌体必须具备抗压、抗拉、抗剪的能力，才能保证房屋的安全使用；

（2）了解什么是地震，地震的震级和烈度的含义与关系，掌握砖石房屋中构造柱、圈梁等抗震构造的施工方法和保证工程质量的措施。

3. 施工测量放线的基本知识

培训内容：

（1）施工放线仪器和工具；

（2）水准仪、经纬仪的一般知识；

（3）房屋定位的基本知识；

（4）砌筑工如何检查放线质量和按放线施工。

培训要求：

（1）了解经纬仪、水准仪及相应工具的使用场合；

（2）会用水准仪进行一般标高的抄平；

（3）了解房屋定位的几种方法和定位的步骤，能配合做些放线工作；

（4）学会用图纸检查定位放线的准确性，检查轴线、皮数杆等，并能在检查无误后按线和皮数杆进行砌筑施工。

4. 砖石基础的砌筑与大放脚摆底

培训内容：

（1）砖基础如何摆底、放脚；

（2）毛石基础摆底和砌筑；

（3）砖石基础的质量标准；

（4）应预控的质量问题；

（5）应掌握的安全生产知识。

培训要求：

（1）掌握砖基础大放脚的铺底、收退等砌筑方法，并应能熟练指导初级工实施；

（2）会根据图纸砌筑毛石基础，铺放第一皮毛石基础，按图砌成锥台形或台阶形毛石基础，能掌握要领；

（3）能按质量标准检查基础砌筑质量；

（4）了解防止基础砌筑通病的方法，做到防止上下通缝、偏中、轴线偏位等问题出现；

（5）了解基础施工中应注意的安全要求，防止坍方、坠落、物体打击等安全事故发生。

5. 砌筑清水墙等较高难度的砌体

培训内容：

（1）砌清水墙的大角（高度6m以上）；

（2）砌清水砖柱；

（3）砌清水拱碳；

（4）清水墙的勾缝；

（5）各种混合异型墙、混水圆柱的砌筑；

（6）花饰墙的砌筑；

（7）质量标准；

（8）应预控的质量问题；

（9）安全注意事项。

培训要求：

（1）学会清水墙、清水墙大角、清水柱、清水拱碳的砌筑，掌握要领，了解其特点以达到砌好清水墙体的目的，并会进行清水墙勾缝，开补；

（2）会砌混水异型墙、柱和花饰墙体（如漏窗、女儿墙、栏杆等），学会用样板检查异型墙及圆柱，掌握各种花饰墙的砌筑规律，做到摆砖组砌不生疏；

（3）掌握各种砌体的质量标准，指导施工操作，保证工程质量；

（4）学会如何预控可能出现的质量通病（如清水墙的游丁走缝……）并在问题发生后能克服解决；

（5）了解安全生产要求及预防、围护等措施，创造安全操作的环境。

6. 空斗墙、空心砖墙、空心砌块的砌筑

培训内容：

（1）空心墙、空心砖墙、空心砌块的构造；

（2）空斗墙、空心砖墙的砌筑；

（3）空心砌块的砌筑；

（4）应预控的质量问题；

（5）质量标准和安全要求。

培训要求：

（1）掌握砌筑的方法，掌握要领，做到墙平角直；

（2）会砌空斗墙、空心砖墙，掌握组砌要求，能进行排砖，底盘角等操作；

（3）会砌筑各种小型砌块墙，懂得大型砌块墙的施工方法和操作要求及工艺顺序，遇到该类砌体施工不生疏；

（4）能用质量标准检查砌体，防止质量通病出现；

（5）了解该类砌体砌筑时的安全要求，尤其是大型砌块砌筑的安全事项，以防止出现安全事故。

7. 砖拱的砌筑

培训内容：

（1）筒拱和双曲拱的构造特点；

（2）筒拱的砌筑；

（3）双曲拱的砌筑；

（4）异型砖的放样及加工；

（5）质量要求；

（6）安全要求。

培训要求：

（1）会砌筒拱，了解支撑拱模的要求，砌筑的工艺顺序，交错咬合等操作要点；

（2）了解双曲拱的原理及砌筑工艺顺序，以及如何防止水平推力等，目前新建双曲拱较少，但遇到后要做到不生疏、会维修；

（3）会对异型砖进行加工，掌握使用工具的加工方法；

（4）掌握施工质量要求和关键，防止因施工不当造成的塌拱，能在操作中根据规范防止质量问题的出现；

（5）了解砌筑拱体时应注意的安全要点，例如何时拆模，拆模时的注意事项，防止安全事故的发生。

8. 砌筑工业炉窑

培训内容：

（1）一般工业炉窑的砌筑；

（2）质量要求和质量预控；

（3）安全应注意的事项。

培训要求：

（1）了解锅炉座，一般工业炉窑的砌筑方法，操作工艺顺序；

（2）了解各种炉灶施工时应注意的安全事项，防止可能出现的一些安全事故，消除不安全隐患。

9. 小青瓦施工

培训内容：

（1）民族形古式屋面的大致构造；

（2）铺瓦、筑脊的工艺程序；

（3）施工中的操作要点；

（4）质量标准和质量预控；

（5）安全注意事项。

培训要求：

（1）了解古式民居屋面的基本构造，以更好的掌握施工程序操作要点；

（2）学会小青瓦的铺底瓦、盖瓦、筑脊等操作；

（3）了解工艺过程，工序准备和安排，结合操作实践提高技能熟练程度；

（4）掌握施工的质量要求，优劣水平，在操作中能预控、预防质量问题；

（5）掌握屋面施工中应进行的安全防护措施。

10. 地面砖铺砌和乱石路面的铺筑

培训内容：

（1）地面砖的类型和构造要求、材质要求；

（2）铺地面砖的工艺程序、操作要点；

（3）铺乱石路面的工艺程序和操作要点；

（4）质量标准和要求；

（5）应注意的质量问题和安全事项。

培训要求：

（1）了解不同地面砖的层次和构造，和对所有砖及相应材料的要求，保证按图施工，质量合格；

（2）学会铺砌各种地面砖，掌握铺砖工艺过程和操作要领，达到质量标准；

（3）学会铺筑乱石路面，掌握操作工艺和质量要求；

（4）能用质量标准检查所操作的工序，做到按标准和要求施工；

（5）防止出现如空壳、沉坍等地面，路面质量问题，做到边施工边检查边预防，避免出现一些通病；

（6）防止地面工作中可能出现的一些安全事故，做到实现预防。

11. 砌筑工程季节施工的有关知识

培训内容：

（1）冬期施工有关知识与要求；

（2）雨期施工时的要求；

（3）炎夏与台风季节的施工要求。

培训要求：

（1）了解砖石工程冬期施工的含义，冬期施工应注意的事项和采取什么措施；

（2）了解雨期及炎夏、台风季节的特点及其对砖石砌筑施工的影响，从而知道采取什么措施以保证施工顺利进行。

12. 按图计算工料

培训内容：

（1）看懂施工图和会计算砌筑工工程量；

（2）按图计算工料的实例。

培训要求：

（1）明确估工估料是中级工应会的一种技术知识，能够看懂施工图中砌筑工工程量的内容；

（2）学会简单的砖砌体的工程量计算；

（3）用简单的实例来进行练习，能估算出简单砌体所需的材料、人工等的大体数值。

13. 班组管理和工种关系

培训内容：

（1）班组管理的内容；

（2）砌筑工与其他工种的关系；

（3）班组的各项管理；

（4）QC 小组活动基本知识。

培训要求：

（1）了解本工种班组管理的内容和范围，以及班组管理的重要性；

（2）了解在房屋建筑施工中砌筑工如何与其他工种在工序上配合和搭接，如何进行流水施工和团结协作；

（3）了解班组管理中各类管理的具体要求，如生产作业计划管理、技术交底、质量管理、安全生产作业、机具、材料节约使用、班组经济的分配和民主管理、应完成劳动量的定额管理等，从而调动每个劳动者的积极性；

（4）了解如何开展 QC 小组活动，攻克质量难题，使操作工艺在质量上有大的提高。

（三）培训时间和计划安排

培训时间及采取的方法，各地区可根据本地的实际情况采用不同的形式进行，但原则上做到扎实、实际、学以致用，基本保证下述计划表要求的课时；使学员通过培训掌握本职业的技术理论和操作技能。

计划课时分配表如下：

中级砌筑工培训课时分配表

序号	课 题 内 容	计划学时
1	建筑制图的基本知识和看懂较复杂的施工图	24
2	砖石结构和抗震构造的一般知识	8
3	施工测量放线的基本知识	8
4	砖石基础的砌筑和大放脚的摆底	4

续表

序号	课 题 内 容	计划学时
5	砌筑清水墙等较高难度的砌体	12
6	空斗墙、空心砖墙、空心砌块的砌筑	8
7	砖拱的砌筑	4
8	砌筑工业炉窑	4
9	小青瓦施工	8
10	地面砖铺砌和乱石路面的铺筑	8
11	砌筑工程季节施工的有关知识	4
12	按图计算工料	4
13	班组管理和工种关系	4
	合 计	100

（四）考核内容

1. 应知考试

各地区教育培训单位，可以根据教材中各部分的复习思考题，选题进行考试。形式可采用判断、填充、问答题等方式进行。

2. 应会考试

各地区培训考核单位，可以根据集中培训的较难工艺分别选择进行实地操作考试，可用干砖摆砌或石灰砂浆砌筑。考核内容可在我们建议的下述内容中选择 2 ~ 3 项进行。

（1）用水准仪测定 2 ~ 3 个点的标高差。

（2）砌清水墙，发清水碳并兼立一门或窗口，砌完后由自己检查确定合格率。并考核这些操作的工艺程序。

（3）砌毛石墙角，考核操作程序，检查砌筑质量最后评定成绩。

（4）砌一眠多斗的空斗墙，从排砖到门窗口，转角处的处理来考核操作人的水平，最后评定质量。

（5）砌砖筒拱，考核操作人的操作工艺程序是否清楚，要点是否掌握。最后检查质量和脱模后的效果。

（6）给一张花饰墙体的图纸，让被考核者砌出该图形的花饰墙体检查花饰布置是否均匀，表面是否平整，牢固程度，然后定出成绩。

（7）做民用小青瓦屋面及屋脊，可以在已有基层上进行铺筑，可以干铺、干筑脊。主要考核操作者对工艺程序，操作方法、要领的掌握，完成后进行评定。

（8）铺地面砖或筑乱石路面。可选其中一种进行考核。主要考核操作工艺程序，铺筑技术和手段，最后检查质量进行评定。

三、高级砌筑工培训计划与培训大纲

（一）培训目的与要求

本计划大纲是根据建设部颁布的《建设行业职业技能标准》高级砌筑工的理论知识（应知）、操作技能（应会）要求，结合全国建设行业全面实行建设职业技能岗位培训与鉴定的要求，按照《职业技能岗位鉴定规范》高级砌筑工的鉴定内容编写的。

通过对高级砌筑工的培训，使高级砌筑工全面掌握本等级的技术理论知识和操作技能，掌握高级砌筑工本岗位的职业要求，全面了解施工基础知识，为参加建设职业技能岗位鉴定做好准备。其培训具体要求：看懂较复杂的施工图；掌握审核图纸和编制施工方案的知识；掌握砖混结构的基本理论知识；了解砌筑工程的新材料、新工艺、新技术的发展状况；了解古式建筑砖、瓦工艺及其操作的基本要点；具有安全生产、文明施工、产品保护的基本知识及自身安全防备能力；同时还应具有对职业道德的行为准则的遵守能力。

（二）理论知识（应知）和操作技能（应会）的培训内容和要求

根据培训目的和要求，在培训过程中要严格按照本计划大纲的培训内容及课时要求进行。适应目前建筑施工生产的状况、特点，要加强实际操作技能的训练，理论教学与技能训练相结合，教学与施工生产相结合。

培训内容与要求：

1. 如何看懂本职业复杂施工图和审核图纸

培训内容：

（1）什么是复杂的施工图；

（2）如何看懂复杂施工图；

（3）如何审核施工图。

培训要求：

（1）通过学习了解什么是复杂施工图，复杂的方面有哪些；

（2）知道从何入手来看复杂施工图；

（3）知道审核施工图如何入手，明确审图的必要性；

（4）通过具体图例的看图，掌握看复杂施工图的方法、步骤，并学会如何审核施工图。

2. 了解本职业的新材料、新工艺、新技术的发展情况

培训内容：

（1）墙体改革的目的、途径和方向；

（2）目前国内外砖石工程方面的新材料、新工艺和新

技术；

(3) 屋面建筑的新工艺、新材料。

培训要求：

(1) 通过培训明确秦砖汉瓦式的建筑除了必要的古建筑及维修，已不适合现代要求，且为节约土地，砖、瓦的生产应受到限制，墙体应向利用三废、节能的方向发展；

(2) 通过培训了解目前在国内外本职业中的新材料、新工艺、新技术的状况，以扩大知识面，在引进推广中起积极作用；

(3) 了解屋面黏土瓦已较少应用，知道如何用其他材料如大张钢丝网水泥瓦来代替，以节约土地提高工效。

3. 古建筑的构造

培训内容：

(1) 古建筑构造的一般知识；

(2) 古建筑的平面布局及造型；

(3) 古建筑中瓦作部分的具体构造。

培训要求：

(1) 通过培训了解中国古建筑的结构形式，以及它们的构成部分；

(2) 了解古建筑平面、立面等建筑术语，以及它们布局对称的特点；

(3) 通过学习把古建筑中瓦作部分的构造，如磉墩、拦土，台基、墙、坎、屋面、脊等了解清楚，作为高级工应知的深化。

4. 古建筑中的砌筑工艺

培训内容：

(1) 古建筑中的砖、瓦等材料；

(2) 古建筑砖瓦工需用的工具；

(3) 古建筑砖材加工工艺；

(4) 古建筑墙体的组砌方法；

(5) 台基的砌筑；

(6) 墙身的砌筑；

(7) 瓦屋面的铺筑；

(8) 砖细工艺；

(9) 方砖墁地工艺。

培训要求：

(1) 了解古建筑所用砖瓦材料的规格、形式和使用的场合，以及各种灰浆的名称。配合比及使用场合；

(2) 了解砌筑工进行古建筑操作应备的各种工具的形状、名称；

(3) 了解古建筑墙体的组砌和砖均需进行事先加工，才能进行砌筑或做砖细等工艺；

(4) 掌握台基、干摆砖（磨砖对缝）、丝缝砖、淌白砖等的砌筑方法、要点、质量要求，并能进行操作；

(5) 掌握古建筑琉璃瓦的操作工艺，并能按图实施作业；

(6) 了解砖细、砖雕、墁方砖的操作工艺，能够初步掌握实施。

5. 砌筑工质量事故和安全事故的预防和处理

培训内容：

(1) 质量事故的种类；

(2) 常见质量通病的防治和质量事故的处理；

(3) 安全事故的预防和工伤事故的处理。

培训要求：

（1）了解质量事故类别的划分，砖石工程中有哪些质量事故；

（2）懂得如何防止质量通病的发生，并能对出现的质量事故进行分析处理；

（3）懂得如何预防安全事故，并会在一旦出了安全事故后，保护现场、分析原因、进行处理。

6. 能够向初、中级工示范操作，传授技能，解决本职业操作技术上的难题

培训内容：

（1）高级工传授技能的责任；

（2）主要做哪些示范操作和技能传授；

（3）什么是本职业操作中的疑难问题；

（4）如何解决操作中的疑难问题。

培训要求：

（1）通过培训明确高级工应有传、帮、带的责任，带徒学艺培养初、中级工是高级工的崇高职责；

（2）明确应做哪些示范作业和传授什么技能，并做到能使初、中级工领会掌握；

（3）了解操作中的疑难问题是相对的，并了解哪些疑难问题是砌筑工要遇到的；

（4）通过学习能够掌握解决疑难问题的方法。

7. 编制本职业施工方案和组织施工

培训内容：

（1）为什么要编制施工方案；

（2）砖混结构的施工程序；

（3）编制施工方案的内容和方法；

（4）流水作业的知识；

（5）施工方案的编写和组织施工实施。

培训要求：

（1）懂得施工方案的作用、重要性和意义；

（2）了解一幢砖混结构的施工程序，如何合理施工，保证质量和进度；

（3）明确流水作业合理搭接是减少窝工，达到合理施工，加快进度的方法；

（4）会初步编写施工方案，选用好的施工方法，组织本职业人员好、快、省、安全的施工。

（三）培训时间和计划安排

培训时间及采取的方法，各地区可根据本地的实际情况采用不同的形式进行，但原则上做到扎实、实际、学以致用，基本保证下述计划表要求的课时；使学员通过培训掌握本职业的技术理论和操作技能。

计划课时分配表如下：

高级砖瓦工培训课时分配表

序号	课 题 内 容	计划学时
1	看复杂施工图和图纸的审核	8
2	本职业的新材料、新工艺、新技术发展情况	4
3	古建筑的构造	8
4	古建筑中的砖瓦工工艺	24
5	砌筑工质量事故和安全事故的预防和处理	8
6	向初、中级工示范作业传授技能解决疑难问题	8
7	编制本职业施工方案和组织施工	12
	合 计	72

（四）考核内容

1．应知考试

各地教育培训单位，可以根据教材中各部分的复习思考题，选择出题进行考试。重点是看审图纸，可以绘一张较复杂平面图。其中有缺项，让被考核者找出问题，其次是砖混结构理论和古建构造。

2．应会考试

应会考试重点是古建筑施工工艺，高难度砖瓦工艺和编写施工方案。可在以下题中选1～2项进行考核。

（1）弧形墙砌筑。把图纸交给被考核人，要求按图中某段在现场（考场地）进行放线准备后进行砌筑，在砌筑中检查操作人的工艺程序，最后评定质量。

（2）砌清水圆柱。给出圆柱直径和场地，让被考核人准备，砌1m高（用石灰砂浆）柱体，检查工艺程序、排砖、内外咬合、游丁走缝等后评定质量。

（3）砌古建筑干摆砖墙带转角。砖已加工好，但要被考核者讲出加工方法。然后让其准备，再观察其操作，最后检查评定质量。

（4）铺筑琉璃瓦屋面。有该类工程最好，若无此类工程可以做一部分包括筑脊。先让被考核者准备，然后进入作业，检查铺筑工艺程序，最后评定质量。

（5）做砖细墙裙或门膀垛。砖已加工好，但安装的木勺槽要自己开凿。可安装高1m长1m的墙裙，或一个门膀垛。观察被考核者的排砖、安装、找平等作业，最后评定质量。

（6）铺方砖地面。地面灰土已平整夯实，向被考核者提出铺筑花式，铺筑要求，后让其准备，再检查其铺筑工艺和评定质量。

（7）给出质量事故实例，让被考核者提出解决办法，可采用答辩形式进行。

（8）给一份砖混结构施工图，要求编写一份简要的施工方案（可省去工程概况等其他部分），重点写施工方法、质量要求和安全措施，最后评定成绩。

参 考 文 献

1 土建教材编写组. 砖瓦抹灰工工艺学. 北京：中国建筑工业出版社出版，1981

2 侯君伟编. 砖瓦抹灰工（四级工），建筑工人应知丛书. 北京：中国建筑工业出版社出版，1983

3 侯君伟编. 砖瓦抹灰工（五级工），建筑工人应知丛书. 北京：中国建筑工业出版社出版，1985

4 侯君伟编. 砖瓦抹灰工（六级工），建筑工人应知丛书. 北京：中国建筑工业出版社出版，1987

5 北京市建筑工程总公司编，龚佳龙主编. 砖瓦工（初级）和（中级）. 北京：高等教育出版社出版，1988

6 刘大可编著. 中国古建筑瓦石营法. 北京：中国建筑工业出版社出版，1993

7 秦成利等编《袖珍砌筑工手册》北京：机械工业出版社出版，2003

8 编写组编《建筑施工手册》2（第四版）北京：中国建筑工业出版社出版，2003

9 建设部人事教育司组织编写《土木建筑职业技能岗位培训计划大纲》北京：中国建筑工业出版社出版，2003